Vahlens Handbücher

der Wirtschafts- und Sozialwissenschaften

Finanzierung

von

Dr. Hartmut Bieg

o. Professor für Betriebswirtschaftslehre
an der Universität des Saarlandes

und

Dr. Heinz Kußmaul

o. Professor für Betriebswirtschaftslehre
an der Universität des Saarlandes

2., vollständig überarbeitete Auflage

Verlag Franz Vahlen München

VERLAG
VAHLEN
MÜNCHEN
www.vahlen.de

ISBN 978 3 8006 3625 9

DTP-Vorlagen der Autoren
Druck und Bindung: Druckhaus „Thomas Müntzer" GmbH
Neustädter Str. 1–4, 99947 Bad Langensalza
Gedruckt auf säurefreiem, alterungsbeständigem Papier
(hergestellt aus chlorfrei gebleichtem Zellstoff)

Vorwort

Das hier in 2. Auflage vorgelegte Lehr- und Handbuch wendet sich an Leser, die sich umfassend und grundlegend mit den Fragen der Finanzierung und des Finanzierungsmanagements auseinandersetzen wollen, seien es Lehrende und Studierende an Universitäten, Fachhochschulen, Berufsakademien, Verwaltungs- und Wirtschaftsakademien und ähnlichen Einrichtungen, seien es interessierte Praktiker. Der Stand des Faches wird in ausführlicher Weise wiedergegeben, wobei die betriebswirtschaftlich gebotene Entscheidungsorientierung in den Mittelpunkt der Überlegungen gestellt wird; selbstverständlich erfolgt die Analyse auf dem Stand der theoretischen Diskussion.

Nach einem knapp gehaltenen ersten Kapitel mit einer Darstellung der Grundlagen, Grundprinzipien und Bestandteile der Finanzwirtschaft wird im zweiten Kapitel ein Überblick über die Finanzierungstheorie gegeben, ehe im dritten Kapitel Systematisierungsansätze für den Gesamtbereich der Finanzierung erörtert werden. Die folgenden Kapitel beschäftigen sich ausführlich mit den verschiedenen Instrumenten der Außenfinanzierung, und zwar das vierte Kapitel mit der Außenfinanzierung durch Eigenkapital (Einlagenfinanzierung), das fünfte Kapitel mit der Außenfinanzierung durch Fremdkapital (Kreditfinanzierung), wobei auch Fragen der Kreditwürdigkeitsprüfung (Kreditrating) erörtert werden, und das sechste, völlig neu gestaltete Kapitel mit der in den letzten Jahren immer bedeutsamer gewordenen Finanzierung durch Mezzanine-Kapital. Im siebten Kapitel wird das Leasing als Sonderform der Außenfinanzierung dargestellt, bevor im achten Kapitel, das gegenüber der Vorauflage erheblich gestrafft wurde, die Grundzüge des Börsenwesens erörtert werden. Das neunte Kapitel befasst sich mit den verschiedenen derivativen Finanzinstrumenten und ihren Einsatzmöglichkeiten, wobei die Kreditderivate zusätzlich aufgenommen wurden. Das zehnte Kapitel enthält eine Systematisierung der vielfältigen Konditionenvereinbarungen der Außenfinanzierung, bevor im elften Kapitel Fragen der Innenfinanzierung, insbesondere der Selbstfinanzierung und der Finanzierung aus Rückstellungen, aber auch der Finanzierung durch den Rückfluss von Abschreibungsgegenwerten, erörtert werden. Der letzte Teil des Kapitels setzt sich mit den Asset Backed Securities auseinander, wobei auch auf die Ursachen der seit 2007 andauernden Finanzmarktkrise eingegangen wird.

Die Ausführungen basieren auf dem Rechtsstand des Jahres 2009.

Ein derartiges Werk entsteht weder in einem einzigen Schritt noch ist es das Werk zweier Einzelner. Es ist das Ergebnis unserer an der Universität des Saarlandes (sowie zuvor an der Technischen Universität Kaiserslautern) gehaltenen Veranstaltungen. In den Vorlesungen und Übungen konnten viele Überlegungen zusammen mit den Studierenden, denen an dieser Stelle ganz herzlich gedankt sei, überprüft, verbessert und präzisiert werden. Ganz wesentlich haben unsere wissenschaftlichen Mitarbeiterinnen und Mitarbeiter, mit denen wir zusammengearbeitet haben, zum Abschluss dieses Werkes beigetragen. Bei der Erstellung dieses Werkes konnten wir auch auf zahlreiche Aufsätze zurückgreifen, die wir in den Jahren 1995 bis 2009 in der Zeitschrift „Der Steuerberater" veröffentlicht haben; für die hervorragende Zusammenarbeit mit deren Chefredakteuren, *Herrn Uwe-Karsten Reschke* und *Frau Maria Wolfer*, möchten wir uns ausdrücklich bedanken.

Da dieses Buch eine grundlegende und umfassende Überarbeitung der Erstauflage darstellt, die zum Teil aufgrund neuer Entwicklungen erweitert, zum Teil aber auch gestrafft wurde, möchten wir an dieser Stelle zunächst den an der Erstauflage Beteiligten danken, indem wir aus dem Vorwort der 1. Auflage zitieren.

„Unser Dank für zahlreiche Hinweise, Hilfen und Verbesserungsvorschläge gilt unseren derzeitigen und früheren wissenschaftlichen Mitarbeitern, *Herrn Dr. Christopher Hossfeld, Herrn Prof. Dr. Michael Jacob, Herrn Dipl.-Kfm. Thomas Kern, Frau Dipl.-Kffr. Susanne König-Schichtel, Herrn Dr. Gregor Krämer, Frau Dr. Stefanie Meyer-Haberhauer, Herrn Dipl.-Kfm. Andreas Nestel, Herrn Priv.-Doz. Dr. Gerd Waschbusch* sowie *Frau Dipl.-Kffr. Nicole Klein, Herrn Dr. Bernd Leiderer, Frau Dr. Martina Petersen, Herrn Dipl.-Kfm. Lutz Richter* und *Herrn Dipl.-Kfm. Dipl. ESC René Schäfer*. Für die Sorgfalt und Umsicht beim Schreiben der Manuskripte danken wir *Frau Silvia Comtesse* und *Frau Renate Kolp* sowie *Frau Doris Schneider*; dem Lektor des Verlages, *Herrn Dipl.-Volkswirt Dieter Sobotka*, sind wir für die harmonische Zusammenarbeit zu Dank verpflichtet."

Für Hinweise und Verbesserungsvorschläge bei der Erstellung dieser 2. Auflage danken wir sehr herzlich *Herrn Dipl.-Kfm. Joachim Hauser* und *Herrn Dipl.-Kfm. Guido Sopp*. Bei der Koordination und der Herstellung eines druckfertigen Werkes war uns *Herr Dipl.-Kfm. Guido Sopp* eine unentbehrliche Hilfe; er meisterte diese Aufgabe mit Bravour, außerordentlichem Einsatz und nie erlahmendem Eifer in beispielhafter Weise. Ihm gilt unser ganz besonderer Dank.

Für die Mithilfe bei der Unterstützung im Umfeld der Publikation gilt unser Dank *Frau Doris Schneider* genauso wie dem Lektor des Verlags Vahlen, *Herrn Dennis Brunotte*, für die harmonische Zusammenarbeit. Selbstverständlich gehen alle in diesem Werk enthaltenen Fehler ausschließlich zu Lasten der Autoren. Den Lesern sind wir für Anregungen sowie für Verbesserungsvorschläge, die wir gerne berücksichtigen werden, dankbar.

Saarbrücken, im Juli 2009

Hartmut Bieg

Heinz Kußmaul

Inhaltsübersicht

Inhaltsverzeichnis

Verzeichnis der Abbildungen

Verzeichnis der Abkürzungen

Abs. .... Absatz
ABS .... Asset Backed Securities
ACI .... Association Cambiste Internationale
ADR .... American Depository Receipts
AG .... Aktiengesellschaft
AktG .... Aktiengesetz
a. L. .... am Lech
a. M. .... am Main
AnlV .... Anlageverordnung
AO .... Abgabenordnung
Aufl. .... Auflage
BaFin .... Bundesanstalt für Finanzdienstleistungsaufsicht
BAKred .... Bundesaufsichtsamt für das Kreditwesen
BAV .... Bundesaufsichtsamt für das Versicherungswesen
BAWe .... Bundesaufsichtsamt für den Wertpapierhandel
begr. .... begründet
BewG .... Bewertungsgesetz
BFA .... Bankenfachausschuss
BFH .... Bundesfinanzhof
BGB .... Bürgerliches Gesetzbuch
BGBl .... Bundesgesetzblatt
BGH .... Bundesgerichtshof
BilMoG .... Bilanzrechtsmodernisierungsgesetz
BMF .... Bundesministerium der Finanzen
BMWi .... Bundesministerium für Wirtschaft und Technologie
BörsG .... Börsengesetz
BörsZulV .... Börsenzulassungsverordnung
bspw. .... beispielsweise
BStBl .... Bundessteuerblatt
BT .... Bundestag

BTU .... Beteiligungsprogramm für kleine Technologieunternehmen

BVK .... Bundesverband Deutscher Kapitalbeteiligungsgesellschaften

bzgl. .... bezüglich

bzw. .... beziehungsweise

ca. .... circa

CO_2 .... Kohlendioxid

DAX .... Deutscher Aktienindex

DepotG .... Gesetz über die Verwahrung und Anschaffung von Wertpapieren (Depotgesetz)

d. h. .... das heißt

Dipl.-Kffr. .... Diplom-Kauffrau

Dipl.-Kfm. .... Diplom-Kaufmann

DM .... Deutsche Mark

Dr. .... Doktor

DSL-Bank .... Deutsche Siedlungs- und Landesrentenbank

DtA .... Deutsche Ausgleichsbank

DTB .... Deutsche Terminbörse

d. Verf. .... der/die Verfasser

EBF .... European Banking Federation

ECU .... European Currency Unit

EDV .... Elektronische Datenverarbeitung

EEX .... European Energy Exchange

EG .... Europäische Gemeinschaften

EGAktG .... Einführungsgesetz zum Aktiengesetz

EIB .... Europäische Investitionsbank

EK .... Eigenkapital

ERA .... Einheitliche Richtlinien und Gebräuche für Dokumenten-Akkreditive

ERP .... European Recovery Program

EStG .... Einkommensteuergesetz

ESZB .... Europäisches System der Zentralbanken

etc. .... et cetera (und so weiter)

EU .... Europäische Union

EUR .... Euro
Eurex .... Europäische Terminbörse
EURIBOR .... Euro Interbank Offered Rate
EuroUmrechV .... Euro-Umrechnungsverordnung
E. v. .... Eingang vorbehalten
e. V. .... eingetragener Verein
evtl. .... eventuell
EWR .... Europäischer Wirtschaftsraum
F&E .... Forschung und Entwicklung
ff. .... fortfolgende
FinDAG .... Finanzdienstleistungsaufsichtsgesetz
FK .... Fremdkapital
FRA .... Forward Rate Agreement
FRABBA .... Forward Rate Agreements – FRABBA Terms of the British Bankers' Association
FWB .... Frankfurter Wertpapierbörse
gem. .... gemäß
GenG .... Genossenschaftsgesetz
GewStG .... Gewerbesteuergesetz
ggf. .... gegebenenfalls
GmbH .... Gesellschaft mit beschränkter Haftung
GmbHG .... GmbH-Gesetz
GoB .... Grundsätze ordnungsmäßiger Buchführung
GuV .... Gewinn- und Verlustrechnung
HFA .... Hauptfachausschuss
HGB .... Handelsgesetzbuch
h. M. .... herrschende Meinung
hrsg. .... herausgegeben
Hrsg. .... Herausgeber
HÜSt .... Handelsüberwachungsstelle
i. Allg. .... im Allgemeinen
i. Br. .... im Breisgau
i. d. R. .... in der Regel
IDW .... Institut der Wirtschaftsprüfer

i. e. S. .... im engeren Sinne
IFRS .... International Financial Reporting Standards
inkl. .... inklusive
insbes. .... insbesondere
InsO .... Insolvenzordnung
InvG .... Investmentgesetz
InvZulG .... Investitionszulagengesetz
IRR .... Internal Rate of Return
i. S. .... im Sinne
i. S. d. .... im Sinne des/der
ISMA .... International Securities Market Association
i. V. m. .... in Verbindung mit
i. w. S. .... im weiteren Sinne
JÜ .... Jahresüberschuss
KEF .... Kapazitätserweiterungsfaktor
KfW .... Kreditanstalt für Wiederaufbau
KG .... Kommanditgesellschaft
KGaA .... Kommanditgesellschaft auf Aktien
KStG .... Körperschaftsteuergesetz
KWF .... Kapitalwiedergewinnungsfaktor
KWG .... Kreditwesengesetz
LIBOR .... London Interbank Offered Rate
LKW .... Lastkraftwagen
max. .... maximal
mbH .... mit beschränkter Haftung
MBS .... Mortgage Backed Securities
MD .... Modified Duration
Mio. .... Million(en)
MoMiG .... Gesetz zur Modernisierung des GmbH-Rechts und zur Bekämpfung von Missbräuchen
m. w. N. .... mit weiteren Nachweisen
Nr. .... Nummer
OHG .... Offene Handelsgesellschaft
o. O. .... ohne Ort

OTC .... over the counter
o. V. .... ohne Verfasser
p. a. .... per annum (pro Jahr)
PAngV .... Preisangabenverordnung
PfandBG .... Pfandbriefgesetz
PKW .... Personenkraftwagen
Priv-Doz. .... Privat-Dozent
Prof. .... Professor
REX .... Deutscher Rentenindex
RMX .... Risk Management Exchange
ROI .... Return On Investment
RS .... Rechnungslegungsstandard
Rz. .... Randziffer
S. .... Seite
s. o. .... siehe oben
sog. .... sogenannte
Sp. .... Spalte
u. a. .... unter anderem, und andere
u. Ä. .... und Ähnliche(s)
UBGG .... Gesetz über Unternehmensbeteiligungsgesellschaften
UG .... Unternehmergesellschaft
US .... United States
USA .... United States of America
USD .... US-Dollar
usw. .... und so weiter
u. U. .... unter Umständen
v. a. .... vor allem
VAG .... Versicherungsaufsichtsgesetz
VC .... Venture Capital
v. d. H. .... vor der Höhe
VermBG .... Vermögensbildungsgesetz
vgl. .... vergleiche
vol. .... volume
WG .... Wechselgesetz

WGZ .... Westdeutsche Genossenschafts-Zentralbank AG

WpHG .... Wertpapierhandelsgesetz

Xetra .... Exchange Electronic Trading

z. B. .... zum Beispiel

Ziff. .... Ziffer

ZPO .... Zivilprozessordnung

z. T. .... zum Teil

zzgl. .... zuzüglich

1 Die Finanzwirtschaft[1]

1.1 Die Grundlagen der Finanzwirtschaft

1.1.1 Leistungswirtschaftlicher und finanzwirtschaftlicher Bereich

Jede Unternehmung ist über die Beschaffung der Faktoreinsatzgüter, die eigentliche Leistungserstellung („Produktion") sowie den Absatz der erstellten Güter in die Gesamtwirtschaft eingebunden. Über diesen „Kernbereich" der Unternehmungstätigkeit, den **leistungs- bzw. güterwirtschaftlichen Bereich,** tritt sie mit anderen in- und ausländischen Wirtschaftssubjekten und mit dem Staat in Kontakt. Die Einbindung einer Unternehmung in die Leistungs- und Zahlungsströme einer Volkswirtschaft zeigt **Abbildung 1**.

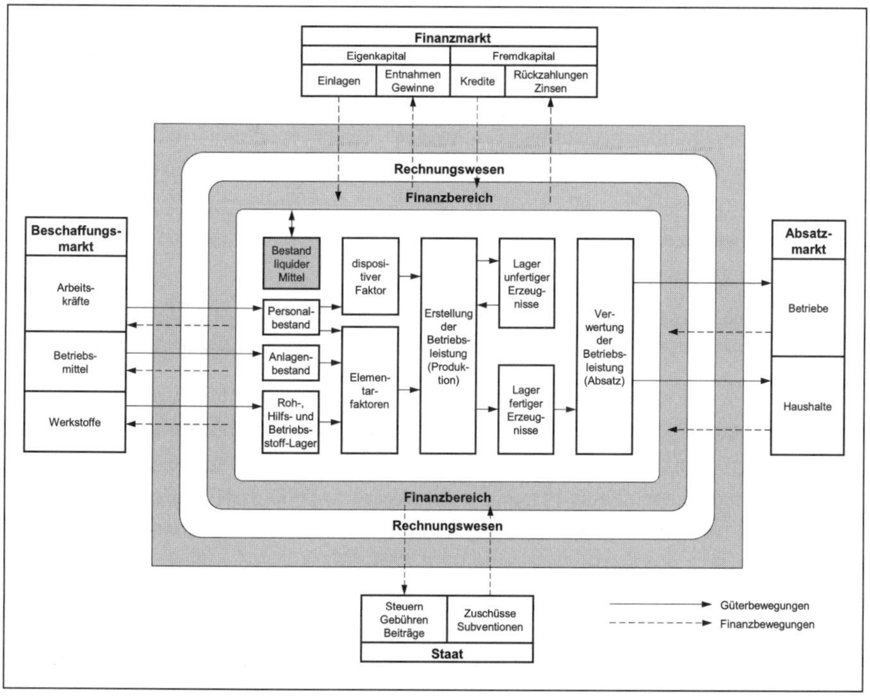

Abbildung 1: Güter- und Finanzbewegungen in der Unternehmung

[1] Wesentliche Passagen dieses Abschnitts sind entnommen aus *Bieg, Hartmut*: Aufgaben, Grundprinzipien und Bestandteile der Finanzwirtschaft. In: Der Steuerberater 1994, S. 456-460, 499-504, Der Steuerberater 1995, S. 15-19, 53-60 und aus *Kußmaul, Heinz*: Grundlagen der Investition und Investitionsrechnung. In: Der Steuerberater 1995, S. 99-103, 135-139, 179-183.

Die hier getroffene gedankliche Unterscheidung zwischen leistungs- und finanzwirtschaftlichem Bereich sollte jedoch nicht zu der Annahme verleiten, diese beiden Bereiche seien unabhängig voneinander. Die **Abhängigkeit zwischen leistungs- und finanzwirtschaftlichem Bereich** resultiert einerseits aus vorangegangenen vertraglichen Vereinbarungen sowie gesetzlichen Vorschriften. Andererseits bedingen sich diese beiden Unternehmungsbereiche in zweifacher Hinsicht gegenseitig. Zum einen ist der reibungslose Ablauf des leistungswirtschaftlichen Prozesses jeder Unternehmung nur gesichert, wenn genügend finanzielle Mittel zur Beschaffung der Produktionsfaktoren zur Verfügung stehen und durch den Absatz der Betriebsleistungen über den Markt wieder zurückgewonnen werden können; der leistungswirtschaftliche Bereich setzt also generell voraus, dass seine Finanzierung gesichert ist. Zum anderen führen Störungen im leistungswirtschaftlichen Bereich letztlich immer auch zu Störungen im finanzwirtschaftlichen Bereich, da sich der aus dem Absatz der Betriebsleistungen erwartete Zustrom an Zahlungsmitteln nachteilig verändert.

All dies zeigt die Berechtigung der Vorstellung *Riegers*, wonach der betriebliche Kreislauf im Allgemeinen in Geldform beginnt und über die Umwandlung in Güter bzw. Leistungen in der Wiedergeldwerdung als Folge der Leistungsverwertung endet.[2] Es zeigt auch, dass „jeder güterwirtschaftliche Vorgang zugleich einen Akt der Kapitaldisposition darstellt“[3]. Zu den Güter- und Leistungsströmen parallel, aber in entgegengesetzter Richtung, verlaufen die Zahlungsströme (Geldströme). Allerdings müssen die korrespondierenden Ströme nicht zeitgleich fließen (z. B. beim Kauf auf Ziel); außerdem gibt es finanzwirtschaftliche Transaktionen ohne leistungswirtschaftliches Äquivalent. Trotzdem ist es berechtigt, die **Finanzwirtschaft als Spiegelbild der Leistungswirtschaft** zu charakterisieren, so dass den genannten (leistungswirtschaftlichen) „Kernbereichen“ der Unternehmung die finanzwirtschaftlichen Äquivalente der Beschaffungsfinanzierung, der Produktionsfinanzierung und der Absatzfinanzierung gegenübergestellt werden können.[4]

1.1.2 Investition und Finanzierung als Elemente der Finanzwirtschaft

Entsprechend der Einteilung des leistungswirtschaftlichen Bereichs in Beschaffung von Produktionsfaktoren, Produktion und Absatz der erstellten Leistungen kann man den finanzwirtschaftlichen Bereich in Kapitalbeschaffung (Finanzierung), Kapitalverwendung (Investition) und Kapitaltilgung unterteilen. Die Lehre der **Finanzwirtschaft** umfasst daher **Theorie und Technik der Kapitalaufbringung (einschließlich der Kapitaltilgung) und der Kapitalanlage**, behandelt also sowohl die Akquisition als auch die Disposition finanzieller Mittel.[5] Die Zusammenfassung von Investition und Finanzierung unter dem Begriff Finanzwirtschaft erfolgt, weil zwischen beiden Bereichen aufgrund der ausgelösten Zahlungsmittelbewegungen Interdependenzen bestehen. So entstehen ohne Mittelverwen-

---

2 Vgl. *Rieger, Wilhelm*: Einführung in die Privatwirtschaftslehre. 3. Aufl., Erlangen 1964, S. 179.

3 *Gutenberg, Erich*: Grundlagen der Betriebswirtschaftslehre. 3. Band: Die Finanzen. 8. Aufl., Berlin u.a. 1980, S. 2.

4 Vgl. *Hahn, Oswald*: Finanzwirtschaft. 2. Aufl., Landsberg a. L. 1983, S. 37.

5 Vgl. dazu auch *Perridon, Louis/Steiner, Manfred*: Finanzwirtschaft der Unternehmung. 14. Aufl., München 2007, S. 3 und 8.

dungsmöglichkeiten keine Finanzierungsprobleme; Finanzierungsfragen lassen sich nicht abschließend klären, solange die Beziehung zur Mittelverwendung nicht berücksichtigt wird. Ebenso braucht man ohne Finanzierungsmöglichkeiten nicht über Investitionsmöglichkeiten nachzudenken; Investitionsfragen können nicht ohne Berücksichtigung der finanziellen Aspekte beantwortet werden.[6]

Diese übergreifende Betrachtung der genannten Teilbereiche in der Finanzwirtschaft weicht von der traditionellen, isolierten Betrachtung der beiden Gebiete ab. Aber nur in einer derartigen ganzheitlichen Betrachtung des Gesamtsystems der Unternehmung lassen sich die Interdependenzen der einzelnen Bereiche berücksichtigen. Anders als der auf die Deskription finanzwirtschaftlicher Sachverhalte beschränkte, traditionelle Ansatz der Finanzwirtschaft ist der moderne Ansatz der Finanzwirtschaft entscheidungsorientiert. Investition und Finanzierung werden nun als Optimierungsvorgang gesehen, in dem Mittelbeschaffung und Mittelverwendung im Hinblick auf die Unternehmungsziele aufeinander abgestimmt werden.[7] Die Charakteristika des traditionellen, des management- und entscheidungsorientierten und des neuerdings betrachteten kapitalmarktorientierten Ansatzes der Finanzwirtschaft sind in **Abbildung 2** gegenübergestellt.

Charakteristika älterer und neuerer Auffassungen zur betrieblichen Finanzwirtschaft
Traditioneller Ansatz:
(1) Externe Betrachtungsweise
(2) Deskriptive Methode
(3) Isoliertheit der Finanzierungsentscheidungen im Hinblick auf die Kapitalbeschaffung
(4) Effizienzkriterium: Einhaltung bestimmter Bilanzstrukturnormen
Management- und entscheidungsorientierter Ansatz:
(1) Interne Betrachtungsweise
(2) Analytische Methode
(3) Simultanität der Entscheidungen im Hinblick auf Kapitalbeschaffung und -verwendung
(4) Effizienzkriterien: Beiträge zur Erfolgs- und Risikoposition
Kapitalmarktorientierter Ansatz:
(1) Externe Betrachtungsweise
(2) Analytische Methode
(3) Verständnis der Renditeforderungen von Kapitalgebern als Kapitalkosten der Unternehmung
(4) Effizienzkriterium: Kurswertmaximierung

Abbildung 2: Charakteristika älterer und neuerer Auffassungen zur betrieblichen Finanzwirtschaft[8]

6 Vgl. *Büschgen, Hans E.*: Grundlagen betrieblicher Finanzwirtschaft – Unternehmungsfinanzierung. 3. Aufl., Frankfurt a. M. 1991, S. 17.

7 Vgl. *Büschgen, Hans E.*: Grundlagen betrieblicher Finanzwirtschaft – Unternehmungsfinanzierung. 3. Aufl., Frankfurt a. M. 1991, S. 17.

8 Leicht modifiziert entnommen aus *Süchting, Joachim*: Finanzmanagement – Theorie und Politik der Unternehmensfinanzierung. 6. Aufl., Wiesbaden 1995, S. 7.

1.2 Die Grundprinzipien der Finanzwirtschaft

1.2.1 Die Ziele der Finanzwirtschaft

Aus **leistungswirtschaftlicher Sicht** wird angestrebt, bei der Erstellung der betrieblichen Leistungen und bei ihrem Absatz langfristig den Gewinn zu maximieren. Verfolgt die Unternehmungsleitung ausschließlich dieses Ziel, so werden betriebliche Leistungen nur erbracht, wenn sich damit ein Gewinn erzielen lässt, wenn also eine positive Differenz zwischen Erlösen und Kosten, den leistungsbedingten Erfolgsbeiträgen, zu erwarten ist.[9] Die **finanzwirtschaftliche Sicht** ist im Gegensatz dazu kapital- bzw. zahlungsorientiert. Dies zeigt sich in der Formulierung der finanzwirtschaftlichen Zielfunktion im Sinne der Maximierung der Kapitalrentabilität (dies entspricht einer Kapitalorientierung) unter den Nebenbedingungen der Liquidität (dieses Kriterium ist zahlungsorientiert), der Sicherheit und der Unabhängigkeit.[10]

1.2.2 Die finanzwirtschaftlichen Entscheidungskriterien

1.2.2.1 Die Kapitalrentabilität als eigenständige finanzwirtschaftliche Zielsetzung

Die **Kapitalrentabilität** stellt eine besondere Interpretation des Gewinnbegriffs dar. Kapitalrentabilitäten sind Kennzahlen, in denen eine Erfolgsgröße ins Verhältnis zu verschiedenen in der Unternehmung eingesetzten Kapitalgrößen gesetzt wird. Sie geben an, in welcher Höhe sich das eingesetzte Kapital in der betreffenden Periode verzinst hat, und tragen somit dem weit verbreiteten Renditedenken Rechnung. Da das in der Finanzwirtschaft angestrebte Ziel die Rentabilitätsmaximierung ist, orientiert man sich bei finanzwirtschaftlichen Entscheidungen nicht an der absoluten Höhe des Gewinns, sondern an der Relation zwischen Gewinn bzw. Jahresüberschuss und eingesetztem Kapital, also an der relativen Höhe des Gewinns. Bei Vergleichen ist darauf zu achten, dass ein Unterschied besteht zwischen dem handelsrechtlichen Gewinn, dem steuerrechtlichen Gewinn und dem Gewinn nach IFRS und dass darüber hinaus zwischen dem Gewinn vor Steuern und dem Gewinn nach Steuern zu unterscheiden ist. Dabei stellt der Jahresüberschuss den nach handelsrechtlichen Vorschriften ermittelten Gewinn nach Steuern dar.

Abbildung 3 (Seite 5) enthält Ausprägungsformen der Kapitalrentabilität. Dabei entspricht die Rentabilität eines einzelnen Investitionsprojekts dem durch die Investitionsrechnung ermittelten internen Zinsfuß.

Setzt man den Jahresüberschuss (oder in anderer Definition das Betriebsergebnis) einer Unternehmung zu ihren Umsatzerlösen in Beziehung, so erhält man die **Umsatzrentabilität**. Eine Modifikation der Kennzahl Gesamtkapitalrentabilität stellt der **Return On In-**

---

9 Auf die wichtige Differenzierung zwischen Leistungen und Erträgen bzw. Kosten und Aufwendungen, wobei die neutralen Erträge und Aufwendungen einerseits und die kalkulatorischen Leistungen und Kosten andererseits zu berücksichtigen sind, sei hier nur hingewiesen; vgl. *Wöhe, Günter*: Bilanzierung und Bilanzpolitik. 9. Aufl., München 1997, S. 21-24.

10 Vgl. *Bieg, Hartmut*: Betriebswirtschaftslehre 2: Finanzierung. Freiburg i. Br. 1991, S. 18-26.

vestment (ROI) dar, der als Quotient aus Jahresüberschuss (bzw. Betriebsergebnis) und Gesamtkapital gebildet wird. Um die Gründe für einen gegenüber dem Vorjahr verbesserten oder verschlechterten ROI besser analysieren zu können, zerlegt man ihn in die Bestandteile **Umsatzrentabilität** (Jahresüberschuss bzw. Betriebsergebnis : Umsatzerlöse) und **Kapitalumschlagshäufigkeit** (Umsatzerlöse : Gesamtkapital). Das Produkt dieser beiden Größen ergibt wiederum den ROI.[11]

a) Eigenkapitalrentabilität $= \frac{\text{Gewinn (bzw. JÜ)}}{\text{EK}}$

b) Gesamtkapitalrentabilität $= \frac{\text{Gewinn (bzw. JÜ) + FK-Zinsen}}{\text{EK + FK}}$

c) Betriebskapitalrentabilität $= \frac{\text{Betriebsergebnis}}{\text{betriebsnotwendiges Kapital}}$

d) Rentabilität eines einzelnen Investitionsobjektes $= \frac{\text{dem Projekt zurechenbare Einzahlungsüberschüsse}}{\text{für das Projekt erforderlicher Kapitaleinsatz}}$

JÜ = Jahresüberschuss; EK = Eigenkapital; FK = Fremdkapital; EK + FK = Gesamtkapital

Abbildung 3: Ausprägungsformen der Kapitalrentabilität

1.2.2.2 Die Liquidität

Würde man die Liquidität mit dem Zahlungsmittelbestand (Kassenbestand + jederzeit verfügbare Guthaben bei Kreditinstituten) gleichsetzen, so wäre ihr Umfang eindeutig und ihre Messung unproblematisch. Die Definition der Liquidität als positiver Zahlungsmittelbestand ist aber als finanzwirtschaftliches Kriterium wenig aussagefähig. Nicht die Höhe des Zahlungsmittelbestandes ist ausschlaggebend, sondern ob die Zahlungskraft einer Unternehmung insgesamt ausreicht, die an sie gestellten Anforderungen zu erfüllen. Dem Umstand, dass der Zahlungsmittelbestand nur einen Teil der disponierbaren Zahlungsmittel umfasst, trägt der erste zu erörternde Liquiditätsbegriff Rechnung, wonach Liquidität die Eigenschaft eines Vermögensobjektes ist. Dem Umstand, dass Liquidität nicht nur durch die **Zahlungskraft**, sondern auch durch die **Zahlungsverpflichtungen** bestimmt wird, trägt der zweite Liquiditätsbegriff Rechnung, wonach Liquidität die Eigenschaft eines Wirtschaftssubjektes (in unserem Zusammenhang also einer Unternehmung) ist.

Versteht man Liquidität als eine **Eigenschaft von Vermögensobjekten**, so geht es im Wesentlichen um die **Liquidisierbarkeit** (oft verkürzt auch als Liquidierbarkeit bezeichnet) einzelner Vermögensgegenstände. Man kann also unter Liquidität die „Eigenschaft von Vermögensobjekten [verstehen; d. Verf.], mehr oder weniger leicht als Zahlungsmittel verwendet oder durch Verkauf oder Abtretung in ein Zahlungsmittel umgewandelt werden

11 Ausführlich hierzu *Bieg, Hartmut/Kußmaul, Heinz*: Externes Rechnungswesen. 5. Aufl., München 2009, S. 344-346.

zu können"[12] (absolute Liquidität). Zahlungsmittel sind dabei dadurch gekennzeichnet, dass durch ihre Übertragung eine Zahlungsverpflichtung mit befreiender Wirkung erfüllt wird. Gesetzliche Zahlungsmittel, für die Annahmezwang besteht, verfügen bei ungestörter Geldwirtschaft über diese Eigenschaft. Inwieweit auch andere als die gesetzlichen Zahlungsmittel hier einzubeziehen sind, hängt von der Annahmebereitschaft der Gläubiger ab.[13]

Liquidität wird aber auch als **Eigenschaft von Wirtschaftssubjekten** im Sinne von **Zahlungsfähigkeit** verstanden. Wie bereits angedeutet, kann es sich im Rahmen betriebswirtschaftlicher Untersuchungen bei den in Frage stehenden Wirtschaftssubjekten nur um **Unternehmungen** handeln. Insoweit kann man Liquidität auch als Eigenschaft von Unternehmungen verstehen, „Zahlungsansprüche mehr oder weniger leicht erfüllen zu können".[14] Dieser Liquiditätsbegriff wurde am prägnantesten von *Witte* formuliert: „Liquidität ist die Fähigkeit der Unternehmung, die zu einem Zeitpunkt zwingend fälligen Zahlungsverpflichtungen uneingeschränkt erfüllen zu können; sie muß während des Bestehens der Unternehmung zu jedem Zeitpunkt gegeben sein".[15] Unter zwingend fälligen Zahlungsverpflichtungen versteht man in diesem Zusammenhang solche, die vertraglich oder gesetzlich zwingend bzw. wirtschaftlich unumgänglich sind.

Nach *Mellerowicz* ist unter der Liquidität der Tatbestand der **Zahlungsbereitschaft**, also die Fähigkeit einer Unternehmung, allen Zahlungsverpflichtungen und Zahlungsnotwendigkeiten fristgerecht nachkommen zu können, zu verstehen. Diese Formulierung zeigt besonders deutlich, dass die Liquidität immer unter dem Gesichtspunkt einer fortzuführenden Unternehmung zu sehen ist, die das ständige Eingehen neuer Zahlungsverpflichtungen erforderlich macht. Können diese Verpflichtungen ohne Gefährdung der zukünftigen Liquidität eingegangen werden, so wird die Unternehmung vom Zahlungsbereich her nicht behindert.[16]

Nach *Gutenberg* befindet sich eine Unternehmung im **finanziellen Gleichgewicht**, wenn sie zu allen Zeitpunkten genau so viele liquide Mittel zur Verfügung hat, wie sie zur Deckung ihrer fälligen Zahlungsverpflichtungen benötigt.[17] Diese Definition reduziert den Begriff des finanziellen Gleichgewichtes auf die **Zahlungsfähigkeit**, also auf den Liquiditätsaspekt. Da es sich hier um eine ständige Augenblicks- oder Momentanliquidität (**zeitpunktbezogene Liquidität**) handelt, stellt sich das Problem der Aufrechterhaltung der Liquidität für jede Unternehmung zu jedem Zeitpunkt ihres Bestehens. Bei dieser verwendeten Liquiditätsdefinition gibt es nur zwei Möglichkeiten: Entweder liegt Liquidität vor oder nicht. Liquide sein im Sinne dieses Liquiditätsbegriffs bedeutet also nicht, über einen hohen Bestand an Zah-

---

12 *Stützel, Wolfgang*: Liquidität. In: Handwörterbuch der Sozialwissenschaften, hrsg. von *Erwin von Beckerath* u.a., 6. Band, Stuttgart/Tübingen/Göttingen 1959, S. 625.

13 Vgl. *Bieg, Hartmut*: Schwebende Geschäfte in Handels- und Steuerbilanz. Frankfurt a. M./Bern 1977, S. 180-181.

14 *Stützel, Wolfgang*: Liquidität. In: Handwörterbuch der Sozialwissenschaften, hrsg. von *Erwin von Beckerath* u.a., 6. Band, Stuttgart/Tübingen/Göttingen 1959, S. 622.

15 *Witte, Eberhard*: Die Liquiditätspolitik der Unternehmung. Tübingen 1963, S. 15.

16 Vgl. *Mellerowicz, Konrad*: Allgemeine Betriebswirtschaftslehre. 3. Band. 10. Aufl., Berlin 1959, S. 23.

17 Vgl. *Gutenberg, Erich*: Grundlagen der Betriebswirtschaftslehre. 3. Band: Die Finanzen. 8. Aufl., Berlin u.a. 1980, S. 272-273.

lungsmitteln zu verfügen. Eine größere Zahlungskraft, als sie von den Zahlungsanforderungen her bedingt wird, ist unnötig und unter dem Rentabilitätsgesichtspunkt unwirtschaftlich. Reicht die Zahlungskraft nicht aus, die auftretenden Zahlungsanforderungen zu erfüllen, so liegt Illiquidität vor.

1.2.2.3 Die Sicherheit

Unter Sicherheitsstreben versteht man das Ziel der Eigentümer bzw. der für die Unternehmung Verantwortlichen, das zur Verfügung gestellte **Kapital uneingeschränkt zu erhalten**. Konsequent umgesetzt würde dies den Verzicht auf jegliches Risiko bedeuten. Da jedoch letztlich (fast) jede unternehmerische Tätigkeit ein gewisses Risiko in sich birgt, müsste bei strenger Verfolgung dieses Zieles jegliche derartige Tätigkeit eingestellt werden. Dies kann allerdings nicht Sinn und Zweck dieser Zielsetzung sein. Vielmehr muss dieses Ziel zur **Nebenbedingung** modifiziert werden. Kann nicht von vornherein ein Verlust ausgeschlossen werden, so wird ein Risiko nur dann eingegangen, „wenn der Verlustgefahr auch die Chance eines Gewinns gegenübersteht“.[18] Dabei ist folgendes Verhältnis zwischen Risiko und Gewinn entscheidend: Je höher das Risiko einer Aktion ist, desto höher kann i. d. R. der Gewinn aus dieser Aktion und damit die Steigerung der Rentabilität ausfallen. Der Eintritt eines Misserfolges wirkt sich dagegen negativ auf die Rentabilität aus. Bei entsprechend hohem Verlust aus der Aktion werden die Gewinne aus anderen Aktionen aufgezehrt; der so entstehende Periodenverlust führt zur Verminderung des Eigenkapitals. Die Rentabilität kann also auch negativ werden. Bei entsprechend hohen (kumulierten) Periodenverlusten kann es auch zu einer völligen Aufzehrung des Eigenkapitals kommen; im schlimmsten Fall ergibt sich ein „negatives“ Eigenkapital.

1.2.2.4 Die Unabhängigkeit

Unter dem Unabhängigkeitsstreben versteht man das Ziel der Eigentümer bzw. der Unternehmungsleitung, die Kapitalbeschaffung so zu gestalten, dass das **Unternehmungsgeschehen nicht durch die Einflussnahme Dritter beeinträchtigt wird**. Es geht also konkret um die Möglichkeit der Einflussnahme der (neugewonnenen bzw. ihr bisheriges Engagement verstärkenden) Kapitalgeber auf unternehmerische Entscheidungen. Jede Kapitalaufnahme schafft neue Mitspracherechte, die sich nach der Art des aufgenommenen Kapitals unterscheiden.

Mit der **Zuführung von Eigenkapital** ist üblicherweise die Gewährung von Entscheidungs-, Mitsprache-, Stimm- und Kontrollrechten verbunden. Hierbei sind folgende Fälle zu unterscheiden:

Erfolgt die Einlagenfinanzierung durch die **bisherigen Gesellschafter**, so können sich Entscheidungsrechte und das Stimmrechtsverhältnis ändern, wenn die Gesellschafter mit einer vom bisherigen Beteiligungsverhältnis abweichenden Quote zusätzliches Eigenkapital

---

[18] *Hahn, Oswald*: Finanzwirtschaft. 2. Aufl., Landsberg a. L. 1983, S. 35.

zuführen; dies gilt nur für den Fall, dass die Stimmrechtsverteilung von der Anteilsquote abhängt.[19]

Beim Eintritt **neuer Gesellschafter** sind diesen – neben Vermögensrechten in Form einer risikoadäquaten Verzinsung und der Abgeltung stiller Rücklagen bei Ein- und Austritt – auch „Machtbefugnisse" zu gewähren, die sich auf Mitsprache sowie Informations- und Kontrollrechte erstrecken.[20] Dadurch werden die Entscheidungsbefugnisse der bisherigen Gesellschafter geschmälert, was insbesondere bei mittelständischen Unternehmungen, die häufig bewusst nach Unabhängigkeit von fremden Kapitalgebern streben, als nachteilig empfunden wird. Inwieweit sich Auswirkungen auf die Machtstrukturen innerhalb der Gesellschaft ergeben, hängt dabei sowohl von der gesellschaftsrechtlichen Stellung der neuen Eigenkapitalgeber (z. B. stiller Gesellschafter, Komplementär, Kommanditist, Stamm- oder Vorzugsaktionär) als auch von den ihnen zustehenden Rechten nach Gesetz, Gesellschaftsvertrag oder Satzung ab.[21] Durch entsprechende Gestaltung (z. B. durch Konstruktion einer stillen Gesellschaft oder gesellschaftsvertraglicher Beschränkung der Einflussnahmemöglichkeiten) kann somit der Machtverlust der bereits beteiligten Gesellschafter begrenzt werden.

Die tatsächlichen Einflussnahmemöglichkeiten der Eigenkapitalgeber können faktisch auch durch eine breite Streuung der Kapitalanteile, wie sie beispielsweise bei Publikumskapitalgesellschaften vorkommt, beschränkt sein; diese führt dazu, dass für Inhaber kleiner Anteile eine Beteiligung an der Entscheidungsfindung in der Unternehmung organisatorisch unmöglich wird und die Kontrolle der Entscheidungsorgane wenig wirksam vollzogen werden kann.[22]

Insgesamt ist die Mitsprache bei der Aufnahme neuen Eigenkapitals üblicherweise größer als bei der **Kreditfinanzierung**. Bei Letzterer ist der Umfang der Kreditgewährung und die Marktmacht des Gläubigers im Verhältnis zur kreditnehmenden Unternehmung für den Umfang der Mitspracherechte entscheidend.

Das **Unabhängigkeitsstreben kollidiert in starkem Maße mit den übrigen finanzwirtschaftlichen Entscheidungskriterien**. Durch das Zugeständnis, zukünftig in gewisser Weise auf das Unternehmungsgeschehen Einfluss nehmen zu können, werden u. U. insbesondere Fremdkapitalgeber dazu veranlasst, ihrerseits Zugeständnisse bei der Vereinbarung des Zinssatzes zu machen, ihr Kapital langfristig zur Verfügung zu stellen oder sogar risikobereiter zu investieren. Dies mag die kreditnehmende Unternehmung beim Abschluss des Kreditvertrags als außerordentlich vorteilhaft einschätzen. Sie wird diese Vorteile aber möglicherweise mit einer Einflussnahme des Gläubigers „bezahlen" müssen, welche die Dispositionsfreiheit und Flexibilität der Unternehmung so stark einschränkt, dass dadurch

---

19 Bei Kapitalgesellschaften ergeben sich analoge Veränderungen beim Bezugsrecht, beim Gewinnverteilungsschlüssel und beim Anspruch auf den Liquidationserlös.

20 Vgl. *Kußmaul, Heinz*: Betriebswirtschaftliche Beratungsempfehlungen zur Finanzierung mittelständischer Unternehmen. In: Steuerberaterkongreß-Report 1990, München 1991, S. 188-189.

21 Vgl. *Wöhe, Günter/Bilstein, Jürgen*: Grundzüge der Unternehmensfinanzierung. 9. Aufl., München 2002, S. 417-419.

22 Vgl. *Franke, Günter/Hax, Herbert*: Finanzwirtschaft des Unternehmens und Kapitalmarkt. 5. Aufl., Berlin u.a. 2004, S. 6.

der Unternehmungsprozess gestört wird. Auch durch die bei der Kreditaufnahme vielfach notwendigen und durchaus üblichen Sicherheiten in Form von Grundpfandrechten, Mobiliarpfandrechten und Sicherungsübereignungen wird die unternehmerische Verfügungsgewalt eingeengt, ja sogar die Möglichkeit weiterer Kreditaufnahmen begrenzt,[23] denn diese Vermögensgegenstände stehen zur Absicherung weiterer Kredite nicht mehr zur Verfügung. Letztlich kann die Beherrschung durch einen einzelnen Kapitalgeber sogar die Rentabilität insofern beeinträchtigen, als dieser Preise diktieren und Wachstumsbeschränkungen im leistungswirtschaftlichen Bereich vorschreiben kann.[24]

Die Erhaltung der Dispositionsfreiheit und der Flexibilität der Unternehmung ist von solcher Bedeutung, dass sich das **Unabhängigkeitsstreben** als **wichtige Nebenbedingung bei der Kapitalbeschaffung** darstellt. Es muss allerdings eine überlegte und klare Abwägung vorgenommen werden, ob aus dem Unabhängigkeitsstreben heraus ein Verzicht auf eine weitere Kapitalaufnahme sinnvoll ist, der dann eventuell einen Verzicht auf mögliches Unternehmungswachstum mit sich bringt.[25]

1.2.3 Die finanzwirtschaftlichen Aufgaben und Fragestellungen

Die für die betriebliche Finanzwirtschaft Verantwortlichen müssen die **Geldströme (Zahlungsströme)** einer Unternehmung, die durch betriebliche und außerbetriebliche Prozesse ausgelöst werden, **erfassen, steuern und kontrollieren**. Sie haben dabei insbesondere die termingerechte Erfüllung der Zahlungsverpflichtungen sicherzustellen, müssen dabei allerdings stets darauf bedacht sein, der Unternehmung nicht durch den Bestand zu hoher liquider Mittel Erträge entgehen zu lassen. Hieraus ergeben sich die folgenden Aufgaben:

- Die für die betriebliche Finanzwirtschaft Verantwortlichen haben langfristig den **Finanzmittelbedarf** zu erkunden, den die Unternehmung in den übrigen betrieblichen Teilbereichen, aber auch im finanzwirtschaftlichen Bereich hat. Sie haben Finanzmittel in ausreichendem Umfang und in der gewünschten Fristigkeit zu beschaffen, um diese dann ihrer speziellen Verwendung, etwa der Anschaffung von Realgütern oder der Beschaffung vorübergehender oder langfristiger Finanzanlagen zuzuführen.

- Der zielgerechte Ablauf der Finanzmittelbeschaffung und -verwendung setzt voraus, dass der **Zahlungsverkehr** kostengünstig und schnell abgewickelt werden kann, d. h., es sind nicht nur die notwendigen Vorkehrungen für den ungestörten Ablauf des Zahlungsverkehrs zu schaffen, sondern es sind auch Neuerungen, die den Ablauf langfristig verbessern können, durchzuführen. Darüber hinaus ist im finanzwirtschaftlichen Bereich das organisatorische Umfeld so zu gestalten, dass die Unternehmung ihre Ziele erreichen kann.

---

23 Vgl. *Perridon, Louis/Steiner, Manfred*: Finanzwirtschaft der Unternehmung. 14. Aufl., München 2007, S. 10.

24 Vgl. *Hahn, Oswald*: Finanzwirtschaft. 2. Aufl., Landsberg a. L. 1983, S. 36.

25 Vgl. *Perridon, Louis/Steiner, Manfred*: Finanzwirtschaft der Unternehmung. 14. Aufl., München 2007, S. 13.

- Schließlich ist zu **kontrollieren**, ob die eingesetzten Instrumente zielgerecht arbeiten, ob die gewählte Organisationsstruktur sinnvoll ist, ob die Finanzierungsform noch zeitgerecht ist, ob die vorgenommenen Investitionen den Erwartungen entsprechen; falls Änderungen des Umweltzustandes eingetreten sind oder Erkenntnisse anderer Art vorliegen, können unverzüglich Anpassungsmaßnahmen vorgenommen werden.

In großen Unternehmungen werden die finanzwirtschaftlichen Entscheidungen häufig dezentral in verschiedenen Abteilungen getroffen. In diesem Falle müssen alle Entscheidungen durch eine Instanz koordiniert werden. Bezeichnet man diese Stelle als das Finanzmanagement, so wird der Begriff – wie allgemein üblich – in **institutioneller Sichtweise** verwendet. Er bezeichnet also die Instanz, die für die Koordinierung der Aktivitäten der Unternehmungsführung zuständig ist, die das finanzielle Gleichgewicht der Unternehmung sicherstellen soll. Gewöhnlich ist das der Finanzvorstand.[26]

Es lässt sich ein **enges Zusammenspiel zwischen Kapitalanlage und Kapitalaufbringung** feststellen. Selbst wer die Investitionsrechnung isoliert betrachtet, hat die Ausgangsfrage zu stellen, welches Investitionsobjekt zu realisieren ist, wenn Mittel in genügend großer Höhe zur Verfügung stehen. Andererseits ist Ausgangsfrage der Finanzierung, wie eine Investition, die zwingend benötigt wird, optimal finanziert werden sollte. Diese Fragestellungen lassen u. U. vermuten, jeweils einer der Teilbereiche sei fix, während der andere zu optimieren sei. Tatsächlich können aber in der Praxis beide Teilbereiche gestaltet werden. Daraus ergibt sich die Notwendigkeit der gemeinsamen Planung von Investition und Finanzierung. Es gilt folgender Zusammenhang: Jede Mittelverwendung hat eine Mittelbeschaffung zur Voraussetzung. Der beste Investitionsplan ist bedeutungslos, wenn keine Mittel zur Beschaffung der Investition zur Verfügung stehen. Umgekehrt ist die Beschaffung finanzieller Mittel unsinnig, wenn für sie keine ertragbringende Verwendung gefunden werden kann. Daher muss Mittelbeschaffung stets eine Mittelverwendung nach sich ziehen.[27]

Trotz dieser Interdependenzen werden die Bereiche der Kapitalanlage[28] und der Kapitalaufbringung[29] üblicherweise getrennt voneinander behandelt. Diese Vereinfachung ist angebracht, um einen Überblick über die einzelnen Teilbereiche zu erhalten. Erst die Darstellung der grundlegenden Zusammenhänge ermöglicht es, die fließenden Übergänge und somit das komplexe Zusammenspiel zu erkennen.[30]

---

26 Vgl. *Büschgen, Hans E.*: Grundlagen betrieblicher Finanzwirtschaft – Unternehmungsfinanzierung. 3. Aufl., Frankfurt a. M. 1991, S. 25-26.

27 Vgl. *Wöhe, Günter/Bilstein, Jürgen*: Grundzüge der Unternehmensfinanzierung. 9. Aufl., München 2002, S. 3.

28 Vgl. dazu *Bieg, Hartmut/Kußmaul, Heinz*: Investition. 2. Aufl., München 2009.

29 Vgl. dazu dieses Lehrbuch.

30 Vgl. dazu *Bieg, Hartmut/Kußmaul, Heinz*: Investitions- und Finanzierungsmanagement. Band III: Finanzwirtschaftliche Entscheidungen. München 2000.

1.3 Die Bestandteile der Finanzwirtschaft

1.3.1 Die Investition[31]

Der Investor verfolgt mit einer zum gegenwärtigen Zeitpunkt erfolgenden Geldauszahlung für bestimmte Vermögensgegenstände oder Dienstleistungen das Ziel, dadurch in späteren Perioden höhere Geldeinzahlungen oder Minderauszahlungen zu erwirtschaften. Charakteristische Merkmale von Investitionen sind demnach die Transformation eines gegenwärtigen Zahlungsmittelbestandes in materielle oder andere immaterielle Güter, sowie das Ziel, dadurch auf direkte bzw. indirekte Weise zusätzliche Einzahlungen oder geringere Auszahlungen zu erreichen.[32] Es lässt sich also eine **enge Verknüpfung zwischen der güter- bzw. leistungswirtschaftlichen und finanzwirtschaftlichen Ebene** einer Unternehmung erkennen. Jedoch kann bei der Beratung, Beurteilung und Entscheidung über eine Investition prinzipiell eine Trennung zwischen leistungswirtschaftlichen und finanzwirtschaftlichen Aspekten vorgenommen werden.

Betrachtet man die innerhalb des Bereichs des **betrieblichen Finanz- bzw. Rechnungswesens** ablaufenden Prozesse hinsichtlich Entscheidungsvorbereitung, Treffen von Entscheidungen sowie Informationserstellung und -verwertung, so wirken sich die mit einer Investition in Zusammenhang stehenden Aktionen zum einen deutlich auf die Aktivseite einer Bilanz sowie auf die Gewinn- und Verlustrechnung und die Finanzrechnung aus, zum anderen macht sich die Planung und Berechnung von realisationsfähigen und auch zur Verwirklichung geeigneten Investitionsobjekten (Investitionsrechnung) im Bereich der mittel- bis langfristigen Unternehmungsplanung bemerkbar (vgl. **Abbildung 4**; Seite 12).

1.3.2 Die Finanzierung

In der Literatur herrscht keine Einigkeit über die Definition des Finanzierungsbegriffes. Die **klassische Interpretation** der Finanzierung orientiert sich an dem in der Bilanz ausgewiesenen Kapital.[33] Finanzierung beschränkt sich dann auf die Vorgänge der Kapitalbeschaffung, wobei der Begriff der Kapitalbeschaffung eng oder weit gefasst werden kann. So kann der Begriff der Kapitalbeschaffung anhand nachfolgender Kriterien eingeschränkt werden:

- entsprechend der Form der Kapitalbeschaffung, z. B. Beschränkung auf die Beschaffung finanzieller Mittel durch Ausgabe von Wertpapieren;
- entsprechend der Dauer der Kapitalbereitstellung, z. B. Beschränkung auf die Beschaffung langfristiger Mittel;

---

[31] Vgl. dazu ausführlicher *Bieg, Hartmut/Kußmaul, Heinz*: Investition. 2. Aufl., München 2009, Abschnitt 1.3.1.

[32] Vgl. *Bieg, Hartmut*: Betriebswirtschaftslehre 1: Investition und Unternehmungsbewertung. 2. Aufl., Freiburg i. Br. 1997, S. 1.

[33] Vgl. *Perridon, Louis/Steiner, Manfred*: Finanzwirtschaft der Unternehmung. 14. Aufl., München 2007, S. 347.

- entsprechend der Verwendung der beschafften Kapitalbeträge, z. B. Beschränkung auf die Kapitalbeschaffung zum Zwecke der Gründung und Erweiterung oder zum Zwecke der Finanzierung von aus dem Rahmen der gewöhnlichen Geschäftstätigkeit herausfallenden Vorhaben.

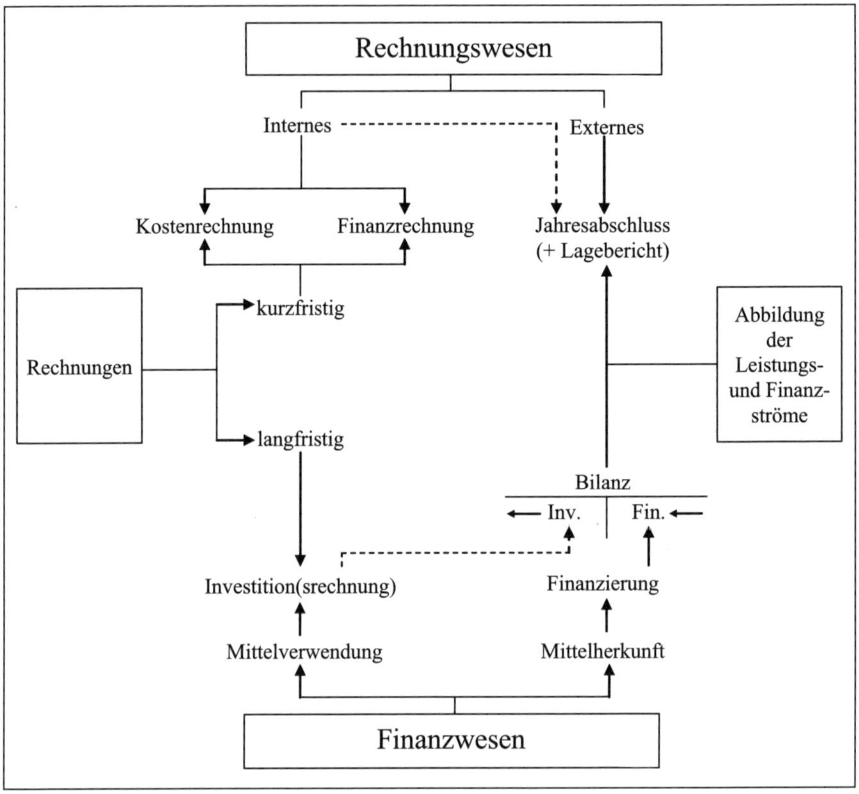

Abbildung 4: Zusammenhänge zwischen betrieblichem Rechnungswesen und Finanzwesen[34]

In der weitesten Fassung dieser klassischen Definition der Kapitalbeschaffung erfolgt keine Einschränkung bezüglich Form, Fristigkeit und Verwendung der finanziellen Mittel. Sie umschließt über die Kapitalbeschaffung hinaus sämtliche Kapitaldispositionen, die im Zusammenhang mit dem Betriebsprozess stehen, also auch die Kapitalrückzahlung und die Kapitalumschichtungen.[35] Aber auch in dieser Fassung bezieht sich der Finanzierungsbegriff nur auf die Vorgänge der Passivseite, die extern ausgelöst werden. Der am abstrakten Kapital orientierte Finanzierungsbegriff wird erweitert durch die Einbeziehung der Vermö-

[34] Entnommen aus *Kußmaul, Heinz*: Grundlagen der Investition und Investitionsrechnung. In: Der Steuerberater 1995, S. 101.

[35] Vgl. ausführlich zur Abgrenzung der einzelnen Finanzierungsbegriffe und ihrer Vertreter *Grochla, Erwin*: Finanzierung, Begriff der. In: Handwörterbuch der Finanzwirtschaft, hrsg. von *Hans E. Büschgen*, Stuttgart 1976, Sp. 413-415.

gensseite. Damit setzt sich Finanzierung nicht nur mit der Beschaffung externer Mittel, sondern auch mit der internen Mittelbeschaffung durch Gewinne, Mittelfreisetzungen, Abschreibungen usw. auseinander. Dies bezeichnet man als den **am Realkapital orientierten Finanzierungsbegriff**.[36]

Definiert man Finanzierung als „die Summe der Tätigkeiten, die darauf ausgerichtet sind, den Betrieb in dem entsprechendem Umfang mit Geld und anderen Vermögensteilen auszustatten, der zur Realisation der betrieblichen Ziele erforderlich ist",[37] so handelt es sich um einen – weiten – **entscheidungsorientierten Finanzierungsbegriff**. Ebenfalls um einen entscheidungsorientierten – wenn auch engeren und damit möglicherweise operationaleren – Ansatz handelt es sich, wenn Finanzierung als zielgerichtete Gestaltung und Steuerung sämtlicher Zahlungsströme einer Unternehmung verstanden wird. Dies führt zu dem pagatorischen, d. h. an Zahlungsströmen orientierten, Finanzierungsbegriff. *Köhler* definiert diesbezüglich: „Zusammenfassend sei die Finanzierung, Teil der Finanzwirtschaft, definiert als Gesamtheit der Zahlungszuflüsse (Einzahlungen) und der beim Zugang nichtmonetärer Güter vermiedenen sofortigen Zahlungsmittelabflüsse (Auszahlungen)".[38] Diese Definition beinhaltet alle Formen der internen und externen Geld- und Kapitalbeschaffung, einschließlich der Kapitalfreisetzungseffekte.

In Anlehnung an *Vormbaum* und *Wöhe/Bilstein* gehen wir im Folgenden von einer **vier Kernbereiche** umfassenden Auslegung des Finanzierungsbegriffs aus.[39] Danach fallen in den Bereich der Finanzierung als Erstes alle betrieblichen Maßnahmen der Versorgung der Unternehmung mit disponiblem (für unternehmerische Entscheidungen zur Verfügung stehendem) Kapital

- zur Durchführung der betrieblichen Leistungserstellung und Leistungsverwertung (Erfüllung des eigentlichen Betriebszwecks) und
- zur Vornahme bestimmter außerordentlicher finanztechnischer Vorgänge (Unternehmungsgründung, Kapitalerhöhung, Fusion, Umwandlung, Sanierung, Liquidation).

Ergänzend zu dieser Bereitstellung von finanziellen Mitteln jeder Art (**Kapitalbeschaffung** im weitesten Sinne) kommen als Zweites Maßnahmen zur optimalen Strukturierung des Kapitals der Unternehmung hinzu (**Kapitalumschichtung, Umfinanzierung**). Durch die vorgenommene Einbeziehung der Sanierung und Liquidation wird der Finanzierungsbegriff als Drittes auf den Verlust und die Rückzahlung früher beschafften Kapitals ausgeweitet (**Kapitalabfluss** beispielsweise in Form von Kapitalentnahmen, Kredittilgungen, Gewinn-

---

36 *Perridon/Steiner* beziehen sich hierbei auf *Beckmann, Liesel*: Die betriebswirtschaftliche Finanzierung. 2. Aufl., München 1956, S. 28 und *Rössle, Karl*: Allgemeine Betriebswirtschaftslehre. 5. Aufl., Stuttgart 1956, S. 105. Vgl. *Perridon, Louis/Steiner, Manfred*: Finanzwirtschaft der Unternehmung. 14. Aufl., München 2007, S. 347.

37 *Grochla, Erwin*: Finanzierung, Begriff der. In: Handwörterbuch der Finanzwirtschaft, hrsg. von *Hans E. Büschgen*, Stuttgart 1976, Sp. 414.

38 *Köhler, Richard*: Zum Finanzierungsbegriff einer entscheidungsorientierten Betriebswirtschaftslehre. In: Zeitschrift für Betriebswirtschaft 1969, S. 451.

39 Vgl. *Vormbaum, Herbert*: Finanzierung der Betriebe. 9. Aufl., Wiesbaden 1995, S. 26-30; *Wöhe, Günter/Bilstein, Jürgen*: Grundzüge der Unternehmensfinanzierung. 9. Aufl., München 2002, S. 2-5.

ausschüttungen, Verrechnungen anfallender Periodenverluste mit Rücklagepositionen). Als Viertes umfasst der verwendete Finanzierungsbegriff schließlich die Freisetzung von in Sach- und Finanzwerten investierten Geldbeträgen in liquide Form durch den sich über den Markt vollziehenden betrieblichen Umsatzprozess. Es handelt sich hierbei um die Wiederbeschaffung früher investierter Mittel und deren Bereitstellung für erneute Finanzierungsvorgänge. Derartige **Kapitalfreisetzungen** finden ihren Niederschlag nicht nur auf der Passivseite der Bilanz (wegen der Erfolgswirksamkeit), sondern sie zeigen sich vor allem auf der Aktivseite in Form von Vermögensumschichtungen. Zudem sind Vermögensumschichtungen auch möglich, wenn die auf der Passivseite ausgewiesenen Kapitalpositionen konstant bleiben. Dadurch fällt auch die Bereitstellung finanzieller Mittel, die nicht zu einer Vergrößerung des auf der Passivseite ausgewiesenen Kapitals führt, unter den Finanzierungsbegriff.

Der Begriff Finanzierung beschränkt sich darüber hinaus nicht nur auf die reine Geldbeschaffung (liquide Mittel), sondern er umschließt auch die Zurverfügungstellung von Sachgütern in Form von Sacheinlagen oder die Einbringung von Wertpapieren. Kapitalbeschaffung (Finanzierung) und Kapitalverwendung (Investition) erfolgen in diesen Fällen als einheitlicher Vorgang. Finanzierung umfasst infolgedessen nicht nur die Geldbeschaffung, sondern **Kapitalbeschaffung in allen Formen**. Das zur Nutzung überlassene Eigen- oder Fremdkapital findet seinen vermögensmäßigen Gegenwert in Form von Geld, Sachgütern, Wertpapieren oder anderen Vermögensgegenständen.

Der **Kapitalbereich der Bilanz** (Passivseite) gibt demzufolge Auskunft darüber, welche Kapitalbeträge in welcher rechtlichen Form (Eigenkapital oder Fremdkapital) dem Betrieb zur Nutzung überlassen werden, während der **Vermögensbereich der Bilanz** (Aktivseite) zum Ausdruck bringt, in welchen Vermögensarten die von den Kapitalgebern zur Verfügung gestellten Mittel derzeit gebunden sind.

In diesem Zusammenhang lassen sich grundsätzlich vier Arten von Finanzierungsvorgängen, die sich in einer Änderung des Bilanzinhalts niederschlagen, unterscheiden (siehe **Abbildung 5**; Seite 15).

Bilanzverlängernde Finanzierungsmaßnahmen führen zu einer Erhöhung des dem Betrieb zur Verfügung stehenden Vermögens bei gleichzeitiger, gleichgewichtiger Erhöhung des Kapitals. Diese Vorgänge werden in **Abbildung 6** (Seite 16) als **Kapitalbeschaffung** bezeichnet. Mit dem Ausweis des neu aufgenommenen Kapitals (Eigenkapital und/oder Fremdkapital) auf der Passivseite wird der juristische Anspruch dokumentiert. Auf der Aktivseite zeigt sich diese Kapitalerhöhung in ihrer konkreten Form, nämlich als Zufluss von liquiden Mitteln (z. B. Bareinlage, Kreditaufnahme) oder als Erhöhung der Sachgüter (z. B. Sacheinlage, Kauf auf Ziel).

Vermögensumschichtende Finanzierungsvorgänge (Aktivtausch) führen bei gleich bleibender Bilanzsumme zu einer Umstrukturierung des Vermögens, indem z. B. Sachgüter oder Finanztitel in liquide Mittel umgewandelt werden; gebundenes Vermögen wird also durch Veräußerung freigesetzt. Es gibt allerdings Finanzierungsvorgänge, die neben einer Vermögensumschichtung gleichzeitig auch zu einer Bilanzverlängerung oder -verkürzung führen. Dies ist der Fall, wenn beim Verkauf von Vermögensgegenständen zu einem über dem Buchwert liegenden Preis stille Rücklagen gewinnerhöhend aufgedeckt werden oder wenn durch deren vorherige Überbewertung ein außerordentlicher Aufwand entsteht. Finanzierungsmaßnahmen, die zu einer Vermögensumschichtung führen, werden in **Abbildung 6** (Seite 16) als **Kapitalfreisetzung** bezeichnet.

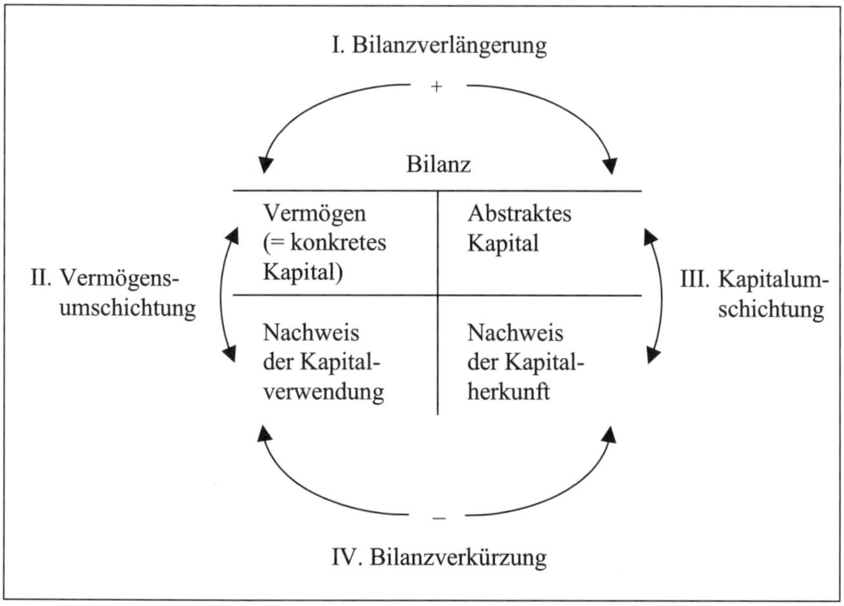

Abbildung 5: Finanzierungsvorgänge und Bilanzinhalt[40]

Bei **kapitalumschichtenden Finanzierungsvorgängen (Passivtausch)** kommt es bei gleichbleibender Bilanzsumme zu einer Umstrukturierung der Passivseite. Die Veränderung der Rechtsposition des Kapitalgebers gegenüber der Unternehmung (Eigentümer wird Gläubiger bzw. umgekehrt) zählt ebenso zu dieser **Kapitalumschichtung** wie Strukturveränderungen innerhalb des Eigenkapitals (z. B. Kapitalerhöhungen aus Gesellschaftsmitteln) und des Fremdkapitals (z. B. Vereinbarung, einen kurzfristigen Kredit auf langfristige Darlehensbasis umzustellen); vgl. **Abbildung 6** (Seite 16).

Bilanzverkürzende Finanzierungsmaßnahmen führen zu einer Verkleinerung der Bilanzsumme durch Verminderung des dem Betrieb zur Verfügung stehenden Vermögens bei gleichzeitiger, gleichgewichtiger Verminderung des Kapitals. Dieser **Kapitalabfluss** zeigt sich in konkreter Form als Verminderung der liquiden Mittel bzw. von Sachgütern, schlägt sich aber auch in einer entsprechenden Verminderung der die Rechtsansprüche der Kapitalgeber repräsentierenden Eigen- oder Fremdkapitalpositionen nieder (vgl. **Abbildung 6**; Seite 16).

[40] Modifiziert entnommen aus *Vormbaum, Herbert*: Finanzierung der Betriebe. 9. Aufl., Wiesbaden 1995, S. 27.

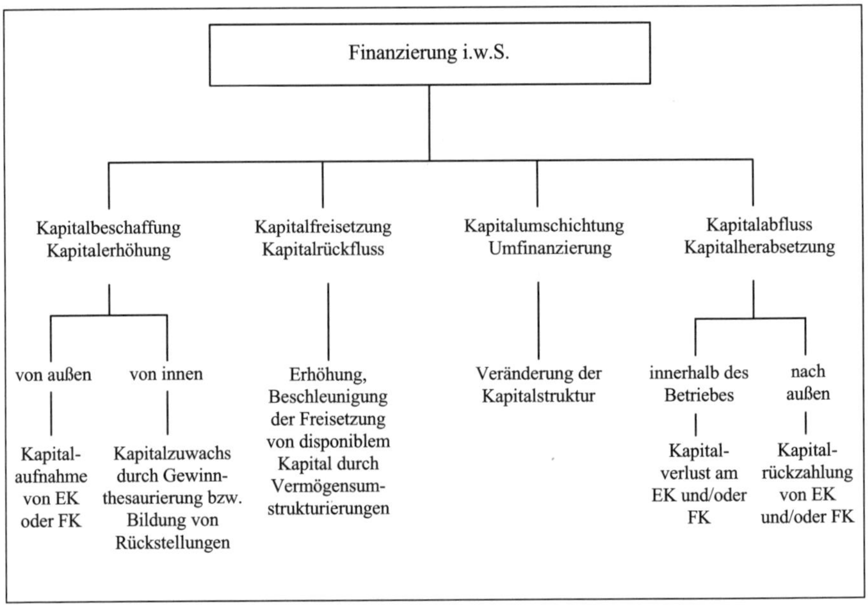

Abbildung 6: Elemente des Finanzierungsbegriffs[41]

---

41 Modifiziert entnommen aus *Vormbaum, Herbert*: Finanzierung der Betriebe. 9. Aufl., Wiesbaden 1995, S. 29.

2 Überblick über die Finanzierungstheorie

2.1 Vorbemerkungen

Finanzwirtschaftliche Planungen und Entscheidungen wirken mitunter weit in die Zukunft hinein. So führen beispielsweise Einzahlungen aus der Aufnahme von Krediten zu vertraglich vereinbarten Auszahlungsverpflichtungen für Zinsen und Tilgung in späteren Zeitpunkten. Aus der Aufnahme von Eigenkapital entstehen zwar keine rechtlichen Zahlungsverpflichtungen, wohl aber müssen die Erwartungen der Eigentümer durch Gewinnausschüttungen erfüllt werden. Im Bereich der Leistungsein- und -auszahlungen bestehen ebenfalls intertemporale Zusammenhänge; insbesondere ermöglichen Investitionsauszahlungen spätere Einzahlungsüberschüsse im Leistungsbereich. Zudem sind die Auswirkungen finanz- und leistungswirtschaftlicher Vorgänge auf die Zahlungen an den Staat (Steuern) bzw. vom Staat (Subventionen) zu berücksichtigen. Bei der Abstimmung zukünftiger Ein- und Auszahlungen muss angesichts einer **ungewissen Zukunft** zudem stets so disponiert werden, dass nicht nur beim planmäßig vorgesehenen Ablauf der Zahlungsströme der erforderliche Ausgleich von Ein- und Auszahlungen erreicht wird; man muss sich auch Entwicklungen anpassen können, die vom planmäßigen Verlauf abweichen. Hierzu ist ein hinreichend großes Potenzial von Anpassungsmöglichkeiten (ungenutzte Finanzierungsmöglichkeiten, Einschränkung des Investitionsprogramms, Liquidation von Finanzanlagen) notwendig.[42]

Daraus ergibt sich die Aufgabe, die aus den wechselseitigen geld- und güterwirtschaftlichen Beziehungen einer Unternehmung resultierenden Zahlungsmittelbewegungen im Gleichgewicht zu halten, also den Mittelbedarf und die verfügbaren Mittel aufeinander abzustimmen und die Leitung der Unternehmung auf (mögliche) finanzielle Engpässe hinzuweisen. Bei allen unternehmerischen Entscheidungen, die das Ziel verfolgen, den Erfolg langfristig zu maximieren, ist die strenge Nebenbedingung zu beachten, dass die Liquidität ständig gesichert sein muss. Der maximale Gewinn muss allerdings nicht zur Sicherung der Liquidität führen, was sich u. a. durch den Zusammenbruch illiquider Unternehmungen zeigt, die eine günstige Gewinnsituation aufweisen. Durch Nichtbeachtung dieser Liquiditätsproblematik wird der Bestand der Unternehmung bedroht, da

- die Liquiditätssituation von Ein- und Auszahlungen (Zahlungsmittelbestandsveränderungen)[43] mit beeinflusst wird; diese kann (und wird i. d. R.) aufgrund der Periodisierung der Zahlungsvorgänge zu Aufwendungen und Erträgen von der Erfolgssituation einer Periode abweichen;

---

[42] Vgl. *Hax, Herbert*: Finanzierung. In: Vahlens Kompendium der Betriebswirtschaftslehre, Band 1, 4. Aufl., München 1998, S. 179-180.

[43] Vgl. zu diesen Begriffen ausführlicher *Bieg, Hartmut/Kußmaul, Heinz*: Investition. 2. Aufl., München 2009, Abschnitt 1.1.1.1.

- durch unsere Rechtsordnung die Einhaltung von Liefer- und Zahlungsversprechen erzwungen werden kann.

Damit wird deutlich, dass kurzfristig gesehen die Liquidität für die Existenz einer Unternehmung entscheidender sein kann als die Rentabilität und dass eine Unternehmung nur bei ständiger Erhaltung der Liquidität zur langfristigen Gewinnmaximierung in der Lage ist.[44] Der störungsfreie Ablauf des Prozesses der betrieblichen Leistungserstellung erfordert es, dass der Unternehmung die erforderlichen liquiden Mittel fristgerecht zur Verfügung stehen. Voraussetzung für die Existenzsicherung der Unternehmung ist die zeitliche Koordination der Ein- und Auszahlungsströme. Das Problem der zeitlichen Abstimmung der Zahlungsströme entsteht aus zwei Gründen:

- Die Kapitalgeber stellen der Unternehmung i. d. R. das Kapital befristet und unterschiedlich lange zur Verfügung.
- Das in der Unternehmung eingesetzte Kapital wird für unterschiedlich lange Zeiträume in den Vermögenswerten gebunden.

Im Rahmen der Finanzierungstheorie, die zur Lösung der bei der Finanzierung aufgeworfenen Probleme beitragen soll, sind vor allem zwei Fragestellungen von Interesse:

- **Kapitalgeber** verlangen Hilfestellungen bei der Auswahl von am Geld- und Kapitalmarkt möglichen Anlageformen,
- **Kapitalnehmer**, im Folgenden: die Unternehmungen, sind an Entscheidungshilfen interessiert, um in Bezug auf ihre Ziele optimale Finanzierungsalternativen finden zu können.

Bei diesen Fragestellungen sind – dies zeigt **Abbildung 7** (Seite 19) – die folgenden Komponenten von Bedeutung:[45]

(A) Die **Ziele** der Kapitalgeber und Kapitalnehmer: Sie beeinflussen wesentlich die Auswahl aus den zur Verfügung stehenden Alternativen.

(B) Der **Übertragungsvorgang:** Beim Transfer der Zahlungen zwischen Kapitalgeber und Kapitalnehmer treten Behinderungen auf in Form von (1) Steuern, (2) Transaktionskosten (z. B. Überweisungs- und Maklergebühren) und (3) Informationskosten, weil Kapitalgeber und Kapitalnehmer ihre Engagements auswählen und überwachen müssen. Daneben sind (4) Opportunitätskosten zu berücksichtigen, wenn – wie üblich – die Entscheidung für eine Alternative gleichzeitig den Verzicht auf eine andere Möglichkeit erfordert.

---

[44] Vgl. *Bieg, Hartmut*: Schwebende Geschäfte in Handels- und Steuerbilanz. Frankfurt a. M./Bern 1977, S. 179-180.

[45] Vgl. hierzu *Steiner, Manfred/Kölsch, Karsten*: Finanzierung – Zielsetzungen, zentrale Ergebnisse und Entwicklungsmöglichkeiten der Finanzierungsforschung. In: Die Betriebswirtschaft 1989, S. 410-411.

(C) Der **Marktzusammenhang**: Die Ziele der Kapitalgeber und Kapitalnehmer und das Übertragungsmedium sind in den Marktzusammenhang zu bringen, aus dem sich die möglichen Anlage- bzw. Finanzierungsalternativen ergeben.

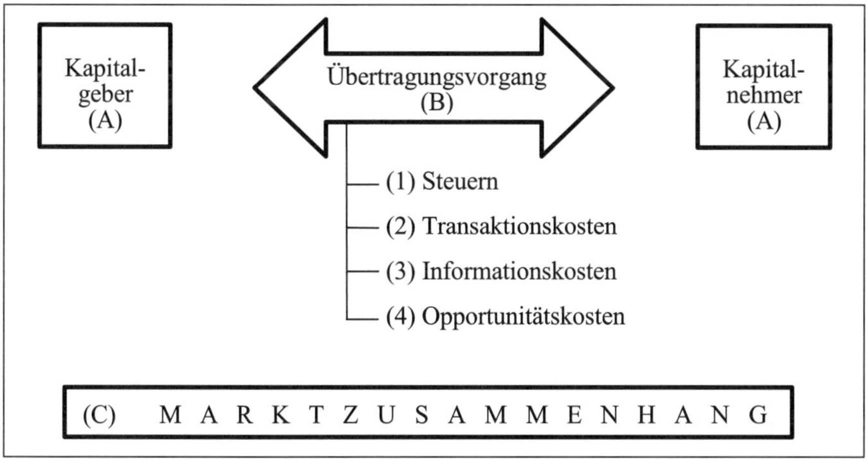

Abbildung 7: Das Forschungsgebiet der Finanzierungstheorie[46]

Wird die Lösung der Probleme mit Hilfe quantitativ analytischer Modelle angestrebt, so spricht man von Finanzierungstheorie i. e. S. Die Finanzierungstheorie i. w. S. umfasst zusätzlich den Bereich der Begriffsbildung sowie die Beschreibung und Interpretation von Finanzierungsvorgängen. Hier wird von der weiten Interpretation ausgegangen. **Abbildung 8** (Seite 20) enthält **eine mögliche Systematisierung** der Ansätze der Finanzierungstheorie.[47] Bei der folgenden kurzen Charakterisierung der verschiedenen Theorieansätze wird auch darauf eingegangen, welche der in **Abbildung 7** genannten Komponenten Untersuchungsgegenstand des jeweiligen Ansatzes sind.

---

46 Entnommen aus *Bieg, Hartmut*: Überblick über die Finanzierungstheorien. In: Der Steuerberater 1997, S. 27.

47 Vgl. hierzu *Steiner, Manfred/Kölsch, Karsten*: Finanzierung – Zielsetzungen, zentrale Ergebnisse und Entscheidungsmöglichkeiten der Finanzierungsforschung. In: Die Betriebswirtschaft 1989, S. 413-425. Andere Systematisierungen sind ebenfalls möglich; vgl. z.B. *Süchting, Joachim*: Finanzmanagement – Theorie und Politik der Unternehmensfinanzierung. 6. Aufl., Wiesbaden 1995, S. 7.

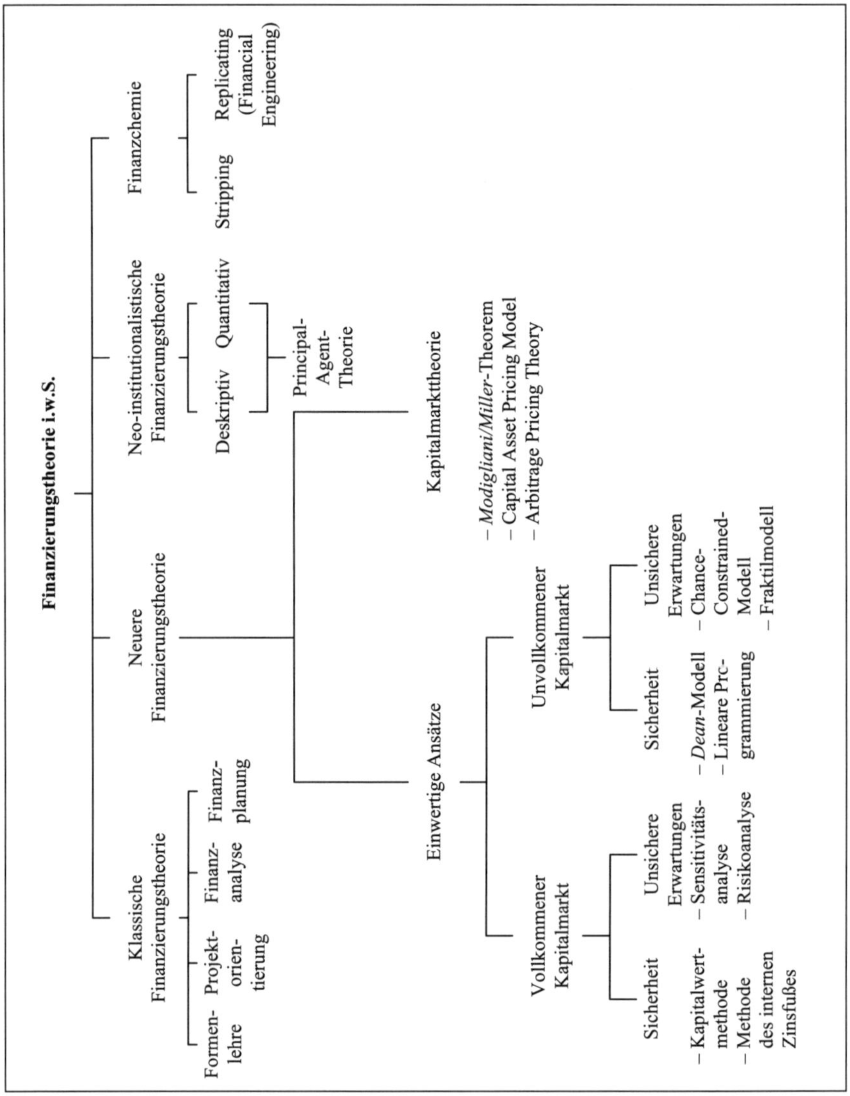

Abbildung 8: Systematisierung verschiedener Ansätze der Finanzierungstheorie i. w. S.[48]

2.2 Die klassische Finanzierungstheorie

Die klassische Finanzierungstheorie betrachtet die Vorgänge im finanz- und leistungswirtschaftlichen Bereich unabhängig voneinander. Dabei wird hauptsächlich die Komponente (A), also die Ziele der Kapitalgeber und Kapitalnehmer, untersucht. Bei dieser überwiegend

48 Entnommen aus *Bieg, Hartmut*: Überblick über die Finanzierungstheorien. In: Der Steuerberater 1997, S. 28.

deskriptiven **Charakterisierung von Finanzierungsalternativen** anhand verschiedener Kriterien verzichtet man auf die Formulierung quantitativer Entscheidungskriterien, so dass keine eindeutigen Handlungsempfehlungen abgegeben werden können. Während der Marktzusammenhang (C) überhaupt nicht berücksichtigt wird, spielt der Übertragungsvorgang nur teilweise eine Rolle; so werden zwar teilweise Steuern und Transaktionskosten, weniger jedoch Informations- und Opportunitätskosten in die Betrachtung mit einbezogen. Es lassen sich verschiedene Teilbereiche der klassischen Finanzierungstheorie unterscheiden.[49]

Die **Formenlehre** hat die Aufgabe, geeignete Finanzierungsquellen (Innen- und Außenfinanzierung) für den Kapitalnehmer bei gegebenem Kapitalbedarf zu bestimmen. Dazu werden die möglichen Finanzierungsalternativen anhand verschiedener Merkmale (z. B. Kapitalkosten, Rendite, Fristigkeit) systematisiert.[50] Da aufgrund der Kreativität der Marktteilnehmer stets neue Finanzinnovationen entwickelt werden, besteht permanenter Beschreibungsbedarf, der die Formenlehre noch immer zu einem aktuellen Zweig der Finanzierungsforschung macht.

Der **projektorientierte Bereich** der klassischen Finanzierungstheorie beschreibt „die Durchführung außerordentlicher finanztechnischer Geschäfte wie vor allem Gründung, Umwandlung, Fusion, Kapitalerhöhung, Kapitalherabsetzung und Liquidation“[51] und ihre Rechtsfolgen.

Auch dieser Bereich behält aufgrund der fortlaufenden Entwicklung neuer außerordentlicher Geschäfte (z. B. going public, bookbuilding, management buy out,[52] leveraged buy out[53]) seine Aktualität.

Bei der **Finanzanalyse** werden Kennzahlen zur Beschreibung der finanzwirtschaftlichen Situation einer Unternehmung entwickelt, um sie u. a. zur Prognose der Unternehmungsentwicklung heranzuziehen. Aufgrund ihrer einfachen empirischen Einsatzfähigkeit findet die Finanzanalyse insbesondere bei der Bonitätsprüfung der Geschäftspartner Anwendung. Während sich aber die **Kennzahlenforschung** früher nur auf die Bilanz konzentrierte (z. B.

---

[49] Vgl. hierzu *Steiner, Manfred/Kölsch, Karsten*: Finanzierung – Zielsetzungen, zentrale Ergebnisse und Entwicklungsmöglichkeiten der Finanzierungsforschung. In: Die Betriebswirtschaft 1989, S. 412-414.

[50] Vgl. *Perridon, Louis/Steiner, Manfred*: Finanzwirtschaft der Unternehmung. 14. Aufl., München 2007, S. 16-17.

[51] *Grochla, Erwin*: Finanzierung, Begriff der. In: Handwörterbuch der Finanzwirtschaft, hrsg. von *Hans E. Büschgen*, Stuttgart 1976, Sp. 419.

[52] Dabei erwerben die **seitherigen Manager** einer Unternehmung die Mehrheit der Anteilsrechte dieser Unternehmung und versuchen, deren langfristige Fortführung zu sichern. Reichen ihre eigenen finanziellen Mittel dazu nicht aus, so wird versucht, zusätzliche Mittel über sog. management buy out-Fonds, die sich ihrerseits durch Ausgabe von Anteilsscheinen finanzieren, aufzubringen.

[53] Hier erfolgt der Kauf der Mehrheit der Anteilsrechte einer Unternehmung durch **private Investoren**, die unterschiedliche Ziele verfolgen können. Erfolgt der Erwerb der Anteilsrechte, um eine Restrukturierung oder Sanierung vorzunehmen oder aber, um die Unternehmung in einen Konzernverbund einzubringen (industrielle leveraged buy outs), so ähnelt die Zielsetzung der beim management buy out. Dagegen ist von einer kurzfristigen Erfolgserzielungsabsicht auszugehen, wenn mit dem – meist ausschließlich mit Fremdkapital finanzierten – Anteilserwerb das alleinige Ziel verfolgt wird, die Unternehmung zu zerschlagen und aus dem Verkauf von unterbewerteten Aktiva bzw. von Unternehmungsteilen Gewinn zu erzielen.

Goldene Finanzierungs- bzw. Bilanzregel[54]), berücksichtigt man heute die Daten des ganzen Jahresabschlusses, insbesondere der Gewinn- und Verlustrechnung (z. B. Cashflow, Umsatzkennzahlen). Dies zeigt den Wandel vom statischen, aus der Bilanz ableitbaren Liquiditätsbegriff hin zur Interpretation der Liquidität als einem dynamischen und zahlungsstrombezogenen Vorgang. Da sich jedoch unbestritten keine Kennzahl allein zur Prognose der Erfolgssituation eignet, werden mehrere, unterschiedlich gewichtete Kennzahlen in Trennfunktionen miteinander verknüpft.[55]

In der **Finanzplanung** wird die Notwendigkeit der eigenständigen Erfassung der Zahlungsströme herausgestellt,[56] da die Existenz einer Unternehmung von der Erhaltung der Zahlungsfähigkeit abhängig ist. Durch Aufstellung von kurz-, mittel- und langfristigen Finanzplänen kann Zahlungsengpässen frühzeitig entgegengewirkt bzw. können überschüssige Mittel ertragbringend angelegt werden.[57] Modelle, die die Planung der unsicheren Zahlungseingänge ermöglichen, sind z. B. das Kassenhaltungsmodell und die Verweilzeitverteilung, wobei im zweiten Fall die Einzahlungen aus den Umsatzerlösen durch auf Erfahrung beruhende Wahrscheinlichkeiten der Inanspruchnahme von Zahlungszielen geschätzt werden.[58]

2.3 Die neuere Finanzierungstheorie

2.3.1 Vorbemerkungen

Bei der neueren Finanzierungstheorie, insbesondere bei der Kapitalmarkttheorie, werden die Ziele der Kapitalgeber und -nehmer (A) analysiert und in den Marktzusammenhang (C) unter weitgehender Vernachlässigung des Übertragungsvorgangs (B) gebracht. Die Zielsetzungen werden auf Rendite-Risiko-Überlegungen beschränkt. Der zahlungsstromorientierte Finanzierungsbegriff[59] führt zur Interpretation der Finanzierungs- und Investitionsvorgänge als **spiegelbildliche** Aktivitäten. Eine getrennte Betrachtung dieser Vorgänge ist nur dann möglich, wenn auf dem Kapitalmarkt alternativ Sach- und Finanzinvestitionen vorgenom-

---

54 Siehe dazu z.B. *Härle, Dietrich*: Finanzierungsregeln. In: Handwörterbuch der Finanzwirtschaft, hrsg. von *Hans E. Büschgen*, Stuttgart 1976, Sp. 483 – 491; zur Darstellung verschiedener Kennzahlen und zur Kritik daran siehe *Bieg, Hartmut*: Kapitalstruktur- und Kapital-Vermögensstrukturregeln. In: Wirtschaftswissenschaftliches Studium 1993, S. 598-604.

55 Vgl. *Steiner, Manfred/Kölsch, Karsten*: Finanzierung – Zielsetzungen, zentrale Ergebnisse und Entwicklungsmöglichkeiten der Finanzierungsforschung. In: Die Betriebswirtschaft 1989, S. 414; vgl. *Bieg, Hartmut/Kußmaul, Heinz*: Investitions- und Finanzierungsmanagement. Band III: Finanzwirtschaftliche Entscheidungen. München 2000, Abschnitt 3.2.

56 Vgl. *Perridon, Louis/Steiner, Manfred*: Finanzwirtschaft der Unternehmung. 14. Aufl., München 2007, S. 18.

57 Vgl. *Bieg, Hartmut/Kußmaul, Heinz*: Investitions- und Finanzierungsmanagement. Band III: Finanzwirtschaftliche Entscheidungen. München 2000, Abschnitt 1.1.

58 Vgl. *Franke, Günter/Hax, Herbert*: Finanzwirtschaft des Unternehmens und Kapitalmarkt. 5. Aufl., Berlin u.a. 2004, S. 130.

59 Vgl. dazu *Bieg, Hartmut/Kußmaul, Heinz*: Investition. 2. Aufl., München 2009, Abschnitt 1.3.2.

men werden können (**vollkommener Kapitalmarkt**). Auf dem unvollkommenen Kapitalmarkt müssen Finanzierungs- und Investitionsentscheidungen simultan getroffen werden.

2.3.2 Einwertige Ansätze

2.3.2.1 Einwertige Ansätze auf dem vollkommenen Kapitalmarkt

Spiegelbildlich zu den Investitionen beginnen Finanzierungen mit einer oder mehreren Einzahlungen, denen eine oder mehrere Auszahlungen folgen. Jede Finanzierungsalternative lässt sich so durch eine Zahlungsreihe charakterisieren, auf die – unter der Annahme der **Sicherheit** – die aus der Investitionsrechnung bekannten Methoden (z. B. Kapitalwertmethode und Methode des internen Zinsfußes) anwendbar sind. Anhand des jeweils betrachteten quantitativen Entscheidungskriteriums lassen sich i. Allg. eindeutige Handlungsempfehlungen bezüglich der Wahl der Finanzierungsalternative ableiten.

Unsichere Erwartungen fließen u. a. in die beiden folgenden Ansätze ein. Die **Sensitivitätsanalyse** bestimmt durch systematische Variation der unsicheren Zahlungsströme (bzw. der sie determinierenden Einflussgrößen) die Auswirkungen auf das Entscheidungskriterium.[60] Die **Risikoanalyse** ermittelt aus den sicheren und unsicheren Zahlungsströmen eine Wahrscheinlichkeitsverteilung des Entscheidungskriteriums,[61] auf deren Grundlage der Entscheidungsträger dann seine endgültige Entscheidung fällen kann.

2.3.2.2 Einwertige Ansätze auf dem unvollkommenen Kapitalmarkt

Bei der simultanen Betrachtung von Finanzierungs- und Investitionsvorgängen führt im Ein-Perioden-Fall unter der Prämisse der **Sicherheit** das ***Dean*-Modell** zu einer eindeutigen Lösung. Hierbei werden sowohl die Finanzierungs- als auch die Investitionsalternativen nach ihren internen Zinsfüßen geordnet und als Kapitalnachfrage- und Kapitalangebotskurve gezeichnet. Der Schnittpunkt dieser beiden Kurven legt das optimale Investitions- und Finanzierungsprogramm fest.[62] Im Mehr-Perioden-Fall ist ein **lineares Programm** aufzustellen, das die Finanzierungs- und Investitionszahlungsströme in Liquiditätsrestriktionen berücksichtigt.

Mit Hilfe von sogenannten Ersatzmodellen kann die **Unsicherheit** der Zahlungsströme in linearen Programmen berücksichtigt werden. Im **Chance-Constrained-Modell** sind nur diejenigen Alternativen zulässig, die mit einer vom Entscheidungsträger vorgegebenen (Mindest-)Wahrscheinlichkeit die jeweiligen Restriktionen erfüllen. Im **Fraktilmodell** entscheidet man sich für die Alternative, die bei einer festgelegten (Mindest-)Wahrscheinlichkeit den höchsten Zielfunktionswert hat.

---

60 Vgl. *Kruschwitz, Lutz*: Investitionsrechnung. 12. Aufl., München 2009, S. 318-319 und S. 323-324.

61 Vgl. *Kruschwitz, Lutz*: Investitionsrechnung. 12. Aufl., München 2009, S. 324.

62 Vgl. *Bieg, Hartmut*: Betriebswirtschaftslehre 1: Investition und Unternehmungsbewertung. 2. Aufl., Freiburg i. Br. 1997, S. 132-137.

2.3.3 Die Kapitalmarkttheorie

Die Modelle der Kapitalmarkttheorie basieren auf der **Prämisse des vollkommenen Kapitalmarktes,** „insbesondere der Informationseffizienz, wonach alle Marktteilnehmer den gleichen Informationsstand [haben; d. Verf.] und die Kaufentscheidung ... sich als rationales Abwägen der Informationen mit den Präferenzen des Anlegers“[63] darstellt. Sie berücksichtigen die Unsicherheit der Rückflüsse aus den Investitionen, operieren jedoch mit starken Restriktionen (Prämissen). So werden die Ziele der Kapitalgeber und -nehmer auf die wesentlichen Aspekte Risiko und Rendite von Finanzierungstiteln reduziert. Für eine kapitalaufnehmende Unternehmung stellt sich somit das Problem, Anlagemöglichkeiten anzubieten, die möglichst viele, i. d. R. risikoscheue Kapitalgeber ansprechen. Die Aufnahme eines Finanztitels in ein Portfolio wird gemäß der **Portfolio-Theorie** dann erfolgen, wenn seine erwartete Rendite die Rendite sicherer Anlagen um eine ausreichend hohe Risikoprämie übersteigt.[64]

Modigliani/Miller untersuchten den **Einfluss des Verschuldungsgrades auf den Unternehmungswert.**[65] Sie haben unter bestimmten Prämissen bewiesen, dass der Wert einer Unternehmung durch Veränderungen der Kapitalstruktur nicht beeinflusst wird. Diese Aussage basiert auf der Erkenntnis, dass gleiche Güter auf einem vollkommenen Markt im Gleichgewicht denselben Preis haben.[66] Die Aussage von *Modigliani/Miller* wird durch das **Wertadditivitätstheorem** verallgemeinert. Die Wertadditivität als Eigenschaft einer Bewertungsfunktion im Kapitalmarktgleichgewicht besagt, dass die Summe zweier isoliert bewerteter Zahlungsströme der Bewertung der Summe dieser Zahlungsströme entspricht.[67] Damit lässt sich u. a. widerlegen, dass eine an den Risikopräferenzen der Kapitalgeber ausgerichtete Finanzierungsstrategie einer Unternehmung den Marktwert aller ausgegebenen Finanzierungstitel und damit den Marktwert der Unternehmung selbst maximiert, denn die Finanzierungstitel können lediglich einen gegebenen Finanzmittelstrom aufteilen (Irrelevanz jeder Finanzierungsmaßnahme).

---

63 *Steiner, Manfred/Kölsch, Karsten*: Finanzierung – Zielsetzungen, zentrale Ergebnisse und Entscheidungsmöglichkeiten der Finanzierungsforschung. In: Die Betriebswirtschaft 1989, S. 417.

64 Vgl. *Hax, Herbert/Hartmann-Wendels, Thomas/Hinten, Peter von*: Moderne Entwicklung der Finanzierungstheorie. In: Finanzierungs-Handbuch, hrsg. von *Friedrich W. Christians*, 2. Aufl., Wiesbaden 1988, S. 691-692; vgl. dazu *Bieg, Hartmut/Kußmaul, Heinz*: Investitions- und Finanzierungsmanagement. Band III: Finanzwirtschaftliche Entscheidungen. München 2000, Abschnitt 2.2.2.

65 Vgl. *Modigliani, Franco/Miller, Merton H.*: The Cost of Capital, Corporation Finance and the Theory of Investment. In: American Economic Review 1958, Vol. 48, S. 261-297; vgl. auch (als deutsche Übersetzung): Kapitalkosten, Finanzierung von Aktiengesellschaften und Investitionstheorie. In: Die Finanzierung der Unternehmung, hrsg. von *Herbert Hax und Helmut Laux*, Köln 1975, S. 86-119; vgl. dazu *Bieg, Hartmut/Kußmaul, Heinz*: Investitions- und Finanzierungsmanagement. Band III: Finanzwirtschaftliche Entscheidungen. München 2000, Abschnitt 1.2.3.

66 Vgl. *Schmidt, Reinhard H./Terberger, Eva*: Grundzüge der Investitions- und Finanzierungstheorie. 4. Aufl., Wiesbaden 1997, S. 252; vgl. dazu *Bieg, Hartmut/Kußmaul, Heinz*: Investitions- und Finanzierungsmanagement. Band III: Finanzwirtschaftliche Entscheidungen. München 2000, Abschnitt 1.2.3.

67 Vgl. *Hax, Herbert/Hartmann-Wendels, Thomas/Hinten, Peter von*: Moderne Entwicklung der Finanzierungstheorie. In: Finanzierungs-Handbuch, hrsg. von *Friedrich W. Christians*, 2. Aufl., Wiesbaden 1988, S. 703.

Beim **Capital Asset Pricing Model**[68] handelt es sich um ein **statisches Gleichgewichtsmodell**, das die **Preise**, die Preisverhältnisse und die Renditen von Finanzierungstiteln **am Kapitalmarkt bestimmt**. Voraussetzung ist, dass die Marktteilnehmer homogene Erwartungen haben und sich entsprechend den Erkenntnissen der Portfolio-Theorie entscheiden,[69] d. h. „daß die risikoscheuen Kapitalanleger den Erwartungswert des Nutzens der unsicheren Zahlungen, die ihnen aus den Finanzierungstiteln ihres Portfolios zufließen, maximieren wollen.“[70]

Der **Arbitrage Pricing Theory** geht es um die eindeutige **Bestimmung des Preises eines Finanzierungstitels** ohne Kenntnis der Präferenzstrukturen der Anleger und ohne die Annahme homogener Erwartungen,[71] indem durch Kombination anderer Finanzierungstitel (Duplizieren) ein äquivalentes Portfolio hergestellt werden kann; Voraussetzung ist lediglich, dass sich der Kapitalmarkt im Gleichgewicht befindet, d. h. keine Arbitragemöglichkeiten mehr bestehen (**Arbitragefreiheit**).[72]

2.4 Die Neo-institutionalistische Finanzierungstheorie

Die Neo-institutionalistische Finanzierungstheorie hat ihren Betrachtungsschwerpunkt auf der Komponente Übertragungsvorgang (B), vor allem auf den Transaktions-, Informations- und Opportunitätskosten. Dagegen werden die Ziele der Kapitalgeber und Kapitalnehmer (A) weitgehend, der Marktzusammenhang (C) völlig vernachlässigt. Die Begründung ist darin zu sehen, dass allenfalls einige Teilmärkte für Finanztitel den Prämissen des vollkommenen Marktes genügen; dagegen herrscht häufig – als ein wesentliches Kennzeichen des unvollkommenen Marktes – Informationsasymmetrie zwischen den Kapitalgebern und Kapitalnehmern. Sie verursacht zusätzliche Kosten, weshalb die Einschaltung von **Finanzintermediären** zur Überbrückung dieser Hindernisse notwendig wird.

Die **Principal-Agent-Theorie**[73] untersucht die **Finanzierungsbeziehung** zwischen den Vertragspartnern mit dem Ziel, deren Interessen weitestgehend in Einklang zu bringen.[74] In

---

68 Vgl. *Bieg, Hartmut/Kußmaul, Heinz*: Investitions- und Finanzierungsmanagement. Band III: Finanzwirtschaftliche Entscheidungen. München 2000, Abschnitt 2.2.3.

69 Vgl. *Franke, Günter/Hax, Herbert*: Finanzwirtschaft des Unternehmens und Kapitalmarkt. 5. Aufl., Berlin u.a. 2004, S. 351; vgl. dazu *Bieg, Hartmut/Kußmaul, Heinz*: Investitions- und Finanzierungsmanagement. Band III: Finanzwirtschaftliche Entscheidungen. München 2000, Abschnitt 2.2.2.

70 *Hax, Herbert/Hartmann-Wendels, Thomas/Hinten, Peter von*: Moderne Entwicklung der Finanzierungstheorie. In: Finanzierungs-Handbuch, hrsg. von *Friedrich W. Christians*, 2. Aufl., Wiesbaden 1988, S. 696-697.

71 Vgl. *Kruschwitz, Lutz*: Finanzierung und Investition. 5. Aufl., München/Wien 2007, S. 144.

72 Vgl. *Hax, Herbert/Hartmann-Wendels, Thomas/Hinten, Peter von*: Moderne Entwicklung der Finanzierungstheorie. In: Finanzierungs-Handbuch, hrsg. von *Friedrich W. Christians*, 2. Aufl., Wiesbaden 1988, S. 699-700, S. 702.

73 Vgl. hierzu *Richter, Rudolf/Furubotn, Eirik G.*: Neue Institutionenökonomik. 3. Aufl., Tübingen 2003, S. 173-182; 224-263.

74 Vgl. *Perridon, Louis/Steiner, Manfred*: Finanzwirtschaft der Unternehmung. 14. Aufl., München 2007, S. 523-524.

dieser Theorie engagiert ein Kapitalgeber (Prinzipal) einen Kapitalnehmer (Agent), damit dieser das ihm überlassene Vermögen im Interesse des Kapitalgebers verwalte. Dies birgt das Risiko in sich, dass der Agent versucht, **seinen** Nutzen – und damit nicht zwangsläufig den des Prinzipals – zu maximieren (Moral-Hazard-Risiko). Daher ist der Prinzipal bestrebt, derartige ihn schädigende Verhaltensweisen des Agenten zu verhindern. Da die Prämisse des vollkommenen Kapitalmarkts, insbesondere der Informationseffizienz, aufgehoben ist, muss sich der Prinzipal zur Kontrolle der Beziehung Informationen beschaffen; dies verursacht Kosten.

Im **deskriptiven** Teilbereich dieser Theorie werden die Finanzierungssituationen analysiert, d. h., es werden die Interessenkonflikte zwischen Prinzipal und Agent, die Anreize für den Agenten, den Prinzipal zu schädigen, sowie die Sicherungsformen, durch die sich der Prinzipal schützen kann, dargestellt.[75] Im **quantitativen** Bereich geht es um die Konzeption von Modellen für die unterschiedlichen Beziehungen zwischen Prinzipal und Agent. Der Marktwert der mit einem Aktionsprogramm verbundenen Zahlungsströme wird zu dem subjektiven Nutzen des Agenten und der subjektiven Zahlungsbereitschaft der Kapitalgeber unter Einbeziehung der anfallenden Informations- und Kontrollkosten in Relation gesetzt.[76]

2.5 Die Finanzchemie

In diesem Teilbereich der Finanzierungstheorie geht es um die Analyse der Ziele der Kapitalgeber und Kapitalnehmer (A) unter Würdigung des Marktzusammenhangs (C); das Übertragungsmedium (B) wird vernachlässigt. Die Finanzchemie analysiert und synthetisiert die Basiselemente von Finanztiteln. Man unterscheidet zwischen dem **Stripping**, der Aufspaltung der Finanztitel in ihre elementaren Bestandteile (Zins, Tilgung usw.), um sie besser bewerten zu können, und dem **Replicating** (sogenanntes Financial Engineering, Repackaging), der zielgerechten Kombination der Einzelelemente zu neuen Finanztiteln. Ziel ist die Konzipierung von an den Bedürfnissen der Kapitalnehmer und -geber ausgerichteten „maßgeschneiderten Finanzinstrumenten".[77] Die Anwendung dieser Methode ist allerdings auf gut organisierte Märkte beschränkt, auf denen Anonymität und Rationalität der Marktteilnehmer vorherrschen.

---

75 Vgl. *Steiner, Manfred/Kölsch, Karsten*: Finanzierung – Zielsetzungen, zentrale Ergebnisse und Entwicklungsmöglichkeiten der Finanzierungsforschung. In: Die Betriebswirtschaft 1989, S. 420-421.

76 Vgl. *Hax, Herbert/Hartmann-Wendels, Thomas/Hinten, Peter von*: Moderne Entwicklung der Finanzierungstheorie. In: Finanzierungs-Handbuch, hrsg. von *Friedrich W. Christians*, 2. Aufl., Wiesbaden 1988, S. 706-708.

77 *Steiner, Manfred/Kölsch, Karsten*: Finanzierung – Zielsetzungen, zentrale Ergebnisse und Entwicklungsmöglichkeiten der Finanzierungsforschung. In: Die Betriebswirtschaft 1989, S. 421.

Die Finanzchemie ermöglicht es, durch Duplizieren (Nachbau) am Markt vorhandener Finanzierungstitel Arbitragegewinne zu erzielen, durch Synthese aus elementaren am Markt bereits vorkommenden Grundgeschäften auch komplexe Finanzinnovationen zu bewerten, durch Zerlegung der Position in Einzelbestandteile und Bildung jeweiliger Gegen-(Hedge-) Positionen eine Absicherung gegen Risiken zu erreichen sowie gewünschte Risikopositionen herzustellen.[78]

---

[78] Vgl. *Steiner, Manfred/Kölsch, Karsten*: Finanzierung – Zielsetzungen, zentrale Ergebnisse und Entwicklungsmöglichkeiten der Finanzierungsforschung. In: Die Betriebswirtschaft 1989, S. 423.

3 Die Finanzierungsarten – Systematisierungsansätze

3.1 Gliederung nach der Herkunft des Kapitals (Mittelherkunft)

Wird die Finanzierung unter dem Gesichtspunkt der Herkunft des Kapitals in Außen- und Innenfinanzierung unterteilt, so ist eine scharfe Trennung zwischen der Unternehmung einerseits und den Kapitalgebern (einschließlich den Inhabern oder Gesellschaftern) andererseits erforderlich. Einen Überblick gibt **Abbildung 9** (Seite 30).

Bei der **Außenfinanzierung** (externe Finanzierung) fließt der Unternehmung Kapital in Form von Eigenkapital (Kapitaleinlagen; Eigenfinanzierung von außen) oder in Form von Fremdkapital (Kreditgewährungen; Kreditfinanzierung) zu. Unterscheidet man bei der **Eigenfinanzierung von außen** die Einlagen- von der Beteiligungsfinanzierung,[79] so kann die Unterscheidung allenfalls aufgrund der Rechtsform der Unternehmung getroffen werden. In diesem Sinne bezeichnet man die Einlagen durch Einzelunternehmer bzw. Gesellschafter von Personenhandelsgesellschaften als **Einlagenfinanzierung**; von **Beteiligungsfinanzierung** spricht man, wenn die Gesellschafter juristischer Personen Eigenkapital zur Verfügung stellen, wobei ihre Gesellschafterrechte durch Beteiligungspapiere (Aktien) verbrieft sein können. Im Folgenden wird für beide Fälle von Einlagenfinanzierung gesprochen; eine Unterscheidung ist aufgrund fehlender unterschiedlicher Problemstellung nicht erforderlich. In allen Fällen nimmt das i. d. R. auf unbestimmte Zeit zur Verfügung gestellte Eigenkapital am Gewinn und Verlust der Unternehmung teil. Da es durch Verluste zuerst angegriffen (eventuell völlig aufgezehrt) wird, wird es auch als Haftungs- oder Garantiekapital bezeichnet.

Die **Kreditfinanzierung** ist **Fremdfinanzierung von außen**; das Kapital wird vom Kapitalgeber (Gläubiger) lang-, mittel- oder kurzfristig zur Verfügung gestellt, wobei vertraglich vereinbart wird, dass

- Zinsen – auch in Verlustjahren – zu zahlen sind,
- innerhalb eines vertraglich vereinbarten Zeitraums bzw. zu einem festen Termin eine Rückzahlung erfolgen muss.

Die **Innenfinanzierung** (interne Finanzierung) als Kapitalbeschaffung aus dem betrieblichen Umsatzprozess erfolgt

1. durch Vermögenszuwachs und dadurch bedingte Kapitalneubildung im Wege der Zurückbehaltung von Gewinnen (Selbstfinanzierung) einerseits oder der Bildung von Rückstellungen (z. B. Bildung langfristiger Pensionsrückstellungen) andererseits;

79 So z.B. *Wöhe, Günter/Bilstein, Jürgen*: Grundzüge der Unternehmensfinanzierung. 9. Aufl., München 2002, S. 10 und S. 12.

2. durch Verwendung von Umsatzerlösen für Reinvestitionen oder Nettoinvestitionen (Vermögensumschichtung).

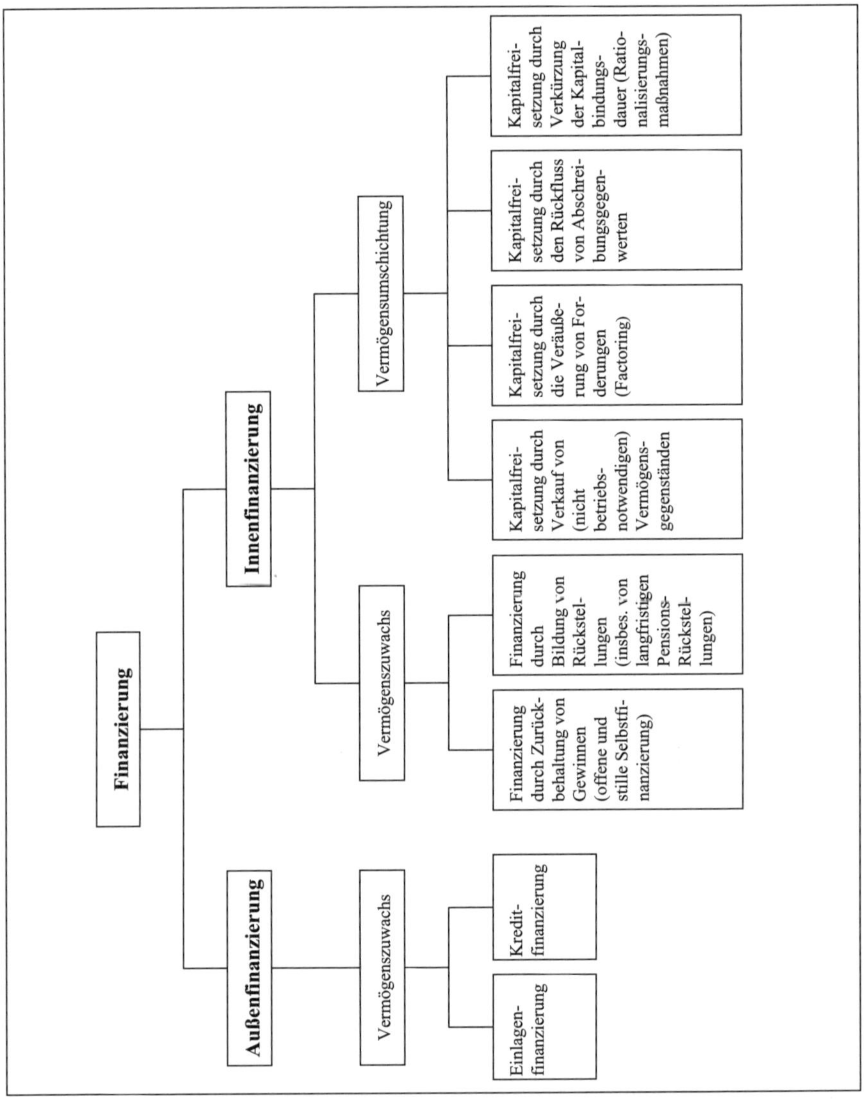

Abbildung 9: Gliederung der Finanzierungsvorgänge nach der Herkunft des Kapitals[80]

Es ist also zum einen zwischen einem Zuwachs an Vermögen und Kapital (Bilanzverlängerung), z. B. Nichtentnahme von Gewinnen (offene Selbstfinanzierung) bzw. Verhinderung

---

80 Modifiziert entnommen aus *Wöhe, Günter/Bilstein, Jürgen*: Grundzüge der Unternehmensfinanzierung. 9. Aufl., München 2002, S. 13.

der Gewinnentstehung und Gewinnverwendung durch stille Selbstfinanzierung sowie durch Rückstellungsbildung (Aufwandsverrechnung), und zum anderen einem Rückfluss bereits früher beschaffter Kapitalbeträge (Vermögensumschichtungen; Aktivtausch), die nicht zu einer Erhöhung des insgesamt zur Verfügung stehenden Kapitals führen, zu unterscheiden.[81] Zur Finanzierung durch Vermögensumschichtung zählt vor allem die Finanzierung aus Abschreibungen, aber auch die Kapitalfreisetzung durch den Verkauf von Vermögensgegenständen (Liquidisierung früher investierter finanzieller Mittel) und die Beschleunigung des Kapitalumschlags durch Rationalisierungsmaßnahmen im Beschaffungs-, Produktions- und Absatzbereich (z. B. Verringerung der durchschnittlichen Kapitalbindungsdauer in den Rohstoffbeständen), so dass die Betriebsprozesse mit einem geringeren Kapitaleinsatz durchgeführt werden können als bisher, wodurch die finanziellen Mittel für andere Zwecke zur Verfügung stehen. Da sich die Kapitalstruktur durch die Finanzierung aus Vermögensumschichtung nicht verändert (Ausnahme: Fremdkapitaltilgung aus frei gewordenen liquiden Mitteln), kann sie der Eigen- oder Fremdfinanzierung nicht eindeutig zugeordnet werden.

3.2 Gliederung nach der Rechtsstellung der Kapitalgeber

Die Systematisierung der Finanzierungsvorgänge nach der Rechtsstellung der Kapitalgeber führt zu einer Unterteilung der Finanzierung in Eigen- und Fremdfinanzierung, je nachdem, ob die Finanzierungsmaßnahmen das Eigen- oder das Fremdkapital der Unternehmung berühren. Beide Finanzierungsformen treten zudem als Außen- und Innenfinanzierung auf.

Zur **Eigenfinanzierung** gehören die Einlagenfinanzierung und die Selbstfinanzierung. In allen Fällen wird dem Betrieb zusätzliches Eigenkapital zugeführt. Bei der Einlagenfinanzierung erfolgt diese Zuführung von außen unter Schaffung erweiterter oder neuer Gesellschafterrechte, bei der Selbstfinanzierung durch Verzicht auf Gewinnausschüttungen.

Die **Fremdfinanzierung** umfasst die (externe) Kreditfinanzierung und die (interne) Finanzierung aus Rückstellungen (insbesondere aus langfristigen Pensionsrückstellungen). Rückstellungen werden zum Fremdkapital gezählt, da sie wegen späterer, allerdings ungewisser Zahlungsverpflichtungen gebildet werden. Gleichzeitig werden sie in der Verursachungsperiode aus Gründen der periodengerechten Erfolgsermittlung als gewinnmindernder und damit eigenkapitalmindernder Aufwand gebucht, was aber – aufgrund der geringeren Gewinnausschüttungen bzw. Gewinnsteuerzahlungen – zu einer Verminderung der Auszahlungen in dieser Periode führt.

Mezzanine-Kapital ist eine Form der Außenfinanzierung, die bestimmte idealtypische Merkmale des Eigenkapitals mit idealtypischen Fremdkapitalmerkmalen vereint.

Abbildung 10 (Seite 32) zeigt nicht nur eine Gliederung der Finanzierungsvorgänge nach der Rechtsstellung der Kapitalgeber, wobei allerdings die Finanzierung mit Mezzanine-Kapital nicht enthalten ist, sondern verdeutlicht auch die Zusammenhänge mit der Gliede-

[81] Vgl. *Wöhe, Günter/Bilstein, Jürgen*: Grundzüge der Unternehmensfinanzierung. 9. Aufl., München 2002, S. 11 und S. 14.

rung der Finanzierungsvorgänge nach der Herkunft des Kapitals. Die Kapitalumschichtung und der Kapitalabfluss werden in dieser Abbildung allerdings nicht erfasst.

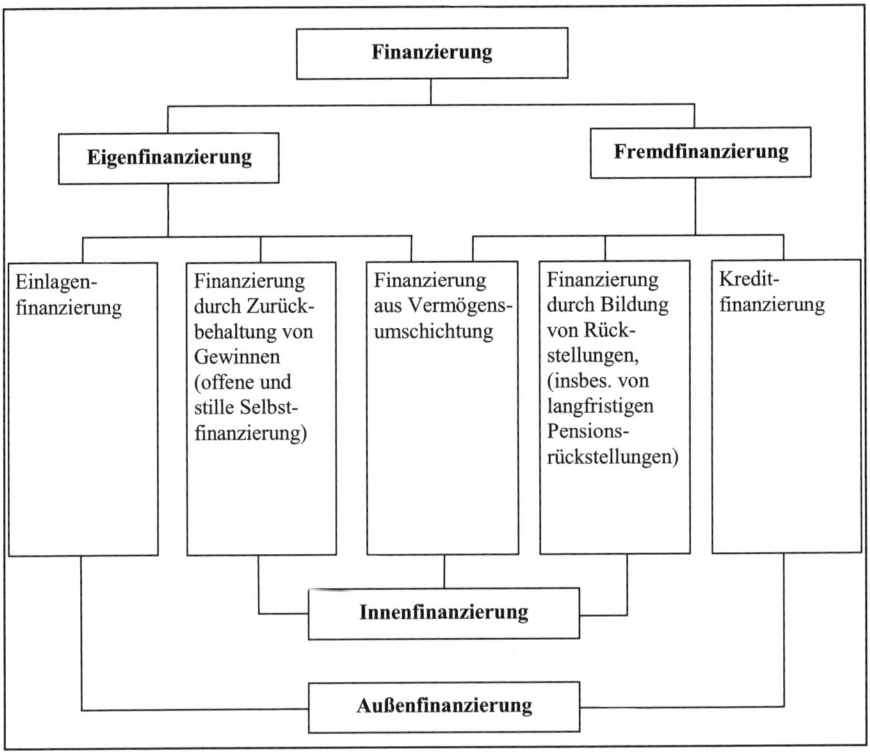

Abbildung 10: Gliederung der Finanzierungsvorgänge nach der Rechtsstellung der Kapitalgeber und nach der Herkunft des Kapitals[82]

In Zusammenhang mit der Gliederungsproblematik soll auch auf den **Grundsatz der Finanzierungsfreiheit** eingegangen werden. Bei bestehenden Unternehmungen treten des Öfteren Situationen auf, in denen die Zuführung von zusätzlichem Kapital erforderlich wird. Mögliche Finanzierungsanlässe stellen dabei z. B. größere Investitionen, ein Beteiligungserwerb, der Aufbau ausländischer Tochtergesellschaften, Verlustphasen sowie die Abfindung weichender Gesellschafter oder die Abfindung der Erben eines verstorbenen Gesellschafters einer Personengesellschaft dar. Sobald die Innenfinanzierungsmöglichkeiten ausgeschöpft sind, wird eine Beschaffung von zusätzlichem Eigenkapital aus dem bestehenden Gesellschafterkreis und/oder von neu hinzutretenden Gesellschaftern oder die Aufnahme von zusätzlichem Fremdkapital erforderlich.

Die Unternehmung bzw. ihre Entscheidungsorgane haben grundsätzlich das Recht, innerhalb der vom Gesetz gezogenen Grenzen die für sie steuerlich günstigste Gestaltung auszu-

---

[82] Modifiziert entnommen aus *Wöhe, Günter/Bilstein, Jürgen*: Grundzüge der Unternehmensfinanzierung. 9. Aufl., München 2002, S. 19.

wählen.[83] Dieser Grundsatz hat auch für die Entscheidung über die zu wählende Finanzierungsform Gültigkeit. So hat der Bundesfinanzhof 1992 ausdrücklich betont, dass ein Gesellschafter einer Kapitalgesellschaft frei darüber entscheiden kann, ob er seine Gesellschaft (über das gezeichnete Kapital hinaus) mit Eigen- oder Fremdkapital ausstattet, wobei auch die Entscheidung, ausschließlich Fremdkapital zuzuführen, grundsätzlich zu akzeptieren ist.[84]

Auch **zivilrechtlich** ist von der **Freiheit der Finanzierungsentscheidung** auszugehen, so dass Gesellschafter und Unternehmungsleitung im Rahmen ihrer Zuständigkeit die Höhe und Art der einzusetzenden Finanzierungsmittel beliebig festlegen können. Der Finanzierungsspielraum wird lediglich in besonderen Fällen beschränkt, wie beispielsweise durch gesetzliche Regelungen über die Mindest-Eigenkapitalhöhe bei Kapitalgesellschaften im Zeitpunkt der Gründung oder durch branchenspezifische Regelungen.

3.3 Gliederung nach dem Einfluss auf den Vermögens- und Kapitalbereich

Der Vermögens- und Kapitalbereich einer Unternehmung wird – wie in **Abschnitt 1.3.2** bereits ausführlich dargestellt – durch Kapitalbeschaffungs-, Kapitalabfluss-, Kapitalfreisetzungs- sowie Kapitalumschichtungsvorgänge auf die in **Abbildung 11** (Seite 34) dargestellte Weise beeinflusst.

3.4 Gliederung nach der Dauer der Kapitalbereitstellung

Bei Verwendung dieses Kriteriums ist nur die Trennung zwischen **unbefristeter und befristeter Finanzierung** eindeutig (vgl. zur Einordnung **Abbildung 12**; Seite 35). Entscheidend ist hier, ob bei der Kapitalhingabe bereits Vereinbarungen über den Rückzahlungstermin getroffen wurden oder ob die Rückzahlung mangels einer solchen Vereinbarung erst durch den oder die Kapitalgeber im Rahmen der vertraglichen oder gesetzlichen Möglichkeiten beschlossen werden muss.

Grundsätzlich wird davon ausgegangen, **Eigenkapital** stehe für **unbefristete Zeit** zur Verfügung. Eine Minderung des Eigenkapitals ergibt sich jedoch bei Verlusten, bei Entnahmen durch die Eigentümer (nicht bei allen Gesellschaftsformen problemlos möglich) und bei Ausscheiden von Gesellschaftern nach Kündigung.

Eine allgemein gültige Festlegung der **Grenzen bei der befristeten Finanzierung** gibt es dagegen nicht. Die Trennung zwischen langfristiger, mittelfristiger und kurzfristiger Finanzierung ist somit **willkürlich** und wird auch in der Literatur nicht einheitlich vorgenommen. § 285 Satz 1 Nr. 1a HGB geht offensichtlich bei einer Restlaufzeit von Verbindlichkeiten über fünf Jahren von einer **langfristigen Finanzierung** aus. Von **kurzfristiger Finanzie-**

[83] Vgl. z.B. BFH-Urteil vom 22.08.1951, IV 246/50 S, BStBl III 1951, S. 181-183.

[84] Vgl. BFH-Urteil vom 05.02.1992, I R 127/90, BStBl II 1992, S. 536.

rung könnte man sprechen, wenn die finanziellen Mittel für einen Zeitraum von nicht mehr als 90 Tagen zur Verfügung gestellt werden. Die Vermerkpflichten des § 268 Abs. 4 und 5 HGB lassen sich allerdings auch in der Weise interpretieren, dass der Gesetzgeber bei einer Kapitalbereitstellung bis zu einem Jahr von einer kurzfristigen Finanzierung ausgeht. Hierunter fallen z. B. Lieferantenkredite, Kundenanzahlungen, Kontokorrentkredite (tatsächlich aber häufig langfristige Inanspruchnahme), Wechselkredite und Lombardkredite. Was man unter **mittelfristiger Finanzierung** versteht, richtet sich allein nach den Abgrenzungskriterien für die kurz- und langfristige Finanzierung.

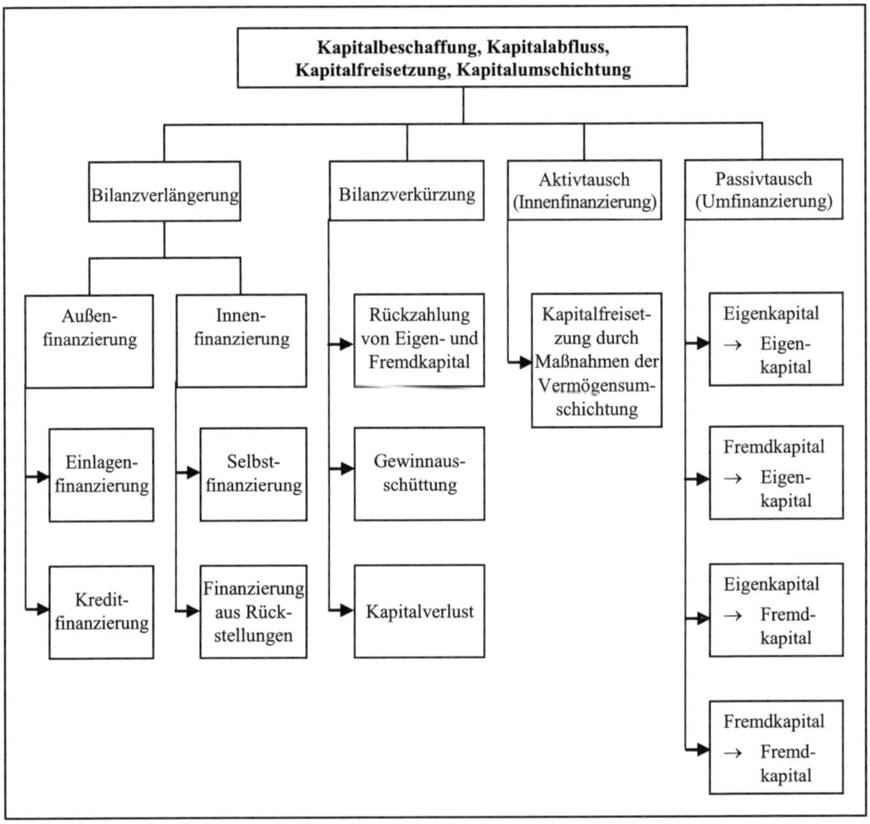

Abbildung 11: Gliederung der Finanzierungsvorgänge nach dem Einfluss auf den Vermögens- und Kapitalbereich

Die Trennung entsprechend der Dauer der Kapitalbereitstellung kann entweder nach der ursprünglichen Überlassungsdauer (**Ursprungslaufzeit**; so bei der Deutschen Bundesbank) oder nach der restlichen Überlassungsdauer (**Restlaufzeit**; so im handelsrechtlichen Jahresabschluss nach den Vorschriften des HGB) erfolgen. Für das finanzwirtschaftliche Kriterium „Liquidität" ist die Restlaufzeit von entscheidender Bedeutung.

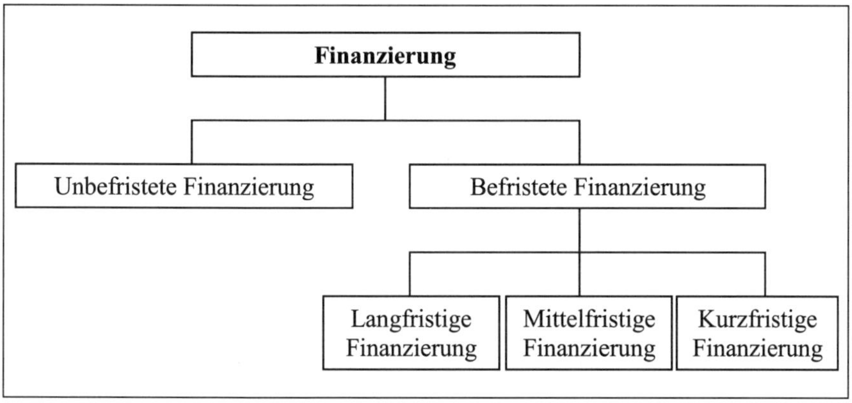

Abbildung 12: Gliederung der Finanzierungsvorgänge nach der Dauer der Kapitalbereitstellung

4 Die Außenfinanzierung durch Eigenkapital (Einlagenfinanzierung)

4.1 Die Funktionen des Eigenkapitals von Unternehmungen

4.1.1 Vorbemerkungen

Die Eigenkapitalzuführung erfolgt entweder aus dem Bereich der privaten, aber auch der öffentlichen Haushalte oder aber aus einem Betriebsvermögen (Beteiligung einer Unternehmung an einer anderen Unternehmung). Während die Gesellschafter der **Personenhandelsgesellschaft** Miteigentümer des Unternehmungsvermögens sind, ist Eigentümer des Vermögens einer **Kapitalgesellschaft** allein die juristische Person; sie haftet mit ihrem Betriebsvermögen für die Verbindlichkeiten der Gesellschaft. Die Anteilseigner sind wirtschaftliche Eigentümer der Gesellschaft, weil sie das Verlustrisiko bzw. das Risiko der Ertragslosigkeit der Anteile zu tragen haben. Bevor die Möglichkeiten der Beschaffung von Eigenkapital dargestellt werden, sollen die Funktionen des Eigenkapitals erörtert werden.

4.1.2 Die Ingangsetzungsfunktion (Eigenkapital als Errichtungsgrundlage)

Diese Funktion des Eigenkapitals kann juristisch und ökonomisch interpretiert werden. Die Gründung von Unternehmungen bestimmter Rechtsformen bzw. Branchen erfordert eine bestimmte Mindesteigenkapitalausstattung; ohne sie kann die Unternehmung nicht errichtet werden (**juristische Interpretation**):

- Der Mindestnennbetrag des Grundkapitals von Aktiengesellschaften beträgt 50.000 EUR.[85] Bei Bareinlagen muss mindestens ein Viertel des Grundkapitals und das gesamte Agio erbracht werden, Sacheinlagen sind vollständig zu leisten.[86]

- Das Mindeststammkapital einer GmbH beträgt 25.000 EUR;[87] bei Bareinlagen muss mindestens ein Viertel des Stammkapitals eingezahlt werden; insgesamt muss auf das Stammkapital mindestens so viel eingezahlt sein, dass der Gesamtbetrag der eingezahlten Geldeinlagen zzgl. des Gesamtbetrags der Stammeinlagen, für die Sacheinlagen zu leisten sind, die Hälfte des Mindeststammkapitals erreicht.[88]

---

85 Vgl. § 7 AktG.

86 Vgl. § 36a AktG.

87 Vgl. § 5 Abs. 1 GmbHG; vgl. auch Fußnote 119.

88 Vgl. § 7 Abs. 2 Satz 1 GmbHG.

- Eingezahltes Mindestnennkapital bei Kapitalanlagegesellschaften: 300.000 EUR;[89] ansonsten wird die Erlaubnis zur Aufnahme des Geschäftsbetriebs nicht erteilt.

- § 10 KWG verlangt für Kredit- und Finanzdienstleistungsinstitute zum Schutz ihrer Gläubiger stets „angemessene Eigenmittel"; die von der Bundesanstalt für Finanzdienstleistungsaufsicht zu erteilende Erlaubnis zum Betreiben von Bankgeschäften[90] wird derzeit nur bei einer Eigenkapitalhöhe im Gegenwert von 5 Mio. EUR erteilt. (Nach § 33 Abs. 1 Nr. 1, Halbsatz 2, d KWG ist die Erlaubnis zur Geschäftsaufnahme u. a. zu versagen, wenn nicht mindestens ein Betrag im Gegenwert von 5 Mio. EUR als Anfangskapital zur Verfügung steht.)

Die Gründung anderer Unternehmungen (im Wesentlichen Personenhandelsgesellschaften) erfordert zwar – rein rechtlich gesehen – keine bestimmte Mindesteigenkapitalausstattung, aus wirtschaftlichen Gründen ist aber praktisch auch bei ihnen ein Mindestmaß an Eigenkapital unerlässlich, denn Gläubiger werden in aller Regel nur dann Fremdkapital zur Finanzierung eines Projekts oder einer Unternehmung zur Verfügung stellen, wenn ein Teil der zu investierenden Beträge von den Eigentümern selbst aufgebracht wird (**ökonomische Interpretation**). Volle Fremdfinanzierung ist in aller Regel ausgeschlossen. Dies ist verständlich, denn bei voller Fremdfinanzierung müssten die Gläubiger das gesamte Risiko übernehmen, ohne überhaupt Gewinnchancen zu erhalten.

4.1.3 Die Verlustausgleichsfunktion und die Haftungsfunktion

Der Umfang der für die Bereitstellung von Fremdkapital geforderten Sicherheiten wird beeinflusst

- von den **Risiken**, die das zur Verfügung gestellte Kapital bedrohen,

- von der **Rangfolge** der zur Deckung dieser Risiken herangezogenen Kapitalbestandteile.

Soweit man an die Übernahme von Risiken durch das Eigenkapital im Falle der **Fortführung** einer Unternehmung denkt, spricht man von der **Verlustausgleichsfunktion** des Eigenkapitals. Das Eigenkapital wird zum Schutz der Gläubiger zuerst zur Deckung von Verlusten herangezogen; nur wenn die Verluste den Eigenkapitalbetrag übersteigen, wirkt sich dies auf die Fremdkapitalgeber aus. Diese Rangfolge wird damit begründet, dass der Eigentümer mit dem ihm anvertrauten Fremdkapital wie mit eigenem Kapital arbeiten kann. Das Eigenkapital übernimmt also eine **Verlustausgleichsfunktion** gegenüber dem Fremdkapital.

Gläubiger können selbstverständlich nicht auf das bilanziell ausgewiesene Eigenkapital zurückgreifen, da die Passivseite der Bilanz lediglich die abstrakte Wertsumme der Vermögensteile zeigt. Eine Befriedigung ihrer Ansprüche ist daher immer nur aus konkret vorhandenen, auf der Aktivseite der Bilanz ausgewiesenen Vermögensgegenständen möglich.

---

89 Vgl. § 11 Abs. 1 Satz 1 InvG.

90 Vgl. § 32 Abs. 1 KWG.

Eigenkapital ist somit immer nur ein (rechnerischer) Buchvermerk über die Differenz zwischen dem in bestimmter Weise bewerteten Vermögensbestand und dem Bestand an Schulden. Für die Gläubiger ist das Eigenkapital nur insoweit von Interesse, als ihm Vermögenspositionen gegenüberstehen, die nicht mit Ansprüchen von Fremdkapitalgebern belastet sind. Damit ist aber offensichtlich, dass durch Überbewertungen von Vermögenspositionen bzw. durch Unterbewertungen von Schuldpositionen – und durch die daraus folgende Beeinflussung des Eigenkapitalausweises – den außenstehenden Kapitalgebern bewusst falsche Vorstellungen über ihr von der Höhe des Eigenkapitals abhängiges Risiko vermittelt werden können.

Solange das vorhandene Eigenkapital die aus den von einer Unternehmung übernommenen Risiken zu erwartenden Verluste übersteigt, kann jeder Gläubiger sicher sein, dass das Vermögen, das dem Schuldner nach Eintritt der erwarteten Verluste verbleibt, zur termingerechten und vollständigen Befriedigung aller – also auch seiner – Ansprüche ausreichen wird. Durch die Bereitstellung und Erhaltung eines den übernommenen Risiken „angemessenen" Eigenkapitals soll also letztlich die Gesamtheit der Gläubiger vor Vermögensverlusten geschützt werden. Insoweit stellt also ein als ausreichend angesehenes Eigenkapital die Voraussetzung jeder Kreditzusage bzw. Kreditprolongation dar, sofern sich der Gläubiger nicht anderweitig ausreichende Sicherheiten beschaffen kann.

Das Garantie- und Haftungskapital kann im konkreten Einzelfall allerdings umfassender sein als das auf der Passivseite ausgewiesene Eigenkapital; ihm sind u. U. hinzuzufügen:

- die stillen Rücklagen,
- noch nicht eingezahlte Eigenkapitalteile, z. B. ausstehende Einlagen der Gesellschafter von Kapitalgesellschaften oder der Kommanditisten unter der Voraussetzung entsprechenden privaten Vermögens,
- vereinbarte Nachschussverpflichtungen von Mitgliedern einer Genossenschaft bzw. GmbH-Gesellschaftern unter der Voraussetzung entsprechenden privaten Vermögens,
- das gesamte weitere private Vermögen des Einzelunternehmers, der OHG-Gesellschafter, der Komplementäre von KG bzw. KGaA, also der Vollhafter,
- Zahlungsverpflichtungen von GmbH-Gesellschaftern aus übernommenen Bürgschaften unter der Voraussetzung entsprechenden privaten Vermögens.

Je höher der Fremdkapitalanteil ist, umso höher sind die Zins- und Tilgungsansprüche der Gläubiger, die aus den Einzahlungsüberschüssen der Unternehmung zu leisten sind. Mit steigendem Fremdkapitalanteil steigt also das Risiko der Gläubiger, dass ihre Zahlungsansprüche teilweise unerfüllt bleiben (**Ausfallrisiko**). Je höher der Eigenkapitalanteil ist, umso mehr tragen die Eigentümer das Risiko, das mit der Unsicherheit von Einzahlungsüberschüssen verbunden ist; die Gläubigerposition wird dementsprechend weniger riskant. Dieser Zusammenhang ist gemeint, wenn man Eigenkapital als **Risikoträger** im Falle der Unternehmungsfortführung bezeichnet.

Die geschilderte Rangfolge der Befriedigung der Ansprüche von Eigentümern und Gläubigern hat zur Folge, dass den Gläubigern ein bevorrechtigter fester Anspruch auf Zins- und Tilgungszahlungen eingeräumt wird (**Festbetragsbeteiligte**). Die Eigentümer erhalten dann die „Restzahlungen" (**Restbetragsbeteiligte**).

Geht es um die Übernahme von Risiken im Insolvenzfall (**Zerschlagungsfall**), so spricht man von der **Haftungsfunktion** des Eigenkapitals. Bei allen Unternehmungen (Einzelunternehmungen, Personenhandels- und Kapitalgesellschaften) sind **Zahlungsunfähigkeit** bzw. **drohende Zahlungsunfähigkeit** Gründe für die Auslösung eines Insolvenzverfahrens.[91] Bei Kapitalgesellschaften mit auf die Erfüllung ihrer Einlageverpflichtung beschränkter Haftung der Gesellschafter stellt die **Überschuldung** (das unter Zerschlagungsgesichtspunkten bewertete Vermögen ist kleiner als das Fremdkapital) einen weiteren insolvenzauslösenden Grund dar.[92]

Bildet man Unternehmungen durch Bilanzen ab, so kann man unter bestimmten Voraussetzungen sagen, die Aussichten der Gläubiger, eine bei Zerschlagung der Unternehmung befriedigende Quote im Insolvenzverfahren zu erhalten, seien umso größer, je höher der Anteil des bilanzierten Eigenkapitals am bilanziellen Gesamtkapital ist (vgl. dazu **Abbildung 13**).

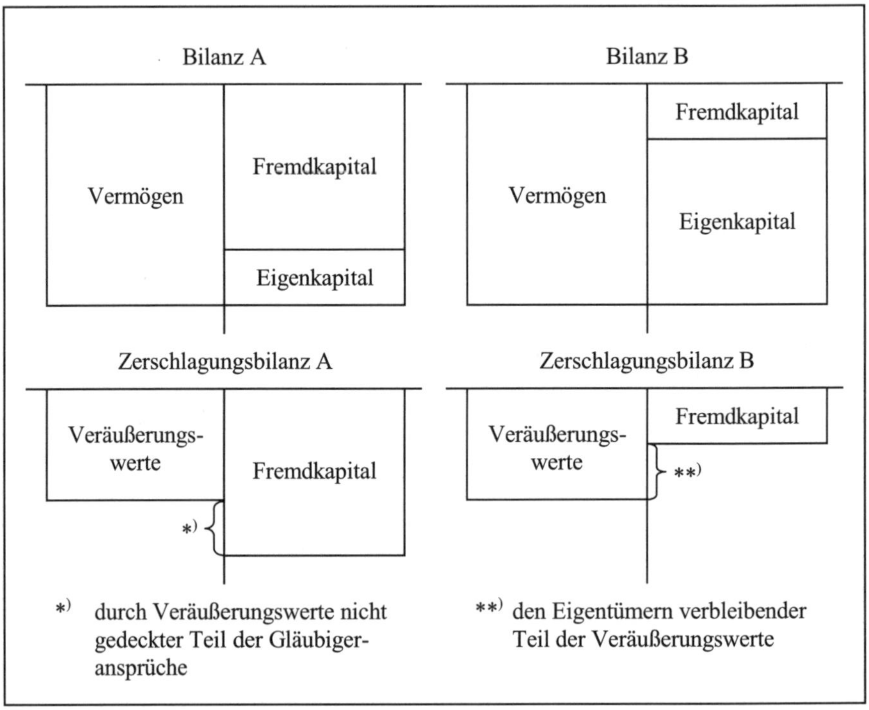

Abbildung 13: Vermögensverlustrisiken von Gläubigern im Insolvenzfall[93]

[91] Vgl. §§ 17 und 18 InsO.

[92] Vgl. § 19 InsO; § 92 Abs. 2 AktG; § 64 GmbHG.

[93] Entnommen aus *Bieg, Hartmut*: Betriebswirtschaftslehre 2: Finanzierung. Freiburg i.Br. 1991, S. 30.

Angenommen, die Unternehmungen A und B haben einen gleichen Bestand an Vermögenspositionen (V); für beide wird aufgrund der Zahlungseinstellung ein Insolvenzverfahren eingeleitet. Ihre Passivseiten unterscheiden sich hinsichtlich des Verhältnisses von Eigenkapital (EK) zu Fremdkapital (FK). Unternehmung B weise eine höhere Eigenkapitalquote (gemessen am Gesamtkapital) auf. Da der Bestand an Vermögenspositionen für beide Unternehmungen gleich hoch ausgewiesen ist, verfügen beide Unternehmungen – annahmegemäß – auch über dieselbe Summe an Veräußerungswerten.

Man sieht, die Gläubiger der Unternehmung A erfahren endgültige Zahlungsausfälle, soweit die Eigentümer nur beschränkt haften. Dagegen werden die Gläubiger von Unternehmung B vollständig befriedigt. Somit übernimmt das Eigenkapital auch im Zerschlagungsfall eine Haftungsfunktion (**Garantiefunktion**). Je größer die Eigenkapitalquote, umso größer ist bei gegebenem Bestand an Aktiva die Chance der Gläubiger, den Zerschlagungsfall ohne Verluste zu überstehen.

4.1.4 Die Finanzierungsfunktion

Beteiligungsfinanzierung bedeutet sehr häufig eine dauerhafte, unbefristete Finanzierung ohne Vereinbarung von Tilgungszahlungen und – selbstverständlich – von Gewinnausschüttungen. In diesen Fällen erfolgt die Rückzahlung des Eigenkapitals erst bei Liquidation der Unternehmung oder bei Auseinandersetzung im Falle des Ausscheidens eines Gesellschafters. Allerdings wird die finanzwirtschaftliche Situation der Aktiengesellschaft vom Wechsel der Eigentümer ihrer Aktien grundsätzlich nicht berührt,[94] da in der Institution der Börse ein funktionstüchtiger Markt für Beteiligungskapital besteht, so dass grundsätzlich börsentäglich ein Eigentümerwechsel ohne Mitwirkung der Aktiengesellschaft erfolgen kann. Das Fehlen eines entsprechenden Marktes für Anteile an Personenhandelsgesellschaften bzw. GmbH stellt für diese dagegen oft eine Wachstumsbehinderung dar, da die Gesellschafter sich nicht ohne Probleme von ihrer Kapitalbeteiligung lösen können und aus diesem Grund eine entsprechende Kapitalbeteiligung erst gar nicht begründen. Unternehmungen solcher Rechtsformen sehen sich daher zuweilen zur Umgründung in eine AG oder KGaA gezwungen.

4.1.5 Die Repräsentationsfunktion

Das Eigenkapital repräsentiert „eigenes", d. h. nicht durch Gläubigeransprüche belastetes Vermögen; mit steigendem Volumen verbessert es die Kreditwürdigkeit einer Unternehmung und ist damit Voraussetzung für die Fremdkapitalbeschaffung. Die Eigenkapitalhöhe gilt im **Außenverhältnis** als Maßstab für die **Bonität** und **Kreditwürdigkeit** der Unternehmung. Im **Innenverhältnis** regelt das Eigenkapital die **Machtbefugnisse** der einzelnen Gesellschafter im Verhältnis zueinander. Wie ein hoher Eigenkapitalanteil eines Gesellschafters i. d. R. großen Einfluss auf das Unternehmungsgeschehen bedeutet, so steigt aber auch mit sinkendem (gesamtem) Eigenkapital einer Unternehmung die Abhängigkeit gegenüber den Fremdkapitalgebern.

---

94 Vgl. **Abschnitt 4.3.1.3**.

4.1.6 Die Geschäftsführungsfunktion

Bei vielen Unternehmungen ergibt sich die Berechtigung oder Verpflichtung zur (Mit-)Geschäftsführung aus der Eigenkapitaleinbringung (z. B. Einzelunternehmung, OHG).

4.1.7 Die Bedeutung der Rechtsform für die Möglichkeiten der Eigenkapitalbeschaffung

Die durch die Rechtsform festgelegte Haftung der Eigenkapitalgeber für die Verbindlichkeiten der Unternehmung bestimmt im Wesentlichen Art, Umfang und Grenzen der Eigenkapitalbeschaffung. Die Haftungsbeschränkung auf die Einlageverpflichtung begrenzt das Risiko für den Kapitalgeber gegenüber dem Fall unbeschränkter Haftung, bei der das gesamte übrige Privatvermögen für die Schulden der Gesellschaft mithaftet. Zu beachten ist aber, dass die Haftungssituation und – bei fehlender Haftungsbeschränkung – die Höhe des Privatvermögens des Einzelunternehmers bzw. der Gesellschafter auch die Möglichkeit der Fremdkapitalbeschaffung beeinflussen.

Als allgemeine Merkmale der Außenfinanzierung durch Eigenkapital, die bei den einzelnen Rechtsformen unterschiedliche Ausprägungen erfahren, lassen sich nennen:

- die Beteiligung an Gewinn und Verlust, wobei die Verlustbeteiligung durch Vertrag (beispielsweise beim stillen Gesellschafter) ausgeschlossen oder in ihrer Höhe begrenzt werden kann;
- die Mitspracherechte in der Geschäftsführung (Leitungsbefugnisse);
- die Beteiligung am Auseinandersetzungsguthaben bzw. am Liquidationserlös beim Ausscheiden von Anteilseignern bzw. bei der Liquidation der Unternehmung;
- die Beteiligung an stillen Rücklagen sowie am Firmenwert;
- die Haftungsverpflichtungen.

4.2 Die Eigenkapitalbeschaffung nicht-emissionsfähiger Unternehmungen

4.2.1 Vorbemerkungen

Soweit Unternehmungen nicht die Möglichkeit haben, Eigenkapital durch Verkauf von Anteilsrechten über den organisierten Kapitalmarkt (Börse)[95] zu beschaffen, spricht man von **nicht-emissionsfähigen Unternehmungen**.[96] Betroffen hiervon sind nicht nur **Einzel-**

---

[95] Vgl. hierzu **Abschnitt 8**.

[96] Allerdings könnte man auch dann von nicht-emissionsfähigen Unternehmungen sprechen, soweit weder die Möglichkeit der Beschaffung von Eigenkapital durch Verkauf von Anteilsrechten noch die Möglichkeit der Beschaffung von Fremdkapital bzw. Mezzanine-Kapital durch Verkauf von Schuldverschreibungen bzw. Genussscheinen besteht. Diese Definition wird hier nicht gewählt.

unternehmungen und **Personenhandelsgesellschaften**, sondern grundsätzlich auch **kleinere und mittlere Kapitalgesellschaften**. Das Fehlen eines funktionsfähigen Marktes für Beteiligungskapital hat für diese Unternehmungen zur Folge, dass

- Kapitalgeber, die an **fungiblen Anlagen** interessiert sind, nicht gewonnen werden können;
- die Bestimmung des **„Eintrittspreises“** bei der Neuaufnahme von Gesellschaftern bzw. des **„Austrittspreises“** bei ihrem Ausscheiden oft sehr schwierig ist.[97] Bei emissionsfähigen Unternehmungen ergeben sich diese Preise auf dem Marktplatz Börse, wo viele Nachfrager und Anbieter entsprechender Anteile zusammentreffen. Die Preise für Anteile nicht-emissionsfähiger Unternehmungen beruhen demgegenüber nur auf der Einschätzung einzelner Nachfrager bzw. Anbieter. Dies erhöht das Risiko einer nicht wertgemäßen Preissetzung;
- die **Aufteilung des „Eintrittspreises“** auf den Kapitalanteil des neuen Gesellschafters, nach dem sich sein Gewinnbeteiligungsanspruch richtet, und auf den nicht gewinnberechtigten Restbetrag (Aufgeld, Agio) problematisch ist.

Grundsätzlich erschwerend für die Eigenkapitalbeschaffung kommt bei den nicht-emissionsfähigen Unternehmungen hinzu, dass deren bereits vorhandene Gesellschafter oft so stark mit ihrer Unternehmung verbunden sind, dass sie keine neuen Gesellschafter aufnehmen wollen, insbesondere, wenn dadurch ihre Unabhängigkeit, vor allem ihre **Geschäftsführungsbefugnisse**, eingeschränkt werden. Somit beschränkt sich der Kreis potenzieller Eigenkapitalgeber häufig auf den Kreis der bereits vorhandenen Eigenkapitalgeber. Als neu hinzukommende Eigenkapitalgeber kommen darüber hinaus i. d. R. nur solche Personen in Frage, die sich aktiv, d. h. also nicht nur über eine Kapitalbeteiligung, sondern vor allem auch durch unternehmerische Mitwirkung, an der Unternehmung beteiligen wollen.

Im Folgenden werden die Eigenkapitalbeschaffungsmöglichkeiten der nicht-emissionsfähigen Unternehmungen aufgezeigt.[98] Zunächst geht es dabei um die Alternativen, die sich aus den jeweiligen rechtsformspezifischen Gegebenheiten ableiten lassen.[99] Anschließend werden Maßnahmen erörtert, die allen Unternehmungen rechtsformunabhängig zur Verfügung stehen.[100] Obwohl sie damit grundsätzlich auch von emissionsfähigen Unternehmungen ergriffen werden können, spielen sie bei diesen aufgrund ihres Zugangs zum organisierten Kapitalmarkt nur eine untergeordnete Rolle. Sie werden hier besprochen, weil sie für nicht-emissionsfähige Unternehmungen ungleich bedeutender sind.

---

97 Vgl. *Jahrmann, Fritz-Ulrich*: Finanzierung. 6. Aufl., Herne 2009, S. 190.

98 Vgl. *Bieg, Hartmut*: Die Eigenkapitalbeschaffung nicht-emissionsfähiger Unternehmungen. In: Der Steuerberater 1997, S. 64-69.

99 Vgl. **Abschnitt 4.2.2.**

100 Vgl. **Abschnitt 4.2.3.**

4.2.2 Die rechtsformimmanenten Möglichkeiten der Eigenkapitalbeschaffung

4.2.2.1 Die Möglichkeiten der Einzelunternehmung

Die **keine rechtliche Selbstständigkeit** besitzende Einzelunternehmung[101] ist Bestandteil des Gesamtvermögens des Eigentümers. Diesem obliegen Geschäftsführung und Vertretungsmacht allein und unbeschränkt. Der Eigentümer haftet für die Verbindlichkeiten der Unternehmung persönlich und uneingeschränkt mit seinem Gesamtvermögen (Unternehmungs- und Privatvermögen). Gesetzliche Mindestvorschriften über die Eigenkapitalhöhe sowie Gewinnentnahmebeschränkungen bestehen nicht. Aufgrund des ausschließlich dem Eigentümer zustehenden Gewinns, der von ihm allein zu tragenden Verluste sowie der jederzeitigen Möglichkeit von Entnahmen und Einlagen ist das **Eigenkapital** der Einzelunternehmung **weitgehend beweglich**.

Die Eigenkapitalbeschaffungsmöglichkeiten der Einzelunternehmung sind eingeschränkt: Der Einzelunternehmer kann zwar durch **Einlagen** (weitere) **Teile seines Privatvermögens in die Unternehmung überführen**; die Höhe des Privatvermögens bildet in diesem Zusammenhang die Obergrenze des zuführbaren Eigenkapitals. Regelmäßig wird der Einzelunternehmer aber nicht bereit sein, sein gesamtes Vermögen in die Unternehmung zu investieren. Aus Gründen der Risikostreuung wird er Teile auch anderweitig anlegen.[102] Da sich das Gesamtvermögen des Unternehmers auch durch Einbringung des gesamten Privatvermögens nicht ändert, ist zudem die bonitätsverbessernde Wirkung dieser Maßnahme gegenüber den (vorhandenen und zukünftigen) Gläubigern gering bzw. nicht vorhanden. Für sie hat sich nämlich das zur Verfügung stehende Haftungspotenzial nicht verändert.

Dies ist bei der **Gewinnthesaurierung** als einer zweiten Eigenkapitalbeschaffungsvariante anders zu beurteilen. Der Einzelunternehmer belässt hierbei erwirtschaftete Gewinne (zumindest vorerst) in der Unternehmung. Aufgrund der ihm allein zustehenden Gewinnverwendungskompetenz kann er die thesaurierten Gewinne allerdings später jederzeit entnehmen. Theoretisch stellt die Gewinnthesaurierung – unter der Prämisse, dass stets Gewinne erzielt werden – eine unerschöpfliche Eigenkapitalquelle dar. Praktisch ist es jedoch in vielen Fällen so, dass der Einzelunternehmer seinen Lebensunterhalt aus Gewinnentnahmen bestreitet. Es kommt hinzu, dass der erzielte Gewinn beim Einzelunternehmer und nicht bei der Einzelunternehmung der Einkommensteuer unterliegt. Soweit die Unternehmung die Steuerzahlung leistet, handelt es sich um eine Entnahme des Unternehmers, also eine Eigenkapitalminderung. Aus den genannten Gründen ist die Thesaurierung von Gewinnen nur begrenzt möglich.[103]

Die letzte Alternative der Eigenkapitalbeschaffung – sie kann allerdings kaum noch als rechtsformimmanent bezeichnet werden – besteht darin, einen **neuen Gesellschafter** aufzu-

---

[101] Vgl. §§ 1-104 HGB.

[102] Vgl. *Wöhe, Günter/Bilstein, Jürgen*: Grundzüge der Unternehmensfinanzierung. 9. Aufl., München 2002, S. 36-37.

[103] Vgl. *Wöhe, Günter/Bilstein, Jürgen*: Grundzüge der Unternehmensfinanzierung. 9. Aufl., München 2002, S. 36.

nehmen. Dies dürfte jedoch eine Maßnahme sein, die erst nach Ausschöpfung aller anderen (einschließlich der rechtsformunabhängigen) Möglichkeiten eingeleitet wird. Die Begründung hierfür ist einerseits, dass die oben angesprochene Verbundenheit der Eigentümer zu „ihrer" Unternehmung bei Einzelunternehmern sicherlich am ausgeprägtesten ist. Eine Aufnahme neuer Gesellschafter mit entsprechenden Machteinbußen für den seither allein entscheidenden Einzelunternehmer ist damit bei dieser Rechtsform am schwersten vorstellbar. Andererseits bedeutet die Erweiterung des Gesellschafterkreises das Ende der Einzelunternehmung und den Übergang auf eine neue Rechtsform (Ausnahme: die stille Gesellschaft[104]), was eine gravierende Änderung der Unternehmungskonstitution darstellt.

4.2.2.2 Die Möglichkeiten der BGB-Gesellschaft

Diese auf Vertrag beruhende **Personenvereinigung ohne eigene Rechtsfähigkeit**[105] dient der Förderung eines von den Gesellschaftern gemeinsam verfolgten Zwecks. Rechte und Pflichten der Gesellschafter richten sich überwiegend nach dem Gesellschaftsvertrag. Geschäftsführung wie Vertretungsmacht stehen den Gesellschaftern im Allgemeinen gemeinschaftlich zu. Die Haftung der Gesellschafter erfolgt gesamtschuldnerisch und erstreckt sich auf ihr jeweiliges Gesamtvermögen, kann aber auch durch Vereinbarung mit den Gläubigern auf das Gesellschaftsvermögen beschränkt werden. Auch ihre Eigenkapitalbasis wird damit durch die Vermögenslage der Gesellschafter begrenzt.[106]

Die Möglichkeiten der Eigenkapitalbeschaffung der BGB-Gesellschaft entsprechen denen der Einzelunternehmung. Sie unterliegen auch den dort angesprochenen Problemen. Wurde allerdings die Haftung auf das Gesellschaftsvermögen beschränkt, so ergibt sich – anders als bei der Einzelunternehmung – eine Bonitätsverbesserung, wenn Privatvermögen (zusätzlich) in das Gesellschaftsvermögen eingebracht wird.

4.2.2.3 Die Möglichkeiten der offenen Handelsgesellschaft (OHG)

Bei dieser Personenhandelsgesellschaft,[107] deren Zweck der Betrieb eines Handelsgewerbes unter gemeinschaftlicher Firma ist, haften alle der mindestens zwei Gesellschafter den Gläubigern der Gesellschaft als Gesamtschuldner persönlich und unbeschränkt mit ihrem jeweiligen Gesamtvermögen, also auch mit ihrem Privatvermögen. Der auf einen Gesellschafter entfallende **Gewinn** wird – ebenso wie seine Einlage – seinem Kapitalanteil gutgeschrieben; der anteilige **Verlust** sowie Entnahmen kürzen seinen Kapitalanteil. Die Verteilung des Gewinnes oder Verlustes erfolgt nach den Bestimmungen des Gesellschaftsvertrages bzw. entsprechend § 121 HGB. Die gesetzliche Regelung sieht im Gewinnfall zunächst für jeden Gesellschafter einen Gewinnanteil in Höhe von 4 % seines Kapitalanteils (oder im Falle eines dazu nicht ausreichenden Gewinnbetrags in Höhe eines entsprechend niedrigeren Satzes) vor. Die Verteilung des verbleibenden Restbetrags erfolgt nach Köpfen. Verluste

---

104 Vgl. **Abschnitt 4.2.3.1**.

105 Vgl. §§ 705-740 BGB.

106 Vgl. *Süchting, Joachim*: Finanzmanagement – Theorie und Politik der Unternehmensfinanzierung. 6. Aufl., Wiesbaden 1995, S. 36.

107 Vgl. §§ 105-160 HGB.

sind ohne gesellschaftsvertragliche Regelungen nach Köpfen auf die Gesellschafter zu verteilen.

Sind gesellschaftsvertragliche Regelungen hinsichtlich der **Entnahmen** nicht getroffen, so ist jeder Gesellschafter berechtigt, 4 % seines Kapitalanteils zu entnehmen; darüber hinausgehende Gewinnanteile des letzten Geschäftsjahres dürfen nur entnommen werden, soweit dies nicht zum offenbaren Schaden der Gesellschaft gereicht.[108] Weitere, darüber hinausgehende Entnahmen (Kapitalherabsetzungen) sind nur mit Einwilligung der anderen Gesellschafter möglich.[109] Die Vorschriften in Bezug auf Entnahmen sind damit strenger gefasst als bei Einzelunternehmungen und BGB-Gesellschaften. Grundsätzlich erleichtert dies Gläubigern die Entscheidung, der OHG Fremdkapital zur Verfügung zu stellen.

Für die Verfügungsdauer der OHG über das Eigenkapital ist entscheidend, dass ein Gesellschafter – falls der Gesellschaftsvertrag nichts anderes vorsieht – zum Ablauf eines Geschäftsjahres bei Einhaltung einer Kündigungsfrist von sechs Monaten seine **Mitgliedschaft kündigen** kann.[110] Soweit im Gesellschaftsvertrag nicht der Fortbestand der Gesellschaft unter den übrigen Gesellschaftern im Falle der Kündigung eines Gesellschafters vereinbart wurde, endet die Gesellschaft mit der Kündigung eines Gesellschafters. Der aus der Gesellschaft ausscheidende Gesellschafter erhält auch einen Anteil am Firmenwert. Die Ansprüche gegen einen Gesellschafter wegen in seiner Gesellschafterzeit entstandenen Verbindlichkeiten der Gesellschaft verjähren – beginnend mit der Eintragung des Ausscheidens in das Handelsregister – in fünf Jahren, sofern nicht der Anspruch gegen die Gesellschaft einer kürzeren Verjährung unterliegt.[111] Ein Haftungsausschluss gegenüber Dritten ist unwirksam.

Grundsätzlich ist die Problematik der Eigenkapitalbeschaffung bei der OHG dieselbe wie bei der Einzelunternehmung und der BGB-Gesellschaft. Der Vorteil der OHG besteht vor allem in der Möglichkeit, die Eigenkapitalbasis der Gesellschaft durch Aufnahme weiterer (vollhaftender) Gesellschafter zu erhöhen. Durch die damit verbundene Beschränkung der Einflussmöglichkeiten der bisherigen Gesellschafter wird diese Möglichkeit allerdings eingeschränkt.

4.2.2.4 Die Möglichkeiten der Kommanditgesellschaft (KG)

Bei dieser auf den Betrieb eines Handelsgewerbes unter gemeinschaftlicher Firma gerichteten Personenhandelsgesellschaft[112] haftet mindestens einer der Gesellschafter für die Schulden der Gesellschaft unbeschränkt (**Komplementär**). Bei den übrigen Gesellschaftern ist die Haftung gegenüber den Gläubigern der Gesellschaft auf den Betrag einer bestimmten Vermögenseinlage beschränkt (**Kommanditisten**). Die Stellung der Komplementäre einer KG ist mit derjenigen von Gesellschaftern einer OHG vergleichbar. Geschäftsführung und Vertretung der KG obliegen, soweit der Gesellschaftsvertrag nichts anderes bestimmt, grundsätzlich den Komplementären; Kommanditisten können Handlungen der Komplemen-

---

108 Vgl. § 122 Abs. 1 HGB.

109 Vgl. § 122 Abs. 2 HGB.

110 Vgl. § 132 HGB.

111 Vgl. § 159 Abs. 1 und 2 HGB.

112 Vgl. §§ 161-177a HGB.

täre nur widersprechen, wenn diese über den gewöhnlichen Betrieb des Handelsgewerbes hinausgehen.[113] Den Kommanditisten stehen – allerdings nicht sehr ausgeprägte – Kontrollrechte zu (Abschrift des Jahresabschlusses; Prüfung der Richtigkeit unter Einsicht von Papieren und Büchern der Gesellschaft).[114]

Das **Kapital der Kommanditisten** ist ein nominell fixiertes, in das Handelsregister eingetragenes Kapital,[115] wobei zwischen dem übernommenen Kapitalanteil (Kommanditeinlage) und dem eingezahlten Kapital zu unterscheiden ist. Gewinn- und Verlustbeteiligung werden durch Gesellschaftsvertrag bzw. durch § 168 HGB geregelt. **Gewinnanteile** der Kommanditisten werden nicht ihren Kapitalkonten gutgeschrieben, sondern stellen Auszahlungsverpflichtungen der Gesellschaft dar, soweit die übernommenen Kapitalanteile der Kommanditisten bereits voll eingezahlt sind. Ist die Kapitaleinlage nicht vollständig geleistet, so erfolgt die Gutschrift der Gewinne als Kapitaleinlage auf dem entsprechenden Kapitalkonto.[116] **Verluste** werden gegen das Kapitalkonto verrechnet, das sogar negativ werden kann; eine Nachschusspflicht für dieses negative Eigenkapital besteht allerdings wegen der auf die vereinbarte Kommanditeinlage beschränkten Haftung nicht. Nach der Verrechnung von Verlusten mit dem Kapitalkonto dürfen spätere Gewinnanteile dem Kommanditisten erst wieder ausgezahlt werden, wenn sein Anteil wieder voll aufgefüllt ist.[117] Per Gesellschaftsvertrag oder Gesellschafterbeschluss können Gewinne auch thesauriert werden; sie sind dann als Gewinnrücklagen zu bilanzieren.

Die auf die übernommene Kommanditeinlage **beschränkte Haftung der Kommanditisten** erleichtert die Kapitalbeschaffung der KG. Es ist möglich, Gesellschafter aufzunehmen, die nur einen Teil und nicht die Gesamtheit ihres Privatvermögens dem unternehmerischen Risiko aussetzen möchten. Der grundsätzliche **Ausschluss von der Geschäftsführung** bedingt auch geringere Widerstände der Komplementäre und „alten" Kommanditisten bezüglich der Aufnahme neuer Kommanditisten. Hierin, wie in der nicht so stark ausgeprägten „Verbundenheit" der Kommanditisten mit ihrer Unternehmung, ist ein Übergang zur Kapitalgesellschaft zu erkennen; dies gilt insbesondere für Kommanditgesellschaften mit einer großen Zahl von Kommanditisten, die bewusst diese Form der Kapitalanlage gewählt haben, weil sie keine unternehmerischen Ambitionen haben.

4.2.2.5 Die Möglichkeiten der Gesellschaft mit beschränkter Haftung (GmbH)

Die Rechtsform der GmbH, die eine juristische Person mit **eigener Rechtspersönlichkeit** darstellt, findet vorwiegend bei kleineren und mittleren Unternehmungen Anwendung, deren Gesellschafter das Risiko des Kapitalverlustes auf die Kapitaleinlagen beschränken wollen. Die Gründung der GmbH kann auch von einer Person vorgenommen werden. Unabhängig von der Zahl der Gründer bzw. Gesellschafter ist die Eigenkapitalausstattung der GmbH, also die Differenz zwischen dem Vermögen und den Schulden der Gesellschaft, für

---

[113] Vgl. § 161 Abs. 2; § 164 HGB.

[114] Vgl. § 166 Abs. 1 HGB.

[115] Vgl. § 162 Abs. 1 HGB.

[116] Vgl. § 167 Abs. 2 HGB.

[117] Vgl. § 169 Abs. 1 HGB.

deren Gläubiger von besonderer Bedeutung, da ihnen nur das Vermögen der GmbH haftet;[118] ein Zugriff auf das Vermögen des oder der Gesellschafter ist den Gläubigern nicht möglich.

Das **Stammkapital** stellt eine durch Gesellschaftsvertrag nominell fixierte, in das Handelsregister eingetragene Größe dar, die sich auf die verschiedenen Gesellschafter nach ihren Geschäftsanteilen verteilt. Die Mindesthöhe des Stammkapitals beträgt 25.000 EUR.[119] Die Einlagen der Gesellschafter müssen nicht gleich hoch sein, sie müssen aber jeweils auf einen vollen EUR-Betrag lauten.[120] Die Mitgliedschaft wird nicht in Form von Wertpapieren verbrieft. Die Übertragung der Geschäftsanteile erfolgt durch Vererbung oder durch Verkauf, wobei im zweiten Fall eine Abtretung in Form eines notariell geschlossenen Vertrages vorliegen muss.[121] Die schwierige Suche nach einem Käufer des GmbH-Anteils sowie die Schwierigkeiten und Kosten seiner Übertragung binden die Gesellschafter einer GmbH i. d. R. längerfristig. Diese längerfristige Bindung aufgrund der **eingeschränkten Fungibilität der GmbH-Anteile** erschwert auch eine Ausweitung der Eigenkapitalbasis durch Erhöhung des Stammkapitals auf dem Wege der Gewinnung neuer Gesellschafter. Andererseits erleichtert es die **beschränkte Haftung der GmbH-Gesellschafter**, Eigenkapitalgeber zu finden, weil diese sich nicht mit ihrem gesamten Vermögen engagieren müssen.

Vor Eintragung der GmbH in das Handelsregister muss jeder Gesellschafter seine Bareinlagen mindestens zu einem Viertel leisten; die Sacheinlagen sind vollständig zu erbringen. Insgesamt muss auf das Stammkapital mindestens soviel eingezahlt sein, dass der Gesamtbetrag der eingezahlten Geldeinlagen zuzüglich des Gesamtbetrags der Stammeinlagen, für die Sacheinlagen zu leisten sind, 12.500 EUR erreicht. Da das Stammkapital der GmbH (in der Bilanz als gezeichnetes Kapital ausgewiesen) – abgesehen von Kapitalerhöhungen bzw. -herabsetzungen – unverändert bleibt, werden Zu- und Abnahmen des Eigenkapitals durch Veränderungen der offenen Rücklagen angezeigt. Auch bei Aufzehrung früher gebildeter Rücklagen bleibt das Stammkapital unverändert, wird jedoch durch einen Verlustvortrag korrigiert. Wird im Rahmen einer Satzungsänderung (mit Dreiviertelmehrheit der in der Gesellschafterversammlung abgegebenen Stimmen[122]) eine **Kapitalerhöhung** beschlossen, so kann das neue Stammkapital von den bisherigen Gesellschaftern oder von anderen Personen übernommen werden, die durch die Übernahme der neuen Anteile ihren Beitritt zur Gesellschaft erklären. Die neuen Gesellschafter sind entsprechend ihren Geschäftsanteilen an den stillen und offenen Rücklagen beteiligt. Deswegen haben sie zusätzlich zu ihren

---

118 Vgl. § 13 Abs. 2 GmbHG.

119 Vgl. § 5 Abs. 1 GmbHG. Durch § 5a GmbHG ist allerdings auch die Gründung einer GmbH möglich, wenn das Stammkapital die geforderten 25.000 EUR unterschreitet. Die GmbH muss dann den Zusatz „Unternehmergesellschaft (haftungsbeschränkt)" bzw. „UG (haftungsbeschränkt)" führen und eine gesetzliche Rücklage bilden, in die mindestens ein Viertel des um einen Verlustvortrag aus dem Vorjahr geminderten Jahresüberschusses einzustellen ist; vgl. dazu ausführlich *Kußmaul, Heinz/Ruiner, Christoph*: Das Gesetz zur Modernisierung des GmbH-Rechts und zur Bekämpfung von Missbräuchen (MoMiG) – Ein Überblick. In: Der Steuerberater 2009, S. 27-28.

120 Vgl. § 5 Abs. 2 und 3 GmbHG.

121 Vgl. § 15 Abs. 3 GmbHG.

122 Vgl. § 53 Abs. 2 GmbHG.

Stammeinlagen ein Agio zu leisten, das ihrem Anteil an den bisher gebildeten Rücklagen entspricht. Dieses Agio ist in die Kapitalrücklage einzustellen.

Neben der **Erhöhung der Geschäftsanteile der bereits vorhandenen Gesellschafter**, der **Aufnahme neuer Gesellschafter** und der **Gewinnthesaurierung** durch Einstellung von Gewinnen in die Gewinnrücklagen gibt es für die GmbH eine weitere Möglichkeit, sich Eigenkapital zu beschaffen. Gemäß § 26 GmbHG kann im Gesellschaftsvertrag bestimmt werden, dass die Gesellschafter über den Betrag der Stammeinlagen hinaus die **Einforderung von Nachschüssen** beschließen können. Die Nachschusspflicht kann unbeschränkt oder beschränkt ausgestaltet werden. Es handelt sich um eine vereinfachte Form der Kapitalerhöhung, weil geringere Formerfordernisse bestehen als bei einer Änderung des Stammkapitals (z. B. keine Änderung der Handelsregistereintragung). Die Nachschusspflicht kann aber auch ohne den Zufluss neuer Mittel eine Funktion des Eigenkapitals, nämlich die Haftungsfunktion, übernehmen. Wird die Nachschusspflicht z. B. derart gestaltet, dass sie im Falle drohender Zahlungsunfähigkeit zum Tragen kommt, so stellt sie für die Gläubiger eine zusätzliche Sicherheit dar, ohne dass im Moment finanzielle Mittel fließen. Dieses Eigenkapital auf Abruf erleichtert damit die Möglichkeiten der Fremdkapitalbeschaffung.

4.2.2.6 Die Möglichkeiten der Genossenschaft

Die Genossenschaften sind Gesellschaften in Form von **Personenvereinigungen ohne feste Mitgliederzahl**, deren gemeinschaftlicher Geschäftsbetrieb darauf gerichtet ist, Erwerb oder Wirtschaft ihrer Mitglieder oder deren soziale und kulturelle Belange zu fördern.[123]

Das **Eigenkapital** der Genossenschaften besteht aus mehreren variablen Teilen. Die erste Komponente ist die **Summe der Geschäftsguthaben der Genossen (Mitglieder)**. Jeder der mindestens drei Mitglieder übernimmt einen oder mehrere **Geschäftsanteile**. Durch das Statut kann bestimmt werden, dass ein Mitglied auch mehr als einen Geschäftsanteil übernehmen darf; in diesem Fall wird i. d. R. auch die Zahl der Geschäftsanteile, die von einem Mitglied gezeichnet werden können, beschränkt.[124] Auch die Verpflichtung zur Übernahme mehrerer Geschäftsanteile ist denkbar.[125] Damit wird der Höchstbetrag der zulässigen Einlage eines Mitglieds einerseits durch die im Statut bestimmte Höhe des einzelnen Geschäftsanteils, andererseits durch die Höchstzahl der von einem Mitglied übernehmbaren bzw. durch die Zahl der zu übernehmenden Geschäftsanteile bestimmt. Das Geschäftsguthaben eines Mitglieds ergibt sich einerseits aus dem auf den Geschäftsanteil eingezahlten Betrag. Gesetzlich vorgegeben ist ein Mindestgeschäftsguthaben von 10 % des Geschäftsanteils.[126] Die Geschäftsguthaben sind die Basis der Gewinnverteilung der Mitglieder. Ihnen werden die Gewinne solange nicht ausgeschüttet, sondern dem Geschäftsguthaben zugeschrieben, bis die volle Höhe des Geschäftsanteils erreicht ist. Verluste mindern demgegenüber das Geschäftsguthaben nur, wenn keine offenen (statutarisch nicht an sonstige Zwecke gebundenen) Rücklagen mehr zur Verrechnung zur Verfügung stehen. Eine Erhöhung dieser

---

123 Vgl. § 1 GenG.

124 Vgl. § 7a Abs. 1 GenG.

125 Vgl. § 7a Abs. 2 GenG.

126 Vgl. § 7 Nr. 1 GenG.

Komponente des Eigenkapitals der Genossenschaft ist demnach durch Auffüllung bereits gezeichneter Geschäftsanteile (durch Einlagen bzw. Gewinnzuschreibungen), durch Einlagen der „alten" Mitglieder auf zusätzlich gezeichnete Geschäftsanteile (bis zur Höchstzahl der pro Mitglied möglichen Anteile) sowie durch Gewinnung neuer Mitglieder möglich.

Der zweite Eigenkapitalbestandteil sind die **Rücklagen**. Neben der **Kapitalrücklage** sind dies vor allem die Gewinnrücklagen. Zu Letzteren gehört die **gesetzliche Rücklage**. Sie ist aus dem Jahresüberschuss der Genossenschaft entsprechend den Vorschriften des Statuts[127] zu bilden, bis der im Statut angegebene Mindestbetrag erreicht ist, und dient zur buchmäßigen „Deckung" von Bilanzverlusten. Ausscheidende Mitglieder haben keinen Anspruch auf einen Anteil an der gesetzlichen Rücklage. Gleiches gilt grundsätzlich auch für die Ergebnisrücklage, die durch Beschluss der Mitglieder(vertreter) mit thesaurierten Gewinnen gespeist wird. Das Statut kann jedoch Mitgliedern, die ihren Geschäftsanteil voll eingezahlt haben, für den Fall des Ausscheidens einen Anspruch auf Auszahlung eines Anteils an einer – zu diesem Zweck aus dem Jahresüberschuss zu bildenden – besonderen **Ergebnisrücklage** nach § 73 Abs. 3 GenG einräumen. Von dieser Möglichkeit wird jedoch in der Regel nicht Gebrauch gemacht.

Die Kündigung einzelner Geschäftsanteile und der gesamten Mitgliedschaft ist unter Wahrung bestimmter Kündigungsfristen möglich.[128] Die Rückzahlung des Geschäftsguthabens vermindert das Eigenkapital und damit die Kreditbasis der Genossenschaft. Da aber die Rücklagen – mit Ausnahme der besonderen Ergebnisrücklage nach § 73 Abs. 3 GenG – durch das Ausscheiden von Mitgliedern nicht verringert werden, ist die Eigenkapitalbeschaffung mittels Gewinnthesaurierung besonders wichtig. Die gesetzliche Rücklage und die Ergebnisrücklage haben also für die Existenz und Kreditwürdigkeit der Genossenschaft erhebliche Bedeutung.

Die Genossenschaft haftet für ihre Verbindlichkeiten mit ihrem Vermögen. Die Mitglieder erleiden jedoch im Insolvenzfall nicht nur Verluste in Höhe ihrer bereits eingezahlten bzw. dann noch resteinzuzahlenden Geschäftsanteile, sondern u. U. zudem – wenn im Statut vorgesehen – in Höhe der **unbegrenzten oder begrenzten Nachschusspflicht**, wofür sie mit ihrem gesamten Vermögen haften.[129] Kreditgenossenschaften gehören allerdings i. d. R. einem Einlagensicherungsverband an, der die Erhaltung der Genossenschaft anstrebt, so dass deren Mitgliedern i. d. R. kein Rückgriff droht.

4.2.3 Die rechtsformunabhängigen Eigenkapitalbeschaffungsmöglichkeiten

4.2.3.1 Die stille Gesellschaft

Bei der stillen Gesellschaft handelt es sich nicht um eine eigene Rechtsform. Das Eintreten stiller Gesellschafter ist vielmehr in jeder der vorgestellten und der noch vorzustellenden

[127] Vgl. § 7 Nr. 2 GenG.

[128] Genauer hierzu § 65 GenG.

[129] Vgl. §§ 6 Nr. 3; 22a GenG.

Rechtsformen möglich und führt zu einer Verbreiterung der Eigenkapitalbasis der aufnehmenden Unternehmung.

Stilles Beteiligungskapital ist den sogenannten mezzaninen Finanzierungsformen zuzurechnen. Deshalb sei an dieser Stelle auf die Ausführungen in **Abschnitt 6.2** verwiesen.

4.2.3.2 Die Eigenfinanzierung mittels Beteiligungsgesellschaften

Die Hauptgeschäftstätigkeit von Beteiligungsgesellschaften besteht darin, Eigentümerpositionen bei anderen Unternehmen einzugehen. Insofern gelten auch für Beteiligungsgesellschaften die bisher gemachten Ausführungen bezüglich der Gewinnung neuer Gesellschafter. Da es sich aber um besondere „Eigentümer" handelt, werden sie im Folgenden separat betrachtet.

Für den hier im Mittelpunkt stehenden Problemkreis der Eigenkapitalbeschaffung nicht-emissionsfähiger Unternehmen können zwei Arten von Beteiligungsgesellschaften unterschieden werden:

Erwerbswirtschaftliche Beteiligungsgesellschaften (sogenannte Kapitalbeteiligungsgesellschaften) gehen als Tochterunternehmen von Banken, Versicherungen und/oder sonstigen Kapitalsammelstellen meistens Minderheitsbeteiligungen (weniger als 50 % des Eigenkapitals) als „normale" Gesellschafter an mittelständischen Gesellschaften ein oder beteiligen sich als stille Gesellschafter. Eine Sonderform hiervon sind Venture-Capital-Gesellschaften (Wagnisfinanzierungsgesellschaften), die sich besonders auf risikoreiche und damit auch chancenreiche Beteiligungen spezialisieren. Sie engagieren sich vor allem bei jungen Unternehmen (vgl. **Abschnitt 4.2.3.3**).

Staatliche Beteiligungsgesellschaften treten ebenfalls in Eigentümerpositionen ein, meist allerdings in geringerer Beteiligungshöhe als die erwerbswirtschaftlichen Beteiligungsgesellschaften. Im Unterschied zu diesen ist bei ihnen außerdem nicht die Gewinnerzielung Unternehmenszweck, sondern die kostendeckende Eigenkapitalversorgung vor allem mittelständischer Unternehmungen. Beispiele hierfür sind die Förderprogramme der KfW-Mittelstandsbank.[130] Zur Geschäftstätigkeit staatlicher Beteiligungsgesellschaften gehört es auch, potenziellen Eigenkapitalgebern eine günstige Refinanzierung ihrer Beteiligungen anzubieten und/oder sie teilweise durch Haftungsübernahmen vom Beteiligungsrisiko zu befreien.

Indem sie nur **Minderheitsbeteiligungen** eingehen, wollen die Beteiligungsgesellschaften die im Zusammenhang mit den einzelnen Rechtsformen besprochene Problematik der Minderung des Einflusses der Alteigentümer aufgrund der Aufnahme von neuen Gesellschaftern entschärfen. Trotzdem wollen (und müssen) die Beteiligungsgesellschaften die Unternehmungen, an denen sie beteiligt sind, beraten und kontrollieren. Die Beratung nimmt dabei regelmäßig den größeren Umfang ein. Die Einflussnahme der Beteiligungsgesellschaften auf das Unternehmensgeschehen ist damit tendenziell geringer, als dies üblicherweise von einem „gewöhnlichen" Gesellschafter zu erwarten ist.

---

130 Vgl. auch **Abschnitt 4.2.3.3.6.**

Ein anderes Unterscheidungsmerkmal zwischen Beteiligungsgesellschaften und „gewöhnlichen" Gesellschaftern besteht in der **Dauer des jeweiligen Engagements**. „Gewöhnliche" Gesellschafter gehen i. d. R. Beteiligungen ein, ohne dass ein bestimmter Ausstiegstermin anvisiert wird. Häufig erstrecken sich diese Beteiligungen über die Dauer der Erwerbstätigkeit des betreffenden Gesellschafters und sogar darüber hinaus. Beteiligungsgesellschaften engagieren sich demgegenüber von vornherein nur **befristet**. Die Frist kann zwar bis zu 15 Jahre betragen, oft ist sie jedoch kürzer (bei Venture-Capital-Gesellschaften 5 bis 10 Jahre).[131]

4.2.3.3 Venture Capital[132]

4.2.3.3.1 Die Notwendigkeit von Venture Capital

Da in Großbetrieben aufgrund von Rationalisierungen Arbeitsplätze freigesetzt werden, erlangen **junge innovative Unternehmen mit Wachstumspotenzialen** für die Schaffung von neuen Arbeitsplätzen sowie als Partner von Großunternehmen eine zunehmende Bedeutung.[133] Diese für die Vitalität einer Volkswirtschaft wünschenswerte Situation im Sinne der Schaffung von Arbeitsplätzen und der Stärkung der Innovationsfähigkeit mit einer damit einhergehenden Sicherung der Wettbewerbsfähigkeit der deutschen Wirtschaft bedarf einer Förderung finanzieller Art.

Neu zu gründende Unternehmen im mittelständischen Bereich haben i. d. R. einen relativ hohen Kapitalbedarf, um ihre notwendigen Investitionsvorhaben – ob materieller und/oder immaterieller Art – zu finanzieren. Im Allgemeinen wird privates Eigenkapital nicht ausreichen, um die während der Entwicklungs-, Gründungs- und Wachstumsphase anstehenden Investitionen vollständig finanzieren zu können, so dass eine Diskrepanz zwischen Kapitalbedarf und Kapitalausstattung deutlich wird. Im Rahmen der notwendigen Kapitalbeschaffung stehen hierbei grundsätzlich mehrere Möglichkeiten zur Auswahl.

Während sich die Innenfinanzierung zumindest nicht in der Gründungsphase als Instrumentarium eignet, ist eine Finanzierung durch Aufnahme eines Bankkredits als Außenfinanzierung in Form einer Kreditfinanzierung grundsätzlich geeignet. Als nachteilig erweisen sich

---

131 Vgl. *Jahrmann, Fritz-Ulrich*: Finanzierung. 6. Aufl., Herne 2009, S. 210; *Vormbaum, Herbert*: Finanzierung der Betriebe. 9. Aufl., Wiesbaden 1995, S. 175; vgl. auch **Abschnitt 4.2.3.3**.

132 Vgl. hierzu auch und ausführlicher *Kußmaul, Heinz/Richter, Lutz*: Betriebswirtschaftliche Aspekte von Venture Capital-Gesellschaften und ihre Bedeutung im Hinblick auf Existenzgründungen: Einordnung, Funktionsweise, Beteiligungsformen, Finanzierungsphasen. In: Deutsches Steuerrecht 2000, S. 1155-1160; *Kußmaul, Heinz/Richter, Lutz*: Betriebswirtschaftliche Aspekte von Venture Capital-Gesellschaften und ihre Bedeutung im Hinblick auf Existenzgründungen: Zeitlicher Ablauf und öffentliche Finanzierungsprogramme. In: Deutsches Steuerrecht 2000, S. 1195-1204; *Kußmaul, Heinz/Richter, Lutz*: Venture Capital im Rahmen der Existenzgründung. In: Arbeitspapiere zur Existenzgründung, hrsg. von *Heinz Kußmaul*, Band 8, Saarbrücken 2000 und grundlegend *Kußmaul, Heinz*: Kapitalbeteiligungsgesellschaften. In: Praxishandbuch Familiengesellschaften, begr. von *Vincent Bünz* und *Ernst W. Heinsius*, Freiburg i. Br. 1980 ff. (Loseblatt), Stand: 1999, Gruppe 4, S. 301-344. Vgl. weiterführend bzgl. der Wirkungen des geplanten Steuersenkungsgesetzes auf Kapitalbeteiligungsgesellschaften *Kußmaul, Heinz/Junker, Andy*: Vorteilhaftigkeitsveränderungen bei Kapitalbeteiligungsgesellschaften im Kontext des „Steuersenkungsgesetzes"? In: Finanz Betrieb 2000, S. 418-430.

133 Vgl. *Büschgen, Hans E.*: Venture Capital – der deutsche Ansatz. In: Die Bank 1985, S. 221.

allerdings die daraus i. d. R. resultierenden laufenden Zins- und Tilgungszahlungen sowie die zwecks Bonitätsprüfung erforderlichen bankühlichen Sicherheiten. An Letzteren wird es – insbesondere bei technologieorientierten Unternehmen – aufgrund der geringen Anzahl an Investitionen in Sachgüter mangeln. Hier überwiegen Investitionen immaterieller Art in technisches Knowhow.

Gelingt es dem Unternehmensgründer jedoch trotz mangelnder Sicherheiten, in der Anfangsphase eine Fremdfinanzierung durchzuführen, so können sich die ständig zu leistenden Rückzahlungsraten dann als Problem erweisen, wenn z. B. aufgrund zeitlicher Verzögerungen von Produkteinführungen die Zahlungsfähigkeit des Betriebs nicht gewahrt werden kann. Es kann also möglich sein, dass die Innenfinanzierungskraft der Unternehmung nicht ausreicht, die laufenden Zins- und Tilgungszahlungen zu decken.

Als Ausweg bieten sich Wege der Eigenfinanzierung als Außenfinanzierung in Form einer Einlagenfinanzierung an. Dabei wird sowohl im Hinblick auf die Vielzahl von nicht börsennotierten bzw. nicht-emissionsfähigen Unternehmungen als auch auf das mit der Innovation verbundene Risiko Venture Capital (im Folgenden: VC) zur Verfügung gestellt. Diese ursprünglich aus den USA stammende Finanzierungsform wurde Ende der 70er bzw. Anfang der 80er Jahre des letzten Jahrhunderts erstmalig in Deutschland eingeführt. Der Begriff des „Venture Capital" und seine wesentlichen Unterschiede zum üblichen Bankkredit werden nachfolgend aufgezeigt.

4.2.3.3.2 Der Begriff des Venture Capital

Unter dem Terminus „Venture Capital" versteht man allgemein eine **spezielle Form der langfristigen**, aber zeitlich begrenzten **Unternehmens- und Innovationsfinanzierung** mit risikotragendem, in einer Unternehmenskrise haftenden Eigenkapital oder mit eigenkapitalähnlichem Kapital, verbunden mit der aktiven unternehmerischen Beratung und Betreuung der zu finanzierenden Unternehmung ohne Beeinflussung des laufenden Tagesgeschäfts. I. d. R. wird von der VC-Gesellschaft zwecks Wahrung der Autonomie des Existenzgründers bzw. des „wachsenden Unternehmers" nur eine Minderheitsbeteiligung gehalten. Adressaten stellen kleine bzw. mittlere innovative und tendenziell technologieorientierte, (junge) nicht-emissionsfähige und nicht-börsennotierte Unternehmungen mit geringer Eigenkapitalausstattung und hohen Wachstumspotenzialen dar, die allerdings komplexen unternehmerischen Aufgaben gegenüberstehen und zur Entscheidungsfindung auf externe Hilfe angewiesen sind. Der letzte Aspekt lässt sich auf die überwiegend technische Ausbildung und Erfahrung der Unternehmensgründer zurückführen, wobei die VC-Gesellschaft die zusätzlich benötigten betriebswirtschaftlichen und branchenbezogenen Kenntnisse zur Eindämmung der Risiken einbringt. Aus diesem Grund soll im Folgenden unter dem Terminus „Knowhow" das betriebswirtschaftliche und branchenbezogene Knowhow verstanden werden.

4.2.3.3.3 Die Abgrenzung zum Bankkredit

Bezugnehmend auf die einleitenden Ausführungen ist hinsichtlich der Zins- und Tilgungsleistungen zu konstatieren, dass dieser Kapitaldienst im Rahmen einer VC-Finanzierung während der Laufzeit i. d. R. nicht anfällt und daraus resultierend die Liquidität der Unternehmung in dieser Phase nicht belastet wird. Ferner ist festzustellen, dass ein Mangel an beleihungsfähigen Sicherheiten die VC-Finanzierung nicht beeinflusst, da die Kapitalgewährung ausschließlich aufgrund einer Projektidee und der damit verbundenen Ertragsaussichten erfolgt.

Ein Investitionsvorhaben, das v. a. in der Entwicklungs- oder Gründungsphase extern finanziert werden soll, ist für eine notwendige Kreditwürdigkeitsprüfung weniger geeignet, da eine (bilanzorientierte) Beurteilung der Unternehmung anhand von Vergangenheitsdaten nicht möglich ist. Hierbei muss auf eine zukünftige (dynamische) Betrachtungsweise abgestellt werden.[134]

Die VC-Finanzierung soll allerdings nicht eine Ablösung der Fremdfinanzierung bezwecken. Die VC-Finanzierung kann und möchte auch nicht das alleinige Finanzierungsinstrument darstellen. Somit ist der Existenzgründer ebenfalls auf die Inanspruchnahme öffentlicher Finanzierungshilfen[135] und von Bankkrediten angewiesen, so dass eine Unternehmung aus privatem Gründungskapital, öffentlichen Finanzierungshilfen, Venture Capital und Bankkrediten finanziert wird. Eine VC-Finanzierung ist eine alternative Finanzierungsform, die allerdings i. d. R. komplexer ist als die reine (externe) Fremdfinanzierung.[136]

Die beiden eben genannten Finanzierungsmöglichkeiten – Venture Capital und Bankkredit – stehen somit in stetigem Wettbewerb miteinander. Allerdings darf nicht übersehen werden, dass auch Verknüpfungen vorkommen: So erhöht eine Finanzierung mit Venture Capital ceteris paribus die Eigenkapitalquote der Unternehmung und trägt somit bei etwaigen späteren Kreditverhandlungen zu einer verbesserten Darstellung des Unternehmensbildes bei. Ferner wird das Ansehen bei Geschäftspartnern aufgrund der gefestigteren Eigenkapitalposition sowie wegen der fachmännischen Betreuung und Beratung des Existenzgründers durch die VC-Gesellschaft erhöht.

4.2.3.3.4 Die Abgrenzung zu anderen Kapitalbeteiligungsgesellschaften

VC-Gesellschaften stellen eine Unterart der Kapitalbeteiligungsgesellschaften dar.[137] Traditionell berührt die VC-Finanzierung eher die Gründung und somit die schwierigste Phase einer Unternehmung. Allerdings kommen nach heutigen Erfahrungen Finanzierungen mit Venture Capital auch in späteren Lebensphasen einer Unternehmung zum Einsatz. Aus diesem Grund wird im Folgenden der Begriff des Venture Capital untergliedert in eine engere Begriffsdefinition, die sich auf die „traditionellen" Bereiche der VC-Finanzierung erstreckt, und in eine weitere Begriffsdefinition, die die „neuartigen" Aufgabengebiete der VC-Finanzierung bezeichnen soll. In **Abbildung 14** (Seite 55) ist das Venture Capital in Abhängigkeit von der Lebensphase einer Unternehmung näher untergliedert.

---

134 Vgl. *Wolff-Simon, Dirk*: Erfahrungen mit Venture-Capital-Finanzierungen für Existenzgründer aus Sicht einer finanzierenden Bank. In: Akademie 1999, S. 16.

135 Vgl. **Abschnitt 4.2.3.3.6**.

136 Vgl. dazu näher *Leinberger, Detlef*: Risikokapital für kleine und mittlere Unternehmen: Erfahrungen der Kreditanstalt für Wiederaufbau. In: Zeitschrift für das gesamte Kreditwesen 1998, S. 216-217.

137 Vgl. *Beyel, Jürgen*: Kapitalbeteiligungsgesellschaften in der Bundesrepublik Deutschland. In: Der Langfristige Kredit 1987, S. 657, für den VC-Gesellschaften eine Sonderform der Kapitalbeteiligungsgesellschaften darstellen.

Venture Capital	
Foundation-Venture Capital (Venture Capital i. e. S.)	**Merchant-Venture Capital (Venture Capital i. w. S.)**
• Seed-Phase } • Start-Up-Phase } Early Stage • First Stage • Expansion Stage	• Later Stage (z. B. Akquisitionen, Sanierungen, Management Buy Out/ Management Buy In)

Abbildung 14: Gliederung des Venture Capital in Abhängigkeit von der Lebensphase einer Unternehmung[138]

In den folgenden Ausführungen sind sowohl die öffentlich geförderten Kapitalbeteiligungsgesellschaften – dies sind jene Gesellschaften, die öffentliche Fördermittel im Finanzierungsprozess einsetzen – als auch diejenigen (privatwirtschaftlichen) Kapitalbeteiligungsgesellschaften Gegenstand der Betrachtungen, die in Anlehnung an **Abbildung 14** Foundation-Venture Capital (Venture Capital i. e. S.) zur Verfügung stellen. In **Abschnitt 4.2.3.3.5.3** werden die für eine Finanzierung mit Foundation-Venture Capital in Frage kommenden Lebensphasen einer Unternehmung nochmals aufgegriffen und näher erläutert.

Ausgehend von **Abbildung 14** lässt sich generell konstatieren, dass die Finanzierung mit Foundation-Venture Capital aufgrund der erst eintretenden bzw. erst eingetretenen Lebensphase der Unternehmung risikoreicher ist als die Finanzierung mit Merchant-Venture Capital.[139] Mit zunehmendem Alter der Unternehmung verliert das Investitionsrisiko des Unternehmensgründers und somit auch die Attraktivität der VC-Finanzierung an Bedeutung.

Unternehmensbeteiligungsgesellschaften, die im Folgenden nicht näher betrachtet werden, stellen ebenfalls Kapitalbeteiligungsgesellschaften dar; allerdings unterliegen sie den restriktiven Vorschriften des Gesetzes über Unternehmensbeteiligungsgesellschaften (UBGG).[140]

4.2.3.3.5 Die Finanzierung mit Venture Capital

4.2.3.3.5.1 Die generelle Funktionsweise

Den Ausgangspunkt der Überlegungen bildet eine junge mittelständische Unternehmung, die Eigenkapital benötigt und sich mittels der VC-Gesellschaft finanzieren möchte. Mit der **Gewährung des Eigenkapitals geht die VC-Gesellschaft eine Beteiligung an dieser Unternehmung** ein. Da die VC-Gesellschaft als solche i. d. R. wenig eigenes Kapital,

---

138 In Anlehnung an die Systematik bei *Bell, Markus G.*: Venture Capital. In: Das Wirtschaftsstudium 1999, S. 53 und *Fanselow, Karl-Heinz*: Unternehmensbeteiligungen in Deutschland: Was ist erreicht? Was bleibt zu tun? In: Zeitschrift für das gesamte Kreditwesen 1998, S. 208.

139 Vgl. auch *Schmidt, Reinhard H.*: Venture Capital in Deutschland – ein Problem der Qualität? In: Die Bank 1988, S. 185.

140 Vgl. hierzu z. B. *Kußmaul, Heinz*: Kapitalbeteiligungsgesellschaften. In: Praxishandbuch Familiengesellschaften, begr. von *Vincent Bünz* und *Ernst W. Heinsius*, Freiburg i. Br. 1980 ff. (Loseblatt), Stand: 1999, Gruppe 4, S. 314-317.

sondern Finanzmittel von externen Dritten in die junge Unternehmung investiert, muss sie sich refinanzieren. Hierbei kommt die Refinanzierung aus privaten und öffentlichen Mitteln in Betracht. Im Rahmen der privaten Refinanzierung bietet die VC-Gesellschaft (externen) Kapitalgebern – sog. VC-Financiers – im Rahmen eines Fonds[141] eine bestimmte Beteiligung zur Zeichnung an ihrer eigenen Unternehmung an.[142] Für diesen Kapitalgeberstamm bietet die Anlageform einerseits einen Anreiz, weil dadurch im Vergleich zu Aktien oder festverzinslichen Wertpapieren eine überdurchschnittlich hohe Rendite erzielt werden kann. Andererseits müssen die VC-Financiers sowohl auf die Erfahrung der VC-Gesellschaft bzgl. der Auswahl des VC-Nehmers als auch auf die Beratungskompetenz der VC-Gesellschaft während der Laufzeit des Venture Capital vertrauen. Um das Ausfallrisiko der Beteiligungen zu vermindern, werden im Rahmen des Fonds Beteiligungen an mehreren jungen Unternehmungen in verschiedenen Lebensphasen, unterschiedlichen Branchen sowie verschiedenen technologischen Richtungen gehalten. Somit wird das Risiko einer Beteiligung durch die Chance einer anderen gehaltenen Beteiligung ausgeglichen. Man spricht von einer **Risikodiversifizierung** oder Risikostreuung. Bei der Refinanzierung aus öffentlichen Mitteln werden der VC-Gesellschaft günstige Darlehen im Rahmen öffentlicher Förderprogramme gewährt,[143] die in **Abschnitt 4.2.3.3.6** kurz vorgestellt werden.

Am Ende der Laufzeit erhält die VC-Gesellschaft ihre getätigte Einlage zzgl. eines aus der Wertsteigerung der an der Unternehmung des Existenzgründers gehaltenen Anteile resultierenden Gewinns durch die Veräußerung zurückerstattet (vgl. hierzu die ausführlichen Ausführungen in **Abschnitt 4.2.3.3.5.4.5**). Die VC-Gesellschaft ihrerseits erstattet die ihr zur Verfügung gestellten Geldleistungen an die VC-Financiers zzgl. einer adäquaten Verzinsung (sog. „Hurdle-Rate“) als Entgelt für die befristete Kapitalüberlassung und die Risikoübernahme im Rahmen der Liquidation des Fonds zurück. Hierbei wird deutlich, dass die VC-Gesellschaft als solche nur eine Vermittlerfunktion innehat. Allerdings besitzt sie neben der **Finanzierungsfunktion** auch eine **Beraterfunktion**, die sie aktiv ausübt. Zusammenfassend lässt sich eine VC-Gesellschaft als Mischung aus einem Beteiligungsfonds für Risikokapital und einer Unternehmensberatungsgesellschaft charakterisieren.

Eine Sonderform der VC-Gesellschaften stellen öffentliche Kapitalbeteiligungsgesellschaften dar, bei denen als VC-Financiers der Staat bzw. Institutionen des Staates fungieren. **Abbildung 15** fasst obige Ausführungen nochmals grafisch zusammen.

---

141 Man unterscheidet zwischen offenen und geschlossenen Fonds. Unter einem **offenen Beteiligungsfonds** versteht man ein bestimmtes Konzept der Mittelaufbringung, wobei dieser für einen offenen Zeitraum konzipiert wird und für weitere Investoren offen steht. Im Rahmen eines **geschlossenen Fonds** wird dieser nach Zeichnung des gesamten Kapitals für weitere Investoren geschlossen. Vgl. *Baier, Wolfgang*: Venture Capital. In: Gründungsplanung und -finanzierung, hrsg. von *Willi K.M. Dieterle* und *Eike M. Winckler*, 3. Aufl., München 2000, S. 408-409. Die Investoren profitieren hierbei von der Entwicklung sämtlicher im Fonds befindlichen Vermögenswerte.

142 Man spricht hierbei auch von einer sog. indirekten Beteiligung, da die VC-Financiers nur mittelbar über die VC-Gesellschaft an der Unternehmung des VC-Nehmers beteiligt sind (vgl. **Abbildung 15**; Seite 57).

143 Aus Sicht des VC-Nehmers hat die VC-Gesellschaft somit eine Finanzierungsfunktion, aus Sicht der VC-Financiers eine Investmentfunktion inne. Vgl. *Kußmaul, Heinz*: Kapitalbeteiligungsgesellschaften. In: Praxishandbuch Familiengesellschaften, begr. von *Vincent Bünz* und *Ernst W. Heinsius*, Freiburg i. Br. 1980 ff. (Loseblatt), Stand: 1999, Gruppe 4, S. 304, Rn. 2.

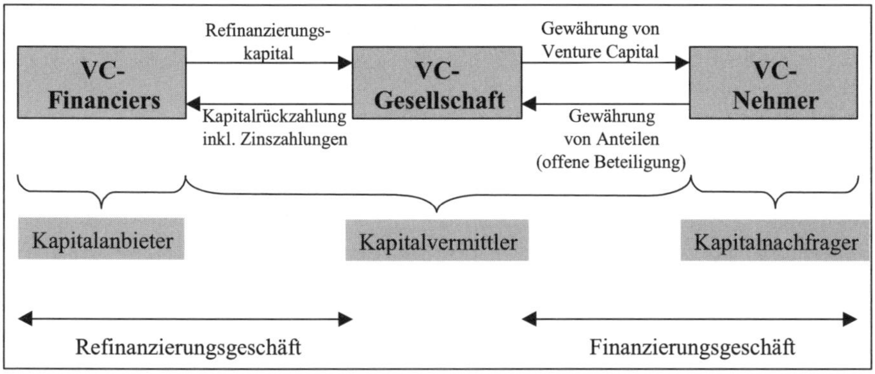

Abbildung 15: Schematische Funktionsweise einer Finanzierung mit Venture Capital[144]

Ein informeller VC-Markt, von dem im Folgenden abstrahiert wird, liegt genau dann vor, wenn keine die Vermittlungsfunktion wahrnehmende VC-Gesellschaft existent ist. Die auf diesem Markt auftretenden Privatpersonen bezeichnet man auch als sog. „**Business Angels**". Noch vor einigen Jahren waren sie in Deutschland fast unbekannt; die „Business Angels" gewinnen für die Gründerfinanzierung jedoch immer mehr an Bedeutung. Nach eigenen Angaben investieren sie jährlich etwa 300 Mio. EUR und sind somit in der Seed-Phase ein durchaus beachtenswerter Faktor.[145]

4.2.3.3.5.2 Ausgewählte Beteiligungsformen

Die Gewährung von Eigenkapital einer VC-Gesellschaft vollzieht sich dadurch, dass die VC-Gesellschaft an der Unternehmung des Existenzgründers oder der wachsenden Unternehmung eine Beteiligung eingeht. Hierbei sind verschiedene Gestaltungsvarianten denkbar, wobei zwischen der offenen und der stillen Beteiligung unterschieden wird.

Bei der **offenen Beteiligung** wird das **Venture Capital in Form von Einlagen bzw. Grund- oder Stammkapital in die Unternehmung des VC-Nehmers** eingebracht, wobei mit dem Eintritt Stimm- und Mitspracherechte einhergehen sowie eine Beteiligung an den stillen Reserven erfolgt. Als Beteiligungsform kommen die Übernahme von Kommanditanteilen, GmbH-Stammanteilen sowie Aktien in Betracht. Die Beteiligung als Gesellschafter einer OHG oder als Komplementär einer KG wird aus haftungsrechtlichen Gründen i. d. R. ausgeschlossen.

Im Gegensatz dazu stellen **stille Beteiligungen** Fremdkapital dar, wobei die Gewährung materiell wie eine Erhöhung des Eigenkapitals wirkt. Es handelt sich hierbei um ein kreditähnliches Geschäft. Aufgrund der Tatsache, dass die Einlage „in das Vermögen des Inha-

---

144 Entnommen aus *Kußmaul, Heinz/Richter, Lutz*: Betriebswirtschaftliche Aspekte von Venture Capital-Gesellschaften und ihre Bedeutung im Hinblick auf Existenzgründungen: Einordnung, Funktionsweise, Beteiligungsformen, Finanzierungsphasen. In: Deutsches Steuerrecht 2000, S. 1159.

145 Vgl. *Business Angels Netzwerk Deutschland e.V.*: Business Angels Idee neuen Schwung verleihen, Pressemitteilung vom 17.11.2008 (www.business-angels.de (Stand: 19.05.2009), Rubrik: BAND-presse- und Öffentlichkeitsarbeit → Pressemitteilungen).

bers des Handelsgeschäfts übergeht" (§ 230 Abs. 1 HGB), entsteht keine Beteiligung und somit auch generell kein Mitspracherecht. Weiterhin erfolgt keine Partizipation an den stillen Reserven, wobei als Ausgleich eine Wertzuwachspauschale vereinbart werden kann. Allerdings ist der stille Gesellschafter (VC-Gesellschaft) berechtigt, den Jahresabschluss des VC-Nehmers zu verlangen und zu überprüfen (§ 233 HGB). Die VC-Gesellschaft haftet im Verlustfall nur bis zur Höhe ihrer getätigten Einlage (§ 232 Abs. 2 S. 1 HGB); die Verlustbeteiligung kann durch den Gesellschaftsvertrag ausgeschlossen werden (§ 231 Abs. 2 HGB), wobei dies im Rahmen öffentlicher Förderprogramme allerdings nicht üblich ist.

Generell bieten sich stille Beteiligungen an, wenn die VC-Gesellschaft nicht nach außen in Erscheinung treten möchte bzw. die Beteiligungs- und Stimmrechtsquoten (bei bereits gegründeter Unternehmung) unverändert bleiben und flexible vertragliche Gestaltungsmöglichkeiten erreicht werden sollen. Somit besteht zwischen der VC-Gesellschaft und dem VC-Nehmer ein reines Innenverhältnis, wobei nur der VC-Nehmer nach außen in Erscheinung tritt.[146]

4.2.3.3.5.3 Die Phasen der Finanzierung mit Venture Capital

Die erste für einen Existenzgründer relevante Phase stellt die sog. **„Seed-Phase"** (auch: F & E-Phase) dar, innerhalb derer zum einen die Finanzierung der vorbereitenden Forschungs- und Entwicklungstätigkeiten zu erfolgen hat und zum anderen der daraus resultierende Prototyp vorgestellt wird. Die Unternehmung ist zu diesem Zeitpunkt noch nicht existent, sondern befindet sich erst in der Gründung. Die VC-Finanzierung ist in diesem Teilbereich mit sehr hohen Risiken behaftet, da die Marktchancen und die zukünftige Akzeptanz der Produktinnovation in dieser Phase i. d. R. relativ schlecht abschätzbar sind. Daher erweist sich die Marktanalyse, die sich als Ziel gesetzt hat, Daten über insbesondere potenzielle Kunden und Konkurrenten zu sammeln, zu erfassen, zu klassifizieren und zu analysieren,[147] zur näheren Konkretisierung der Marktchancen als ein unerlässliches Hilfsmittel.

Ein weiteres Problem der „Seed-Phase" besteht in den hohen Aufwendungen (Beratungs- und Betreuungsaufwendungen), denen keine Erträge gegenüberstehen; daraus folgt eine Finanzierungslücke, die i. d. R. nicht ausschließlich durch Eigenmittel geschlossen werden kann. Hierbei bietet sich der Einsatz von öffentlichen Fördermaßnahmen an.

Innerhalb der **„Start-Up-Phase"** wird das Unternehmen gegründet und das in der „Seed-Phase" entwickelte Produkt auf eine Markteinführung vorbereitet bzw. eine probeweise Einführung des Erzeugnisses auf einem Testmarkt vorgenommen. Des Weiteren werden die Produktionsvorbereitungen getroffen und detaillierte Marketingkonzepte entwickelt. Die „Start-Up-Phase" erlangt im Rahmen des Gründungsvorgangs einen besonderen Stellenwert, da dort die Finanzierungslücke trotz bereits einsetzender Rückflüsse besonders groß ist.

---

146 Vgl. zu diesem Absatz *Wöhe, Günter*: Einführung in die Allgemeine Betriebswirtschaftslehre. 23. Aufl., München 2008, S. 232.

147 Vgl. ausführlich zum Themenbereich „Marktanalyse" *Kußmaul, Heinz*: Betriebswirtschaftslehre für Existenzgründer. 6. Aufl., München 2008, S. 544-555.

Innerhalb der **„First Stage“** wird die Markteinführung des Produkts mit der damit verbundenen Aufnahme der Produktion vorgenommen sowie ein Fertigungs- und Vertriebsnetz aufgebaut. In der **„Expansion Stage“**, einem weiteren wichtigen Betätigungsfeld der VC-Finanzierung, erfolgt eine Ausweitung der Produktpalette und des Produktions- und Vertriebssystems sowie eine evtl. Ausdehnung der unternehmerischen Aktivitäten in das Ausland – sog. „cross-border-Geschäfte“. In dieser Phase werden die Möglichkeiten der Selbstfinanzierung bzw. der Kreditfinanzierung durch die am Markt erwirtschafteten Gewinne erhöht.

In **Abbildung 16** lassen sich zusammenfassend tendenzielle Aussagen über die Entwicklung der Gewinne, des Kapitalbedarfs und des Risikos der Unternehmung in Abhängigkeit von ihrer Lebensphase treffen.

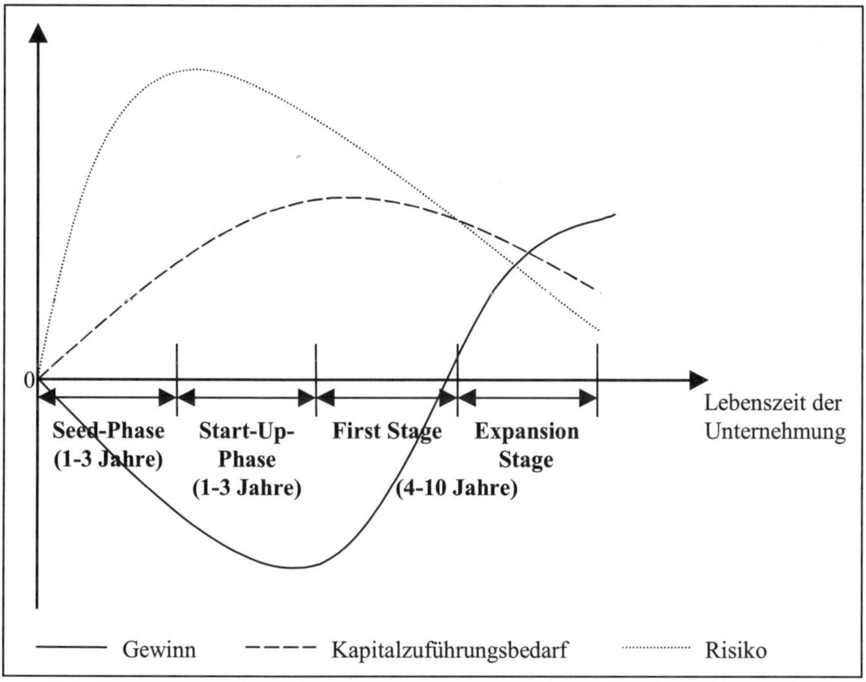

Abbildung 16: Funktionale Beziehungen zwischen den Gewinnen, dem Kapitalbedarf und dem Risiko im Rahmen der Finanzierung mit Foundation Venture Capital[148]

4.2.3.3.5.4 Der zeitliche Ablauf einer Finanzierung mit Venture Capital

4.2.3.3.5.4.1 Überblick

Während im vorangegangenen Abschnitt die für eine VC-Finanzierung primär relevanten Lebensphasen einer Unternehmung erläutert wurden, finden nun die Phasen Berücksichti-

---

[148] Vgl. *Merkle, Erich*: Venture Capital als Instrument des Technologiemanagements. In: Betriebs-Berater 1984, S. 1061.

gung, die ein Gründungsunternehmen in zeitlicher Hinsicht bis zur Gewährung von Venture Capital zu durchlaufen hat.

4.2.3.3.5.4.2 Die Akquisitionsphase

Bevor eine Finanzierung der Unternehmung des Existenzgründers erfolgen kann, muss die VC-Gesellschaft als solche das für die Beteiligungsinvestition benötigte Kapital akquirieren. Die Interessengruppen innerhalb dieser anfänglichen Phase, die auch als **Suchphase** oder als „**Fund raising**" bezeichnet wird, stellen institutionelle (z. B. Kreditinstitute, Versicherungen und Kapitalanlagegesellschaften), industrielle oder private Anleger dar.[149] In Deutschland verkörpern die Kreditinstitute die wesentlichen VC-Financiers.

4.2.3.3.5.4.3 Die Investitionsphase

Innerhalb der **Kontaktphase**, die parallel zur oder anschließend an die Akquisitionsphase verlaufen kann, müssen der VC-Gesellschaft die entsprechenden Beteiligungsprojekte zugänglich gemacht werden. Dies kann zum einen dadurch geschehen, dass auf direkte Weise ein Kontakt zwischen beiden Subjekten geknüpft wird. Zum anderen kann auch ein (externer) Dritter als Vermittler fungieren (z. B. Kreditinstitute, Industrie- und Handelskammer, Unternehmensberater; sog. „Scouts"[150]).

Der primäre Zweck einer daran anschließenden **Grobanalyse** besteht für VC-Gesellschaften in einer Selektion der generell in Frage kommenden VC-Nehmer. Diese Grobanalyse fällt in der Vielzahl der Beurteilungsfälle negativ aus.[151] Hierbei ist zwischen solchen Gründen zu differenzieren, die der Existenzgründer nicht zu verantworten hat (die Investition der VC-Gesellschaft passt nicht in deren Gesamtportfolio), und solchen, die im Einflussbereich des potenziellen VC-Nehmers liegen. Um den letzteren Fall zu vermeiden, hat der potenzielle Existenzgründer die VC-Gesellschaft von der Attraktivität seiner Unternehmung zu überzeugen. Hierbei wird vor allem Wert auf die Unternehmerpersönlichkeit sowie auf die Seriosität, Aussagekraft und Professionalität des vom VC-Nehmer zu erstellenden Business Plans[152] gelegt. Weiterhin finden das einzuführende Produkt bzw. die einzuführende Technologie sowie die damit verbundenen Wachstumschancen und Markterfolge in den Überlegungen anhand einer Plausibilitätsprüfung Berücksichtigung.

Die nach der Grobanalyse noch in Frage kommenden potenziellen VC-Nehmer müssen sich im Rahmen der **Detailanalyse** – auch Due Diligence genannt – vertiefenden Gesprächen

---

149 Vgl. hierzu Bundesverband Deutscher Kapitalbeteiligungsgesellschaften – German Venture Capital Association e.V.: Venture Capital von A bis Z. Berlin 1993, S. 5.

150 Unter einem „Scout" wird eine Person verstanden, die aussichtsreiche Beteiligungsmöglichkeiten sichtet.

151 Vgl. *Pfeifer, Axel*: Venture Capital als Finanzierungs- und Beteiligungsinstrument. In: Betriebs-Berater 1999, S. 1669.

152 Vgl. ausführlich zum Aufbau eines Business Plans mit Beispielen *Kußmaul, Heinz*: Aufgaben und Aufbau eines Business Plans. In: Der Steuerberater 1999, S. 471-477; *Kußmaul, Heinz*: Betriebswirtschaftslehre für Existenzgründer. 6. Aufl., München 2008, S. 526-586; *Kußmaul, Heinz*: Business Plan – Aufbau, Inhalt, Zweck, Beispiel –. In: Arbeitspapiere zur Existenzgründung, hrsg. von. *Heinz Kußmaul*, Band 2, 2. Aufl., Saarbrücken 2002; *Kußmaul, Heinz/Junker, Andy*: Der Business-Plan am Beispiel. In: Arbeitspapiere zur Existenzgründung, hrsg. von *Heinz Kußmaul*, Band 7, 2. Aufl., Saarbrücken 2003.

unterziehen, um eine persönliche Meinungsbildung seitens der VC-Gesellschaft zu ermöglichen. Ferner wird der in der Grobanalyse als interessant erachtete Business Plan einer ausführlicheren Untersuchung unterzogen.

VC-Nehmer, die auch die Detailanalyse bestehen und deren Interessen mit denen der VC-Gesellschaft harmonieren, schließen zu guter Letzt den Vertrag über die Gewährung von Venture Capital ab (sog. **Vertragsabschlussphase**). Hierbei muss einerseits die Art der Finanzierungsform geklärt werden. Andererseits stellt sich die Frage, wie die Anteile zu bewerten sind und ob beide potenzielle Vertragspartner zu einer Einigung bezüglich des Preises kommen. Hierbei stehen zwei Varianten zur Auswahl: Entweder muss der Preis für eine bestimmte prozentuale Beteiligung festgelegt werden, oder es ist zu vereinbaren, wie hoch der Anteil der VC-Gesellschaft am VC-Nehmer bei einer bestimmten Eigenkapitalzuführung sein soll. Somit wird das Themengebiet des Venture Capital auch entscheidend von der Unternehmensbewertung geprägt.[153] Weiterhin ist innerhalb der Vertragsverhandlungen die Intensität der Bindung des VC-Nehmers an die VC-Gesellschaft zu definieren. Hier stellt sich die Frage der Einräumung von Informations- und Mitwirkungsrechten (evtl. auch in der Geschäftsführung des VC-Nehmers).

4.2.3.3.5.4.4 Die Betreuungsphase

Die sich an die Investitionsphase anschließende Betreuungsphase – auch **Zusammenarbeitsphase** oder **Monitoring** genannt – erstreckt sich über einen Zeitraum von fünf bis zehn Jahren, wobei die Bindungsintensität in verschiedener Weise ausgeprägt sein kann. Diese führt von der bloßen Kontrolle bestimmter vertraglich vereinbarter Vorgaben bis hin zur intensiven Betreuung des Managements des VC-Nehmers in Form der Unterstützung der Geschäftsführung bei strategischen Entscheidungen, Vermittlung von Kontakten zu weiteren Finanzierungsquellen (Kunden, Lieferanten), Beihilfe bei kurzfristigen Krisen bis hin zum Organisationsaufbau, zur Personalpolitik (z. B. Ablösung der Führungsmannschaft) und zum Aufbau eines intakten Rechnungswesens (Betriebsbuchführung, Kosten- und Leistungsrechnung) und Controlling.[154] Allerdings können und wollen VC-Gesellschaften nicht die gesamte Unternehmerfunktion übernehmen; sie sind lediglich helfend oder beratend tätig.

4.2.3.3.5.4.5 Die Desinvestitionsphase

In der Desinvestitionsphase – auch als **Exit** bezeichnet –, die nach dem zehnten Jahr abgeschlossen sein sollte, wird der VC-Gesellschaft das ursprünglich gewährte Kapital wieder zum Nominalwert – zuzüglich eines Entgelts für die Kapitalnutzung in Form laufender

---

[153] Vgl. hierzu ausführlich *Bieg, Hartmut/Kußmaul, Heinz*: Investition. 2. Aufl., München 2009, Abschnitt 2.9.

[154] Ob die auftretenden Beratungskosten der VC-Gesellschaft zusätzlich durch den VC-Nehmer abgegolten werden müssen, hängt von der anfänglichen vertraglichen Ausgestaltung ab. Vgl. *Pfeifer, Axel*: Venture Capital als Finanzierungs- und Beteiligungsinstrument. In: Betriebs-Berater 1999, S. 1669. I.d.R. sind die gegebenen Beratungen allerdings kostenlos, da sie Gegenstand der gesamten VC-Finanzierung sind. Vgl. *Grisebach, Rolf*: Innovationsfinanzierung durch Venture Capital: eine juristische und ökonomische Analyse. München 1989, S. 58.

Gewinnausschüttungen und/oder von Wertsteigerungen – zurückgezahlt.[155] Die vier in Frage kommenden Beendigungsmöglichkeiten des Beteiligungsengagements, die vertraglich geregelt sein müssen, lassen sich wie in **Abbildung 17** darstellen.

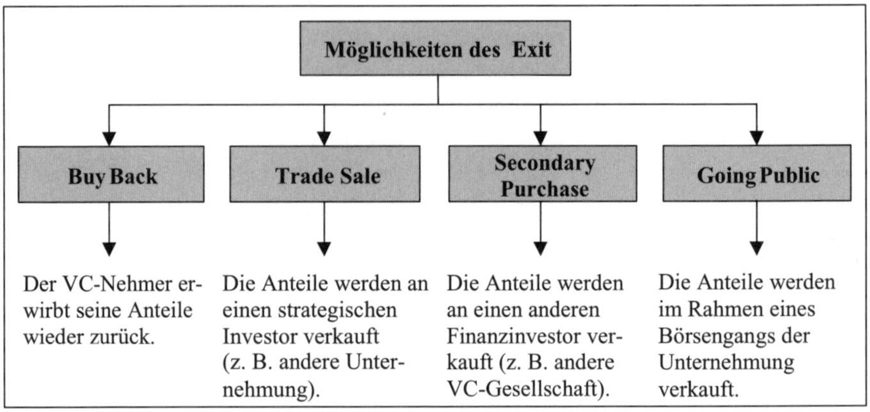

Abbildung 17: Varianten der Beendigung des Beteiligungsengagements für eine VC-Gesellschaft[156]

Auch im Rahmen der Desinvestitionsphase wird die bereits in **Abschnitt 4.2.3.3.4** angesprochene Vermischung von Kapitalbeteiligungsgesellschaften und VC-Gesellschaften deutlich. Während sich für Kapitalbeteiligungsgesellschaften die Verzinsung ihres eingesetzten Eigenkapitals in (laufenden) Gewinnausschüttungen bzw. Gewinnzuweisungen widerspiegelt, partizipieren die VC-Gesellschaften an der Wertsteigerung ihrer Anteile an der Unternehmung des VC-Nehmers infolge eines möglichst hohen Veräußerungsgewinns.

Welcher **Entgelttyp – laufende Gewinnausschüttungen oder realisierte Wertsteigerungen** – typisch ist für die befristete Eigenkapitalüberlassung, ist aufgrund der unscharfen Grenzen zwischen VC-Gesellschaften und Kapitalbeteiligungsgesellschaften nicht mehr genau feststellbar. Dennoch bestehen zwischen den beiden Varianten keine gravierenden Unterschiede. Legt man den Überlegungen eine sog. Nettosubstanzwertbetrachtung zugrunde, so wird durch Gewinnausschüttungen an die VC-Gesellschaft das Eigenkapital und

---

155 Die Zeitspanne von zehn Jahren stellt einen ungefähren Richtwert dar. Maßgebend für den Exit ist der Zeitpunkt, bei dem die entscheidungsrelevanten Daten der Unternehmung des VC-Nehmers eine bestimmte Untergrenze einer im vorhinein festgelegten Kennzahl erreichen bzw. übersteigen. Diese Kennzahl stellt i.d.R. der ROI (Return On Investment) oder der IRR (Internal Rate of Return; interner Zinsfuß; Rendite) dar. Vgl. auch *Schmitz-Morkramer, Philipp C.*: Die Beteiligungspolitik von Venture-Capital-Gesellschaften in den neuen Bundesländern. In: Zeitschrift für das gesamte Kreditwesen 1995, S. 509, der zutreffend feststellt, dass eine längere Laufzeit der Beteiligung auch einen höheren Veräußerungserlös impliziert, um die gewünschte Rendite des investierten Kapitals erreichen zu können.

156 In Anlehnung an die Begrifflichkeiten und Definitionen beim Bundesverband Deutscher Kapitalbeteiligungsgesellschaften – German Venture Capital Association e.V.: Venture Capital von A bis Z. Berlin 1993, S. 4. Vgl. hierzu auch *Pahlen, Dieter*: WGZ Venture-Capital Gesellschaft: Erwartungen an ein junges Unternehmen. In: Zeitschrift für das gesamte Kreditwesen 1998, S. 225.

somit auch die Nettosubstanz der Unternehmung des VC-Nehmers gemindert, woraus ein entsprechend geringerer Veräußerungsgewinn am Ende der Beteiligungslaufzeit resultiert.

Werden hingegen keine Gewinnausschüttungen vorgenommen, so wird durch die Eigenkapitalansammlung die Substanz der Unternehmung und auch der Veräußerungsgewinn der Anteile erhöht. Bei diesen Überlegungen wurde implizit unterstellt, dass sich die Verzinsung der erwirtschafteten Gewinne in der Unternehmung und die alternative Verzinsung der VC-Gesellschaft im Gewinnausschüttungsfall entsprechen. Trifft diese Kongruenz hingegen nicht zu, so bietet sich aus Sicht der VC-Gesellschaft eine Gewinnausschüttung genau dann an, wenn die alternative Verzinsung größer als die interne Verzinsung ist et vice versa. Dieser Aspekt impliziert, dass beide Verzinsungsprozentsätze zum Zeitpunkt der Vertragsverhandlungen bereits abgeschätzt werden müssen.

In diesem Zusammenhang lässt sich wiederum der Begriff „Risikokapital" veranschaulichen. Stellt sich die Investition in der Unternehmung des VC-Nehmers als Fehlmaßnahme dar, d. h., treten die prognostizierten Wachstumschancen gar nicht oder nur in geringem Maße ein, so ist mit einem (teilweisen) Verlust des eingesetzten Kapitals zu rechnen (sog. „write off"). Im umgekehrten Fall wird der Unternehmenswert und der daran zu messende Veräußerungserlös der Anteile steigen und somit die Möglichkeit einer überdurchschnittlich hohen Rendite des eingesetzen Kapitals gegeben sein, an dem die VC-Gesellschaft partizipiert, sozusagen als Äquivalent für den möglichen „write off".[157] Aus diesem Grund ist auch verständlich, dass VC-Gesellschaften in Unternehmungen mit künftigen Wachstumsperspektiven investieren, um in jedem Jahr eine Maximierung des Shareholder Value anzustreben.

Die prozentuale Zusammensetzung der einzelnen Exitkanäle wird in **Abbildung 18** (Seite 64) tabellarisch für die Jahre 2006 und 2007 gegenübergestellt.

Generell ist festzustellen, dass die Gewährung von Venture Capital bei einer schon im Vorfeld verfolgten Strategie des Going Public maßgebend von der späteren Fungibilität abhängig ist, d. h. von der Handelbarkeit der Anteile. Zweifelsohne erweist sich der Börsengang in diesem Zusammenhang als der optimale Weg.

Die Exitstrategie des „Buy Back", also des Rückkaufs der Anteile durch den VC-Nehmer, stellt sicher, dass der VC-Nehmer aus eigenem Interesse während des Beteiligungsengagements fremde Gesellschafter zum Unternehmensaufbau und zur Einbringung von Knowhow benötigt bzw. duldet. Danach wird allerdings durch den Anteilsrückkauf gewährleistet, dass die Kontroll- und Mitspracherechte im Managementbereich an den VC-Nehmer zurückgehen.[158] Damit soll der Sorge des Verlusts der Selbstständigkeit, des Einflusses auf die Geschäftsführung und der Entscheidungsfreiheit vorgebeugt und ein klassisches Charakteristi-

---

[157] Auch erwirbt die VC-Gesellschaft in der tätigen Branche des VC-Nehmers zusätzliches Knowhow, das sie bei späteren branchengleichen Engagements wieder nutzen kann. Vgl. *Pahlen, Dieter*: WGZ Venture-Capital Gesellschaft: Erwartungen an ein junges Unternehmen. In: Zeitschrift für das gesamte Kreditwesen 1998, S. 224.

[158] *Hertz-Eichenrode* formuliert treffend: „Deutsche Mittelständler bevorzugen es, „Herr im eigenen Hause" zu sein". *Hertz-Eichenrode, Albrecht*: Venture Capital in Deutschland: Stimmen die Rahmenbedingungen? In: Zeitschrift für das gesamte Kreditwesen 1998, S. 204.

kum von mittelständischen Betrieben – die Personalunion von Eigentümer und Unternehmer – aufrechterhalten werden. Als problematisch dürfte sich hingegen die Findung eines für beide Parteien akzeptablen Kaufpreises für die rückzuerwerbenden Anteile sowie die Finanzierung der Anteile für den VC-Nehmer erweisen.

Exitkanäle	**Prozentualer Anteil 2006**	**Prozentualer Anteil 2007**
Buy Back	13,2 %	15,3 %
davon stille Beteiligung	5,7 %	5,4 %
davon Gesellschafterdarlehen	2,1 %	8,2 %
Trade Sale	25,1 %	20,6 %
Secondary Purchase	29,0 %	20,9 %
Going Public	21,1 %	23,4 %
davon Neuemission	1,9 %	6,3 %
davon Verkauf von Aktien	19,2 %	17,1 %
Sonstige Exitkanäle	6,6 %	9,5 %
Totalverlust	5,0 %	10,3 %

Abbildung 18: Prozentuale Zusammensetzung der Exitkanäle in den Jahren 2006 und 2007[159]

4.2.3.3.6 Die öffentlichen Finanzierungsprogramme mit Venture Capital

Öffentliche Finanzierungsprogramme im Zusammenhang mit Venture Capital werden auf zwei Ebenen gewährt:

- Zwecks Übernahme kleinerer Beteiligungen an mittelständischen Unternehmungen wird VC-Gesellschaften ein Anreiz in Form von staatlichen Fördermaßnahmen (in Form von Refinanzierungskrediten) geboten. Hierbei wird zum einen die Refinanzierung verbilligt und zum anderen das Verlustrisiko verringert (vgl. das ERP-Beteiligungsprogramm in **Abbildung 19** (Seite 66).

- Direkte Beteiligung am VC-Nehmer in Form einer stillen Beteiligung, so dass kein Einfluss auf diesen ausgeübt wird. Allerdings ist diese Beteiligung von einer weiteren Beteiligung in der gleichen Höhe eines sog. Leadinvestors (z. B. eine VC-Gesellschaft) zwecks Risikodiversifikation abhängig, der sich dann auch für die Betreuung und Unterstützung des VC-Nehmers verantwortlich zeigt (vgl. den ERP-Startfonds in **Abbildung 19** (Seite 66).

Bei der Institution, die die öffentlichen Fördermittel (des Bundes) gewährt, handelt es sich um die KfW-Mittelstandsbank. In Abhängigkeit von der Lebensphase der Unternehmung lassen sich dabei unterschiedliche VC-Förderprogramme in Anspruch nehmen, von denen in

---

159 Vgl. dazu die Statistiken des *Bundesverbandes Deutscher Kapitalbeteiligungsgesellschaften – German Private Equity and Venture Capital Association e.V.*, abrufbar unter: www.bvk-ev.de (Stand: 19.05.2009), Rubrik: Statistiken → Aktuelle Statistiken.

Abbildung 19 (Seite 66) beispielhaft typische Konditionen dargestellt werden. Weiterführende Informationen zu den einzelnen Förderprogrammen können auf der Homepage der KfW-Mittelstandsbank eingesehen werden (www.kfw-mittelstandsbank.de, Rubrik: Beteiligungsfinanzierung).

4.2.4 Die Kapitalherabsetzung bei Nicht-Aktiengesellschaften[160]

Aufgrund der unterschiedlichen rechtlichen Struktur des Eigenkapitals (fixes oder bewegliches Eigenkapital) sowie der unterschiedlichen Behandlung von Gewinnen und Verlusten bestehen bei den verschiedenen Rechtsformen unterschiedliche Möglichkeiten für die Herabsetzung des Eigenkapitals.

Bei Einzelunternehmungen und Personenhandelsgesellschaften ist dies relativ einfach, da die Kapitalanteile nicht nominell fixiert sind. Bei **Einzelunternehmungen** führen **Verluste** und **Entnahmen** von eingelegtem Kapital und erwirtschafteten Gewinnen zur Herabsetzung des Eigenkapitals. Bei der **Offenen Handelsgesellschaft** ergibt sich eine Einengung, da alle persönlich haftenden Gesellschafter aufgrund ihrer Kapitalleistungspflicht, sofern vertraglich nicht anders vereinbart, nur 4 % auf das Kapital des letzten Jahres und – soweit es nicht zum offenbaren Schaden der Gesellschaft gereicht – den darüber hinausgehenden Gewinnanteil des letzten Jahres entnehmen dürfen.[161] Weiter gehende Entnahmen setzen die Zustimmung der anderen Gesellschafter voraus. Auch das Ausscheiden eines Gesellschafters nach fristgemäßer Kündigung sowie die Zurechnung von Verlusten führen zu Kapitalherabsetzungen.

Für die Komplementäre einer **Kommanditgesellschaft** gelten die gleichen Entnahmemöglichkeiten wie für die Gesellschafter einer OHG. **Kommanditisten** können keine Privatentnahmen aus dem Kapital vornehmen.[162] Eine durch sämtliche Gesellschafter zur Eintragung in das Handelsregister anzumeldende Herabsetzung der Einlage des Kommanditisten ist allerdings möglich. Vor der Eintragung in das Handelsregister ist sie den Gläubigern gegenüber unwirksam. Gläubiger, deren Forderungen zur Zeit der Eintragung begründet waren, brauchen die Herabsetzung nicht gegen sich gelten zu lassen.[163]

---

160 Vgl. *Bieg, Hartmut*: Betriebswirtschaftslehre 2: Finanzierung. Freiburg i. Br. 1991, S. 82-83; *Vormbaum, Herbert*: Finanzierung der Betriebe. 9. Aufl., Wiesbaden 1995, S. 505-507.

161 Vgl. § 122 HGB.

162 Vgl. § 169 Abs. 1 Satz 1 HGB.

163 Vgl. § 174 HGB.

	ERP-Startfonds	ERP-Beteiligungsprogramm
Wer wird gefördert?	Junge Technologieunternehmen, die – nicht älter als 5 Jahre sind (ältere Unternehmen nur, sofern sie bereits eine Finanzierung aus Vorgängerprogrammen erhalten haben) – die Kriterien der EU-Kommission für kleine Unternehmen[164] erfüllen.	Kleine und mittlere Unternehmen der gewerblichen Wirtschaft mit – bis zu 499 Mitarbeitern und – einem Jahresumsatz von max. 50 Mio. EUR (der Umsatz verbundener Unternehmen zählt mit).
Was wird finanziert?	Die Entwicklung neuer oder wesentlich verbesserter Produkte, Verfahren oder Dienstleistungen und/oder deren Markteinführung, sofern – der innovative Kern im Unternehmen selbst entwickelt wird und – die neuen Produkte auf eigener Forschung und Entwicklung basieren und sich wesentlich von den bisherigen Produkten des Unternehmens unterscheiden. Die zweckgemäße Verwendung der Mittel ist nachzuweisen.	– Errichtung neuer oder Erweiterung bestehender Betriebe – grundlegende Rationalisierung bestehender Betriebe – Innovations- und Kooperationsvorhaben – Förderung einer Beteiligung auch bei Erbauseinandersetzungen oder beim Ausscheiden von Gesellschaftern möglich.
Wie sind die Konditionen?	Höchstbeträge: – max. 3 Mio. EUR pro Technologieunternehmen – max. 1,5 Mio. EUR bei erstmaliger Finanzierung Laufzeit, Konditionen und Beteiligungsform richten sich nach der Beteiligung des Leadinvestors.	Höchstbeträge: – i. d. R. 500.000 EUR (die Beteiligung soll das Eigenkapital nicht übersteigen) – 1 Mio. EUR in den neuen Ländern und Berlin Beteiligungsdauer: – bis zu 10 Jahre (in den neuen Ländern und Berlin bis zu 15 Jahre) Beteiligungsform: – jede Beteiligungsform zulässig – Verlustteilnahme des Beteiligungsgebers im Insolvenzfall darf nicht ausgeschlossen werden.
Wer kann als Leadinvestor auftreten?	– Beteiligungsgesellschaften (sofern bei der KfW-Mittelstandsbank akkreditiert) – Unternehmen – Business Angels	– Kein Leadinvestor erforderlich

Abbildung 19: Wichtige Aspekte der von der KfW-Mittelstandsbank gewährten öffentlichen Fördermittel[165]

[164] Weniger als 50 Mitarbeiter und Jahresumsatz oder Jahresbilanzsumme höchstens 10 Mio. EUR.

[165] Vgl. dazu www.kfw-mittelstandsbank.de (Stand: 19.05.2009), Rubrik: Beteiligungsfinanzierung.

Die von den Kapitalkonten beider Gesellschaftergruppen abzubuchenden Verluste können zu einem **negativen Kapitalanteil** der Kommanditisten führen. Die Kommanditisten sind allerdings nicht verpflichtet, bezogene Gewinne wegen späterer Verluste zurückzuzahlen.[166] Solange allerdings sein Kapitalkonto unter der vereinbarten Einlage liegt, insbesondere aber solange ein negatives Kapitalkonto besteht, darf der Kommanditist eine Auszahlung späterer Gewinne nicht fordern.[167]

Die Herabsetzung des Stammkapitals der **Gesellschaft mit beschränkter Haftung** bedarf

- der Beschlussfassung der Gesellschafterversammlung mit Dreiviertel-Mehrheit der abgegebenen Stimmen,[168]
- der dreimaligen Bekanntmachung in den Blättern der Gesellschaft,[169]
- der Befriedigung oder Sicherstellung derjenigen Gläubiger, die der Herabsetzung nicht zustimmen,[170]
- der Anmeldung zur Eintragung in das Handelsregister nach Ablauf eines Jahres seit der dritten Bekanntmachung.[171]

Erst nach der Eintragung des Herabsetzungsbeschlusses dürfen Zahlungen an die Gesellschafter geleistet werden.

Ein Jahresüberschuss/Jahresfehlbetrag ist auf der Passivseite der Bilanz als positiver bzw. negativer Bestandteil des Eigenkapitals gesondert auszuweisen.[172] Soll ein Verlust gegen das Stammkapital verrechnet werden, so gelten die genannten Bestimmungen für die Herabsetzung des Stammkapitals.

Eine Ausschüttung zu Lasten offener Rücklagen kann, da diese aus früheren Gewinnen resultieren, nach Gesellschafterbeschluss erfolgen.

166 Vgl. § 169 Abs. 2 HGB.
167 Vgl. § 169 Abs. 1 Satz 2 HGB.
168 Vgl. § 53 Abs. 2 Satz 1, 2. Halbsatz GmbHG.
169 Vgl. § 58 Abs. 1 Nr. 1 GmbHG.
170 Vgl. § 58 Abs. 1 Nr. 2 GmbHG.
171 Vgl. § 58 Abs. 1 Nr. 3 GmbHG.
172 Vgl. § 266 Abs. 3 HGB.

4.3 Die Eigenkapitalbeschaffung emissionsfähiger Unternehmungen

4.3.1 Die Rechtsformen emissionsfähiger Unternehmungen

4.3.1.1 Vorbemerkungen

Von emissionsfähigen Unternehmungen wird hier gesprochen, wenn Eigenkapital[173] durch den **Verkauf von Anteilsrechten über die Börse** beschafft werden kann. Für sie existiert damit eine große Zahl potenzieller Eigenkapitalgeber.[174] Nach wie vor betrifft dies nur Aktiengesellschaften (AG) und Kommanditgesellschaften auf Aktien (KGaA). Das bedeutet aber nicht, dass alle AG und KGaA tatsächlich auch Zugang zum organisierten Kapitalmarkt besitzen. Vielmehr werden die Aktien von ca. 75 % aller Unternehmungen dieser Rechtsformen nur auf dem freien, nicht organisierten Kapitalmarkt gehandelt. Die AG sowie die KGaA sind damit nicht per se emissionsfähig. Um diese Eigenschaft zu erlangen, müssen sie vielmehr zum Handel an wenigstens einem Börsenplatz zugelassen sein.

Über die Zulassung entscheiden besondere Gremien jeweils an der Börse, bei der die Aufnahme in den Handel beantragt wird.[175] Der Antrag auf Zulassung kann dabei in Deutschland nicht direkt von der AG bzw. KGaA selbst gestellt werden, sondern nur zusammen mit einem Kreditinstitut, das Mitglied der betreffenden Börse ist. Der Antrag ist zudem um einen sogenannten **Börsenzulassungsprospekt** zu ergänzen, in dem die wirtschaftlichen und rechtlichen Verhältnisse der Gesellschaft dargestellt werden. Dieser Prospekt ist zur Information der Anleger vor Aufnahme des Börsenhandels zu veröffentlichen. Für die Richtigkeit der Prospektangaben haftet neben der AG bzw. KGaA auch das die Zulassung beantragende Kreditinstitut.[176]

Nicht jede AG bzw. KGaA erfüllt aber die Voraussetzungen zur Zulassung. Die Erlaubnis kann wegen einer schlechten wirtschaftlichen Situation, aber auch aufgrund eines zu geringen Emissionsvolumens verweigert werden. Nur wenn die emittierende AG bzw. KGaA mit einer ausreichend großen Aktienzahl an die Börse geht, kann ein reibungsloser Handel dieser Titel erwartet werden. Nur dann ist mit kontinuierlichem Angebot und Nachfrage und einer insofern weitgehend störungsfreien Kursfeststellung zu rechnen. Erst ein genügend großes Emissionsvolumen rechtfertigt schließlich auch die Kosten und den Verwaltungsaufwand der Einführung und Notierung an der Börse. Die praktische Erfahrung hat gezeigt, dass das Grundkapital der AG bzw. KGaA bei Börseneinführung nicht weniger als 5 Mio. EUR betragen sollte, wovon mindestens 25-50 % platziert werden sollten. Zahlreiche kleinere Aktiengesellschaften und viele der – oft als Familienunternehmungen geführten – Kommanditgesellschaften auf Aktien erfüllen diese Größenvoraussetzungen nicht.

---

173 Vgl. aber auch Fußnote 96.

174 Zu den sich aus der Börsenfähigkeit für Eigenkapitalgeber wie für die Unternehmungen ergebenden Vorteilen vgl. **Abschnitt 4.3.1.3.3**.

175 Vgl. **Abschnitt 8.2.2**.

176 Vgl. § 44 BörsG.

4.3.1.2 Die Kommanditgesellschaft auf Aktien

Die Kommanditgesellschaft auf Aktien[177] ist eine Gesellschaft mit **eigener Rechtspersönlichkeit**, bei der mindestens ein Gesellschafter als **Komplementär** den Gläubigern der Gesellschaft persönlich und uneingeschränkt mit seinem gesamten Vermögen haftet. Für persönlich haftende Gesellschafter, deren Name, Vorname und Wohnort in der Satzung enthalten sein müssen,[178] gelten die gleichen Beschränkungen hinsichtlich der Erweiterung der Kapitalbasis wie für OHG-Gesellschafter und für Komplementäre einer KG. Die Ausdehnung ihrer Kapitalbasis wird vor allem durch ihre Vermögensverhältnisse begrenzt. Ob ein persönlich haftender Gesellschafter auch eine GmbH sein kann, war umstritten.[179]

Daneben weist die KGaA eine größere Anzahl von Gesellschaftern auf, die an dem in Aktien zerlegten Grundkapital der Gesellschaft beteiligt sind und ausschließlich für die Erbringung ihrer Einlage haften. Diese sogenannten **Kommanditaktionäre** haben gegenüber den Kommanditisten einer KG den Vorteil, dass sich ihre Anteile, insbesondere wenn sie zum Börsenhandel zugelassen sind, relativ leicht veräußern lassen. Verglichen mit der Stellung der Aktionäre haben sie jedoch den Nachteil, dass sie nur einen geringeren Einfluss auf die Geschäftsführung des Komplementärs bzw. der Komplementäre nehmen können. Nur Hauptversammlungsbeschlüsse, die die Belange der Kommanditaktionäre regeln, sind ohne Weiteres wirksam. Dagegen bedürfen die Hauptversammlungsbeschlüsse „der Zustimmung der persönlich haftenden Gesellschafter, soweit sie Angelegenheiten betreffen, für die bei einer Kommanditgesellschaft das Einverständnis der persönlich haftenden Gesellschafter und der Kommanditisten erforderlich ist“.[180] Die geringe Verbreitung der KGaA (Beschränkung auf Familiengesellschaften) lässt sich damit erklären.

Es ist zu beachten, dass in der Bilanz die **Einlagen der Komplementäre** neben dem gezeichneten Kapital gesondert auszuweisen sind,[181] dass Komplementäre sich auch durch eine Aktienübernahme am gezeichneten Kapital beteiligen können und dass sie nicht unbedingt eine Einlage leisten müssen; ihre Haftungsübernahme wird allein schon als ausreichend angesehen.

Die KGaA haftet für die Verbindlichkeiten der Gesellschaft. Die Kommanditaktionäre nehmen bis zur Höhe ihrer Einlagen am Verlust teil. Darüber hinaus haften im Insolvenzfall die Komplementäre unbeschränkt mit ihrem gesamten Vermögen. Der auf den Kapitalanteil eines Komplementärs entfallende Verlust eines Geschäftsjahres ist von seinem Kapitalanteil abzusetzen. Übersteigt der Verlust den Kapitalanteil, so ist er auf der Aktivseite der Bilanz unter der Bezeichnung „Einzahlungsverpflichtungen persönlich haftender Gesellschafter“ unter den Forderungen gesondert auszuweisen, soweit eine Zahlungsverpflichtung besteht.

---

177 Vgl. §§ 278-290 AktG.

178 Vgl. § 281 Abs. 1 AktG.

179 Vgl. zur grundsätzlichen Diskussion und zum alten Rechtsstand *Kußmaul, Heinz*: Die GmbH & Co. KG auf Aktien. In: Das Wirtschaftsstudium 1990, S. 494-496. Mittlerweile ist die Zulässigkeit der GmbH & Co. KGaA geklärt. Zur höchstrichterlichen Klärung vgl. BGH-Urteil vom 24.02.1997, II ZB 11/96. In: Der Betrieb 1997, S. 1219-1222.

180 § 285 Abs. 2 Satz 1 AktG.

181 Vgl. § 286 Abs. 2 Satz 1 AktG.

Besteht eine solche nicht, so ist der Betrag als „Nicht durch Vermögenseinlagen gedeckter Verlustanteil persönlich haftender Gesellschafter" zu bezeichnen und gem. § 268 Abs. 3 HGB auszuweisen.[182]

Bei entsprechender Größe und Bonität hat die KGaA Zugang zum organisierten Kapitalmarkt und kann sich durch Emission von Aktien Eigenkapital beschaffen.

4.3.1.3 Die Aktiengesellschaft

4.3.1.3.1 Einleitende Bemerkungen

Unter sämtlichen Unternehmungsrechtsformen weist die Aktiengesellschaft die vielseitigsten, zugleich aber auch die am umfangreichsten gesetzlich geregelten Möglichkeiten der Beteiligungsfinanzierung auf. Für wachsende Unternehmungen wird die Aktienfinanzierung früher oder später die interessanteste Art der Beteiligungsfinanzierung sein. Nur sie schafft ein festes, unkündbares Eigenkapital, ohne den Aktionären das jederzeitige Veräußerungsrecht ihrer Anteile zu nehmen (hohe Fungibilität der Aktien). Nur sie erlaubt die Aufbringung wachstumskonformer Eigenkapitalbeträge in kleiner Stückelung bei angemessenem Mitspracherecht und Trennung von Management und Eigentum.

4.3.1.3.2 Charakteristik der Rechtsform „Aktiengesellschaft"

Die AG weist einen nominell fixierten Eigenkapitalteil auf: Das in der Bilanz als „gezeichnetes Kapital" auszuweisende **Grundkapital**, das mindestens 50.000 EUR betragen muss[183] und in einzelne Anteile, die in Aktien verbrieft werden, aufgeteilt ist. Diese werden von den Gesellschaftern (Aktionären) übernommen und dokumentieren deren Mitgliedschaft. Allerdings gehört den Aktionären damit lediglich ein Wertanteil am Gesamtvermögen der AG, nicht jedoch ein konkreter Anteil am Gesellschaftsvermögen.

Die **Gründung** erfolgt in folgenden Phasen:[184]

- Feststellung der Satzung (§ 23 AktG),
- Übernahme der Aktien durch die Gründer (§ 29 AktG),
- Bestellung des Aufsichtsrats, des Vorstands und des Abschlussprüfers (§ 30 AktG),
- Einzahlung (von mindestens 25 %) des Grundkapitals (§§ 36 Abs. 2, 36a Abs. 1 AktG),
- Erstattung des Gründungsberichts (§ 32 AktG),
- Durchführung der Gründungsprüfung (§§ 33-35 AktG),
- Anmeldung zum Handelsregister (§§ 36 Abs. 1, 37 AktG),

---

182 Vgl. § 286 Abs. 2 Satz 3 AktG.

183 Vgl. § 7 AktG.

184 Vgl. *Süchting, Joachim*: Finanzmanagement – Theorie und Politik der Unternehmensfinanzierung. 6. Aufl., Wiesbaden 1995, S. 41.

- Prüfung durch das Gericht (§ 38 AktG) sowie
- Eintragung in das Handelsregister (§ 39 AktG).

Bei der Gründung einer AG werden sämtliche Aktien von dem Gründerkreis übernommen, der mindestens eine Person umfassen muss.[185] Die AG entsteht mit der Eintragung in das Handelsregister. Erst nach dieser **konstitutiven (rechtsbegründenden) Eintragung** können die Aktien als Wertpapiere ausgegeben werden. Allerdings ist bei einer **Bargründung** (Leistung der Einlagen in bar) bereits bei der Eintragung der Nachweis zu erbringen, dass die Mindesteinlage (25 % des Grundkapitals bzw. des Nennwerts der einzelnen Aktien plus gesamtes Agio) geleistet wurde und – mit Ausnahme der bei der Gründung anfallenden Steuern und Gebühren – zur freien Verfügung des Vorstandes steht.[186] Für die neben der Bargründung mögliche **Sachgründung** sieht das Aktiengesetz strenge Satzungs-, Gründungs-, Gründungsprüfungs-, Aufsichts- und Haftungsbestimmungen vor, um möglichen Manipulationen, vor allem hinsichtlich der Bewertung der einzubringenden Objekte, zu begegnen.[187] Diese Vorschriften gelten auch für sogenannte **Nachgründungen**.[188] Das sind Sachübernahmen in den ersten zwei Jahren nach Eintragung der AG in das Handelsregister.

Für die Verbindlichkeiten der AG haftet den Gläubigern ausschließlich das Gesellschaftsvermögen,[189] denn aufgrund ihrer **eigenen Rechtspersönlichkeit** ist die AG Eigentümerin des Gesellschaftsvermögens, damit Inhaberin aller Gesellschaftsforderungen sowie Schuldnerin aller Gesellschaftsschulden. Die Aktionäre als Gesellschafter haften lediglich für die Erbringung ihrer Einlage. Deswegen hat der Gesetzgeber zum Schutz der Gläubiger u. a. folgende Vorkehrungen getroffen:[190]

- Das **Mindestgrundkapital** soll sicherstellen, dass die Eigentümer wenigstens 50.000 EUR als Eigenkapital zur Verfügung stellen (deswegen auch das Verbot der Unterpari-Emission gem. § 9 Abs. 1 AktG[191]). Diese Vorschrift kann allerdings nicht gewährleisten, dass tatsächlich stets ein Eigenkapital von mindestens 50.000 EUR vorhanden ist. Zukünftig eintretende Verluste können durchaus zu einer Verminderung dieses Eigenkapitals führen. Ausstehende Einlagen auf das gezeichnete Kapital sind in der Bilanz gesondert auszuweisen.[192]
- Aus dem Jahresüberschuss ist eine **gesetzliche Rücklage** zu bilden.[193] Es handelt sich hierbei um eine durch Gesetz erzwungene offene Selbstfinanzierung.

---

185 Vgl. § 2 AktG; siehe auch § 42 AktG.

186 Vgl. §§ 36 Abs. 2 Satz 1, 36a AktG.

187 Vgl. §§ 27, 31, 32 Abs. 2, 33 Abs. 2, 34, 46 AktG.

188 Vgl. §§ 52, 53 AktG.

189 Vgl. § 1 Abs. 1 Satz 2 AktG.

190 Vgl. auch *Drukarczyk, Jochen*: Finanzierung. 10. Aufl., Stuttgart 2008, S. 214.

191 „Für einen geringeren Betrag als den Nennbetrag oder den auf die einzelne Stückaktie entfallenden anteiligen Betrag des Grundkapitals dürfen Aktien nicht ausgegeben werden (geringster Ausgabebetrag).“ Nach § 9 Abs. 2 AktG ist die Ausgabe der Aktien für einen höheren Betrag zulässig.

192 Vgl. **Abschnitt 4.3.2.2.1.2**.

193 Vgl. § 150 Abs. 1 und 2 AktG.

- Den Aktionären dürfen **Einlagen nicht zurückgewährt** werden.[194]

- Vor Auflösung der AG darf unter den Aktionären **nur der Bilanzgewinn verteilt** werden, soweit die Verteilung nicht ausgeschlossen wurde.[195] Der Bilanzgewinn ist einerseits abhängig vom Jahresüberschuss, der sich aufgrund der Bilanzierungs- und Bewertungsentscheidungen der den Jahresabschluss erstellenden Organe ergibt, andererseits wird er nicht nur durch die gesetzlichen und satzungsmäßigen Bestimmungen zur Rücklagenbildung bestimmt, sondern auch durch die Entscheidungen von Vorstand und Aufsichtsrat über die Verwendung des Jahresüberschusses durch Gesetz, Satzung oder Hauptversammlungsbeschluss.[196] Somit ist verständlich, dass die handelsrechtlichen Bilanzierungs- und Bewertungsvorschriften sowie die aktienrechtlichen Gewinnverwendungsmöglichkeiten für Vorstand und Aufsichtsrat grundsätzlich auch den Schutz der Aktionäre vor einer Benachteiligung durch die genannten Organe im Auge haben müssen.

- Bei **Kapitalherabsetzungen** dürfen Zahlungen an die Aktionäre nur geleistet werden, wenn strenge **Gläubigerschutzvorschriften** eingehalten werden.[197]

- Bei einem **Verlust** in Höhe von 50 % des Grundkapitals hat der Vorstand unverzüglich die Hauptversammlung einzuberufen.[198]

- Werden die Schulden durch das Vermögen nicht mehr gedeckt oder ist die AG zahlungsunfähig, so hat der Vorstand unverzüglich die Eröffnung des Insolvenzverfahrens zu beantragen.[199]

Seit dem Jahr 2004 ist es Unternehmungen auch möglich, die Rechtsform der **Europäischen Aktiengesellschaft** (Societas Europaea; SE) zu führen. Durch die Etablierung dieser europäischen Form der Aktiengesellschaft können Unternehmungen und ihre Tochtergesellschaften in einen EU-weit einheitlichen rechtlichen Mantel gebettet werden. Gleichwohl bildet die europäische Verordnung zur SE (vgl. Verordnung (EG) Nr. 2157/2001 des Rates vom 8. Oktober 2001 über das Statut der Europäischen Gesellschaft (SE)) nur ein Rahmenwerk, das einer Auslegung durch die nationale Gesetzgebung zu Aktiengesellschaften bedarf. Im Grundsatz haben damit die Regelungen des Aktiengesetzes auch für Europäische Aktiengesellschaften mit Sitz in Deutschland Geltung. Allerdings beläuft sich das **Mindestgrundkapital** einer SE auf 120.000 EUR.

Neben dem Aktiengesetz sind für Europäische Aktiengesellschaften mit Sitz in Deutschland die Vorgaben des **SE-Ausführungsgesetzes** (BGBl. I 2004, S. 3675) zu beachten.

---

194 Vgl. § 57 Abs. 1 AktG.

195 Vgl. §§ 57 Abs. 3, 58 Abs. 4 AktG.

196 Vgl. § 58 Abs. 1, 2 und 2a AktG.

197 Vgl. § 225 AktG.

198 Vgl. § 92 Abs. 1 AktG.

199 Vgl. § 92 Abs. 2 AktG; vgl. auch §§ 16-19 InsO.

4.3.1.3.3 Die Vorteile bei der Eigenkapitalbeschaffung für Aktiengesellschaften

Aus verschiedenen Gründen ist die Rechtsform der AG am besten für die Aufbringung großer Eigenkapitalbeträge geeignet:[200]

- Das Grundkapital einer AG ist nach deutschem Aktienrecht in Aktien „zerlegt",[201] d. h., die Summe der Nennwerte bei Nennwertaktien bzw. – bei Stückaktien – die Summe der auf die einzelnen Aktien entfallenden anteiligen Beträge des Grundkapitals (fiktive Nennwerte) der ausgegebenen Aktien einer Gesellschaft entspricht deren Grundkapital. Aufgrund des geringen Mindestnennbetrags einer Aktie von 1 EUR[202] haben Aktiengesellschaften eine dementsprechend sehr große Zahl von Aktien auszugeben. Damit ist den Kapitalgebern bereits mit geringem Kapital eine Beteiligung möglich. Durch den geringen „Mindesteinsatz" hat der Anleger zudem die Möglichkeit, sich an vielen Aktiengesellschaften zu beteiligen. Dabei ist die Haftung des Aktionärs auf die von ihm zu erbringende Einlage beschränkt. **Haftungsbeschränkung** und **Diversifikation** senken sein Risiko erheblich.

- Die Organisationsform der AG berücksichtigt, dass sich eine große Zahl von Personen, bei denen **grundsätzlich nur kapitalmäßige Interessen** vorausgesetzt werden, von denen aber eine direkte unternehmerische Betätigung i. S. einer Mitwirkung an der Geschäftsführung nicht erwartet wird, beteiligen kann.

- Trotz der großen Zahl von Eigentümern ist die Beweglichkeit der Leitung durch die **verselbstständigte Geschäftsführung** sichergestellt. Nur bei äußerst wichtigen Entscheidungen ist ein Beschluss der Hauptversammlung erforderlich.[203]

- Die detaillierten rechtlichen Regelungen des Aktiengesetzes sichern die **Rechte der Eigentümer** in einem gewissen Umfang. Bei fehlender direkter Mitwirkung an der Geschäftsführung ist eine solche von den derzeitigen und potenziellen Aktionären als ausreichend anerkannte gesetzliche Absicherung Voraussetzung dafür, dass von vielen Kapitalgebern Eigenkapital in größerem Umfang zur Verfügung gestellt wird. Trotzdem wird sich nie vollständig vermeiden lassen, dass der Vorstand einer Aktiengesellschaft seine eigenen Interessen zu Lasten der Aktionärsinteressen verfolgt.

- Aktien sind vertretbare (fungible) Wertpapiere. Sofern sie an einer Börse gehandelt werden,[204] erlangen sie eine **hohe Verkehrsfähigkeit**; sie können fast täglich veräußert werden. Der Anteilseigner kann sich damit an einem hoch organisierten Markt grundsätzlich leicht, d. h. schnell und ohne großen Aufwand, von diesen Papieren lösen, zumindest leichter als von einem Anteil an einer nicht-emissionsfähigen Unternehmung.

---

200 Vgl. auch *Perridon, Louis/Steiner, Manfred*: Finanzwirtschaft der Unternehmung. 14. Aufl., München 2007, S. 358.

201 Vgl. § 1 Abs. 2 AktG.

202 Vgl. § 8 Abs. 2 Satz 1 bzw. Abs. 3 Satz 3 AktG.

203 Vgl. § 119 AktG.

204 Vgl. dazu **Abschnitt 8**.

Dort müssen erst durch Zeitungsannoncen, Makler, Banken und Berater potenzielle Käufer gefunden werden.

- Das **Eigenkapital** wird der AG i. d. R. **unbefristet zur Verfügung** gestellt. Der einzelne Aktionär kann seine Aktien lediglich einem anderen Anleger verkaufen; eine Kündigung seines Beteiligungsverhältnisses und damit ein Zurückverlangen seiner Einlage von der AG ist ausgeschlossen. Auf die finanzwirtschaftliche Situation der Gesellschaft hat der sich außerhalb der AG abspielende Wechsel der Anteilseigner grundsätzlich keine Auswirkungen. Soweit es dadurch aber zu veränderten Mehrheitsverhältnissen kommt, kann sich der gesamte Entscheidungsprozess innerhalb der Gesellschaft ganz erheblich verändern. Erfolgt die Veränderung der Mehrheitsverhältnisse gegen den Willen des Managements, so spricht man von einer „feindlichen" Übernahme. Soweit sich der Mehrheitsgesellschafter die für den Erwerb der Anteilsmehrheit erforderlichen Mittel durch Verkauf von Unternehmungsteilen der übernommenen AG beschafft, ergeben sich für die übernommene Gesellschaft auch entsprechende finanzwirtschaftliche Auswirkungen.

4.3.2 Die Aktien

4.3.2.1 Der Begriff der Aktie

Formal gesehen stellt die Aktie einen Bruchteil des Grundkapitals dar.[205] Mit ihr wird die **Mitgliedschaft** in einer AG verbrieft. Werden Aktien verschiedener Gattungen ausgegeben, so sind die Gattungen und die Gesamtnennbeträge der Aktien jeder Gattung als Vermerkposten in der Bilanz gesondert anzugeben.[206] Dies führt zu der Frage nach den unterschiedlichen Aktienarten.

4.3.2.2 Die Aktienarten

4.3.2.2.1 Die Einteilung der Aktien nach den für die Eigentumsübertragung maßgebenden Rechtsvorschriften

4.3.2.2.1.1 Die Inhaberaktien

Bei dieser in Deutschland üblichen Form der Aktie vollzieht sich die Eigentumsübertragung relativ einfach durch **Einigung und Übergabe**.[207] Beim Inhaberpapier folgt das Recht aus dem Papier dem Recht am Papier. Die verbrieften Rechte kann nur der Inhaber der Aktienurkunde ausüben. Da dieser anonym bleibt, dürfen Inhaberaktien nur ausgegeben werden, wenn der Nennbetrag der Aktien und darüber hinaus – sofern vorgesehen – auch das Agio voll eingezahlt worden sind.[208]

---

205 Vgl. § 1 Abs. 2 AktG: „Die Aktiengesellschaft hat ein in Aktien zerlegtes Grundkapital."

206 Vgl. § 152 Abs. 1 Satz 2 AktG.

207 Vgl. § 929 BGB.

208 Vgl. § 10 Abs. 2 Satz 1 AktG.

4.3.2.2.1.2 Die Namensaktien

Im Falle der **nicht vollständigen Einzahlung des Grundkapitals** müssen Namensaktien ausgegeben werden, da ansonsten der Eigentümerwechsel völlig unkontrollierbar wäre und die aktuellen Eigentümer, die noch Restzahlungen zu erbringen haben, im Zweifel nicht auffindbar wären.

Nicht eingezahlte Anteile des Grundkapitals müssen nach dem Gesetz zur Modernisierung des Bilanzrechts in einer Vorspalte offen vom **gezeichneten Kapital** auf der Passivseite der Bilanz **abgesetzt** werden.[209] Dort ist dann der verbleibende Betrag als „Eingefordertes Kapital" in der Hauptspalte auszuweisen; außerdem ist der eingeforderte, aber noch nicht eingezahlte Betrag unter den **Forderungen des Umlaufvermögens** gesondert aufzuführen und entsprechend zu bezeichnen.

Werden von der AG eingeforderte Beträge nicht rechtzeitig durch die Aktionäre geleistet, so muss der säumige Aktionär 5 % p. a. Verzugszinsen zahlen; daneben kann die AG weitere Schäden geltend machen.[210] Nach Ablauf einer Nachfrist kann der säumige Aktionär im Wege der **Kaduzierung** ausgeschlossen werden. Die alten Aktien werden dann für kraftlos erklärt und durch neue Urkunden ersetzt.[211]

In Deutschland verlangen beispielsweise Rückversicherungsgesellschaften üblicherweise nicht sofort dic volle Einzahlung des Grundkapitals. Sie benötigen für den normalen Geschäftsablauf ein geringes Eigenkapital, müssen aber bei außergewöhnlichen Schadensfällen auf größere Eigenkapitalbeträge zurückgreifen können.

Die **Übertragung** dieser (geborenen) **Orderpapiere** erfolgt durch

- Einigung und Übergabe der Urkunde,
- schriftliche Abtretungserklärung auf der Rückseite des Wertpapiers (Indossament) sowie
- Eintragung des Inhabers der Papiere mit Namen, Geburtsdatum und Adresse in das bei der Gesellschaft zu führende Aktienregister.[212]

Nur der in das Aktienregister eingetragene Aktionär kann Aktionärsrechte aus Namensaktien ausüben.[213] Die Regelung unterscheidet sich von der bei Inhaberaktien. Bei diesen kann ein Kreditinstitut aufgrund einer Vollmacht des Aktionärs dessen Interessen in der Hauptversammlung („im Namen dessen, den es angeht"[214]) wahrnehmen; die Anonymität des Aktionärs wird auf diese Weise gewährleistet. Bei Namensaktien ist eine derartige Stimmrechtsvertretung nicht möglich, da das Kreditinstitut – sofern ihm die Aktien nicht gehören und es auch nicht in das Aktienregister eingetragen ist – „das Stimmrecht für Namensaktien

---

209 Vgl. § 272 Abs. 1 Satz 3 HGB.

210 Vgl. § 63 Abs. 2 AktG.

211 Vgl. § 64 AktG.

212 Vgl. §§ 68 Abs. 1, 3 und 4 sowie 67 Abs. 1 AktG.

213 Vgl. § 67 Abs. 2 AktG.

214 § 135 Abs. 4 Satz 2 AktG.

... nur unter Benennung des Aktionärs in dessen Namen aufgrund einer Ermächtigung ausüben"[215] darf.[216]

Will der Aktionär jedoch seine Anonymität bewahren, so kann an seiner Stelle auch ein Kreditinstitut, das die Aktien für ihn verwahrt, in das Aktienregister eingetragen werden. Das Kreditinstitut gilt dann im Verhältnis zur Aktiengesellschaft als Aktionär[217] und kann das Stimmrecht ausüben. Im Innenverhältnis können der Aktionär und das Kreditinstitut jedoch vereinbaren, wie das Stimmrecht vom Kreditinstitut auszuüben ist.[218] Der Aktionär bleibt in diesem Fall anonym, da die Ermächtigung zur Stimmrechtsausübung der Gesellschaft nicht vorzulegen ist.[219] Insofern kann die Aktiengesellschaft auch nicht überprüfen, ob dem Kreditinstitut überhaupt eine Ermächtigung vorliegt. Diese Überprüfung ist stattdessen vom Jahresabschlussprüfer des Kreditinstituts vorzunehmen,[220] der über diese Prüfung gesondert zu berichten hat.[221]

Die **Nachteile**, die sich früher aus der schwerfälligen und mit zusätzlichem Verwaltungsaufwand verbundenen Übertragung der Namensaktie ergaben (eingeschränkte Fungibilität), können mit Hilfe der technologischen Entwicklungen der letzten Jahre vermieden werden, so dass es neuerdings möglich ist, die Funktionalität der Namensaktie mit der Fungibilität der Inhaberaktie zu vereinigen.[222] Die einfache Übertragung der Namensaktie wird dadurch erreicht, dass das Aktienregister nicht physisch (beispielsweise in Papierform), sondern virtuell als elektronische Datei geführt wird.

Die **Vorteile**, die sich für die Aktiengesellschaft aus Namensaktien im Vergleich zu Inhaberaktien ergeben, basieren vor allem auf der elektronischen Verfügbarkeit der Daten. So können die Daten aus dem Aktionärsregister mit vergleichsweise geringem Aufwand dazu benutzt werden, direkt mit den Aktionären in Kontakt zu treten.[223] Außerdem ist eine umfassende Analyse der Aktionärsstruktur möglich. Werden neben den gesetzlich vorgeschriebenen Daten[224] weitere die Aktionäre betreffende Informationen erfasst, so wäre eine Auswertung der Aktionärsstruktur nach Kriterien wie beispielsweise Alter, Nationalität oder

---

215 § 135 Abs. 7 Satz 1 AktG.

216 Vgl. hierzu *Noack, Ulrich*: Die Namensaktie – Dornröschen erwacht. In: Der Betrieb 1999, S. 1309-1310.

217 Vgl. § 67 Abs. 2 AktG.

218 Neben der vertraglichen Vereinbarung ergibt sich eine Weisungsgebundenheit des Kreditinstituts auch aus §§ 128 Abs. 2, 135 Abs. 4 i.V.m. 135 Abs. 5 AktG.

219 Ist das Kreditinstitut hingegen nicht als Aktionär im Aktienregister eingetragen und übt es das Stimmrecht lediglich aufgrund einer Vollmacht des Aktionärs aus, so „ist die Vollmachtsurkunde der Gesellschaft vorzulegen und von dieser zu verwahren" (§ 135 Abs. 4 Satz 3 AktG i.V.m. § 135 Abs. 7 Satz 2 AktG). In diesem Fall kann der Aktionär nicht anonym bleiben.

220 Vgl. § 29 Abs. 2 Satz 2 KWG.

221 Vgl. § 29 Abs. 2 Satz 3 KWG.

222 Vgl. *Noack, Ulrich*: Die Namensaktie – Dornröschen erwacht. In: Der Betrieb 1999, S. 1306.

223 Bei Inhaberaktien ist der Umweg über die Gesellschaftsblätter sowie die Depotbanken erforderlich.

224 Gemäß § 67 Abs. 1 AktG sind die Aktionäre mit ihrem Namen, Geburtsdatum und Adresse in das Aktienregister einzutragen.

Geschlecht denkbar.[225] Sogar die Handelsgewohnheiten der Aktionäre (durchschnittliche Haltedauer, Ordervolumen, Häufigkeit von An- und Verkauf) könnten von der Gesellschaft – sofern die entsprechenden Daten verfügbar sind – analysiert werden.

Dadurch, dass der Gesellschaft zeitnahe Informationen über die Höhe des Beteiligungskapitals der einzelnen Aktionäre zur Verfügung stehen, ist es eher möglich, „feindliche" Übernahmen[226] zu erkennen, so dass entsprechende Abwehrmaßnahmen früher ergriffen werden können.[227]

Schließlich sind Namensaktien auch erforderlich, wenn sich eine Gesellschaft direkt, also ohne Verwendung sogenannter American Depository Receipts (ADR)[228] an US-amerikanischen Börsen notieren lassen möchte. Hierdurch werden auch Unternehmungsübernahmen in den USA für die Gesellschaft einfacher, da sie anstelle von Bargeld ihre eigenen Aktien als „Tauschwährung" einsetzen kann.[229]

Den genannten Vorteilen für die Aktiengesellschaft ist es zuzuschreiben, dass die Namensaktie in Deutschland eine Renaissance erlebt[230] und immer mehr Aktiengesellschaften auf Namensaktien umstellen.[231]

Allerdings dürften die der Gesellschaft zur Verfügung stehenden Aktionärsdaten bei den Aktionären Bedenken auslösen – nicht nur wegen der umfangreichen Analysemöglichkeiten, die sich der Gesellschaft eröffnen, sondern vielmehr auch, weil der Aktionär nicht weiß, was mit seinen Daten geschieht. So besteht die Gefahr, dass sich die Gesellschaft die Daten im Rahmen ihrer Marketingaktivitäten zu Nutze macht und den Kunden mit ihren Verkaufsmaßnahmen gezielt anspricht. Noch bedenklicher wäre es, wenn Aktionärsdaten an Adressenhändler verkauft würden. Wäre externen Personenkreisen der Zugang zu den Aktionärsdaten möglich und könnten sich diese die Aktienregister mehrerer Gesellschaften beschaffen, so würde durch Konsolidierung der über einen einzelnen Anteilseigner vorliegenden Informationen in der Tat der „gläserne Aktionär" entstehen. Der Gesetzgeber sollte daher durch entsprechende Regelungen dem Missbrauch von Aktionärsdaten entgegenwirken.

---

225 Weitere Beispiele nennt *Noack, Ulrich*: Die Namensaktie – Dornröschen erwacht. In: Der Betrieb 1999, S. 1306-1307.

226 Vgl. **Abschnitt 4.3.1.3.3.**

227 Allerdings besteht bei börsennotierten Gesellschaften die Vorschrift, dass der Aktionär bei Über- bzw. Unterschreiten gewisser Stimmrechtsquoten die Gesellschaft unverzüglich (spätestens innerhalb von vier Handelstagen) hierüber informieren muss (vgl. § 21 Abs. 1 WpHG).

228 Dabei handelt es sich um US-amerikanische Hinterlegungszertifikate, die eine bestimmte Stückzahl von hinterlegten ausländischen Originalaktien verkörpern. An der Börse werden dann nicht die Aktien, sondern die Hinterlegungszertifikate (ADR) gehandelt.

229 Vgl. Deutsche Börse AG (Hrsg.): Unterwegs zur Weltaktie. In: vision + money 1999, Heft 4, S. 11.

230 Vgl. dazu die verschiedenen Beiträge in: *Rosen, Rüdiger von/Seifert, Werner G.* (Hrsg.): Die Namensaktie. Schriften zum Kapitalmarkt. Band 3, o. O. (Frankfurt a. M.) 2000.

231 So waren im Mai 2009 unter den 30 im DAX notierten Unternehmungen 11 Gesellschaften mit Namensaktien vertreten.

4.3.2.2.1.3 Die vinkulierten Namensaktien

Die Übertragung dieser (geborenen) **Orderpapiere** ist an die **Zustimmung der Gesellschaft** gebunden.[232] Die Zustimmung erteilt grundsätzlich der Vorstand, sofern die Satzung nicht bestimmt, dass der Aufsichtsrat oder die Hauptversammlung über die Erteilung der Zustimmung beschließt.[233] Die Satzung kann zudem die Gründe für die Verweigerung festlegen.[234] Durch vinkulierte Namensaktien versucht man zu verhindern, dass die Aktien an unerwünschte Aktionäre verkauft werden, dass also beispielsweise

- die Aktien von **Familienaktiengesellschaften** an Nichtfamilienmitglieder gelangen,
- eine **„Überfremdung"** durch ausländische Kapitalanleger erfolgt,
- Aktien von Aktionären mit **geringer Kreditwürdigkeit** erworben werden, wodurch eine noch zu leistende Resteinzahlung gefährdet würde, oder
- Aktionäre von **Nebenleistungsgesellschaften**, deren Aktionäre berechtigt oder verpflichtet sind, außer den Einlagen gewisse ständig wiederkehrende und nicht in Geld bestehende Leistungen zu erbringen (z. B. eine bestimmte Menge Zuckerrüben für eine Zuckerrübenraffinerie zu liefern), entweder dieses Recht ohne Zustimmung der Gesellschaft an Dritte übertragen oder sich von ihrer Verpflichtung durch Verkauf der Aktien lösen, was der Gesellschaft u. U. die Erfüllung des Gesellschaftszwecks erschwert oder gar unmöglich macht.

4.3.2.2.2 Die Einteilung der Aktien nach dem Umfang und der Qualität der Mitgliedschaftsrechte

4.3.2.2.2.1 Die Stammaktien

Für Stammaktien, die ihrem Inhaber **sämtliche im Aktiengesetz** für den Normalfall **vorgesehenen Rechte** gewähren, gilt das Prinzip der Gleichberechtigung der Aktionäre hinsichtlich der ihnen eingeräumten Rechte, d. h., die Rechte der Aktionäre richten sich grundsätzlich nach der Höhe des Aktiennennbetrages, über den sie jeweils verfügen, bzw. nach der Zahl der von ihnen gehaltenen Aktien.

Dieser **Normaltyp der Aktie** räumt dem Aktionär folgende Mitgliedschaftsrechte ein, die nicht eingeschränkt werden dürfen:[235]

- **Vermögensrechte**
  - das Dividendenrecht (Recht auf einen Anteil am Bilanzgewinn),
  - das Recht auf einen Anteil am Liquidationserlös,
  - das Bezugsrecht;

---

[232] Vgl. § 68 Abs. 2 Satz 1 AktG.

[233] Vgl. § 68 Abs. 2 Satz 2 und 3 AktG.

[234] Vgl. § 68 Abs. 2 Satz 4 AktG.

[235] Vgl. dazu vertiefend *Drukarczyk, Jochen*: Finanzierung. 10. Aufl., Stuttgart 2008, S. 331-343.

- **Verwaltungsrechte**
  - das Stimmrecht,
  - das Auskunfts- bzw. Informationsrecht,
  - das Kontrollrecht.

Aus dem **Recht auf einen Anteil am Bilanzgewinn** ergibt sich für den einzelnen Aktionär neben der Aussicht auf mögliche Kursgewinne die Chance der laufenden Einkommenserzielung, da er gemäß seiner Beteiligungsquote an den Ausschüttungen (Dividenden) der AG beteiligt ist. Dieser Anspruch ist auf zweifache Weise eingeschränkt. Erst wenn andere Kapitalgeber (Gläubiger, Vorzugsaktionäre) ihre Ansprüche befriedigt sehen, kann der Aktionär seinen Ausschüttungsanspruch geltend machen (**Residualanspruch**). Außerdem beschränkt sich der Anspruch des Aktionärs auf den Bilanzgewinn.[236] Dieser Bilanzgewinn wird bestimmt durch die Rechnungslegungsvorschriften, durch die Ausübung der Ansatz- und Bewertungswahlrechte, durch gesetzliche Bestimmungen und Satzungsbestimmungen hinsichtlich der Gewinnverwendung sowie durch Gewinnverwendungsbeschlüsse.

Auch beim **Recht auf einen Anteil am Liquidationserlös** handelt es sich um einen in § 271 AktG geregelten **Residualanspruch**, da zunächst stets die Ansprüche der Gläubiger und je nach Art der gewährten Vorzüge auch die Ansprüche der Vorzugsaktionäre befriedigt werden müssen; demnach handelt es sich streng genommen um einen Liquidationsüberschuss.

Bei einer Kapitalerhöhung gegen Einlagen[237] bietet die AG „junge“ Aktien zum Bezugskurs an. Aufgrund ihres **Bezugsrechts** haben die „Altaktionäre“ die Möglichkeit, „junge“ Aktien gemäß ihrer bisherigen Quote zu erwerben und damit ihre Beteiligungsquote zu erhalten.[238] Eine entsprechende Regelung besteht auch für die Kapitalerhöhung aus Gesellschaftsmitteln.[239]

Zu den **Verwaltungsrechten** der Aktionäre zählen u. a.:

- Teilnahme an der Hauptversammlung (§ 118 Abs. 1 AktG) und damit auch das Recht auf
- Teilnahme an den in der Hauptversammlung gefassten Beschlüssen (§ 119 AktG), namentlich über
  - die Bestellung der Mitglieder des Aufsichtsrats,
  - die Verwendung des Bilanzgewinns,
  - die Entlastung der Mitglieder des Vorstandes und Aufsichtsrats,
  - die Bestellung des Abschlussprüfers,

---

236 Vgl. §§ 57 Abs. 3, 58 Abs. 4 AktG.

237 Vgl. §§ 182-191 AktG; vgl. auch **Abschnitt 4.3.3.2.2**.

238 Vgl. § 186 Abs. 1 AktG; vgl. auch **Abschnitt 4.3.3.2.2.1** und **Abschnitt 4.3.3.2.5**.

239 Vgl. § 212 AktG.

- Satzungsänderungen,
- Maßnahmen der Kapitalbeschaffung und der Kapitalherabsetzung,
- die Auflösung der Gesellschaft,
- Maßnahmen der Geschäftsführung (lediglich auf Verlangen des Vorstandes; § 119 Abs. 2 AktG); sowie

- das Minderheitenrecht, die Einberufung der Hauptversammlung zu verlangen (§ 122 AktG),
- das Antragsrecht (§ 126 AktG),
- das Auskunftsrecht über Angelegenheiten der Gesellschaft (§§ 131, 132 AktG),
- das Recht auf Information über die Lage der Gesellschaft (§ 175 Abs. 2 AktG),
- das Stimmrecht (§§ 133-136 AktG),
- das Anfechtungsrecht (z. B. § 245 AktG).

4.3.2.2.2.2 Die Vorzugsaktien

Diese Aktien besonderer Gattung gewähren dem Aktionär **Vorteile im Verhältnis zur Stammaktie** hinsichtlich der eingeräumten Rechte, insbesondere bei der Gewinnverteilung, der Ausübung des Stimmrechts oder der Verteilung des Liquidationserlöses (**absolute Vorzugsaktien**). Sind diese Vorteile mit einem Nachteil verbunden (z. B. stimmrechtslose Aktien mit höherer Dividende), so liegen **relative Vorzugsaktien** vor.

Vorzugsaktien, die **Vorzüge hinsichtlich der Dividendenzahlungen** einräumen, werden aus verschiedenen Gründen ausgegeben:[240]

- Durchführung einer **Kapitalerhöhung gegen Einlagen** bei einem unter dem Nennwert bzw. unter dem auf die einzelne Stückaktie entfallenden anteiligen Betrag des Grundkapitals liegenden Börsenkurs der Stammaktien. Die Einräumung von Vorzügen gegenüber den bereits im Umlauf befindlichen Stammaktien ist notwendig, weil einerseits eine Ausgabe von Stammaktien zu einem unter dem Nennwert (Nennwertaktien[241]) bzw. zu einem unter dem auf die einzelne Aktie entfallenden anteiligen Betrag des Grundkapitals (Stückaktie[242]) liegenden Ausgabekurs (sogenannte Unterpari-Emission) nicht möglich ist[243] und andererseits neue Aktien, die den bereits im Umlauf befindlichen Stammaktien hinsichtlich der eingeräumten Rechte entsprechen, im hier unterstellten Fall zum in § 9 Abs. 1 AktG geforderten Betrag oder zu einem höheren Wert nicht abgesetzt werden können.

---

240 Vgl. *Wöhe, Günter/Bilstein, Jürgen*: Grundzüge der Unternehmensfinanzierung. 9. Aufl., München 2002, S. 46-48.

241 Vgl. **Abschnitt 4.3.2.2.3.1**.

242 Vgl. **Abschnitt 4.3.2.2.3.2**.

243 Vgl. § 9 Abs. 1 AktG.

- Sollen im **Sanierungsfall** nach der Verrechnung des Verlustvortrags mit dem Grundkapital („gezeichnetes Kapital") – dies hat ein Zusammenlegen oder „Herunterstempeln" der seitherigen Stammaktien zur Folge[244] – flüssige Mittel durch Alt- oder Neuaktionäre zugeführt werden, so muss angesichts der schlechten wirtschaftlichen Situation der AG ein Anreiz zur (zusätzlichen) Beteiligung geboten werden.

- Können die bisherigen Aktionäre das von der AG benötigte zusätzliche Eigenkapital nicht aufbringen, wollen sie aber ihre Anteilsquote (i. S. eines Stimmenanteils) erhalten, so können **stimmrechtslose Aktien** ausgegeben werden.[245] Dieser Nachteil hinsichtlich der Mitwirkungsrechte kann durch den wirtschaftlichen Vorteil eines erhöhten Dividendenanspruchs ausgeglichen werden. Der Ausschluss des Stimmrechtes für Vorzugsaktien ist allerdings nur möglich, wenn die Aktie mit einem **nachzuzahlenden Dividendenvorteil** ausgestattet ist (kumulative Vorzugsaktie).[246] Vorzugsaktien ohne Stimmrecht dürfen nur bis zur Hälfte des Grundkapitals ausgegeben werden.[247]

Für **Dividendenvorrechte** gibt es verschiedene **Ausgestaltungsmöglichkeiten**:[248]

- **Prioritätischer Dividendenanspruch in Verbindung mit einer Gleichverteilungsregel**

Wird an die Vorzugsaktionäre eine Vorzugsdividende gezahlt, bevor an die Stammaktionäre Dividende ausgeschüttet wird, so muss für den nach vertragsgemäßer Bedienung der Vorzugsaktionäre verbleibenden Teil des Bilanzgewinns eine Zuteilungsregelung getroffen werden. Wird eine gleichmäßige Verteilung des **gesamten** Bilanzgewinns auf Stamm- und Vorzugsaktionäre angestrebt, so muss nach der Bedienung der Vorzugsaktien aus dem verbleibenden Teil des Bilanzgewinns den Stammaktionären möglichst dieselbe Dividende zugeteilt werden. Ein weiterhin noch verbleibender Rest ist auf alle Aktien gleichmäßig zu verteilen. Ein Vorzug für die Vorzugsaktien ergibt sich nur, wenn der Bilanzgewinn nicht ausreicht, auch den Stammaktionären die den Vorzugsaktionären zugesagte Dividende zu zahlen.

Im folgenden Beispiel (**Abbildung 20** und **Abbildung 21**; Seite 82) wurde für die Vorzugsaktionäre eine Dividende von 0,25 EUR pro Aktie vereinbart. Ein Vorteil für die Vorzugsaktien ergibt sich nur bis zu einer Gewinnausschüttung von 500.000 EUR.

---

244 Vgl. **Abschnitt 4.3.4.2.2**.

245 Vgl. § 12 Abs. 1 Satz 2 AktG.

246 Vgl. § 139 Abs. 1 AktG.

247 Vgl. § 139 Abs. 2 AktG.

248 Vgl. *Wöhe, Günter/Bilstein, Jürgen*: Grundzüge der Unternehmensfinanzierung. 9. Aufl., München 2002, S. 48-52.

Bilanzgewinn (Gewinnausschüttung) in EUR	Gewinnanteil in EUR je Aktiengattung		Dividende in EUR je Aktie	
	Vorzugsaktien (800.000 Stück)	Stammaktien (1.200.000 Stück)	Vorzugsaktien	Stammaktien
80.000	80.000	–	0,10	–
160.000	160.000	–	0,20	–
200.000	200.000	–	0,25	–
320.000	200.000	120.000	0,25	0,10
500.000	200.000	300.000	0,25	0,25
600.000	240.000	360.000	0,30	0,30
700.000	280.000	420.000	0,35	0,35

Abbildung 20: Beispiel für einen prioritätischen Dividendenanspruch in Verbindung mit einer Gleichverteilungsregel[249]

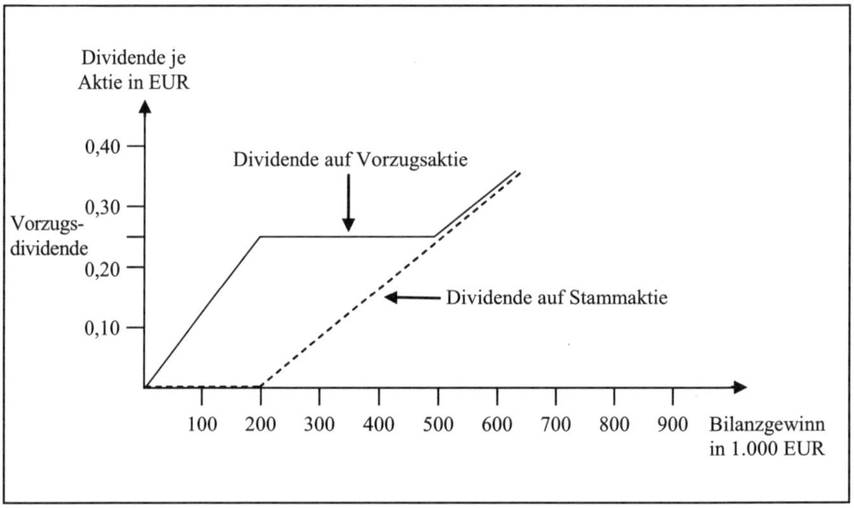

Abbildung 21: Prioritätischer Dividendenanspruch in Verbindung mit einer Gleichverteilungsregel[250]

249 Modifiziert entnommen aus *Wöhe, Günter/Bilstein, Jürgen*: Grundzüge der Unternehmensfinanzierung. 9. Aufl., München 2002, S. 48.

250 Modifiziert entnommen aus *Wöhe, Günter/Bilstein, Jürgen*: Grundzüge der Unternehmensfinanzierung. 9. Aufl., München 2002, S. 49.

- **Prioritätischer Dividendenanspruch in Verbindung mit einer generellen Überdividende**

Hier erfolgt die Verteilung des nach Bedienung der Vorzugsaktien noch verbleibenden Teils des Bilanzgewinns zu gleichen Teilen pro Stamm- bzw. Vorzugsaktie (vgl. **Abbildung 22**). Die Stammaktionäre können den Ausschüttungsvorsprung der Vorzugsaktie nie aufholen. Bei ausreichendem Gewinn entfällt bei einem Prioritätsanspruch von 0,10 EUR je Aktie auf die Vorzugsaktie stets ein Dividendensatz, der um 0,10 EUR höher liegt als der der Stammaktie.

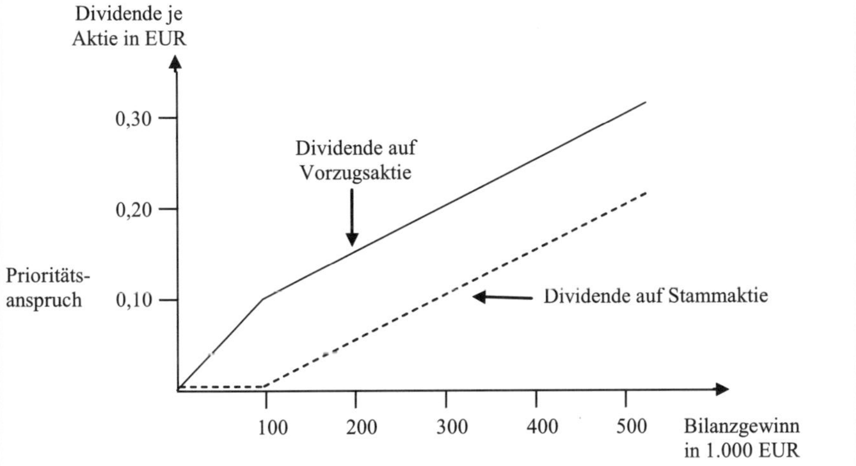

Abbildung 22: Prioritätischer Dividendenanspruch in Verbindung mit einer generellen Überdividende[251]

- **Limitierte Vorzugsdividende**

Der zur Ausschüttung verfügbare Bilanzgewinn wird zunächst zur Leistung der nach oben begrenzten Vorzugsdividende verwendet (**maximaler Dividendenanspruch**). Der gesamte verbleibende Teil des Bilanzgewinns fällt den Stammaktien zu. Nur bei relativ schlechter Gewinnsituation kommt es zu einem Vorteil für die Vorzugsaktionäre. Dieser Vorteil wächst mit steigendem Bilanzgewinn von 0 EUR bis zum maximalen Dividendenanspruch. Danach schrumpft der Vorteil zusammen, bis er sich schließlich zu einem Nachteil umkehrt. Dies ist ab einem Bilanzgewinn der Fall, der die Bezahlung des Vorzugsdividendensatzes auch an die Stammaktionäre erlaubt. In **Abbildung 23** (Seite 84) wird eine Vorzugsdividende von 0,30 EUR pro Aktie angenommen.

---

[251] Modifiziert entnommen aus *Wöhe, Günter/Bilstein, Jürgen*: Grundzüge der Unternehmensfinanzierung. 9. Aufl., München 2002, S. 49.

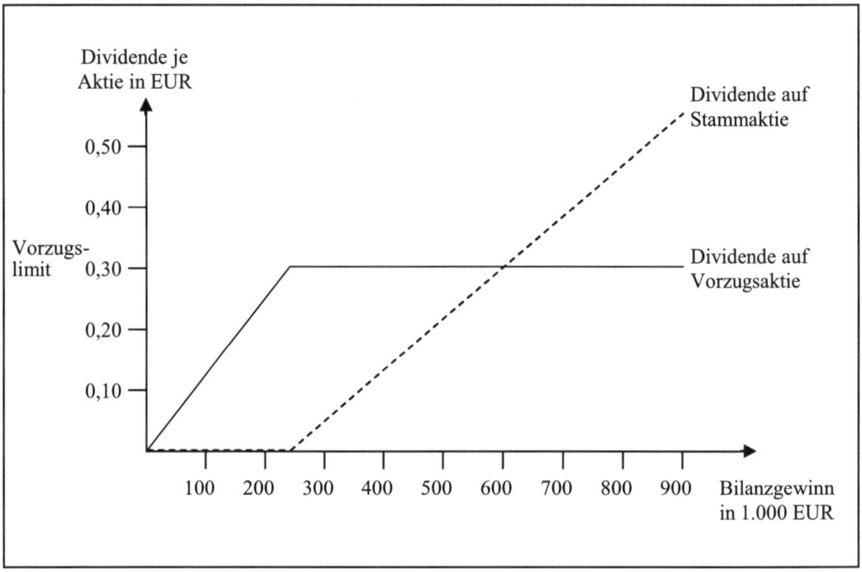

Abbildung 23: Limitierte Vorzugsdividende[252]

- **Limitierte Vorzugsdividende mit Nachholung (kumulative Vorzugsdividende)**

Wird für den Fall, dass der Bilanzgewinn die Bezahlung der vereinbarten Vorzugsdividende nicht oder nicht vollständig erlaubt, vereinbart, dass die unterbliebenen Dividendenzahlungen im nächsten Geschäftsjahr, in dem der Bilanzgewinn dies zulässt, nachzuholen sind, so entstehen die Dividendenansprüche auch in Verlustjahren. Diese sich kumulierenden Vorzugsdividenden garantieren dem Vorzugsaktionär eine **Mindestverzinsung**, soweit in späteren Geschäftsjahren entsprechende Gewinne ausgewiesen werden. Dies bedeutet einen Schutz vor Ausfall der Ausschüttungen aufgrund stark schwankender Gewinne bzw. jahresabschlusspolitischer Maßnahmen des Managements. § 139 Abs. 1 AktG schreibt diese Regelung vor, wenn Vorzugsaktien nicht mit dem Stimmrecht ausgestattet sind. Auch bei den zunächst dargestellten Arten des prioritätischen Dividendenanspruchs besteht die Möglichkeit, eine derartige Nachholung unterbliebener Dividendenzahlungen an die Vorzugsaktionäre zu vereinbaren.

Nach § 140 Abs. 2 AktG lebt das vertraglich ausgeschlossene Stimmrecht der Vorzugsaktionäre auf, wenn die Vorzugsdividende in einem Jahr nicht oder nicht vollständig gezahlt und auch im Folgejahr nicht vollständig nachgeholt wird; das Stimmrecht bleibt bis zur Nachzahlung aller Rückstände bestehen. Damit soll verhindert werden, dass die Vorzugsaktionäre – aufgrund des Vertrags – stimmrechtslos **und** zudem – aufgrund der wirtschaftlichen Situation der Gesellschaft – dividendenlos bleiben.

---

[252] Modifiziert entnommen aus *Wöhe, Günter/Bilstein, Jürgen*: Grundzüge der Unternehmensfinanzierung. 9. Aufl., München 2002, S. 50.

Bei den mit einem mehrfachen Stimmrecht ausgestatteten **Mehrstimmrechtsaktien** ist das Prinzip der Gleichberechtigung der Aktionäre hinsichtlich der Stimmrechte durchbrochen. Mehrstimmrechtsaktien können aber nur bei Beschlussfassungen Bedeutung erlangen, die eine einfache oder größere **Stimmenmehrheit** erfordern, z. B. bei der Wahl und der Abberufung von Aufsichtsratsmitgliedern[253] sowie bei der Feststellung des Jahresabschlusses.[254] Bei mit **Kapitalmehrheit** zu fassenden Beschlüssen fallen die Mehrstimmrechtsaktien nicht ins Gewicht. Bei allen Beschlüssen, die den Bestand und die Grundlage der Gesellschaft betreffen (Satzungsänderungen wie z. B. Kapitalerhöhungen bzw. -herabsetzungen,[255] Auflösung der Gesellschaft u. Ä.[256]) verlangt das Aktiengesetz zusätzlich zur Mehrheit der abgegebenen Stimmen eine Mehrheit von drei Vierteln des bei der Beschlussfassung vertretenen Grundkapitals.

Mehrstimmrechtsaktien, mit denen sich trotz geringer Kapitaleinlage die Stimmenmehrheit sichern lässt, dürfen seit 1937 grundsätzlich nicht mehr ausgegeben werden.[257] Die vor 1937 ausgegebenen Mehrstimmrechtsaktien haben jedoch weiterhin Gültigkeit, soweit sie nicht durch Hauptversammlungsbeschlüsse beseitigt oder beschränkt worden sind. Die Beseitigung der Mehrstimmrechte kann von der Hauptversammlung mit einer Mehrheit, die mindestens die Hälfte des bei der Beschlussfassung vertretenen Grundkapitals umfasst, beschlossen werden; die Mehrheit der abgegebenen Stimmen ist dafür nicht erforderlich.[258] Sofern die Hauptversammlung nicht mit einer Mehrheit, die mindestens drei Viertel des bei der Beschlussfassung vertretenen Grundkapitals umfasst, die Fortgeltung der Mehrstimmrechte beschlossen hatte, sind diese mit Wirkung zum 1. Juni 2003 erloschen.[259]

Schließlich können **Vorrechte** auch **bei der Verteilung des Liquidationserlöses** eingeräumt werden. Da Aktiengesellschaften aber i. d. R. als Gesellschaften auf unbestimmte Zeit langfristig bestehen, ist die praktische Bedeutung dieses Vorrechts gering. Da zudem nur ein Vorzug gegenüber den Stammaktionären, nicht jedoch gegenüber den Gläubigern eingeräumt werden kann, ist der ökonomische Wert dieses Vorrechts nicht zu hoch anzusetzen.

4.3.2.2.3 Die Einteilung der Aktien nach der Bestimmung der Anteilsquote

4.3.2.2.3.1 Die Nennwertaktien

Die auf dem europäischen Kontinent überwiegende Aktienart lautet auf einen bestimmten festen Geldbetrag, den Nennwert. Die Summe der Nennwerte aller ausgegebenen Aktien entspricht dem in der Satzung festgelegten Grundkapital.[260] Deswegen spricht man auch von **Summenaktien**. Damit ist bei einer zulässigen und durchaus auch üblichen Ausgabe der

---

253 Vgl. §§ 101 Abs. 1, 103 Abs. 1 AktG.

254 Vgl. § 58 Abs. 1 AktG.

255 Zu möglichen davon abweichenden Satzungsbestimmungen vgl. § 182 Abs. 1 Satz 2 und 3 AktG und § 222 Abs. 1 Satz 2 AktG.

256 Vgl. §§ 179, 262 Abs. 1 Nr. 2

257 Vgl. § 12 Abs. 2 AktG.

258 Vgl. § 5 Abs. 2 Satz 1 und 2 EGAktG.

259 Vgl. § 5 Abs. 1 Satz 1 EGAktG.

260 § 1 Abs. 2 AktG: „Die Aktiengesellschaft hat ein in Aktien zerlegtes Grundkapital."

Aktien über dem Nennwert (Überpari-Emission) das gesamte Aufgeld (Agio) in eine andere Eigenkapitalposition, die **Kapitalrücklage**, einzustellen.[261] Die einzelne Aktie muss zudem einen Nennbetrag (Nennwert) von mindestens 1 EUR aufweisen; höhere Nennbeträge müssen auf volle EUR lauten.[262]

Die Rechte der Aktionäre entsprechen dem Anteil der von ihnen jeweils gehaltenen Aktiennennwerte im Verhältnis zu den gesamten Nennwerten (Grundkapital). Damit hat das in der Bilanz als gezeichnetes Kapital ausgewiesene Grundkapital nicht nur die Aufgabe, das von den Eigentümern zu erbringende Mindestgründungskapital zu bestimmen.[263] Es hat auch die Aufgabe, die Anteilsquoten und damit den Umfang der Rechtspositionen der einzelnen Aktionäre zu bestimmen.

4.3.2.2.3.2 Die nennwertlosen Aktien

Im Gegensatz zu Nennwertaktien sind nennwertlose Aktien dadurch charakterisiert, dass bei ihnen auf die Angabe eines Nennwertes auf der Aktienurkunde verzichtet wird. Wird anstelle eines Nennwertes der durch die einzelne Aktie repräsentierte Bruchteil der Beteiligung an der Unternehmung – wie dies früher bei den Kuxen der bergrechtlichen Gewerkschaften der Fall war[264] – angegeben, so wird von „Quotenaktien" gesprochen.[265] Fehlt auf der Aktienurkunde auch die Angabe einer Quote und lauten die Aktien stattdessen lediglich auf eine bestimmte Stückzahl, so handelt es sich um **„Stückaktien"**.[266]

Jede dieser beiden Erscheinungsformen nennwertloser Aktien kann als „echte nennwertlose Aktie" oder als „unechte nennwertlose Aktie" ausgestaltet sein.[267] Während die Differenzierung zwischen Quotenaktien und Stückaktien auf dem jeweiligen Aufdruck auf der Aktienurkunde basiert, orientiert sich die Einteilung in echte und unechte nennwertlose Aktien daran, ob die Aktiengesellschaft ein Grundkapital hat oder nicht.[268] Die **echte nennwertlose Aktie** stellt einen Anteil an einer Aktiengesellschaft dar, der nicht über einen Nennbetrag lautet. Außerdem besitzt die Aktiengesellschaft bei dieser Ausgestaltungsform kein bilanziell ausgewiesenes Grundkapital. Im Gegensatz dazu hat eine Aktiengesellschaft mit **unechten nennwertlosen Aktien**, die ebenfalls nicht über einen Nennwert lauten, ein Grundkapital, das gemäß den gesetzlichen Bestimmungen in der Bilanz auszuweisen ist.[269]

---

261 Vgl. § 272 Abs. 2 HGB.

262 Vgl. § 8 Abs. 2 AktG.

263 Vgl. **Abschnitt 4.3.1.3.2**

264 Vgl. *Bieg, Hartmut*: Betriebswirtschaftslehre 2: Finanzierung. Freiburg i. Br. 1991, S. 55.

265 Vgl. *Kübler, Friedrich*: Aktien, Unternehmensfinanzierung und Kapitalmarkt. Köln 1989, S. 10. Da in diesem Fall die Summe der Bruchteile aller Aktien einer Gesellschaft Eins ergeben muss, lässt sich der Umfang der Rechte der einzelnen Aktionäre durch Addition der jeweils von ihnen gehaltenen Bruchteile bestimmen.

266 Vgl. *Jahr, Günther/Stützel, Wolfgang*: Aktien ohne Nennbetrag. Frankfurt a. M. 1963, S. 63.

267 Vgl. *Jahr, Günther/Stützel, Wolfgang*: Aktien ohne Nennbetrag. Frankfurt a. M. 1963, S. 14-15, 68, die auch auf die Möglichkeit hinweisen, diese beiden Ausgestaltungsformen derart zu modifizieren, dass sich „echte nennwertlose Aktien unter Beibehaltung des Grundkapitals" ergeben, bei denen Aktienzahl und Grundkapital völlig unabhängig voneinander verändert werden können.

268 Vgl. *Jahr, Günther/Stützel, Wolfgang*: Aktien ohne Nennbetrag. Frankfurt a. M. 1963, S. 68.

269 Siehe hierzu § 152 Abs. 1 Satz 2 AktG sowie § 272 Abs. 1 HGB.

In der Bundesrepublik Deutschland sind neben Nennwertaktien lediglich unechte nennwertlose Aktien in der Erscheinungsform von Stückaktien erlaubt,[270] wobei der Gesetzgeber diese spezielle Ausgestaltungsform im AktG als „Stückaktien" bezeichnet.

Dadurch, dass auch bei der Emission von Stückaktien[271] die Aktiengesellschaft über ein in Aktien zerlegtes Grundkapital verfügen muss und die meisten Vorschriften für Nennwertaktien auch für Stückaktien Geltung haben, ergeben sich nahezu keine Unterschiede zwischen Nennwertaktien und Stückaktien. So muss auch bei Stückaktien das Grundkapital der Aktiengesellschaft auf einen Nennbetrag in EUR lauten;[272] der Mindestnennbetrag des Grundkapitals muss 50.000 EUR betragen.[273]

Da die Stückaktien weder über einen Nennwert noch über eine bestimmte Quote lauten und insofern ein Maßstab für die Bestimmung des Umfangs der einem einzelnen Aktionär zustehenden Rechte sowie des Anteils, mit dem die einzelne Aktie am Grundkapital beteiligt ist, fehlt, hat der Gesetzgeber die dafür erforderlichen Vorschriften im AktG verankert. So bestimmt § 8 Abs. 3 Satz 2 AktG, dass die Stückaktien einer Aktiengesellschaft am Grundkapital der Unternehmung in jeweils gleichem Umfang beteiligt sind, so dass sich der Anteil am Grundkapital bei Stückaktien nach der Anzahl der Aktien bestimmt.[274] Da sowohl die Höhe des Grundkapitals als auch die Anzahl der Stückaktien einer Aktiengesellschaft bekannt sind, kann ein **fiktiver Nennwert** der einzelnen Stückaktien ermittelt werden, indem das Grundkapital durch die Anzahl der Stückaktien dividiert wird. Dieser „auf die einzelne Aktie entfallende anteilige Betrag des Grundkapitals darf einen EUR nicht unterschreiten".[275] Allerdings hat die Bestimmung, dass höhere Aktiennennbeträge auf volle EUR lauten müssen,[276] lediglich für Nennwertaktien Geltung, nicht jedoch für Stückaktien. Bei Letzteren kann der fiktive Nennwert somit auch auf „krumme" EUR-Beträge lauten (beispielsweise 6,72 EUR), sofern der fiktive Nennwert mindestens 1 EUR beträgt.

Diese abweichende Regelung stellt den in der Praxis bedeutendsten Unterschied zwischen Nennwertaktien und Stückaktien dar, der vor allem im Zusammenhang mit der Umstellung des Gesellschaftskapitals von DM auf EUR von Relevanz war. Da der Umrechnungskurs zwischen DM und EUR in Art. 1 EuroUmrechV unwiderruflich auf die Relation 1 EUR = 1,95583 DM festgelegt wurde, hätte eine Umstellung der Aktiennennwerte und des Grundkapitals einer Aktiengesellschaft von DM auf EUR bei gleichzeitiger Rundung der Nennbeträge auf volle EUR i. d. R. zu Abweichungen zwischen der Summe der Nennwerte aller Aktien der Aktiengesellschaft und der Höhe des Grundkapitals geführt, wenn die

---

270 Vgl. § 8 Abs. 1 AktG. Die Einführung echter nennwertloser Aktien war dem deutschen Gesetzgeber nicht möglich, da die Kapitalrichtlinie des Rates der Europäischen Gemeinschaften für Aktiengesellschaften die Existenz eines Grundkapitals vorschreibt (vgl. auch *Rohleder, Michael/Schulze, Nathalie*: Euro-Umstellung: Plädoyer für die Stückaktie. In: Die Bank 1998, S. 289).

271 Bei sämtlichen Aktien einer Aktiengesellschaft darf es sich entweder nur um Nennwertaktien oder nur um Stückaktien handeln; eine Kombination von Nennwertaktien und Stückaktien ist nicht erlaubt (vgl. § 8 Abs. 1 AktG).

272 Vgl. § 6 AktG.

273 Vgl. § 7 AktG.

274 Vgl. § 8 Abs. 4 AktG.

275 § 8 Abs. 3 Satz 3 AktG.

276 Vgl. § 8 Abs. 2 Satz 4 AktG.

Betragsglättung nicht durch Kapitalanpassungen (beispielsweise durch eine Kapitalerhöhung aus Gesellschaftsmitteln oder eine Kapitalherabsetzung) vorgenommen worden wäre. Um derartige Kapitalmaßnahmen zu vermeiden, hatte der Gesetzgeber mit der Zulassung von Stückaktien die Möglichkeit der Substitution von Nennwertaktien durch Stückaktien geschaffen. Da Stückaktien keinen Nennwert haben und ihr fiktiver Nennwert nicht auf volle EUR lauten muss, waren Kapitalmaßnahmen bei der Umstellung des Grundkapitals einer AG von DM auf EUR dann entbehrlich, wenn gleichzeitig mit der Grundkapitalumstellung die Nennwertaktien durch Stückaktien ersetzt wurden.

Da der fiktive Nennwert von Stückaktien rechnerisch ermittelt werden kann, war es dem Gesetzgeber möglich, hieran anknüpfende Bestimmungen zu erlassen, die im Wesentlichen analog zu den für Nennwertaktien geltenden Vorschriften ausgestaltet sind. So ist auch bei Stückaktien die Unterpari-Emission nicht zulässig.[277] Dies bedeutet, dass der Emissionspreis der Stückaktien nicht unter dem fiktiven Nennwert liegen darf. Höhere Emissionspreise sind allerdings zulässig,[278] wobei ein über den fiktiven Nennbetrag hinausgehendes Agio in die Kapitalrücklage einzustellen ist.[279]

4.3.2.2.4 Die eigenen Aktien

Der Erwerb eigener Aktien stellt eine Rückzahlung von Teilen des Eigenkapitals dar. Aus Gründen des Gläubigerschutzes ist er deswegen grundsätzlich gesetzlich verboten.

Die in § 71 AktG vorgesehenen Ausnahmen (vgl. **Abbildung 24**; Seite 89) setzen voraus, dass die AG im Zeitpunkt des Erwerbs eine Rücklage in Höhe der Aufwendungen für den Erwerb bilden könnte, ohne das Grundkapital oder eine nach Gesetz oder Satzung zu bildende Rücklage zu mindern, die nicht zur Zahlung an die Aktionäre verwandt werden darf.[280] Auf diese Weise wird sichergestellt, dass der Rückkauf der eigenen Anteile nur aus dem ausschüttungsfähigen Vermögen erfolgt.[281]

4.3.2.2.5 Die Vorratsaktien

Diese bei der Gründung einer AG oder im Rahmen einer bedingten Kapitalerhöhung neu geschaffenen, noch nicht in Umlauf gesetzten Aktien werden von Dritten (z. B. einem Kreditinstitut) für Rechnung der ausgebenden Gesellschaft gehalten. Der Übernehmer haftet für die volle Einlage, kann aber aus der Vorratsaktie keine Rechte geltend machen. Er hält sie zur Verfügung der AG, die sie zu einem günstigen Zeitpunkt verwenden kann (z. B. zur Kurspflege).

---

277 Vgl. § 9 Abs. 1 AktG.

278 Vgl. § 9 Abs. 2 AktG.

279 Vgl. § 272 Abs. 2 Nr. 1 HGB.

280 Vgl. § 71 Abs. 2 Satz 2 AktG.

281 Vgl. hierzu auch *Bieg, Hartmut/Sopp, Guido*: Der Gesetzesentwurf eines Bilanzrechtsmodernisierungsgesetzes (BilMoG) – Teil III. In: Der Steuerberater 2008, S. 283-284.

Ausnahmen vom Verbot des Erwerbs eigener Aktien (§ 71 AktG)
1. Der Erwerb ist notwendig, um einen schweren, unmittelbar bevorstehenden **Schaden** von der Gesellschaft **abzuwenden**. 2. Die Aktien sollen den **Arbeitnehmern** der Gesellschaft oder einer mit ihr verbundenen Unternehmung zum Erwerb angeboten werden. 3. Der Erwerb geschieht, um **Aktionäre abzufinden**, wenn die AG einen Eingliederungs- oder Beherrschungsvertrag abgeschlossen hat (§§ 305 Abs. 2, 320b AktG, § 29 Abs. 1 UmwG). 4. Die AG erwirbt die Aktien **unentgeltlich** oder ein Kreditinstitut führt mit dem Erwerb eine **Einkaufskommission** aus. 5. Der Erwerb erfolgt im Rahmen einer **Gesamtrechtsnachfolge**. 6. Der Erwerb erfolgt aufgrund eines Beschlusses der Hauptversammlung nach den Vorschriften über die **Herabsetzung des Grundkapitals**. 7. Der Erwerb erfolgt durch ein Kreditinstitut, Finanzdienstleistungsinstitut oder Finanzunternehmen aufgrund eines Hauptversammlungsbeschlusses zum Zwecke des **Wertpapierhandels**. 8. Der Erwerb erfolgt aufgrund einer bestimmte Einschränkungen enthaltenden, höchstens 18 Monate geltenden **Ermächtigung der Hauptversammlung**. Nach Auslaufen der Ermächtigung ist ein Erwerb eigener Aktien nicht mehr möglich. In den Fällen 1-3 sowie 7 und 8 dürfen die erworbenen Aktien zusammen mit dem Betrag anderer Aktien der Gesellschaft, die diese bereits erworben hat und noch besitzt, 10 % des Grundkapitals nicht übersteigen (§ 71 Abs. 2 Satz 1 AktG). In den Fällen 1, 2, 4, 7 und 8 ist der Erwerb nur zulässig, wenn auf die Aktien der Ausgabebetrag voll geleistet ist (§ 71 Abs. 2 Satz 3 AktG).

Abbildung 24: Ausnahmefälle vom Verbot des Erwerbs eigener Aktien (§ 71 AktG)[282]

4.3.3 Die Kapitalerhöhung bei der Aktiengesellschaft

4.3.3.1 Begriff und Motive der Kapitalerhöhung

Eigentlich stellt jede Erweiterung der Eigen- oder Fremdkapitalbasis einer Unternehmung eine Kapitalerhöhung dar. In der betriebswirtschaftlichen Literatur wird aber meist lediglich die **Erhöhung von Eigenkapital durch Einbringung von außen**, also im Wege der Außenfinanzierung, als Kapitalerhöhung bezeichnet.

[282] Modifiziert entnommen aus *Bieg, Hartmut*: Betriebswirtschaftslehre 2: Finanzierung. Freiburg i.Br. 1991, S. 56.

Eine solche Zuführung zusätzlichen Eigenkapitals von außen ist beispielsweise erforderlich zur

- Vornahme größerer Umstellungen im Produktionsprogramm,
- Durchführung kapazitätsunwirksamer Rationalisierungsmaßnahmen, insbesondere von Modernisierungsinvestitionen,
- Erweiterung der Unternehmungskapazität oder zur
- Beschaffung von Beteiligungen an anderen Unternehmungen.

In vielen Fällen ermöglicht eine Kapitalerhöhung durch Einlage zusätzlicher Geld- oder Sachmittel erst die Aufnahme weiteren Fremdkapitals, führt sie doch zur Erhöhung der Haftungsbasis und damit auch zur Verbesserung der für Kreditaufnahmen notwendigen Kreditwürdigkeit (Bonität).[283]

4.3.3.2 Die Formen der aktienrechtlichen Kapitalerhöhung

4.3.3.2.1 Überblick

Das Aktiengesetz unterscheidet folgende Formen der Kapitalerhöhung,[284] wobei die Entscheidung – da es sich stets um Satzungsänderungen handelt – jeweils von der Hauptversammlung, und zwar grundsätzlich mit Dreiviertelmehrheit des bei der Beschlussfassung vertretenen Grundkapitals, zu treffen ist:[285]

- Kapitalerhöhungen, die zu einer **Erweiterung der Eigenkapitalbasis** führen, d. h., der Unternehmung werden im Wege der Beteiligungsfinanzierung neue Geldmittel von außen zugeführt. Hierzu zählen:
  - die **ordentliche Kapitalerhöhung**, d. h., die Ausgabe neuer („junger“) Aktien gegen Einlagen,
  - die **bedingte Kapitalerhöhung** sowie
  - das **genehmigte Kapital**.
- **Kapitalerhöhung aus Gesellschaftsmitteln** (nominelle Kapitalerhöhung), bei der Umschichtungen innerhalb des Eigenkapitals ohne Zuführung zusätzlicher Mittel von außen erfolgen. Unter betriebswirtschaftlichen Gesichtspunkten ist es hier allerdings nicht gerechtfertigt, von einer Kapitalerhöhung zu sprechen, da nominelle Kapitalerhöhungen nur die Struktur des ausgewiesenen Eigenkapitals ändern, seine Höhe jedoch nicht beeinflussen.

---

283 Vgl. dazu auch **Abschnitt 5.2.7**.

284 Vgl. §§ 182-220 AktG.

285 Vgl. §§ 182, 193, 202, 207 AktG.

4.3.3.2.2 Die ordentliche Kapitalerhöhung[286]

4.3.3.2.2.1 Das Bezugsrecht

Bei der Kapitalerhöhung gegen Einlagen werden zur Beschaffung zusätzlichen Eigenkapitals nach entsprechendem Hauptversammlungsbeschluss[287] neue („junge") Aktien ausgegeben. Sollen die neuen Aktien zu einem über dem Nennwert bzw. über dem fiktiven Nennwert[288] liegenden Emissionskurs ausgegeben werden, so ist der Mindestemissionskurs im Beschluss über die Grundkapitalerhöhung festzusetzen.[289] Beschluss und Durchführung der Erhöhung des Grundkapitals sind zur Eintragung in das Handelsregister anzumelden;[290] mit der Eintragung der Durchführung der Erhöhung des Grundkapitals gilt das Grundkapital als erhöht.[291]

Jedem bisherigen Aktionär steht ein **grundsätzlich nicht entziehbares Bezugsrecht** auf den seiner seitherigen Beteiligungsquote am Grundkapital entsprechenden Teil der neuen Aktien zu.[292] Üben alle Aktionäre innerhalb der mindestens zwei Wochen[293] betragenden Bezugsfrist ihr Bezugsrecht in vollem Umfang aus, so wird ihre Beteiligungsquote gerade erhalten. Durch Beschluss der Hauptversammlung (grundsätzlich Dreiviertelmehrheit des vertretenen Grundkapitals) kann das Bezugsrecht jedoch ganz oder zum Teil ausgeschlossen werden.[294] Dabei unterscheidet man zwischen dem formellen und dem materiellen Ausschluss des Bezugsrechtes.

Ausschließlich zur Erleichterung des Emissionsvorgangs dient der **formelle Ausschluss** des Bezugsrechts. Um den Gegenwert der neuen Aktien sofort zur Verfügung zu haben, werden die jungen Aktien an eine Bank bzw. an ein Bankenkonsortium verkauft. Die Übernehmer verpflichten sich, den Altaktionären die jungen Aktien gemäß dem Bezugsrecht anzubieten. Im Falle dieser **Fremdemission** erhalten die beteiligten Kreditinstitute – als Gegenleistung für die Vorfinanzierung der Kapitalerhöhung und die Durchführung der Aktienemission – eine **Übernahmeprovision**.

Bei Fusionen oder bei der Ausgabe von Belegschaftsaktien werden die jungen Aktien für die abzufindenden Minderheitsaktionäre der aufgenommenen Gesellschaft bzw. für Belegschaftsmitglieder benötigt. Das Bezugsrecht der Altaktionäre muss deswegen ausgeschlossen werden; die Folge dieses **materiellen Ausschlusses** ist eine Veränderung der Beteiligungsquoten der Altaktionäre.[295] Da mit dem Ausschluss des Bezugsrechts ein wichtiges

---

[286] Vgl. §§ 182-191 AktG.

[287] Vgl. § 182 Abs. 3 AktG.

[288] Vgl. **Abschnitt 4.3.2.2.3.2**.

[289] Vgl. § 182 Abs. 3 AktG.

[290] Vgl. §§ 184, 188 AktG.

[291] Vgl. § 189 AktG.

[292] Vgl. § 186 Abs. 1 Satz 1 AktG.

[293] Vgl. § 186 Abs. 1 Satz 2 AktG.

[294] Vgl. § 186 Abs. 3 Satz 1 und 2 AktG. Die Satzung der AG kann allerdings „eine größere Kapitalmehrheit und weitere Erfordernisse bestimmen"; § 186 Abs. 3 Satz 3 AktG.

[295] Vgl. *Wöhe, Günter/Bilstein, Jürgen*: Grundzüge der Unternehmensfinanzierung. 9. Aufl., München 2002, S. 84-86.

Mitgliedschaftsrecht der Aktionäre eingeschränkt wird, kann ein entsprechender Hauptversammlungsbeschluss nur erfolgen, wenn die Ausschließung ausdrücklich und ordnungsgemäß in der Tagesordnung zur Hauptversammlung bekannt gemacht worden ist.[296] Zudem muss der Vorstand der Hauptversammlung einen schriftlichen Bericht über den Grund für den teilweisen oder vollständigen Ausschluss des Bezugsrechts vorlegen.[297] **Vermögensmäßige Nachteile** erleiden Altaktionäre bei einem Bezugsrechtsausschluss nur dann nicht, wenn die jungen Aktien zum Tageskurs ausgegeben werden. Dies ist bei dem der Hauptversammlung zu unterbreitenden Vorschlag, in dem der Ausgabebetrag zu begründen ist,[298] zu beachten. Unter bestimmten Voraussetzungen ist ein **erleichterter Bezugsrechtsausschluss** möglich.[299]

Die **Aufgaben des Bezugsrechts** sind:

- die Wahrung der bestehenden Beteiligungsverhältnisse sowie
- der Ausgleich der Vermögensnachteile der Altaktionäre.

Während der erste Gesichtspunkt bereits dargestellt wurde und ohne Weiteres einsichtig ist, muss der zweite im Folgenden näher begründet werden. Gesetzliche Untergrenze des Emissionskurses ist der (fiktive) Nennwert der jungen Aktien;[300] wirtschaftliche Untergrenze dürfte die Summe aus (fiktivem) Nennwert und anteiligen Emissionskosten sein. Eine rechtliche Obergrenze ist nicht gegeben;[301] wirtschaftlich dürfte der Kurs der Altaktien im Zeitpunkt der Durchführung der Kapitalerhöhung die Obergrenze darstellen, da sich die mit den alten und den jungen Aktien verbundenen Rechte nicht unterscheiden. Die richtige Wahl des Emissionskurses der jungen Aktien ist somit ein wichtiger Faktor für das Gelingen oder Scheitern einer Kapitalerhöhung.

Liegt der Ausgabekurs der jungen Aktien unter dem Börsenkurs der alten Aktien, so werden diejenigen Altaktionäre, die sich nicht an der Kapitalerhöhung beteiligen, einen Vermögensnachteil erleiden, da sich nach der Kapitalerhöhung für die nun nicht mehr zu unterscheidenden alten und jungen Aktien ein **Mischkurs** einstellen wird, der unter dem Börsenkurs der alten Aktien und über dem Emissionskurs der neuen Aktien liegt. Während der Erwerber einer jungen Aktie einen Kursgewinn in Höhe der Differenz zwischen neuem Mischkurs und Emissionskurs erfährt, erleidet der Altaktionär einen Kursverlust in Höhe der Differenz zwischen altem Börsenkurs und Mischkurs. Nur wenn der Inhaber der alten Aktien sämtliche Bezugsrechte durch Kauf junger Aktien ausübt, werden sich die Kursverluste bei den alten Aktien und die Kursgewinne bei den jungen Aktien kompensieren. Nimmt er nicht oder nicht in vollem Umfang an der Kapitalerhöhung teil, so soll ihm sein Kursverlust durch den vom neuen Aktionär zu zahlenden Wert des Bezugsrechtes ausgegli-

---

[296] Vgl. §§ 186 Abs. 4 Satz 1, 124 Abs. 1 AktG.

[297] Vgl. § 186 Abs. 4 Satz 2 AktG.

[298] Vgl. § 186 Abs. 4 Satz 2 Halbsatz 2 AktG.

[299] Vgl. § 186 Abs. 3 Satz 4 AktG; vgl. hierzu **Abschnitt 4.3.3.2.2.3**.

[300] Vgl. § 9 Abs. 1 AktG.

[301] Vgl. § 9 Abs. 2 AktG.

chen werden; dieser Wert des Bezugsrechtes soll auch den Kursgewinn des Inhabers der jungen Aktien ausgleichen.

Diesen Zusammenhang verdeutlicht das folgende Beispiel (vgl. auch **Abbildung 25** bis **Abbildung 30**; Seite 95).[302]

Beispiel:

M	:	Mischkurs
B	:	Wert des Bezugsrechts
Ka	:	Kurs der alten Aktie (Tageskurs)
Kn	:	Emissionskurs der neuen Aktien
a	:	Anzahl der alten Aktien
n	:	Anzahl der neuen Aktien
(a:n)	:	Bezugsverhältnis

	(fiktiver) Gesamt-Nennwert [EUR]	Anzahl der Aktien [Stück]	Kurs [EUR je Aktie]	Gesamtkurswert [EUR]
Bisheriges Grundkapital	5.000.000	a = 1.000.000	K_a = 40	40.000.000
Kapitalerhöhung	2.500.000	n = 500.000	K_n = 25	12.500.000
Gesamtes Grundkapital	7.500.000	1.500.000	M = ?	52.500.000

Abbildung 25: Ordentliche Kapitalerhöhung

Der Gesamtkurswert von 52,5 Mio. EUR entfällt nach der Kapitalerhöhung auf ein Grundkapital von 7,5 Mio. EUR.[303] Ohne weitere kursbeeinflussende Einwirkungen würde sich (rechnerisch) ein Mischkurs ergeben, der auf folgende Weise zu berechnen ist:

$$\text{Mischkurs} = \frac{\text{Kurswert der alten Aktien} + \text{Kurswert der neuen Aktien}}{\text{Zahl der alten Aktien} + \text{Zahl der neuen Aktien}}$$

$$\text{Mischkurs} = \frac{40.000.000 + 12.500.000}{1.000.000 + 500.000} = 35 \left[\frac{\text{EUR}}{\text{Aktie}}\right]$$

Abbildung 26: Berechnung des Mischkurses bei der ordentlichen Kapitalerhöhung (Variante 1)

Danach beträgt im Beispiel der Gewinn durch Kurssteigerung pro junge Aktie 10 EUR (= 35 EUR – 25 EUR), der Verlust durch Kurssenkung pro alte Aktie 5 EUR (= 40 EUR – 35 EUR). Übt demnach ein Altaktionär bei dem im Beispiel unterstellten Bezugsverhältnis von 2 : 1 (a : n) sein Bezugsrecht aus, so verliert er an zwei alten Aktien je 5 EUR, an der neu übernommenen Aktie gewinnt er 10 EUR. Ein Vermögensnachteil bzw. -vorteil ergibt sich für ihn solange nicht, wie sich der Kurs nach der Kapitalerhöhung tatsächlich wie errechnet entwickelt.

---

[302] Modifiziert entnommen aus *Bieg, Hartmut*: Die Eigenkapitalbeschaffung emissionsfähiger Unternehmungen. In: Der Steuerberater 1997, S. 155-156. Dieses Beispiel ist unabhängig davon gültig, ob das Grundkapital der AG in Nennwertaktien oder in Stückaktien zerlegt ist. Im ersten Fall wird vom Nennwert, im zweiten Fall vom fiktiven Nennwert gesprochen.

[303] Dies entspricht 1,5 Mio. Aktien mit einem (fiktiven) Nennwert von 5 EUR.

Anleger, die keine alten Aktien besitzen, sich aber an der Kapitalerhöhung beteiligen wollen, müssen sich das Recht auf Teilnahme an der Kapitalerhöhung erwerben, indem sie einem Altaktionär, der nicht an der Kapitalerhöhung teilnehmen möchte oder kann, seine Bezugsrechte abkaufen. Der Altaktionär möchte den zu erwartenden Kursverlust an seiner Altaktie durch den Kaufpreis des Bezugsrechtes ausgeglichen bekommen. Der Erwerber des Bezugsrechtes wird zu diesem Ausgleich bereit sein, da er aus dem Kauf der jungen Aktien einen Kursgewinn erwartet. Folgende Formel verdeutlicht den sogenannten **Bezugsrechtsabschlag**:

$$M = K_a - B$$

Abbildung 27: Berechnung des Mischkurses bei der ordentlichen Kapitalerhöhung (Variante 2)

Beispiel:

Die Formel zur Ermittlung des **rechnerischen Wertes des Bezugsrechtes** lässt sich aus den vorstehenden Überlegungen wie folgt ableiten:

$$M = K_a - B$$

$$\Leftrightarrow \quad B = K_a - M$$

$$= K_a - \frac{K_a \cdot a + K_n \cdot n}{a+n} = \frac{K_a - K_n}{\frac{a}{n}+1}$$

Für das Beispiel: $B = \dfrac{40-25}{\frac{2}{1}+1} = \dfrac{15}{3} = 5$ EUR/Bezugsrecht

Abbildung 28: Formel zur Ermittlung des rechnerischen Werts des Bezugsrechts

Die Tatsache, dass neue Aktien für das Geschäftsjahr ihrer Ausgabe nicht voll dividendenberechtigt sind, kann in der Formel zur Berechnung des Bezugsrechtes berücksichtigt werden. Der **Dividendennachteil** (DN) ist beim Emissionskurs der neuen Aktien als Agio (Aufpreis) zu berücksichtigen:

(1) $B = \frac{K_a - (K_n + DN)}{\frac{a}{n} + 1}$

Berechnung des Dividendennachteiles DN:

(2) $DN = D \cdot \left[1 - \frac{DZ_n}{DZ_a}\right]$

D = voraussichtliche Dividende

DZ_n = Dividendenberechtigungszeitraum der neuen Aktien (z. B. in Monaten)

DZ_a = Dividendenberechtigungszeitraum der alten Aktien (z. B. in Monaten)

Für das **Beispiel** bei einer erwarteten Dividende von 3 EUR je Aktie für das laufende Geschäftsjahr, für das die jungen Aktien nur zur Hälfte dividendenberechtigt sind:

$DN = 3 \cdot (1 - \frac{6}{12}) = 3 \cdot 0{,}5 = 1{,}50$ EUR pro neue Aktie

Eingesetzt in (1):

$B = \frac{40 - (25 + 1{,}50)}{\frac{2}{1} + 1} = \frac{13{,}50}{3} = 4{,}50$ EUR/Bezugsrecht

Abbildung 29: Rechnerischer Wert des Bezugsrechts bei Dividendennachteil

Demzufolge ergibt sich auch eine Modifikation der Formel zur Berechnung des **Mischkurses**:

$M = \frac{K_a \cdot a + K_n \cdot n + n \cdot DN}{a + n}$

Für das Beispiel:

$M = \frac{40.000.000 + 12.500.000 + 500.000 \cdot 1{,}50}{1.000.000 + 500.000} = \frac{53.250.000}{1.500.000} = 35{,}50$ EUR/Aktie

$M = K_a - B = 40 - 4{,}50 = 35{,}50$ EUR/Aktie

Abbildung 30: Formel zur Berechnung des Mischkurses unter Berücksichtigung eines Dividendennachteils

Die dargestellten mathematischen Zusammenhänge zeigen, welche Faktoren Einfluss auf den **Wert des Bezugsrechtes** nehmen. Während das Verhältnis von alten und neuen Aktien durch den Umfang der Kapitalerhöhung vorgegeben ist, besteht zum Zeitpunkt der Festlegung des Emissionskurses der jungen Aktien über die Höhe des Kurses der Altaktien zum

Emissionszeitpunkt Unsicherheit. Je höher – unter sonst gleichen Bedingungen – der Kurswert der alten Aktien im Emissionszeitpunkt ist, desto höher ist der Bezugsrechtswert.

Darüber hinaus entscheidet das Verhältnis zwischen dem Kurs der Altaktien und dem Emissionskurs über das Gelingen der Kapitalerhöhung. Die **Wahl eines günstigen Emissionszeitpunktes** in Bezug auf die am Aktienmarkt herrschende Situation und die **Bestimmung des Emissionskurses**, der nicht unter dem im Hauptversammlungsbeschluss genannten Mindestemissionskurs liegen darf, sind daher von großer Bedeutung für die Durchführung der ordentlichen Kapitalerhöhung. Mithin stellt sich die Frage nach den verschiedenen Platzierungsmethoden zur Findung des Emissionskurses junger Aktien.

4.3.3.2.2.2 Die Platzierungsmethoden

4.3.3.2.2.2.1 Überblick

In Abhängigkeit von den für die Platzierung Verantwortlichen unterscheidet man zwischen Eigen- und Fremdemission (vgl. **Abbildung 31**; Seite 97). Die **Eigenemission** ist dadurch gekennzeichnet, dass die emittierende Unternehmung alle mit der Emission verbundenen Aufgaben selbst wahrnimmt. Sie muss daher über das entsprechende Knowhow und die notwendigen Verbindungen zu den potenziellen Anlegern verfügen. Die Eigenemission ist daher eher die Ausnahme. Die übliche Vorgehensweise zur Unterbringung der aus einer ordentlichen Kapitalerhöhung stammenden jungen Aktien am Markt ist die **Fremdemission** in Form der öffentlichen Platzierung, bei der die kapitalaufnehmende Unternehmung ein Kreditinstitut bzw. ein Konsortium von Kreditinstituten damit beauftragt, die Aktien einem breiten Anlegerpublikum anzubieten. Die Auflegung junger Aktien zur öffentlichen Zeichnung erfolgt hierbei entweder nach dem Festpreisverfahren oder nach dem Bookbuildingverfahren.

Bei den Platzierungsmethoden lassen sich die öffentliche und die private Platzierung von Wertpapieren unterscheiden. Bei der **öffentlichen Platzierung** werden die Wertpapiere einem breiten Anlegerpublikum angeboten, während bei der **privaten Platzierung** lediglich ein ausgewählter Anlegerkreis angesprochen wird. I. d. R. werden die privat platzierten Wertpapiere nicht an der Börse gehandelt.

Wird bei der Auflegung zur **öffentlichen Zeichnung (Subskription)** ein **Festpreis** zugrunde gelegt, so können interessierte Anleger, die durch Zeichnungsprospekte informiert werden, innerhalb eines bestimmten Zeitraumes zu dem festgelegten Emissionskurs Papiere in dem von ihnen gewünschten Umfang zeichnen. Beim **Tenderverfahren** (Auktionsverfahren) – einer weiteren Variante der öffentlichen Zeichnung – wird der Emissionskurs vom Gebot der einzelnen zeichnenden Anleger bestimmt. Dieses Verfahren ähnelt einer Versteigerung der Wertpapiere. Das sogenannte **Bookbuildingverfahren** stellt eine Weiterentwicklung der Idee des Tenderverfahrens dar.

Die Besonderheit des **freihändigen Verkaufs** im Rahmen einer öffentlichen Platzierung ist der sukzessive Verkauf der Wertpapiere an die Investoren. Durch dieses Verfahren passt sich der Verkaufskurs der jeweiligen Marktlage an. Die Zuteilung der Wertpapiere erfolgt in der Reihenfolge des Eingangs der Kaufaufträge. Der Verkauf kann dabei über ein eigenes Vertriebssystem erfolgen (z. B. am Bankschalter) oder aber – bei Zulassung des Wertpapiers zum Handel an der Börse – durch Verkauf an der Börse entsprechend der Nachfrage.[304] Der freihändige Verkauf eignet sich besonders zur Vornahme von Daueremissionen. Daher wird er vorwiegend von Realkreditinstituten zum Absatz ihrer Pfandbriefe genutzt.

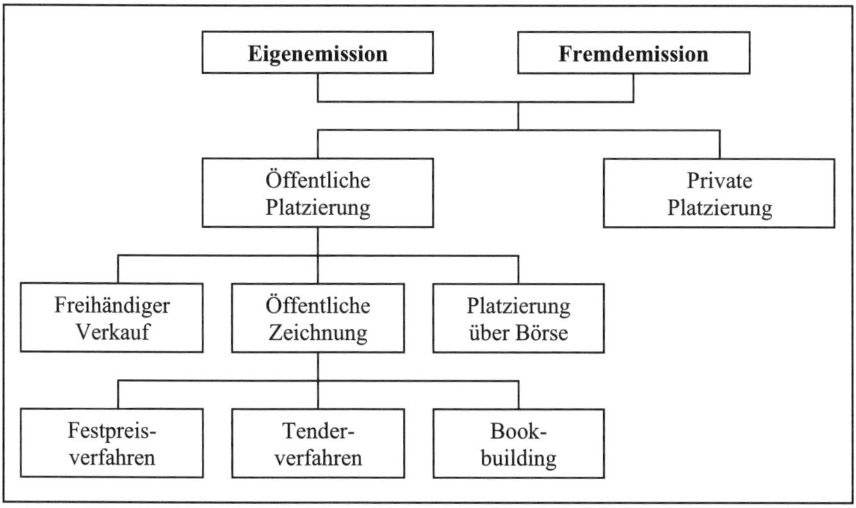

Abbildung 31: Platzierungsmethoden bei Wertpapieren

Eine **direkte Unterbringung** der zu emittierenden Wertpapiere **an der Börse** ist für eine Großemission von untergeordneter Bedeutung, da mit ihr erhebliche, nicht abschätzbare Risiken (Kurssturz durch Überschwemmung des Marktes mit einer großen Anzahl von jungen Aktien; Unsicherheit, ob die nachgefragte Aktienmenge das Emissionsvolumen erreicht) verbunden sind. I. d. R. werden heute nur noch die nach Durchführung anderer Platzierungsmethoden vorhandenen Restbestände von Wertpapieren direkt an der Börse platziert.[305]

Im Rahmen der Platzierung von Aktien bei einer Kapitalerhöhung kommen vor allem das Festpreisverfahren und das Bookbuilding zur Anwendung.

4.3.3.2.2.2.2 Das Festpreisverfahren

- **Ablauf des Festpreisverfahrens und Bestimmung des Emissionskurses**

Beim Festpreisverfahren überträgt die kapitalsuchende Unternehmung einem Kreditinstitut alle im Rahmen der Aktienplatzierung anfallenden Aufgaben (**Verkaufsfunktion**). Das Kreditinstitut garantiert außerdem die Abnahme der Aktien zu dem vorher bestimmten festen Preis (**Garantiefunktion**). Bei größerem Emissionsvolumen bilden mehrere Kreditinstitute zur Aufgabenteilung und zur Begrenzung des Emissionsrisikos ein Konsortium, in dem sich jedes einzelne Konsortialmitglied zur Übernahme einer bestimmten Quote der Gesamtemission verpflichtet.

---

304 Vgl. *Perridon, Louis/Steiner, Manfred*: Finanzwirtschaft der Unternehmung. 14. Aufl., München 2007, S. 366.

305 Vgl. *Becker, Hans-Paul*: Bankbetriebslehre. 7. Aufl., Ludwigshafen (Rhein) 2008, S. 188.

Der Preis, zu dem die Aktien gezeichnet werden können, wird spätestens zu Beginn der Verkaufsfrist von der emittierenden Unternehmung in Abstimmung mit dem (konsortialführenden) Kreditinstitut („Lead Manager") festgelegt (**Festpreis**). Nur die Festlegung eines am Markt erzielbaren angemessenen Platzierungspreises kann dabei verhindern, dass die beteiligten Kreditinstitute auf dem übernommenen Bestand an Aktien „sitzen" bleiben. Grundlage der Bestimmung des Festpreises sollte deshalb in jedem Falle eine **Unternehmungsanalyse und -bewertung** sein. Kommt es dennoch zur **Überzeichnung**, überschreiten also die eingegangenen Zeichnungen das Emissionsvolumen, so kann die Zuteilung nach dem Ermessen der die Emission durchführenden Konsortialbanken erfolgen. Für diese **Repartierung** gelten keine speziellen Regelungen, jedoch ist es häufig angebracht, die Zuteilung quotal vorzunehmen.[306] Auch eine chronologische Berücksichtigung der Zeichnungen ist denkbar, wird jedoch i. d. R. abgelehnt.[307] In jedem Fall ergibt sich aber aus der Zeichnung kein Anspruch auf Zuteilung der gewünschten Wertpapiermenge, sondern lediglich die Verpflichtung, die gesamte gezeichnete Menge im Fall der Zuteilung abzunehmen.

- **Vor- und Nachteile des Festpreisverfahrens**

Das Festpreisverfahren hat für die kapitalsuchende Unternehmung den Vorteil, dass ihr durch die Garantiefunktion der beteiligten Kreditinstitute ein von vornherein aufgrund der Zahl der jungen Aktien und ihres Emissionskurses **festgelegter Mittelzufluss** sicher ist. Nachteilig wirkt sich allerdings aus, dass die vorhandene **Investorennachfrage zeitverzögert**, d. h. erst mit Beginn der Verkaufsfrist, **ermittelt** werden kann. Außerdem können aktuelle Marktereignisse, die sich möglicherweise entscheidend auf die Nachfrage und den Kurswert der Altaktie auswirken, wegen der vor der Platzierung liegenden Festlegung des Emissionskurses nicht berücksichtigt werden. Schließlich fließen die **konkreten Preisvorstellungen** der Investoren – wenn überhaupt – **nur indirekt** (häufig nur über Schätzungen) in die Preisfindung mit ein. Diese Aspekte können zu einer **Fehleinschätzung** bei der Preisfestlegung führen, die letztlich den Erfolg der Gesamtemission beeinträchtigen kann. Um diese Mängel und Gefahren zu beseitigen, wird seit einiger Zeit zunehmend das Bookbuildingverfahren für die Preisfestlegung der zu emittierenden Aktien angewendet.

4.3.3.2.2.2.3 Das Bookbuildingverfahren

- **Ablauf des Bookbuildingverfahrens und Bestimmung des Emissionskurses**

Auch bei diesem Verfahren beauftragt die emittierende Unternehmung ein Kreditinstitut oder ein Konsortium von Kreditinstituten mit der Platzierung der jungen Aktien. Anders als beim Festpreisverfahren sind hierbei jedoch Verkaufs- und Garantiefunktion nicht so eng miteinander verbunden, d. h. das beauftragte Kreditinstitut bzw. die beteiligten Konsortialmitglieder übernehmen zuallererst die Platzierungsleistung und garantieren erst in zweiter Linie die Abnahme der auszugebenden Aktien zu einem festgelegten (Mindest-)Preis. Dieser (Mindest-)Preis ist zudem niedriger als ein nach den Kriterien des Festpreisverfahrens bestimmter Preis. Hauptaufgabe der Kreditinstitute ist es damit nicht, den Zufluss an liqui-

---

[306] Vgl. *Bitz, Michael/Stark, Gunnar*: Finanzdienstleistungen. 8. Aufl., München/Wien 2008, S. 154.

[307] Vgl. *Kollar, Axel*: Emission von Wertpapieren. In: Handwörterbuch des Bank- und Finanzwesens, hrsg. von *Wolfgang Gerke* und *Manfred Steiner*, 2. Aufl., Stuttgart 1995, Sp. 505.

den Mitteln selbst sicherzustellen, sondern die Papiere am Markt unter Beachtung weiterer Zielvorgaben unterzubringen. Diese Funktionsauflösung zwischen Verkaufs- und Garantiefunktion spiegelt sich auch in der Provisionsverteilung wider. Zwar erhalten die Konsortialmitglieder wie beim Festpreisverfahren eine **Garantieprovision** auf ihre jeweils übernommene Quote; die **Verkaufsprovision** fällt jedoch nur auf die tatsächlich erbrachte Platzierungsleistung an.[308]

Über diese Funktionsauflösung hinaus wird der Verkauf der Aktien beim Bookbuildingverfahren durch ein im Vergleich zum Festpreisverfahren gezielteres Marketing vorbereitet, so dass den Kreditinstituten als weitere Funktion eine **Marketingfunktion** zukommt. Die emittierende Unternehmung wird ihre Wahl des konsortialführenden Kreditinstituts, des sogenannten **Federführers**, daher insbesondere danach treffen, welches Kreditinstitut ihr das beste Beratungs- und Platzierungskonzept vorlegt und ihr die qualifizierteste Marketing- und Durchführungsunterstützung zusagen kann.[309]

Hieran anknüpfend lassen sich beim Bookbuildingverfahren folgende fünf **Phasen** unterscheiden:[310]

(1) Pre-Marketing-Phase,

(2) Marketing-Phase,

(3) Order-Taking-Phase,

(4) Pricing- und Zuteilungs-Phase sowie

(5) Greenshoe-Phase.

Zu (1): Pre-Marketing-Phase

Die erste Phase dient der **Vorbereitung der Emission**. Durch allgemeine Informationen über die beabsichtigte Kapitalerhöhung soll der Kreis potenzieller Investoren angesprochen werden. Das federführende Kreditinstitut erstellt „Research-Berichte", in denen das spezifische Chancen-/Risikoprofil der emittierenden Unternehmung dargelegt wird. In einer „equity story" werden die Wettbewerbsposition, die Ziele, die Zukunftsstrategie und die Ertragserwartungen der emittierenden Unternehmung dargestellt. Denkbar ist auch die Vornahme von Unternehmungspräsentationen („road-shows"). In Gesprächen mit gezielt ausgewählten Investoren versucht man, Preisvorstellungen zu erfahren.[311] Die angesprochenen Investoren erhalten so einen Informationsvorsprung vor den übrigen Marktteilnehmern.

---

[308] Vgl. *Grundmann, Wolfgang*: Bookbuilding – ein neues Emissionsverfahren setzt sich durch. In: Zeitschrift für das gesamte Kreditwesen 1995, S. 917.

[309] Vgl. *Voigt, Hans-Werner*: Bookbuilding – der andere Weg zum Emissionskurs. In: Die Bank 1995, S. 340.

[310] Vgl. dazu ausführlich *Voigt, Hans-Werner*: Bookbuilding – der andere Weg zum Emissionskurs. In: Die Bank 1995, S. 340-341.

[311] Vgl. *Grundmann, Wolfgang*: Bookbuilding – ein neues Emissionsverfahren setzt sich durch. In: Zeitschrift für das gesamte Kreditwesen 1995, S. 916.

Ergebnis dieser Phase ist die **Festlegung eines Preisrahmens** für die Ausgabe der jungen Aktien, der üblicherweise eine Bandbreite von 10 % bis 15 % des geplanten Emissionskurses umfasst.

Zu (2): Marketing-Phase

Diese Phase beginnt mit der **Bekanntgabe des Preisrahmens** für den Emissionspreis. Dabei werden die potenziellen Investoren durch Unternehmungspräsentationen („roadshows") oder in Einzelgesprächen („one-on-one Meetings") gezielt angesprochen. Um überhaupt geeignete Investoren zu finden und die Gespräche dann erfolgreich führen zu können, muss sich das konsortialführende Kreditinstitut zunächst detaillierte Kenntnisse über die spezifischen Märkte der potenziellen Investoren beschaffen. Darüber hinaus muss es fundierte Hintergrundinformationen in den Beratungsgesprächen liefern können.

Der Schwerpunkt der gezielt angesprochenen Investoren liegt bei den **institutionellen Anlegern**. Private Anleger werden i. d. R. durch die Anlageberater der Kreditinstitute über die bevorstehende Emission informiert. Generell kommt aber der Beratung auch dieses Kundenkreises im Rahmen des Bookbuildingverfahrens eine größere Rolle zu als beim Festpreisverfahren.[312]

Federführer wie Vorstand der emittierenden Unternehmung sind in der Marketing-Phase besonders gefordert. Der Vorstand wird aktiv in das Marketing mit einbezogen, indem er die Unternehmungspräsentationen unterstützt oder sogar selbst vornimmt. Dabei besteht die Gelegenheit zum Gedankenaustausch mit den potenziellen Investoren über die Entwicklungschancen der Unternehmung. Der Vorstand erhält so die Möglichkeit, den Meinungsbildungsprozess der Investoren gezielt, insbesondere im Hinblick auf den Emissionspreis, zu beeinflussen.[313]

In dieser Phase sollen feste Vorstellungen der (potenziellen) Investoren über den Emissionspreis und ihr nachgefragtes Investitionsvolumen entwickelt werden.

Zu (3): Order-Taking-Phase

Die Phase des Order-Taking überlappt die Marketing-Phase zeitlich weitgehend. Die einzelnen an der Emission beteiligten Kreditinstitute erfassen die **Zeichnung der Aktien durch die Investoren**, die wie beim Festpreisverfahren für die Zeichner bereits bindend ist. Das federführende Kreditinstitut ist über die erfolgten Zeichnungen fortlaufend zu informieren. Alle Zeichnungen werden von ihm in einem gemeinsamen **EDV-Orderbuch** gesammelt, von dem das Bookbuildingverfahren seinen Namen hat. Aufgrund dieser Erfassungsaufgabe wird der Federführer beim Bookbuildingverfahren auch **„Bookrunner"** genannt. Die Zusammenfassung aller Orders in einem gemeinsamen Buch erhöht die **Transparenz der Nachfrage** und **verhindert** außerdem nicht beabsichtigte **Doppelzeichnungen**.

---

[312] Vgl. *Grundmann, Wolfgang*: Bookbuilding – ein neues Emissionsverfahren setzt sich durch. In: Zeitschrift für das gesamte Kreditwesen 1995, S. 917.

[313] Vgl. *Grundmann, Wolfgang*: Bookbuilding – ein neues Emissionsverfahren setzt sich durch. In: Zeitschrift für das gesamte Kreditwesen 1995, S. 916; *Voigt, Hans-Werner*: Bookbuilding – der andere Weg zum Emissionskurs. In: Die Bank 1995, S. 342.

Die Mitteilungen der Konsortialmitglieder an den Bookrunner erfolgen anhand eines **Orderformulars**, in dem ab einer bestimmten Ordergröße folgende Angaben der **institutionellen Anleger** erfasst werden:

- **Name und Nationalität** des Investors; die Namensnennung setzt allerdings das ausdrückliche Einverständnis des Investors voraus;
- **Preislimit** innerhalb des angegebenen Preisrahmens, um schließlich den geeignetsten Emissionspreis bestimmen zu können;
- geplante **Zeichnungsgröße** des Investors, um die Höhe des insgesamt von den Investoren nachgefragten Emissionsvolumens bestimmen zu können;
- **Branche** des Investors, um die gewünschte Investorenstreuung zu erzielen;
- **Qualität** des Investors, d. h. seine geplante Haltedauer der Anteile. Voraussetzung ist allerdings, dass die Investoren bereit sind, Auskunft darüber zu geben bzw. dass aus der Bedeutung der Anteile für den Investor darauf geschlossen werden kann. Die Einstufung der Investoren in Qualitätsstufen soll die Zuteilung nach den Platzierungsvorstellungen der emittierenden Unternehmung ermöglichen.

Die Angabe der genannten Daten ist notwendig, weil der Bookrunner (Federführer) mit ihrer Hilfe erkennen kann, „zu welchen Preisen welche Volumina bei welchen Investoren und in welchen Ländern und Regionen plazierbar sind".[314] Seine Aufgabe ist es nämlich, nach Ablauf der Zeichnungsfrist die Zeichnungen der potenziellen Investoren auszuwerten, um den Emissionspreis endgültig festlegen und den von der emittierenden Unternehmung gewünschten Investorenmix verwirklichen zu können. Die **privaten Anleger** werden mit ihren Preisvorstellungen und Zeichnungsgrößen nur pauschal, d. h. ohne Erfassung dieser Merkmale berücksichtigt.

Zu (4): Pricing- und Zuteilungs-Phase

Nach Abschluss der Order-Taking-Phase erfolgt zunächst eine Auswertung der gesammelten Daten. Hierzu wird die Gesamtnachfrage nach verschiedenen Einzelkriterien (z. B. nach Investorenqualität, -typ und -land) aufgeschlüsselt. Daran schließt sich die Bestimmung der Preissensitivität (-elastizität) der Gesamtnachfrage sowie nach Investorentyp und nach Regionen an. Die Zusammenfassung der Analyse der einzelnen Merkmale, d. h. die Bestimmung, zu welchen Preisen welche Volumina bei welchen Investoren untergebracht werden können, führt nach Absprache mit der emittierenden Unternehmung über die gewünschte Zusammensetzung der Investorengruppe (**Investorenmix**) zur Festlegung des Emissionspreises.

Die Zuteilung der Aktien erfolgt schließlich nach Vorgabe des federführenden Kreditinstituts durch die einzelnen Konsortialpartner an ihre Kunden, die gezeichnet haben („directed allocation"). Lediglich ein kleiner Teil der Gesamtemission steht jedem Kreditinstitut des Konsortiums zur freien Platzierung zur Verfügung („free retention"). Im Ergebnis kann

---

314 *Voigt, Hans-Werner*: Bookbuilding – der andere Weg zum Emissionskurs. In: Die Bank 1995, S. 341.

dieser Verteilungsmodus dazu führen, dass zugunsten der gewünschten Investorenstreuung nicht immer die Meistbietenden voll befriedigt werden.

Zu (5): Greenshoe-Phase

Als **Greenshoe**[315] oder Greenshoe-Option wird die dem Konsortium eingeräumte Möglichkeit bezeichnet, über das ursprünglich angestrebte Emissionsvolumen hinaus weitere Aktien der emittierenden Unternehmung bei den Investoren zu Originalkonditionen platzieren zu können. Damit den Investoren das gesamte Emissionsvolumen zum Zeitpunkt der Emission zugeteilt werden kann, muss das Konsortium zum Zeitpunkt der Platzierung der Aktien über die erforderliche Anzahl an Aktien (ursprünglich angestrebtes Emissionsvolumen zuzüglich der Mehrzuteilung) verfügen. Da dem Konsortium lediglich das ursprünglich angestrebte Emissionsvolumen zur Verfügung gestellt wird, muss es sich die für die Mehrzuteilung bestimmten Aktien auf anderem Wege besorgen. Hierfür stehen ihm verschiedene Möglichkeiten offen.

Denkbar ist bspw., dass das Konsortium die Mehrzuteilung aus eigenen Beständen bedient. Dies setzt voraus, dass die Konsortialbanken bereits vor der Emission an der Aktiengesellschaft beteiligt waren. Daneben besteht die Möglichkeit, dass das Konsortium mit institutionellen Großanlegern vereinbart, dass diese die von ihnen gezeichneten Aktien erst zu einem späteren Zeitpunkt erhalten. Die auf diese Weise nicht zum Emissionszeitpunkt an die institutionellen Großanleger zu liefernden Aktien können dann zur Bedienung der Mehrzuteilung eingesetzt werden. Bei diesen beiden Möglichkeiten besteht die Gefahr, dass die Konsorten, die die Aktien aus dem Eigenbestand zur Verfügung gestellt haben, bzw. die Großanleger, die erst später bedient werden, auf starke Schwankungen des Aktienkurses nicht rechtzeitig reagieren können, da sie über die Aktien nicht mehr bzw. noch nicht verfügen.

Aus diesem Grund wird die Mehrzuteilung regelmäßig durch den Abschluss eines Wertpapierleihvertrages zwischen dem Konsortium und den Altaktionären bedient. Dabei leiht sich das Konsortium die benötigte Anzahl an Aktien von den Altaktionären und kann damit den Investoren das erhöhte Volumen zuteilen. Für die Altaktionäre ergeben sich aus diesem Verleih ihrer Aktien i. d. R. nicht die bei den beiden anderen Möglichkeiten bestehenden Nachteile (Gefahr nicht rechtzeitig auf ungünstige Kursentwicklungen reagieren zu können), da die Aktionäre gemäß den Börsenbestimmungen häufig dazu verpflichtet sind, ihre Aktien innerhalb eines bestimmten Zeitraumes nach der Emission (z. B. 180 Tage) nicht zu veräußern. Sie können daher – unabhängig davon, ob sie ihre Aktien verleihen oder nicht – innerhalb dieses Zeitraums nicht auf ungünstige Kursentwicklungen reagieren.

Das Emissionskonsortium ist aufgrund des Wertpapierleihvertrages dazu verpflichtet, die entliehenen Aktien an die Altaktionäre zurückzugeben. Der das Emissionsvolumen übersteigende Betrag soll aus dem Rückfluss jenes Teils der zugeteilten Aktien gedeckt werden, der sich erfahrungsgemäß aus dem sofortigen Verkauf der jungen Aktien durch die Investo-

[315] Die Bezeichnung „Greenshoe" wurde aus dem Namen der Greenshoe Manufacturing Inc. abgeleitet, da im Rahmen der Platzierung der Aktien dieser Gesellschaft zum ersten Mal von der Möglichkeit der Mehrzuteilung Gebrauch gemacht wurde.

ren an der Börse ergibt. Dabei sind zwei Situationen zu unterscheiden. Ein hoher Rückfluss aufgrund des Verkaufs der jungen Aktien durch die Investoren führt zu einem Sinken des Börsenkurses. In diesem Fall können die Konsortialbanken die Aktien billiger an der Börse erwerben und damit ihre Lieferverpflichtung aus dem Wertpapierleihvertrag begleichen. Außerdem erhöht der Rückkauf der Aktien durch die Konsortialmitglieder die Nachfrage. Es kommt somit zu einer **Kursstützung**. Steigt jedoch der Börsenpreis der emittierten Aktien, so müssten die Konsortialbanken zur Bedienung des Wertpapierleihvertrags die Aktien zu einem über dem Emissionspreis liegenden Kurs an der Börse erwerben. Die Konsortialbanken werden sich gegen diese Gefahr dadurch absichern, dass sie sich das Recht einräumen lassen, eine entsprechende Anzahl an Aktien von den Altaktionären zu erwerben oder die im Rahmen einer weiteren Kapitalerhöhung geschaffenen Aktien zu übernehmen, wobei der Preis für die Aktien jeweils dem Emissionspreis entspricht. Während sich die Anzahl der Aktien beim Bezug der Aktien von den Altaktionären nicht ändert, ist mit der Kapitalerhöhung eine Erhöhung der Aktienzahl der emittierenden Gesellschaft verbunden.

- **Vor- und Nachteile des Bookbuildingverfahrens**

Durch die genaue Information über die interessierten Investoren und ihre Preisvorstellungen, die sie in der Zeichnung zum Ausdruck bringen, kann der **Emissionskurs** beim Bookbuildingverfahren **marktgerechter** als beim Festpreisverfahren bestimmt werden. Die explizite Einbindung der Investoren in die Preisfindung ermöglicht die Erzielung eines hinsichtlich der Zielvorstellungen der emittierenden Unternehmung weitgehend **optimalen Emissionserlöses**. Darüber hinaus kann aufgrund der Daten, die über die Investoren gesammelt werden, ein Zuteilungsmodus bestimmt werden, der zu einer **zielgruppenorientierten Allokation** der Aktien führt. Die Aktienplatzierung kann also qualitativ und quantitativ gezielt bei den Investoren mit den gewünschten Charakteristika erfolgen. Da man sich bei der Festlegung des Emissionskurses direkt an der Nachfrage orientiert sowie die Zuteilung der Aktien an der Qualität der Nachfrage ausrichtet und zudem das Greenshoe-Verfahren einsetzt, können die Aktien **nachhaltiger** platziert werden, d. h., es drängen wesentlich weniger Aktien direkt nach der Platzierung wieder auf den Markt. Dies schafft ein **positives Standing** für die emittierende Unternehmung und für das Konsortium.

Die Leistung des Konsortiums besteht in dem Verkauf der Aktien. Die beteiligten Banken werden deshalb beim Bookbuildingverfahren danach beurteilt, wie erfolgreich sie die Zielvorgaben ihrer Auftraggeberin, der emittierenden Gesellschaft, erfüllen. Dadurch entsteht ein Konkurrenzdruck unter den Kreditinstituten. Der zunehmende Wettbewerb kann sich zugunsten der emittierenden Unternehmungen auswirken.

Das Bookbuilding hat allerdings auch einige **Nachteile**. Hier ist aus Sicht der kapitalsuchenden Unternehmung die bis zur endgültigen Festlegung des Emissionspreises bestehende **Unsicherheit über den erzielbaren Mittelzufluss** zu nennen. Durch die erst kurz vor der Zuteilung erfolgende Festlegung des Emissionspreises besteht für sie zwar die Möglichkeit, an einer günstigen Marktentwicklung bis zum Ende des Bookbuildingverfahrens teilzunehmen. Bei einer ungünstigen Marktentwicklung erfolgt jedoch auch beim Bookbuildingverfahren – wie beim Festpreisverfahren – ein Zufluss in Höhe des garantierten Übernahmebetrages. Hier erweist sich aber die niedrigere Preisgarantie beim Bookbuildingverfahren als nachteilig für die emittierende Unternehmung.

Das aufgrund der umfangreichen Marketingarbeit, der zahlreichen Gespräche und der notwendigen Auswertungsmaßnahmen doch sehr aufwendige Bookbuildingverfahren erfordert ein relativ **hohes Mindestemissionsvolumen** (als Anhaltspunkt kann ein Volumen von 50 Mio. EUR genannt werden); für kleinere Kapitalerhöhungen kann das Bookbuildingverfahren demnach nicht rentabel durchgeführt werden.

Darüber hinaus werden an die emittierende Unternehmung weitere Anforderungen gestellt. Aufgrund der **großen Öffentlichkeitswirksamkeit** des Bookbuildingverfahrens und der zu verfolgenden Marketing-Strategie ist es noch mehr als beim Festpreisverfahren von Vorteil, wenn die emittierende Unternehmung sehr bekannt und in einer interessanten Branche tätig ist.

Die **Offenlegung der Namen** der institutionellen Investoren kann Schwierigkeiten bereiten. Viele Investoren werden nicht daran interessiert sein, die geforderten Daten und Informationen „nur" zum Zwecke des Kaufs von Anteilen zur Verfügung zu stellen.

Die Zeichnungswünsche der **privaten Investoren** werden beim Bookbuildingverfahren nur pauschal berücksichtigt. Dies hat zwar den Vorteil, dass sie anonym bleiben können, doch im Zweifel werden ihre Zeichnungen zugunsten der institutionellen Anleger nicht berücksichtigt. Zudem bietet ihnen das Festpreisverfahren den Vorteil, aufgrund des von Anfang an feststehenden Emissionskurses den Umfang ihres Engagements von vornherein klar errechnen zu können. Beim Bookbuildingverfahren erweist es sich als Nachteil, dass die Privatanleger häufig nicht bereit sind, ihr nachgefragtes Volumen in Abhängigkeit vom Preis zu definieren; es fehlt ihnen die Flexibilität der institutionellen Anleger.

Das Bookbuildingverfahren wird zukünftig vor allem bei der gezielten institutionellen Platzierung von größeren Aktienemissionen im In- und Ausland angewendet werden. Das Verfahren sichert einen an der tatsächlichen Nachfrage orientierten Preis und kann zu einer nachhaltigeren und dauerhafteren Platzierung des Emissionsvolumens führen. Das Bookbuilding ist außerdem dazu geeignet, einen fairen Ausgleich der gegenläufigen Interessen von emittierender Unternehmung und Investoren zu ermöglichen.[316] Von großem Vorteil für den Erfolg des Verfahrens ist es, bei der Emission das Bezugsrecht auszuschließen. Hierfür wurde das im Folgenden dargestellte erleichterte Verfahren geschaffen.

4.3.3.2.2.3 Der erleichterte Bezugsrechtsausschluss nach § 186 Abs. 3 Satz 4 AktG

4.3.3.2.2.3.1 Vorbemerkungen

Mit dem Gesetz für kleine Aktiengesellschaften und zur Deregulierung des Aktienrechts vom 02.08.1994[317] wurde börsennotierten Aktiengesellschaften durch die Einfügung des § 186 Abs. 3 Satz 4 AktG die Möglichkeit eingeräumt, bei Erfüllung bestimmter Voraussetzungen einen **erleichterten Bezugsrechtsausschluss** vorzunehmen.[318] Die dadurch erreich-

---

316 Vgl. *Grundmann, Wolfgang*: Bookbuilding – ein neues Emissionsverfahren setzt sich durch. In: Zeitschrift für das gesamte Kreditwesen 1995, S. 916 sowie *Voigt, Hans-Werner*: Bookbuilding – der andere Weg zum Emissionskurs. In: Die Bank 1995, S. 343.

317 Vgl. BGBl I 1994, S. 1961.

318 Zu den bisher schon bestehenden Möglichkeiten des **regulären Bezugsrechtsausschlusses** vgl. **Abschnitt 4.3.3.2.2.1**.

bare flexiblere Gestaltung des Instruments der ordentlichen Kapitalerhöhung soll nach dem Willen des Gesetzgebers dazu beitragen, die Finanzierung von Aktiengesellschaften durch Eigenkapitalaufnahme zu erleichtern, die Ausnutzung günstiger Kapitalmarktverhältnisse ohne große Vorlaufzeit und Kursschwankungsrisiken zu ermöglichen und die seither in diesem Bereich bestehenden Wettbewerbs- und Standortnachteile deutscher Aktiengesellschaften zu verringern.[319] Das bisherige Verfahren der ordentlichen Kapitalerhöhung wurde nicht nur als zur situationsbezogenen flexiblen Unternehmungsfinanzierung zu schwerfällig eingeschätzt. Es wurde auch als Nachteil angesehen, dass aufgrund der Unsicherheit der Börsenkursentwicklung bei der Festlegung des Emissionskurses auch Abschläge vom Börsenkurs notwendig sind, um bei Rückgang des Kursniveaus die Emission nicht zu gefährden, wodurch sich die Höhe des bei der Emission erzielbaren Agios und damit die Höhe des Mittelzuflusses für die Unternehmung verringert.

Zwar bestand schon vor der Verabschiedung dieses neuen Gesetzes die Möglichkeit, das Bezugsrecht auszuschließen.[320] Dieser auch weiterhin mögliche reguläre Bezugsrechtsausschluss war in der Vergangenheit jedoch aufgrund der strengen Voraussetzungen für Zwecke der Unternehmungsfinanzierung von untergeordneter Bedeutung.[321] Wegen des erleichterten Bezugsrechtsausschlusses gemäß § 186 Abs. 3 Satz 4 AktG kann es allerdings zu einer Benachteiligung der Altaktionäre kommen. Um dies weitestgehend zu verhindern, sind sowohl materielle als auch formale Voraussetzungen zu erfüllen.

4.3.3.2.2.3.2 Die materiellen Voraussetzungen

- **Barkapitalerhöhung**

Der erleichterte Bezugsrechtsausschluss ist nur bei Zuführung von Barkapital erlaubt. Diese Voraussetzung wird insofern als zielkonform angesehen, als gerade eine Barkapitalerhöhung in besonderem Maße der Unternehmungsfinanzierung dient.

- **10 %-Grenze**

Die Vereinfachungsregelung darf nur angewendet werden, wenn die Kapitalerhöhung 10 % des Grundkapitals nicht übersteigt. Bei der Bestimmung des möglichen Kapitalerhöhungsbetrages ist auf den **Nennbetrag des Grundkapitals** im Zeitpunkt des Kapitalerhöhungsbeschlusses bzw. – beim genehmigten Kapital – auf den Zeitpunkt des Wirksamwerdens der Ermächtigung abzustellen. Diese Voraussetzung soll sicherstellen, dass die **Beteiligungsquote** der einzelnen Altaktionäre trotz des fehlenden Bezugsrechts i. d. R. **nicht wesentlich beeinträchtigt** werden kann. Da im Normalfall der Zukauf von jungen Aktien an der Börse möglich ist, können Altaktionäre einerseits ihre Beteiligungsquote aufgrund des relativ niedrigen Kapitalerhöhungsbetrages mit einem verhältnismäßig geringen Kapitaleinsatz

---

319 Vgl. auch *Dilger, Eberhard*: Die kleine AG und die Neuregelung zum Bezugsrechtsausschluß. In: Die Bank 1994, S. 614.

320 Vgl. *Lutter, Marcus*: Das neue „Gesetz für kleine Aktiengesellschaften und zur Deregulierung des Aktienrechts“. In: Die Aktiengesellschaft 1994, S. 440.

321 Vgl. § 186 Abs. 3 Sätze 1-3 AktG.

erhalten.[322] Andererseits verändert sich bei einem Kleinaktionär, der keine Aktien zukauft, seine Beteiligungsquote nur minimal. Allerdings ist die Häufigkeit der Durchführung von Kapitalerhöhungen mit erleichtertem Bezugsrechtsausschluss nicht begrenzt bzw. ein zeitlicher Mindestabstand zwischen derartigen Maßnahmen nicht vorgeschrieben. Zumindest theoretisch kann es damit zu einer Benachteiligung von Altaktionären durch mehrere unmittelbar aufeinander folgende derartige Kapitalerhöhungen kommen.

- **Börsennotierung**[323]

Der erleichterte Bezugsrechtsausschluss ist nur erlaubt, wenn eine Börsennotierung der Aktien im Regulierten Markt an einer inländischen Börse oder aber an einer ausländischen Börse erfolgt;[324] dies ergibt sich aus dem in § 186 Abs. 3 Satz 4 AktG verwendeten Begriff des Börsenpreises.[325]

- **Nicht wesentliche Unterschreitung des Börsenpreises durch den Ausgabebetrag**

Um diese Voraussetzung konkretisieren zu können, müssen zunächst die darin enthaltenen Begriffe Ausgabebetrag und Börsenpreis erläutert werden. Unter dem **Ausgabebetrag** im Sinne des Gesetzes ist der Ausgabekurs zu verstehen, zu dem die neuen Aktien an die Interessenten abgegeben werden.[326] Der **Börsenpreis** wiederum ist der Preis, der an der Börse für eine (alte) Aktie erzielt werden kann. Dieser Rückgriff auf den Börsenpreis als Maßstab für die Bestimmung des Ausgabebetrages schließt aus, dass die Börseneinführung einer Unternehmung (Going Public) mit Hilfe des erleichterten Bezugsrechtsausschlusses vorgenommen werden kann, denn beim going public kann kein Börsenpreis zur Orientierung herangezogen werden.

Durch die Vorschrift, dass der Ausgabekurs den Börsenpreis nicht wesentlich unterschreiten darf, soll sichergestellt werden, dass der von den Altaktionären gehaltene Beteiligungswert nicht wesentlich „verwässert" wird. Je geringer der zwischen diesen beiden Kursen bestehende Unterschied und je geringer der Umfang der Kapitalerhöhung im Verhältnis zum alten Grundkapital ist, desto näher ist der Mischkurs am Kurs der alten Aktie. Dem Wertverlust, den der Altaktionär bei den Altaktien erleidet, steht zwar eine Wertsteigerung bei den jungen Aktien gegenüber; wegen des Bezugsrechtsausschlusses gelangen diese Papiere

---

322 Vgl. *Lutter, Marcus*: Das neue „Gesetz für kleine Aktiengesellschaften und zur Deregulierung des Aktienrechts". In: Die Aktiengesellschaft 1994, S. 441.

323 Eine ausführliche Darstellung der Börsengeschäfte findet sich in **Abschnitt 8**, insbesondere **Abschnitt 8.3**.

324 Bei im Ausland gehandelten Aktien muss allerdings sichergestellt sein, dass die Art des Zustandekommens des Börsenpreises an der ausländischen Börse der Preisermittlung im inländischen Amtlichen Handel bzw. am Geregelten Markt gleichwertig ist. Diese zusätzliche Voraussetzung wird in jedem Fall von Aktien, die an Börsen im EWR sowie an den US-amerikanischen Börsen gehandelt werden, erfüllt; vgl. *Marsch-Barner, Reinhard*: Die Erleichterung des Bezugsrechtsausschlusses nach § 186 Abs. 3 Satz 4 AktG. In: Die Aktiengesellschaft 1994, S. 533.

325 Vgl. auch § 24 BörsG.

326 Um den Unternehmungen eine größtmögliche Kapitalschöpfung zu ermöglichen, sollte dieser Kurs allerdings erst so spät wie möglich festgelegt werden, d.h. nicht schon zum Zeitpunkt der Zeichnung der Aktien, sondern erst bei ihrer Platzierung; vgl. *Marsch-Barner, Reinhard*: Die Erleichterung des Bezugsrechtsausschlusses nach § 186 Abs. 3 Satz 4 AktG. In: Die Aktiengesellschaft 1994, S. 535-536.

jedoch nicht an die Altaktionäre, so dass diese an der Wertsteigerung auch nicht teilhaben können. Um den Wertverlust der Altaktionäre möglichst gering zu halten, ist es außerdem angebracht, den Ausgabebetrag so spät wie möglich festzulegen.

Ein geringer Kursabschlag ist jedoch notwendig, um das – aufgrund der kurzen Zeitspanne zwischen Festlegung des Ausgabebetrages und Platzierung der Aktien i. d. R. zwar niedrig einzuschätzende, aber dennoch bestehende – Kursänderungsrisiko abzufedern und zudem den potenziellen Käufern einen gewissen Anreiz zu geben, junge Aktien zu erwerben. Der Rechtsausschuss des Deutschen Bundestages sieht dabei einen **Kursabschlag von 3 % bis maximal 5 %** als **nicht wesentlich** an.[327] Aus dieser Regelung ergibt sich demnach grundsätzlich ein Vermögensschaden für die Altaktionäre. Allerdings wird durch diese Bestimmung die Ausgabe der jungen Aktien zu einem über dem Börsenpreis liegenden Ausgabebetrag nicht ausgeschlossen. Ein derartiger, höherer Ausgabebetrag kann z. B. bei der Übernahme aller Jungaktien durch einen einzelnen Bewerber bei Zahlung eines Paketzuschlags oder im Rahmen der Sanierung der Unternehmung, wenn die Großaktionäre freiwillig ein höheres Agio zahlen, auftreten.

4.3.3.2.2.3.3 Die formalen Voraussetzungen

- **Hauptversammlungsbeschluss**

Der reguläre Bezugsrechtsausschluss muss bei einer ordentlichen Kapitalerhöhung im Beschluss der Hauptversammlung über die Erhöhung des Grundkapitals enthalten sein.[328] Er ist nur gültig, wenn drei Viertel des bei der Beschlussfassung vertretenen Grundkapitals zustimmen.[329] Soll er im Rahmen des genehmigten Kapitals erfolgen, so kann die Entscheidung über den Bezugsrechtsausschluss auch auf den Vorstand übertragen werden.[330] Diese Regelungen gelten auch für den vereinfachten Bezugsrechtsausschluss nach § 186 Abs. 3 Satz 4 AktG.

- **Absprachen über die mit der Kapitalerhöhung angesprochenen potenziellen Aktionäre**

Die Hauptversammlung kann in ihrem Beschluss festlegen, dass die jungen Aktien z. B. möglichst breit gestreut an private und/oder institutionelle Anleger verkauft werden sollen. Damit werden Machtverschiebungen innerhalb der Altaktionäre verhindert,[331] denn viele neue Aktionäre haben jeweils allein nur eine geringe Macht.

Altaktionäre können aber auch im Voraus bestimmte **Festbezugserklärungen** abgeben. So können die Altaktionäre bereits im Vorfeld sicherstellen, dass sich ihre Position im Vergleich zur Situation vor der Kapitalerhöhung nicht verändert bzw. dass das Ergebnis dieser Festbezugserklärung dem der Erhöhung mit Bezugsrecht entspricht. Auf diese Weise lässt

---

[327] Vgl. Entwurf eines Gesetzes für kleine Aktiengesellschaften und zur Deregulierung des Aktienrechts. In: BT-Drucksache 12/7848 vom 13.06.1994, S. 9.

[328] Vgl. § 186 Abs. 3 Satz 1 AktG.

[329] Vgl. § 186 Abs. 3 Satz 2 AktG.

[330] Vgl. § 203 Abs. 2 AktG i.V.m. § 186 Abs. 4 AktG.

[331] Vgl. *Marsch-Barner, Reinhard*: Die Erleichterung des Bezugsrechtsausschlusses nach § 186 Abs. 3 Satz 4 AktG. In: Die Aktiengesellschaft 1994, S. 538.

sich z. B. eine 10 %ige (steuerlich relevante) Schachtelbeteiligung wahren. Festbezugserklärungen können aber auch zur Erreichung einer bestimmten Beteiligungsquote abgegeben werden. Derartige Erklärungen sind jedoch nur erlaubt, wenn später vom Vorstand dargelegt wird, dass das vorrangige Ziel des Bezugsrechtsausschlusses nicht die Stärkung der Position dieser Aktionäre ist. Da dadurch die Möglichkeit der übrigen Altaktionäre beschnitten wird, ihre Beteiligungsquote über den Zukauf am Markt zu erhalten, sollten diese Festbezugserklärungen zum Schutz vor Anfechtungsklagen bereits im Hauptversammlungsbeschluss über den Bezugsrechtsausschluss enthalten sein.

- **Vorstandsbericht**

Wie beim regulären Bezugsrechtsausschluss muss der Vorstand auch beim erleichterten Bezugsrechtsausschluss einen **Bericht über den Grund des Ausschlusses der Bezugsrechte** vorlegen. Dieser Bericht unterliegt beim vereinfachten Bezugsrechtsausschluss allerdings geringeren Anforderungen als beim regulären Bezugsrechtsausschluss. Die wesentliche Erleichterung besteht darin, dass der Ausschluss sachlich nicht ausdrücklich gerechtfertigt werden muss; seine gesetzliche Zulässigkeit ergibt sich bereits aus § 186 Abs. 3 Satz 4 AktG. So genügt es, wenn der Vorstand in seinem Bericht darlegt und begründet, dass die Unternehmung zur Stärkung der Eigenkapitalbasis ein berechtigtes Interesse an der Kapitalerhöhung und an dem Bezugsrechtsausschluss hat.

Der Vorstandsbericht darf nicht als bloße Formalie angesehen werden, liefern doch die darin vorgenommenen Begründungen möglicherweise den Ansatzpunkt für eventuelle Anfechtungen bzw. Klagen von Aktionären wegen Benachteiligungen ihrer Interessen und daraus abgeleitet für Schadensersatzansprüche gegen den Vorstand aufgrund dieser Benachteiligungen. Daher muss dargelegt werden, dass der Ausgabekurs den Börsenkurs nicht wesentlich unterschreitet; außerdem muss der individuell gewählte Betrag der Kapitalerhöhung ausdrücklich und plausibel begründet werden, denn die 10 %-Grenze stellt lediglich eine Grenze dar, die nicht überschritten werden darf.[332]

4.3.3.2.2.3.4 Abschließende Bemerkungen

Es ist nicht davon auszugehen, dass Unternehmungen, die den erleichterten Bezugsrechtsausschluss vornehmen können, in Zukunft ihre Aktienemissionen vorwiegend oder gar ausschließlich auf diese Weise durchführen werden. Das gesetzliche Bezugsrecht stellt zwar einerseits einen wesentlichen Kostenfaktor bei der Emission von jungen Aktien dar, es sichert aber andererseits auch die Abnahme der Aktien auf dem etablierten Markt der Altaktionäre. Das Bezugsrecht stellt insofern eine Vertriebserleichterung dar bzw. es erfüllt eine Art **Abnahmegarantiefunktion**. So kann davon ausgegangen werden, dass die Unternehmungen zukünftig zweigleisig vorgehen und größere Emissionen wie bisher mit Bezugs-

---

332 Vgl. *Lutter, Marcus*: Das neue „Gesetz für kleine Aktiengesellschaften und zur Deregulierung des Aktienrechts". In: Die Aktiengesellschaft 1994, S. 443.

rechtsausgabe vornehmen werden,[333] hingegen kleinere Emissionen flexibel bezugsrechtsfrei durchführen werden.[334]

Die Bezugsrechtserleichterung darf nicht rechtsmissbräuchlich angewendet werden. Da bewusst in Kauf genommen wird, dass sich aufgrund wechselnder Beteiligungsquoten auch die Rechtspositionen der Aktionäre verschieben können, liegt ein **Rechtsmissbrauch** erst dann vor, wenn der Bezugsrechtsausschluss einzig mit dem Ziel einer derartigen Verschiebung durchgeführt wurde.[335] Diese Verschiebungen werden durch die Möglichkeit der Festzusagen zwar einerseits ermöglicht, können aber andererseits auch dadurch vermieden werden. Eine rechtsmissbräuchliche Anwendung des erleichterten Bezugsrechtsausschlusses ist also anzunehmen, wenn dieser nur aufgrund des Zieles, bestimmten Aktionären aktienrechtlich relevante Anteile, also Minderheitenrechte bzw. Schlüsselpositionen (5 %, 10 %, 25 % + 1 Aktie, 50 %), zu gewähren oder zu entziehen, durchgeführt wurde. Aber auch der Ausschluss des Bezugsrechts mit dem alleinigen bzw. hauptsächlichen Ziel, eine drohende „feindliche" Übernahme zu verhindern, würde einen Rechtsmissbrauch der Vereinfachungsregelung darstellen.[336]

4.3.3.2.3 Die bedingte Kapitalerhöhung[337]

Die Hauptversammlung kann eine Erhöhung des Grundkapitals beschließen, die nur so weit durchgeführt werden soll, wie von einem Umtausch- oder Bezugsrecht Gebrauch gemacht wird, das die Gesellschaft auf die neuen Aktien (Bezugsaktien) einräumt.[338] Die bedingte Kapitalerhöhung wird also erst bei Erfüllung bestimmter Bedingungen wirksam. § 192 Abs. 2 AktG nennt die Zwecke, zu denen allein eine bedingte Kapitalerhöhung beschlossen werden kann.

(1) Gewährung von Umtausch- oder Bezugsrechten an Gläubiger von Wandelschuldverschreibungen

Wandelschuldverschreibungen verbriefen neben den Rechten aus einer Teilschuldverschreibung[339] auch ein Umtauschrecht in bzw. ein Bezugsrecht auf neue Aktien.[340]

---

333 Ein Ausschluss des Bezugsrechts wäre hier auch nur bis zu 10 % des Grundkapitals möglich.

334 Vgl. *Marsch-Barner, Reinhard*: Die Erleichterung des Bezugsrechtsausschlusses nach § 186 Abs. 3 Satz 4 AktG. In: Die Aktiengesellschaft 1994, S. 535.

335 Zu denken ist in diesem Zusammenhang eventuell auch an mehrmalige, in kurzen Zeiträumen unmittelbar aufeinander folgende Bezugsrechtsausschlüsse.

336 Vgl. *Marsch-Barner, Reinhard*: Die Erleichterung des Bezugsrechtsausschlusses nach § 186 Abs. 3 Satz 4 AktG. In: Die Aktiengesellschaft 1994, S. 540.

337 Vgl. §§ 192-201 AktG.

338 Vgl. § 192 Abs. 1 AktG.

339 Vgl. vertiefend hierzu die Ausführungen in **Abschnitt 5.3.4**.

340 Vgl. § 221 Abs. 1 Satz 1 AktG.

Demnach sind zu unterscheiden:

- Wandelschuldverschreibungen i. e. S. mit Umtauschrecht in Aktien **(Wandelanleihen)**[341]

Der Gläubiger kann die Obligation innerhalb einer bestimmten Frist in einem festgelegten Umtauschverhältnis und eventuell unter Zuzahlung eines Betrages in junge Aktien aus der bedingten Kapitalerhöhung umtauschen. Die Wandelschuldverschreibung geht nach dem Umtausch unter. Der Gläubiger wird zum Eigenkapitalgeber.

- Wandelschuldverschreibungen mit Bezugsrecht auf Aktien **(Optionsanleihen)**[342]

Der Gläubiger kann Aktien[343] innerhalb einer bestimmten Frist zu einem festgelegten Bezugskurs beziehen. Die Optionsanleihe bleibt auch nach Bezug der Aktien bis zur Tilgung bestehen. Die Gläubigerposition des Obligationärs geht also nicht unter, der Fremdkapitalgeber wird vielmehr **zusätzlich** zum Eigentümer.

Voraussetzungen für die Ausgabe von Wandelschuldverschreibungen sind:[344]

- Zustimmung von **mindestens drei Viertel des** bei der Beschlussfassung **vertretenen Grundkapitals** zum Beschluss über die Ausgabe von Wandelschuldverschreibungen. Die Satzung kann eine andere Kapitalmehrheit, also auch eine kleinere, und weitere Erfordernisse bestimmen.[345]

- In Höhe des von den Wandelobligationären zu beanspruchenden Aktienkapitals ist eine **bedingte Kapitalerhöhung** durchzuführen. Der Nennbetrag darf grundsätzlich die Hälfte des zur Zeit der Beschlussfassung über die bedingte Kapitalerhöhung vorhandenen Grundkapitals nicht übersteigen.[346] Die gesetzlichen bzw. satzungsmäßigen Regelungen der Beschlussfassung über die bedingte Kapitalerhöhung entsprechen denen bei der Ausgabe von Wandelschuldverschreibungen, wobei die Satzung allerdings nur eine größere Kapitalmehrheit und weitere Erfordernisse festlegen kann.[347] Der Beschluss der Hauptversammlung muss den Zweck der bedingten Kapitalerhöhung, den Kreis der Bezugsberechtigten und den Ausgabebetrag enthalten.[348]

---

341 Vgl. **Abschnitt 6.4**.

342 Vgl. **Abschnitt 6.5**.

343 Nur der Vollständigkeit halber sei hier darauf hingewiesen, dass auch ein Optionsrecht auf andere Vermögensgegenstände, z. B. Devisen, eingeräumt werden kann.

344 Vgl. *Süchting, Joachim*: Finanzmanagement – Theorie und Politik der Unternehmensfinanzierung. 6. Aufl., Wiesbaden 1995, S. 130.

345 Vgl. § 221 Abs. 1 Satz 2 und 3 AktG.

346 Vgl. § 192 Abs. 3 AktG.

347 Vgl. § 193 Abs. 1 AktG.

348 Vgl. § 193 Abs. 2 AktG.

- Den Aktionären muss ein **Bezugsrecht** für die Wandelobligation eingeräumt werden, um eine Beeinträchtigung ihrer Rechte zu verhindern. Die gesetzliche Regelung des Bezugsrechts bei einer Kapitalerhöhung gegen Einlagen[349] gilt sinngemäß.[350]

(2) Vorbereitung des Zusammenschlusses mehrerer Unternehmungen (Unternehmungsfusion)

Bei Unternehmungsfusionen ist eine bedingte Kapitalerhöhung erforderlich, wenn anderen Personen zur Vorbereitung des Zusammenschlusses Umtausch- oder Bezugsrechte eingeräumt wurden. Nimmt z. B. eine Aktiengesellschaft A eine andere Aktiengesellschaft B auf, so müssen die bisherigen Minderheitsgesellschafter der B-AG entschädigt werden. Dies kann u. a. durch Umtausch der B-Aktien in A-Aktien geschehen. Da die Kapitalerhöhung nur in dem Umfang erfolgen soll, in dem eine Entschädigung vorgenommen wird, bietet sich das Instrument der bedingten Kapitalerhöhung an. Das Bezugsrecht der Altaktionäre der A-AG ist dann notwendigerweise auszuschließen.

(3) Gewährung von Bezugsrechten an Arbeitnehmer der Gesellschaft

Die bedingte Kapitalerhöhung ist auch für solche Fälle vorgesehen, in denen den Arbeitnehmern Geldforderungen aus ihnen eingeräumten Gewinnbeteiligungen zustehen, die sie in die Aktiengesellschaft einbringen, um dafür Aktien zu erhalten. Auch hier ist ein Ausschluss des Bezugsrechts der Altaktionäre erforderlich.

Der Beschluss über die bedingte Kapitalerhöhung (einschließlich der Höhe des bedingten Kapitals) ist in den vorgenannten Fällen zur Eintragung in das Handelsregister anzumelden.[351] Erst wenn dies geschehen ist, darf mit der Ausgabe der jungen Aktien („Bezugsaktien") begonnen werden.[352] Im Gegensatz zur ordentlichen Kapitalerhöhung wird die bedingte Kapitalerhöhung nicht erst mit der späteren Eintragung der Durchführung beim Handelsregister wirksam, sondern bereits mit der Ausgabe der Bezugsaktien; das Grundkapital gilt dann als erhöht.[353]

Da die effektive Erhöhung des Aktienkapitals von der Ausübung der Bezugs- oder Umtauschrechte abhängig ist, muss die Höhe der tatsächlich erfolgten Kapitaleinlagen nach Ablauf eines jeden Geschäftsjahres zur **Eintragung in das Handelsregister** angemeldet werden.[354] In der Bilanz ist das bedingte Kapital mit seinem Nennbetrag beim gezeichneten Kapital zu vermerken, jedoch nicht hinzuzurechnen.[355] Der tatsächliche Ausweis des Eigenkapitals durch Aufnahme in die Hauptspalte erfolgt erst nach Durchführung der Kapitalerhöhung.

---

[349] Vgl. **Abschnitt 4.3.3.2.2**.

[350] Vgl. § 221 Abs. 4 AktG.

[351] Vgl. § 195 Abs. 1 AktG.

[352] Vgl. § 197 Satz 1 AktG.

[353] Vgl. § 200 AktG.

[354] Vgl. § 201 Abs. 1 AktG.

[355] Vgl. § 152 Abs. 1 Satz 3 AktG.

4.3.3.2.4 Das genehmigte Kapital[356]

Beim genehmigten Kapital erhält der Vorstand durch Hauptversammlungsbeschluss (Dreiviertelmehrheit bzw. durch die Satzung bestimmte größere Kapitalmehrheit und weitere Erfordernisse) für längstens fünf Jahre die Ermächtigung, das Grundkapital nach Bedarf bis zu einem bestimmten Nennbetrag durch Ausgabe neuer Aktien gegen Einlagen zu erhöhen.[357] Der Aufsichtsrat soll jedoch der Ausgabe neuer Aktien zustimmen.[358] Der Nennwert des genehmigten Kapitals darf die Hälfte des zur Zeit der Ermächtigung vorhandenen Grundkapitals nicht übersteigen.[359] Da das genehmigte Kapital zum Zeitpunkt seiner Festlegung nicht an einen bestimmten Finanzierungsanlass gebunden wird, ist diese Finanzierungsmaßnahme weniger schwerfällig als die ordentliche Kapitalerhöhung. Der Vorstand kann günstige Kapitalmarktsituationen ausnutzen (etwa auch für den Erwerb von Beteiligungen an anderen Unternehmungen) und kurzfristig eintretenden Kapitalbedarf befriedigen (**größere Elastizität** in der finanziellen Disposition).

Beschließt die Hauptversammlung bzw. aufgrund einer Ermächtigung der Hauptversammlung der Vorstand den materiellen Ausschluss des gesetzlichen Bezugsrechtes der Altaktionäre,[360] so kann der Vorstand die Aktien der Belegschaft anbieten[361] oder sie an der Börse veräußern. Diese Veräußerung sollte zum Tageskurs erfolgen, um eine vermögensmäßige Schädigung der Altaktionäre zu verhindern. Eine Verschiebung der Anteilsverhältnisse ist dann u. U. nicht zu vermeiden.

Das genehmigte Kapital ist im Anhang anzugeben.[362] Die Bestimmungen hinsichtlich der Eintragung und Wirksamkeit der Kapitalerhöhung entsprechen denen bei der Kapitalerhöhung gegen Einlagen.[363]

4.3.3.2.5 Die Kapitalerhöhung aus Gesellschaftsmitteln[364]

Durch Hauptversammlungsbeschluss[365] kann das Grundkapital der Aktiengesellschaft auch ohne zusätzliche Einlagen der bisherigen oder neuer Aktionäre erhöht werden, indem Teile der Kapitalrücklage und der Gewinnrücklagen in Grundkapital umgewandelt werden. Eine derartige Umbuchung innerhalb der Eigenkapitalpositionen (Passivtausch) stellt **keine Maßnahme der Kapitalbeschaffung**, sondern lediglich eine Umfinanzierungsmaßnahme (Eigenkapitalumschichtung) dar. Der emittierenden Aktiengesellschaft fließen keine zusätzlichen finanziellen Mittel zu. Bei unveränderter Höhe des bilanziell ausgewiesenen Eigen-

---

356 Vgl. §§ 202-206 AktG.

357 Vgl. § 202 Abs. 1 und 2 AktG.

358 Vgl. § 202 Abs. 3 Satz 2 AktG.

359 Vgl. § 202 Abs. 3 Satz 1 AktG.

360 Vgl. §§ 203 Abs. 1 und 2, 186 AktG.

361 Vgl. § 202 Abs. 4 AktG.

362 Vgl. § 160 Abs. 1 Nr. 4 AktG.

363 Vgl. § 203 Abs. 1 AktG.

364 Vgl. §§ 207-220 AktG.

365 Vgl. § 207 Abs. 1 und 2 i.V.m. § 182 Abs. 1 Satz 1, 2 und 4, § 184 Abs. 1 AktG.

kapitals, der Bilanzsumme und der gesamten Aktiva ändert sich nur die Relation von gezeichnetem Kapital und offenen Rücklagen.

Bei Aktiengesellschaften, deren Grundkapital in **Nennwertaktien** zerlegt ist, hat die Erhöhung des Grundkapitals die Ausgabe neuer Nennwertaktien (**Zusatz- oder Berichtigungsaktien**; irreführend auch „Gratisaktien" genannt) an die seitherigen Aktionäre im Verhältnis ihrer Anteile am bisherigen Grundkapital zur Folge.[366] Da ein entgegengesetzter Hauptversammlungsbeschluss nichtig ist,[367] bleibt ihre **Beteiligungsquote** in jedem Fall **erhalten**. Ist das Grundkapital der Aktiengesellschaft hingegen in **Stückaktien** zerlegt, so kann das Grundkapital auch ohne Ausgabe neuer Stückaktien erhöht werden.[368] In einem solchen Fall erhöht sich lediglich der fiktive Nennwert der einzelnen Stückaktien. Die prozentuale Erhöhung des fiktiven Nennwerts richtet sich dabei nach der Relation des Kapitalerhöhungsbetrags zum bisherigen Grundkapital. Mit der Eintragung des Beschlusses über die Erhöhung des Grundkapitals in das Handelsregister wird die Kapitalerhöhung aus Gesellschaftsmitteln wirksam.[369]

In Grundkapital können nur **offene Rücklagen** umgewandelt werden. Die Umwandlung von „anderen Gewinnrücklagen" und deren Zuführungen ist in voller Höhe möglich, die Umwandlung der „Kapitalrücklage" und der „gesetzlichen Rücklage" sowie deren Zuführungen nur, soweit sie zusammen den zehnten oder den in der Satzung bestimmten höheren Teil des bisherigen Grundkapitals übersteigen.[370] Ist in der zugrunde gelegten Bilanz ein Verlust einschließlich eines Verlustvortrags ausgewiesen, so dürfen die Kapitalrücklage und die Gewinnrücklagen sowie deren Zuführungen insoweit nicht in Grundkapital umgewandelt werden.[371] Die Umwandlung satzungsmäßiger Rücklagen ist nur möglich, soweit dies mit ihrer Zweckbestimmung vereinbar ist.[372] Die Umwandlung stiller Rücklagen in Grundkapital setzt ihre vorherige Auflösung und Überführung in offene Rücklagen voraus.

Wer glaubt, die Kapitalerhöhung aus Gesellschaftsmitteln sei ein Geschenk der Gesellschaft an ihre Aktionäre – diese Auffassung wird begünstigt durch den Ausdruck „Gratisaktien" –, unterliegt der sogenannten **Nennwertillusion**. Zwar verfügen die Aktionäre im Falle der Emission von Berichtigungsaktien nach der nominellen Kapitalerhöhung über eine größere Anzahl von Aktien mit einem entsprechend erhöhten (fiktiven) Gesamtnennwert.[373] Der Wert der Aktien wird aber nicht durch ihren (fiktiven) Nennwert bestimmt. Da sich der Wert der Unternehmung durch eine Kapitalerhöhung aus Gesellschaftsmitteln nicht ändert, wird sich der **Wert der einzelnen Aktien** in Abhängigkeit von dem Bezugsverhältnis **vermindern.** Denn der ökonomische Gesamtwert aller Aktien **nach** der Kapitalerhöhung kann

---

366 Vgl. § 212 Satz 1 AktG.

367 Vgl. § 212 Satz 2 AktG.

368 Vgl. § 207 Abs. 2 Satz 2 AktG.

369 Vgl. § 211 AktG.

370 Vgl. § 208 Abs. 1 AktG.

371 Vgl. § 208 Abs. 2 Satz 1 AktG.

372 Vgl. § 208 Abs. 2 Satz 2 AktG.

373 Zur bei Aktiengesellschaften mit Stückaktien bestehenden Möglichkeit der Kapitalerhöhung aus Gesellschaftsmitteln ohne Ausgabe neuer Stückaktien s.o.

nur der gleiche sein wie der ökonomische Gesamtwert aller Aktien **vor** der Grundkapitalerhöhung. Das Vermögen der Aktionäre, das sich durch Multiplikation der gestiegenen Zahl der Aktien mit dem jetzt niedrigeren Kurs ergibt, wird demzufolge durch eine nominelle Kapitalerhöhung nicht verändert. Dies gilt zumindest theoretisch, d. h., wenn man von Börseneinflüssen absieht, die zu einer (teilweisen) Aufholung des durch die Zusatzaktienausgabe bedingten Kursabschlages führen können. Vermögensänderungen können sich allerdings durch die Dividendenpolitik der Aktiengesellschaft ergeben. Wird der Dividendenbetrag pro Aktie nach einer nominellen Kapitalerhöhung aus Gründen der **„Dividendenoptik"** beibehalten, so erhöht dies den Ausschüttungsbetrag an alle Aktionäre und damit auch an den einzelnen Aktionär. In diesem Fall wird der Ausschüttungsbetrag an die Aktionäre verbessert, ohne dass der Dividendenbetrag (pro Aktie) erhöht werden müsste.

Erfolgt die nominelle Kapitalerhöhung bei Aktiengesellschaften mit Stückaktien durch Erhöhung des fiktiven Nennwerts, so bleibt die Anzahl der Stückaktien konstant. Da sich ein unveränderter Gesamtwert der Unternehmung auf eine ebenfalls unveränderte Anzahl an Stückaktien verteilt, wird sich auch der Kurswert der Stückaktien theoretisch, also wenn von anderen Börseneinflüssen abgesehen wird, nicht verändern. Somit bleibt in diesem Fall neben dem Vermögen der Aktiengesellschaft und der Anzahl ihrer Stückaktien auch das Vermögen des Aktionärs, die Anzahl seiner Stückaktien dieser Gesellschaft sowie der (theoretische) Kurs dieser Stückaktien konstant.

Die nominelle Kapitalerhöhung mit dem Splitting der Aktien wird durchgeführt, um die Senkung eines optisch als zu hoch angesehenen Börsenkurses zu erreichen. Aufgrund der niedrigeren Kurse erhofft man sich eine **Verstärkung des Aktienhandels**, insbesondere aber eine **breitere Streuung** der Aktien, da nun auch „kleine" Anleger die Möglichkeit haben, diese Papiere zu erwerben. Aus diesem Grund wird die bei Stückaktien mögliche nominelle Kapitalerhöhung durch Erhöhung des fiktiven Nennwerts eher eine Ausnahme sein.

4.3.4 Die Kapitalherabsetzung bei der Aktiengesellschaft

4.3.4.1 Der Begriff der Kapitalherabsetzung

Unter Kapitalherabsetzung versteht man im Allgemeinen nicht jede Verminderung der Kapitalbasis durch Rückzahlung in Form von Geld oder Sachwerten, sondern nur die **Verminderung des Eigenkapitals einer Unternehmung**. Analog zur Kapitalerhöhung zählt zur Kapitalherabsetzung im engsten Sinne nur die Herabsetzung des Nennkapitals von Kapitalgesellschaften, insbesondere der Aktiengesellschaft.[374]

---

[374] Vgl. *Wöhe, Günter/Bilstein, Jürgen*: Grundzüge der Unternehmensfinanzierung. 9. Aufl., München 2002, S. 108. Zu Formen und Möglichkeiten der Herabsetzung des Fremdkapitals vgl. *Vormbaum, Herbert*: Finanzierung der Betriebe. 9. Aufl., Wiesbaden 1995, S. 515-529.

4.3.4.2 Die Formen der aktienrechtlichen Kapitalherabsetzung

4.3.4.2.1 Überblick

Das Aktiengesetz unterscheidet drei Formen der Kapitalherabsetzung, für die aus Gründen des Gläubigerschutzes strenge gesetzliche Regelungen bestehen:[375]

- die **ordentliche Kapitalherabsetzung**; es handelt sich hier um die Rückzahlung von Teilen des Grundkapitals in Form von Geld oder von Sachwerten an die Aktionäre oder um die Anpassung des bilanziell ausgewiesenen Eigenkapitals an das durch Verluste geschrumpfte Vermögen der Gesellschaft (Ausgleich eines Jahresfehlbetrages/Verlustvortrages);
- die **vereinfachte Kapitalherabsetzung**; sie dient dem Ausgleich von Wertminderungen, der Deckung sonstiger Verluste oder der Einstellung von Beträgen in die Kapitalrücklage;
- die **Kapitalherabsetzung durch Einziehung von Aktien**; sie dient den bereits genannten Zwecken.

4.3.4.2.2 Die ordentliche Kapitalherabsetzung[376]

Für die Herabsetzung des Grundkapitals im Rahmen einer ordentlichen Kapitalherabsetzung stehen **zwei Verfahren** zur Verfügung:[377]

- **Verminderung des (fiktiven) Nennwerts der einzelnen Aktien**
  Bei diesem „Herunterstempeln"[378] der Aktien darf der (fiktive) Mindestnennwert von 1 EUR nicht unterschritten werden. Die Zahl der Aktien bleibt gleich.
- **Zusammenlegung mehrerer Aktien zu einer Aktie**
  Beim Austausch einer bestimmten Zahl von Altaktien gegen eine geringere Zahl neuer Aktien (mit gleichem (fiktiven) Nennwert je Aktie) können die Aktionäre aufgrund der Umtauschrelation zum Verkauf von Aktien oder zum zusätzlichen Erwerb von Aktien gezwungen werden, was zu einer geringfügigen Änderung der Stimmrechtsverhältnisse führt. Deswegen ist diese zweite Alternative nur erlaubt, wenn die Herabsetzung des (fiktiven) Nennwertes zu einer Unterschreitung des (fiktiven) Mindestnennwerts von 1 EUR führen würde.

Eine **Kombination beider Verfahren** ist möglich, wenn die Herabsetzung des (fiktiven) Nennwerts zwar vorgenommen werden kann, jedoch für den Umfang der Kapitalherabset-

---

375 Siehe hierzu §§ 222-239 AktG.

376 Vgl. §§ 222-228 AktG.

377 Vgl. § 222 Abs. 4 Satz 1 und 2 AktG.

378 Die Herabsetzung des Nennbetrags der Aktien ist nur bei Nennwertaktien vorgeschrieben (vgl. § 222 Abs. 4 Satz 1 AktG). Bei Stückaktien ist dieses Erfordernis entbehrlich, da sie auf keinen Nennwert lauten (insofern ist eine Herabsetzung des Aktiennennbetrags bei ihnen erst gar nicht möglich) und sich ihr fiktiver Nennwert – der sich aus der Relation Grundkapital zu Anzahl der Stückaktien ergibt – „automatisch" mit der Herabsetzung des Grundkapitals der Aktiengesellschaft reduziert.

zung nicht ausreichend ist. Bei der ordentlichen Kapitalherabsetzung darf der gesetzlich festgelegte Mindestbetrag des Grundkapitals in Höhe von 50.000 EUR[379] nur unterschritten werden, wenn gleichzeitig mit der Kapitalherabsetzung eine Kapitalerhöhung (ohne Sacheinlage) beschlossen wird, durch die das Mindestgrundkapital wieder erreicht wird.[380]

Der mit einer Kapitalmehrheit von mindestens drei Viertel des bei der Beschlussfassung vertretenen Grundkapitals getroffene Hauptversammlungsbeschluss[381] ist zur Eintragung in das Handelsregister anzumelden.[382] Das Grundkapital gilt mit der Eintragung des Beschlusses als herabgesetzt.[383] Soweit die Forderung eines Gläubigers vor Bekanntmachung der Eintragung des Kapitalherabsetzungsbeschlusses begründet worden ist, kann dieser innerhalb von sechs Monaten nach der Bekanntmachung Sicherheiten für seine Forderungen verlangen, soweit er nicht Befriedigung verlangen kann.[384] Kapitalrückzahlungen an die Aktionäre sind daher erst nach Ablauf dieser sechsmonatigen Sperrfrist zulässig; außerdem muss den Gläubigern alter Forderungen, die sich rechtzeitig gemeldet haben, Befriedigung oder Sicherheit gewährt worden sein.[385] Das Recht der Gläubiger, Sicherheiten für ihre Forderungen zu verlangen, ist unabhängig davon, ob Kapitalrückzahlungen an die Aktionäre geleistet werden.[386]

Die einzelnen Aktionäre sind verpflichtet, nach Bekanntmachung der Kapitalherabsetzung ihre Aktien der Gesellschaft zum „Herunterstempeln" oder zur Zusammenlegung einzureichen. Erfolgt die Einreichung nicht, so kann die Gesellschaft diese Aktien nach Aufforderung in den Gesellschaftsblättern für kraftlos erklären.[387] An die Stelle der für kraftlos erklärten Aktien treten neue Aktien, die die Gesellschaft unverzüglich zugunsten der säumigen Aktionäre zum amtlichen Börsenkurs und bei Fehlen eines Börsenpreises durch öffentliche Versteigerung zu verkaufen hat.[388] Der Erlös ist den säumigen Aktionären auszuzahlen bzw. zu ihren Gunsten zu hinterlegen.[389]

---

379 Vgl. § 7 AktG.

380 Vgl. § 228 Abs. 1 AktG.

381 Vgl. § 222 Abs. 1 Satz 1 AktG. „Die Satzung kann eine größere Kapitalmehrheit und weitere Erfordernisse bestimmen"; § 222 Abs. 1 Satz 2 AktG.

382 Vgl. § 223 AktG.

383 Vgl. § 224 AktG.

384 Vgl. § 225 Abs. 1 Satz 1 AktG.

385 Vgl. § 225 Abs. 2 Satz 1 AktG.

386 Vgl. § 225 Abs. 3 AktG.

387 Vgl. § 226 Abs. 1 und 2 AktG.

388 Vgl. § 226 Abs. 3 Satz 1 AktG.

389 Vgl. § 226 Abs. 3 Satz 6 AktG.

4.3.4.2.3 Die vereinfachte Kapitalherabsetzung[390]

Diese Form der Kapitalherabsetzung ist nur zulässig,

- um Wertminderungen auszugleichen, sonstige Verluste zu decken oder Beträge in die Kapitalrücklage einzustellen,[391]
- nachdem der Teil der gesetzlichen Rücklage und der Kapitalrücklage, um den diese zusammen über 10 % des nach der Herabsetzung verbleibenden Grundkapitals hinausgehen, sowie die (anderen) Gewinnrücklagen in voller Höhe vorweg aufgelöst worden sind,[392]
- solange ein Gewinnvortrag nicht vorhanden ist.[393]

Ansonsten gelten die Regelungen bezüglich der ordentlichen Kapitalherabsetzung mit Ausnahme der §§ 222 Abs. 3 und 225 AktG.[394]

Beträge, die aus der Auflösung der Kapital- oder Gewinnrücklagen und aus der Kapitalherabsetzung gewonnen werden, dürfen aus Gläubigerschutzgründen nicht zu Zahlungen an die Aktionäre verwendet werden.[395] Gewinne dürfen in den Folgejahren erst ausgeschüttet werden, wenn die gesetzliche Rücklage und die Kapitalrücklage wieder zusammen 10 % des herabgesetzten Grundkapitals erreicht haben.[396] Zudem ist die Zahlung eines Gewinnanteils von mehr als 4 % des Grundkapitals erst ab dem dritten Geschäftsjahr nach dem Beschluss über die vereinfachte Kapitalherabsetzung zulässig, es sei denn, berechtigte Gläubiger werden zuvor befriedigt oder sichergestellt.[397] Es ist zu beachten, dass die Beträge aus der Auflösung von Kapital- und Gewinnrücklagen und aus der vereinfachten Kapitalherabsetzung auch dann nicht als Gewinn ausgeschüttet werden dürfen, wenn die Gläubigerschutzregelungen des § 225 Abs. 1 AktG ergriffen werden.

Das gezeichnete Kapital sowie die Kapital- und Gewinnrücklagen können zudem bereits im Jahresabschluss für das der vereinfachten Kapitalherabsetzung vorausgehende Geschäftsjahr in der Höhe ausgewiesen werden, in der sie nach der Kapitalherabsetzung bestehen sollen (**„berichtigte Unterbilanz“**[398]),[399] falls die folgenden Voraussetzungen erfüllt sind:[400]

- Der Beschluss über die Feststellung des Jahresabschlusses ist der Hauptversammlung zu übertragen.

---

390 Vgl. §§ 229-236 AktG.

391 Vgl. § 229 Abs. 1 Satz 1 AktG.

392 Vgl. § 229 Abs. 2 Satz 1 AktG.

393 Vgl. § 229 Abs. 2 Satz 2 AktG.

394 Vgl. § 229 Abs. 3 AktG.

395 Vgl. § 230 Satz 1 AktG.

396 Vgl. § 233 Abs. 1 Satz 1 AktG.

397 Vgl. § 233 Abs. 2 AktG.

398 Vgl. *Vormbaum, Herbert*: Finanzierung der Betriebe. 9. Aufl., Wiesbaden 1995, S. 509.

399 Vgl. § 234 Abs. 1 AktG.

400 Vgl. § 234 Abs. 2 und 3 AktG.

- Der Beschluss soll gleichzeitig mit dem Beschluss über die vereinfachte Kapitalherabsetzung gefasst werden.
- Der Beschluss über die vereinfachte Kapitalherabsetzung ist innerhalb von drei Monaten nach der Beschlussfassung in das Handelsregister einzutragen.

Danach darf der veränderte „verlustfreie" Jahresabschluss veröffentlicht werden. Auch eine gleichzeitig mit der Kapitalherabsetzung beschlossene Kapitalerhöhung darf bereits in diesem Abschluss als vollzogen berücksichtigt werden.[401]

Durch die im Rahmen der vereinfachten Kapitalherabsetzung vorgesehenen gläubigerschützenden Regelungen soll eine offene oder verdeckte Kapitalausschüttung an Aktionäre verhindert werden. Hauptzweck der vereinfachten Kapitalherabsetzung ist damit die **finanzielle Sanierung in Form eines Verlustausgleiches.**[402] Aufgrund der lediglich vorzunehmenden Umbuchung verändert sich weder das effektiv vorhandene Eigenkapital noch das Vermögen der Aktiengesellschaft. Die nicht auf eine Liquiditätsverbesserung ausgerichtete Maßnahme verfolgt also lediglich das Ziel, die in der Bilanz auf der Passivseite gesondert ausgewiesenen Verluste (Summe der bis zum Zeitpunkt der vereinfachten Kapitalherabsetzung aufgelaufenen Verluste) buchmäßig zu beseitigen und eventuell zusätzliche Rücklagen zu bilden.

Da es jedoch einer in Schwierigkeiten geratenen Aktiengesellschaft häufig erst durch Zuführung neuen Eigenkapitals und der damit verbundenen Stärkung ihrer Liquiditätsverhältnisse möglich sein wird, ihre Geschäftstätigkeit Erfolg versprechend fortzuführen, schließt sich an eine vereinfachte Kapitalherabsetzung u. U. eine ordentliche Kapitalerhöhung an.[403] Neben der buchmäßigen Abdeckung bereits entstandener Verluste geht es hier demzufolge insbesondere auch um eine Verbesserung der Liquiditätslage der Aktiengesellschaft und zwar durch Zuführung von Eigenkapital. Denn sollen mit den neu gewonnenen Mitteln bisherige Verlustquellen beseitigt werden, so dürfte es sinnvoll sein, wenn diese langfristig zur Verfügung gestellt werden. Ansonsten könnten in naher Zukunft erneut Liquiditätsprobleme auftreten. Allerdings wird es zu einer Zuführung neuen Eigenkapitals wohl nur kommen, wenn die Eigenkapitalgeber von der **Sanierungswürdigkeit** der Aktiengesellschaft überzeugt werden können. Diese ist dann gegeben, wenn die nach Durchführung der Sanierungsmaßnahmen zu erwartende Gewinnsituation eine angemessene Verzinsung des dann im Betrieb gebundenen Kapitals zulässt. Mit anderen Worten: Der den Eigenkapitalgebern in der Zukunft verbleibende Gewinn darf nicht kleiner sein als der Betrag, den sie im Falle einer Liquidation aus der anderweitigen Verwendung des Liquidationserlöses erzielen könnten. Reicht der Gewinn hierzu nicht aus, so kann die Fortführung des Betriebes allenfalls unter anderen (z. B. sozialen) Gesichtspunkten gerechtfertigt werden.

---

401 Vgl. § 235 AktG.

402 Vgl. *Vormbaum, Herbert*: Finanzierung der Betriebe. 9. Aufl., Wiesbaden 1995, S. 509.

403 Vgl. zu einem Berechnungsbeispiel *Waschbusch, Gerd*: Kapitalherabsetzung und Kapitalerhöhung. In: Fortbildung – Zeitschrift für Führungskräfte in Verwaltung und Wirtschaft 1992, S. 89-90.

4.3.4.2.4 Die Kapitalherabsetzung durch Einziehung von Aktien[404]

§ 237 Abs. 1 Satz 1 AktG sieht zwei Möglichkeiten vor:

- die Zwangseinziehung von Aktien,
- die Einziehung von Aktien nach Erwerb durch die Gesellschaft.

Für beide Formen der Aktieneinziehung gelten grundsätzlich die Vorschriften über die ordentliche Kapitalherabsetzung,[405] d. h., es muss ein Hauptversammlungsbeschluss mit Dreiviertelmehrheit vorliegen. Außerdem sind die Gläubigerschutzvorschriften, die bei der vereinfachten Kapitalherabsetzung nicht zu beachten waren, hier anzuwenden. Der Erwerb eigener Aktien, die eingezogen werden sollen, ist zudem aktienrechtlich unbeschränkt zulässig.[406]

Die Einziehung von Aktien kann zu allen Zwecken erfolgen, zu denen eine Herabsetzung des Grundkapitals zulässig ist. Besonders bedeutungsvoll ist jedoch die **Sanierung durch Rückkauf eigener Aktien**. Da die Aktiengesellschaft in diesem Falle den Aktionären, die ihre Aktien abgeben, ein Entgelt zahlen muss, setzt dieses Verfahren voraus, dass die sanierungsbedürftige Gesellschaft noch über ausreichende liquide Mittel verfügt. Allerdings ist die Durchführung dieser Sanierungsmaßnahme mit Blick auf eine buchmäßige Beseitigung von Verlusten nur sinnvoll, wenn die Aktien **unter pari** angekauft werden können. Nach der Aktivierung der erworbenen Aktien zu den Anschaffungskosten wird das Grundkapital um den (fiktiven) Nennwert der erworbenen Aktien herabgesetzt, so dass – ein Kauf unter pari vorausgesetzt – ein Buchgewinn in Höhe der Differenz zwischen dem (fiktiven) Nennwert der eigenen Aktien und dem niedrigeren Kurswert (Anschaffungskosten) der eigenen Aktien entsteht. Dieser wird zur buchmäßigen Abdeckung des Verlustvortrages verwendet. Die erworbene Vermögensposition „Eigene Aktien" geht durch die Vernichtung der Aktien unter.

Bei Erfüllung einer der beiden folgenden Voraussetzungen gelten schließlich **vereinfachte Vorschriften für die Einziehung von Aktien**:[407]

- Voll eingezahlte Aktien werden der Gesellschaft unentgeltlich zur Verfügung gestellt. Die Aktiengesellschaft muss also keine eigenen finanziellen Mittel aufwenden.
- Voll eingezahlte Aktien werden zu Lasten des Bilanzgewinns oder einer anderen Gewinnrücklage, soweit sie zu diesem Zweck verwendet werden können, eingezogen. Die Verwendung dieser Mittel verstößt nicht gegen Gläubigerinteressen, da diese Mittel jederzeit als Dividende an die Aktionäre ausgeschüttet werden könnten.

---

404 Vgl. §§ 237-239 AktG.

405 Vgl. § 237 Abs. 2 Satz 1 AktG.

406 Vgl. § 71 Abs. 1 Nr. 6 AktG.

407 Vgl. § 237 Abs. 3 AktG.

In beiden Fällen kann die Hauptversammlung die Kapitalherabsetzung durch Einziehung von Aktien mit einfacher Stimmenmehrheit beschließen.[408] Ein dem (fiktiven) Gesamtnennbetrag der eingezogenen und anschließend vernichteten Aktien entsprechender Betrag ist in die Kapitalrücklage einzustellen.[409] Dadurch wird eine entsprechende Auszahlung an die Aktionäre zu Lasten der Gläubiger verhindert.

---

408 Vgl. § 237 Abs. 4 Satz 1 und 2 AktG.

409 Vgl. § 237 Abs. 5 AktG.

5 Die Außenfinanzierung durch Fremdkapital (Kreditfinanzierung)

5.1 Die Charakteristika und Formen der Kreditfinanzierung

5.1.1 Die Abgrenzung von Eigen- und Fremdkapital

Eigen- und Fremdkapital unterscheiden sich neben den von ihnen zu erfüllenden Funktionen auch bezüglich ihrer charakteristischen Merkmale. Im Folgenden werden die einzelnen Charakteristika von Eigen- und Fremdkapital einander gegenübergestellt.

Eigenkapital zeichnet sich dadurch aus, dass mit ihm eine Eigentümerposition verbunden ist, d. h., dass eine Person, die Eigenkapital in eine Unternehmung einbringt, gleichzeitig (Mit-)Eigentümer dieser Unternehmung wird. Im Gegensatz hierzu erwerben Gläubiger als Fremdkapitalgeber kein Eigentum an der Unternehmung. Ihre Verbindung mit der Unternehmung ist vielmehr schuldrechtlicher Natur.

Die **Fremdkapitalgeber** einer Unternehmung besitzen i. d. R. **keine Mitsprache-, Kontroll- und Entscheidungsbefugnisse bei der Geschäftsführung**. Sie besitzen – wenn überhaupt – lediglich die Möglichkeit einer indirekten Einflussnahme auf die Geschäftsführung der Unternehmung. Man darf allerdings nicht übersehen, dass bei hohem Verschuldungsgrad (Fremdkapital/Eigenkapital) bzw. hoher Fremdkapitalquote (Fremdkapital/Gesamtkapital), insbesondere wenn der Fremdkapitalbetrag (im Wesentlichen) nur von einem Gläubiger zur Verfügung gestellt wurde, aus der überragenden Machtposition des Gläubigers Mitsprache- und Kontrollrechte entstehen, dem Gläubiger sogar Entscheidungsbefugnisse zuwachsen können.

Dagegen sind die im entsprechenden Gesetz vorgesehenen bzw. die im Gesellschaftsvertrag oder der Satzung vereinbarten Mitsprache-, Kontroll- und Entscheidungsbefugnisse bei den **Eigenkapitalgebern** wesentlich ausgeprägter. Bei einigen Rechtsformen (z. B. OHG; § 114 Abs. 1 HGB) verpflichtet die Einbringung von Eigenkapital gleichzeitig zur (Mit-)Geschäftsführung; allerdings kann die Verpflichtung – und das Recht – zur Geschäftsführung im Gesellschaftsvertrag auch abbedungen werden. Sind Eigenkapitalgeber nicht an der Geschäftsführung beteiligt, wie dies z. B. bei der AG grundsätzlich der Fall ist, so besitzen sie stattdessen anderweitige Rechte (z. B. Stimm-, Auskunfts-, Kontrollrechte).

Das **Eigenkapital** kann die Verlustausgleichsfunktion im Falle einer fortbestehenden Unternehmung sowie die Haftungsfunktion im Falle einer aufzulösenden Unternehmung nur übernehmen, wenn es der Unternehmung **unbefristet** überlassen wurde. Fehlende Befristung der Kapitalbereitstellung ist jedoch nicht in jedem Fall gleichbedeutend mit Langfristigkeit der Kapitalhingabe. Im Falle unbeschränkter Haftung von (Mit-)Eigentümern sehen die gesetzlichen Regelungen üblicherweise relativ kurze Kündigungsfristen und damit Entnahmemöglichkeiten vor.[410] Beschränken jedoch alle Eigentümer ihre Haftung auf die zu erbringende Einlage, so sind die Bindungsfristen länger und die Entnahmevoraussetzungen strenger.[411] Letztlich sollen die angesprochenen Regelungen verhindern, dass die Eigentümer – gerade im Hinblick auf drohende Verluste – ihr eingebrachtes Eigenkapital abziehen und damit die Haftungsbasis der Unternehmung schmälern können. Ansonsten könnten die Verlustausgleichsfunktion sowie die Haftungsfunktion des Eigenkapitals unterlaufen und die Gläubiger hinsichtlich der der Unternehmung zur Verfügung stehenden Deckungsmasse getäuscht werden. **Fremdkapital** hingegen wird der Unternehmung im Allgemeinen nur **befristet** überlassen.

Für die Schuldnerunternehmung resultieren aus der Aufnahme von **Fremdkapital Zahlungsverpflichtungen**, die hinsichtlich Zahlungshöhe und Zahlungszeitpunkt **vertraglich vereinbart** und damit unabhängig von der Erfolgssituation zu erfüllen sind. Zu diesen Zahlungen zählen vor allem die in einem Betrag oder in mehreren Teilbeträgen zu erbringende Tilgung sowie die Zinszahlungen. Diese Zins- und Tilgungszahlungen bedeuten eine feste Liquiditätsbelastung, die bei starken Umsatzrückgängen zu Liquiditätsschwierigkeiten oder zumindest zu einer Einengung der Dispositionsfreiheit führen kann.

Wird die Durchführbarkeit von mit Fremdkapital finanzierten Investitionen überprüft, so ist zu beachten, dass die Schuldnerunternehmung zu jedem in der Zukunft liegenden Zeitpunkt in der Lage sein muss, die im Kreditvertrag vereinbarten Zahlungsverpflichtungen vertragsgemäß zu erfüllen. Dementsprechend muss der Finanzplan der Unternehmung neben der Verzinsung auch die Rückzahlung des Fremdkapitals beinhalten.

Im Gegensatz hierzu sind mit dem **Eigenkapital keine zwingenden Zahlungsverpflichtungen** verbunden. Gewinnausschüttungen werden i. d. R. nur dann erfolgen, wenn ein entsprechender Gewinn erwirtschaftet wurde. Da die Eigentümer kein Recht auf regelmäßige Zahlungen besitzen, braucht die Unternehmungsleitung in Krisensituationen keine Ausschüttungen zu leisten; die Unternehmung erfährt somit keine zusätzlichen Liquiditätsbelastungen.

Während also das **Eigenkapital am Gewinn** der Unternehmung **beteiligt** ist, existiert eine Gewinnbeteiligung beim Fremdkapital i. d. R. nicht (Ausnahme: Gewinnschuldverschreibungen). Die an Eigen- und Fremdkapitalgeber zu leistenden Zahlungen unterscheiden sich auch in ihren Auswirkungen auf den handels- und steuerrechtlichen Erfolg. In Höhe der vertraglich vereinbarten **Zinszahlungen** verursacht das Fremdkapital (handelsrechtlich) **Aufwand** bzw. (steuerrechtlich) **Betriebsausgaben** und wirkt sich somit negativ auf den handels- bzw. steuerrechtlichen Erfolg der Unternehmung aus; auf die nur beschränkte Berücksichtigung der Zinsen aus Dauerschuldverhältnissen bei der Ermittlung des Gewerbeertrags[412] sei hingewiesen. Bei der **Gewinnausschüttung** an die Eigentümer handelt es sich hingegen um die **Verwendung des erwirtschafteten und bereits versteuerten Ge-**

---

410 Vgl. z.B. § 132 HGB.

411 Vgl. z.B. §§ 222 ff. AktG; §§ 58 ff. GmbHG.

412 Vgl. § 8 Nr. 1 GewStG.

winns. Kapitalrückzahlungen an die Eigentümer haben wie auch die Tilgungszahlungen an die Gläubiger keine Auswirkungen auf den Erfolg der Schuldnerunternehmung.

Im Falle eines **Verlustes** haftet das Eigenkapital der Unternehmung bis zur vollen Höhe, während das Fremdkapital – zunächst – nicht am Verlust teilnimmt. Um ihr Verlustrisiko zu vermindern, verlangen Fremdkapitalgeber i. d. R. **Kreditsicherheiten**,[413] die sie bei Ausfall des Schuldners zur Befriedigung ihrer Forderung verwerten können. Dagegen ist es nicht möglich, dass bei Einbringung von Eigenkapital im Gegenzug durch die Unternehmung Sicherheiten gestellt werden, stellt doch das Eigenkapital gerade das Risikokapital dar, das die Verlustausgleichs- und Haftungsfunktion übernehmen soll.

Abbildung 32 stellt die Charakteristika von Eigen- und Fremdkapital vergleichend gegenüber.

Merkmal	Eigenkapital	Fremdkapital
Rechtliche Stellung	Erwerb von Eigentum	Schuldrechtliche Verbindung
Geschäftsführungsbefugnis	I. d. R. vorhanden	Nicht vorhanden (höchstens indirekt)
Dauer	Unbefristet	Befristet
Art der Entgeltung	Gewinnabhängig	Unabhängig vom Erfolg
Gewinnbeteiligung	Ja	Nein
Auswirkung der Entgeltung auf den Erfolg	Gewinnverwendung	Aufwand/Betriebsausgabe (im Rahmen der Gewinnermittlung)
Verlustteilnahme	In voller Höhe	(Zunächst) nicht
Stellung von Sicherheiten	Nicht möglich	Normalfall

Abbildung 32: Charakteristika von Eigen- und Fremdkapital[414]

5.1.2 Gläubigerschutz als Voraussetzung für die Bereitstellung von Fremdkapital

Gläubiger können aufgrund schuldrechtlicher Verträge (z. B. Kauf-, Miet-, Leasing- und Pachtverträge, Dienst-, Werk- und Werklieferungsverträge, Maklerverträge, Versicherungsverträge, Darlehensverträge u. Ä.) vom Schuldner zu bestimmten Terminen Zahlungen verlangen, die in ihrer Höhe vertraglich genau festgelegt sind. Man unterscheidet Gläubiger aufgrund von **Darlehensverträgen** (§ 488 Abs. 1 BGB), die vom Schuldner vertraglich vereinbarte Zins- und Tilgungszahlungen verlangen können, und Gläubiger aufgrund von **Lieferungs- oder Leistungsverträgen**, die die Bezahlung des vereinbarten Geldbetrages verlangen können, wobei sich eine Verzinsung durch die fehlende Möglichkeit des Skonto-

---

[413] Zu Fragen der Besicherung vgl. **Abschnitt 5.2.6**.

[414] Entnommen aus *Bieg, Hartmut*: Die Kreditfinanzierung. In: Der Steuerberater 1997, S. 222.

abzugs im Falle der Inanspruchnahme des Lieferantenkredits ergeben kann.[415] Während die Darlehensgeber die Geldsumme nur hingeben, um – neben der Darlehenssumme – Zinsen vom Darlehensnehmer zu erhalten, stellt der Lieferantenkredit ein Mittel der Absatzförderung dar. Beide Gruppen von Gläubigern sind am fristgerechten Eingang der vereinbarten Zahlungen in voller Höhe interessiert.

Eine Kreditvergabe oder Kreditprolongation bzw. eine Erhöhung des bereits gewährten Kredits erfolgt nur, wenn der potenzielle bzw. derzeitige Gläubiger erwarten kann, die Kreditsumme und die vereinbarten Zinsen fristgerecht und in vereinbarter Höhe vom Schuldner zu erhalten, sei es aus den laufenden Einzahlungsüberschüssen der rentabel arbeitenden Unternehmung, sei es aus den Liquidationserlösen im Falle eines Zusammenbruchs der Schuldnerunternehmung.

Nur dann wird eine größere Zahl von Personen bereit sein, Kredit zu gewähren, ohne gleichzeitig Einfluss auf das Unternehmungsgeschehen nehmen zu wollen, wenn

1. die Möglichkeit besteht, sich **Informationen über die Erfüllungsfähigkeit des Schuldners** zu verschaffen, wozu auch Informationen über den Bestand an Sicherheiten zählen, die dem einzelnen Gläubiger jeweils zur Befriedigung seiner vertraglichen Ansprüche zu Verfügung stehen. Hierbei ist es für den einzelnen Gläubiger entscheidend, ob er zusammen mit anderen Gläubigern an diesem Bestand partizipiert, ob er andere vom Zugriff auf einzelne Vermögensgegenstände ausschließen kann, oder ob er selbst von einem solchen Zugriff durch einzelne oder eine Gruppe von Gläubigern ausgeschlossen werden kann;
2. den Eigentümern der Unternehmung durch geeignete gesetzliche Vorschriften, insbesondere Gewinnermittlungs- und Gewinnverwendungsvorschriften, verwehrt wird, Vermögensgegenstände durch Entnahme aus der Unternehmung und Überführung in das Privatvermögen der Eigentümer unbemerkt dem Gläubigerzugriff zu entziehen. Dass die **Erhaltung der Erfüllungsfähigkeit** des Schuldners sichergestellt wird, hat umso größere Bedeutung, als unser Recht die Möglichkeit einer Haftungsbeschränkung durch die Wahl einer geeigneten Rechtsform bietet;
3. unsere Rechtsordnung Möglichkeiten bietet, die Erfüllung zu erzwingen, falls der Schuldner nicht erfüllen will, obwohl er erfüllen könnte (**Sicherstellung der Erfüllungswilligkeit**);
4. bei **Wegfallen der Erfüllungsfähigkeit** durch geeignete Rechtsvorschriften sichergestellt wird, dass dies **erkannt** wird und dass dann (weitere) gläubigerschützende Maßnahmen erfolgen müssen.

Im Folgenden soll lediglich untersucht werden, welche Bedeutung dem Jahresabschluss in diesem System der Gläubigerschutzvorschriften zukommt.[416] Bei der Beurteilung des Jah-

---

415 Auf die Interessen der Gläubiger von Sachlieferungen und Leistungen wird hier nicht eingegangen.

416 Vgl. *Bieg, Hartmut*: Gläubigerschutzprinzip. In: Handwörterbuch des Steuerrechts, hrsg. von *Georg Strickrodt* u.a., 2. Aufl., München/Bonn 1981, S. 686-689.

resabschlusses muss man sich allerdings bewusst sein, dass die Bilanzierungsweise stets dem mit der Bilanz verfolgten Zweck folgen muss.

Zu 1: Geldkreditgeber (meist Kreditinstitute) haben häufig eine derart starke Position gegenüber dem Schuldner, dass sie sich die für die Entscheidung über eine Kreditgewährung und für die Kreditüberwachung erforderlichen Informationen auch außerhalb des veröffentlichten Jahresabschlusses beschaffen können. Bei Krediten über 750.000 EUR oder 10 % des haftenden Eigenkapitals des Instituts ist der Kreditgeber verpflichtet, vom Kreditnehmer den Nachweis der wirtschaftlichen Verhältnisse, insbesondere durch die Vorlage der Jahresabschlüsse zu verlangen (§ 18 KWG). Dagegen sind die Lieferanten mit Ausnahme derjenigen, die sich beispielsweise durch eine Monopolstellung in einer sehr starken Marktposition befinden, auf die durch den Jahresabschluss vermittelten Informationen angewiesen.

Die Zahlungen werden i. d. R. aus den Einzahlungsüberschüssen der arbeitenden Schuldnerunternehmung erwartet. Zur Beurteilung der Möglichkeit der Tilgung fälliger Schulden bzw. der Leistung fälliger Zinszahlungen benötigt der Gläubiger zunächst Informationen über die gegenwärtige und zukünftige Liquiditäts- und Ertragslage des Schuldners.

Die **Liquiditätslage**, also die Fähigkeit, den Zahlungsverpflichtungen termingerecht nachkommen zu können, versucht man durch aus der Bilanz gewonnene Liquiditätskennzahlen zu beurteilen. Notwendige Folge der ausschließlichen Verwendung von Bilanzzahlen ist, dass die so ermittelten Kennzahlen nur insoweit die zukünftige Liquidität darzustellen vermögen, als dies auch die auf einen Stichtag bezogenen Bilanzzahlen vermögen.[417]

Informationen über die gegenwärtige und zukünftige **Ertragslage** vermag der Jahresabschluss nur im Rahmen der zu den Grundsätzen ordnungsmäßiger Buchführung zählenden Bewertungsvorschriften (Realisations-, Imparitäts-, Niederstwert- und Höchstwertprinzip) zu vermitteln.[418]

Neben den genannten Informationen benötigt der Gläubiger jedoch auch Informationen über den **Grad der Sicherheit der Forderung** im Falle einer zwangsweisen Liquidation der Schuldnerunternehmung, also über den Grad der **Schuldendeckung**, der auch die Möglichkeit eines Unternehmungszusammenbruchs beeinflusst, sowie über eigene und fremde bevorrechtigte Zugriffsmöglichkeiten.

Da die Schuldendeckung durch die in § 242 HGB geforderte Gegenüberstellung von Vermögen und Schulden ermittelt wird, ist der durch die Grundsätze ordnungsmäßiger Buchführung bestimmte Bilanzinhalt von entscheidender Bedeutung. Für die bilanzielle Erfassung der Aktiva wird nicht das juristische, sondern das wirtschaftliche Eigentum als Kriterium herangezogen. Das bedeutet, dass auch unter Eigentumsvorbehalt gekaufte Gegenstände und sicherungsübereignete Gegenstände in der Bilanz ausgewiesen werden. Diese stehen allerdings nicht dem Zugriff der Gesamtheit der Gläubiger zur Verfügung, denn für die

---

[417] Vgl. hierzu *Bieg, Hartmut/Kußmaul, Heinz*: Investitions- und Finanzierungsmanagement. Band III: Finanzwirtschaftliche Entscheidungen. München 2000, Abschnitt 1.2.1.3.2.

[418] Vgl. hierzu *Bieg, Hartmut/Kußmaul, Heinz*: Externes Rechnungswesen. 5. Aufl., München 2009, S. 37-45.

Schuldendeckung im Insolvenzfall sind nicht wirtschaftliche, sondern ausschließlich rechtliche Kategorien entscheidend. Die Rechtsbeziehungen kommen in der Bilanz jedoch nicht zum Ausdruck.

Zu 2: Der **Erhaltung der Erfüllungsfähigkeit** dient die Verpflichtung zur jährlichen vollständigen Erfassung des Vermögens und der Schulden in Inventar (§ 240 Abs. 1 und 2 HGB) und Bilanz (§ 242 Abs. 1 HGB), wodurch Vermögenshinterziehungen zuungunsten der Gläubiger verhindert werden sollen.

Obwohl die Höhe der Ansprüche der Gläubiger nicht von der Höhe des erzielten Periodenerfolgs abhängig ist, sind die Gläubiger an einer Gewinnerzielung durch den Schuldner interessiert, da nur mit Hilfe eines dauernd anhaltenden Gewinnstroms die Verzinsung und Tilgung der gewährten Kredite möglich ist. Darüber hinaus sind die Gläubiger daran interessiert, den Gewinn vor „überhöhten" Ausschüttungen (an Eigentümer und Fiskus) zu schützen, was die Durchsetzung der eigenen Ansprüche erschweren oder verhindern könnte, weil dadurch einerseits das den Gläubigern haftende Vermögen verringert würde, andererseits u. U. zukünftige Gewinnchancen geschmälert würden. Deshalb sind sie an einer gesetzlich fixierten Ausschüttungssperre interessiert, die durch die Bewertungsprinzipien (Realisations-, Imparitäts-, Niederstwert- und Höchstwertprinzip) errichtet wird.[419]

Für eine Aktiengesellschaft ergibt sich nach § 58 AktG der ausschüttbare Bilanzgewinn nach Kürzung des Jahresüberschusses um die Zuführungen zu den gesetzlichen und freien Rücklagen bzw. nach Erhöhung des Jahresüberschusses um die Entnahme aus den gesetzlichen und freien Rücklagen. Aus der Pflicht zur Passivierung des Grundkapitals und der Rücklagen folgt, dass solange keine Ausschüttungen an die Anteilseigner erfolgen dürfen, wie nicht wenigstens das Grundkapital, die vorgeschriebenen gesetzlichen Rücklagen und die Verbindlichkeiten gedeckt sind. Nur soweit das Vermögen die genannten Passiva übersteigt, dürfen Zahlungen an die Aktionäre erbracht werden (Ausnahme: ordentliche Kapitalherabsetzung unter Beachtung strenger Gläubigerschutzbestimmungen[420]). Dieser Grundsatz der Erhaltung des Grundkapitals sowie aller Einlagen der Aktionäre ist erforderlich, da den Gläubigern für Verbindlichkeiten der Gesellschaft lediglich das Vermögen der AG haftet.[421] Ein Rückgriff auf das Vermögen der Aktionäre ist grundsätzlich unmöglich.[422] Die beschriebene Ausschüttungssperre muss jedoch durch Vorschriften konkretisiert werden, die festlegen, was als Vermögen und Schulden in der Bilanz auszuweisen ist und wie diese Positionen zu bewerten sind. Da sich der ausschüttungsfähige Betrag durch höheren Ansatz der Vermögensgegenstände bzw. niedrigeren Ausweis der Passiva erhöht, sind die Gläubiger nur dann gegen „überhöhte" Ausschüttungen i. S. d. Rückgewähr von Einlagen geschützt, wenn scharf abgrenzbare Bewertungsvorschriften einen überhöhten Wertansatz der

---

419 Vgl. hierzu *Bieg, Hartmut/Kußmaul, Heinz*: Externes Rechnungswesen. 5. Aufl., München 2009, S. 37-45.

420 Vgl. §§ 222 ff. AktG.

421 Vgl. § 1 Abs. 1 Satz 2 AktG.

422 Zu beachten ist allerdings die Nichtigkeit des Jahresabschlusses aufgrund der Verletzung gläubigerschützender Vorschriften, insbesondere durch Überbewertung von Aktivpositionen; vgl. § 256 AktG.

Aktiva bzw. einen zu niedrigen Wertansatz der Passiva und daraus resultierend einen überhöhten Jahresüberschuss und ausschüttungsfähigen Bilanzgewinn verhindern.

Das HGB und die entsprechenden Grundsätze ordnungsmäßiger Bilanzierung vereiteln als Gewinnausschüttungen getarnte Kapitalrückzahlungen durch Höchstwertvorschriften für Aktiva bzw. Mindestwertvorschriften für Passiva. Ohne hier näher auf die genannten Bewertungsprinzipien einzugehen, kann doch festgestellt werden, dass sie alle eher einen zu niedrigen als einen zu hohen Ausweis des Vermögens erfordern, um den ausschüttungsfähigen Gewinn möglichst niedrig zu halten, die Substanz durch Vermeidung der Ausschüttung und Besteuerung nicht zu schwächen und das Gläubigerrisiko hinsichtlich termingerechter und vollständiger Zinszahlung und Tilgung der Verbindlichkeiten herabzusetzen.

Zu 3: Ob die Bilanz tatsächlich ein vollständiges Verzeichnis des Vermögens und der Schulden darstellt und ob (bei persönlich haftenden Gesellschaftern) daneben noch privates Vermögen vorhanden ist, kann durch eine eidesstattliche Versicherung festgestellt werden.[423] Zusammen mit den Möglichkeiten der zwangsweisen Beitreibung (z. B. Zwangsvollstreckung[424]) stellt die **eidesstattliche Versicherung** ein geeignetes Mittel zur **Sicherstellung der Erfüllungswilligkeit** dar.

Zu 4: Die Handelsbilanz hat bei **Wegfallen der Erfüllungsfähigkeit** des Schuldners weitere gläubigerschützende Funktionen:

- **Insolvenzauslösungsfunktion**, d. h. Auslösung der Pflicht, Antrag auf Eröffnung des Insolvenzverfahrens wegen Überschuldung zu stellen;[425]
- **Dispositionsentzugsfunktion**, d. h., dem Gemeinschuldner wird die Dispositionsbefugnis über das schuldnerische Vermögen mit der Eröffnung des Insolvenzverfahrens entzogen; die Dispositionsbefugnis geht auf den Insolvenzverwalter über;[426]
- Belieferung des Insolvenzgerichts mit **Beweismomenten** für das Vorliegen einer Zahlungsunfähigkeit oder drohender Zahlungsunfähigkeit nach kritischer Würdigung der Gesamtvermögenslage bzw. des Überschuldungsgrades;
- **Sicherungsfunktion** für Beweise, die ein etwaiges gläubigerschädigendes Verhalten des Schuldners aufdecken sollen;
- **Verfahrensbeschleunigungsfunktion**, mit der Bilanz als Hilfsmittel für ein reibungsloses und verlustsparendes Insolvenzverfahren.[427]

---

423 Vgl. z. B. § 98 InsO.

424 Vgl. z. B. §§ 88-91 InsO.

425 Vgl. § 92 Abs. 2 Satz 2 AktG; § 64 Abs. 1 Satz 2 GmbHG; §§ 42 Abs. 2, 89 Abs. 2, 1980, 1985 BGB.

426 Vgl. § 80 InsO.

427 Vgl. zu diesem Komplex (allerdings für den Konkursfall) *Eschrich, Alfred*: Bilanzierung als Instrument zum Schutz von Gläubigern. Saarbrücken 1969, S. 29-42.

5.1.3 Die Formen der Kreditfinanzierung

Kreditverträge lassen sich durch verschiedene Vertragskonditionen oder durch andere Kriterien unterscheiden. Die in **Abbildung 33** (Seite 129) genannten Kriterien erheben ebenso wie die meisten der bei den einzelnen Gliederungskriterien genannten Unterpunkte keinen Anspruch auf Vollständigkeit.

5.2 Die Inhalte von Kreditvereinbarungen

5.2.1 Nennbetrag, Auszahlungsbetrag, Rückzahlungsbetrag

Der **Nennbetrag**, der die nominale Höhe des Kredits angibt, wird als Berechnungsgrundlage für andere Vertragsbestandteile (z. B. zu entrichtende Zinsen) herangezogen. Liegt der **Auszahlungsbetrag**, also der Betrag, den der Darlehensnehmer (Schuldner) tatsächlich erhält, unter dem Nennbetrag, so bezeichnet man die Differenz als **Disagio** (bei Hypothekendarlehen auch als **Damnum**); liegt der Auszahlungsbetrag ausnahmsweise über dem Nennbetrag, so wird die Differenz als **Agio** bezeichnet. Der **Rückzahlungsbetrag**, also der Betrag, den der Kreditnehmer (Schuldner) – neben den Zinszahlungen – in einem Betrag oder in mehreren Teilbeträgen zurückzuzahlen hat, entspricht i. d. R. dem Nennbetrag, kann in besonderen Fällen aber auch darüber liegen.

5.2.2 Die Tilgungsstruktur

Die in Kreditverträgen festzulegenden **Tilgungszeitpunkte** und **Tilgungsteilbeträge** langfristiger Kredite sollten sich am langfristigen Amortisationsverlauf des Investitionsobjektes orientieren. Bei völliger Übereinstimmung zwischen der Laufzeit eines Kredits und der Amortisationsdauer des damit finanzierten Investitionsobjekts spricht man von **Fristenkongruenz**. Stimmen die Fristen nicht überein, so liegt **Fristentransformation** vor. In den meisten Fällen ist dabei die Kreditlaufzeit kürzer als die Amortisationsdauer, was nach Auslaufen der Kreditvereinbarung die Refinanzierung durch Kreditverlängerung durch den ursprünglichen Gläubiger (Kreditprolongation), die Refinanzierung durch Ersetzung des seitherigen Kreditgebers durch einen neuen Kreditgeber (Kreditsubstitution) oder aber die Ersetzung des seitherigen Kredits durch Eigenkapital erfordert.

Bei **nicht eindeutig festgelegter Struktur** der Tilgungszahlungen können neben den vereinbarten Tilgungsleistungen jederzeit zusätzliche Zahlungen geleistet werden. Die Mehrzahl der Kreditverträge enthält jedoch **eindeutig festgelegte Tilgungsstrukturen**, wobei drei Grundtypen unterschieden werden:

- **Gesamtfällige Darlehen**

Die Rückzahlung erfolgt am Ende der Laufzeit oder – falls dies möglich ist – nach erfolgter Kündigung und Ablauf der Kündigungsfrist in einem einzigen Betrag. Zinszahlungen erfolgen i. d. R. periodisch.

1. **Gliederung nach der Dauer der Überlassung der Kapitalmittel (Laufzeit)**
   - kurzfristige Kredite
   - mittelfristige Kredite
   - langfristige Kredite
2. **Gliederung nach der vertraglich vereinbarten oder tatsächlichen Verwendungsart**
   - Konsumentenkredite (Konsumkredite)
   - Betriebsmittelkredite (Produktionskredite)
   - Investitionskredite
   - Effektenkredite
   - Außenhandelskredite (Import-/Exportkredite)

   } sachbezogen

   - Saisonkredite
   - Überbrückungskredite
   - Zwischenkredite
   - Vorfinanzierungskredite

   } zeitbezogen
3. **Gliederung nach der Anzahl der Kreditgeber**
   - Einzelkredite
   - Konsortialkredite
   - Metakredite (i.d.R. zwei gleichberechtigte Partner mit gleichen Kreditteilen)
4. **Gliederung nach den Kreditgebern (Herkunft des Kapitals)**
   - Lieferantenkredite (Kaufpreisstundungen)
   - Kundenkredite (Anzahlungen)
   - Arbeitnehmerkredite

   } über den Leistungsprozess mit der Unternehmung verbundene Kreditgeber

   - Bankkredite
   - Versicherungskredite
   - öffentliche Kredite
   - Konzernkredite
   - private Kredite

   } Finanzkreditgeber (ohne Verbindung zum Leistungsprozess)
5. **Gliederung nach den Kreditnehmern**
   - gewerbliche Kredite
   - Kommunalkredite
   - Schiffskredite
   - Wohnungsbaukredite
   - Agrarkredite
   - persönliche Kredite
6. **Gliederung nach der Ausgestaltung des Gläubigeranspruchs**
   - Kredite mit unbedingtem Zahlungsanspruch
   - Kredite mit bedingtem Zahlungsanspruch
7. **Gliederung nach der Form der rechtlichen Besicherung**
   - Blankokredite
   - dinglich gesicherte Kredite
   - schuldrechtlich gesicherte Kredite
8. **Gliederung nach der Art des Kredits**
   - Warenkredite
   - Geldleihe
   - „Kreditleihe"
9. **Gliederung nach der Verbriefung des Kredits**
   - unverbriefte Kredite
   - verbriefte Kredite

Abbildung 33: Gliederungsmöglichkeiten der Kreditfinanzierung[428]

[428] Entnommen aus *Bieg, Hartmut*: Die Kreditfinanzierung. In: Der Steuerberater 1997, S. 223.

- **Ratentilgung**

Die Tilgung erfolgt in jährlich gleich bleibenden Tilgungsbeträgen bis zum Ende der vereinbarten Laufzeit, wobei die erste Zahlung bereits am Ende des ersten Jahres nach der Kreditgewährung oder nach einer vereinbarten mehr oder weniger langen tilgungsfreien Zeit erfolgt. Zinszahlungen erfolgen periodisch. Da die Zinszahlungen i. d. R. (vgl. **Abschnitt 5.2.3**) auf den jeweils in Anspruch genommenen, d. h. auf den durch bereits erfolgte Tilgungsleistungen verminderten Kreditbetrag zu leisten sind, die Tilgungsbeträge in den Tilgungsperioden aber stets gleich hoch sind, vermindert sich die periodische Zahlungsbelastung des Schuldners über die gesamte Tilgungsdauer. Nicht zuletzt wegen der bei Inflation zukünftig leichter fallenden Aufbringung der jährlichen Beträge ziehen Kreditnehmer jedoch den fallenden jährlichen Belastungen durch Zins- und Tilgungszahlungen steigende, zumindest aber konstante jährliche Belastungen vor.

- **Annuitätentilgung**

Verzinsung und Tilgung des Darlehens erfolgen in der Weise, dass der Schuldner pro Jahr (pro Quartal, pro Monat) einen stets gleichen Betrag leistet, der Tilgung und Zinszahlung enthält. Die Berechnung der jährlichen Gesamtbelastung im Fall der Annuitätentilgung erfolgt nach folgender Formel (**Abbildung 34**)[429]:

$$A = R \cdot \frac{i \cdot (1+i)^n}{(1+i)^n - 1}$$

A :	jährliche Gesamtbelastung
R :	Rückzahlungsbetrag
n :	Laufzeit des Darlehens in Jahren
i :	Zinssatz p.a.
$\frac{i \cdot (1+i)^n}{(1+i)^n - 1}$:	Kapitalwiedergewinnungsfaktor

Abbildung 34: Annuitätentilgung[430]

[429] „In Darlehensbeträgen wird vielfach die Höhe der Annuität durch den Zinssatz und den Tilgungssatz bezogen auf die ursprüngliche Darlehenssumme als glatter Betrag festgelegt (**abgerundete Annuität**). In diesem Fall ist die Tilgungsdauer zu berechnen. Handelt es sich um keine glatte Zahl, so muß außerdem noch die **Restzahlung** ermittelt werden.“ *Wöhe, Günter/Bilstein, Jürgen*: Grundzüge der Unternehmensfinanzierung. 9. Aufl., München 2002, S. 213-214.

[430] Entnommen aus *Bieg, Hartmut*: Die Kreditfinanzierung. In: Der Steuerberater 1997, S. 224.

5.2.3 Die Zinsstruktur

Entscheidend für die Zinsvereinbarung sind:

- Die Termine der Zinszahlungen

  Monatliche, quartalsweise oder jährliche Zinszahlungen können nachschüssig oder vorschüssig zu leisten sein.

- Die Bezugsgröße

  Der Zinssatz kann sich beziehen auf

  - die Restschuld, also den noch nicht getilgten Kreditbetrag,
  - den Nominalbetrag oder Nennbetrag (unabhängig von den bereits erbrachten Tilgungszahlungen).

- Der Zinssatz

  Ein über die gesamte Laufzeit des Darlehens fester Zinssatz kann ebenso vereinbart werden wie ein an eine andere Variable (z. B. Basiszins der Europäischen Zentralbank; EURIBOR)[431] gekoppelter Zinssatz. Von der so bestimmten Höhe des Nominalzinses ist die Effektivverzinsung, die in **Abschnitt 5.2.4** erläutert wird, zu unterscheiden.

  Der **Nominalzins**, der sich einerseits auf ein Jahr, andererseits auf die Bezugsgröße, also auf den Nominalbetrag oder auf die Restschuld des Darlehens, bezieht, gibt – bei Vereinbarung genau eines Zinszahlungszeitpunktes pro Jahr – an, welcher Teil der Bezugsgröße zu den jeweiligen Zinszahlungszeitpunkten vom Kreditnehmer an den Kreditgeber als Entgelt für die Kapitalüberlassung zu leisten ist. Sind im Kreditvertrag mindestens zwei Zinszahlungszeitpunkte pro Jahr vereinbart worden, so verringert sich der Teil der zu leistenden Bezugsgröße entsprechend.

5.2.4 Die Effektivverzinsung

Im Gegensatz zum Nominalzins eines Darlehens stellt die **Effektivverzinsung** den – im Allgemeinen ebenfalls auf ein Jahr bezogenen – Zinssatz dar, bei dem die Summe der mit ihm auf den Zeitpunkt der Kreditauszahlung diskontierten Zins- und Tilgungszahlungen genau dem Auszahlungsbetrag entspricht. Diese Überlegung entspricht den im Rahmen der Investitionsrechnung zum internen Zinssatz angestellten Überlegungen.[432]

Die Methodik zur Berechnung des Effektivzinses richtet sich nach den Vorgaben der Preisangabenverordnung (PAngV)[433]. Die PAngV legt hierbei, in Übereinstimmung mit der

---

[431] Euro Interbank Offered Rate; vgl. hierzu genauer **Abschnitt 5.3.4.3.3.4**

[432] Vgl. hierzu die Ausführungen in *Bieg, Hartmut/Kußmaul, Heinz*: Investition. 2. Aufl., München 2009, Abschnitt 4.2.3.

[433] Vgl. BGBl. I 2002, S. 4197.

maßgeblichen EU-Richtlinie vom 15.02.1998[434], als einheitliche Methode zur Ermittlung des Effektivzinssatzes bei Verbraucherkrediten die sogenannte ISMA-Methode,[435] zugrunde. Der Effektivzinssatz ergibt sich demnach ausgehend von der in folgender **Abbildung 35** dargestellten Formel:

$$A_0 = \sum_{t=1}^{T} Z_t \cdot (1 + i_{eff})^{-\frac{t}{365}}$$

Hierbei ist:

A_0 : Kreditauszahlungsbetrag im Auszahlungszeitpunkt 0

Z_t : Zins- und Tilgungszahlungen am Ende des Tages t (t = 1, ..., T in Tagen; i. S. d. t-ten Tages nach dem Kreditauszahlungszeitpunkt 0)

i_{eff} : Effektivzinssatz p.a.

T : Gesamtkreditlaufzeit in Tagen

Abbildung 35: Effektivzinsberechnung nach der ISMA-Methode

Da ein Monat 28, 29, 30 oder 31 Tage bzw. ein Jahr 365 oder 366 Tage haben kann, entsteht das Problem einer taggenauen Ermittlung des Effektivzinssatzes. Gemäß den Vorgaben der PAngV ist bei der Ermittlung des Effektivzinssatzes jedoch unabhängig von der konkreten Anzahl an Tagen eines Monats bzw. eines Jahres von 365 Tagen pro Jahr und 12 gleich langen Monaten auszugehen. Damit wird für jeden Monat eine durchschnittliche Länge von 30,416 Tagen zugrunde gelegt.

Die exakte Effektivzinsberechnung nach der ISMA-Methode erfolgt kalendergenau, indem die Gleichheit zwischen Kreditauszahlungsbetrag am Ende der Periode 0 (t_0) einerseits und diskontierten Zins- und Tilgungszahlungen sowie Kosten am Ende der Periode t (t = 1, ..., T; die Perioden werden exakt in Tagen gezählt) andererseits durch die Gleichung in **Abbildung 35** ausgedrückt wird.

Die ISMA-Methode zur Effektivzinsberechnung geht gemäß der in **Abbildung 35** genannten Gleichung von einer exponentiellen Verzinsung insbesondere im unterjährigen Bereich aus. Dies folgt aus dem Zusammenhang, dass alle Zins- und Tilgungszahlungen auf den Laufzeitbeginn des Darlehens mit Kreditauszahlung abgezinst werden und man hieraus den Effektivzinssatz ermittelt. Ferner erfolgt nach der ISMA-Methode eine tägliche Zinskapitalisierung.

---

[434] Richtlinie 98/7/EG des Europäischen Parlaments und des Rates vom 16. Februar 1998 in Amtsblatt der Europäischen Gemeinschaften, L 101, S. 17-23.

[435] ISMA steht für die Methode gemäß Rule 803 der „International Securities Market Association“.

Beispiel:

Ein Beispiel zur Effektivzinsberechung nach der PAngV verdeutlicht die beschriebenen Zusammenhänge. Frau Meier vergibt am 01.04.00 einen Kredit über $A_0 = 5.000$ EUR und vereinbart, dass der Schuldner, Herr Schmidt, folgende tabelliert vorliegende Raten zu erbringen hat.

Datum	Z_t
01.10.00	2.000
01.04.01	1.500
01.10.01	1.500
01.04.02	500
01.10.02	500

Zahlungsstrom:

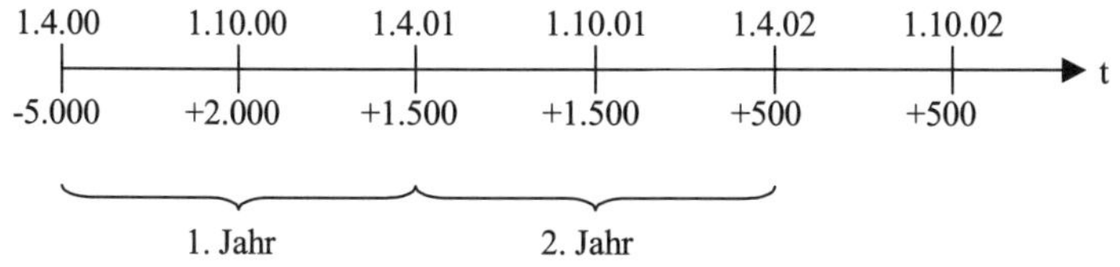

Abbildung 36: Zins- und Tilgungszahlungen eines Beispielkredits

Der Effektivzins dieses Kreditvertrages wird zum 01.04.00 nach der PAngV ermittelt. Jeder Monat geht hierbei zu 1/12 in die Berechnung ein. Ein Monat weist durchschnittlich 30,416 Tage auf.

Die nachfolgenden Gleichungen führen dann sukzessive zum gesuchten Effektivzins:

$$5.000 \overset{!}{=} 2.000 \cdot (1+i)^{-\frac{6}{12}} + 1.500 \cdot (1+i)^{-\frac{12}{12}} + 1.500 \cdot (1+i)^{-\frac{18}{12}} + 500 \cdot (1+i)^{-\frac{24}{12}} + 500 \cdot (1+i)^{-\frac{30}{12}}$$

$$\Leftrightarrow$$

$$0 \overset{!}{=} -5.000 + 2.000 \cdot (1+i)^{-\frac{1}{2}} + 1.500 \cdot (1+i)^{-1} + 1.500 \cdot (1+i)^{-\frac{3}{2}} + 500 \cdot (1+i)^{-2} + 500 \cdot (1+i)^{-\frac{5}{2}}$$

Die Lösung der Gleichung erfolgt nach dem *Newton*-Verfahren.[436]

$$\hat{r} = i_1 - \frac{C_{01}}{C'_{01}}:$$

$$C_{01} \overset{!}{=} -5.000 + 2.000 \cdot (1+i)^{-\frac{1}{2}} + 1.500 \cdot (1+i)^{-1} + 1.500 \cdot (1+i)^{-\frac{3}{2}} + 500 \cdot (1+i)^{-2} + 500 \cdot (1+i)^{-\frac{5}{2}}$$

$$C'_{01} \overset{!}{=} -1.000 \cdot (1+i)^{-\frac{3}{2}} - 1.500 \cdot (1+i)^{-2} - 2.250 \cdot (1+i)^{-\frac{5}{2}} - 1.000 \cdot (1+i)^{-3} - 1.250 \cdot (1+i)^{-\frac{7}{2}}$$

Wird als Kalkulationszinssatz $i_1 = 17$ % gewählt, so ergibt sich die Näherungslösung für den internen Zinsfuß $\hat{r}$ wie folgt:

436 Zum *Newton*-Verfahren siehe die Ausführungen in *Bieg, Hartmut/Kußmaul, Heinz*: Investition. 2. Aufl., München 2009, Abschnitt 4.2.3.2.

$$C_{01} = 19{,}2455496$$

$$C_{01}^{'} = -4.751{,}41062$$

$$\hat{r} = 0{,}17 - \left(\frac{19{,}2455496}{-4.751{,}41062} \right) = 0{,}1740505$$

$\Rightarrow$ **Effektivzins $i_{eff} \approx$ 17,405 %**

Im Folgenden wird die Effektivzinsberechnung um ein Disagio (Damnum) erweitert. Da durch ein vereinbartes Disagio der Auszahlungsbetrag des Kredits vermindert wird, kann mit Hilfe des Disagios die Effektivverzinsung des Darlehens beeinflusst werden. Mit zunehmender Höhe des Disagios (dies entspricht einem abnehmenden Auszahlungsbetrag) erhöht sich ceteris paribus die Effektivverzinsung des Darlehens. Aus diesem Grunde kann das Disagio auch als zusätzlicher Zins interpretiert werden. Dies gilt auch für ein bei der Rückzahlung zu leistendes Agio, also für den über dem Nominalwert liegenden Teil des Rückzahlungsbetrags. Beides lässt sich zur **Feineinstellung des Zinses** einsetzen. **Abbildung 37** verdeutlicht den beschriebenen Zusammenhang.

$$A_0 = K \cdot (1 - d) = K - D$$

$$K - D = \sum_{t=1}^{T} \frac{Z_t}{(1 + i_{eff})^t}$$

A_0	:	Kreditauszahlungsbetrag am Ende der Periode 0
K	:	nomineller Kreditbetrag
Z_t	:	Zins- und Tilgungszahlungen am Ende der Periode t (t = 1, ..., T)
D	:	absolutes Disagio
d	:	Disagio, relativ zum nominellen Kreditbetrag
i_{nom}	:	Nominalzinssatz p. a.
i_{eff}	:	Effektivzinssatz p. a.
T	:	Gesamtkreditlaufzeit in Perioden

Abbildung 37: Der Einfluss des Disagios auf die Effektivverzinsung eines Kredits[437]

Neben dieser mathematisch exakten Vorgehensweise zur Ermittlung des Effektivzinssatzes lässt sich der effektive Jahreszinssatz auch näherungsweise berechnen. Hierzu wird die Summe aus Nominalzinssatz, dem (linear verteilten) Jahresanteil des Disagios und der einmaligen Kosten und der laufenden Kosten zu dem Auszahlungsprozentsatz ins Verhältnis

[437] Entnommen aus *Bieg, Hartmut*: Die Kreditfinanzierung. In: Der Steuerberater 1997, S. 224.

gesetzt.[438] Es ergibt sich die folgende **Formel zur näherungsweisen Ermittlung des Effektivzinssatzes:**

$$i_{eff} = \frac{i_{nom} + \frac{d + k_e}{m} + k_l}{1 - d - k_e}$$

mit: i_{eff} : Effektivzinssatz p. a.
i_{nom} : Nominalzinssatz p. a.
d : Disagio (in % des Nominalbetrages)
k_e : einmalige Kosten (in % des Nominalbetrages)
m : mittlere Laufzeit des Darlehens
k_l : laufende Kosten (in % des Nominalbetrages)

5.2.5 Die Laufzeit

Auch wenn Kreditnehmer versuchen, den Zeitraum der Bereitstellung der finanziellen Mittel dem Zeitraum des Finanzbedarfs anzupassen (fristenkongruente Finanzierung),[439] können wegen mangelnder Voraussicht Anpassungen durch Kreditverlängerungen bzw. außerordentliche Kündigungen erforderlich werden.

5.2.6 Die Besicherung

5.2.6.1 Vorbemerkungen

Bei den als Sicherungsmittel in Betracht gezogenen Vermögensgegenständen wird der Kreditgeber regelmäßig eine Antwort auf folgende Fragen suchen:

- „Wie hoch ist – vorsichtig geschätzt – der derzeitige Wert des Sicherungsmittels? (Feststellung des **Beleihungswertes**)
- Bis zu welcher Höhe kann der Wert des Sicherungsmittels unter Berücksichtigung einerseits der Bonität des Kreditnehmers und damit der Wahrscheinlichkeit des Liquidationsfalles und andererseits der dabei möglichen Wertverluste des Sicherungsmittels, die sich aus der Differenz Beleihungswert ./. Liquidationswert ergeben, beliehen werden? (Festlegung der **Beleihungsgrenze**)
- Welche **Sicherungsform** soll für das Sicherungsmittel gewählt werden, damit der materielle Wert der Sicherheit auch rechtlich gewahrt bleibt?

---

438 Vgl. hierzu auch *Kußmaul, Heinz*: Betriebswirtschaftslehre für Existenzgründer. 6. Aufl., München 2008, S. 268; *Wöhe, Günter/Bilstein, Jürgen*: Grundzüge der Unternehmensfinanzierung. 9. Aufl., München 2002, S. 245-246.

439 Vgl. **Abschnitt 5.2.2**.

- Lohnt sich der im Zusammenhang mit der Bestellung, Verwaltung und etwaigen Verwertung des Sicherungsmittels entstehende **Aufwand**, verglichen mit dem aus dem Kreditgeschäft zu erwartenden Ertrag?“[440]

5.2.6.2 Die möglichen Ziele des Kreditgebers[441]

5.2.6.2.1 Die Erlangung von Verfahrensvorteilen bei der Eintreibung von Forderungen

Der Kreditgeber kann den Versuch unternehmen, Verfahrensvorteile zu erlangen, um die Möglichkeit der zwangsweisen Eintreibung von Forderungen zu verbessern. Insbesondere wird er bereits bei Abschluss des Kreditvertrags bzw. bei Auszahlung der Kreditvaluta darauf achten, dass er die Kreditgewährung später im Falle eines Prozesses gegen den Kreditnehmer vor Gericht beweisen kann. Er erreicht dies z. B. durch die **Beurkundung des Darlehens**, aber auch schon durch die im kaufmännischen Verkehr ohnehin übliche **Schriftform**.

5.2.6.2.2 Die Beschleunigung des Beitreibungsverfahrens

Der Kreditgeber kann durch bestimmte Maßnahmen eine Beschleunigung des Verfahrens bei Einklagung eines Geldbetrages erreichen. So kann sich der Schuldner bereits bei der Bestellung der Sicherheit – notariell beurkundet – der sofortigen Zwangsvollstreckung unterwerfen. Oder aber der Schuldner akzeptiert einen Wechsel, was ein beschleunigtes Verfahren beim später eventuell notwendigen Wechselprozess und eine Beschränkung der Einreden des Schuldners zur Folge hat.

5.2.6.2.3 Die Verschaffung von Vorrechten beim Zugriff auf einen bestimmten Vermögensgegenstand des Schuldners

Um im Schadensfall vor Verlustrisiken geschützt zu sein, hat der Kreditgeber auch die Möglichkeit, sich durch **sachenrechtliche** (also dingliche) **Kreditsicherheiten** Vorrechte vor anderen Gläubigern beim Zugriff auf das Sicherungsgut zu verschaffen. Dabei erwirbt der Kreditgeber Rechte an Vermögensgegenständen. Zu nennen sind hier (vgl. dazu aber genauer **Abschnitt 5.2.6.3.3**):

- der Eigentumsvorbehalt,
- die Sicherungsübereignung,
- Pfandrechte an beweglichen Sachen und Rechten sowie
- Grundpfandrechte.

---

[440] *Süchting, Joachim*: Finanzmanagement – Theorie und Politik der Unternehmensfinanzierung. 6. Aufl., Wiesbaden 1995, S. 211; Hervorhebungen im Original durch Kursivdruck.

[441] Vgl. auch *Drukarczyk, Jochen*: Finanzierung. 10. Aufl., Stuttgart 2008, S. 226-241.

5.2.6.2.4 Die Verschaffung von Sicherheiten bei anderen Personen als dem Kreditnehmer

Die **von Dritten geleisteten dinglichen Sicherheiten** (z. B. Grundpfandrecht auf Grundstücke Dritter) entsprechen grundsätzlich den in **Abschnitt 5.2.6.3.3** behandelten Sicherheiten; allerdings wird in diesem Fall die Haftungsmasse des Schuldners nicht geschmälert.

Haftet dem Kreditgeber durch gesonderten Vertrag **ein weiterer Schuldner persönlich**, so hat der Kreditgeber dadurch den Vorteil, Zugriff auf ein weiteres Vermögen zu erlangen (z. B. Bürgschaften).

5.2.6.3 Die Formen der Kreditsicherheiten

5.2.6.3.1 Überblick

Kreditsicherheiten sollen den Kreditgeber auch dann vor Vermögensverlusten schützen, wenn die Schuldnerunternehmung den Kapitaldienst für die Zins- und Tilgungszahlungen nicht mehr durch den Leistungsprozess erwirtschaften kann. Kreditsicherheiten sollen der Art des Kredits, dem Kreditvolumen und der Laufzeit entsprechen.

Abbildung 38 gibt einen Überblick über die wesentlichen Formen der Kreditsicherheiten, wobei schuldrechtliche Kreditsicherheiten (**Personalsicherheiten**) und sachenrechtliche (dingliche) Kreditsicherheiten (**Realsicherheiten**) unterschieden werden.

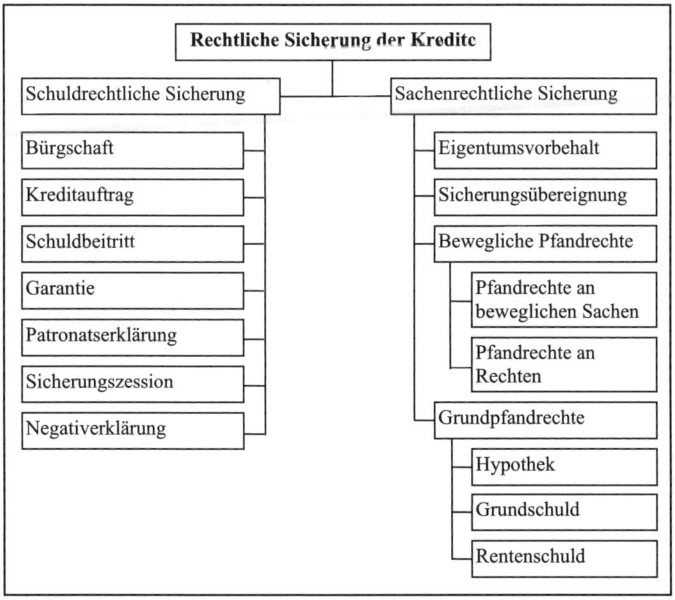

Abbildung 38: Kreditsicherheiten[442]

[442] Modifiziert entnommen aus *Wöhe, Günter/Bilstein, Jürgen*: Grundzüge der Unternehmensfinanzierung. 9. Aufl., München 2002, S. 181.

Nach einer anderen Unterteilung werden **akzessorische Kreditsicherheiten**, die vom Rechtsbestand der gesicherten Forderung des Kreditgebers abhängig sind, unterschieden von den **fiduziarischen Kreditsicherheiten**, die dem Kreditgeber im Außenverhältnis gegenüber Dritten eine isolierte Rechtsstellung unabhängig vom Rechtsbestand der Forderung einräumen. Zu den akzessorischen Kreditsicherheiten zählen z. B. Hypothek, Pfandrecht, Bürgschaft und Schuldbeitritt; zu den fiduziarischen Kreditsicherheiten zählen beispielsweise Grundschuld, Garantie, Sicherungsübereignung und Sicherungszession.

5.2.6.3.2 Die schuldrechtlichen Kreditsicherheiten

5.2.6.3.2.1 Die Bürgschaft

5.2.6.3.2.1.1 Grundsätzliches

Bei der Bürgschaft handelt es sich um einen einseitig verpflichtenden Vertrag. Dabei verpflichtet sich der Bürge dem Gläubiger eines Dritten gegenüber, für die Erfüllung der Verbindlichkeit des Dritten einzustehen.[443] Die Verbindlichkeit kann auch eine bedingte oder zukünftige sein.[444] Sie muss jedoch durch den Vertragsinhalt hinreichend bestimmbar sein. Da der Bürge dem Gläubiger neben dem Hauptschuldner mit seinem Gesamtvermögen für die Erfüllung der Verbindlichkeit haftet, stellt die Bürgschaft eine Form der **Personalsicherung** dar.

Voraussetzung für das Zustandekommen einer Bürgschaft ist die Einigung zwischen dem Bürgen und dem Gläubiger der Hauptforderung über den **Bürgschaftsvertrag**. Der Inhalt der Einigung muss dabei darauf gerichtet sein, dass sich der Bürge verpflichtet, für die Erfüllung der Verbindlichkeit des Hauptschuldners einstehen zu wollen. Hierdurch begründet der Bürge eine eigenständige, neue Verbindlichkeit, d. h., er übernimmt nicht die Schuld des Hauptschuldners, tritt dieser Schuld auch nicht bei und wird auch nicht Gesamtschuldner zusammen mit dem Hauptschuldner. Zu beachten ist, dass die Bürgschaft grundsätzlich der **Schriftform** bedarf, um Gültigkeit zu erlangen.[445] Durch die Schriftform sollen dem Bürgen die Risiken der einzugehenden Verpflichtung deutlich gemacht werden.

Sofern der Hauptschuldner seine Verbindlichkeit gegenüber dem Gläubiger bei Fälligkeit nicht begleicht, kann der Gläubiger den Bürgen aus der Bürgschaft in Anspruch nehmen und zur Erfüllung der Hauptforderung heranziehen. Voraussetzung für die Inanspruchnahme des Bürgen ist jedoch, dass der Gläubiger zuvor eine Zwangsvollstreckung in das Vermögen des Hauptschuldners ohne Erfolg versucht hat.[446] Die sich daraus für den Bürgen ergebende **Einrede der Vorausklage** soll sicherstellen, dass der Bürge erst dann in Anspruch genommen wird, wenn das Vermögen des Hauptschuldners allein nicht zur Befriedigung des Gläubigers ausreicht.

---

443 Vgl. § 765 Abs. 1 BGB.

444 Vgl. § 765 Abs. 2 BGB.

445 Vgl. § 766 Abs. 1 BGB; diese Formvorschrift findet jedoch keine Anwendung, falls die Bürgschaft für den Bürgen ein Handelsgeschäft darstellt (vgl. § 350 HGB).

446 Vgl. § 771 BGB.

Da mit Erlöschen der gesicherten Hauptforderung auch die Bürgschaft erlischt, zählt die Bürgschaft zu den **akzessorischen Kreditsicherheiten**.

5.2.6.3.2.1.2 Die Bürgschaftsformen

Neben dem dargestellten Normalfall der Bürgschaft lassen sich noch weitere Arten der Bürgschaft unterscheiden. **Abbildung 39** gibt einen Überblick über verschiedene weitere Ausprägungsformen.

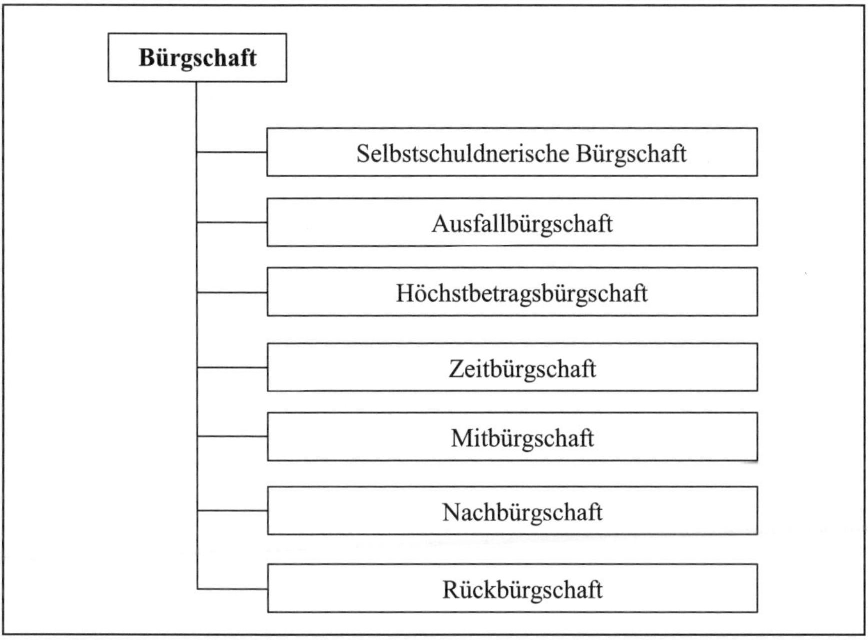

Abbildung 39: Ausgewählte Bürgschaftsformen[447]

- **Selbstschuldnerische Bürgschaft**

Bei dieser Art der Bürgschaft besitzt der Bürge nicht das Recht auf Einrede der Vorausklage gemäß § 771 BGB.[448] Somit ist der Bürge zur sofortigen Zahlung an den Gläubiger verpflichtet, wenn der Hauptschuldner die verbürgte Verbindlichkeit bei Fälligkeit nicht begleicht.

- **Ausfallbürgschaft**

Hier ist die Verpflichtung des Bürgen von vornherein auf den Teil der Forderung beschränkt, der nach Verwertung aller anderen gestellten Sicherheiten und nach der Zwangsvollstreckung in das Vermögen des Schuldners ungedeckt bleibt. Im Gegensatz zur gewöhnlichen Bürgschaft ist also der Ausfallbürge nicht auf die Einrede der Vorausklage gemäß

---

447 Entnommen aus *Bieg, Hartmut*: Die Kreditfinanzierung. In: Der Steuerberater 1997, S. 226.

448 Vgl. § 773 Abs. 1 Nr. 1 BGB.

§ 771 BGB angewiesen, da der Ausfall des Schuldners bereits zum anspruchbegründenden Tatbestand gehört.

- **Höchstbetragsbürgschaft**

Bei dieser Bürgschaftsart wird die Verpflichtung des Bürgen **auf einen bestimmten Betrag begrenzt**, d. h., er verpflichtet sich nicht in voller Höhe der Hauptschuld.

- **Zeitbürgschaft**

Bei der Zeitbürgschaft besteht – genauso wie bei der Höchstbetragsbürgschaft – eine Begrenzung der Haftung des Bürgen. Im Gegensatz zur Höchstbetragsbürgschaft ist die Haftung des Bürgen jedoch nicht der Höhe nach limitiert, sondern **auf eine bestimmte Zeit begrenzt**.[449] Zu unterscheiden sind hierbei die echte und die unechte Zeitbürgschaft. Eine **echte Zeitbürgschaft** besteht dann, wenn sich der Bürge gemäß § 777 Abs. 1 Satz 1 BGB für eine bereits bestehende Verbindlichkeit verbürgt. Seine Haftung beschränkt sich dann auf den verbürgten Betrag für die bestimmte Zeit. Bei der **unechten Zeitbürgschaft** hingegen übernimmt der Bürge die Haftung für alle Verbindlichkeiten, die der Hauptschuldner innerhalb der bestimmten Zeit eingeht. In diesem Fall ist seine Haftung für die aus der unechten Zeitbürgschaft resultierenden Verbindlichkeiten allerdings zeitlich unbefristet.[450]

- **Mitbürgschaft**

Mehrere Bürgen verbürgen sich für dieselbe Verbindlichkeit. Jeder der Bürgen haftet bis zur vollen Höhe der Hauptschuld, während der Gläubiger die Leistung nur einmal zu fordern berechtigt ist. Der Gläubiger kann somit die Leistung nach seinem Belieben von jedem der Bürgen ganz oder nur zu einem Bruchteil fordern.[451] Diese Haftung als **Gesamtschuldner** gilt auch dann, wenn die Bürgen die Bürgschaft nicht gemeinschaftlich übernehmen.[452] Derjenige Bürge, der vom Gläubiger in Anspruch genommen wird, hat gegen die anderen Mitbürgen Ausgleichsansprüche.

- **Nachbürgschaft**

Bei dieser Bürgschaftsform steht der Nachbürge dafür ein, dass der Hauptbürge seine Bürgschaftsverpflichtungen erfüllt.

- **Rückbürgschaft**

Nimmt ein Gläubiger einen Bürgen aus seiner Bürgschaft in Anspruch, so geht die Forderung des Gläubigers gegen den Hauptschuldner, soweit der Bürge den Gläubiger befriedigt, auf den Bürgen über.[453] Der Bürge erleidet dann insoweit Ausfälle, als der Hauptschuldner seinen Verpflichtungen nicht nachkommt, die Ansprüche des Bürgen also genauso wenig befriedigt wie die des ursprünglichen Gläubigers. Da dies ein wahrscheinlicher Fall ist – denn sonst wäre der Hauptschuldner bereits seinen Verpflichtungen gegen den Gläubiger

---

[449] Vgl. § 777 Abs. 1 Satz 1 BGB.

[450] Vgl. hierzu *Reeb, Hartmut*: Recht der Kreditfinanzierung. München 1994, S. 85.

[451] Vgl. § 421 BGB.

[452] Vgl. § 769 BGB.

[453] Vgl. § 774 Abs. 1 Satz 1 BGB.

nachgekommen –, kann sich der Bürge durch eine sogenannte Rückbürgschaft zu schützen versuchen. Hierbei übernimmt der Rückbürge die Haftung dafür, dass die Rückgriffsansprüche des Bürgen gegen den Hauptschuldner erfüllt werden.

5.2.6.3.2.2 Der Kreditauftrag

Bei einem Kreditauftrag beantragt nicht der Schuldner selbst die Einräumung eines Kredits. Vielmehr wird der **Kreditgeber** (Gläubiger) **von einem Dritten beauftragt**, im eigenen Namen und für eigene Rechnung dem Schuldner einen **Kredit zu gewähren**. Wird der Kredit gewährt, so erwirbt der Kreditgeber zwei Ansprüche. Einerseits haftet ihm der Kreditnehmer aus dem Kreditvertrag für die Erfüllung der Verbindlichkeit. Andererseits haftet der Auftraggeber dem Kreditgeber für die aus der Kreditgewährung entstandene Verbindlichkeit des Kreditnehmers als Bürge.[454]

5.2.6.3.2.3 Der Schuldbeitritt

Beim Schuldbeitritt **verpflichtet sich** neben dem eigentlichen Kreditnehmer **eine weitere Person als Gesamtschuldner**. Somit schulden dem Gläubiger dann mehrere Personen eine Leistung in der Weise, dass jeder Gesamtschuldner verpflichtet ist, die ganze Leistung zu bewirken, der Gläubiger aber die Leistung nur einmal zu fordern berechtigt ist.[455] Da die Entstehung des Schuldbeitritts von dem Bestehen der Hauptschuld abhängig ist, zählt der Schuldbeitritt zu den **akzessorischen Kreditsicherheiten**. Der Vertrag kann entweder mit dem Gläubiger selbst oder mit dem Hauptschuldner vereinbart werden. Wird der Schuldbeitritt mit dem Hauptschuldner vereinbart, so muss der Gläubiger den Vertrag genehmigen.

5.2.6.3.2.4 Die Garantie

Ebenso wie die Bürgschaft stellt auch die Garantie einen **einseitig verpflichtenden Vertrag** dar. Bei der Garantie handelt es sich um einen Vertrag, durch den die Verpflichtung, für den Eintritt eines bestimmten zukünftigen Erfolgs einzustehen, begründet oder das Risiko einer zukünftigen Gefahr übernommen wird. Die Garantie ist **gesetzlich nicht besonders geregelt**. Aus diesem Grunde finden die allgemeinen **Grundsätze des Schuldrechts** Anwendung.

Durch Abgabe einer Garantie geht der Garantierende eine neue, selbstständige Verpflichtung gegenüber dem Begünstigten ein, die vom Bestehen und Umfang einer anderen Verbindlichkeit völlig unabhängig ist. Da die Verpflichtung keiner Veränderung unterliegt, also auch dann noch gilt, wenn die Verbindlichkeit des Hauptschuldners nicht entstanden ist oder später wegfällt, zählt die Garantie zu den **fiduziarischen Kreditsicherheiten**. Somit stellt die Verpflichtung des Garanten eine größere Verpflichtung dar als die des Bürgen. Umgekehrt bietet eine Garantie dem Kreditgeber eine wertvollere Sicherheit als eine Bürgschaft.

---

454 Vgl. § 778 BGB.

455 Vgl. § 421 Satz 1 BGB.

5.2.6.3.2.5 Die Patronatserklärung

Unter der Bezeichnung **„Patronatserklärung"** findet man in der Praxis eine Vielzahl von Erklärungen, deren Gemeinsamkeit darin besteht, dass eine Muttergesellschaft einem Kreditgeber ihrer Tochtergesellschaft Handlungen oder Unterlassungen verspricht oder in Aussicht stellt, um dessen Kreditbereitschaft zu fördern oder zu erhalten. Die Patronatserklärung ist eine Entwicklung der Praxis und bezweckte ursprünglich, den bei Bürgschaften oder Garantien notwendigen Bilanzvermerk oder gegebenenfalls eine Berichterstattung zu vermeiden. Dem trug die später eingeführte Vermerk- und Berichterstattungspflicht bei Patronatserklärungen Rechnung.[456]

Die Rechtsfolgen einer Patronatserklärung sind je nach ihrem Inhalt verschieden, ihr Wert als Sicherheit ist oft zweifelhaft. Der verpflichtende Charakter ist vom Wortlaut der Patronatserklärung abhängig; die Grenzen für die Begründung einer Leistungspflicht sind umstritten.

Die Patronatserklärungen lassen sich auf einige Grundformen zurückführen, die jede für sich oder kombiniert miteinander Verwendung finden. In ihnen sagt eine Gesellschaft z. B. einer ihrer Tochterunternehmung Kredit gewährenden Bank zu, „für die Dauer des Kreditverhältnisses

(1) das Gesellschaftsverhältnis mit der Tochtergesellschaft beizubehalten;

(2) den Unternehmensvertrag mit der Tochtergesellschaft nicht zu ändern, aufzuheben oder zu kündigen;

(3) die Tochtergesellschaft dahin zu beeinflussen, dass sie ihren Verbindlichkeiten (gegenüber dem Gläubiger) nachkommt;

(4) die Tochtergesellschaft finanziell so ausgestattet zu halten, dass sie ihren Verbindlichkeiten (gegenüber dem Gläubiger) nachkommen kann;

(5) eine bestimmte Kapitalausstattung bei der Tochtergesellschaft aufrechtzuerhalten".[457]

Nach Auffassung des IDW lösen die Grundformen (1) bis (3) im Allgemeinen keine, wohl aber (4) und (5) eine Vermerkpflicht in der Bilanz der Muttergesellschaft aus, weil in den beiden letzten Fällen von der Muttergesellschaft die Gewähr für eine Liquiditäts- bzw. Kapitalausstattung der Tochterunternehmung übernommen wird (**„harte" Patronatserklärung**).

---

[456] Vgl. HFA des IDW: Stellungnahme HFA 2/1976: Zur aktienrechtlichen Vermerk- und Berichterstattungspflicht bei Patronatserklärungen gegenüber dem Kreditgeber eines Dritten. In: Die Wirtschaftsprüfung 1976, S. 528-535 sowie den Ersatz dieser Stellungnahme durch den HFA des IDW: Rechnungslegungshinweis HFA 1.013: Handelsrechtliche Vermerk- und Berichterstattungspflichten bei Patronatserklärungen. In: IDW Fachnachrichten 2008, S. 116-119.

[457] HFA des IDW: Rechnungslegungshinweis HFA 1.013: Handelsrechtliche Vermerk- und Berichterstattungspflichten bei Patronatserklärungen. In: IDW Fachnachrichten 2008, S. 117.

5.2.6.3.2.6 Die Sicherungszession

Die Abtretung einer Forderung (Zession) hat den Übergang der Forderung von dem bisherigen Gläubiger (Zedent) auf den neuen Gläubiger (Zessionar) zur Folge (vgl. **Abbildung 40**). Für die Sicherungszession gelten die Vorschriften des BGB über die Übertragung von Forderungen (§§ 398-413 BGB). Zedent und Zessionar müssen sich über den Forderungsübergang einigen, wobei die Einigung grundsätzlich formfrei möglich ist.

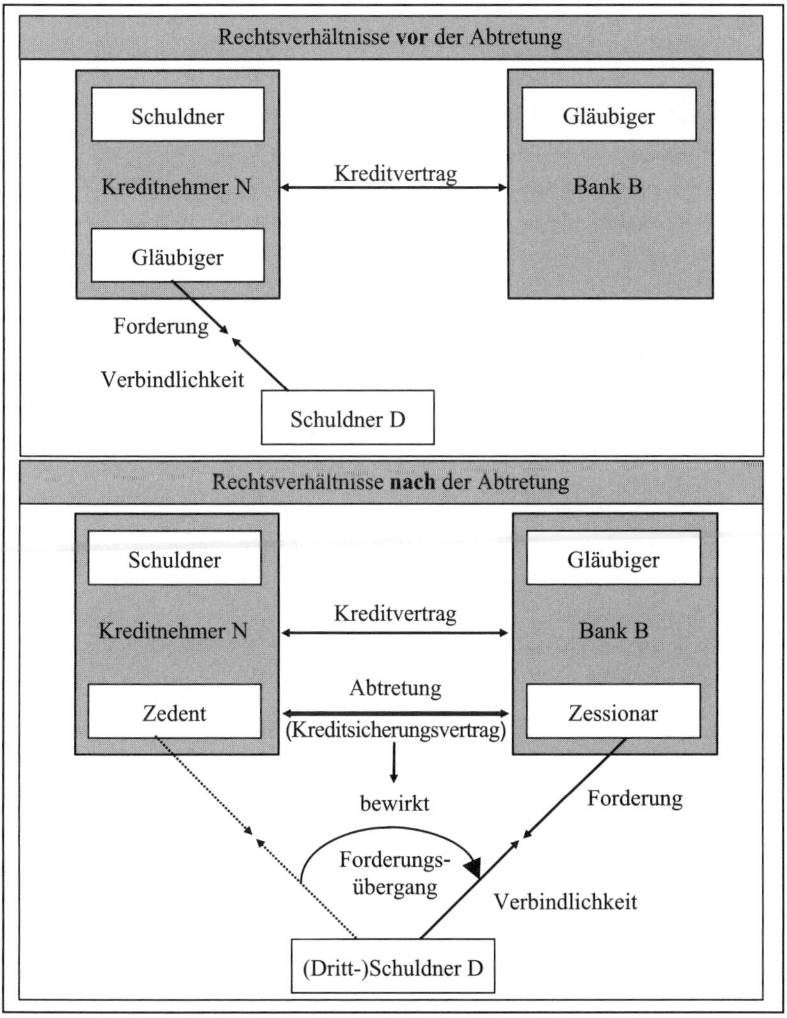

Abbildung 40: Die Abtretung einer Forderung[458]

[458] Modifiziert entnommen aus *Grill, Wolfgang/Perczynski, Hans*: Wirtschaftslehre des Kreditwesens. 42. Aufl., Bad Homburg v. d. H. 2008, S. 374.

Obwohl dies in § 398 BGB nicht ausdrücklich geregelt ist, können auch künftige Forderungen abgetreten werden (sogenannte **Vorausabtretung**). Erforderlich ist aber, dass die künftigen Forderungen zumindest bestimmbar sind, d. h., die abzutretende Forderung muss bei ihrer Abtretung so umschrieben werden, dass sie spätestens bei ihrer Entstehung nach Gegenstand und Umfang zweifelsfrei bestimmt werden kann.

Werden **Forderungen zur Sicherung eines Kredits abgetreten**, so ersetzen sie nicht die aus dem Kreditverhältnis bestehende Hauptforderung. Die Hauptforderung bleibt uneingeschränkt bestehen. Die abgetretene Forderung dient dem Kreditgeber vielmehr als Sicherheit für den gewährten Kredit; er kann sie bei Ausfall seines Kreditnehmers dahingehend verwerten, dass er die abgetretene Forderung gegenüber dem aus dieser Forderung Verpflichteten (Drittschuldner) geltend macht. Mit der Abtretung tritt also der neue Gläubiger in vollem Umfang an die Stelle des bisherigen Gläubigers.[459] Bei der Sicherungszession handelt es sich somit – materiell gesehen – um eine Form der **Personalsicherung**, da dem Kreditgeber weitere Schuldner (Drittschuldner) zugeführt werden, die ihm mit ihrem jeweiligen Vermögen für die Erfüllung ihrer Verpflichtungen aus den abgetretenen Forderungen haften. Allerdings soll der Drittschuldner durch die Abtretung nicht benachteiligt werden. Er kann deshalb dem neuen Gläubiger alle Einwendungen entgegensetzen, die zur Zeit der Abtretung gegen den bisherigen Gläubiger begründet waren.[460] Dies gilt auch dann, wenn der neue Gläubiger hiervon nichts wusste.

Es lassen sich zwei Formen der Sicherungszession unterscheiden: die offene und die stille Sicherungszession.

- Bei der **offenen Sicherungszession** wird der Drittschuldner von der Abtretung benachrichtigt. Er kann dann mit befreiender Wirkung nur noch an den neuen Gläubiger leisten.[461] Er ist dem neuen Gläubiger jedoch nur gegen Aushändigung einer von dem bisherigen Gläubiger über die Abtretung ausgestellten Urkunde zur Leistung verpflichtet.[462] Diese Urkunde muss vom bisherigen Gläubiger auf Verlangen des neuen Gläubigers ausgestellt werden.[463]

- Im Falle der **stillen Zession** findet eine solche Benachrichtigung nicht statt. Der Zessionar wird zwar wirksam Gläubiger der abgetretenen Forderung; da der Drittschuldner jedoch von der Existenz eines neuen Gläubigers nichts weiß, tilgt er seine Schuld weiterhin durch Zahlung an den ursprünglichen Gläubiger.[464] Der Zedent macht, falls dies notwendig wird, die Forderung in eigenem Namen klageweise geltend. Hierin liegen jedoch nicht unerhebliche **Risiken für den Zessionar**. So hat dieser beispielsweise keinerlei Möglichkeit, die Ordnungsmäßigkeit der Forderungsabtretung durch Nachfrage beim Drittschuldner zu überprüfen. Es kommt hinzu, dass der die Zahlung emp-

---

459 Vgl. § 398 Satz 2 BGB.

460 Vgl. § 404 BGB.

461 Vgl. § 407 Abs. 1 BGB.

462 Vgl. § 410 Abs. 1 Satz 1 BGB.

463 Vgl. § 403 Satz 1 BGB.

464 Vgl. § 407 BGB.

fangende ursprüngliche Gläubiger diese an den Erwerber der Forderung abführen muss.

Infolge ihrer Publizitätswirkung kann die offene Zession das Ansehen des Zedenten im Geschäftsverkehr beeinträchtigen. Deshalb ist in der Praxis die stille Zession – trotz aller Risiken – durchaus üblich. Die Kreditinstitute (in ihrer Position als Zessionare) versuchen aber i. d. R., das mit einer stillen Zession verbundene Risiko dadurch zu verringern, dass sie sich bereits im Zeitpunkt der Forderungszession von ihren Kreditnehmern (Zedenten) unterschriebene **Blanko-Abtretungsanzeigen** aushändigen lassen. Im Bedarfsfall können diese dann von dem Kreditinstitut an den Drittschuldner versandt werden, um diesem die erfolgte Zession doch noch mitzuteilen. Dies hat für den Zessionar den Vorteil, dass ab diesem Zeitpunkt eine offene Forderungszession vorliegt, so dass der Drittschuldner die abgetretene Forderung nur noch gegenüber dem Zessionar erfüllen kann.[465]

Im Allgemeinen wird die Laufzeit des dem Kunden des Kreditinstituts gewährten Kredits länger als die Laufzeit der dem Kreditinstitut zur Sicherung abgetretenen Forderung(en) des Kreditnehmers sein. In solchen Fällen entsteht ein **Interessenkonflikt** zwischen dem Kreditnehmer (Zedenten) und dem kreditgewährenden Institut (Zessionar). Würde der Zessionar die Tilgung der früher fälligen zedierten Forderung erhalten, so wäre der länger laufende Kredit vor der vereinbarten Fälligkeit bereits getilgt. Dies liefe den Interessen des Kreditnehmers zuwider, da er einen Kredit mit der längeren Laufzeit benötigt. Führte hingegen der Zessionar den vom Drittschuldner gezahlten Betrag an den Kreditnehmer ab, so wäre der von ihm gewährte Kredit ab diesem Zeitpunkt unbesichert.

Um in derartigen Fällen einen Ausgleich zwischen den Interessen des Kreditnehmers und Kreditgebers zu erreichen, hat sich in der Praxis folgende Vorgehensweise entwickelt: In allen Fällen, in denen die Laufzeit der abgetretenen Forderung(en) kürzer als die Laufzeit des gewährten Kredits ist, darf der Kreditnehmer über den eingegangenen Forderungsbetrag verfügen. Dafür muss er jedoch dem Kreditgeber eine **Ersatzforderung** als Sicherheit abtreten. Für die Abtretung solcher Ersatzforderungen hat die Praxis zwei Formen entwickelt: die Global- und die Mantelzession.

- Bei der **Globalzession** vereinbaren Kreditnehmer und Kreditgeber, dass alle Forderungen, die der Kreditnehmer während der Laufzeit des Kredits gegen einen abgegrenzten Kreis seiner Kunden erwirbt, an den Kreditgeber abgetreten werden, ohne dass eine gesonderte Einigung mit dem Kreditgeber bezüglich jeder einzelnen Forderung für die Wirksamkeit der Forderungsabtretung insgesamt erforderlich wäre. Die einzelnen Forderungen gehen automatisch mit ihrem Entstehen auf den neuen Gläubiger über. Bei der Globalzession ist die Gesamthöhe der abgetretenen Forderungen variabel, d. h., es ist möglich, dass die Summe der abgetretenen Forderungen zeitweise mehr oder weniger als die Darlehenssumme beträgt. Sowohl die stille Zession als auch die offene Zession sind bei der Globalzession möglich.
- Im Unterschied zur Globalzession verpflichtet sich bei der **Mantelzession** der Kreditnehmer, laufend Forderungen in einer bestimmten – vertraglich vereinbarten – Ge-

[465] Vgl. § 410 Abs. 1 BGB.

samthöhe abzutreten. Die Abtretung selbst wird, im Gegensatz zur Globalzession, jedoch erst wirksam, wenn dem Kreditgeber die Forderungen entweder in Form von Rechnungskopien oder durch Debitorenlisten eingereicht werden. Zwar werden dem Kreditgeber auch im Falle der Globalzession Debitorenlisten übergeben, damit er einen Überblick über die Höhe der Kreditsicherheit bekommt. Zur Wirksamkeit der Sicherungsabtretung sind sie bei der Globalzession allerdings nicht erforderlich. Auch bei der Mantelzession sind sowohl die stille Zession als auch die offene Zession möglich.

5.2.6.3.2.7 Die Negativerklärung

Unter einer Negativerklärung versteht man die **schuldrechtliche Verpflichtung** des Schuldners, während der Laufzeit des Kredits sein **Vermögen nicht zum Nachteil des Kreditgebers zu verändern**. Mit Hilfe einer Negativerklärung wird versucht, die Wünsche sowohl des Kreditnehmers als auch des Kreditgebers zu berücksichtigen. Während der Kreditnehmer bestrebt ist, eine Belastung seines Vermögens zu vermeiden, bemüht sich der Kreditgeber, eine sich für ihn durch eine Besserstellung anderer Gläubiger ergebende Benachteiligung zu verhindern.

Negativerklärungen finden hauptsächlich im **Emissionsgeschäft** sowie im **industriellen Großkreditgeschäft** Anwendung. Da eine Belastung des Anlagevermögens im Allgemeinen als eine Belastung für die internationale Kreditwürdigkeit einer Unternehmung angesehen wird, versucht der Kreditnehmer, mit Hilfe von Negativklauseln sein Standing auf den internationalen Finanzmärkten (verglichen mit der Belastung des Anlagevermögens) zu verbessern.[466]

Mit Abgabe einer Negativerklärung wird der Kreditnehmer grundsätzlich gegenüber bestimmten Kreditgebern in seiner Befugnis beschränkt, bestimmte Vermögensgegenstände zu belasten oder zu veräußern. Negativerklärungen können den Kreditnehmer z. B. dazu verpflichten,

- seinen Grundbesitz weder zu verkaufen noch zu belasten,
- keine sonstigen Sicherheiten zugunsten Dritter zu bestellen,
- neben der Nichtbelastungsverpflichtung gewisse Bilanzrelationen einzuhalten oder
- keine Kredite bei anderen Personen aufzunehmen.[467]

Hat der Kreditnehmer eine Negativerklärung abgegeben, so sind die genannten Veränderungen des Vermögens des Kreditnehmers nur noch mit Zustimmung des Kreditgebers möglich. Der Kreditnehmer wird daher durch Abgabe einer Negativerklärung in seiner unternehmerischen Entscheidungsfreiheit u. U. stark eingeschränkt. Während der Gläubiger durch die Negativerklärung des Schuldners zwar erreichen kann, dass das Schuldnervermögen nicht zusätzlich durch Dritte belastet wird oder dass dritte Personen keine bevorzugte Stellung durch Gewährung von Sicherheiten erhalten können, ist der **Wert** einer Negativer-

---

[466] Vgl. *Obermüller, Manfred*: Ersatzsicherheiten im Kreditgeschäft. Wiesbaden 1987, S. 128.

[467] Vgl. zu den einzelnen Negativklauseln *Obermüller, Manfred*: Ersatzsicherheiten im Kreditgeschäft. Wiesbaden 1987, S. 128-136.

klärung **als Sicherheit** als **eher gering** zu beurteilen. Im Falle der Insolvenz des Kreditnehmers gewährt die Negativerklärung dem Kreditgeber nämlich keine bevorrechtigte Stellung gegenüber anderen Gläubigern. Der Kreditgeber „kann lediglich – notfalls im Wege der einstweiligen Verfügung – vor der Eröffnung eines Insolvenzverfahrens verhindern, daß andere Gläubiger Sicherheiten und damit eine bevorzugte Befriedigung erlangen und die Quote der Bank [allgemeiner: des Kreditgebers; d. Verf.] schmälern“.[468]

5.2.6.3.3 Die sachenrechtlichen Kreditsicherheiten

5.2.6.3.3.1 Der Eigentumsvorbehalt

Diese Kreditsicherheit findet hauptsächlich bei Lieferantenkrediten (vgl. **Abschnitt 5.4.2.1**) Anwendung. Der Eigentumsvorbehalt stellt eine Vereinbarung zwischen Verkäufer und Käufer einer beweglichen Sache dar, wonach das Eigentum an der gelieferten Sache erst dann vom Verkäufer auf den Käufer übergeht, wenn Letzterer die Sache vollständig bezahlt hat.

Diese Konstruktion hat für beide beteiligten Parteien **Vorteile**. Einerseits wird der Käufer Besitzer der Sache, d. h., er kann sie bereits vor vollständiger Bezahlung nutzen; andererseits ist die Kaufpreisforderung des Verkäufers dadurch gesichert, dass dieser das Eigentum an der Sache bis zu ihrer vollständigen Bezahlung durch den Käufer behält. Kommt der Käufer der Sache mit seinen Zahlungen in Verzug, so bewirkt der Eigentumsvorbehalt, dass der Verkäufer zum Rücktritt vom Kaufvertrag berechtigt ist.[469] Er kann dann vom Besitzer die Herausgabe der Sache verlangen.[470] Mit vollständiger Bezahlung der Sache durch den Käufer erlischt der Eigentumsvorbehalt des Verkäufers. Das Eigentum geht dann automatisch auf den Käufer über.

Mit dem Eigentumsvorbehalt sind allerdings auch gewisse **Risiken** für den Verkäufer verbunden. Veräußert nämlich der Käufer die Sache ohne Zustimmung des Verkäufers und erwirbt der neue Käufer die Sache in gutem Glauben, weiß also der neue Käufer nicht, dass die Sache nicht dem Veräußerer gehörte, so geht das Eigentum an der erworbenen Sache auf den neuen Käufer über und der (ursprüngliche) Verkäufer verliert seinen Eigentumsvorbehalt an der Sache.[471] Ein weiteres Risiko für den Verkäufer stellt die Verarbeitung der Sache zu einer neuen Sache dar. Auch in diesem Falle verliert der Verkäufer i. d. R. seinen Eigentumsvorbehalt und das Eigentum geht auf den Hersteller der neuen Sache über.[472]

Wenn eine Sache von einer Unternehmung nur gekauft wird, um sie weiterzuverkaufen oder weiterzuverarbeiten, stellt der (einfache) Eigentumsvorbehalt für den Verkäufer der Sache keine ausreichende Sicherheit dar. Deshalb wurde in der Praxis der **verlängerte Eigentumsvorbehalt** als eine Sonderform des Eigentumsvorbehalts entwickelt.

---

468 *Obermüller, Manfred*: Ersatzsicherheiten im Kreditgeschäft. Wiesbaden 1987, S. 139.

469 Vgl. § 449 BGB.

470 Vgl. § 985 BGB.

471 Vgl. § 932 BGB.

472 Vgl. § 950 BGB.

Der verlängerte Eigentumsvorbehalt tritt dabei in zwei Formen auf:

- Zum einen kann der Verkäufer den Käufer zur **Weiterveräußerung** der unter Eigentumsvorbehalt gelieferten Sache ermächtigen, wobei gleichzeitig eine Vorausabtretung der aus dem Weiterverkauf der Sache entstandenen Kundenforderung vereinbart wird.
- Zum anderen kann der Verkäufer den Käufer dazu ermächtigen, die unter Eigentumsvorbehalt gelieferte Sache **weiterzuverarbeiten**. Hierbei wird gleichzeitig vereinbart, dass – abweichend von § 950 BGB – das Eigentum an der neuen Sache nicht dem Käufer als Hersteller der neuen Sache, sondern dem Verkäufer zusteht.

5.2.6.3.3.2 Die Sicherungsübereignung

Beim Eigentumsvorbehalt liegt die Sicherheit für den Kreditgeber darin, dass er bis zur vollständigen Bezahlung Eigentümer der gelieferten Sache bleibt, der Kreditnehmer also zwar den Besitz, jedoch (vorerst) nicht das Eigentum erlangt. Bei der Sicherungsübereignung wird dem Kreditgeber das Eigentum (sowie der mittelbare Besitz) an einer Sache zu Sicherungszwecken verschafft, während der Kreditnehmer den unmittelbaren Besitz der Sache hält. Der **Kreditgeber** wird also – analog zum Eigentumsvorbehalt – zwar **Eigentümer, jedoch nicht Besitzer des Sicherungsgutes**. Somit erlaubt es die Sicherungsübereignung, auch laufend benötigte Gegenstände als Sicherheiten anzubieten, da diese auch nach der Bestellung der Sicherheit beim Sicherungsgeber verbleiben und von ihm genutzt werden können. Zu beachten ist, dass **lediglich bewegliche Sachen** sicherungsübereignet werden können.

Wie bei der Sicherungszession handelt es sich bei der Sicherungsübereignung um ein **fiduziarisches Rechtsgeschäft**. Dem Gläubiger wird zwar nach außen hin die Stellung eines voll und selbstständig Berechtigten eingeräumt, der Kreditgeber erhält also uneingeschränktes Eigentum an dem Sicherungsgegenstand. Er ist aber im Innenverhältnis dem Besteller der Sicherheit gegenüber verpflichtet, von der ihm übertragenen Rechtsposition keinen Gebrauch zu machen, der über den Sicherungszweck hinausgeht. Er kann also die übereignete Sache nur bei Nichterfüllung der gesicherten Hauptforderung verwerten. Der Kreditgeber wird sogenannter **Treuhandeigentümer**.

Für die Sicherungsübereignung, die im Gesetz keine Erwähnung findet, gelten die allgemeinen Regelungen über die Übertragung des Eigentums an einer beweglichen Sache (§§ 929-936 BGB). Während die Übertragung des Eigentums an einer Sache im Allgemeinen durch Einigung über den Eigentumsübergang zwischen den beiden beteiligten Parteien und durch Übergabe der Sache vom bisherigen Eigentümer an den zukünftigen Eigentümer erfolgt,[473] weicht die Sicherungsübereignung von dieser Regelung ab. Zwar müssen sich auch bei der Sicherungsübereignung Kreditgeber und Eigentümer der Sache, die sicherungsübereignet werden soll, darüber einigen, dass das Eigentum an der Sache auf den Kreditgeber übergehen soll. Die Sicherungsübereignung zeichnet sich jedoch gerade dadurch aus, dass eine Übergabe des Sicherungsgutes an den Kreditgeber nicht stattfindet. Die Übergabe der Sache

---

473 Vgl. § 929 BGB.

wird durch die Vereinbarung eines sogenannten **Besitzkonstituts** ersetzt,[474] d. h., zwischen den Vertragsparteien wird ein Rechtsverhältnis vereinbart, aufgrund dessen der (bisherige) Eigentümer im unmittelbaren Besitz der Sache bleibt und der Kreditgeber den mittelbaren Besitz an der Sache erlangt. Ein solches Rechtsverhältnis wird als **Besitzmittlungsverhältnis** bezeichnet.

Die Sicherungsübereignung ist außerdem nur wirksam, wenn der Sicherungsgeber Berechtigter ist. Ein Eigentumserwerb von Nichtberechtigten ist bei der Sicherungsübereignung praktisch ausgeschlossen. Er wäre nur möglich, wenn der Eigentumserwerber bezüglich des Eigentums gutgläubig wäre, die Sache niemandem gestohlen wurde[475] und die Sache dem Erwerber vom Veräußerer übergeben wird.[476] Letzteres soll aber bei der Sicherungsübereignung gerade vermieden werden. **Abbildung 41** fasst den Vorgang der Sicherungsübereignung und deren Rechtsfolgen zusammen.

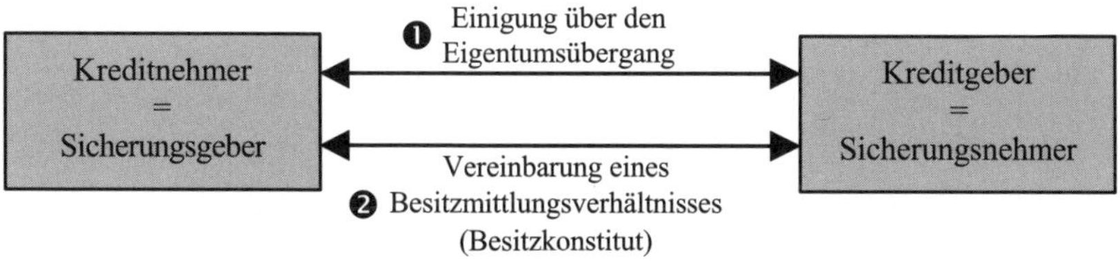

Rechtsfolgen der Sicherungsübereignung:

1. **Der Kreditnehmer (Sicherungsgeber) bleibt unmittelbarer Besitzer**
   → Er übt direkt die tatsächliche Herrschaft über die Sache aus.
2. **Der Kreditgeber (Sicherungsnehmer) wird mittelbarer Besitzer und Eigentümer**
   → Er übt indirekt die tatsächliche Herrschaft über die Sache aus.
   → Er übt die rechtliche Herrschaft über die Sache aus.

Abbildung 41: Die Sicherungsübereignung[477]

5.2.6.3.3.3 Das Pfandrecht

5.2.6.3.3.3.1 Vorbemerkungen

Während bei den zunächst behandelten sachenrechtlichen Kreditsicherheiten (Eigentumsvorbehalt und Sicherungsübereignung) die Sicherung des Kreditgebers darin besteht, dass er sich das Eigentum an einer Sache zurückbehält oder ihm das Eigentum vom Kreditnehmer übertragen wird, zeichnet sich das Pfandrecht dadurch aus, dass der Kreditgeber nicht das Eigentum an der Sache erlangt, sondern grundsätzlich in den **Besitz** der Sache kommt. Da es bei Immobilien – im Gegensatz zu Mobilien – nicht praktikabel ist, dem Kreditgeber den

474 Vgl. § 930 BGB.

475 Vgl. §§ 932, 935 BGB.

476 Vgl. § 933 BGB.

477 Modifiziert entnommen aus *Bieg, Hartmut*: Die Kreditfinanzierung. In: Der Steuerberater 1997, S. 273.

unmittelbaren Besitz an der zu verpfändenden Immobilie zu verschaffen, unterscheidet man die Pfandrechte an beweglichen Sachen und Rechten[478] und die Pfandrechte an Grundstücken (Grundpfandrechte).[479]

5.2.6.3.3.3.2 Die beweglichen Pfandrechte

5.2.6.3.3.3.2.1 Das Pfandrecht an beweglichen Sachen

Das Pfandrecht an beweglichen Sachen stellt ein **dingliches Verwertungsrecht** an einer Sache dar. Der Gläubiger einer Forderung wird durch das Pfandrecht dadurch gesichert, dass er – sollte der Schuldner seinen Zahlungsverpflichtungen nicht nachkommen – das Pfand veräußern und sich aus dem erzielten Erlös befriedigen kann. Beim Pfandrecht erfolgt die **Bestellung** durch

- Einigung zwischen dem Eigentümer und Pfandgläubiger über die Entstehung des Pfandrechts und
- die Übergabe der Sache vom Verpfänder an den Pfandgläubiger[480] bzw. Vereinbarung eines Übergabesurrogates.[481]

Wird eine bewegliche Sache verpfändet, so

- wird sie dem Pfandgläubiger entweder übergeben[482] (dem Gläubiger wird also der **unmittelbare Besitz** an der Sache eingeräumt)[483] oder
- dem Gläubiger wird vom Eigentümer der **mittelbare Besitz**[484] an der Sache übertragen, falls zum Zeitpunkt der Verpfändung ein Dritter unmittelbarer Besitzer der Sache ist,[485] oder
- dem Gläubiger wird der **Mitbesitz**[486] an der Sache eingeräumt; dies gilt für den Fall, dass sich die Sache im Mitverschluss des Gläubigers befindet oder, falls sie im Besitz eines Dritten ist, die Herausgabe nur an den Eigentümer und den Gläubiger gemeinschaftlich erfolgen kann.[487]

---

478 Vgl. §§ 1204-1259 BGB für das Pfandrecht an Sachen und §§ 1273-1296 BGB für das Pfandrecht an Rechten.

479 Vgl. § 1113-1203 BGB.

480 Vgl. § 1205 Abs. 1 Satz 1 BGB.

481 Vgl. §§ 1205 Abs. 2, 1206 BGB.

482 Vgl. § 1205 Abs. 1 BGB.

483 Vgl. § 854 Abs. 1 BGB.

484 Vgl. § 868 BGB.

485 Vgl. § 1205 Abs. 2 BGB; dies ist etwa dann der Fall, wenn die zu verpfändende Sache im Lagerhaus eines Dritten liegt; zu beachten ist, dass der Dritte gemäß § 1205 Abs. 2 BGB von der Übertragung des mittelbaren Besitzes in Kenntnis gesetzt werden muss, da ansonsten das Pfandrecht nicht entsteht.

486 Vgl. § 866 BGB.

487 Vgl. § 1206 BGB.

Allen drei Varianten ist gemeinsam, dass der Eigentümer der zu verpfändenden Sache in jedem Fall den unmittelbaren Besitz an dieser Sache aufgeben muss. Wurde die Sache dem Kreditgeber übergeben, so ist dieser zur Verwahrung verpflichtet.[488]

5.2.6.3.3.3.2.2 Das Pfandrecht an Rechten

Neben den Pfandrechten an Sachen kennt das Gesetz auch Pfandrechte an Rechten, vor allem an (Geld-)Forderungen, aber auch etwa an Handelsgesellschaftsanteilen, Aktienrechten, Patent- und Urheberrechten. Weitere gängige verpfändbare Rechte sind z. B. Wertpapiere (Effektenlombard) und Rechte aus einem Lebensversicherungsvertrag.[489] Die Bestellung des Pfandrechts an einem Recht erfolgt nach den für die Übertragung eines Rechts geltenden Vorschriften.[490] Von der Verpfändung sind die unübertragbaren Rechte ausgeschlossen.[491] Zu diesen zählen beispielsweise das unpfändbare Arbeitseinkommen[492] oder der Nießbrauch.[493] Wird eine Forderung verpfändet, so ist die Verpfändung nur wirksam, wenn dem Schuldner vom Gläubiger die Verpfändung angezeigt wird.[494]

5.2.6.3.3.3.3 Die Grundpfandrechte

5.2.6.3.3.3.3.1 Grundsätzliches

Neben den Pfandrechten an beweglichen Sachen und Rechten kennt das BGB auch Pfandrechte an unbeweglichen Sachen, also an Grundstücken. Diese (im Gesetz selbst nicht sogenannten) Grundpfandrechte sind die im Kreditgeschäft der Banken bedeutsamsten **Realsicherheiten**. Sie dienen in erster Linie der Sicherung langfristiger Darlehen, werden aber auch zur Sicherung kurz- und mittelfristiger Kredite herangezogen.

Im BGB werden die folgenden drei Arten von Grundpfandrechten unterschieden, von denen allerdings nur die beiden ersten in der Praxis als Kreditsicherheit von Bedeutung sind:

- Hypothek[495],
- Grundschuld[496] und
- Rentenschuld[497].

Sowohl **Hypothek** als auch **Grundschuld** stellen **dingliche Verwertungsrechte** dar, deren jeweiliger Inhaber berechtigt ist, das belastete Grundstück wegen einer bestimmten Geld-

---

488 Vgl. § 1215 BGB.

489 Zur Verpfändung von Sachen und Rechten vgl. auch die Ausführungen zum Lombardkredit in **Abschnitt 5.4.3.3**.

490 Vgl. § 1274 Abs. 1 Satz 1 BGB.

491 Vgl. § 1274 Abs. 2 BGB.

492 Vgl. §§ 400 BGB, 850-850 k ZPO.

493 Vgl. § 1059 BGB.

494 Vgl. § 1280 BGB.

495 Vgl. §§ 1113-1190 BGB.

496 Vgl. §§ 1191-1198 BGB.

497 Vgl. §§ 1199-1203 BGB.

summe im Wege der Zwangsvollstreckung zu verwerten.[498] Hypothek und Grundschuld unterscheiden sich jedoch in folgender Hinsicht.

Nach der gesetzlichen Regelung dient die **Hypothek** ausschließlich der Sicherung einer (Geld-)Forderung.[499] Die Hypothek ist somit von der gesicherten Forderung grundsätzlich abhängig (**Akzessorietät**). Daraus folgt, dass der Gläubiger sich mit Hilfe seiner Hypothek aus dem Grundstück nur insoweit befriedigen kann, als ihm die gesicherte Forderung zusteht. Ohne Rücksicht darauf, was sich aus der Grundbucheintragung über die Hypothek ergibt, steht dieses Recht dem Gläubiger nur zu, wenn und soweit er Gläubiger der zu sichernden Forderung ist. Aus diesem Grunde müssen **Gläubiger der Hypothek und Gläubiger der gesicherten Forderung** auch **stets dieselbe Person** sein. Dagegen können haftender Grundstückseigentümer und Schuldner der gesicherten Forderung verschiedene Personen sein.

Wegen der Akzessorietät von Hypothek und gesicherter Forderung kann die Hypothek grundsätzlich nicht ohne die gesicherte Forderung auf andere Personen übertragen werden.[500] Umgekehrt geht mit der Übertragung einer Forderung die zu ihrer Sicherung bestellte Hypothek automatisch auf den neuen Forderungsgläubiger mit über.[501]

Im Gegensatz hierzu ist die **Grundschuld** grundsätzlich **nicht akzessorisch,**[502] so dass eine Grundschuld grundsätzlich ohne jegliche (zu sichernde) Forderung existieren kann. Es existieren jedoch Ausgestaltungen dieser beiden Grundpfandrechte, bei denen die Akzessorietät gelockert (Verkehrshypothek) bzw. verschärft (Sicherungsgrundschuld) wird.

5.2.6.3.3.3.3.2 Die Hypothek

Die **Verkehrshypothek** ist die gewöhnliche, in der Praxis am häufigsten anzutreffende Form der Hypothek zur Sicherung von Forderungen. Ist bei einer Hypothek im Grundbuch nichts anderes vermerkt, so handelt es sich immer um eine Verkehrshypothek. Sie kann als Brief- oder Buchhypothek bestellt werden, je nachdem, ob zur Verbriefung des Rechts ein Hypothekenbrief ausgestellt oder die Erteilung des Briefs ausgeschlossen wird.[503]

Vorteil der **Briefhypothek** ist, dass ihre Übertragung auf andere Personen keine Eintragung im Grundbuch verlangt, was ihre Verkehrsfähigkeit erheblich verbessert, da der Wegfall der Grundbucheintragung bei der Übertragung des Pfandrechts Zeit und Geld spart.

Vorteil der **Buchhypothek** ist dagegen, dass keine Kosten der Brieferstellung anfallen und der Erwerber des Rechts dieses bereits automatisch mit der Eintragung in das Grundbuch erlangt, während der Erwerber des Briefrechts erst noch auf die Übergabe des Briefs warten muss.

---

[498] Vgl. §§ 1113 Abs. 1, 1147 und 1191 BGB.

[499] Vgl. § 1113 Abs. 1 BGB.

[500] Vgl. § 1153 Abs. 2 BGB.

[501] Vgl. § 1153 Abs. 1 BGB.

[502] Vgl. § 1192 Abs. 1 BGB.

[503] Vgl. § 1116 BGB.

Bei der Verkehrshypothek ist der Grundsatz der Akzessorietät insofern gelockert, als ein gutgläubiger Erwerber sie von einem Nichtberechtigten auch dann erwerben kann, wenn die zu sichernde Forderung nicht besteht.[504]

Von der Verkehrshypothek unterscheidet sich die **Sicherungshypothek**[505] unter anderem durch die folgenden Besonderheiten. Wird von den Vertragsparteien eine Sicherungshypothek gewünscht, so ist dies im Grundbuch gesondert zu vermerken.[506] Die Sicherungshypothek kann ausschließlich als Buchrecht bestellt werden.[507] Sie ist streng akzessorisch und kann daher nicht von einem Nichtberechtigten erworben werden.

Durch eine Sicherungshypothek in der Sonderform der **Höchstbetragshypothek**[508] können verschiedene Forderungen gesichert werden, deren genaue Höhe bei Bestellung des Pfandrechts noch nicht feststeht. Hiermit können also auch der Höhe nach wechselnde Forderungen aus laufenden Geschäftsverbindungen (z. B. Kontokorrentforderungen) abgesichert werden. Lediglich der Höchstbetrag, für den das Grundstück haften soll, ist im Grundbuch einzutragen.

Eine weitere Sonderform der Sicherungshypothek ist die **Zwangshypothek.**[509] Der Gläubiger einer Forderung, der einen Titel erwirkt hat, kann zur Durchsetzung der Forderung diese Forderung durch eine Zwangshypothek sichern lassen. Die Zwangshypothek wird auf Antrag des Gläubigers in das Grundbuch eingetragen, wenn die Voraussetzungen der Zwangsvollstreckung vorliegen und der Schuldner im Grundbuch eingetragen ist.

5.2.6.3.3.3.3.3 Die Grundschuld

Im Gegensatz zur Hypothek braucht eine Grundschuld grundsätzlich nicht der Sicherung einer Forderung zu dienen. Nach dem Inhalt der dinglichen Einigung ist es sogar möglich, dass überhaupt keine Forderung gesichert wird, da die **dingliche Verknüpfung von Forderung und Sicherheit** bei der Grundschuld gerade **ausgeschlossen** wird.[510] Die Grundschuld kann, ebenso wie die Hypothek, als Brief- oder Buchrecht bestellt werden.[511] Wie bei der Hypothek brauchen Kreditschuldner und Grundstückseigentümer nicht ein und dieselbe Person zu sein.

Eine Grundschuld in Form der **isolierten Grundschuld** wird regelmäßig dann bestellt, wenn der Grundschuldgläubiger das Geld nicht sofort, sondern erst zu einem späteren Zeitpunkt, dem Zeitpunkt der Fälligkeit der Grundschuld, erhalten soll.

Bei der **Sicherungsgrundschuld** handelt es sich um eine weitere Form der Grundschuld. Hierbei vereinbaren die Vertragsparteien bei einer Kreditvergabe in einer sogenannten Sicherungsabrede, dass ein Grundstück zur Sicherung von Forderungen dienen soll und der

---

504 Vgl. §§ 1138, 892 BGB.
505 Vgl. §§ 1184-1187 BGB.
506 Vgl. § 1184 Abs. 2 BGB.
507 Vgl. § 1185 Abs. 1 BGB.
508 Vgl. § 1190 BGB.
509 Vgl. §§ 866, 867 ZPO.
510 Vgl. § 1192 Abs. 1 BGB.
511 Vgl. §§ 1192 Abs. 1, 1116 BGB.

Gläubiger nur dann aus der Grundschuld vorgehen darf, wenn die gesicherte, fällige und durchsetzbare Forderung nicht befriedigt wird.

5.2.6.3.3.3.3.4 Die Rentenschuld

Eine Grundschuld kann gem. § 1199 Abs. 1 BGB auch „in der Weise bestellt werden, dass in regelmäßig wiederkehrenden Terminen eine bestimmte Geldsumme aus dem Grundstücke zu zahlen ist“. Es handelt sich dann um eine Rentenschuld.[512] Der Grundstückseigentümer hat u. U. ein Interesse daran, diese Verpflichtung durch eine einmalige Zahlung abzulösen. Deshalb muss bei der Bestellung der Rentenschuld gem. § 1199 Abs. 2 BGB „der Betrag bestimmt werden, durch dessen Zahlung die Rentenschuld abgelöst werden kann. Die Ablösungssumme muss im Grundbuch eingetragen werden.“

5.2.7 Die Kreditwürdigkeitsprüfung

5.2.7.1 Vorbemerkungen

Bei der Aufnahme von Fremdkapital führen Kreditinstitute eine Kreditwürdigkeitsprüfung bzw. ein Rating der kapitalsuchenden Unternehmungen durch, anhand dessen die Kreditvergabe entschieden wird. Da ein gutes Rating zur Reduzierung der Kapitalkosten einer Unternehmung beitragen kann, ist es für die betroffene Unternehmung ratsam, sich bereits vor der Durchführung einer Kreditwürdigkeitsprüfung mit den einzelnen Kriterien auseinanderzusetzen und die eigenen Kennzahlen zu optimieren.

Im Rahmen der Kreditwürdigkeitsprüfung wird von den Kreditinstituten eine Vielzahl von Informationen benötigt, um ein Rating über eine zu bewertende Unternehmung zu erstellen. Die von den Analysten der Kreditinstitute verwendeten Informationen lassen sich in zwei Gruppen einteilen:

1. Informationen aus dem Unternehmungsumfeld und
2. unternehmungsinterne Informationen.

5.2.7.2 Informationen aus dem Unternehmungsumfeld

Zu Beginn einer Unternehmensanalyse verschaffen sich die Analysten üblicherweise einen Überblick über das **Umfeld** der zu bewertenden Unternehmung. Dabei gehen sie zunächst von den allgemeinen Rahmenbedingungen aus, um sich dann immer mehr dem engeren Unternehmungsumfeld anzunähern. Im Rahmen der Analyse der allgemeinen Rahmenbedingungen erfolgt eine Untersuchung des **Länderrisikos**, die bei Unternehmungen, die international tätig sind, von besonderer Bedeutung ist. Die Analysten beurteilen neben der politischen und wirtschaftlichen Situation insbesondere die rechtlichen Rahmenbedingungen, die die Unternehmung in den relevanten Staaten vorfindet. Außerdem sollten **Währungsrisiken** in die Beurteilung des Länderrisikos einfließen, da sich Währungsrisiken negativ auf den Erfolg der Unternehmung auswirken können. Hierbei ist allerdings zu be-

---

[512] Vgl. §§ 1199-1203 BGB.

achten, dass sich eine Unternehmung mit den entsprechenden Finanzinstrumenten (z. B. Swaps, Futures oder Optionen) gegen Währungsrisiken absichern kann.

Da die wirtschaftliche Lage und damit die Bonität einer Unternehmung stark von der **Situation der Branche**, in der sie tätig ist, abhängt, erfolgt in einem nächsten Schritt eine Einschätzung des Branchenrisikos. Die Branchenanalyse berücksichtigt auf der einen Seite beispielsweise Angaben über die allgemeine Struktur der Branche, die Wettbewerbssituation (Anzahl und Größe der Konkurrenzunternehmen) und die Wachstumsaussichten, die Konjunkturabhängigkeit sowie den Einfluss des technologischen Fortschritts. Auf der anderen Seite wird die relative Stellung der Unternehmung innerhalb der Branche beurteilt. Zu den dabei relevanten Faktoren zählen z. B. der Marktanteil der Unternehmung, ihr technologisches Knowhow und ihre Kostenstrukturen.

Bei der Untersuchung des engsten Unternehmungsumfelds werden dann unter anderem die **spezifischen Kunden- und Lieferantenstrukturen** der Unternehmung in die Analyse einbezogen. Da auch die mögliche Insolvenz von Geschäftspartnern für die zukünftige Zahlungsfähigkeit der Unternehmung von hoher Bedeutung sein kann, findet im Rahmen der Kreditwürdigkeitsprüfung oftmals auch eine Bonitätsanalyse der wichtigsten Abnehmer der Unternehmung statt.

5.2.7.3 Unternehmungsinterne Informationen

5.2.7.3.1 Informationsarten

Bei den **unternehmungsinternen Informationen** lassen sich zwei verschiedene Arten von Informationen unterscheiden: quantitative Informationen und qualitative Informationen. Da sich diese Informationen von ihrem Wesen her (zahlenmäßige Größenangaben bzw. subjektive Werturteile) sowie in Bezug auf ihre Herkunft (Jahresabschluss bzw. Gespräche mit dem Unternehmungsmanagement) völlig voneinander unterscheiden, ist eine separate Betrachtung dieser beiden Informationsarten erforderlich.

5.2.7.3.2 Quantitative Informationen

Im Rahmen der Analyse der quantitativen unternehmungsinternen Informationen stützen sich die Kreditinstitute vor allem auf den Jahresabschluss (Bilanz, Gewinn- und Verlustrechnung sowie – sofern vorhanden – Anhang) der Unternehmung, wobei zumindest die Vorlage der letzten drei, häufig sogar der letzten fünf Jahresabschlüsse gefordert wird.[513] Üblicherweise werden nur testierte Jahresabschlüsse inklusive des dazugehörigen Prüfungsberichts, in dem wichtige Zusatzinformationen enthalten sein können, akzeptiert. Ist bei mittelständischen Unternehmungen eine Jahresabschlussprüfung nicht erforderlich, so wird stattdessen häufig auf die Steuerbilanz zurückgegriffen, die zwar ebenfalls nicht durch einen Wirtschaftsprüfer geprüft ist, die jedoch insofern eine größere Zuverlässigkeit bietet, als bei ihr die Gefahr besteht, dass darin eventuell enthaltene Unregelmäßigkeiten durch die Finanzbehörden im Rahmen einer Betriebsprüfung entdeckt werden.

---

[513] Vgl. *Munsch, Michael/Weiß, Bernd*: Externes Rating. Herausgegeben vom Deutschen Industrie- und Handelskammertag. 3. Aufl., Bonn 2002, S. 62.

Durch die im Rahmen einer Jahresabschlussanalyse erfolgende Auswertung der zur Verfügung stehenden Unterlagen können grundlegende Informationen zur Vermögens-, Finanz- und Ertragslage der Unternehmung in Form von Kennzahlen gewonnen werden.

Da die einzelnen Kennzahlen für sich betrachtet nur eine geringe Aussagefähigkeit besitzen, werden sie zu Kennzahlensystemen verknüpft, um eine genauere Analyse der relevanten Faktoren (beispielsweise die Entstehung und Zusammensetzung der Gesamtkapitalrentabilität) zu ermöglichen.

Außerdem werden im Rahmen der Jahresabschlussanalyse regelmäßig Kennzahlenanalysen in Form von Vergleichen durchgeführt. Bei **Zeitvergleichen** werden die Kennzahlen des aktuellen Jahresabschlusses mit Kennzahlen vorhergehender Perioden verglichen, um auf diese Weise Veränderungen der Kennzahlen sowie die Ursachen für diese Veränderungen herauszufinden und um auf die zukünftige Entwicklung der betrachteten Kennzahlen zu schließen. Bei **Betriebsvergleichen** werden die Kennzahlen der Unternehmung mit den Kennzahlen anderer Unternehmungen derselben Branche sowie mit Durchschnittszahlen verglichen, um die relativen Stärken und Schwächen der untersuchten Unternehmungen zu bestimmen. Im Rahmen von **Soll-Ist-Vergleichen** werden die ermittelten Kennzahlen des aktuellen Jahresabschlusses (Ist-Kennzahlen) mit Soll-Kennzahlen verglichen. Die Soll-Kennzahlen können dabei aus Liquiditäts- und Finanzplänen, die von der Unternehmungsleitung zu früheren Zeitpunkten aufgestellt worden sind, abgeleitet werden. Auf diese Weise kann überprüft werden, inwieweit die von der Unternehmungsleitung vorgegebenen Zielgrößen erreicht worden sind, woraus wiederum Rückschlüsse auf die planerischen Fähigkeiten der Unternehmungsleitung gezogen werden können.

Zu sämtlichen starren Kapitalstrukturregeln, die eine bestimmte Mindestrelation zwischen Eigen- und Fremdkapital festzuschreiben versuchen, muss jedoch kritisch angemerkt werden, dass sie allenfalls einen Beitrag zur Sicherung des Fremdkapitals und zur Liquiditätserhaltung leisten können, aber keine Rücksicht auf die konkrete Unternehmungssituation, den Betriebstyp, die Branche, Rechtsform und konjunkturelle Lage nehmen und deshalb nicht geeignet sind, die optimale Kapitalstruktur festzulegen.[514] Bei der Diskussion bezüglich der besten Finanzierungsalternative und der optimalen Kapitalstruktur wird deshalb auch auf andere, rentabilitätsorientierte Kriterien einzugehen sein.[515]

Solange es der Unternehmung gelingt, entsprechende Sicherheiten für Kapitaldienst und -tilgung zu stellen, und das Vertrauen in ihre Kreditwürdigkeit unerschüttert ist, steht einer zusätzlichen Fremdkapitalaufnahme grundsätzlich nichts im Wege.[516] Wenn die genannten Bedingungen jedoch nicht erfüllt werden können und die Unternehmung deshalb an die

---

[514] Vgl. *Vormbaum, Herbert*: Finanzierung der Betriebe. 9. Aufl., Wiesbaden 1995, S. 86; vgl. auch *Bieg, Hartmut*: Kapitalstruktur- und Kapital-Vermögensstrukturregeln. In: Wirtschaftwissenschaftliches Studium 1993, S. 598-604; *Bieg, Hartmut/Kußmaul, Heinz*: Externes Rechnungswesen. 5. Aufl., München 2009, S. 326-328.

[515] Vgl. *Bieg, Hartmut/Kußmaul, Heinz*: Investitions- und Finanzierungsmanagement. Band III: Finanzwirtschaftliche Entscheidungen. München 2000, Abschnitt 1.2.2 und 1.2.3.

[516] So schon *Witte, Eberhard*: Die Liquiditätspolitik der Unternehmung. Tübingen 1963, S. 32; vgl. auch *Groh, Manfred*: Das betriebswirtschaftlich gebotene Eigenkapital. In: Betriebs-Berater 1971, Beilage 4/1971, S. 4.

Grenzen ihrer Finanzierungsmöglichkeiten stößt, können Kapitalgesellschaften versuchen, diejenigen Anteilseigner (im Rahmen von deren persönlicher Finanzkraft) als Fremdkapitalgeber zu gewinnen, denen die Förderung der unternehmerischen Tätigkeit wichtiger erscheint als eine möglichst hohe Sicherheit der Kapitalanlage.[517]

Insbesondere die Grenzen der Kapitalbeschaffung sowie die Möglichkeiten zur Überwindung der Misstrauensbarriere zwischen Kapitalgeber und -nehmer sind aus **Abbildung 42** ersichtlich. In **Abbildung 43** (Seite 158) sind darüber hinaus die Unterstützungsmöglichkeiten durch den steuerlichen Berater skizziert.

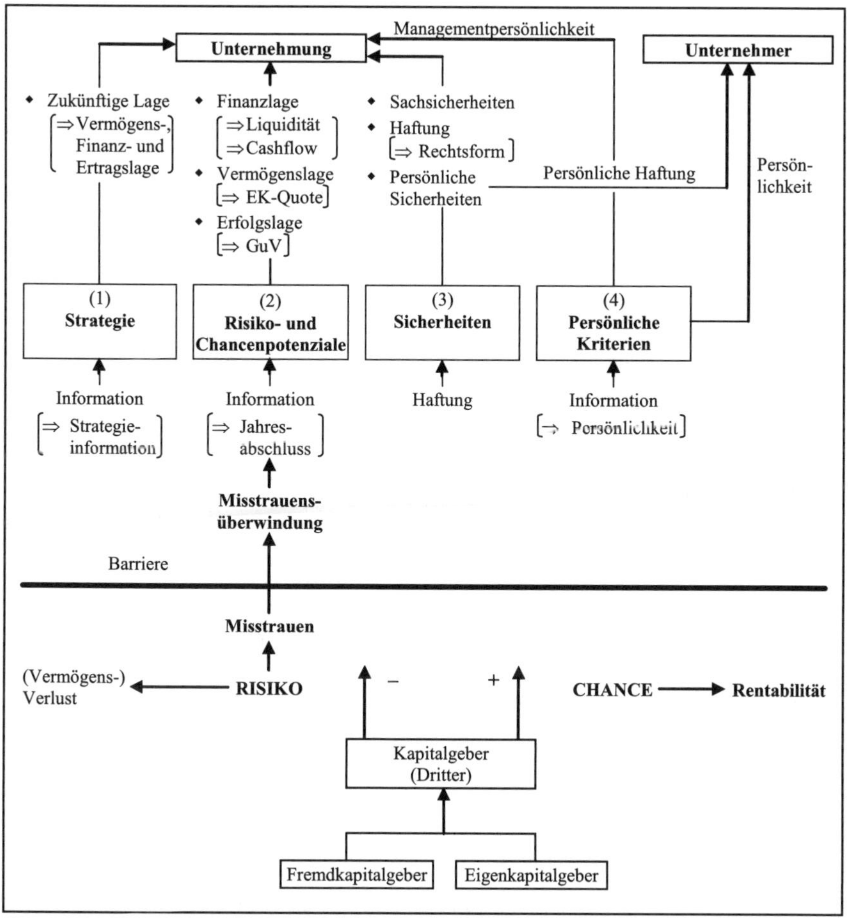

Abbildung 42: Grenzen der Kapitalbeschaffung und Möglichkeiten zur Überwindung der Misstrauensbarriere[518]

[517] Vgl. *Baumgärtel, Martina*: Fremdfinanzierung von Kapitalgesellschaften durch ausländische Anteilseigner. Neuried 1986, S. 13.

[518] Modifiziert entnommen aus *Kußmaul, Heinz*: Betriebswirtschaftliche Aspekte bei der Zuführung von Eigen- oder Fremdkapital. In: Der Steuerberater 1996, S. 441.

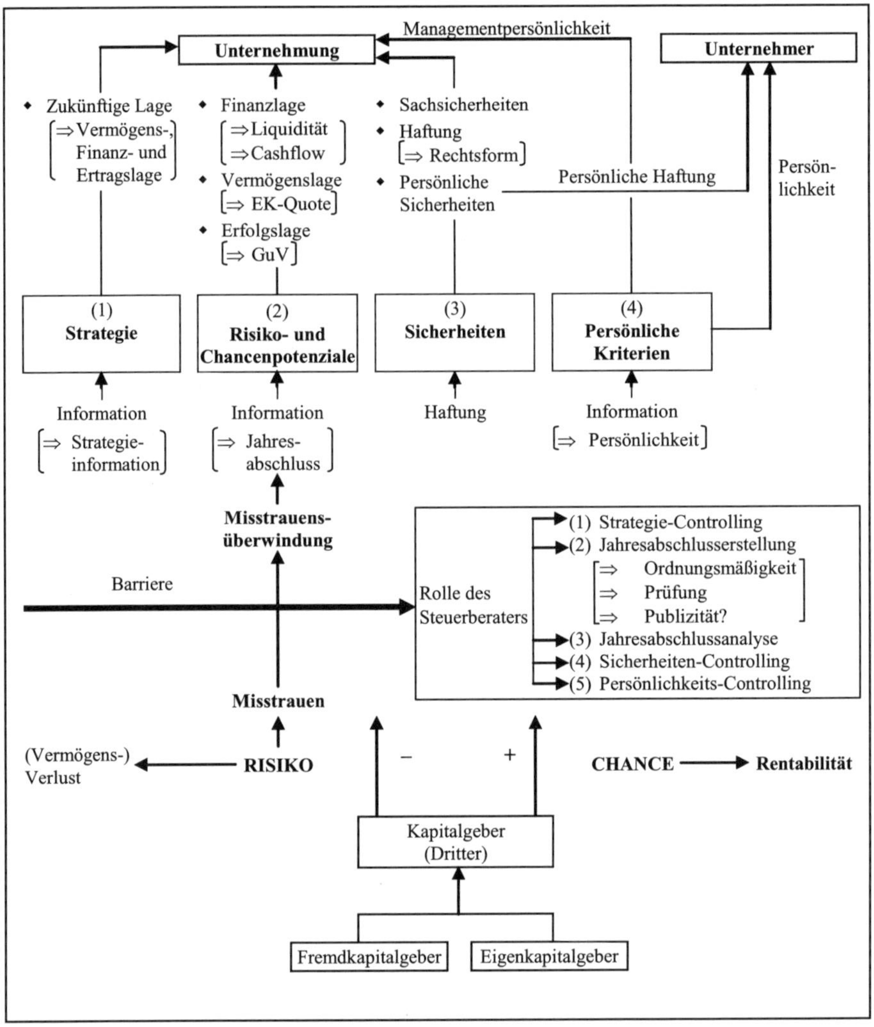

Abbildung 43: Unterstützungsmöglichkeiten des steuerlichen Beraters zur Überwindung der Misstrauensbarriere[519]

5.2.7.3.3 Qualitative Informationen

Für die Einschätzung der zukünftigen Entwicklung einer Unternehmung sind allerdings nicht nur die historischen quantitativen Unternehmensdaten relevant. Vielmehr kann nur dann eine fundierte Aussage über die Bonität einer Unternehmung abgegeben werden, wenn auch **qualitative Informationen** Berücksichtigung finden.

[519] Modifiziert entnommen aus *Kußmaul, Heinz*: Betriebswirtschaftliche Aspekte bei der Zuführung von Eigen- oder Fremdkapital. In: Der Steuerberater 1996, S. 442.

Aus diesem Grund stellt die Einbeziehung qualitativer Aspekte in die Kreditwürdigkeitsprüfung der Unternehmung ein wichtiges Kriterium dar.

Die Erhebung qualitativer Unternehmensinformationen dient vor allem dazu, das Management und die Organisation der Unternehmung bewerten zu können. Von den Kreditinstituten werden deshalb umfangreiche Fragenkataloge erstellt, die die unterschiedlichsten Unternehmensbereiche auf mögliche Schwachstellen, aber auch auf Stärken der Unternehmung überprüfen, um ein unternehmensspezifisches Chancen-/Risikoprofil erarbeiten zu können. Die gestellten Fragen beziehen sich unter anderem auf die folgenden Bereiche: Einkauf, Absatz, Produkte, Marktstellung, Geschäftsführung, Risikomanagement, Finanzmanagement, Planung, Kontoverbindung, Zahlungsverhalten.

Zu den typischen Fragestellungen im Rahmen der Erhebung qualitativer Unternehmungsinformationen zählen die folgenden (der angeführte Fragenkatalog ist nicht vollständig):

- **Einkauf**
  - Wie viele Lieferanten hat die Unternehmung?
  - Bei wie vielen Lieferanten machen die Materialkosten mindestens 10% der gesamten Materialkosten der Unternehmung aus?
  - Wie hoch ist der Anteil des Hauptlieferanten an den gesamten Materialkosten?
- **Absatz**
  - Wie viele Kunden (Abnehmer) hat die Unternehmung?
  - Wie viele Kunden haben einen Umsatz von mindestens 10%?
  - Wie hoch ist der Anteil des Hauptkunden am Gesamtumsatz?
- **Produkte**
  - Wie viele Produktgruppen gibt es?
  - Wird aktive Produktneu- und Produktweiterentwicklung betrieben?
- **Marktstellung**
  - Befand sich die Unternehmung in Bezug auf den Umsatz unter den größten 10 Unternehmungen des Marktes?
  - Wie viele direkte Konkurrenten hat die Unternehmung?
- **Geschäftsführung**
  - Existiert eine Nachfolgeregelung?
  - Gibt es in der Geschäftsleitung eine Person mit betriebswirtschaftlicher Ausbildung?
  - Gibt es in der Geschäftsleitung eine Person mit technischer Ausbildung?

- Wie viele Mitarbeiter hat die Unternehmung?
- Seit wie vielen Jahren führt der Unternehmer bzw. Geschäftsführer die Unternehmung?
- Seit wie vielen Jahren arbeitet der Unternehmer bzw. Geschäftsführer in der Branche?

- **Risikomanagement**
  - Wurden mehr als 25% der Lieferungen und Leistungen bzw. der Umsätze in Fremdwährung abgewickelt?
  - Sind diese Fremdwährungsrisiken abgesichert?
  - Wie groß ist der ungesicherte Anteil der Forderungen und Verbindlichkeiten in Fremdwährung?
  - Ist die Unternehmung ausreichend gegen Betriebsunterbrechungen versichert?
  - Ist die Unternehmung ausreichend gegen Forderungsausfälle abgesichert?
- **Finanzmanagement**
  - Besteht eine Kostenarten-, Kostenstellen- und Kostenträgerrechnung?
  - Besteht eine Vor- und Nachkalkulation?
  - In welchem Zeitraum nach Leistungserstellung erfolgt die Rechnungserstellung?
  - Existiert ein Leiter Finanzen?
  - Existiert ein Controlling oder eine interne Revision?
- **Planung**
  - Werden regelmäßig Planungsrechnungen durchgeführt?
  - Welche Planungsrechnungen werden durchgeführt (Ergebnisplanung, Finanz- und Liquiditätsplanung, Soll-Ist-Vergleich für die Ergebnisplanung, Soll-Ist-Vergleich für die Finanz- und Liquiditätsplanung)?
  - Werden alternative Szenarien in der Planung berücksichtigt?
  - Sind die beantragten Kreditmittel und die damit beabsichtigten Investitionen in der Planung berücksichtigt?
- **Kontoverbindung**
  - Wie alt ist die Unternehmung?
  - Wie lange besitzt der Kunde schon die Kontoverbindung mit der Bank?
  - Wie intensiv wird diese Kontoverbindung genutzt?
- **Zahlungsverhalten**
  - Besondere Aufmerksamkeit wird dem bisherigen Zahlungsverhalten der Unternehmung gewidmet. Dabei wird nicht nur auf Angaben der Unternehmung, son-

dern neben internen Datenbanken auch auf Datenbanken externer Anbieter zurückgegriffen. Von hohem Interesse sind in diesem Zusammenhang auch Angaben von Kreditinstituten, Lieferanten, Sozialversicherungsträgern usw. bezüglich des Zahlungsverhaltens der Unternehmung. Allerdings sind diese Informationen nicht immer beschaffbar. Sofern diese Angaben vorliegen, achten die Analysten darauf, ob sie auf bestimmte schwerwiegende Negativmerkmale im bisherigen Zahlungsverhalten der Unternehmung stoßen. Zu solchen Auffälligkeiten zählen beispielsweise Insolvenzanträge, Abgaben eidesstattlicher Versicherungen, Scheck- oder Wechselproteste, Mahnbescheide und Kontenpfändungen. Der negative Eindruck, den solche Negativmerkmale bei den Analysten hinterlassen, kann nur schwer durch Positivmerkmale aus anderen Unternehmungsbereichen ausgeglichen werden.

5.3 Die langfristige Kreditfinanzierung

5.3.1 Überblick

Die Kreditfinanzierung lässt sich nach der Dauer der Überlassung der Kapitalmittel gliedern. Dieser Abschnitt beschäftigt sich mit der langfristigen Kreditfinanzierung. Zunächst wird die langfristige Kreditfinanzierung in der Erscheinungsform des unverbrieften Darlehens behandelt, daran anschließend wird die langfristige Kreditfinanzierung in der Ausprägungsform des verbrieften Darlehens (Schuldverschreibung) untersucht.

5.3.2 Gründe für die Verbriefung von Forderungen

Eine der wichtigsten Quellen der externen Fremdfinanzierung einer Unternehmung stellt die Kreditaufnahme bei Kreditinstituten bzw. anderen Kapitalsammelstellen (z. B. Versicherungen) dar. Hierbei handelt es sich im Allgemeinen um individuell ausgehandelte, genau auf die speziellen Bedürfnisse der kapitalsuchenden Unternehmung zugeschnittene, **nicht verbriefte Kredite**.

Eine **Weiterveräußerung** dieser Kredite durch das kapitalgebende Kreditinstitut wird durch zwei Umstände **erschwert**. Zum einen sind die **Konditionen** des Kreditvertrages aufgrund der fehlenden Standardisierung für potenzielle Käufer ohne aufwendige Recherchen **nicht transparent**; nicht nur aus diesem Grund, sondern auch weil keine Forderung sich in genau gleicher Weise wiederholt, sind die einzelnen Forderungen nicht fungibel. Zum anderen ist die **Übertragung** der Forderung aufgrund der fehlenden Verbriefung **nur durch Einigung und Abtretung der Forderung (Zession)** möglich.

Die Kreditinstitute sind aber daran interessiert, sich – sollten sie in eine angespannte Liquiditätslage kommen – durch Weiterveräußerung der Forderung aus dem Kreditengagement lösen zu können. Die Kapitalnehmer sind andererseits an möglichst kostengünstigen Finanzierungsmöglichkeiten interessiert; diese bieten sich auf den internationalen Finanzmärkten insbesondere aufgrund einer **Verbriefung** der Forderungen bzw. Verpflichtungen, wodurch eine **schnelle und einfache Übertragbarkeit der Finanzierungstitel** erreicht wird. Konsequenterweise wurde mit der zunehmenden Verbriefung von Forderungen (Securitization) in den letzten Jahren ein Prozess in Gang gesetzt, der eine einfache Weiterveräußerung von Krediten gewährleisten soll.

Der Begriff **Securitization** bezeichnet dabei in seiner engen Bedeutung die Ablösung von „traditionellen“ Bankkrediten in der Form von Buchkrediten durch Forderungen in der Form von handelbaren Wertpapieren, die von Kapitalsammelstellen oder Nichtbanken erworben werden können. Im weiteren Sinne wird unter Securitization auch die Entwicklung von Märkten für handelbare Kreditsubstitute (z. B. Note Issuance Facilities) verstanden, die die Finanzierung von Unternehmungen über Bankkredite zurückdrängen, indem durch direkte Kreditbeziehungen zwischen Investoren und Kapitalnachfragern die Kreditinstitute und ihre Transformationsfunktionen umgangen werden (**Disintermediation**).[520]

Im Vergleich zu anderen Ländern ist die Verbriefung von Forderungen in Deutschland bislang noch immer von untergeordneter Bedeutung.[521] Lediglich bei Banken findet schon heute eine intensive Nutzung von Bankschuldverschreibungen zur Refinanzierung von ausgereichten Buchkrediten statt. Aufgrund rapide sinkender Transaktionskosten und tendenziell wachsender Nachfrage nach verbrieften Kapitalmarktprodukten ist jedoch auch bei Nichtbankunternehmungen zu erwarten, dass die Mittelbeschaffung über den Anleihemarkt gegenüber der Aufnahme von Bankkrediten in der Zukunft an Bedeutung gewinnen wird.[522]

5.3.3 Die unverbrieften Darlehen von Kreditinstituten und Kapitalsammelstellen

5.3.3.1 Die grundlegenden Eigenschaften von Darlehen

Rechtliche Grundlage der Darlehen sind die §§ 488-498 BGB sowie für den Sonderfall der Sachdarlehen die §§ 607-609 BGB. Nach § 488 Abs. 1 BGB ist der Darlehensgeber aufgrund des Darlehensvertrags verpflichtet, dem Darlehensnehmer einen Geldbetrag in der vereinbarten Höhe zur Verfügung zu stellen. Umgekehrt verpflichtet sich der Darlehensnehmer zur Zahlung der geschuldeten Zinsen und zur Rückerstattung des zur Verfügung gestellten Kapitalbetrags bei Fälligkeit.

Fehlt für die Darlehensrückerstattung eine zeitliche Bestimmung, so hängt die Fälligkeit von der Kündigung des Gläubigers oder des Schuldners ab. In diesem Fall beträgt die Kündigungsfrist drei Monate. Bei unverzinslichen Darlehen kann der Schuldner das Darlehen auch ohne Kündigung zurückerstatten.[523] Falls nichts anderes vereinbart wurde, sind die

---

520 Vgl. hierzu Bank für Internationalen Zahlungsausgleich: Recent Innovations in International Banking. Basel 1996, S. 266-267.

521 So betrug der Marktumlauf von Unternehmensanleihen in Deutschland im Jahr 2003 lediglich 6 % (1999: 3 %) des Bruttoinlandsprodukts; in den USA lag der Marktumlauf dagegen bei 26 % (1999: 34 %) des Bruttoinlandsprodukts. Vgl. Deutsche Bundesbank: Neuere Entwicklungen am Markt für Unternehmensanleihen. In: Monatsberichte der Deutschen Bundesbank, April 2004, S. 16.

522 So weist der Markt für verbriefte Forderungen in den vergangenen Jahren ein starkes Marktwachstum auf. Von 1998 bis 2003 wuchs der Markt für Unternehmensanleihen in Deutschland um 613 %. Vgl. Deutsche Bundesbank: Neuere Entwicklungen am Markt für Unternehmensanleihen. In: Monatsberichte der Deutschen Bundesbank, April 2004, S. 16.

523 Vgl. § 488 Abs. 3 BGB.

Zinsen bei einem verzinslichen Darlehen nach dem Ablauf je eines Jahres und – wenn das Darlehen vor dem Ablauf eines Jahres zu tilgen ist – bei der Rückerstattung zu entrichten.[524]

Für Verbraucherdarlehen, d. h. Darlehensverträgen zwischen einem Unternehmer als Darlehensgeber und einem Verbraucher als Darlehensnehmer, sieht das BGB zusätzliche Anforderungen vor. Der Darlehensvertrag bedarf demnach zwingend der Schriftform.[525] Ferner muss der Darlehensvertrag die folgenden Angaben enthalten:

- den Nettodarlehensbetrag,
- den Gesamtbetrag der zur vertragsgemäßen Erfüllung vom Darlehensnehmer zu leistenden Zins- und Tilgungszahlungen sowie der sonstigen Kosten,
- die Art und Weise der Rückzahlung des Darlehens,
- den Zinssatz und alle sonstigen Kosten des Darlehens,
- den effektiven Jahreszins,
- die Kosten einer Restschuld- oder sonstigen Versicherung, die in Zusammenhang mit dem Verbraucherdarlehen abgeschlossen wurde, sowie letztlich
- die zu bestellenden Sicherheiten.

Der letztgenannte Punkt nimmt Bezug auf die Tatsache, dass langfristige Darlehen i. d. R. gesichert werden.[526] Bei Sicherung durch Eintragung eines Grundpfandrechtes (Hypothek oder Grundschuld) spricht man von **Realkrediten**.[527]

Das langfristige Kreditgeschäft wird insbesondere von Kreditinstituten betrieben. Vor allem Sparkassen und Realkreditinstitute (private Pfandbriefbanken, öffentlich-rechtliche Grundkreditanstalten) nehmen eine überragende Stellung ein, während Kreditbanken und Genossenschaftsbanken überwiegend kurz- und mittelfristige Kredite vergeben. Besondere Bedeutung haben die **Kreditinstitute mit Sonderaufgaben**, die der öffentlichen Hand als Instrument zur Durchführung wirtschaftspolitischer Maßnahmen dienen, soweit diese direkte Finanzierungshilfen vorsehen (Kreditanstalt für Wiederaufbau, Landwirtschaftliche Rentenbank, Deutsche Siedlungs- und Landesrentenbank (DSL-Bank), Ausfuhrkredit-Gesellschaft mbH).[528] Langfristige Darlehen werden aber auch von Kapitalsammelstellen (Versicherungen sowie Bausparkassen), von der öffentlichen Hand (i. d. R. unter Einschaltung von Kreditinstituten) und von Privatpersonen (z. B. Gesellschafterdarlehen) vergeben.

Je nach **Verwendungszweck** unterscheidet man folgende Arten langfristiger Bankkredite:

- Investitionskredite,
- langfristige Darlehen zur Finanzierung des privaten und gewerblichen Wohnungsbaus,

---

524 Vgl. § 488 Abs. 2 BGB.

525 Vgl. § 492 Abs. 1 Satz 1 BGB.

526 Zu Fragen der Besicherung vgl. **Abschnitt 5.2.6.**

527 Zu den Grundpfandrechten vgl. **Abschnitt 5.2.6.3.3.3.3.**

528 Vgl. genauer **Abschnitt 5.3.5.3.**

- langfristige Darlehen zur Finanzierung des Schiffbaus,
- Kommunaldarlehen an öffentlich-rechtliche Körperschaften.

5.3.3.2 Das Schuldscheindarlehen

5.3.3.2.1 Begriff und Funktion

Schuldscheindarlehen als eine besondere Form des langfristigen Darlehens gewinnen steigende Bedeutung bei der **Deckung des langfristigen Finanzierungsbedarfs** von Industrie- und Handelsunternehmungen, der öffentlichen Hand sowie von Kreditinstituten mit Sonderaufgaben. Man kann sie definieren als „anleiheähnliche, langfristige Großkredite, die von bestimmten Unternehmen bei bestimmten Kapitalsammelstellen, die nicht Banken sind, aufgenommen werden".[529]

Solche **Kapitalsammelstellen** sind private und öffentlich-rechtliche Unternehmungen, insbesondere Versicherungsgesellschaften (Lebensversicherungen) und Pensionskassen. Sie bieten den Kapitalnehmern Schuldscheindarlehen im Rahmen ihrer Vermögensanlage unter Ausstellung eines Schuldscheins bzw. Schuldscheindarlehensvertrages als langfristigen Kredit an. Schuldscheindarlehen sind somit **langfristige, individuelle Kreditgewährungen**, wobei jedoch die Ausstellung eines Schuldscheins nicht konstitutiv ist. Langfristige, bei Kapitalsammelstellen aufgenommene Großkredite werden auch dann als Schuldscheindarlehen bezeichnet, wenn keine Schuldscheine ausgestellt, sondern lediglich Darlehensverträge abgeschlossen wurden.[530]

Der im Gesetz nicht definierte **Schuldschein** stellt kein Wertpapier i. S. d. § 1 Abs. 1 DepotG dar. Während beim Wertpapier das verbriefte Recht nicht ohne das Papier geltend gemacht werden kann, ist der Besitz des Schuldscheins zur Geltendmachung der Forderung nicht erforderlich. Der Schuldschein ist lediglich ein **beweiserleichterndes Dokument**; die sonst dem Gläubiger zufallende Beweislast wird so auf den Schuldner verlagert.

Während Schuldverschreibungen als Inhaberpapiere durch Einigung und Übergabe übertragen werden, erfolgt die Übertragung eines Schuldscheindarlehens durch Zession. Zur leichteren Unterbringung bei den Erwerbern wird der Gesamtschuldschein in Teilbeträgen abgetreten, wobei i. d. R. jedoch keine kleineren Teilbeträge als 100.000 EUR gewählt werden. Über die Teilbeträge können **Teilschuldscheine** ausgestellt werden.

Der Nachteil fehlender Fungibilität schlägt sich in der an der Kapitalmarktlage orientierten Verzinsung der Schuldscheindarlehen nieder, die i. d. R. ¼ bis ½ % höher liegt als die Verzinsung von Obligationen.[531] Gegenüber der Begebung einer Anleihe sind jedoch die mit der Ausgabe eines Schuldscheindarlehens verbundenen einmaligen und laufenden Nebenkosten geringer. Die im Allgemeinen durch erstrangige Grundpfandrechte gesicherten

---

529 *Drukarczyk, Jochen*: Finanzierung. 10. Aufl., Stuttgart 2008, S. 249.

530 Vgl. *Süchting, Joachim*: Finanzmanagement – Theorie und Politik der Unternehmensfinanzierung. 6. Aufl., Wiesbaden 1995, S. 166.

531 Vgl. *Wöhe, Günter/Bilstein, Jürgen*: Grundzüge der Unternehmensfinanzierung. 9. Aufl., München 2002, S. 228.

Schuldscheindarlehen haben gewöhnlich eine Laufzeit von bis zu 15 Jahren. Die gebräuchlichste Tilgungsform ist die Ratentilgung unter Berücksichtigung von Freijahren. Ein vorzeitiges Kündigungsrecht wird dem Darlehensnehmer in aller Regel nicht zugebilligt.

5.3.3.2.2 Die Deckungsstockfähigkeit[532]

Versicherungsunternehmungen unterliegen bei der Anlage ihrer Mittel den Anlagevorschriften der §§ 54-54d Versicherungsaufsichtsgesetz (VAG) i. V. m. der nach § 54 Abs. 3 VAG von der Bundesregierung erlassenen Verordnung über die Anlage des gebundenen Vermögens von Versicherungsunternehmen (Anlageverordnung – AnlV) vom 20. Dezember 2001[533], die die Anforderungen an die Deckungsstockfähigkeit von Anlagetiteln der Versicherungsunternehmungen formulieren. Als **Deckungsstock** wird das Sondervermögen bezeichnet, aus dem eine Versicherungsunternehmung ihre künftigen Verpflichtungen zu leisten hat. Die Deckungsstockfähigkeit als eingrenzendes Kriterium der Vermögensanlage von Versicherungen dient somit dem aufsichtsamtlichen Schutz des Versicherungsguthabens der Versicherten. Schuldscheindarlehen sind deckungsstockfähig, sofern durch die bisherige und künftig zu erwartende Entwicklung des Darlehensnehmers die durch Vertrag vereinbarte Verzinsung und Tilgung des Darlehens gewährleistet erscheint und das Darlehen ausreichend gesichert ist.[534] Als Sicherheiten akzeptiert § 2 Abs. 1 Nr. 4 AnlV erstrangige Grundpfandrechte, verpfändete oder zur Sicherung übertragene Forderungen oder zum amtlichen Markt zugelassene oder in einen organisierten Markt einbezogene Wertpapiere sowie vergleichbare Sicherheiten. Fehlt eine der genannten Voraussetzungen, so kann ein Schuldscheindarlehen nur gewährt werden, wenn die Bundesanstalt für Finanzdienstleistungsaufsicht eine Ausnahmegenehmigung für diese Vermögensanlage nach eingehender Prüfung der Bonität des Darlehensnehmers erteilt.[535] Somit ist die Aussage berechtigt, dass der Kreis der Unternehmungen, die langfristiges Fremdkapital mittels Schuldscheindarlehen beschaffen können, auf Unternehmungen allererster Bonität beschränkt ist.[536]

Je nach Versicherungsart ist der Deckungsstock unterschiedlich hoch; bei Lebensversicherungsunternehmungen beträgt er durchschnittlich etwa 70 % der Bilanzsumme. Das Kapital einer Versicherungsgesellschaft, das nicht zum Deckungsstock gehört, ist nicht an die speziellen Anlagevorschriften gebunden.

5.3.3.2.3 Die Vergabe von Schuldscheindarlehen

Obwohl Schuldscheindarlehen direkt bei den Kreditgebern aufgenommen werden können, ist die indirekte Aufnahme unter Einschaltung von Vermittlern (Banken, Bankenkonsortien, Finanzmakler) der häufiger gewählte Weg. Eine Zwischenschaltung der Börse findet jedoch nicht statt. Die indirekte Vorgehensweise hat den Vorteil, dass hier die Vermittler die Kreditwürdigkeitsprüfung übernehmen, erforderliche Unterlagen beibringen (Bestellung von

---

532 Vgl. hierzu *Drukarczyk, Jochen*: Finanzierung. 10. Aufl., Stuttgart 2008, S. 249.

533 Vgl. BGBl. I 2001, S. 3913.

534 Vgl. § 2 Abs. 1 Nr. 4 AnlV.

535 Vgl. § 2 Abs. 3 AnlV.

536 Vgl. *Wöhe, Günter/Bilstein, Jürgen*: Grundzüge der Unternehmensfinanzierung. 9. Aufl., München 2002, S. 228.

Kreditsicherheiten) und sich um die Beschaffung der Deckungsstockfähigkeit bemühen. Versicherungsgesellschaften, die das Industrieversicherungsgeschäft betreiben, werden dagegen durch ihre Kunden zu Direktkrediten veranlasst.[537]

5.3.4 Die Schuldverschreibungen (Obligationen) emissionsfähiger Unternehmungen

5.3.4.1 Begriff und Funktion

Obwohl sich letztlich die Bedeutung der Begriffe Anleihe, Schuldverschreibung und Obligation nicht unterscheidet, werden die Begriffe in der Praxis in unterschiedlichem Zusammenhang verwendet. Unter **Anleihe** kann man die langfristige Kapitalaufnahme am Kapitalmarkt zur Deckung eines außerordentlich hohen Kapitalbedarfs verstehen. Diese Kreditaufnahme erfolgt i. d. R. durch die Ausgabe von **Schuldverschreibungen** (auch **Teilschuldverschreibungen** genannt), die eine wertpapiermäßige Verbriefung der Gläubigerforderung darstellen. Als **Obligationen** werden üblicherweise Schuldverschreibungen der Industrie oder von Banken bezeichnet.

Rechtsgrundlage für die **Inhaberschuldverschreibungen** bilden die §§ 793-808 BGB. Der Schuldner verspricht dem Inhaber der Urkunde die termingerechte Tilgung des aufgenommenen Kapitals und die Zahlung der vereinbarten Zinsen. Die Schuldverschreibung kann auch eine Zahlungsverpflichtung an eine bestimmte in der Urkunde genannte Person (**Namensschuldverschreibung**) oder an die im Ordervermerk aufgeführte Person (**Orderschuldverschreibung**) verbriefen.

Inhaberpapiere und die mit ihnen verbrieften Rechte werden durch Einigung und Übergabe übertragen, Orderpapiere durch Einigung, Indossament und Übergabe.

Die Emission von Teilschuldverschreibungen kann die Probleme des Emittenten lösen helfen, die sich daraus ergeben, dass Fremdkapital in derart großem Umfang von einem einzelnen Kreditgeber nicht beschafft werden kann und dass die Vorstellungen der Kreditgeber hinsichtlich der Überlassungsdauer häufig nicht mit den Vorstellungen des Emittenten hinsichtlich der Verwendungsdauer übereinstimmen. Um die Unterbringung der auf erhebliche Beträge lautenden Schuldverschreibung bei einer Vielzahl von Kreditgebern mit unterschiedlichen Vorstellungen hinsichtlich der Überlassungsdauer zu erreichen und um diesen die Möglichkeit des späteren Verkaufs ihrer Forderungen einzuräumen, werden Schuldverschreibungen in einzelne Stücke (**Teilschuldverschreibungen**) zerlegt. Diese Papiere sind mit einem festen, auf den Nennwert zu leistenden Nominalzinssatz, einer fixierten maximalen Laufzeit und einem Rückzahlungsbetrag in Höhe des Nominalwertes oder – als Ausnahme – in Höhe des um ein Agio erhöhten Nominalbetrags ausgestattet.[538] Alle Arten von Teilschuldverschreibungen sind **vertretbare Wertpapiere** und können – müssen aber nicht – zum Handel an der Börse zugelassen werden.

---

[537] Vgl. *Perridon, Louis/Steiner, Manfred*: Finanzwirtschaft der Unternehmung. 14. Aufl., München 2007, S. 406.

[538] Vgl. *Drukarczyk, Jochen*: Finanzierung. 10. Aufl., Stuttgart 2008, S. 250-251.

5.3.4.2 Die Emission

Emittenten von Schuldverschreibungen sind:[539]

- Unternehmungen einwandfreier Bonität wie Industrieunternehmungen, Handelsunternehmungen und Verkehrsunternehmungen (Industrieobligationen),
- Kreditinstitute (Bankschuldverschreibungen, aber auch Pfandbriefe),
- Spezialinstitute (z. B. Landwirtschaftliche Rentenbank),
- Bund, Länder, Gemeinden und Gemeindeverbände (öffentliche Schuldverschreibungen, Kommunalschuldverschreibungen),
- Sondervermögen und Körperschaften (z. B. Schuldverschreibungen der Kreditanstalt für Wiederaufbau[540]).

Die Ausgabe von Schuldverschreibungen durch Unternehmungen ist in der Praxis auf Großunternehmungen beschränkt, da

- die **Ausgabekosten** von Obligationen hoch sind und sich somit erst bei Anleihebeträgen von mehreren Millionen EUR rentieren,
- für die Unterbringung der Anleihe i. d. R. eine Börseneinführung notwendig ist, wofür ein bestimmter **Mindestbetrag** vorausgesetzt wird,
- der Emittent Bonitätsanforderungen erfüllen muss, die von staatlichen Stellen, den Börsen und – aufgrund gesetzlicher Regelungen – von institutionellen Kapitalanlegern (Versicherungsunternehmungen, Investmentgesellschaften, Pensionsfonds) an die Schuldner gestellt werden.[541]

Die **Emission** von Schuldverschreibungen kann erfolgen durch

- Selbstemission oder
- Fremdemission (Zwischenschaltung eines Kreditinstituts bzw. eines Bankenkonsortiums zur besseren Platzierung).[542]

Die **Börsenfähigkeit** der Teilschuldverschreibungen verleiht ihnen eine hohe Fungibilität; sowohl der Anleihezeichner als auch der spätere Inhaber können sie jederzeit an der Börse verwerten. Das **Kursrisiko** liegt **beim Anleihezeichner** (bzw. beim späteren Erwerber), da Kursabschläge auftreten, wenn der Kapitalmarktzins über den Zins der Anleihe steigt.

---

539 Vgl. *Jahrmann, Fritz-Ulrich*: Finanzierung. 6. Aufl., Herne 2009, S. 118.

540 Vgl. dazu **Abschnitt 5.3.5.3**.

541 Vgl. *Wöhe, Günter/Bilstein, Jürgen*: Grundzüge der Unternehmensfinanzierung. 9. Aufl., München 2002, S. 233.

542 Vgl. dazu **Abschnitt 4.3.3.2.2.2**.

5.3.4.3 Die wesentlichen Ausstattungsmerkmale

5.3.4.3.1 Vorbemerkungen

Als Ausstattungsmerkmale einer Anleihe bezeichnet man die in den Emissionsbedingungen festgelegten **Konditionen der Fremdkapitalaufnahme**. Von Bedeutung sind dabei in erster Linie Betrag und Stückelung der Anleihe, ihre Verzinsung, bestehende Kündigungsrechte, Ausgabe- und Rückzahlungsmodalitäten sowie die Besicherung.[543]

5.3.4.3.2 Der Betrag und die Stückelung der Anleihe

Die **Gesamthöhe der Anleihe** wird vor allem vom Bedarf der Schuldnerunternehmung an langfristigem Fremdkapital bestimmt. Darüber hinaus kann sie auch von der aktuellen Kapitalmarktlage mitbeeinflusst werden. So kann es bei angespannter Kapitalmarktsituation u. U. Probleme bereiten, größere Anleihen zu platzieren; allerdings erfordern die **Börsenbestimmungen** eine Mindesthöhe der Anleihegesamthöhe. Obligationen werden nur dann zum Börsenhandel zugelassen, wenn der Emittent ausreichend vertrauens- und kreditwürdig ist und wenn zudem die Anleihe sowie die Zahl der daraus stammenden Teilschuldverschreibungen hinreichend groß ist, so dass ein nennenswerter Handel in diesen Papieren erwartet werden kann. Bei kleineren Anleihebeträgen würde es dagegen nur sporadisch zu Umsätzen kommen. An deutschen Wertpapierbörsen werden gegenwärtig keine Anleihen zum amtlichen Handel zugelassen, die einen Gesamtbetrag von weniger als 250.000 EUR ausmachen.[544] In der Praxis hat diese Mindestgrenze allerdings kaum noch Bedeutung, weil die Kosten der Anleiheemission derart hoch sind, dass sich die Ausgabe erst ab Mindestbeträgen von mehreren Millionen EUR rentiert. Zu diesen **Kosten** zählen unter anderem:

- Druckkosten für Mantel und Bogen der Urkunden,
- Kosten des Zulassungsverfahrens,
- Erstellung und Veröffentlichung des Börsenprospektes,
- Besicherungskosten für Grundbucheintragung, Schätzgutachten, Notare,
- Übernahmeprovision für das Emissionskonsortium.

Die Gesamtkosten einer Industrieobligation belaufen sich aufgrund einer Vielzahl solcher einmalig und auch periodisch anfallenden Beträge (z. B. Kuponeinlösungsprovisionen, Bogenerneuerungsgebühren, Gebühren und Provisionen im Zusammenhang mit Ratentilgungen, interne Bearbeitungskosten) auf eine Höhe von ungefähr 4-6 % ihres Nennwertes.[545]

Es war bisher üblich, die Anleihe in Teilschuldverschreibungen über runde, auf volle hundert oder tausend EUR lautende Beträge von 100, 500, 1.000, 5.000 und 10.000 EUR zu zerlegen. Durch diese **Stückelung** erreicht man auch weniger kapitalkräftige Anleger. Der

---

543 Vgl. hierzu *Wöhe, Günter/Bilstein, Jürgen*: Grundzüge der Unternehmensfinanzierung. 9. Aufl., München 2002, S. 238-251.

544 Vgl. § 2 Abs. 2 BörsZulV.

545 Vgl. *Jahrmann, Fritz-Ulrich*: Finanzierung. 6. Aufl., Herne 2009, S. 127.

Kreis potenzieller Nachfrager erweitert sich grundsätzlich umso mehr, je kleiner die Stücke sind. Dabei müssen nicht alle aus einer Anleihe stammenden Teilschuldverschreibungen den gleichen Nennwert haben.

5.3.4.3.3 Die Verzinsung

5.3.4.3.3.1 Grundsätzliches

Ein weiteres Ausstattungsmerkmal einer Anleihe ist ihre Verzinsung. In den meisten Fällen sind Obligationen **über die Gesamtlaufzeit festverzinslich**. Durch den fixierten Zins entsteht jedoch für den Erwerber der Schuldverschreibung wegen sich später ändernder Kapitalmarktzinsen ein nicht unbeachtliches Kursrisiko, korrespondierend dazu aber auch eine Kurschance. Der vom Inhaber einer (Teil-)Schuldverschreibung bei ihrem Wiederverkauf an der Börsc crzielbare Preis sinkt, wenn die Kapitalmarktzinsen steigen, da dieses Wertpapier dann im Vergleich zu jetzt möglichen alternativen Anlageformen weniger lukrativ wird; umgekehrt steigt der Kurs, wenn die Kapitalmarktzinsen fallen. Für den Emittenten hingegen sind Chancen und Risiken genau umgekehrt gelagert; aus seiner Sicht steigt die Attraktivität der zinsfixierten Anleihe mit zunehmenden Marktzinsen. Der Rückgang der Börsenkurse kann ihn schließlich unter Umständen sogar dazu veranlassen, die eigenen Schuldverschreibungen zu einem geringeren Betrag – als ihm ursprünglich (bei Ausgabe) zugeflossen ist bzw. als er bei späterer vertragsgemäßer Tilgung zahlen müsste – über den Kapitalmarkt wieder zurückzukaufen.

5.3.4.3.3.2 Die „klassische" festverzinsliche Schuldverschreibung

Für gewöhnlich sind die Anleihen mit einem **festen Nominalzinssatz** p. a. (= per annum) versehen; die Zinsen auf den Nominalbetrag der Teilschuldverschreibung werden meist nachschüssig berechnet und periodisch gegen Einreichen der Zinsscheine durch die Inhaber an diese ausbezahlt. Dabei ist der Unterschied zwischen Nominal- und Effektivverzinsung zu beachten (vgl. hierzu die **Abschnitte 5.2.3** und **5.2.4**). Die Berechnung des Effektivzinssatzes von Schuldverschreibungen erfolgt nach der ISMA-Methode (vgl. **Abschnitt 5.2.4**). Den effektiven Zinssatz ermittelt man demnach, indem man den Auszahlungsbetrag der Schuldverschreibung im Zahlungszeitpunkt 0 der Summe der diskontierten künftigen Zahlungen aus dem Wertpapiervertrag gleichsetzt.

5.3.4.3.3.3 Die Null-Kupon-Anleihe (Zero-Bond)

Allerdings gibt es auch Schuldverschreibungen, die zwar festverzinslich sind, aber gänzlich ohne Nominalverzinsung auskommen. Das bekannteste Beispiel sind die Zero-Bonds (Null-

Kupon-Anleihen).[546] Während der Laufzeit werden bei ihnen – wie bei den Bundesschatzbriefen vom Typ B – keine Zinsen ausbezahlt. Ein Zinsscheinbogen ist somit bei den Urkunden solcher Papiere nicht erforderlich. Dies bedeutet allerdings nicht, dass der Schuldner auch einen effektiv zinslosen Kredit erhält. Die Effektivrendite resultiert aus der Differenz zwischen dem Emissionspreis (Ausgabebetrag) und dem höheren Rückzahlungskurs sowie aus der Laufzeit. So ergibt ein zu 62.741,24 EUR verkauftes Papier, das nach einer Laufzeit von 8 Jahren mit 100.000 EUR getilgt wird, eine Effektivverzinsung von 6 % p. a.

Der kreditgebende Investor (Käufer eines Zero-Bonds) trägt hierbei **kein Reinvestitionsrisiko** (er hat aber auch keine Reinvestitionschance), da ihm keine Zinsen zufließen, die er zum dann herrschenden Kapitalmarktzins wieder anlegen kann; er hat üblicherweise auch **kein Kündigungsrisiko**. Da aber Zinsen und Tilgungsbetrag erst nach Ablauf der üblicherweise sehr langen Laufzeit in einem Betrag vom Emittenten zu zahlen sind, trägt der Erwerber der Zero-Bonds in dieser Zeit ein vergleichsweise hohes **Kursrisiko** (Hebeleffekt), denn Null-Kupon-Anleihen reagieren, bedingt durch die im Vergleich zu Normal-Kupon-Anleihen längere Kapitalbindungsdauer und durch die für die gesamte Laufzeit implizit festgeschriebene Höhe auch der Zinseszinsen, sehr sensibel auf Zinsniveauänderungen.

Für den **privaten Käufer** von Zero-Bonds ergibt sich ein **Steuerstundungseffekt**, falls die Zinsen (und Zinseszinsen) erst beim Zufluss der Einkommensteuer unterliegen; es muss aber auch auf den sich dann ergebenden **Progressionseffekt** hingewiesen werden, der allerdings seit 2009 durch die Abgeltungssteuer stark relativiert wird. Beim **gewerblichen Käufer** der Zero-Bonds sind die Zinsen den einzelnen Jahren der Gesamtlaufzeit pro rata temporis als Ertrag zuzurechnen; dies gilt entsprechend stets für den Zinsaufwand beim Emittenten der Papiere.

Für den Emittenten ist die Begebung von Zero-Bonds – verglichen mit dem Nennwert der Anleihe – zwar mit einem geringeren Zahlungsmittelzufluss zum Begebungszeitpunkt verbunden, doch ergeben sich zum Teil beachtliche Liquiditätsvorteile während der Laufzeit, da zwischenzeitlich – trotz der erfolgsmindernd zu verrechnenden Zinsaufwendungen – keine liquiden Mittel zur Bedienung der Anleihe aufgewendet werden müssen. Zudem kann bei Null-Kupon-Anleihen gerade wegen des Fehlens laufender Zinszahlungen aus Sicht des Emittenten im Vergleich zu einer Normal-Kupon-Anleihe von einer **„Inflationschance"** gesprochen werden, da bei steigender Inflation der reale Rückzahlungswert des Zero-Bonds überproportional sinkt. Schließlich dürften Null-Kupon-Anleihen von kapitalsuchenden

---

546 Vgl. speziell zu Zero-Bonds *Kußmaul, Heinz*: Betriebswirtschaftliche Überlegungen bei der Ausgabe von Null-Kupon-Anleihen. In: Betriebs-Berater 1987, S. 1562-1572 sowie mit den steuerlichen Neuregelungen *Kußmaul, Heinz*: Finanzierung über Zero-Bonds und Stripped-Bonds. In: Betriebs-Berater 1998, S. 1868-1871; *Kußmaul, Heinz*: Investition eines gewerblichen Anlegers in Zero-Bonds und Stripped-Bonds. In: Betriebs-Berater 1998, S. 1925-1929; *Kußmaul, Heinz*: Investition eines Privatanlegers in Zero-Bonds und Stripped-Bonds. In: Betriebs-Berater 1998, S. 2083-2087; *Kußmaul, Heinz*: Gestaltungsmöglichkeiten im Zusammenhang mit Zero-Bonds und Stripped-Bonds. In: Betriebs-Berater 1998, S. 2236-2240; *Kußmaul, Heinz*: Betriebswirtschaftliche und steuerliche Analysen von Zero-Bonds und Stripped Bonds. In: Rechnungswesen als Instrument für Führungsentscheidungen. Festschrift für *Adolf G. Coenenberg* zum 60. Geburtstag, hrsg. von *Hans P. Möller* und *Franz Schmidt*. Stuttgart 1998, S. 287-304; *Kußmaul, Heinz*: Zero-Bonds und Stripped Bonds. Begriff, Merkmale, Gemeinsamkeiten. In: Wirtschaftswissenschaftliches Studium 1999, S. 62-68.

Unternehmungen gerade dann verstärkt emittiert werden, wenn das Zinsniveau offensichtlich ein relatives Tief erreicht hat. Die langfristige Sicherung eines als akzeptabel angesehenen Zinsniveaus birgt bei einem sich abzeichnenden Zinsanstieg für den Emittenten den Vorteil eines größeren Zinsnutzens, da – bedingt durch die fehlenden Zinszahlungen – auch die rechnerischen Zinseszinsen auf dem ursprünglich vereinbarten niedrigen Niveau basieren.

5.3.4.3.3.4 Die variable Verzinsung bei Floating Rate Notes

Die aufgezeigten Kursrisiken und -chancen existieren nicht oder nur in geringerem Umfang, wenn die Anleihebedingungen eine periodische Anpassung der Zinsen an das aktuelle Marktzinsniveau vorsehen. Man spricht hier von variabler Verzinsung der Anleihe. Ein Beispiel hierfür sind die sogenannten Floating Rate Notes („Floater"). Sie werden häufig, aber keineswegs ausschließlich, auf den EUR-Märkten ausgegeben und lauten nicht selten – auch bei Emissionen deutscher Unternehmungen – auf USD.

Die Verzinsung von Floating Rate Notes ist i. d. R. an die Marktzinsen für kurzfristige Gelder im Interbankenhandel gebunden, so etwa an den EURIBOR (Euro Interbank Offered Rate). Der EURIBOR wird täglich von der Europäischen Bankenvereinigung (EBF) und dem Verband der Geld- und Devisenhändler (ACI) als Benchmark für die aktuellen Marktzinsen für Kredite bestimmter Arten im Handel zwischen Kreditinstituten veröffentlicht. 43 nationale und internationale Banken mit dem größten Geschäftsvolumen in den jeweiligen Geldmärkten[547] melden täglich ihre Quotierungen in 12 Laufzeiten (von einem Monat bis einem Jahr) für Interbank-Termingelder in EUR, woraus sich dann ein entsprechender Durchschnittswert ergibt (nach Ausscheiden der höchsten und niedrigsten 15 % der gesammelten Quotierungen). Je nach Kreditvariante (vor allem nach Kreditlaufzeiten differenziert) werden demnach stets mehrere Arten vom EURIBOR notiert, so dass eine nähere Bestimmung des Referenzzinssatzes in den Anleihebedingungen notwendig ist.

Ist z. B. als variabler Zinssatz der EURIBOR-Satz für dreimonatige USD-Einlagen + 1/8 Prozentpunkt Aufschlag und vierteljährliche Zinsanpassung vereinbart, so sind die Zinsen vierteljährlich nach dem jeweils zwei Tage vor Beginn der betrachteten Zinszahlungsperiode festgestellten aktuellen EURIBOR-Satz für dreimonatige USD-Einlagen + 1/8 Prozentpunkt Aufschlag zu berechnen und am Ende der betreffenden Zinszahlungsperiode auszuzahlen. Bei Floating Rate Notes wird dem Anleger häufig zudem noch ein bestimmter Mindestzinssatz garantiert.

Der Emittent eines solchen Anleihetyps hat die Chance, von einem zurückgehenden Zinsniveau zu profitieren. Er wird daher eine Floating-Anleihe vornehmlich in Hochzinsphasen bei Erwartung mittelfristig sinkender Zinssätze auflegen, um für ihn günstige Marktzinsänderungen relativ schnell an den Anleihegläubiger weitergeben zu können.

---

[547] Dies sind Geschäftsbanken aus Belgien, Deutschland, Finnland, Frankreich, Irland, Italien, Luxemburg, Niederlande, Österreich, Portugal und Spanien sowie diverse andere EU-Banken und internationale Banken. In diesem Rahmen überprüft ein Lenkungsausschuss das Bankenpanel regelmäßig jährlich, um die Repräsentativität der tatsächlichen Geldmarktaktivitäten sicherzustellen.

5.3.4.3.3.5 Die Zinsbegrenzungsvereinbarungen

Bei einer variabel verzinslichen Anleihe (vgl. **Abschnitt 5.3.4.3.3.4**) besteht ein Zinsänderungsrisiko sowohl für den Emittenten als auch für den Inhaber der Anleihe. Steigt der für die Zinszahlungen der Anleihe relevante Referenzzinssatz und damit auch der in den Anleihebedingungen mit Hilfe eines Zu- oder Abschlags an den Referenzzinssatz gebundene Zins (Anleihezins), so bedeutet dies für den Inhaber der Anleihe einen höheren Zinsertrag, für den Schuldner der Anleihe einen gestiegenen Zinsaufwand. Umgekehrt stellt ein gesunkenes Zinsniveau einerseits geringere Zinserträge für den Anleiheinhaber, andererseits aber auch eine geringere Zinsbelastung für den Emittenten der Anleihe dar.

Um diese sich aus der Änderung des Referenzzinssatzes ergebende Unsicherheit zu reduzieren, können variabel verzinsliche Anleihen mit einer Zinsbegrenzungsvereinbarung ausgestattet sein. So bewirkt ein sogenannter **cap** eine Begrenzung der Zinshöhe der Anleihe nach oben. Steigt der sich aus Referenzzinssatz sowie Zu- bzw. Abschlag ergebende Anleihezinssatz über die Zinsobergrenze (cap), so braucht der Anleiheschuldner nur den als Zinsobergrenze vereinbarten Zinssatz an den Inhaber der Anleihe zu zahlen. Diese Zinsbegrenzung nach oben sichert den Anleiheschuldner in gewissem Umfang gegen Zinssteigerungen ab, ohne ihm die Möglichkeit zu nehmen, von sinkenden Zinsen zu profitieren.

Eine ähnliche Wirkung besitzt ein sogenannter **floor**. Bei einer solchen Zinsuntergrenze muss ein bestimmter Mindestzinssatz (floor) auch dann an den Inhaber der Anleihe gezahlt werden, wenn der Anleihezinssatz unter die Zinsuntergrenze gesunken ist. Der Vorteil liegt hier auf der Seite des Investors, dem ein bestimmter Mindestzinssatz garantiert wird, ohne ihm jedoch die Chance auf steigende Zinsen zu nehmen.

Da diese Zinsbegrenzungsvereinbarungen eine einseitige Abwälzung des Zinsänderungsrisikos auf den Emittenten oder Inhaber der Anleihe zur Folge haben, wirken sie sich auf den Preis der Anleihe aus. So wird eine Anleihe mit cap aufgrund der begrenzten Zinschance billiger sein als eine identische Anleihe ohne cap-Vereinbarung. Analog führt ein floor dazu, dass – wegen der Garantie eines Mindestzinssatzes – die Anleihe teurer wird als ein Floater ohne Zinsuntergrenze.

Eine Kombination von cap und floor wird **collar** genannt. Bei dieser Art von Zinsbegrenzung ist der Zinssatz sowohl nach oben als auch nach unten begrenzt und stellt daher sowohl für den Emittenten als auch für den Inhaber der Anleihe ein Instrument dar, bei dem der Zinssatz lediglich innerhalb bestimmter Grenzen variabel ist.

5.3.4.3.4 Die Duration

Das finanzmathematische Konzept der Duration ermöglicht einem Investor die **Beurteilung des Zinsänderungsrisikos** von festverzinslichen Schuldverschreibungen.

Die Kennziffer Duration, die 1938 von *Macaulay* hergeleitet wurde, gibt die **durchschnittliche Kapitalbindungsdauer einer Schuldverschreibung** an, d. h. aus der Sicht eines Investors ist die Duration die mittlere Zeitdauer, während der der Anleger sein investiertes Kapital in der Schuldverschreibung gebunden hat; dabei wird unterstellt, dass sich das Wertpapier bis zu seiner Endfälligkeit im Bestand des Investors befindet. Folglich gibt die Duration den gewichteten Durchschnitt aller Zeitpunkte an, zu denen der Investor Zins- und Tilgungszahlungen (Cashflows) aus seiner Anlage erhält. Die Berechnung der Duration erfolgt, indem diese Zeitpunkte mittels der Barwerte der Cashflows im jeweiligen Zeitpunkt gewichtet und zum Barwert des Gesamt-Cashflows – wie in **Abbildung 44** gezeigt – in Relation gesetzt werden.

$$D = \frac{\sum_{t=1}^{T} Z_t \cdot (1+i)^{-t} \cdot t}{\sum_{t=1}^{T} Z_t \cdot (1+i)^{-t}} = \frac{\sum_{t=1}^{T} Z_t \cdot (1+i)^{-t} \cdot t}{C_0}$$

Hierbei ist:

C_0 : Barwert der Zahlungsreihe des Finanzinstruments zum Zeitpunkt 0

D : Duration des Finanzinstruments

Z_t : Zins- und Tilgungszahlungen am Ende der Periode t (t = 1, ..., T)

i : Diskontierungszinssatz

t : Zahlungszeitpunkt (t = 1, ..., T)

Abbildung 44: Die Berechnungsformel der Macaulay Duration

Das folgende Beispiel soll das Konzept der Duration verdeutlichen:

Beispiel:

Gegeben sei eine 4 %ige festverzinsliche Schuldverschreibung über 100.000,00 EUR mit einer Laufzeit von drei Jahren, die zu 98 % emittiert und zu 100 % zurückgezahlt wird. Der Diskontierungsfaktor entspricht dem aktuellen Marktzinsniveau von 6 % für diesen Zeitraum. Die Duration bestimmt man dann wie folgt:

Jahr t	t = 0	t = 1	t = 2	t = 3
Cashflow der Anleihe in EUR	– 98.000	+ 4.000	+ 4.000	+ 104.000

Barwert der Zins- und Tilgungszahlungen der Anleihe:

$$C_0 = 4.000 \cdot 1{,}06^{-1} + 4.000 \cdot 1{,}06^{-2} + 104.000 \cdot 1{,}06^{-3}$$

$$= 3.773{,}58 + 3.559{,}99 + 87.320{,}41$$

$$= 94.653{,}98\,\text{EUR}$$

Jahr t (1)	Barwert Z in EUR	Gewichtungsfaktor $\frac{Z_t}{C_0}$ (2)	gewichtete Zeit (1) · (2)
1	3.773,58	0,03987	0,03987
2	3.559,99	0,03761	0,07522
3	87.320,41	0,92252	2,76757
Summe	94.653,98		2,88266 Duration in Jahren

Folglich ergibt sich eine durchschnittliche Kapitalbindungsdauer in Form der Duration für oben genannte Schuldverschreibung von 2,88 Jahren bzw. 2 Jahre 10 Monate und 18 Tage.

Die Durationskennzahl nach *Macaulay* kann vom Investor zur **Absicherung** seiner Finanzanlage **gegen das Zinsänderungsrisiko** eingesetzt werden.

Grundsätzlich ist die Investition in eine Finanzanlage unter Annahme eines Planungshorizonts des Investors zwei entgegengesetzten Risiken ausgesetzt, die jeweils von der Änderung der Marktzinsen abhängig sind. Einerseits besteht das **Wiederanlagerisiko** der Rückflüsse aus der Anlage (Zins- und Tilgungszahlungen) vor Ende des Planungshorizonts, falls z. B. die erfolgten Zinszahlungen nur zu geringeren Zinsen am Markt wieder angelegt werden können. Andererseits ist der Investor einem **Kurswertänderungsrisiko** ausgesetzt, da sich der Kurswert während der Laufzeit gegenläufig zu Marktzinsänderungen entwickelt. Übersteigt der Fälligkeitstermin der Anlage den Planungshorizont des Investors, so ist der Investor diesem Kurwertänderungsrisiko ausgesetzt.

Beide Risiken hängen demnach von der Entwicklung der Zinsen am Markt ab und verhalten sich dabei gegenläufig. Sinkende Marktzinsen verursachen ein erhöhtes Wiederanlagerisiko, da freiwerdende Gelder nur zu geringeren Marktzinsen wieder angelegt werden können, und gleichzeitig ein geringeres Kurswertänderungsrisiko, da sinkende Zinsen steigende Kurse implizieren.

Im Zeitpunkt der Duration einer Finanzanlage kompensieren sich die beiden entgegengesetzt wirkenden Risiken gerade, so dass der Investor das durch eine Anlage entstehende **Zinsänderungsrisiko** genau dann **immunisieren** kann, wenn er diejenige Finanzanlage wählt, deren Duration mit seinem Planungshorizont übereinstimmt. Stimmt sein Planungshorizont mit der Duration einer Finanzanlage überein, so erreicht der Investor genau diejenige Rendite und damit das Endvermögen, das er im Zeitpunkt der Anlage plant, unabhängig von der Entwicklung der Zinsen am Markt.

Ist die geplante Finanzanlage ein abgezinstes Wertpapier z. B. in Form eines Zero-Bonds (vgl. **Abschnitt 5.3.4.3.3.3**), so stimmt der Zeitpunkt der Duration genau mit der jeweiligen Restlaufzeit des Zero-Bonds überein, da während dieser Laufzeit keine Rückflüsse aus der Anlage zu erwarten sind, sondern Zins- und Tilgungszahlungen am Ende der Laufzeit erfolgen und demnach kein Wiederanlagerisiko existiert.

Ferner ist die Duration umso geringer, je früher und je häufiger die Rückflüsse aus der Anlage anfallen und je höher der Nominalzins ist. Je geringer wiederum die Duration ist, desto kleiner ist das Zinsänderungsrisiko, da die Rückflüsse relativ früh anfallen und deren Barwert damit relativ schwach durch Marktzinsänderungen beeinflusst wird.

Weiterhin lässt sich das Konzept der Duration als Sensitivitätsmaß in Form der **Modified Duration** näherungsweise dazu verwenden, eine Veränderung des Anleihekurses in Abhängigkeit von Marktzinsveränderungen zu erklären, d. h., die Modified Duration **gibt die erwartete Kurswertänderung der Anleihe in % an, wenn sich der Marktzinssatz um 1 % verändert**. In diesem Zusammenhang wird davon ausgegangen, dass sich die absolute Kurswertänderung durch Ableitung der Kapitalwertfunktion

$$C_0 = \sum_{t=1}^{T} Z_t \cdot (1+i)^{-t}$$

nach dem Marktzins i wie folgt ermitteln lässt:

$$\frac{\partial C_0}{\partial i} = \sum_{t=1}^{T} Z_t \cdot (-t) \cdot (1+i)^{-t-1} = \sum_{t=1}^{T} Z_t \cdot (-t) \cdot (1+i)^{-t} \cdot (1+i)^{-1}$$

$$= -\left(\frac{1}{1+i}\right) \cdot \sum_{t=1}^{T} Z_t \cdot (1+i)^{-t} \cdot t \,.$$

Gemäß der Berechnungsformel der Duration in **Abbildung 44** (Seite 173) ist

$$\sum_{t=1}^{T} Z_t \cdot (1+i)^{-t} \cdot t = D \cdot C_0$$

so dass die absolute Kurswertänderung damit geschrieben werden kann als:

$$\frac{\partial C_0}{\partial i} = -\left(\frac{1}{1+i}\right) \cdot D \cdot C_0 \,.$$

Wird nun die Modified Duration (MD) definiert als

$$MD = \frac{D}{1+i},$$

so kann die absolute Kurswertänderung wie folgt ausgedrückt werden:

$$\frac{\partial C_0}{\partial i} = -MD \cdot C_0$$

bzw.

$$\partial C_0 = -MD \cdot C_0 \cdot \partial i$$

Beispiel:

Für die im letzten Beispiel (Seite 173) genannte 4 %-ige Schuldverschreibung über 100.000,00 EUR ermittelt man die Modified Duration (MD) wie folgt:

$$MD = \frac{2{,}88266}{1{,}06} = 2{,}71949,$$

d. h., ändert sich der Marktzinssatz um 1 %, dann verändert sich der Kurswert der Schuldverschreibung um 2,72 %. Die absolute Kurswertänderung der Schuldverschreibung berechnet man bei einer einprozentigen Marktzinserhöhung dann zu:

$$\partial C_0 = -MD \cdot C_0 \cdot \partial i = -2{,}71949 \cdot 98.000 \cdot 0{,}01 = -2.665{,}10 \text{ EUR.}$$

Der neue Kurswert der Schuldverschreibung lautet dann 98.000 – 2.665,10 = 95.334,90 EUR.

Während also die Macaulay Duration die mittlere Kapitalbindungsdauer einer festverzinslichen Finanzanlage in Zeiteinheiten angibt, ermittelt die Modified Duration die Kurswertänderung der Anlage unter Annahme einer Marktzinsänderung in Prozent.

5.3.4.3.5 Das Kündigungsrecht

Ein weiteres Ausstattungsmerkmal von Obligationen ist das Kündigungsrecht. Der **Gläubiger** hat i. d. R. keine Möglichkeit zur vorzeitigen Kündigung, so dass er die von ihm gehaltenen Teilschuldverschreibungen nur liquidisieren kann, indem er sie anderen Interessenten weiterverkauft. Dabei besteht für ihn die Gefahr von Kursverlusten. Ob und vor allem wann der **Schuldner** kündigen kann, hängt in erster Linie von den in den Anleihebedingungen festgelegten Modalitäten ab. Je nach Vereinbarung kann es sein, dass eine vorzeitige Kündigung durch den Emittenten

- ausgeschlossen ist,
- jederzeit oder
- nur nach einer vorgegebenen Zahl von Kündigungsfreijahren und/oder
- unter Einhaltung einer bestimmten Kündigungsfrist möglich ist. Eine zehn Jahre laufende Anleihe, die 2010 emittiert wird, kann bei vier Freijahren **frühestens** 2014 gekündigt werden. Sind zudem zwei Jahre Kündigungsfrist vereinbart, so kann die Kapitalrückzahlung nicht vor 2016 erfolgen.

5.3.4.3.6 Die Tilgungsmodalitäten

Ferner liegt ein wesentliches Merkmal einer Anleihe in der Art und Weise ihrer Tilgung. Der Schuldner kann das aufgenommene Kapital in unterschiedlicher Weise zurückzahlen:[548]

1. Tilgung in einem Betrag am Ende der Laufzeit **(endfällige Tilgung)**.
2. **Ratentilgung**, wobei die erste der i. d. R. gleich hohen Raten oft erst nach mehreren Tilgungsfreijahren gezahlt wird.
3. **Rückkauf über die Börse**. Der Schuldner baut hierbei zunächst einen Bestand an finanziellen Mitteln – den **Tilgungsfonds** – auf, der ausschließlich zum vorzeitigen Erwerb der eigenen Teilschuldverschreibungen dient. Interessant ist diese Möglichkeit vor allem bei zwischenzeitlich gestiegenen Kapitalmarktzinsen, wenn der Kurs somit niedrig ist und die Anleihe unter pari notiert wird, da nicht nur die vom Emittenten beim Rückkauf zu leistenden Auszahlungen niedriger sind als die bei planmäßiger Tilgung, sondern weil in Höhe der als Ertrag wirkenden Differenz zwischen Rückzahlungsbetrag (i. d. R. Nennwert) und Erwerbspreis im Rückkaufsjahr auch eine Erfolgssteigerung eintritt. Zudem fallen aufgrund des Rückkaufs die ansonsten bis zur planmäßigen Tilgung anfallenden Zinszahlungen (= Zinsaufwendungen) weg.

---

[548] Vgl. *Wöhe, Günter/Bilstein, Jürgen*: Grundzüge der Unternehmensfinanzierung. 9. Aufl., München 2002, S. 248-249.

Im Allgemeinen erfolgen die Kapitalaufnahme durch Emission einer Anleihe und die Kapitalrückzahlung durch Tilgung der Anleihe in derselben Währung. Bei sogenannten **Doppelwährungsanleihen** unterscheidet sich die Valuta der Kapitalaufnahme von der Rückzahlungsvaluta. Erfolgt die Ausgabe der Doppelwährungsanleihe in einer Fremdwährung, ihre Tilgung jedoch in der Landeswährung des Emittenten, so kann er sich durch die Emission der Anleihe einen bestimmten Fremdwährungsbetrag beschaffen und gleichzeitig ein ansonsten bestehendes Wechselkursrisiko für den Rückzahlungsbetrag ausschließen. Die Zinszahlungen einer Doppelwährungsanleihe erfolgen entweder in derselben Währung wie die Kapitalaufnahme oder wie die Kapitalrückzahlung.

Während der Rückzahlungsbetrag von Schuldverschreibungen sich im Allgemeinen am Nennwert der Anleihen orientiert, ist mit sogenannten **Indexanleihen** ein Instrument geschaffen worden, das eine Kapitalrückzahlung ermöglicht, die von der Höhe eines bestimmten Indexes abhängt. Hierbei kann es sich um Aktienindices (z. B. DAX), Devisenindices oder Preisindices für Waren, Lebenshaltungskosten etc. handeln. Da der Rückzahlungsbetrag von der Höhe des Indexes abhängt, kann sich sowohl für den Emittenten als auch für den Inhaber der Anleihe ein vergleichsweise höherer oder niedrigerer Rückzahlungsbetrag ergeben. Insofern kann die Rendite einer Indexanleihe erst dann bestimmt werden, wenn der relevante Indexstand und damit der Rückzahlungsbetrag bekannt ist.

5.3.4.3.7 Die Besicherung

Wie bei jedem größeren Kredit werden auch die Gläubiger einer Anleihe ein Mindestmaß an **Sicherheiten** verlangen, um ihren Schaden für den Fall eines Zusammenbruchs der Schuldnerunternehmung zu begrenzen. Dieser Wunsch auf Absicherung des Zahlungsanspruchs gegen den Emittenten hängt auch damit zusammen, dass sich die Bonität einer im Emissionszeitpunkt einwandfreien Schuldnerunternehmung im Verlauf der meist langen Laufzeit der Anleihen verschlechtern kann, so dass die Zahlungsverpflichtungen aus der Anleihe nicht mehr – wie ursprünglich erwartet – erfüllt werden können. Klassische, als langfristig werthaltig eingeschätzte Sicherungsformen für Anleihen sind:[549]

- Grundpfandrechte (meist Grundschulden),[550]
- Bürgschaften (insbesondere solche der öffentlichen Hand)[551] sowie die
- sogenannte Negativklausel.[552]

Am gebräuchlichsten sind immer noch erstrangige **Grundschulden** auf betriebseigene Immobilien und Anlagen, obwohl die Werthaltigkeit der als Sicherheit dienenden Grundstücke aufgrund der zum Teil erheblichen Umweltschäden fragwürdig ist. Dagegen kommen **Bürgschaften** und **Sicherungsklauseln** seltener zur Anwendung. Bei der **Negativklausel** verspricht der Emittent den Anleihegläubigern in den Ausgabebedingungen verbindlich, sie

---

549 Vgl. *Wöhe, Günter/Bilstein, Jürgen*: Grundzüge der Unternehmensfinanzierung. 9. Aufl., München 2002, S. 250.

550 Vgl. genauer **Abschnitt 5.2.6.3.3.3.3**.

551 Vgl. genauer **Abschnitt 5.2.6.3.2.1**.

552 Vgl. genauer **Abschnitt 5.2.6.3.2.7**.

in Bezug auf die Sicherheiten nicht schlechter zu stellen als die Gläubiger zukünftig auszugebender Obligationen. Im Grunde bietet diese Klausel allenfalls eine indirekte Sicherungswirkung. Die eigentlichen Anleihesicherheiten sind die Vermögensgegenstände des Schuldners, die nicht zuvor bereits an andere Gläubiger verpfändet oder übereignet wurden. Die Negativklausel garantiert nun lediglich, dass diese gegenwärtig noch „freien" Vermögensgüter nicht später einmal dadurch dem Zugriff der Anleihegläubiger entzogen werden, dass man sie den Gläubigern einer neuen Anleihe als gesonderte dingliche Sicherheit reserviert. Die Klausel kann weder die Wertbeständigkeit noch den Nichtverkauf der Gegenstände garantieren, und sie belässt dem Schuldner die Möglichkeit, die Vermögensgüter als Sicherheit für andere, nicht als Anleihe verbriefte spätere Kredite einzusetzen.

Besondere gesetzlich geregelte Sicherungsvorschriften existieren u. a. für **Pfandbriefe**.[553] Das Pfandbriefgeschäft umfasst die Ausgabe gedeckter Schuldverschreibungen zur Refinanzierung von Krediten, die durch Hypotheken oder Grundschulden gesichert sind (**Hypothekenpfandbriefe**), die Ausgabe gedeckter Schuldverschreibungen aufgrund erworbener Forderungen gegen staatliche Stellen (**Kommunalschuldverschreibungen**, **Kommunalobligationen** oder **Öffentliche Pfandbriefe**) sowie die Ausgabe gedeckter Schuldverschreibungen aufgrund erworbener Schiffshypotheken (Schiffspfandbriefe).[554]

Das Pfandbriefgesetz sieht verschiedene Maßnahmen vor, um für Pfandbriefe einen hohen **Gläubigerschutz** zu gewährleisten. So müssen Pfandbriefbanken bei Gründung ein Mindestkernkapital in Höhe von 25 Mio. EUR aufweisen.[555]

Neben dieser Mindestkernkapitalanforderung ist eine **Deckung** des Gesamtnennbetrags der von einer Pfandbriefbank emittierten Papiere durch Hypotheken oder Grundschulden von wenigstens gleicher Höhe und mit wenigstens gleichem Zinssatz vorgeschrieben.[556] Durch dieses Deckungserfordernis soll gewährleistet werden, dass stets eine **Mindestdeckungsmasse bestimmter Sicherheiten** vorhanden ist und dass die aus den Pfandbriefen resultierenden Zinsaufwendungen der Pfandbriefbank nicht die Zinserträge der zugrunde liegenden Sicherheiten übersteigen. Darüber hinaus sind folgende Maßgaben relevant:

- der Barwert der eingetragenen Deckungswerte muss den Gesamtbetrag der zu deckenden Verbindlichkeiten um 2 % übersteigen (**sichernde Überdeckung**);[557]
- werden **Derivate** zur Deckung genutzt und begründen diese Derivate Verbindlichkeiten der Pfandbriefbank, so müssen auch die hieraus entstehenden Ansprüche der Vertragspartner der Pfandbriefbank gedeckt sein;[558]

---

553 Die Vorschriften finden sich im Pfandbriefgesetz (PfandBG).

554 Vgl. § 1 Abs. 1 PfandBG.

555 Vgl. § 2 Abs. 1 Satz 2 Nr. 1 PfandBG.

556 Vgl. § 4 Abs. 1 PfandBG.

557 Vgl. § 4 Abs. 2 PfandBG.

558 Vgl. § 4 Abs. 3 PfandBG.

- die jederzeitige vorschriftsmäßige Deckung ist fortlaufend durch **geeignete Rechenwerke** sicher zu stellen und nachvollziehbar zu dokumentieren;[559]
- die Ausgabe von Pfandbriefen, deren Betrag nicht durch die im Deckungsregister eingetragenen Werte vorschriftsmäßig gedeckt ist, ist **verboten**;[560]
- die zur Deckung verwendeten Deckungswerte sind **jeweils einzeln** ins Deckungsregister einzutragen;[561]
- den Pfandbriefgläubigern darf **kein Kündigungsrecht** eingeräumt werden.[562]

Ein von der Bundesanstalt für Finanzdienstleistungsaufsicht bestellter **Treuhänder**[563] überwacht, dass eine vorschriftsmäßige Deckung der Pfandbriefe jederzeit vorhanden ist[564] und dass die zur Deckung der Pfandbriefe dienenden Werte vorschriftsgemäß in das Deckungsregister eingetragen werden.[565]

Neben diesen allgemeinen Vorgaben für alle Pfandbriefe dienen auch spezielle Maßnahmen im **Hypothekenpfandbriefgeschäft** der Sicherstellung des Gläubigerschutzes. Insbesondere folgende Anforderungen sind zu erfüllen:

- die Grundstücke und grundstücksgleichen Rechten, auf denen die Hypotheken und Grundschulden lasten, müssen in einem Mitgliedstaat der Europäischen Wirtschaftsraums, in der Schweiz, den USA, Kanada oder Japan belegen sein;[566]
- die Beleihung der Grundstücke ist auf 60 % des Grundstückswerts, der den durch sorgfältige Ermittlung festgestellten Verkaufswert nicht übersteigen darf, begrenzt;[567]
- das auf dem Grundstück belegene Gebäude ist während der Dauer der Beleihung gegen erhebliche Risiken in Höhe seines Bauwerts zu versichern.[568]

Wenn in der Finanzmarktkrise ab 2008 auch Hypothekenbanken in existenzbedrohende Schwierigkeiten kamen (z. B. Hypo Real Estate), hängt dies – neben einem Absinken der Immobilienwerte unter 60 % des im Zeitpunkt der Beleihung sorgfältig ermittelten Verkaufswerts – auch damit zusammen, dass den Verantwortlichen die im traditionellen Hypothekengeschäft (aufgrund ständig sinkender Zinsmargen) zu erzielenden Gewinne nicht ausreichten und sie deswegen insbesondere über Tochtergesellschaften in Off-shore-Gebieten mit niedrigerer Steuerbelastung und weniger aufmerksamer Bankenaufsicht riskante Geschäfte betrieben, für die aber die Muttergesellschaften Garantien in großem Um-

---

559 Vgl. § 4 Abs. 4 PfandBG.
560 Vgl. § 4 Abs. 7 PfandBG.
561 Vgl. § 5 Abs. 1 PfandBG.
562 Vgl. § 6 Abs. 2 PfandBG.
563 Vgl. § 7 Abs. 3 PfandBG.
564 Vgl. § 8 Abs. 1 PfandBG.
565 Vgl. § 8 Abs. 2 PfandBG.
566 Vgl. § 13 Abs. 1 PfandBG.
567 Vgl. §§ 14, 16 PfandBG.
568 Vgl. § 15 Abs. 1 PfandBG.

fang übernahmen. Die aus diesen Garantiezusagen drohenden Gefahren wurden, möglicherweise aufgrund unzureichender Informationen im Jahresabschluss bzw. in Quartalsberichten, von den Aufsichts- bzw. Verwaltungsräten, von den für die Jahresabschlussprüfungen zuständigen Wirtschaftsprüfern und von der Bundesanstalt für Finanzdienstleistungsaufsicht toleriert.

5.3.5 Die Finanzierungshilfen[569]

5.3.5.1 Der Begriff der Finanzierungshilfen

Finanzierungshilfen gehören zu den **Kapitallenkungsmaßnahmen**. Letztere sollen die Kapitalbildung und -verwendung in einer Volkswirtschaft aus wirtschaftsstrukturellen, sozialen und politischen Gründen heraus steuern und kontrollieren. **Spezielle** Kapitallenkungsmaßnahmen liegen vor, wenn einzelne Wirtschaftssubjekte – nicht die gesamte Volkswirtschaft – begünstigt oder benachteiligt werden sollen. Entsprechend werden Finanzierungshilfen und finanzierungshemmende Maßnahmen unterschieden. Von **Finanzierungshilfen** wird gesprochen: „...wenn die öffentliche Hand bestimmten Unternehmen oder Wirtschaftszweigen bei Vorliegen bestimmter Bedingungen, die dem Zweck der betreffenden Finanzierungshilfe entsprechen, eine Hilfestellung bei der Finanzierung leistet."[570,571]

Grundsätzlich können direkte und indirekte Finanzierungshilfen unterschieden werden. Indirekte Finanzierungshilfen kommen über das Steuersystem zum Tragen. Dies bedeutet, dass sie nur wirksam werden, wenn positive Einkünfte erzielt werden. Darüber hinaus haben sie i. d. R. nur eine vorübergehende Steuerentlastung zur Folge.[572] Direkte Finanzierungshilfen führen zu einer Bereitstellung von Liquidität u. a. in der Form von Fremd- oder Eigenkapital. Sie können aber auch in der Form von Bürgschaften gewährt werden, welche wiederum notwendige Voraussetzung für die Bereitstellung von Liquidität sein können.[573]

Im Folgenden soll innerhalb der Gruppe der direkten Finanzierungshilfen die Gewährung von Fremdkapital (Darlehen) näher betrachtet werden. Zu den nicht behandelten direkten Finanzierungshilfen in der Form der Gewährung von Eigenkapital zählen Investitionszulagen und Investitionszuschüsse.[574] Beide sind „nicht rückzahlbare staatliche Geldmittel zur Durchführung von Investitionen".[575] Während aber Investitionszulagen weder zu den Einkünften i. S. d. Einkommensteuergesetzes zählen, noch die steuerlichen Anschaffungs- und

---

569 Vgl. hierzu auch und ausführlicher *Kußmaul, Heinz/Schäfer, René*: Finanzierungshilfen für Existenzgründer. 2. Aufl. In: Arbeitspapiere zur Existenzgründung, hrsg. von *Heinz Kußmaul*, Band 9, Saarbrücken 2003; *Kußmaul, Heinz/Schäfer, René*: Finanzierungshilfen für Existenzgründer in Form von Darlehen. In: Die Information über Steuer und Wirtschaft 2000, S. 181-186; *Kußmaul, Heinz/Schäfer, René*: Finanzierungshilfen für Existenzgründer in Form von Zuschüssen, Zulagen und Bürgschaften. In: Die Information über Steuer und Wirtschaft 2000, S. 340-343.

570 *Wysocki, Klaus von*: Öffentliche Finanzierungshilfen. Köln/Opladen 1961, S. 11.

571 Vgl. hierzu *Wysocki, Klaus von*: Öffentliche Finanzierungshilfen. Köln/Opladen 1961, S. 10-12.

572 Zu diesen indirekten Finanzierungshilfen gehören beispielsweise Sonderabschreibungen.

573 Vgl. hierzu *Jahrmann, Fritz-Ulrich*: Finanzierung. 6. Aufl., Herne 2009, S. 178.

574 Vgl. zu Finanzierungshilfen in der Form der Gewährung von Eigenkapital durch öffentlich geförderte Kapitalbeteiligungsgesellschaften **Abschnitt 4.2.3.3.6**.

575 *Blohm, Hans/Lüder, Klaus/Schaefer, Christina*: Investition. 9. Aufl., München 2006, S. 114.

Herstellungskosten mindern[576] (§ 13 InvZulG 2010[577]), gehören Investitionszuschüsse zu den Einkünften i. S. d. Einkommensteuergesetzes. Des Weiteren besteht auf Letztere kein Rechtsanspruch.[578]

5.3.5.2 Ausgewählte Finanzierungshilfen in der Form von Darlehen

Die Begriffe „Kredit" bzw. „Darlehen" wurden bereits ausführlich erläutert.[579] Finanzierungshilfen in Darlehensform werden grundsätzlich auf **Bundesebene** angeboten. Zwar existieren auch auf der **europäischen Ebene** Finanzierungshilfen in Darlehensform, die von einem Finanzinstitut der Europäischen Union, der Europäischen Investitionsbank (EIB), angeboten werden. Allerdings werden Einzeldarlehen nur für Großprojekte mit einem Investitionsvolumen von mehr als 25 Mio. EUR gewährt.[580] Abgesehen von den Einzeldarlehen bietet die EIB auch Globaldarlehen an. Diese werden nicht direkt an Unternehmungen vergeben, sondern an zwischengeschaltete Banken, welche die Darlehen weiterleiten.[581] Für diese Globaldarlehen gelten somit letztendlich die Bedingungen der jeweiligen zwischengeschalteten Banken, so dass eine Einzelbetrachtung notwendig wird. Auch auf der Ebene der **Bundesländer** werden Darlehen zur Verfügung gestellt. Aufgrund der großen Zahl dieser Finanzierungshilfen in Darlehensform kann aber keine Globaldarstellung gegeben werden.[582]

Des Weiteren wird eine Vielzahl von Finanzierungshilfen in Form von Darlehen nur in speziellen Bereichen – wie z. B. dem Umweltschutz oder der Technologieförderung – vergeben. Informationen hierzu finden sich insbesondere auf den Seiten der Internetpräsenz des Bundesministeriums für Wirtschaft und Technologie.[583]

---

576 Hieraus würde eine Verringerung der jährlichen Abschreibungsbeträge während der betriebsgewöhnlichen Nutzungsdauer resultieren.

577 Investitionszulagengesetz 2010 (InvZulG 2010) vom 07.12.2008, BGBl I, S. 2350.

578 Vgl. zu den Unterscheidungsmerkmalen von Investitionszulagen und -zuschüssen *Blohm, Hans/Lüder, Klaus/Schaefer, Christina*: Investition. 9. Aufl., München 2006, S. 114.

579 Vgl. hierzu **Abschnitt 5.1** und **Abschnitt 5.3.3**.

580 Vgl. http://www.eib.org/products/loans/index.htm (19.05.2009).

581 Eine Übersicht über die deutschen Partnerbanken der EIB findet sich unter http://www.eib.org/attachments/lending/inter_de.pdf (19.05.2009).

582 Vgl. zu den einzelnen Finanzierungshilfen bzw. Programmen auf Länderebene beispielsweise http://www.kfw-mittelstandsbank.de/DE_Home/Beratungsangebot/Beratungsfoerderung/Service_Beratungsfoerderung.jsp (19.05.2009). Die KfW (vgl. hierzu den nachfolgenden Abschnitt) bietet an dieser Stelle eine Zusammenstellung von Links auf die Förderinstitute der einzelnen Bundesländer. Somit kann ein Zugriff auf Informationen zu Finanzierungshilfen auf Länderebene erfolgen.

583 Vgl. http://www.foerderdatenbank.de (19.05.2009).

5.3.5.3 Die Kreditanstalt für Wiederaufbau (KfW) als zentrales Förderinstitut

5.3.5.3.1 Aufbau, Organisation und Aufgaben der KfW

Die **Kreditanstalt für Wiederaufbau** ist eine Körperschaft öffentlichen Rechts.[584] Ihre Aufgaben sind gesetzlich durch § 2 des Gesetzes über die Kreditanstalt für Wiederaufbau festgelegt. Neben der Finanzierung von Gebietskörperschaften und öffentlich-rechtlichen Zweckverbänden, der Finanzierung rein sozialer Maßnahmen, der Finanzierung von Maßnahmen der Bildungsförderung und der Finanzierung sonstiger Maßnahmen, die im Interesse der deutschen und europäischen Wirtschaft stehen, ist hierbei insbesondere auf den Auftrag der KfW zur Förderung des Mittelstands hinzuweisen. Die Förderaktivitäten der KfW im Rahmen der Darlehensfinanzierung des Mittelstands und der Existenzgründung sowie der Bereitstellung von Risikokapital sind in dem Förderbereich „KfW Mittelstandsbank" gebündelt.[585] Neben den in diesem Bereich konzentrierten Aktivitäten zur Mittelstandsförderung bietet die KfW als „KfW Privatkundenbank" und „KfW Kommunalbank" Finanzierungsprogramme an, die dem Umwelt- und Klimaschutz, der Wohnungsbauförderung, der Förderung von Infrastrukturmaßnahmen und der Förderung von Bildungsmaßnahmen dienen.[586] Die „KfW Entwicklungsbank" fördert in Zusammenarbeit mit der Regierung der Bundesrepublik Deutschland Projekte in Entwicklungsländern.[587]

In der „KfW IPEX-Bank", einem Tochterunternehmen der KfW, wurden alle Geschäftstätigkeiten der KfW zusammengeführt, bei denen die KfW in Wettbewerb zu anderen Instituten tritt. Die gesellschaftsrechtliche Ausgliederung dieser Aktivitäten ist eine Folge der Verständigung der Bundesregierung mit der EU-Kommission über die Neuausrichtung der deutschen Förderbanken aus dem Jahre 2002, wonach eine Trennung der kommerziellen Aktivitäten der KfW von den Förderaktivitäten vorzunehmen war. Das Angebot der KfW IPEX-Bank umfasst Unternehmensfinanzierungen, Kredite für Infrastrukturprojekte, Exportkredite, Projektfinanzierungen und Strukturierte Finanzierungen sowie auch kurzfristige Handelsfinanzierungen.[588]

5.3.5.3.2 Die Förderprogramme der KfW Mittelstandsbank

Die **KfW Mittelstandsbank** entstand im Jahre 2003 durch die Verschmelzung der Aktivitäten der Deutschen Ausgleichsbank (DtA) mit den Förderaktivitäten der Kreditanstalt für Wiederaufbau. Seither ist die KfW Mittelstandsbank das zentrale Institut zur Förderung der mittelständischen Wirtschaft auf Bundesebene. Die KfW Mittelstandsbank bietet aktuell die folgenden, in **Abbildung 45** (Seite 183) dargestellten, Kreditprogramme zur Förderung des Mittelstandes an.

---

584 Vgl. § 1 Abs. 1 des Gesetzes über die Kreditanstalt für Wiederaufbau vom 23.06.1969 (BGBl. I, S. 573), zuletzt geändert durch Artikel 173 der Verordnung vom 31.10.2006 (BGBl. I, S. 2407).

585 Vgl. § 2 Abs. 2 des Gesetzes über die Kreditanstalt für Wiederaufbau vom 23.06.1969 (BGBl. I, S. 573), zuletzt geändert durch Artikel 173 der Verordnung vom 31.10.2006 (BGBl. I, S. 2407).

586 Vgl. http://www.kfw-foerderbank.de/DE_Home/KfW_Foerderbank/index.jsp (19.05.2009).

587 Vgl. http://www.kfw-entwicklungsbank.de/DE_Home/KfW_Entwicklungsbank/Unser_Auftrag/index.jsp (19.05.2009).

588 Vgl. http://www.kfw-ipex-bank.de/DE_Home/KfW_IPEX-Bank/Profil.jsp (19.05.2009).

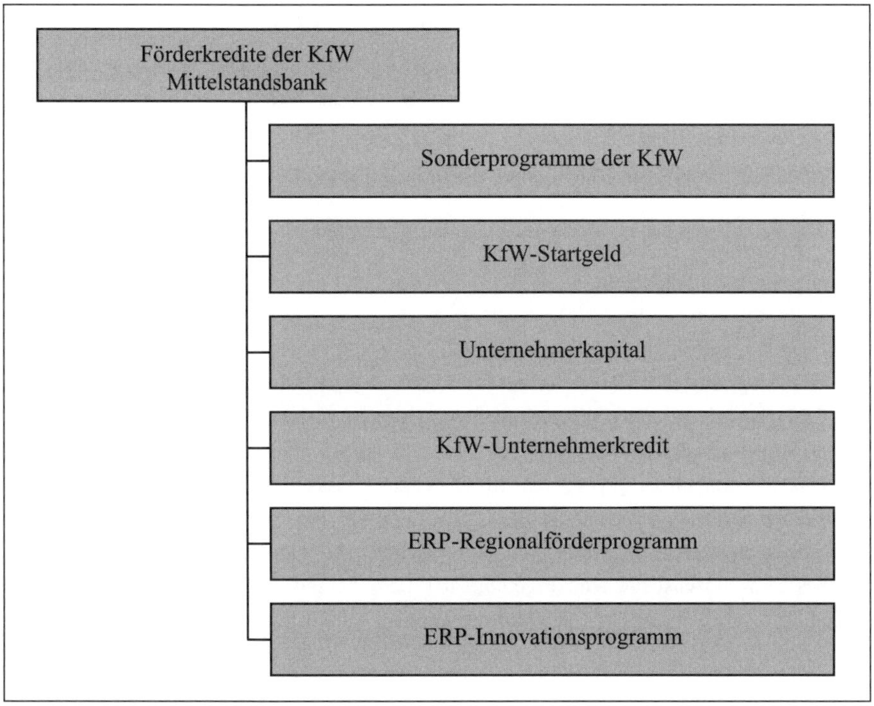

Abbildung 45: Die Förderkredite der KfW Mittelstandsbank[589]

Die **Sonderprogramme** der KfW werden anlassbezogen aufgelegt. Das im Auftrag des Bundes angebotene KfW-Sonderprogramm 2009 dient bspw. der Sicherung der Kreditversorgung der Wirtschaft und insbesondere des Mittelstandes. Im Rahmen dieses Programms werden mittel- bis langfristige Investitionen und Betriebsmittel finanziert.[590] Das **KfW-Startgeld** ist für Existenzgründer, Freiberufler und kleine Unternehmungen vorgesehen, die weniger als drei Jahre am Markt tätig sind und die nicht mehr als 50.000 EUR finanzieren müssen.[591] Mit dem Förderprogramm **„Unternehmerkapital"** bietet die KfW langfristige Nachrangdarlehen an. Diese richten sich sowohl an Existenzgründer und junge Unternehmer als auch an bereits etablierte Unternehmungen.[592] Der **KfW-Unternehmerkredit** steht Existenzgründern, Freiberuflern und gewerblichen Unternehmungen zur Verfügung, die in

589 Vgl. hierzu http://www.kfw-mittelstandsbank.de/DE_Home/Kredite/Die_Foerderprogramme_im_Einzelnen/index.jsp (19.05.2009).

590 Vgl. http://www.kfw-mittelstandsbank.de/DE_Home/Kredite/Die_Foerderprogramme_im_Einzelnen/KfW-Sonderprogramm_2009/index.jsp (19.05.2009).

591 Vgl. http://www.kfw-mittelstandsbank.de/DE_Home/Kredite/Die_Foerderprogramme_im_Einzelnen/KfW-StartGeld_/index.jsp (19.05.2009).

592 Vgl. http://www.kfw-mittelstandsbank.de/DE_Home/Kredite/Die_Foerderprogramme_im_Einzelnen/Unternehmerkapital/index.jsp (19.05.2009).

Deutschland investieren wollen. Daneben erfüllt dieses Programm den Zweck der Finanzierung von Betriebsmitteln und vorübergehenden Liquiditätsengpässen.[593]

Die genannten Finanzierungsprogramme zeichnen sich durch folgende – mehr oder weniger ausgeprägte – Merkmale aus:

- (teilweise) Haftungsfreistellung der kreditvergebenden Hausbank;
- Finanzierungen bis zu 100 % des Finanzierungsbedarfs;
- tilgungsfreie Anlaufzeiten;
- günstiger Zinssatz.

Die ERP-Programme der KfW werden aus Mitteln des ERP-Sondervermögens refinanziert. Das **ERP-Sondervermögen** ging aus dem sogenannten ***Marshall*-Plan** hervor. Durch Hilfsgeldzahlungen ermöglichte der *Marshall*-Plan deutschen Importeuren, amerikanische Güter und Dienstleistungen zu importieren. Im Gegenzug mussten die Importeure bei der Deutschen Bundesbank – früher: Bank Deutscher Länder – Einzahlungen auf sogenannte Gegenwertkonten leisten. Die Mittel auf diesen Konten bildeten das ERP-Sondervermögen, welches sich zunächst noch im Eigentum der USA befand.[594] Durch Schuldenerlass und -tilgung ging es dann in das Eigentum der Bundesrepublik Deutschland über. Der Zweck des Sondervermögens war – auf Wunsch der USA – die Förderung der deutschen Wirtschaft durch Kredite.

Nach der deutschen Wiedervereinigung wurde das ERP-Sondervermögen für den wirtschaftlichen Aufbau der neuen Bundesländer genutzt, indem zinsgünstige Kredite vergeben wurden. Um den Bedarf an Krediten für Unternehmungen in den neuen Ländern decken zu können, musste das Sondervermögen selbst Mittel am Kapitalmarkt aufnehmen. Folglich wurden Zuschüsse aus dem Bundeshaushalt nötig; nur so konnten die Kredite, die teilweise aus Mitteln stammten, die am Kapitalmarkt zu normalen Konditionen aufgenommen worden waren, zinsgünstig angeboten werden.[595]

Das **ERP-Regionalförderprogramm** richtet sich an kleine und mittlere Unternehmungen, die in bestimmten Regionalfördergebieten ansässig sind. Hierzu zählen insbesondere die Regionen der neuen Bundesländer, aber auch einzelne Regionen auf dem Gebiet der alten Bundesländer. Das ERP-Regionalförderprogramm zeichnet sich durch lange Laufzeiten bis zu 20 Jahren und maximal fünf tilgungsfreie Anlaufjahre aus. Daneben besteht die Möglichkeit einer zehnjährigen Festzinsvereinbarung.[596]

---

[593] Vgl. http://www.kfw-mittelstandsbank.de/DE_Home/Kredite/Die_Foerderprogramme_im_Einzelnen/KfW-Unternehmerkredit/index.jsp (19.05.2009).

[594] Die Hilfe an Westdeutschland wurde zunächst in der Form von Krediten gewährt.

[595] Vgl. zur Geschichte des ERP-Sondervermögens Bundesministerium für Wirtschaft und Technologie (Hrsg.): ERP – Wirtschaftsförderung für den Mittelstand. Bonn 1999, S. 6-13.

[596] Vgl. näher zum ERP-Regionalförderprogramm http://www.kfw-mittelstandsbank.de/DE_Home/Kredite/Die_Foerderprogramme_im_Einzelnen/ERP-Regionalfoerderprogramm/index.jsp (19.05.2009).

Mit dem **ERP-Innovationsprogramm** fördert die KfW Forschungs- und Entwicklungsmaßnahmen sowie Markteinführungen von Produkten. Die Finanzierung besteht hierbei aus zwei Komponenten: einem klassischen Kredit (Fremdkapitaltranche) sowie einem Nachrangdarlehen (Nachrangtranche). Dem Kreditnehmer stehen bis zu sieben tilgungsfreie Anlaufjahre auf die Nachrangtranche zu. Auf die Stellung von Sicherheiten für die Nachrangtranche wird verzichtet.[597]

Darüber hinaus unterstützt die KfW Mittelstandsbank junge und mittelständische Unternehmungen durch **Beteiligungsfinanzierungen**.[598]

5.3.5.3.3 Der Antragsweg

Darlehen in der Form der aufgeführten Finanzierungshilfen können nicht direkt bei der KfW Mittelstandsbank beantragt werden. Anträge müssen zunächst an die Hausbank gestellt werden, welche diese dann weiterleitet. Nach der Bewilligung eines Darlehens erfolgt die Auszahlung i. d. R. über die Hausbank,[599] welche grundsätzlich auch die volle Haftung für die durch die KfW gewährten Darlehen übernimmt[600]. Somit stellt sich der Vorgang der Antragstellung wie in **Abbildung 46** aufgezeigt dar.

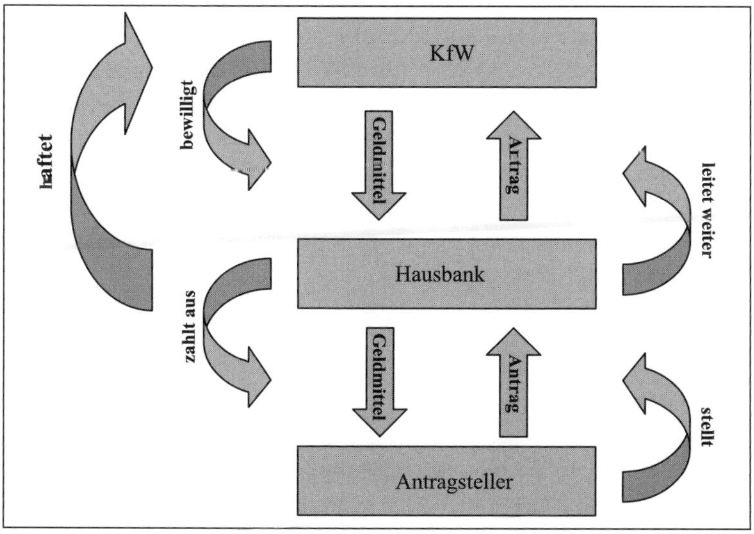

Abbildung 46: Ablauf der Antragstellung für eine Finanzierungshilfe in Darlehensform[601]

[597] Vgl. näher zum ERP-Innovationsprogramm http://www.kfw-mittelstandsbank.de/DE_Home/Kredite/Die_Foerderprogramme_im_Einzelnen/ERP-Innovationsprogramm/index.jsp (19.05.2009).

[598] Vgl. hierzu bereits **Abschnitt 4.2.3.3.6**.

[599] Vgl. *Herz, Peter*: Geldquellen für Existenzgründer. 2. Aufl., Regensburg/Düsseldorf 1999, S. 77.

[600] Vgl. *Nestel, Thomas*: Die Bank als Partner. In: Gründungsplanung und Gründungsfinanzierung, hrsg. von *Willi K. M. Dieterle* und *Eike M. Winckler*, 3. Aufl., München 2000, S. 397.

[601] In Anlehnung an *Arnold, Jürgen*: Existenzgründung – Von der Idee zum Erfolg! Band 1, 2. Aufl., Würzburg 1999, S. 197.

Da die Hausbank für die von der KfW gewährten Darlehen haftet, wird sie einen Antrag zunächst gründlich prüfen. Erst wenn sie vom Erfolg des jeweiligen Vorhabens überzeugt ist, leitet sie den Antrag weiter.[602] Aus der Sicht der KfW erfolgt somit eine Prüfung der Vorhaben vor Ort.[603]

5.3.5.3.4 Die Sicherheiten

Auch bei der Vergabe der aufgeführten Finanzierungshilfen in Darlehensform besteht die Gefahr, dass der Darlehensnehmer seinen Tilgungs- bzw. Zinszahlungen nicht oder nur teilweise nachkommen kann. Um einer solchen eventuellen Zahlungsunfähigkeit zu begegnen, sind diese Darlehen grundsätzlich durch sogenannte bankübliche Sicherheiten abzusichern.[604] Zu diesen Sicherheiten gehören Bürgschaften, Forderungsabtretungen, Sicherungsübereignungen, bewegliche Pfandrechte und Grundpfandrechte.[605]

Die Bereitstellung von Förderkrediten durch die KfW befreit den Kreditnehmer im Regelfall nicht von der Stellung von Sicherheiten. Allerdings gewährt die KfW bei einigen Programmen eine – auf 40 %, 50 % oder 80 % beschränkte – Haftungsfreistellung der kreditgebenden Hausbank.[606] In diesem Umfang haftet somit die KfW bei einem möglichen Zahlungsausfall des Kreditnehmers.

Daneben stehen Kreditnehmern die Bürgschaftsprogramme der **regionalen Bürgschaftsbanken** zur Verfügung. Eine Übersicht über die einzelnen regionalen Bürgschaftsbanken findet sich auf den Seiten der Internetpräsenz des Verbands deutscher Bürgschaftsbanken.[607] Die Bürgschaftsbanken der Bundesländer sind Selbsthilfeeinrichtungen für kleine und mittlere Unternehmungen.[608] An ihnen sind Handwerkskammern, Industrie- und Handelskammern, Kammern der freien Berufe, Wirtschaftsverbände und Innungen beteiligt. Grundsätzlich erfolgt keine Beschränkung der Gewährung von Bürgschaften auf bestimmte Kreditarten. Anträge können von allen gewerblichen Unternehmungen und von Freiberuflern ge-

---

602 Ein wichtiges Hilfsmittel bei der Überzeugung der Hausbank ist der „Business Plan“. Vgl. hierzu sehr ausführlich mit einem praxisnahen Beispiel *Kußmaul, Heinz*: Betriebswirtschaftslehre für Existenzgründer. 6. Aufl., München 2008, S. 526-586.

603 Vgl. hierzu *Rödel, Stefan/Gesmann, Klaus/Wittemer, Bernhard*: Existenzgründung: Finanzierung und öffentliche Fördermittel. 3. Aufl., Landsberg a. L. 2002, S. 88-89.

604 Vgl. bspw. http://www.kfw-mittelstandsbank.de/DE_Home/Service/Kreditantrag_und_Formulare/Merkblaetter/Kredite/Merkblatt_-_ERP-Regionalfoerderprogramm_.jsp (19.05.2009); *Arnold, Jürgen*: Existenzgründung – Von der Idee zum Erfolg! Band 1, 2. Aufl., Würzburg 1999, S. 198.

605 Vgl. *Diekmann, Heinz*: Existenz- und Unternehmensgründungen: Öffentliche Finanzierungshilfen, Gründungskonzeption und Praktische Liquiditätsplanung. Köln 1998, S. 66-67; *Herz, Peter*: Geldquellen für Existenzgründer. 2. Aufl., Regensburg/Düsseldorf 1999, S. 147; *Rödel, Stefan/Gesmann, Klaus/Wittemer, Bernhard*: Existenzgründung: Finanzierung und öffentliche Fördermittel. 3. Aufl., Landsberg a. L. 2002, S. 113. Vgl. zur Besicherung von Krediten **Abschnitt 5.2.6**.

606 Vgl. http://www.kfw-mittelstandsbank.de/DE_Home/Service/Glossar/GlossarH-M.jsp#5476 (19.05.2009).

607 Vgl. hierzu http://www.vdb-info.de (19.05.2009).

608 Vgl. *Diekmann, Heinz*: Existenz- und Unternehmensgründungen: Öffentliche Finanzierungshilfen, Gründungskonzeption und Praktische Liquiditätsplanung. Köln 1998, S. 46.

stellt werden.[609] Der Antragsweg verläuft auch hier über die Hausbank.[610] Die regionalen Bürgschaftsbanken verbürgen sich bis zu 80 % des Kreditbetrages, maximal jedoch 750.000 EUR.[611]

5.3.5.3.5 Die Tilgungsarten

Die oben aufgeführten Finanzierungshilfen in Darlehensform werden **ausnahmslos** als **Ratendarlehen** gewährt. Annuitätendarlehen und endfällige Darlehen kommen nicht zur Anwendung.[612]

Die Ratendarlehen weisen eine unterschiedlich lange tilgungsfreie Anlaufzeit auf. Die Tilgungsintervalle sind zumeist vierteljährlich. Je nach Darlehensart und Ausgestaltungsform können bis zu sieben tilgungsfreie Jahre eingeräumt werden. Vorzeitige Kredittilgungen sind möglich, teilweise aber mit Zahlung einer Vorfälligkeitsentschädigung verbunden.[613]

5.3.5.3.6 Die Kombinationsmöglichkeiten

Die Kombination der vorgestellten Finanzierungshilfen in Form von Darlehen ist grundsätzlich möglich. Auch verschiedene ERP-Darlehen können miteinander kombiniert werden. Allerdings sind einige Einschränkungen zu beachten. So gilt der Grundsatz, dass eine Kombination haftungsfreigestellter Kredite mit anderen haftungsfreigestellten Krediten der KfW oder Nachrangdarlehen nicht zulässig ist.[614] Dies betrifft sowohl die Sonderprogramme der KfW, das Programm KfW-Kapital für Arbeit und Investitionen als auch den KfW-Unternehmerkredit. Daneben ist zu beachten, dass bestimmte Förderprogramme der KfW als Beihilfen gemäß EU-Beihilferecht angesehen werden. Sofern ein Programm hierunter fällt, ist die Kombination mit bestimmten anderen Förderprodukten nicht möglich.

Finanzierungen, die über das Programm KfW-Startgeld gestellt werden, können nicht mit anderen Förderprogrammen kombiniert werden.[615]

---

609 Vgl. hierzu *Winkler-Otto, Anneliese*: Die Finanzierungshilfen des Bundes, der Länder und der internationalen Institutionen. In: Zeitschrift für das gesamte Kreditwesen, Sonderausgabe 1999/2000, Heft 1, Frankfurt a. M. 1999, S. 59.

610 Vgl. http://www.vdb-info.de/index.php?11 (19.05.2009).

611 Vgl. hierfür beispielhaft die Bürgschaftsbank Saarland, http://www.bbs-saar.de/ueberuns.php/aufgaben%2Bund%2Bziele/ (19.05.2009).

612 Vgl. zu den verschiedenen Tilgungsarten **Abschnitt 5.2.2**.

613 Vgl. hierzu http://www.kfw-mittelstandsbank.de/DE_Home/Kredite/Die_Foerderprogramme_im_Einzelnen/index.jsp (19.05.2009).

614 Vgl. hierzu http://www.kfw-mittelstandsbank.de/DE_Home/Kredite/Die_Foerderprogramme_im_Einzelnen/index.jsp (19.05.2009).

615 Vgl.http://www.kfw-mittelstandsbank.de/DE_Home/Kredite/Die_Foerderprogramme_im_Einzelnen/KfW-StartGeld_/Foerderbedingungen.jsp (19.05.2009).

5.4 Die kurzfristige Kreditfinanzierung

5.4.1 Vorbemerkungen

Aus der kurzfristigen Kreditfinanzierung wird zunächst ein Teilaspekt der kurzfristigen Kapitalbeschaffung, nämlich die Aufnahme von Waren- und Geldkrediten, behandelt, während sich der daran anschließende Teil mit der „Kreditleihe" als einem anderen Teilaspekt der kurzfristigen Kreditfinanzierung sowie mit besonderen Formen der Geldkredite und der „Kreditleihe" im Auslandsgeschäft beschäftigt. Einen Überblick über die Einordnung von „Kreditleihe" und Geld- und Warenkrediten in eine Systematik der verschiedenen Beschaffungsmöglichkeiten kurzfristigen Fremdkapitals gibt **Abbildung 47**.

Kurzfristiges Fremdkapital kann grundsätzlich von Nichtbanken (Lieferanten und Kunden) – es handelt sich dann um Warenkredite (siehe hierzu **Abschnitt 5.4.2**) – oder von Banken zur Verfügung gestellt werden, wobei Letzteres sich in Geldkredite (siehe hierzu **Abschnitt 5.4.3**) und die „Kreditleihe" (siehe hierzu **Abschnitt 5.4.4**) gliedert.

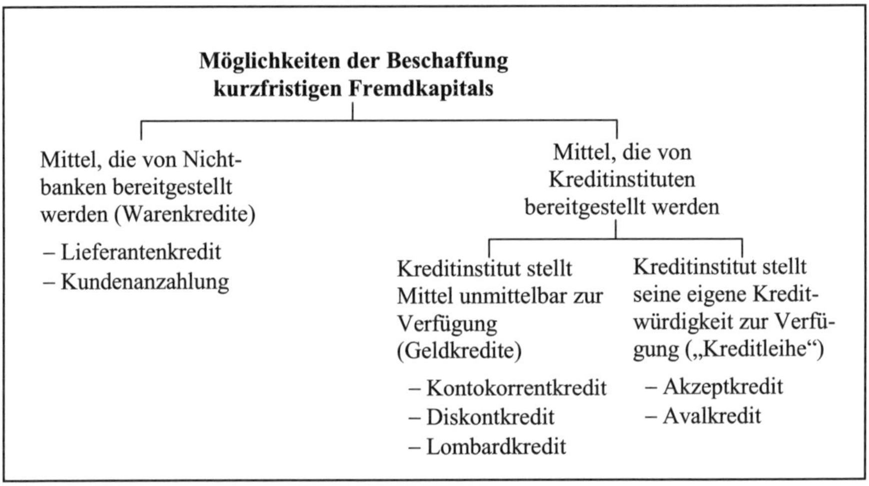

Abbildung 47: Möglichkeiten der Beschaffung kurzfristigen Fremdkapitals[616]

5.4.2 Die Warenkredite

5.4.2.1 Der Lieferantenkredit

Räumt der Verkäufer (Hersteller, Händler) dem Käufer im Zusammenhang mit dem Absatz seiner Betriebsleistungen ein Zahlungsziel ein, so kann der Käufer die Bezahlung u. U. bereits aus seinen Verkaufserlösen leisten. Der Lieferantenkredit ergibt sich also nicht aus der Vergabe liquider Mittel; er entsteht vielmehr durch die Gewährung von **Zahlungszielen**,

[616] Modifiziert entnommen aus *Drukarczyk, Jochen*: Finanzierung. 10. Aufl., Stuttgart 2008, S. 264.

d. h. durch die im Kaufvertrag vereinbarte Verzögerung der Zahlung an den Lieferanten. Eine Absicherung des Zahlungsanspruchs des Verkäufers kann durch einfachen bzw. verlängerten Eigentumsvorbehalt erfolgen (vgl. dazu **Abschnitt 5.2.6.3.3.1**). Diese i. d. R. formlos (ohne systematische Kreditwürdigkeitsprüfung) gewährten Kredite sind jedoch mit hohen Kosten verbunden. Da der Verkäufer bei seiner Preisgestaltung die Skontoabzugsmöglichkeit einkalkulieren wird, entstehen bei Überschreitung der vereinbarten Skontofrist Kosten in Höhe des nun nicht mehr möglichen Skontoabzugs (vgl. **Abbildung 48**).

Der Jahreszinssatz i steigt mit zunehmendem Skontosatz S und abnehmender Differenz zwischen Zahlungsziel z und Skontoabzugsfrist f (Skontobezugszeitraum).

$$i = \frac{S}{z - f} \cdot 360$$

i: Zinssatz p. a.
S: Skontosatz
z: Zahlungsziel (-frist)
f: Skontoabzugsfrist

Beispiel: S = 0,03
z = 30 Tage
f = 10 Tage

$$i = \frac{0{,}03}{30 - 10} \cdot 360 = 54\ \%\ \text{p.a.}$$

Abbildung 48: Kosten des Lieferantenkredits bei Überschreitung der Skontoabzugsfrist[617]

Vorteile des Lieferantenkredits:

- schnelle und formlose Kreditgewährung im Rahmen des Kaufvertragsabschlusses;
- Kreditgewährung in Höhe des durch den vereinbarten Kaufpreis bestimmten Kapitalbedarfs; dies leistet jedoch auch ein Kontokorrentkredit;
- Unabhängigkeit von Kreditinstituten;
- geringere Kreditsicherheiten als bei Banken; allerdings i. d. R. Eigentumsvorbehalt zugunsten des Verkäufers.

Neben der Höhe der Kosten ist auch die wirtschaftliche Abhängigkeit im Falle hoher Verschuldung bei **einem** Lieferanten als Nachteil des Lieferantenkredits hervorzuheben. Aus Rentabilitätserwägungen ist es günstiger, einen kurzfristigen Bankkredit in Anspruch zu nehmen und innerhalb der Skontoabzugsfrist zu zahlen.

---

617 Entnommen aus *Bieg, Hartmut*: Die Kreditfinanzierung. In: Der Steuerberater 1997, S. 350.

5.4.2.2 Die Kundenanzahlung

Zahlt der Käufer vor Lieferung, so verbessert dieser Kredit an den Lieferanten dessen Liquiditätslage, bietet ihm aber auch die Gewähr der Abnahme. Diese auch von den Marktgepflogenheiten, der Marktstellung des Abnehmers und der Auftragslage des Lieferanten abhängigen Anzahlungen erfolgen insbesondere für **individuell erstellte Anlagen**, die einen **hohen Kapitalbedarf und/oder** eine **lange Kapitalbindungsfrist** bis zur Fertigstellung verursachen (Auftragsproduktion im Schiffs- und Flugzeugbau, Hoch- und Tiefbau, Bau von Groß- oder Spezialmaschinen im Maschinenbau). Aus dem Vorauszahlungskredit schuldet der Kreditnehmer (Lieferant) nicht die Erfüllung einer Zahlungsverpflichtung, sondern eine bestimmte Sach- oder Dienstleistung. Die i. d. R. zinslos zur Verfügung gestellten Anzahlungen verursachen für den Kreditnehmer nur Kreditkosten, wenn ein unter dem normalen Barpreis liegender Rechnungsbetrag vereinbart wird. Zur Ausschaltung des Lieferrisikos wird häufig die Bereitstellung von Bankgarantien gefordert, durch die die Zahlung von Konventionalstrafen für den Fall der Nichtleistung versprochen wird.[618]

5.4.3 Die Geldkredite

5.4.3.1 Der Kontokorrentkredit

Der Kontokorrentkredit, gesetzlich in den §§ 355–357 HGB geregelt, ist ein Kredit in laufender Rechnung (Kontokorrent), der dem Kreditnehmer in einer bestimmten Höhe (Kontokorrentlimit) von seiner Bank eingeräumt wird und über den je nach Bedarf bis zum vertraglich vereinbarten Limit verfügt werden kann. Der im Zeitablauf sehr unterschiedlich in Anspruch genommene Kontokorrentkredit (flexible Anpassung des Kredits an den jeweiligen Kapitalbedarf) bildet die **Grundlage des bankmäßigen Zahlungsverkehrs** von Unternehmungen und ist in hervorragender Weise geeignet, die täglich **schwankenden Liquiditätsanspannungen** der Unternehmung **auszugleichen**. Eine nicht oder nur teilweise in Anspruch genommene Kreditlinie stellt eine entsprechende **Liquiditätsreserve** dar, die es der Unternehmung erlaubt, einen minimalen Kassenbestand zu halten. Für die Bank erleichtert das Kontokorrentkonto die Beurteilung der Kreditwürdigkeit und die Überwachung des Kredits durch ständigen Einblick in das Finanzgebaren und die wirtschaftlichen Verhältnisse des Kreditnehmers.

Häufig kann der Kontokorrentkreditnehmer allerdings nicht einen einheitlichen Preis in Form eines jeweils für Guthaben bzw. Kreditinanspruchnahmen festgelegten Gesamtzinssatzes durchsetzen, sondern muss verschiedene Teilpreise akzeptieren:[619]

- Zinsen auf die jeweils in Anspruch genommene Kredithöhe (sogenannter Nettozinssatz),
- Überziehungsprovision, d. h. erhöhter Zins bei Überschreitung des vereinbarten Limits,

[618] Vgl. *Drukarczyk, Jochen*: Finanzierung. 10. Aufl., Stuttgart 2008, S. 265.

[619] Vgl. hierzu mit Zahlenbeispielen *Wöhe, Günter/Bilstein, Jürgen*: Grundzüge der Unternehmensfinanzierung. 9. Aufl., München 2002, S. 311-315.

- Kreditprovision,
- Bereitstellungsprovision,
- Umsatzprovision oder Kontoführungsgebühren,
- Ersatz der Spesen und Barauslagen.

In **Abbildung 49** werden die Merkmale des Kontokorrentkredits aufgeführt.

1. Mindestens eine der Vertragsparteien muss **Kaufmann** i. S. des HGB sein (die Bank ist Kaufmann nach § 1 HGB).
2. Nur der jeweilige **Soll- oder Habensaldo**, in dem eine gegenseitige Verrechnung beiderseitiger Ansprüche erfolgt, ist von rechtlicher Bedeutung.
3. Die Zinsen werden auf Basis des Saldos berechnet.
4. **Feststellung und Anerkennung des Saldos** in regelmäßigen Zeitabständen; Abrechnung mindestens einmal jährlich, i. d. R. jedoch vierteljährlich.
5. Der formal kurzfristige Kredit nimmt durch **ständige Prolongation** mittel- oder langfristigen Charakter an.
6. Verwendung des Kreditbetrages zur Finanzierung des Umlaufvermögens, aber auch als Zwischenkredit, Überbrückungskredit, Saisonkredit oder Kredit zur Vorfinanzierung von Bauvorhaben.
7. Inanspruchnahme durch Barabhebung, Scheckziehung, Überweisung, Einlösung von Wechseln etc.
8. Relativ hohe Kosten.

Abbildung 49: Merkmale des Kontokorrentkredits[620]

5.4.3.2 Der Wechselkredit

5.4.3.2.1 Die Rechtsgrundlagen

Jedem Wechselkredit liegt das Finanzinstrument „Wechsel“ zugrunde. Es handelt sich dabei um eine Urkunde, die den strengen gesetzlichen Vorschriften des Wechselgesetzes unterliegt. Die in der **Abbildung 50** (Seite 192) aufgeführten gesetzlichen Bestandteile einer Wechselurkunde verdeutlichen zugleich den Charakter eines Wechsels. Dabei sind zwei Grundformen zu unterscheiden. Der sogenannte **gezogene Wechsel** verkörpert eine **unbedingte Anweisung** des Ausstellers (Gläubiger/Trassant) an den Bezogenen (Schuldner/Trassat), eine bestimmte Geldsumme an einem bestimmten Tag an ihn oder einen Drit-

---

[620] Modifiziert entnommen aus *Bieg, Hartmut*: Die Kreditfinanzierung. In: Der Steuerberater 1997, S. 351.

ten (Wechselnehmer/Remittent) zu zahlen. Diese Zahlungsverpflichtung erlangt erst durch Unterschrift des Bezogenen Rechtswirksamkeit. Diese Annahmeerklärung wird als **Akzept** bezeichnet.

Nr.	Gesetzliche Bestandteile des	
	gezogenen Wechsels	**eigenen Wechsels**
1.	die Bezeichnung „Wechsel" im Text der Urkunde	
2.	die unbedingte Anweisung, eine bestimmte Geldsumme zu bezahlen	das unbedingte Versprechen, eine bestimmte Geldsumme zu bezahlen
3.	die Angabe dessen, der bezahlen soll (Bezogener/Trassat)	–
4.	die Angabe der Verfallzeit (bei Fehlen der Angabe ist der Wechsel bei Vorlage zahlbar: Sichtwechsel)	
5.	die Angabe des Zahlungsortes	
	(bei Fehlen gilt der beim Namen des Bezogenen angegebene Ort als Zahlungsort)	(bei Fehlen gilt der Ausstellungsort als Zahlungsort)
6.	den Namen dessen, an den oder an dessen Order gezahlt werden soll (Wechselnehmer/Remittent)	
7.	die Angabe des Tages und des Ortes der Ausstellung (bei Fehlen des Ausstellungsortes gilt der beim Namen des Ausstellers angegebene Ort als Ausstellungsort)	
8.	die Unterschrift des Ausstellers	

Abbildung 50: Die gesetzlichen Bestandteile der Wechselurkunde[621, 622]

Bei der zweiten Grundform, dem **eigenen Wechsel** (auch **Solawechsel**), sind dagegen Aussteller und Bezogener identisch. Damit handelt es sich um ein **unbedingtes Zahlungsversprechen** des Ausstellers, eine bestimmte Geldsumme an einem bestimmten Tag an den Wechselnehmer zu zahlen.

Für die Verbriefung einer Forderung mittels Wechselurkunde sprechen zwei Funktionen, die der Wechsel erfüllt. Als erste Funktion ist die **Kreditfunktion** zu nennen, die zunächst darin begründet ist, dass der Bezogene die Wechselsumme erst bei Fälligkeit leisten muss.

---

621 Entnommen aus *Bieg, Hartmut*: Die Kreditfinanzierung. In: Der Steuerberater 1997, S. 352.

622 Vgl. Art. 1, 2, 75 und 76 WG.

Erster Wechselberechtigter ist der Wechselnehmer, also derjenige, der auf der Urkunde als Zahlungsempfänger angegeben wurde. Dies kann bei einem gezogenen Wechsel sowohl der Aussteller als auch ein Gläubiger des Ausstellers sein, dessen Forderung vereinbarungsgemäß durch den Wechsel erfüllt werden soll.

Sowohl bei einem gezogenen als auch bei einem Solawechsel hat der Bezogene den Wechsel nach Akzeptierung dem Wechselnehmer auszuhändigen. Nun hat der Wechselnehmer zwei Möglichkeiten. Entweder behält er den Wechsel bis zur Fälligkeit, um ihn dann dem Bezogenen zur Zahlung vorzulegen. Dies geschieht i. d. R. über die Banken der Beteiligten. Der Wechselnehmer reicht den Wechsel in diesem Falle bei seiner Bank zum **Inkasso** ein, die ihm den Betrag abzüglich Spesen nach Eingang bzw. Eingang vorbehalten (E. v.) gutschreibt.

Die zweite Möglichkeit des Wechselnehmers besteht darin, den Wechsel seinerseits an einen Dritten wegen einer bestehenden Verbindlichkeit oder gegen Zahlung einer bestimmten Geldsumme zu übertragen. Hierin liegt die **erweiterte Kreditfunktion** des Wechsels, da nun der neue Eigentümer bis zur Fälligkeit des Wechsels Kredit gewährt.

Als **geborenes Orderpapier** kann der Wechsel und damit die Wechselforderung jedoch nur durch Einigung, schriftlichen Übertragungsvermerk auf der Rückseite der Urkunde (**Indossament**) und Übergabe übertragen werden. Mit der Übertragung wird der Wechselnehmer zum **Indossanten**, der neue Eigentümer zum **Indossatar** und damit zum neuen Wechselgläubiger, der wiederum die beiden genannten Möglichkeiten der Wechselverwendung (Behalten des Wechsels bis zur Fälligkeit; Verkauf des Wechsels an einen neuen Wechselgläubiger) hat.

Der Bezogene hat am Fälligkeitstag an denjenigen zu zahlen, der den Wechsel in Händen hat und durch eine lückenlose Indossamentenkette als berechtigter Eigentümer ausgewiesen ist. Die durch die Wechselziehung und -einlösung entstehenden Beziehungen zwischen den Wechselbeteiligten verdeutlicht **Abbildung 51** (Seite 194).

Eng mit der beschriebenen Kreditfunktion verbunden und für diese gleichermaßen Voraussetzung ist die zweite Funktion des Wechsels, die **Sicherungsfunktion**. Sie äußert sich in den bereits aufgezeigten strengen Formvorschriften, der Abstraktheit der Wechselforderung, d. h. ihrer Loslösung vom Grundgeschäft, den ebenfalls bereits aufgezeigten Übertragungsmodalitäten, den Rückgriffsmöglichkeiten des Wechselberechtigten und der Möglichkeit des Wechselprozesses.

Die in der strengen Formvorschriften genügenden Wechselurkunde verbriefte Wechselforderung stellt eine **abstrakte Zahlungsverpflichtung** des Wechselschuldners (des Bezogenen beim gezogenen Wechsel bzw. des Ausstellers beim eigenen Wechsel) dar. Sie ist von einem eventuell zugrunde liegenden Rechtsgeschäft (z. B. einer Warenlieferung auf Ziel) losgelöst. Diese Abstraktheit der Wechselforderung hat zur Folge, dass der Bezogene keine Einreden aus diesem Grundgeschäft (wie z. B. Mängelrügen) in Bezug auf die Wechselforderung geltend machen kann. Bei Fälligkeit hat er in jedem Falle die Wechselsumme zu bezahlen. Dies ist Voraussetzung für eine problemlose Übertragung und Akzeptierung eines Wechsels als (Ersatz-)Zahlungsmittel.

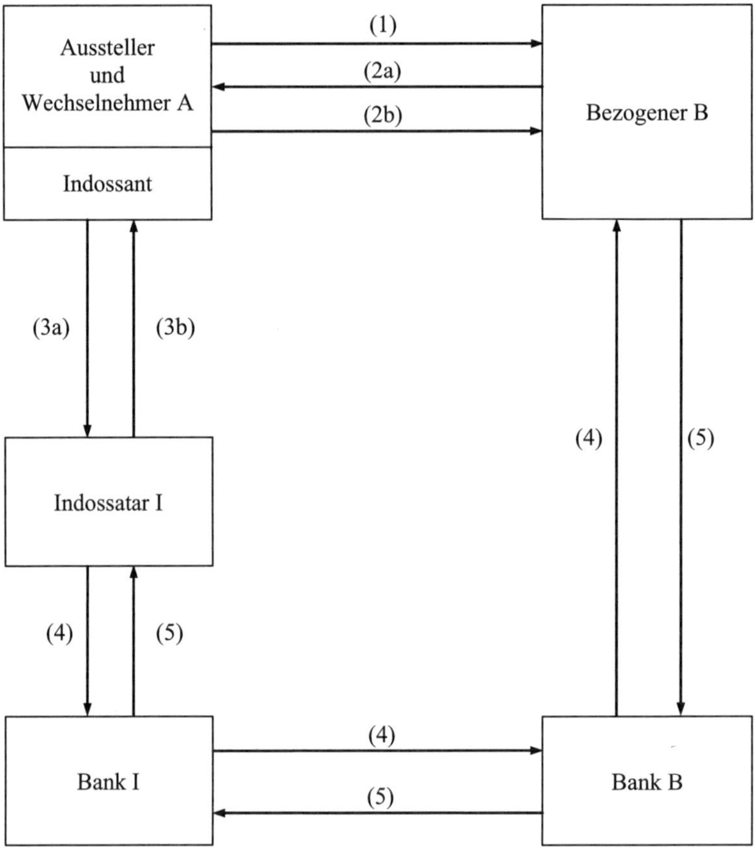

(1) A zieht einen Wechsel auf B.
(2a) B akzeptiert den Wechsel und reicht ihn an A als Wechselnehmer zurück.
(2b) Damit entsteht eine Kreditbeziehung; A wird Wechselgläubiger.
(3a) A indossiert den Wechsel und reicht ihn an I, den Indossatar, weiter.
(3b) Es entsteht eine weitere Kreditbeziehung mit I als Wechselgläubiger.
(4) I reicht den Wechsel bei seiner Bank I ein, die ihn bei Fälligkeit über Bank B dem Bezogenen B zur Zahlung vorlegt.
(5) B bezahlt die Wechselsumme zuzüglich Spesen über seine Bank B an Bank I, die den Wechselbetrag dem Konto des I gutschreibt.

Abbildung 51: Beziehungen der Wechselbeteiligten bei einem gezogenen Wechsel[623]

Eine weitere Sicherung der Wechselforderung besteht in den Rückgriffsmöglichkeiten (**Regress**) des Wechselberechtigten auf alle Vorindossanten und den Aussteller, die gesamtschuldnerisch in Höhe des Rückgriffsbetrages haften. Dieser ist gesetzlich festgeschrieben und umfasst neben dem nicht eingelösten Teil der Wechselsumme Zinsen in Höhe von 2 % über dem jeweiligen Basiszinssatz nach § 247 BGB, mindestens aber 6 % seit dem Verfall-

[623] Entnommen aus *Bieg, Hartmut*: Die Kreditfinanzierung. In: Der Steuerberater 1997, S. 352.

tag, die Kosten und sonstigen Auslagen des Protests sowie eine Provision in Höhe von 1/3 % der Wechselsumme.[624] Für den Regress muss der Wechselberechtigte spätestens am zweiten auf den Fälligkeitstag folgenden Werktag die Zahlungsverweigerung des Bezogenen von einem Notar oder Gerichtsbeamten in einer öffentlichen Urkunde festhalten lassen (**Wechselprotest**).[625] Er kann nun die Wechselsumme und die entstandenen Kosten von einem beliebigen Vorindossanten oder vom Aussteller einfordern; sie alle haften gesamtschuldnerisch.[626] Auch die Vorindossanten können dann ihrerseits auf die Vorbesitzer und den Aussteller zurückgreifen.[627]

Schließlich besteht – als letzte Ausprägung der Sicherungsfunktion – für den jeweiligen Wechselgläubiger die Möglichkeit eines **Wechselprozesses** zur Durchsetzung der Forderungen aus einem zu Protest gegangenen Wechsel. Der Wechselprozess zeichnet sich gegenüber gewöhnlichen Prozessen durch eine beschleunigte Abwicklung und eine vereinfachte Beweisführung aus.[628] Somit kann der Wechselgläubiger vergleichsweise schnell einen vollstreckbaren Titel gegen den Beklagten erwirken.

Die im Rahmen der Sicherungsfunktion genannten Regelungen und Möglichkeiten – auch als **„Wechselstrenge"** bezeichnet – machen den Wechsel zu einer im Vergleich zu sonstigen kurzfristigen Kreditierungsmöglichkeiten sicheren und durch die Weitergabemöglichkeiten liquiditätsschonenden Kreditart. Sein hauptsächliches Einsatzgebiet ist heute der Außenhandel (vgl. insbesondere **Abschnitt 5.4.5.2**).

5.4.3.2.2 Die zugrunde liegenden Rechtsgeschäfte

Nach dem zugrunde liegenden Rechtsgeschäft unterscheidet man drei Arten des Wechsels:

Wechsel, denen ein Waren- oder Dienstleistungsgeschäft zugrunde liegt, werden als **Handelswechsel** bezeichnet. Sie entstehen aus einem Kauf auf Ziel. Der Lieferant zieht hierbei einen Wechsel auf den Abnehmer der Ware.

Finanzwechsel beruhen dagegen nicht auf Handelsgeschäften, sondern werden ausschließlich zum Zwecke der Kreditbeschaffung ausgestellt. So kann beispielsweise eine Konzerntochterunternehmung einen Wechsel auf die Muttergesellschaft ziehen, den diese akzeptiert und der dann von einer der beiden Unternehmungen an eine Bank verkauft wird. Finanzwechsel werden genutzt, weil dieser Weg der Kreditbeschaffung oft kostengünstiger ist als andere kurzfristige Kreditformen.

Ein **Depotwechsel** dient ausschließlich Sicherungszwecken; ein Wechsel, häufig ein Solawechsel des Kreditnehmers, wird hierbei zur Sicherung eines Kreditverhältnisses beim Gläubiger hinterlegt. Kommt der Schuldner seinen Zahlungsverpflichtungen ordnungsgemäß nach, so erhält er den Wechsel nach Tilgung des Kredits wieder zurück. Anderenfalls

---

[624] Vgl. Art. 48 Abs. 1 WG. Die Zinsansprüche sind auch vom Ausstellungsort und vom Zahlungsort abhängig; vgl. dazu Art. 48 Abs. 1 Nr. 2 WG.

[625] Art. 79 Abs. 1; 48 Abs. 2 und 3; 38 Abs. 1 WG.

[626] Vgl. Art. 47 Abs. 1 WG.

[627] Vgl. Art. 43 Abs. 1 WG.

[628] Vgl. §§ 602-605 ZPO.

kann der Gläubiger den Wechsel zu Protest geben und dadurch die Vorteile der Wechselstrenge zur beschleunigten Beitreibung seiner Forderung ausnutzen.

5.4.3.2.3 Der Diskontkredit

Die im Rahmen der Kreditfunktion des Wechsels bereits angesprochene Weitergabe eines Wechsels gegen Zahlung einer bestimmten Geldsumme bezeichnet man als **Diskontierung**. Sie stellt zwar streng genommen einen Verkauf bzw. eine Abtretung der Wechselforderung dar. Da der Verkäufer dem Käufer allerdings solange verpflichtet bleibt, bis der Bezogene die Wechselsumme bezahlt hat, handelt es sich wirtschaftlich gesehen um eine **Kreditgewährung**. Sie erfolgt auf der Grundlage eines dem Verkäufer des Wechsels zuvor eingeräumten Diskontkredits. Die vom Käufer zu leistende Geldsumme errechnet sich aus der mit einem festzulegenden Zinssatz vom Verfalltag auf den Ankaufstag abgezinsten Wechselsumme abzüglich sonstiger Spesen. Die so berechneten Zinsen bezeichnet man als Diskont.

In der Hauptsache betreiben Banken diesen Ankauf von Wechseln und bieten damit den Wechselberechtigten eine Möglichkeit, ihre Liquiditätslage zu verbessern. Aufgrund der Haftung des Wechseleinreichers legen sie allerdings unter Berücksichtigung seiner Bonität Diskontkontingente fest, die die Gesamtsumme der diskontierten Wechsel (**Wechselobligo**) eines Einreichers nach oben beschränkt.

Die den Wechsel ankaufende Bank kann nun den Wechsel bis zu seiner Fälligkeit aufbewahren und ihn dann der im Wechsel als Zahlstelle genannten Bank zur Zahlung vorlegen (vgl. **Abbildung 52**; Seite 197). Die Bank hat aber auch die Möglichkeit, den Wechsel ihrerseits bei einem Dritten – ebenfalls unter Abzug des Diskonts – zu diskontieren, um hierdurch Verbindlichkeiten bei dem Dritten zu begleichen oder sich liquide Mittel zu beschaffen.

Der Wechsel (und damit auch der Wechselkredit) hat in den letzten Jahren im Inland, nicht dagegen im Außenhandel[629], seine Bedeutung weitgehend verloren, so dass schon die Deutsche Bundesbank ihre Geldmengenpolitik nicht mehr mit Hilfe des Diskontkredits und des Lombardkredits betrieb, sondern – wie heute die Europäische Zentralbank – mit Hilfe von Offenmarktgeschäften (echten Pensionsgeschäften).[630]

Beim **Scheck-Wechsel-Verfahren** (auch Umkehrwechsel oder umgedrehter Wechsel genannt) gibt es grundsätzlich zwei Varianten.

Bei der **ersten Variante** erhält der Lieferant einer Warensendung vom Käufer einen Scheck, der auf den Rechnungsbetrag abzüglich Skonto lautet. Gleichzeitig akzeptiert der Käufer einen vom Lieferanten ausgestellten Wechsel. Dieser Wechsel wird vom Bezogenen bei seiner Hausbank zum Diskont eingereicht. Durch die daraus resultierende Gutschrift wird die sich aus der Scheckeinlösung ergebende Belastung des Kontokorrentkontos ausgeglichen. Dieses Verfahren, das entsprechende **Bonität des Käufers**, nicht jedoch des Verkäufers voraussetzt, hat für den Käufer den Vorteil, dass er einen Skontoabzug vornehmen kann, wobei er sich die erforderlichen finanziellen Mittel aus einem – verglichen mit dem

---

[629] Vgl. hierzu **Abschnitt 5.4.5**.

[630] Vgl. hierzu die **Abschnitte 5.4.3.3** und **5.4.3.4**.

üblichen Kontokorrentkredit – billigeren Diskontkredit beschafft. Dem Verkäufer steht der Rechnungsbetrag (unter Abzug von Skonto) mit der Scheckgutschrift zur Verfügung, obwohl der Gesamtbetrag vom Käufer erst am Verfalltag des von ihm akzeptierten Wechsels aufgebracht werden muss.

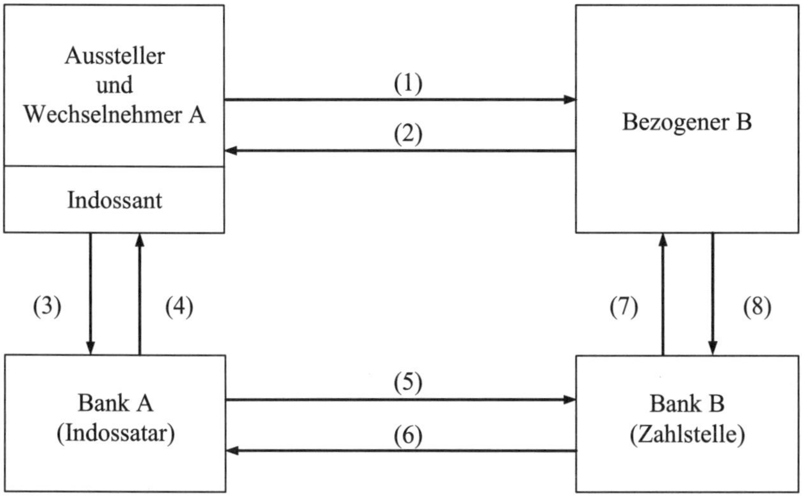

(1) A zieht einen Wechsel auf B.
(2) B akzeptiert den Wechsel und reicht ihn an A zurück.
(3) A reicht den Wechsel bei seiner Bank A zum Diskont ein.
(4) Bank A schreibt den Diskonterlös (Wechselsumme – Diskont – Diskontspesen) dem Konto des A gut.
(5) Bank A legt den Wechsel bei Fälligkeit der im Wechsel als Zahlstelle genannten Bank B zur Zahlung vor.
(6) Bank A erhält den Wechselgegenwert von Bank B.
(7) Bank B legt den Wechsel dem Bezogenen B zur Zahlung vor.
(8) Sie belastet gleichzeitig das Konto des B mit der Wechselsumme und einer Einlösungsprovision.

Abbildung 52: Die Refinanzierung durch Diskontierung von Wechseln[631]

Auch bei der **zweiten Variante** erhält der Verkäufer einen vom Käufer ausgestellten Scheck, der auf den um den Skontobetrag verminderten Rechnungsbetrag lautet. Allerdings wird hier der Wechsel, meist ein Solawechsel, vom Verkäufer akzeptiert. Nach Aushändigung des Wechsels an den Käufer wird er von diesem bei seiner Hausbank zum Diskont eingereicht, so dass auch hier die Scheckeinlösung aufgrund der Gutschrift aus der Wechseldiskontierung erfolgen kann. Dieses Verfahren wird angewendet, wenn der Käufer zwar beim Verkäufer, nicht jedoch bei seiner Hausbank, über den erforderlichen „Kredit“ verfügt. Hier gelingt die Beschaffung der finanziellen Mittel aufgrund der **Bonität des Verkäufers**.

---

631 Modifiziert entnommen aus *Bieg, Hartmut*: Die Kreditfinanzierung. In: Der Steuerberater 1997, S. 354.

Vereinbart ist allerdings, dass der Käufer den Wechselbetrag am Verfalltag anschaffen wird, so dass der Wechselschuldner, also der Verkäufer, nur in Anspruch genommen wird, wenn der Käufer seiner Zahlungsverpflichtung am Verfalltag nicht nachkommt.

5.4.3.3 Der Lombardkredit

In diesem Fall wird ein kurzfristiger Kredit durch **Verpfändung** beweglicher marktgängiger Vermögensgegenstände (Wertpapiere, Edelmetalle, Waren, Wechsel und Forderungen) gesichert. Kreditgeber können gewerbliche Pfandhäuser oder Kreditinstitute sein. Dabei bleibt der Kreditnehmer als Pfandgeber stets Eigentümer des Pfandgegenstandes, während der Kreditgeber als Pfandnehmer Besitzer des Pfandgegenstandes wird. Im Konfliktfall kann er aus der Versteigerung des bei ihm befindlichen Pfandgegenstandes Befriedigung suchen.

Die von den Kreditinstituten festgelegten Beleihungsgrenzen der als Pfänder akzeptierten Vermögensgegenstände schwanken entsprechend der Einschätzung des bei der Liquidisierung zu erwartenden Wertabschlags zwischen ca. 50 % für Waren und 90 % für Wechsel; für Aktien liegen diese **Beleihungssätze** bei 60 %, für Schuldverschreibungen bei 80 %.

Die Merkmale des Lombardkredits werden in **Abbildung 53** aufgeführt.

1. Kurzfristiger Buchkredit für eine **feste Kreditlaufzeit** ohne Prolongation.
2. Festkredit, der am Ende der Laufzeit **in einer Summe** getilgt wird.
3. **Sicherung** des Kredits **durch einen Pfandgegenstand**, dessen Beleihungswert die Kredithöhe bestimmt.
4. Ermöglicht die **Beschaffung kurzfristiger finanzieller Mittel**, ohne dass Vermögensgegenstände verwertet werden müssten; während der Kreditlaufzeit muss allerdings auf den Besitz der Sicherungsgüter verzichtet werden können, so dass sich als Pfandgegenstände vor allem nicht betriebsnotwendige Vermögensgegenstände eignen.
5. **Finanzierung** von
   - in sich abgeschlossenen Handelsgeschäften, die in einem klar erkennbaren Zeitpunkt die Kreditrückzahlung erlauben,
   - Liquiditätsengpässen.

Abbildung 53: Merkmale des Lombardkredits[632]

[632] Vgl. hierzu insbesondere *Jahrmann, Fritz-Ulrich*: Finanzierung. 6. Aufl., Herne 2009, S. 77.

In Abhängigkeit von den verpfändeten Vermögensgegenständen unterscheidet man folgende **Formen des Lombardkredits**:[633]

- **Effektenlombard**
  Hier erfolgt die Kreditgewährung gegen Verpfändung von Effekten, also fungiblen Wertpapieren (Aktien, Industrieobligationen, Pfandbriefen, Anleihen der öffentlichen Hand), im Falle eines kurzfristigen Kapitalbedarfs des Kreditnehmers, wenn dieser zur Deckung seines Kapitalbedarfs den Verkauf der Effekten vermeiden will, entweder weil die Kurse derzeit ungünstig für einen Verkauf sind oder weil der Kreditnehmer die Effekten weiter halten möchte.

- **Wechsellombard**
  Da er teurer als der Diskontkredit ist, beschränkt er sich auf die Deckung eines Kapitalbedarfs von nur wenigen Tagen. Bedeutung hatte der Wechsellombard für Kreditinstitute, wenn diese einen auf wenige Tage beschränkten Liquiditätsbedarf (z. B. im Zusammenhang mit der Einhaltung der Mindestreserveverpflichtung) haben, die Diskontierung länger laufender Wechsel jedoch höhere Kosten als die kurzfristige Inanspruchnahme des Wechsellombards verursachen würde. Auch diese Geldbeschaffung erfolgt heute im Rahmen der Offenmarktgeschäfte (echte Pensionsgeschäfte[634]) der Europäischen Zentralbank; das Lombardgeschäft wurde schon von der Deutschen Bundesbank eingestellt.

- **Warenlombardgeschäft**
  Diese Form des Lombardkredits erfordert die Einlagerung der Pfandobjekte bei einem Lagerhalter unter Mitverschluss der Bank. Größere Bedeutung hat die Verpfändung von handelsrechtlichen **Order- oder Dispositionspapieren**, die das Recht an der Ware verbriefen (Orderlagerscheine, Frachtbriefduplikate, Konnossemente).

- **Lombardierung von Rechten**
  Hier kommen vor allem Forderungen in Frage, wobei die Verpfändung nur wirksam ist, wenn der Gläubiger sie dem Schuldner anzeigt.[635] Vor allem **Lebensversicherungspolicen** werden in Höhe des Rückkaufswertes als Pfand verwendet.

- **Lombardierung von Edelmetallen, Schmucksteinen und Schmuckstücken**
  Diese Form des Lombardkredits hat nur Bedeutung in der Gold- und Schmuckindustrie (Idar-Oberstein, Pforzheim, Schwäbisch Gmünd).

5.4.3.4 Das Wertpapierpensionsgeschäft

Bei einem Wertpapierpensionsgeschäft überträgt der **Pensionsgeber** ihm gehörende Vermögensgegenstände (z. B. Wertpapiere) gegen Zahlung eines vereinbarten Betrags an den **Pensionsnehmer** mit der Maßgabe, dass dieser ihm die übertragenen Vermögensgegenstände später gegen Zahlung des ursprünglichen oder eines anderen festgelegten Betrags zu-

---

633 Vgl. *Jahrmann, Fritz-Ulrich*: Finanzierung. 6. Aufl., Herne 2009, S. 77-79.

634 Vgl. **Abschnitt 5.4.3.4**.

635 Vgl. § 1280 BGB.

rückübertragen muss oder darf. Wertpapierpensionsgeschäfte werden in echte und unechte Wertpapierpensionsgeschäfte unterteilt, je nachdem, ob vereinbart wurde, dass der Pensionsnehmer eine Rückübertragungs**pflicht** (**echtes Wertpapierpensionsgeschäft**) oder ein Rückübertragungs**wahlrecht** (**unechtes Wertpapierpensionsgeschäft**) besitzt. Während der Pensionsnehmer also eine Rückgabeverpflichtung oder eine Rückgabeoption hat, ist der Pensionsgeber stets zur Rücknahme des übertragenen Vermögensgegenstandes verpflichtet.

Abbildung 54 enthält die in § 340b Abs. 1-3 HGB genannten Merkmale der echten und unechten Pensionsgeschäfte.[636]

	Echtes Pensionsgeschäft	**Unechtes Pensionsgeschäft**
Pflicht oder Recht der Rückgabe für den Pensionsnehmer	unbedingte Rückgabepflicht	selbstbestimmbares Rückgaberecht
Pflicht der Rücknahme für den Pensionsgeber	unbedingte Rücknahmepflicht	bedingte Rücknahmepflicht (fremdbestimmt)
Zeitpunkt der Rückübertragung	(a) bereits bei Vertragsabschluss vereinbart	
	(b) vom Pensionsgeber noch zu bestimmen	(b) vom Pensionsnehmer noch zu bestimmen
Art der Gegenleistung	Zahlungsmittel (kein Tausch)	
Höhe der Gegenleistung	bei Vertragsabschluss vereinbart	
Art der Vermögenswerte bei Rückübertragung	(a) dieselben (b) gleichartige	
Vertragspartner – Pensionsgeber	(a) Kredit- oder Finanzdienstleistungsinstitute (Institute); (b) Nichtinstitute	
– Pensionsnehmer	(a) Kredit- oder Finanzdienstleistungsinstitute (Institute); (b) Nichtinstitute	

Abbildung 54: Die Merkmale der Pensionsgeschäftsarten gemäß § 340b Abs. 1-3 HGB[637]

Für den **Pensionsgeber** bietet ein Wertpapierpensionsgeschäft den **Vorteil**, dass er sich auf diese Weise liquide Mittel verschaffen kann, wobei er bei einem **echten Pensionsgeschäft**

636 Vgl. zum Gesamtkomplex *Bieg, Hartmut*: Die externe Rechnungslegung der Kreditinstitute und Finanzdienstleistungsinstitute. München 1999, S. 128-161; *Bieg, Hartmut/Waschbusch, Gerd/Käufer, Anke*: Die Bilanzierung von Pensionsgeschäften im Jahresabschluss der Kreditinstitute nach HGB und IFRS. In: Zeitschrift für Bankrecht und Bankwirtschaft 2008, S. 63-76.

637 Modifiziert entnommen aus *Waschbusch, Gerd*: Die Rechnungslegung der Kreditinstitute bei Pensionsgeschäften. In: Betriebs-Berater 1993, S. 173; vgl. auch *Bieg, Hartmut*: Die externe Rechnungslegung der Kreditinstitute und Finanzdienstleistungsinstitute. München 1999, S. 130.

das Eigentum an den übertragenen Wertpapieren nur für eine bestimmte Zeit aufgeben muss; da der Rücknahmepreis bereits bei Vertragsabschluss festgelegt ist, kennt der Pensionsgeber den Mittelbedarf, den er bei Rückübertragung der Wertpapiere aufwenden muss, bereits beim Zufluss der liquiden Mittel. Bei **unechten Wertpapierpensionsgeschäften** besteht für den Pensionsgeber allerdings das **Risiko**, dass der Wert der übertragenen Wertpapiere bis zum vereinbarten Rückübertragungszeitpunkt über den vereinbarten Rücknahmepreis gestiegen ist, so dass der Pensionsnehmer sein ihm zustehendes Wahlrecht dahingehend ausübt, die Wertpapiere zu behalten. Der Pensionsgeber erhält dann die (im Wert gestiegenen) Wertpapiere nicht vom Pensionsnehmer zurück; damit unterbleibt in diesem Fall auch ein Abfluss liquider Mittel vom Pensionsgeber an den Pensionsnehmer.

Aber auch ein **Preisverfall** der in Pension gegebenen Vermögensgegenstände ist bei einem **unechten Wertpapierpensionsgeschäft** für den Pensionsgeber mit einem Risiko verbunden. Der Pensionsnehmer wird, sollte der Wert der übertragenen Wertpapiere geringer als der vereinbarte Rücknahmepreis sein, die Wertpapiere an den Pensionsgeber zurückübertragen. Dieser muss dann einen überhöhten Preis für die (im Wert gefallenen) Wertpapiere bezahlen. Somit trägt bei unechten Wertpapierpensionsgeschäften der **Pensionsgeber** das gesamte **Preisrisiko**.

Da bei **echten Wertpapierpensionsgeschäften** keiner der beiden Vertragspartner ein Wahlrecht zur Rückgabe bzw. Rücknahme der übertragenen Vermögensgegenstände besitzt und somit keiner von beiden eine Preisänderung der Wertpapiere zu seinen Gunsten ausnutzen kann, sind echte Wertpapierpensionsgeschäfte **sowohl für den Pensionsgeber als auch für den Pensionsnehmer** mit einem **Preisrisiko** verbunden.

Für den Pensionsnehmer bieten Wertpapierpensionsgeschäfte die Möglichkeit, dass er flüssige Mittel für eine genau auf seine Liquiditätsverhältnisse abgestellte Dauer unabhängig von der Selbstliquidationsperiode der in Pension genommenen Wertpapiere anlegen kann.

Neben den Wertpapierpensionsgeschäften, die Unternehmungen untereinander abschließen können, nehmen die **Wertpapierpensionsgeschäfte zwischen dem Europäischen System der Zentralbanken (ESZB) und den Kreditinstituten** eine besondere Stellung ein. Sie stellen – neben den Pfandkrediten – das wichtigste Instrument dar, mit dem das ESZB den Kreditinstituten Zentralbankgeld zur Verfügung stellt.[638] Zu diesem Zweck schließt das ESZB mit den Kreditinstituten ausschließlich echte Wertpapierpensionsgeschäfte ab, bei denen das ESZB als Pensionsnehmer auftritt. Es erhält also von den Kreditinstituten bestimmte lombardfähige Wertpapiere übertragen und stellt ihnen im Gegenzug Zentralbankgeld für die Dauer des Pensionsgeschäfts zur Verfügung, womit eine **Geldschöpfung** verbunden ist. Da die Kreditinstitute am Ende der Laufzeit der Wertpapierpensionsgeschäfte die Wertpapiere gegen Zahlung des Rücknahmepreises zurücknehmen müssen, wird zu diesem Zeitpunkt das früher geschaffene Zentralbankgeld wieder vernichtet.

---

[638] Vgl. Europäische Zentralbank: Die einheitliche Geldpolitik in Stufe 3. Frankfurt a. M. 1998, S. 4-5.

5.4.3.5 Die Euronotes

Mit dem Begriff Euronotes werden **kurz- bis mittelfristige Schuldtitel** bezeichnet, die u. a. von Banken und Industrieunternehmungen mit erstklassiger Bonität am Euromarkt begeben werden. Die Laufzeiten von Euronotes bewegen sich i. d. R. zwischen einem und sechs Monaten. Euronotes zeichnen sich dadurch aus, dass der Absatz dieser Papiere, die im Allgemeinen nicht an einer Börse notiert werden, durch Kreditinstitute abgesichert wird. Dies geschieht durch eine Vereinbarung zwischen dem Emittenten der Euronotes und einem Kreditinstitut (bzw. einem Bankenkonsortium, also einer Gruppe von Kreditinstituten), das sich verpflichtet, die Euronotes, die nicht am Markt platziert werden können, selber zu übernehmen oder dem Emittenten einen entsprechenden Kredit einzuräumen. Für diese **Übernahmegarantie** erhält das Kreditinstitut eine **Risikoprämie**.

Dem Emittenten bieten Euronotes den **Vorteil**, dass er die Laufzeiten der Schuldtitel genau seinem Kapitalbedarf anpassen kann. Außerdem kann er auf diese Weise Kapital zu einem Zinssatz aufnehmen, der sich am Geldmarktsatz EURIBOR orientiert, wobei die Höhe eines eventuellen Aufschlags u. a. von der Bonität des Emittenten abhängt. Durch die Übernahmegarantie eines Kreditinstituts kann der Emittent sicher sein, dass er sich zum vereinbarten Zeitpunkt Fremdkapital in der gewünschten Höhe beschaffen kann.

Werden diese Euronotes als **revolvierende Titel** ausgegeben, so soll die Tilgung am Ende der kurzen Laufzeit aus liquiden Mitteln erfolgen, die durch die zu diesem Zeitpunkt erfolgende Ausgabe neuer, wiederum kurz laufender Schuldtitel beschafft werden. Die in diesem Fall auch für die revolvierenden Emissionen von den Banken übernommenen Übernahmeverpflichtungen bergen besondere Risiken in sich, weil Banken diese Verpflichtungen nicht nur für den Fall (vorübergehend) nicht aufnahmebereiter Finanzmärkte übernehmen, sondern auch für den Fall verschlechterter Bonität des Emittenten. Über sogenannte escape-Klauseln versuchen sie sich deswegen den Ausstieg aus der Übernahmeverpflichtung offen zu halten.

5.4.3.6 Die Commercial Papers

Bei Commercial Papers handelt es sich um **Geldmarktpapiere**, die mit den Euronotes vergleichbar sind. Da **keine Besicherung** dieser Schuldtitel stattfindet, können sie nur von Unternehmungen mit erstklassiger Bonität begeben werden. Im Allgemeinen haben sie eine Laufzeit von wenigen Tagen bis zu einem Jahr; allerdings sind auch Laufzeiten bis zu zwei Jahren möglich. Ebenso wie bei Euronotes ist eine Börsennotierung von Commercial Papers nicht üblich.

Der Unterschied zu Euronotes liegt in der **fehlenden Übernahmegarantie** durch ein Kreditinstitut. Der **Emittent** hat das **Platzierungsrisiko** somit selbst zu tragen. Da die beteiligten Kreditinstitute keine Garantiefunktion übernehmen und daher auch nicht zu (potenziellen) Kreditgebern werden, erhalten sie keine Risikoprämie, was zu einer vergleichsweise günstigeren Finanzierungsmöglichkeit für den Emittenten von Commercial Papers führt. Die an der Emission beteiligten Kreditinstitute erhalten für die Vorbereitung und Durchführung der Emission lediglich eine Provision.

Der Mindestumfang einer Tranche liegt bei 2,5 Mio. EUR. Da die gesamte Tranche i. d. R. in Mindeststückelungen von 250.000 EUR begeben wird, kommen diese Papiere für Kleinanleger nicht in Frage.[639] Der Anlegerkreis setzt sich daher hauptsächlich aus Investmentfonds, Versicherungen und großen Industrieunternehmungen zusammen.

Da Commercial Papers nicht standardisiert sind, kann der Emittent die **Konditionen** (vor allem hinsichtlich Volumen und Laufzeit) seinen Finanzierungsbedürfnissen anpassen. Hinzu kommt, dass die Kapitalbeschaffung mittels Commercial Papers günstiger als die Finanzierung über ein vergleichbares Bankdarlehen ist. Außerdem entfällt die Stellung von Sicherheiten, so dass diese von der emittierenden Unternehmung anderweitig (z. B. zur Besicherung anderer Kredite) verwendet werden können. Die Tatsache, dass der Emittent von Commercial Papers das Platzierungsrisiko selbst zu tragen hat, kann dazu führen, dass die Emission nicht die benötigten Mittel erbringt, so dass für den Restbetrag eine weitere (teurere) Geldaufnahme durchgeführt werden muss.

5.4.3.7 Die Certificates of Deposit

Termineinlagen bei Kreditinstituten stellen üblicherweise Buchforderungen dar, die auf den Namen des Anlegers lauten und sich daher nicht als Handelsobjekte eignen. Der Anleger kann erst zum vereinbarten Zeitpunkt (Festgeld) oder nach Ablauf einer bestimmten Kündigungsfrist (Kündigungsgeld) über die Termineinlage verfügen. Um dem Anleger im Falle eines unvorhergesehenen Kapitalbedarfs eine vorzeitige Verfügung über die in der Termineinlage gebundenen Mittel zu ermöglichen, ohne die vertraglich vereinbarte Termineinlage bei dem Kreditinstitut auflösen zu müssen, wurden sogenannte Certificates of Deposit entwickelt. Bei ihnen handelt es sich um **auf den Inhaber lautende Einlagenzertifikate, die Termineinlagen bei Kreditinstituten verbriefen**.

Die **Verbriefung** der Termineinlagen in Inhaberpapieren war zusammen mit der **Standardisierung der Laufzeiten** Voraussetzung für die Möglichkeit, einen Sekundärmarkt einzurichten; auf ihm werden mittlerweile Certificates of Deposit mit standardisierten Laufzeiten zwischen 30 und 180 Tagen gehandelt. So können ansonsten illiquide Termineinlagen bereits vor Fälligkeit vom Inhaber veräußert werden, so dass ein eventueller Kapitalbedarf der Erwerber der Certificates of Deposit schnell gedeckt werden kann, ohne dass die Emittenten der Papiere davon berührt würden.

Als **Käufer** von Certificates of Deposit treten vor allem Geldmarktfonds, Kreditinstitute und Versicherungen sowie große Industrieunternehmungen, die über kurzfristig anzulegende Liquidität verfügen, auf.

5.4.4 Die „Kreditleihe“

5.4.4.1 Vorbemerkungen

Bei der „Kreditleihe“ erhält die Unternehmung im Gegensatz zum Geldkredit keine finanziellen Mittel von der Bank, sondern sie „leiht“ sich die Kreditwürdigkeit einer Bank, d. h., die Bank steht mit ihrem Namen für die Unternehmung ein. An die „Kreditleihe“ kann sich

---

639 Vgl. *Perridon, Louis/Steiner, Manfred*: Finanzwirtschaft der Unternehmung. 14. Aufl., München 2007, S. 424-427; *Wöhe, Günter/Bilstein, Jürgen*: Grundzüge der Unternehmensfinanzierung. 9. Aufl., München 2002, S. 330-332.

jedoch eine Geldleihe anschließen. Dies ist z. B. dann der Fall, wenn der Kreditnehmer einen Wechsel, den er im Rahmen eines Akzeptkredits auf seine Bank gezogen hat („Kreditleihe"), diskontieren lässt (Geldleihe).

5.4.4.2 Der Akzeptkredit

Hierbei zieht der Kunde als Aussteller einen **Wechsel auf die Bank**, der von dieser als Bezogener akzeptiert wird (Bankakzept). Im Rahmen des Akzeptkredits wird vereinbart, dass der Kunde der Bank die Wechselsumme vor Fälligkeit des Wechsels zur Verfügung zu stellen hat. Die Bank ist damit zwar wechselrechtlich Hauptschuldner, hat jedoch nur dann einzustehen, wenn ihr Kunde den Betrag nicht rechtzeitig anschafft. Für diese **Eventualhaftung** wird eine Akzeptprovision erhoben.

Wie jeden Wechsel kann der Kunde dieses Bankakzept an einen Gläubiger weitergeben oder bei einem Kreditinstitut zum Diskont einreichen. Die Diskontierung erfolgt wegen der Bonität des Bezogenen, also der Bank, zu einem unter dem normalen Zinssatz liegenden Satz. Erfolgt die Diskontierung bei der Akzept erteilenden Bank, so spricht man von **Selbstdiskontierung**. Die größte Bedeutung erlangt der Akzeptkredit im Rahmen der **kurzfristigen Außenhandelsfinanzierung**, wobei der Name und die Kreditwürdigkeit der Bank an die Stelle des dem Gläubiger oft nicht hinreichend bekannten Schuldners tritt.[640]

5.4.4.3 Der Avalkredit

Beim (kurz- oder mittelfristigen) Avalkredit übernimmt ein Kreditinstitut im Auftrag eines Kunden (Avalkreditnehmer) gegenüber einem Dritten (Avalbegünstigter) eine **Bürgschaft** oder **Garantie**. Der Avalkreditnehmer bleibt Hauptschuldner seines Gläubigers, die Bank wird nur in Anspruch genommen, wenn die Verbindlichkeit vom Avalkreditnehmer nicht beglichen wird **(Eventualverbindlichkeit der Bank)**.

Der Avalbegünstigte kann ohne Überprüfung der Kreditwürdigkeit des Avalkreditnehmers an diesen Kredite vergeben oder Aufträge erteilen. Da die Bürgschaftserteilung für die Bank ein Handelsgeschäft darstellt, sind die von Banken übernommenen Bürgschaften selbstschuldnerisch, d. h., den Banken steht die Einrede der Vorausklage nicht zu.[641] Ohne vorherige Klageerhebung kann sich der Avalbegünstigte bei Zahlungsverzug des Avalkreditnehmers also sofort an die bürgende Bank wenden.

Für die Einräumung des Avalkredits ist im Voraus eine **Avalprovision** zu entrichten; ihre Höhe ist von Laufzeit, Bürgschaftsbetrag und etwaiger Sicherstellung des Avals abhängig und beträgt ca. 0,5 bis 2,5 % p. a.

---

640 Vgl. auch Rembourskredit, **Abschnitt 5.4.5.2**.

641 Vgl. § 349 HGB; vgl. auch **Abschnitt 5.2.6.3.2.1**.

Die wichtigsten Anwendungsformen des Avalkredits durch Kreditinstitute sind:[642]

- **Zollbürgschaften,** auf deren Grundlage die Zollverwaltung Importeuren oder Spediteuren Zahlungsaufschub für zu zahlende Zölle einräumt, so dass der Warenumschlag bzw. die Einziehung der Frachten vor Bezahlung der Zölle erfolgen kann;
- **Frachtstundungsavale,** zur Absicherung von Stundungen der Gebühren im Frachtgeschäft;
- **Bietungsgarantien** zur Absicherung von Konventionalstrafen für den Fall, dass die Unternehmung, die im Falle einer Ausschreibung den Zuschlag erhielt, den Vertrag nicht abschließt;
- **Anzahlungsgarantien** zur Sicherstellung der Rückzahlung von Anzahlungen, falls die Leistung nicht oder nicht fristgerecht erfolgt;
- **Lieferungs- und Leistungsgarantien** zur Absicherung von Konventionalstrafen für den Fall der nicht ordnungsmäßigen Vertragserfüllung;
- **Gewährleistungsgarantien** zur Absicherung der Gewährleistungsansprüche gegenüber dem Hersteller bzw. Lieferanten, z. B. Bauunternehmungen.

5.4.5 Die kurzfristigen Kredite im Auslandsgeschäft

5.4.5.1 Das Dokumentenakkreditiv

Grundsätzlich ist ein Akkreditiv ein Auftrag des Akkreditivstellers an eine Bank, einem Dritten, dem Akkreditierten, unter genau festgelegten Bedingungen innerhalb einer bestimmten Frist einen bestimmten Geldbetrag i. d. R. über eine ausländische Bank auszuzahlen. Beim früher im Reiseverkehr zur Bargeldbeschaffung im Ausland verwendeten und heute – wegen der weiten Verbreitung von Kreditkarten und Reiseschecks – nicht mehr gebräuchlichen **Barakkreditiv** erstreckten sich diese Bedingungen auf die Vorlage von Ausweispapieren und die Leistung einer Unterschrift.

Das auch heute noch im außereuropäischen Handel[643] bedeutsame **Dokumentenakkreditiv** dient im Rahmen der kurzfristigen Außenhandelsfinanzierung dagegen der Absicherung der Zahlungsverpflichtung des Importeurs sowie der Lieferungsverpflichtung des Exporteurs. Die vom Importeur beauftragte Bank (Akkreditivbank) wickelt den ihr erteilten Auftrag i. d. R. unter Einschaltung einer Korrespondenzbank (Akkreditivstelle) ab, die ihrem Kunden (Exporteur) die Akkreditivsumme bei Erfüllung der akkreditivmäßigen Bedingungen

---

642 Vgl. *Wöhe, Günter/Bilstein, Jürgen*: Grundzüge der Unternehmensfinanzierung. 9. Aufl., München 2002, S. 329.

643 *Süchting* weist darauf hin, dass die Integration im Wirtschaftsraum der Europäischen Union zu einem „binnenwirtschaftlichen Verhältnissen vergleichbaren Informationsstand der Handelspartner geführt hat", so dass das Dokumentenakkreditiv nur noch außerhalb des Wirtschaftsraums der Europäischen Union Bedeutung hat; vgl. *Süchting, Joachim*: Finanzmanagement – Theorie und Politik der Unternehmensfinanzierung. 6. Aufl., Wiesbaden 1995, S. 195 und die dort angegebene Literatur.

auszahlt. Diese beinhalten hier die Vorlage von im Akkreditiv spezifizierten Dokumenten durch den Exporteur. Dabei handelt es sich um Ursprungszeugnisse und in der Hauptsache um Transportdokumente (Fracht- und Lagerscheine, Konnossemente[644]), die den Versand der Ware beweisen und einen Herausgabeanspruch des berechtigten Inhabers verbriefen. Da die Dokumente von den beteiligten Banken geprüft werden und bereits kleinste Abweichungen vom Akkreditiv zu einer Zahlungsverweigerung führen, wird so ein relativ sicherer Zug-um-Zug-Kauf (Geld gegen Ware) auch über große räumliche Distanzen ermöglicht.

Abbildung 55 (Seite 207) fasst den Ablauf einer Zahlung unter Heranziehung eines Dokumentenakkreditivs zusammen.

Die Absicherung der Zahlungsverpflichtungen des Importeurs wird durch zwei Formen des Akkreditivs verstärkt. Zum einen fordert der Exporteur meist die Eröffnung eines **unwiderruflichen Akkreditivs**. Dieses kann im Gegensatz zum widerruflichen Akkreditiv nicht auf Veranlassung des Akkreditivstellers von der Akkreditivbank annulliert werden. Die Akkreditivbank geht vielmehr mit der Akkreditiveröffnung eine rechtliche Verpflichtung gegenüber dem Exporteur ein, gegen Vorlage ordnungsgemäßer Dokumente die Akkreditivsumme zu leisten. Damit tritt neben den Importeur als Hauptschuldner die **Akkreditivbank als Nebenschuldner der Akkreditivsumme**.

Zum anderen besteht die Möglichkeit eines unwiderruflichen **bestätigten Akkreditivs**. In diesem Fall **übernimmt die Akkreditivstelle** zusätzlich zur Akkreditivbank **die Haftung** für die Zahlung der Akkreditivsumme bei Vorlage ordnungsgemäßer Dokumente. Aufgrund der dadurch zusätzlich entstehenden Kosten (Bestätigungsgebühren der Akkreditivstelle) ist allerdings das **unbestätigte Akkreditiv** gebräuchlicher.

Die wirtschaftliche Bedeutung des Dokumentenakkreditivs ist zum einen in seiner **Sicherungsfunktion** begründet. Dabei werden zum einen die **Ansprüche des Exporteurs gegen den Importeur gesichert**, da Letzterer erst dann über die Ware verfügen kann, wenn er bzw. die Akkreditivbank die Akkreditivsumme geleistet hat. Neben dieser jedem Dokumentenakkreditiv immanenten Eigenschaft bestehen darüber hinaus für den Exporteur die bereits aufgezeigten zusätzlichen Sicherungsmöglichkeiten der Unwiderruflichkeit und der Bestätigung.

Zum anderen werden aber auch die **Ansprüche des Importeurs gegen den Exporteur** durch ein Dokumentenakkreditiv **abgesichert**, da der Exporteur erst dann die Kaufpreiszahlung verlangen kann, wenn er die akkreditivmäßigen Dokumente beschafft und der Akkreditivstelle eingereicht hat. Zur Erlangung dieser Dokumente muss er die Ware einer Spedition oder einem Reeder verbunden mit dem Auftrag der Versendung übergeben. Damit ist weitgehend sichergestellt, dass die Ware den Importeur erreicht. Auch die Qualität der Ware kann – zumindest in einem gewissen Umfang – akkreditivmäßig abgesichert werden, indem der Importeur die Kaufpreiszahlung von der Vorlage bestimmter zusätzlicher Dokumente

---

[644] Das Konnossement ist ein Dokument mit Wertpapiercharakter, das zum einen den Empfang der Güter durch einen Spediteur oder Reeder verbrieft, zum anderen den Spediteur oder Reeder zur Herausgabe der Güter an den sich ausweisenden Inhaber des Konnossements verpflichtet; vgl. *Wöhe, Günter/Bilstein, Jürgen*: Grundzüge der Unternehmensfinanzierung. 9. Aufl., München 2002, S. 324.

abhängig macht, mit denen beispielsweise unabhängige Sachverständige oder Behörden die geforderten Qualitätseigenschaften der Ware bestätigen.

Beide Vertragspartner werden zudem dadurch geschützt, dass die Abwicklung des Dokumentenakkreditivs nach den Einheitlichen Richtlinien und Gebräuchen für Dokumenten-Akkreditive der Internationalen Handelskammer Paris (ERA) abgewickelt werden, zu deren Einhaltung sich die Banken und sonstigen Akkreditivbeteiligten verpflichtet haben.

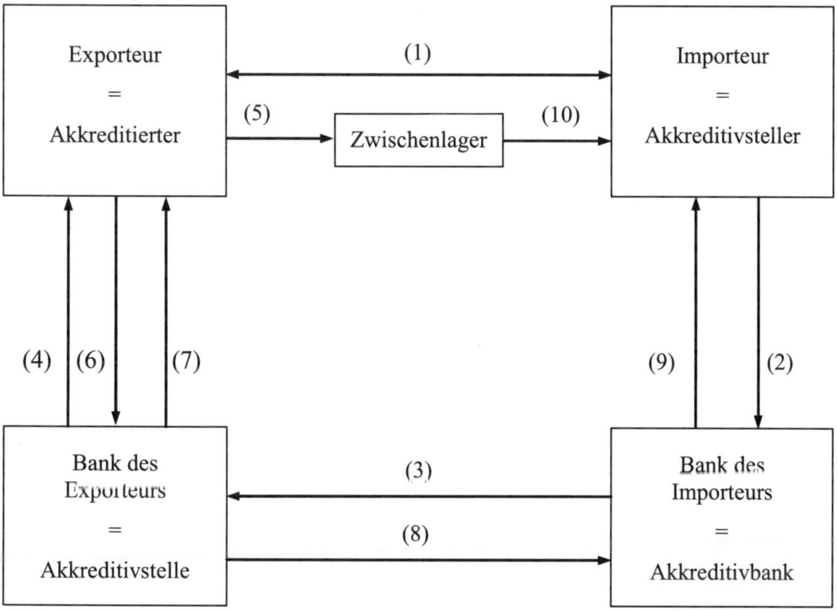

(1) Exporteur und Importeur schließen einen Kaufvertrag mit einer Akkreditivklausel ab.
(2) Der Importeur beauftragt seine Bank, ein der Akkreditivklausel entsprechendes Akkreditiv zu eröffnen.
(3) Die Bank des Importeurs sendet ein Akkreditiveröffnungsschreiben an die Bank des Exporteurs.
(4) Die Bank des Exporteurs avisiert diesem die Akkreditiveröffnung.
(5) Der Exporteur versendet die Ware. Vom Spediteur/Reeder erhält er die Transportdokumente.
(6) Der Exporteur reicht die Dokumente seiner Bank ein.
(7) Nach Prüfung der rechtzeitigen Einreichung und Akkreditivmäßigkeit der Dokumente zahlt die Bank die Akkreditivsumme an den Exporteur.
(8) Die Bank des Exporteurs sendet die Dokumente an die Bank des Importeurs und belastet diese mit der Akkreditivsumme.
(9) Die Bank des Importeurs belastet nach Prüfung der Dokumente den Importeur mit der Akkreditivsumme zuzüglich Spesen und reicht die Dokumente an ihn weiter.
(10) Der Importeur kann mit diesen Dokumenten die versandten Waren in Empfang nehmen.

Abbildung 55: Dokumentenakkreditiv[645]

[645] Entnommen aus *Bieg, Hartmut*: Die Kreditfianzierung. In: Der Steuerberater 1997, S. 399.

Andererseits erstreckt sich die wirtschaftliche Bedeutung des Dokumentenakkreditivs auf die **Kredit- oder Finanzierungsfunktion**, die sowohl auf der Seite des Importeurs als auch auf der Seite des Exporteurs vorliegen kann. Da die Akkreditivsumme dem Importeur i. d. R. erst bei Eingang der Dokumente belastet wird (ungedecktes Dokumentenakkreditiv), genießt der Importeur den „Kredit" seiner Bank, der sich bei einem unwiderruflichen Akkreditiv in der rechtlich bindenden Einlösungsverpflichtung der Akkreditivbank äußert.

Über diese **„Kreditleihe"** hinaus kann mit dem Dokumentenakkreditiv auch ein Geldkredit verbunden sein. Im Falle der Zahlungsvereinbarung **„Dokumente gegen Kasse"** erhält der Exporteur nach Übergabe der Dokumente an seine Hausbank den monetären Gegenwert sofort ausbezahlt, obwohl die Ware den Importeur noch nicht erreicht hat. Nimmt die gleichzeitig belastete Akkreditivbank die Sollbuchung bei ihrem Kunden erst nach dem postalischen Eingang der Dokumente vor, so wird dem Importeur für die Dauer des Postlaufs ein Geldkredit gewährt.

Ein **Wechselkredit** liegt dagegen vor, wenn die beiden Vertragspartner die Zahlungsvereinbarung **„Dokumente gegen Akzept"** wählen. Bei Vorlage akkreditivmäßiger Dokumente akzeptiert der Importeur dabei einen vom Exporteur auf ihn gezogenen Wechsel. Der Exporteur kann seinerseits diesen Wechsel in den in **Abschnitt 5.4.3.2** behandelten Arten zu seiner Refinanzierung einsetzen. Reicht er ihn beispielsweise bei seiner Bank (Akkreditivstelle) zum Diskont ein, kann er sich liquide Mittel in Form von Bankguthaben verschaffen.

Die **Kosten** des Dokumentenakkreditivs setzen sich aus Akkreditiveröffnungsgebühren, Dokumentenaufnahmegebühren sowie gegebenenfalls Unwiderruflichkeits- und Bestätigungsgebühren, die von der Dauer der Zusage des Akkreditivs abhängen, zusammen.

5.4.5.2 Der Rembourskredit

Diese Variante des Akzeptkredits wurde zur **Absicherung von Zielverkäufen im Außenhandel** entwickelt. Dabei akzeptiert die Bank des Importeurs in dessen Auftrag und für dessen Rechnung eine Tratte des Exporteurs gegen Aushändigung akkreditivmäßiger Dokumente. Der Exporteur erhält gegen Übergabe der Dokumente (Versandurkunde, Ursprungszeugnisse) an die Remboursbank den Ausfuhrerlös in Form eines Bankakzepts. Diesen bonitätsmäßig erstklassigen Abschnitt kann er jederzeit diskontieren lassen und verfügt somit über den monetären Gegenwert der gelieferten Waren. Dem Importeur wird für die Dauer der Laufzeit des Wechsels ein Zahlungsziel eingeräumt; er ist im Rahmen des Akzeptkredits verpflichtet, den Akzeptbetrag rechtzeitig bereitzustellen.

Beim **direkten Rembourskredit** akzeptiert die Bank des Importeurs den vom Exporteur ausgestellten Wechsel. Vermittelt dagegen die Importbank den Rembourskredit, so dass eine andere Bank mit Sitz im Exportland, im Importland oder in einem dritten Land Akzeptbank wird, so spricht man vom **indirekten Rembourskredit**. **Abbildung 56** (Seite 209) zeigt den Fall eines direkten Rembourskredites.

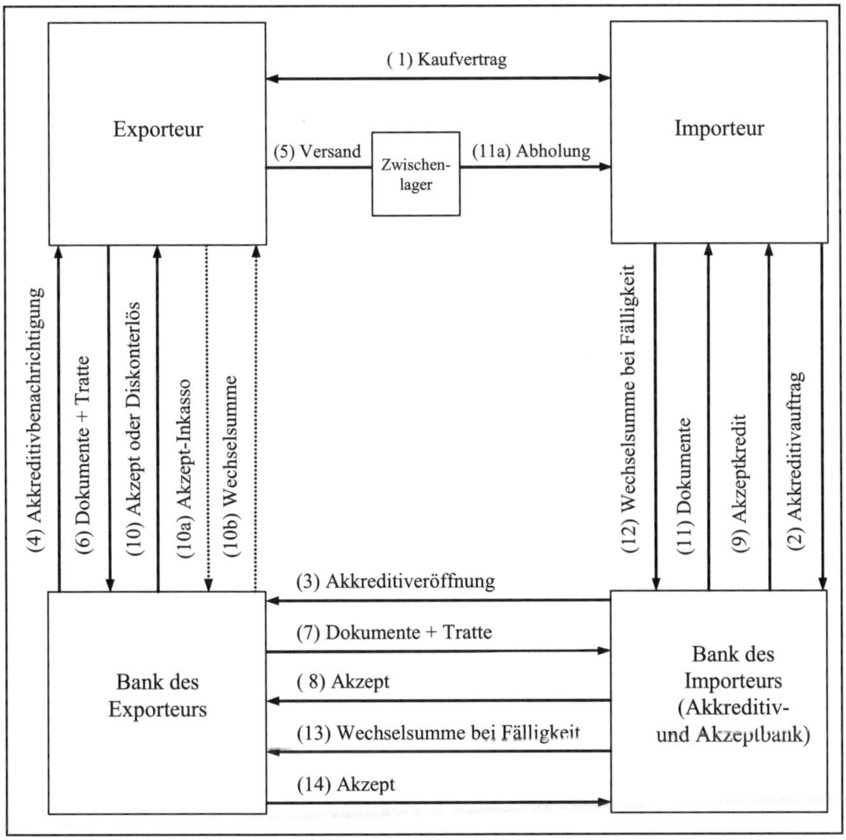

Abbildung 56: Rembourskredit[646]

Die einzelnen Schritte des Prozessverlaufes im Rahmen eines Rembourskredites werden im Folgenden erläutert: [647]

(1) Exporteur und Importeur schließen einen Kaufvertrag ab mit der Zahlungsbedingung: Bankakzept gegen Transportdokumente im Rahmen eines Akkreditivs.[648]

(2) Der Importeur beauftragt seine Bank, zugunsten des Exporteurs ein entsprechendes Akkreditiv zu eröffnen und gegen Vorlage der Transportdokumente einen vom Exporteur ausgestellten Wechsel zu akzeptieren.[649]

---

646 Modifiziert entnommen aus *Wöhe, Günter/Bilstein, Jürgen*: Grundzüge der Unternehmensfinanzierung. 9. Aufl., München 2002, S. 326.

647 Modifiziert entnommen aus *Bieg, Hartmut*: Die Kreditfinanzierung. In: Der Steuerberater 1997, S. 401.

648 Die Kopplung mit einem Akkreditiv ist nicht zwingend, in der Praxis jedoch der häufigere Fall; vgl. *Wöhe, Günter/Bilstein, Jürgen*: Grundzüge der Unternehmensfinanzierung. 9. Aufl., München 2002, S. 325.

(3) Die Bank des Importeurs eröffnet bei entsprechender Bonität des Importeurs das Remboursakkreditiv mit einer Akzeptzusage und sendet ein Akkreditiveröffnungsschreiben an die Bank des Exporteurs.

(4) Die Bank des Exporteurs avisiert diesem die Akkreditiveröffnung.

(5) Der Exporteur versendet die Ware. Vom Spediteur/Reeder erhält er die Transportdokumente.

(6) Der Exporteur reicht die Transportdokumente sowie eine auf die Bank des Importeurs gezogene Tratte seiner Bank zur Weiterleitung und Akzepteinholung bei der Bank des Importeurs ein.[649] Er kann grundsätzlich bereits jetzt die Tratte bei seiner Bank diskontieren und bevorschussen lassen, um nicht die Postlaufzeiten der Dokumente abwarten zu müssen (vgl. **Abschnitt 5.4.3.2.3**).

(7) Die Bank des Exporteurs versendet die Dokumente und die Tratte an die Bank des Importeurs.

(8) Diese versieht die Tratte nach Prüfung der rechtzeitigen Einreichung und Akkreditivmäßigkeit der Dokumente mit ihrem Akzept und sendet den Wechsel an die Bank des Exporteurs zurück.

(9) Durch diesen Vorgang gewährt sie dem Importeur einen Akzeptkredit.

(10) Die Bank des Exporteurs reicht den Wechsel an den Exporteur weiter, der diesen nun – i. d. R. bei seiner Bank – diskontieren lässt, falls dies nicht schon bei Dokumentenaufnahme (vgl. Punkt (6) sowie **Abschnitt 5.4.3.2.3**) geschehen ist. Die Bank schreibt ihm den Diskonterlös gut.[650] Denkbar ist aber auch die Aufbewahrung des Wechsels durch den Exporteur und die spätere Einreichung bei seiner Bank zum Inkasso; vgl. Punkte (10a) und (10b).

(11) Der Importeur erhält die Transportdokumente von seiner Bank und kann die Ware in Empfang nehmen; vgl. auch Punkt (11a).

(12) Der Importeur hat rechtzeitig vor Fälligkeit des Wechsels den entsprechenden Gegenwert bei seiner Bank anzuschaffen.

(13) Die Bank des Importeurs (Bezogene) bezahlt den Wechsel und belastet gleichzeitig den Importeur mit dem Gegenwert, wenn

(14) ihr der Wechsel bei Fälligkeit vom Wechselinhaber (beispielsweise der Bank des Exporteurs) vorgelegt wird.

5.4.5.3 Der Negoziationskredit

Beim Negoziationskredit, einer **besonderen Form des Diskontkredits**, wird die Hausbank des Exporteurs von der Bank des Importeurs auf Veranlassung des Importeurs ermächtigt,

---

[649] Grundsätzlich gibt es allerdings drei Möglichkeiten: Der Wechsel kann von der Bank des Importeurs, von der Bank des Exporteurs (in beiden Fällen: direkter Rembourskredit) oder von einer besonderen Remboursbank (indirekter Rembourskredit) akzeptiert werden.

[650] Der Rembourskredit ist also ein durch Dokumente gesicherter Akzeptkredit (Importeur), der mit einem Diskontkredit (Exporteur) gekoppelt ist.

zu Lasten der Importeurbank einen vom Exporteur auf den Importeur oder eine Bank gezogenen Wechsel gegen Vorlage der Dokumente noch vor Akzeptierung durch den Importeur oder die Bank anzukaufen oder zu bevorschussen (zu negoziieren). In diesem Fall wird die Tratte zusammen mit den Versanddokumenten der Importeurbank übersandt, die gleichzeitig von der Exporteurbank belastet wird. Der Exporteur kann also bei Vorlage der Versanddokumente bereits über deren Gegenwert verfügen, während er beim Rembourskredit die Postlaufzeit der Dokumente und des Wechsels bzw. des Akzeptes abwarten müsste.[651] Dem Importeur, der die Dokumente gegen Akzeptierung der Tratte von seiner Hausbank ausgehändigt bekommt, wird ein Zahlungsziel bis zum Verfalltag des Wechsels eingeräumt.

---

[651] Vgl. *Wöhe, Günter/Bilstein, Jürgen*: Grundzüge der Unternehmensfinanzierung. 9. Aufl., München 2002, S. 326.

6 Die Außenfinanzierung durch Mezzanine-Kapital

6.1 Vorbemerkungen

6.1.1 Begriff

Mezzanine-Kapital (auch hybrides Kapital) bezeichnet eine Form der Außenfinanzierung, die inhaltlich zwischen der Eigen- und Fremdfinanzierung anzusiedeln ist. Mezzanine Finanzierungsformen vereinen bestimmte idealtypische Merkmale des Eigenkapitals mit idealtypischen Fremdkapitalmerkmalen. Der **Mischcharakter** mezzaniner Finanzierungsformen leitet sich bereits aus dem Begriff „Mezzanine“ ab, der in der Architektur ein Zwischengeschoss – ein niedriges Geschoss zwischen zwei Hauptetagen – bezeichnet.

Mezzanine Finanzierungsformen dienen der Schließung einer möglicherweise auftretenden Finanzierungslücke zwischen klassischer Eigenkapital- und typischer Fremdkapitalfinanzierung. Hierbei strebt das Kapitalnehmer regelmäßig eine Gestaltung der Vertragsbedingungen über das Mezzanine-Kapital derart an, dass eine handelsrechtliche Zurechnung zum Eigenkapital erreicht wird, das Kapital in einem Ratingverfahren als Eigenkapital anerkannt wird, zugleich aber steuerrechtlich eine Einstufung als Fremdkapital erfolgt.[652]

Im Bereich mezzaniner Finanzierungsformen selbst gibt es wiederum Finanzierungsformen mit völlig unterschiedlichen Ausgestaltungsmerkmalen. Durch die flexible Ausgestaltungsmöglichkeit lassen sich mezzanine Finanzinstrumente auf die unterschiedlichsten Finanzierungsbedürfnisse einer Unternehmung zuschneiden.

Aufgrund der enormen Gestaltungsvielfalt ist eine Systematisierung mezzaniner Finanzierungsformen problematisch. Dennoch lassen sich einige **typische**, übereinstimmende **Merkmale** von Mezzanine-Kapital festhalten:[653]

- Schließung der Finanzierungslücke zwischen Eigen- und Fremdkapital und Stärkung des bilanziellen Eigenkapitalausweises der zu finanzierenden Unternehmung mittels entsprechender Gestaltung der mezzaninen Finanzinstrumente;
- Nachrangigkeit der Ansprüche des Inhabers gegenüber typischen Fremdkapitalgebern im Falle der Insolvenz oder der Liquidation sowie Vorrang gegenüber den Ansprüchen der typischen Eigenkapitalgeber;
- eine im Vergleich zum klassischen Fremdfinanzierung höhere Entgeltung;

---

652 Vgl. *Waschbusch, Gerd*: Mezzanines Kapital. In: Handbuch der Bilanzierung, hrsg. von *Rudolf Federmann, Heinz Kußmaul* und *Stefan Müller*, Freiburg i. Br. 1977 ff., Loseblatt, Stand: Juni 2009, Rz. 2.

653 Vgl. zum Folgenden auch *Werner, Horst S.*: Mezzanine-Kapital – mit Mezzanine-Finanzierung die Eigenkapitalquote erhöhen. 2. Aufl., Köln 2007, S. 261.

- Verzicht auf die Stellung von Sicherheiten;
- steuerrechtliche Abzugsfähigkeit des Entgelts für die Kapitalbereitstellung als Betriebsausgabe;
- zumeist längerfristige, im Regelfall aber zeitlich befristete Kapitalbereitstellung;
- keine Verwässerung der Gesellschafterstruktur und damit der Machtverhältnisse in der Unternehmung.

Entsprechend der jeweiligen Charakteristik des mezzaninen Finanzinstruments wird **eigenkapitalnahes Mezzanine-Kapital (Equity Mezzanine)** von mezzaninen Finanzierungsinstrumenten unterschieden, die eher **fremdkapitalähnliche Merkmale** aufweisen **(Dept Mezzanine)**.

In Deutschland vertretene Formen mezzaniner Finanzinstrumente sind insbesondere stille Beteiligungen, Genussrechte, Wandel- und Optionsanleihen, partiarische Darlehen, Gewinnschuldverschreibungen sowie nachrangige Darlehen. In dem Spektrum unterschiedlicher Finanzierungsformen zwischen den beiden Idealtypen Eigen- und Fremdkapital stehen stille Beteiligungen dem Eigenkapital wohl am nächsten. Auch Genussrechte weisen bei entsprechender Ausgestaltung eher Merkmale von Eigen- als von Fremdkapital aus. Beide mezzaninen Finanzierungsformen repräsentieren somit Equity Mezzanine.

Eine Sonderstellung nehmen Wandel- und Optionsanleihen ein. Beide Anleihetypen stellen bis zum Wandlungszeitpunkt grundsätzlich Fremdkapital dar. Nach der Wandlung der Anleihe in ein Eigenkapitalinstrument verkörpern sie gewöhnliches Eigenkapital. Wandel- und Optionsanleihen sind damit keine Mischform zwischen Aktie und Schuldverschreibung im eigentlichen Sinne. Gleichwohl werden sie hier dem Mezzanine-Kapital zugeordnet.

Fremdkapitalnahe mezzanine Finanzierungsformen (Dept Mezzanine) sind partiarische Darlehen, Gewinnschuldverschreibungen und nachrangige Darlehen und Gesellschafterdarlehen. Bei diesen Finanzinstrumenten dominieren die Fremdkapitalmerkmale.

Im Folgenden werden die einzelnen Formen der mezzaninen Außenfinanzierung in dieser Reihenfolge dargestellt. Die zuweilen auch dem Mezzanine-Kapital zugerechneten Vorzugsaktien wurden bereits in **Abschnitt 4.3.2.2.2.2** dargestellt und bedürfen deshalb keiner weiteren Erläuterung.

6.1.2 Handels- und steuerrechtliche Einflüsse

6.1.2.1 Handelsrechtliche Einflüsse

Regelmäßiges Gestaltungsziel des Emittenten von mezzaninen Finanzierungsformen ist die handelsrechtliche Klassifizierung als Eigenkapital. Das HGB selbst gibt jedoch keine Kriterien zur Abgrenzung von Eigen- und Fremdkapital vor. Für **Personenhandelsgesellschaften** können hierzu die vom Hauptfachausschuss des IDW in seiner Stellungnahme RS HFA 7 vom 1. Oktober 2002[654] entwickelten Kriterien als Auslegungshilfe herangezogen werden. Danach erfüllen bereitgestellte Mittel die Charakteristika von Eigenkapital, wenn sie bis zur vollen Höhe mit künftigen Verlusten verrechnet werden können (**Verlustausgleichsfunktion**) und im Falle der Insolvenz der Gesellschaft keine Insolvenzforderung begründen bzw. dem Kapitalgeber in der Liquidation einen nur nachrangigen Anspruch auf Beteiligung am Liquidationserlös zugestehen (**Haftungsfunktion**).

Ob diese für Personenhandelsgesellschaften relevanten Abgrenzungskriterien auch auf **Kapitalgesellschaften** anzuwenden sind, darf allerdings bezweifelt werden. Bereits 1994 hat sich der Hauptfachausschuss des IDW in seiner Stellungnahme HFA 1/1994 zur Behandlung von Genussrechten im Jahresabschluss von Kapitalgesellschaften geäußert.[655] Diese speziellen Ausführungen zu Genussrechten können grundsätzlich auch als Leitlinien für die Zuordnung anderer mezzaniner Finanzierungsformen als Eigen- oder Fremdkapital verwendet werden.[656] Bereitgestellte Mittel erfüllen demnach die Anforderungen an handelsbilanzielles Eigenkapital, wenn

- die Ansprüche der Kapitalgeber im Falle der Insolvenz oder Liquidation der Unternehmung den Ansprüchen aller anderen Gläubiger gegenüber nachrangig sind,
- eine erfolgsabhängige Vergütung vereinbart wurde,
- die Kapitalgeber bis zur vollen Höhe der bereitgestellten Mittel am laufenden Verlust teilnehmen und
- die Mittel längerfristig zur Verfügung gestellt sind.

Das Kriterium der längerfristigen Kapitalbereitstellung wird vom Hauptfachausschuss nicht näher konkretisiert und auch in der Meinung des Schrifttums herrscht hierüber kein Konsens. Die Interpretationen reichen von einer Mindestursprungslaufzeit von fünf Jahren bis zur Forderung nach einer unbefristeten Kapitalüberlassung bei gleichzeitiger kapitalgeberseitiger Unkündbarkeit.[657]

In jedem Fall müssen die vier genannten Kriterien unstrittig erfüllt sein, damit ein Ausweis mezzaniner Finanzierungsformen als handelsrechtliches Eigenkapital in Frage kommt.[658]

---

654 Vgl. HFA des IDW: RS HFA 7: Zur Rechnungslegung bei Personenhandelsgesellschaften. In: Die Wirtschaftsprüfung 2002, S. 1259-1264.

655 Vgl. HFA des IDW: Stellungnahme HFA 1/1994: Zur Behandlung von Genußrechten im Jahresabschluß von Kapitalgesellschaften. In: Die Wirtschaftsprüfung 1994, S. 419-423.

656 Vgl. *Küting, Karlheinz/Dürr, Ulrike*: Mezzanine-Kapital – Finanzierungsentscheidung im Sog der Rechnungslegung. In: Der Betrieb 2005, S. 1532.

657 Vgl. mit einem Überblick über die in der Literatur vertretenen Ansichten *Waschbusch, Gerd*: Mezzanines Kapital. In: Handbuch der Bilanzierung, hrsg. von *Rudolf Federmann, Heinz Kußmaul* und *Stefan Müller*, Freiburg i. Br. 1977 ff., Loseblatt, Stand: Juni 2009, Rz. 39-40.

658 Vgl. auch *Waschbusch, Gerd*: Mezzanines Kapital. In: Handbuch der Bilanzierung, hrsg. von *Rudolf Federmann, Heinz Kußmaul* und *Stefan Müller*, Freiburg i. Br. 1977 ff., Loseblatt, Stand: Juni 2009, Rz. 42.

6.1.2.2 Steuerrechtliche Einflüsse

Die Einordnung von Mezzanine-Kapital als steuerliches Eigenkapital oder Fremdkapital ist bedeutsam, da aus der **steuerrechtlichen Qualifizierung als Fremdkapital** bedeutende steuerliche Vorteile für den Emittenten erwachsen. In erster Linie handelt es sich dabei um die Möglichkeit, die Entgeltzahlung auf das Mezzanine-Kapital bei der Ermittlung der steuerlichen Bemessungsgrundlage – je nach Rechtsform für die Körperschaftsteuer oder für die Einkommensteuer – in voller Höhe als abzugsfähige Betriebsausgaben zu berücksichtigen. Auch bei der Gewerbesteuer ergeben sich gewerbeertragsmindernde Vorteile, allerdings ist dann auch die 25 %ige Hinzurechnung der Entgelte auf Schulden gemäß § 8 GewStG zu berücksichtigen.

Zielsetzung des Emittenten mezzaniner Finanzierungsformen ist deshalb üblicherweise die steuerliche Zuordnung zum Fremdkapital. Ähnlich dem Handelsrecht bietet aber auch das Steuerrecht keine generelle Vorgabe zur Abgrenzung von Eigen- und Fremdkapital. Stellvertretend für **schuldrechtliche Vertragsverhältnisse** kann jedoch die konkret für Genussrechtskapital in § 8 Abs. 3 Satz 2 KStG gezogene Trennlinie für eine Abgrenzung von Eigen- und Fremdkapital genutzt werden.

§ 8 Abs. 3 Satz 2 KStG bestimmt: „Für die Ermittlung des Einkommens ist es ohne Bedeutung, ob das Einkommen verteilt wird. Auch verdeckte Gewinnausschüttungen sowie Ausschüttungen jeder Art auf Genussrechte, mit denen das Recht auf Beteiligung am Gewinn und am Liquidationserlös der Kapitalgesellschaft verbunden ist, mindern das Einkommen nicht." Nach h. M. wird diese Vorschrift so interpretiert, dass das kumulative Vorliegen des Rechts auf Beteiligung am Gewinn und des Rechts auf Beteiligung am Liquidationserlös die Abzugsfähigkeit der Ausschüttungen ausschließt. Positiv formuliert bedeutet dies, dass lediglich eines der beiden Rechte eingeräumt werden darf, um die Abzugsfähigkeit und damit die steuerrechtliche Qualifizierung als Fremdkapital nicht zu gefährden. Aus später noch auszuführenden Gründen[659] wird sich der Emittent regelmäßig für den Ausschluss des Rechts auf Beteiligung am Liquidationserlös entscheiden.

Es ist allerdings strittig, wann dieser Ausschluss vorliegt. Die Finanzverwaltung führt an, der steuerliche Fremdkapitalcharakter müsse eindeutig aus den Genussscheinbedingungen geschlossen werden können. Eine beschränkte Laufzeit oder beiderseitige Kündigungsmöglichkeiten seien Indikatoren für die Qualifizierung als steuerrechtliches Fremdkapital. Dagegen sieht sie unbefristete Laufzeiten und fehlende Kündigungsmöglichkeiten eher als Indiz für eine Beteiligung am Liquidationserlös an.[660]

Für den Referenzfall stiller Beteiligungen als **kooperative Schuldverhältnisse** ergibt sich die Trennlinie zwischen Eigen- und Fremdkapital aus den Vorgaben des § 15 Abs. 1 Satz 1 Nr. 2 EStG. Demnach stellen „die Gewinnanteile der Gesellschafter einer Offenen Handelsgesellschaft, einer Kommanditgesellschaft und einer anderen Gesellschaft, bei der der Gesellschafter als Unternehmer (Mitunternehmer) des Betriebs anzusehen ist, und die Vergütungen, die der Gesellschafter von der Gesellschaft für seine Tätigkeit im Dienst der Gesell-

---

[659] Vgl. **Abschnitt 6.3.5.3**.

[660] Vgl. *Drukarczyk, Jochen*: Finanzierung. 10. Aufl., Stuttgart 2008, S. 348.

schaft oder für die Hingabe von Darlehen oder für die Überlassung von Wirtschaftsgütern bezogen hat", Einkünfte aus Gewerbebetrieb dar. Maßgeblich für die Einstufung stiller Beteiligungseinlagen als steuerrechtliches Eigenkapital ist somit die Mitunternehmerstellung des stillen Gesellschafters.

Die Mitunternehmerstellung eines stillen Gesellschafters zeichnet sich durch die Übernahme des Mitunternehmerrisikos und der Mitunternehmerinitiative aus.[661] Das **Mitunternehmerrisiko** trägt, wer am Gewinn und den stillen Reserven sowie dem Geschäftswert einer Unternehmung beteiligt ist und mindestens bis zur Höhe seiner Einlage haftet. **Mitunternehmerinitiative** charakterisiert die Teilhabe an unternehmerischen Entscheidungen, wobei bereits gesellschaftsrechtliche Kontrollrechte i. S. d. § 716 Abs. 1 BGB dieser Anforderung genügen. Mitunternehmerrisiko und Mitunternehmerinitiative müssen unstreitig kumulativ erfüllt sein, um die Mitunternehmerstellung des stillen Gesellschafters und damit die steuerrechtliche Einstufung des stillen Beteiligungskapitals als Eigenkapital zu begründen; nicht schädlich ist jedoch eine unterschiedlich starke Ausprägung dieser beiden Eigenschaften.[662]

6.2 Die stillen Beteiligungen

6.2.1 Die Ausstattungsmerkmale stiller Beteiligungen

Stiller Gesellschafter ist, wer sich an dem Handelsgewerbe eines anderen mit einer Vermögenseinlage beteiligt, wobei diese Einlage in das Vermögen des Inhabers des Handelsgeschäftes übergeht.[663] Eine stille Gesellschaft i. S. der §§ 230 bis 236 HGB liegt vor, wenn die folgenden **Begriffsmerkmale** kumulativ gegeben sind:

- Der Vertragspartner des stillen Gesellschafters, der natürliche oder juristische Person sein kann, muss grundsätzlich Kaufmann i. S. der §§ 1ff. HGB sein.
- Die gegenseitige Verpflichtung der Partner des Gesellschaftsvertrags muss der Förderung eines gemeinsamen Zwecks dienen.
- Der stille Gesellschafter muss am Gewinn des Kaufmanns beteiligt sein.
- Die Einlage des stillen Gesellschafters führt zur Beteiligung am Handelsgeschäft des Kaufmanns, nicht zur Bildung von Gesellschaftsvermögen.

In der durch Vertrag gebildeten **Innengesellschaft** erhält der stille Gesellschafter als Gegenleistung für seine Kapitaleinzahlung einen angemessenen Anteil am Gewinn des Geschäfts-

---

661 Vgl. hierzu und zum Folgenden bspw. *Kußmaul, Heinz*: Betriebswirtschaftliche Steuerlehre. 5. Aufl., München 2008, S. 435.

662 Vgl. BFH-Beschluss vom 25.06.1984, BStBl. II 1984, S. 769.

663 Vgl. § 230 Abs. 1 HGB. Vgl. zum Gesamtkomplex vor allem *Waschbusch, Gerd*: Stille Gesellschaft. In: Handbuch der Bilanzierung, hrsg. von *Rudolf Federmann, Heinz Kußmaul* und *Stefan Müller*, Freiburg i. Br. 1977 ff., Loseblatt, Stand: Juni 2009; aber auch *Blaurock, Uwe*: Handbuch der Stillen Gesellschaft. 6. Aufl., Köln 2003 sowie speziell zu steuerlichen Fragestellungen *Glessner, Miriam*: Die grenzüberschreitende stille Gesellschaft im Internationalen Steuerrecht. Einkommen- und körperschaftsteuerliche Wirkungen aus deutscher Sicht. Frankfurt a.M. u.a. 2000.

inhabers, wobei die maßgebliche Gewinngröße wie die Gewinnverteilung im Gesellschaftsvertrag festgeschrieben werden müssen.[664]

Eine Beteiligung am Verlust kann vertraglich ausgeschlossen werden.[665] Ohne einen ausdrücklichen Ausschluss der Verlustbeteiligung ist der stille Gesellschafter im Zweifel auch am Verlust des Geschäftsinhabers beteiligt. Im Falle einer Verlustbeteiligung kann die Haftung des stillen Gesellschafters auf die Höhe seiner stillen Einlage beschränkt werden. Eine Verpflichtung, das entstandene negative Kapitalkonto über die Höhe seiner Vermögenseinlage hinaus durch eine Nachzahlung auszugleichen, besteht nicht. Ist seine Einlage bereits durch Verluste vermindert, so werden künftige Gewinnanteile allerdings nicht ausgeschüttet, sondern zunächst zur Wiederauffüllung der Einlage benutzt.[666]

Der stille Gesellschafter hat **keine Leitungsbefugnisse**; er ist von der Geschäftsführung und der Vertretung der Unternehmung ausgeschlossen. Als Ausgleich steht ihm allerdings ein **Kontrollrecht** zu. Er kann die Abschrift des Jahresabschlusses verlangen und deren Richtigkeit unter Einsicht der Bücher und Papiere prüfen.[667] Das macht diese Eigenkapitalbeschaffung gerade in den Fällen attraktiv, in denen die bisherigen Gesellschafter keine Machteinbußen erleiden wollen.

Da abgesehen von den dargestellten zwingenden gesetzlichen Regelungen Vertragsfreiheit im Recht der stillen Gesellschaft besteht, kommt es zu einer Vielfalt unterschiedlicher Ausgestaltungsformen der stillen Gesellschaft. Dabei wird grundsätzlich die typische stille Gesellschaft von der atypischen stillen Gesellschaft unterschieden. Nach herrschender Meinung liegt eine **typische stille Gesellschaft** vor, wenn die gesellschaftsvertraglichen Regelungen den zwingenden und dispositiven Regelungen der §§ 230 bis 236 HGB entsprechen. Eine **atypische stille Gesellschaft** liegt handelsrechtlich[668] vor, wenn von dem handelsrechtlichen Regelungsmodell auch nur in einem Punkt abgewichen wird.

Wird über das Vermögen des Betreibers des Handelsgewerbes das Insolvenzverfahren eröffnet, so kann der stille Gesellschafter seine Einlage, soweit sie nicht durch festgestellte Verluste aufgezehrt ist, als **Insolvenzforderung** gegenüber dem Inhaber des Handelsgewerbes geltend machen. Sie wird also nicht als Eigenkapital behandelt; somit verliert der stille Gesellschafter bei einer positiven Insolvenzquote nicht seine gesamte Einlage. Der stillen Einlage fehlt damit die Haftungsfunktion im Insolvenzfall.

---

[664] Weitere zwingende gesetzliche Regelungen sind – neben den noch anzusprechenden Einsichts- und Kontrollrechten des stillen Gesellschafters – das Kündigungsrecht des pfändenden Gläubigers (§ 135 HGB i. V. m. § 234 Abs. 1 Satz 1 HGB), die Verlustdeckungspflicht in der Insolvenz (§ 236 Abs. 2 HGB) sowie die Anfechtbarkeit von Rückzahlungen in der Krise (§ 136 InsO).

[665] Vgl. § 231 Abs. 2 HGB.

[666] Vgl. § 232 Abs. 2 HGB.

[667] Vgl. § 233 Abs. 1 und 3 HGB.

[668] Steuerrechtlich ist die Rechtsstellung des stillen Gesellschafters entscheidend. Ist er Gläubiger, spricht man von einer typischen stillen Gesellschaft, ist er Mitunternehmer, liegt eine atypische stille Gesellschaft vor. Im zweiten Fall muss der stille Gesellschafter auch an den stillen Rücklagen und dem Geschäftswert der Unternehmung beteiligt sein und mindestens bis zur Höhe seiner Einlage haften.

Ähnlichkeiten mit der stillen Gesellschaft weist die sogenannte **Unterbeteiligung** auf. Dabei handelt es sich um eine Beteiligung, die nicht unmittelbar an einer Gesellschaft, sondern an einem Gesellschaftsanteil besteht („Beteiligung an einer Beteiligung"). Sie kann beispielsweise seitens eines Gesellschafters eingesetzt werden, um seine Gesellschaftsanteile aufzustocken, obwohl er nicht über die erforderlichen Mittel verfügt. Die Aufnahme neuer Gesellschafter mit den dazugehörigen Machteinbußen wird hierdurch verhindert. Die Unterbeteiligung ist lediglich eine Vertragsbeziehung zwischen dem Haupt- und dem Unterbeteiligten. Häufig wissen die übrigen (Haupt-)Beteiligten nichts von der Unterbeteiligung.[669]

6.2.2 Stilles Beteiligungskapital als bankenaufsichtliches Kernkapital

Das Finanzierungsinstrument der stillen Beteiligung ist insbesondere auch für Kredit- und Finanzdienstleistungsinstitute von Interesse, um auf diesem Wege ihre bankenaufsichtliche Kapitalbasis zu stärken. Denn stilles Beteiligungskapital wird unter bestimmten Voraussetzungen bankenaufsichtlich als Kernkapital anerkannt. Die Anerkennung als Kernkapital setzt im Einzelnen voraus (vgl. § 10 Abs. 4 KWG):

- Die Vermögenseinlage stiller Gesellschafter nimmt bis zur vollen Höhe am Verlust teil.
- Das Institut ist berechtigt, im Falle eines Verlustes Zinszahlungen aufzuschieben.
- Bei Insolvenz oder Liquidation des Instituts werden die Ansprüche der stillen Gesellschafter erst nach Befriedigung aller Gläubiger bedient.
- Die Ursprungslaufzeit der stillen Vermögenseinlage beträgt mindestens fünf Jahre.
- Der Restlaufzeit der stillen Vermögenseinlage beträgt mindestens zwei Jahre.
- Der Gesellschaftsvertrag enthält keine Besserungsabreden, nach denen der durch Verluste während der Laufzeit der Einlage ermäßigte Rückzahlungsanspruch durch Gewinne, die nach mehr als vier Jahren nach der Fälligkeit des Rückzahlungsanspruchs entstehen, wieder aufgefüllt wird.
- Es besteht eine ausdrückliche und schriftliche Hinweispflicht des Instituts auf folgende Rechtsfolgen: Nachträglich können die Teilnahme am Verlust nicht zum Nachteil des Instituts geändert, der Nachrang nicht beschränkt sowie die Laufzeit und die Kündigungsfrist nicht verkürzt werden. Eine vorzeitige Rückzahlung ist dem Institut ohne Rücksicht auf entgegenstehende Vereinbarungen zurückzugewähren, sofern kein Ersatz durch anderes, zumindest gleichwertiges Kapital gelingt oder die Bundesanstalt für Finanzdienstleistungsaufsicht der vorzeitigen Rückzahlung zustimmt.

---

[669] Vgl. *Wöhe, Günter/Bilstein, Jürgen*: Grundzüge der Unternehmensfinanzierung. 9. Aufl., München 2002, S. 39.

6.3 Das Genussrechtskapital

6.3.1 Begriff

Genussrechte stellen zwar grundsätzlich **Gläubigerrechte, also schuldrechtliche Ansprüche** gegenüber der einräumenden Unternehmung dar; diese sind aber um Komponenten der üblichen **Vermögensrechte** von Aktionären[670] oder von Gesellschaftern anderer Unternehmungen erweitert. Praktisch relevant sind dabei vor allem der Anspruch auf Beteiligung am Gewinn und/oder am Liquidationserlös sowie das Bezugsrecht. Zur Qualifizierung als Genussrecht genügt es dabei, „... wenn ein Genußrecht **auch nur ein** aktionärstypisches Vermögensrecht beinhaltet; eine Kumulation ist möglich, aber nicht begriffsnotwendig."[671] Genussrechte können dagegen grundsätzlich **keine Verwaltungsrechte**, wie beispielsweise Stimm- oder Kontrollrechte, einschließen. Die Inhaber von Genussrechten sind also nicht – wie etwa Aktionäre oder Gesellschafter – befugt, auf Entscheidungen der Unternehmungsleitung Einfluss auszuüben. Ihnen steht aber sehr wohl ein allgemeiner Auskunftsanspruch zu, der sich allerdings auf die Vermögens- und Ertragslage der Unternehmung beschränkt und mit Übersendung des Jahresabschlusses als erfüllt gilt. Darüber hinaus können sogar weitere Informationsrechte sowie Teilnahme- und Fragerechte in der Haupt- oder Gesellschafterversammlung vertraglich vereinbart werden.[672] Die Einräumung von aktionärstypischen Verwaltungsrechten findet aber dort ihre Grenzen, wo das Recht der Aktionäre oder Gesellschafter auf Mitwirkung an der Willensbildung der Unternehmung berührt wird. Dieses Recht steht ausschließlich Aktionären oder Gesellschaftern zu.[673]

Weiteres Wesensmerkmal ist nach *Karollus* die massenweise Begebung von Genussrechten, d. h., es muss sich um größere Emissionen gleichartiger Rechte handeln. Individuelle Vereinbarungen über eine Gewinnbeteiligung beispielsweise eines leitenden Angestellten fallen demnach nicht unter den Begriff des Genussrechts.[674]

Die Bezeichnungen „Genussrecht" und „Genussschein" werden im allgemeinen Sprachgebrauch meist synonym verwendet. Genussscheine sind allerdings streng genommen nur Genussrechte, die in einer Urkunde (Wertpapier) verbrieft sind. Im Fall der Verbriefung, die nicht zwingend, aber die Regel ist, spricht man von einem verkörperten Genussrecht oder vereinfachend von Genussscheinen.[675] Davon abgesehen kommt es nicht auf die Bezeichnung des Finanzinstrumentes im zugrunde liegenden Vertrag an, ob ein Genussrecht vorliegt oder nicht. So kann es sich einerseits um Genussrechte handeln, auch wenn die Be-

---

670 Vgl. zu den Vermögens- und Verwaltungsrechten von Aktionären **Abschnitt 4.3.2.2.2.1.**

671 *Karollus, Martin*: § 221 AktG. In: Aktiengesetz – Kommentar von *Ernst Geßler u.a.*, München 1994, Rn. 240. (Hervorhebungen auch im Original)

672 Vgl. *Lutter, Marcus*: Rechtliche Ausgestaltung von Genußscheinen. In: Bankinformation und Genossenschaftsforum 1993, Heft 2, S. 14 und S. 18.

673 Vgl. *Karollus, Martin*: § 221 AktG. In: Aktiengesetz – Kommentar von *Ernst Geßler u.a.*, München 1994, Rn. 322.

674 Vgl. *Karollus, Martin*: § 221 AktG. In: Aktiengesetz – Kommentar von *Ernst Geßler u.a.*, München 1994, Rn. 241.

675 Vgl. *Lutter, Marcus*: Kommentierung § 221 AktG. In: Kölner Kommentar zum AktG, hrsg. von *Wolfgang Zöllner*, Band 5/1, 2. Aufl., Köln u.a 1995, Rn. 21.

zeichnungen „Genussrecht“ oder „Genussschein“ vertraglich nicht erwähnt werden. Andererseits können als „Genussrechte“ oder „Genussscheine“ bezeichnete Finanzinstrumente je nach Ausstattung auch andere Finanzinstrumente darstellen. Die Qualifikation als Genussrecht ergibt sich ausschließlich bei Zutreffen der oben genannten Definitionskriterien. Stimmen die vertraglichen Vereinbarungen nicht mit den Definitionskriterien für Genussrechte überein, so liegen andere Finanzinstrumente vor, für die i. d. R. auch andere rechtliche Bestimmungen gelten. Aus diesem Grund soll zunächst eine Abgrenzung der Genussrechte von ähnlich ausgestalteten Finanzinstrumenten vorgenommen werden.

6.3.2 Anwendungsbereiche von Genussrechten

Folgende **Anwendungsbereiche** von Genussrechten lassen sich unterscheiden:[676]

1. **Besondere (Dienst-)Leistungen bzw. die Einlage schwer bewertbarer materieller oder immaterieller Vermögensgüter** bei Neugründungen, Erweiterungen, Umwandlungen oder Fusionen können durch Einräumung von Genussrechten **entschädigt** werden. Bringt ein Beteiligter beispielsweise ein Patent ein, dessen wirtschaftliche Bedeutung für die Unternehmung gegenwärtig noch nicht abzusehen ist, so besteht die Möglichkeit, ihm zum Ausgleich hierfür Genussrechte einzuräumen, die ihn an den entsprechenden Lizenzerlösen und/oder am Unternehmungsgewinn beteiligen.
2. Genussrechte können der **Beteiligung von Mitarbeitern am Erfolg der Unternehmung** dienen.
3. Den bei **Zuzahlungssanierungen** grundsätzlich nicht nachschussverpflichteten Aktionären können Genussrechte einen Anreiz zur Einbringung zusätzlicher Mittel bieten. Als finanziellen Ausgleich für die Zuzahlung werden ihnen mit prioritätischem Gewinnanspruch versehene Genussscheine eingeräumt.
4. Genussrechte werden auch eingesetzt, um Gläubiger im Rahmen eines Sanierungsverfahrens an Stelle eines **Forderungsverzichts** zu einer Umwandlung ihrer Ansprüche in Genussrechtskapital zu bewegen.
5. Die **Ablösung von Sonderrechten** der Vorzugsaktionäre kann durch Einräumung entsprechender Genussrechte erreicht werden (z.B. bei der Außerkraftsetzung von Mehrstimmrechtsaktien).
6. Schließlich sind Genussscheine ein **eigenständiges Instrument zur Kapitalbeschaffung**, insbesondere bei Kredit- und Finanzdienstleistungsinstituten. Stellt man auf das Ausgabevolumen ab, so ist dieser Anwendungsbereich der bedeutendste.

---

[676] Vgl. auch *Vormbaum, Herbert*: Finanzierung der Betriebe. 9. Aufl., Wiesbaden 1995, S. 187-189.

6.3.3 Abgrenzung der Genussrechte von ähnlich ausgestalteten Finanzinstrumenten

Da Genussrechte mit aktionärsähnlichen Rechten, aber nicht mit Stimmrechten ausgestattet sind, liegt es zunächst nahe, sie mit den **stimmrechtslosen Vorzugsaktien**[677] zu vergleichen, zumal auch die „Verzinsung" von Genussrechten bei entsprechender vertraglicher Gestaltung der Mindestverzinsung von stimmrechtslosen Vorzugsaktien entsprechen kann. Nach § 139 Abs. 1 AktG müssen stimmrechtslose Aktien mit einem nachzuzahlenden Vorzug bei der Verteilung des Gewinns ausgestattet sein. Erlaubt der Bilanzgewinn die Bezahlung der vereinbarten Vorzugsdividende nicht, so sind die unterbliebenen Dividendenzahlungen also in einem späteren Geschäftsjahr, in dem der Bilanzgewinn dies zulässt, nachzuholen. Unterschiede zu entsprechend ausgestalteten Genussrechten treten erst auf, wenn die Dividende auf die Vorzugsaktien in einem Geschäftsjahr nicht oder nicht vollständig gezahlt und auch im Folgejahr nicht vollständig nachgeholt werden kann. In diesem Fall lebt nach § 140 Abs. 2 AktG das vertraglich ausgeschlossene **Stimmrecht** wieder auf und bleibt bis zur vollständigen Nachholung aller Rückstände bestehen. Im Gegensatz dazu können Genussrechte aber auch für diesen Fall keine Stimmrechte einräumen.

Der zweite wesentliche Unterschied ist bedingt durch die Regelung des § 139 Abs. 2 AktG, wonach der **Gesamtnennbetrag der stimmrechtslosen Vorzugsaktien** nicht mehr als die Hälfte des Grundkapitals betragen darf.[678] Eine derartige Beschränkung lässt sich für Genussrechte nicht finden.

Auch zur **stillen Gesellschaft**[679] nach den §§ 230-236 HGB ergeben sich Abgrenzungsprobleme. Nach h. M. fehlt den Genussrechten die Grundvoraussetzung für die Einordnung als gesellschaftsrechtlicher Vertrag: der Zusammenschluss mehrerer Personen zur Verfolgung eines gemeinsamen Zwecks. Darüber hinaus sieht *Busse* den Unterschied in den bei Genussrechten fehlenden Zustimmungs- und Mitwirkungsrechten, auf die der stille Gesellschafter im Einzelfall einen einklagbaren Anspruch hat.[680] Genussrechte können aber so ausgestattet sein – insbesondere wenn eine Teilnahme am laufenden Verlust vorgesehen ist –, dass sie wirtschaftlich betrachtet einem Anteil an einer stillen Gesellschaft entsprechen. *Karollus* geht sogar soweit, Genussrechte mit Verlustteilnahme als stille Gesellschaft zu qualifizieren. In der Konsequenz befürwortet er – mit wenigen Einschränkungen – die Anwendung der §§ 230-236 HGB auf derartige Genussrechte.[681]

Die Abgrenzung zu **Gewinnschuldverschreibungen**[682] ist in der Literatur ebenfalls umstritten. Während *Karollus* Genussrechte, die neben einer erfolgsabhängigen „Verzinsung"

---

677 Vgl. **Abschnitt 4.3.2.2.2.2**.

678 Daraus folgt, dass der Gesamtnennbetrag der Vorzugsaktien ohne Stimmrecht auf die Höhe des Gesamtnennbetrages der anderen Aktien **beschränkt** ist.

679 Vgl. **Abschnitt 4.2.3.1**.

680 Vgl. *Busse, Franz-Joseph*: Grundlagen der betrieblichen Finanzwirtschaft. 5. Aufl., München/Wien 2003, S. 84.

681 Vgl. *Karollus, Martin*: § 221 AktG. In: Aktiengesetz – Kommentar von *Ernst Geßler u.a.*, München 1994, Rn. 278-285.

682 Vgl. **Abschnitt 6.7**.

einen betraglich und zeitlich fixierten Rückzahlungsanspruch gewähren, als Gewinnschuldverschreibungen qualifiziert,[683] betont *Lutter*, dass Gewinnschuldverschreibungen im Gegensatz zu Genussrechten keinen Anteil am Erfolg einer Unternehmung, sondern lediglich Ansprüche verbriefen, die sich an diesem Erfolg orientieren. Er sieht demnach einen generellen Unterschied zwischen beiden Finanzinstrumenten. Dagegen unterscheiden sich **Wandel- und Optionsschuldverschreibungen**[684] seiner Ansicht nach lediglich durch ihre Verbindung mit Schuldverschreibungen von den reinen Genussrechten, da das mit ihnen verbundene Bezugsrecht ein typisches vermögensrechtliches Aktionärsrecht ist. Diese Vermögensrechte sind aber gerade charakteristisch für Genussrechte.[685]

Alle hier genannten im Vergleich zu Genussrechten ähnlich ausgestalteten Finanzinstrumente haben eines gemeinsam: Ihre Definition ist im Gegensatz zu der von Genussrechten gesetzlich festgelegt. Der Gesetzgeber hat die Ausgestaltung von Genussrechten dagegen bewusst weitgehend offen gelassen, um der ausgebenden Unternehmung eine flexible, auf die individuellen Anlässe und Finanzierungssituationen abgestimmte Handhabung dieses Instruments zu ermöglichen. Gegenüber den anderen genannten Finanzinstrumenten gibt es nur wenige rechtliche Bestimmungen für die Ausgabe und Ausgestaltung von Genussrechten.

Da Genussrechte fast ausnahmslos verbrieft werden, wird bei den folgenden Ausführungen der Fall der Verbriefung zugrunde gelegt.

6.3.4 Die rechtlichen Rahmenbedingungen für die Ausgestaltung und Ausgabe von Genussscheinen

Die fehlende gesetzliche Festlegung der Ausstattungskomponenten macht es vor allem bei massenweiser Begebung von Genussscheinen erforderlich, die vertragliche Gestaltung der Genussrechte einheitlich in den sogenannten **Genussscheinbedingungen** festzulegen. Da diese vom Emittenten vorformuliert und in vielen Fällen gleichförmig benutzt werden, stellen Genussscheinbedingungen allgemeine Geschäftsbedingungen dar. Somit sind die Vorschriften der §§ 305ff. BGB zur Einbeziehung Allgemeiner Geschäftsbedingungen in einen Vertrag zu beachten.

Grundsätzlich können Genussscheine von **Unternehmungen aller Rechtsformen** emittiert werden. Lediglich für die Rechtsform der **Aktiengesellschaft** gibt es in § 221 AktG explizite Vorschriften zur Ausgabe von Genussrechten. So verweist § 221 Abs. 3 AktG auf die Regelungen für Wandel- und Gewinnschuldverschreibungen in § 221 Abs. 1 AktG. Danach bedarf es auch für die Ausgabe von Genussscheinen eines Hauptversammlungsbeschlusses mit mindestens Dreiviertelmehrheit des bei der Hauptversammlung vertretenen Grundkapi-

---

683 Vgl. *Karollus, Martin*: § 221 AktG. In: Aktiengesetz – Kommentar von *Ernst Geßler u.a.*, München 1994, Rn. 248.

684 Vgl. die **Abschnitte 6.4** und **6.5**.

685 Vgl. *Lutter, Marcus*: Kommentierung § 221 AktG. In: Kölner Kommentar zum AktG, hrsg. von *Wolfgang Zöllner*, Band 5/1, 2. Aufl., Köln u. a. 1995, Rn. 21.

tals. Bei mehreren Aktiengattungen muss jede Gattung mit entsprechender Mehrheit die Ausgabe beschließen.[686]

Gemäß § 221 Abs. 4 AktG haben die Aktionäre auch auf Genussscheine ein **Bezugsrecht**, das sie nur selbst durch Hauptversammlungsbeschluss vollständig oder teilweise ausschließen können. Schließlich schreibt § 160 Abs. 1 Nr. 6 AktG vor, dass im **Anhang** über die Art und Zahl von begebenen Genussrechten sowie über die im betreffenden Geschäftsjahr neu entstandenen Rechte zu berichten ist.

Diese aktienrechtlichen Regelungen stellen, obwohl sie im Grundsatz sinngemäß auch für Unternehmungen anderer Rechtsformen anzuwenden sind,[687] keine wesentliche Einschränkung der Gestaltungsspielräume bei der Ausstattung von Genussscheinen dar, wie die folgenden Ausführungen über die möglichen Ausprägungen verschiedener Ausstattungsmerkmale zeigen werden. Weitere gesetzliche Regelungen betreffen die Qualifizierung von Genussrechtskapital als Eigen- oder Fremdkapital oder betreffen besondere Anwendungsbereiche von Genussscheinen und werden in den entsprechenden Abschnitten aufgezeigt.

6.3.5 Die Ausstattungsmerkmale von Genussscheinen

6.3.5.1 Die Beteiligung am Gewinn

Wie bereits bei der Begriffsbestimmung erwähnt, ist für Genussscheine eine Beteiligung am Gewinn charakteristisch. Ausgestaltungsmöglichkeiten ergeben sich hinsichtlich der Bemessungsgrundlage bzw. der Bezugsgröße, der in Bezug genommenen Wirtschaftseinheit, des Maßstabs für die Aufteilung des Gewinns zwischen Aktionären bzw. Gesellschaftern einerseits und Genussscheininhabern andererseits, der Beschränkung der Ausschüttungshöhe sowie des Ranges der Ausschüttungsansprüche.[688]

Als **Bemessungsgrundlage bzw. Bezugsgröße** kommen die Höhe des Jahresüberschusses, des Bilanzgewinns und der Dividende, aber auch die Höhe von Rentabilitätskennzahlen oder von Erträgen aus einzelnen Vermögensgegenständen in Betracht. Denkbar sind auch Kombinationen verschiedener Bemessungsgrundlagen bzw. Bezugsgrößen. Beispielsweise kann vereinbart werden, dass eine nach der Gesamtkapitalrentabilität berechnete Ausschüttung nur aus dem jeweiligen Bilanzgewinn erfolgen kann. Für den Fall, dass aufgrund einer derartigen Vereinbarung keine Ausschüttung möglich ist, kann eine (kumulative) Nachholung in den Folgejahren vorgesehen werden.

---

686 Vgl. § 221 Abs. 1 Satz 4 i.V.m. § 182 Abs. 2 AktG.

687 Vgl. *Lutter, Marcus*: Rechtliche Ausgestaltung von Genußscheinen. In: Bankinformation und Genossenschaftsforum 1993, Heft 2, S. 15.

688 Vgl. hierzu auch *Karollus, Martin*: § 221 AktG. In: Aktiengesetz – Kommentar von *Ernst Geßler u.a.*, München 1994, Rn. 288-296.

Die Bemessungsgrundlage muss nicht auf die emittierende Unternehmung bezogen sein. Als **in Bezug genommene Wirtschaftseinheiten** können auch der Konzern, einzelne Betriebe, einzelne Ertragsquellen oder gar konzernfremde Unternehmungen gewählt werden. Beispielsweise wird so der Konzernjahresüberschuss als Bezugsgröße für die Höhe der Ausschüttungen auf das Genussrechtskapital einer Aktiengesellschaft herangezogen.

Zur **Aufteilung ausschüttungsfähiger Gewinne zwischen Aktionären bzw. Gesellschaftern einerseits und Genussscheininhabern andererseits** kann das Verhältnis des Genussrechtskapitals zum gezeichneten Kapital als Maßstab festgelegt werden. Die Festlegung eines derartigen Maßstabes hat zur Folge, dass sich Veränderungen des gezeichneten Kapitals auf die relative Zuweisungshöhe auswirken. Dies wird vermieden, wenn man eine bestimmte Quote festlegt, mit der der Genussrechtsinhaber am Jahresüberschuss partizipiert (z. B. pro Genussschein ein Millionstel des Jahresüberschusses).

Die **Ausschüttungshöhe** kann zum einen allein oder neben einer Mindestverzinsung von der Höhe der Bezugsgröße abhängen; in diesem Fall ist eine Beschränkung der Ausschüttungshöhe nicht vorgesehen. Zum anderen ist eine fest vereinbarte, also nach oben beschränkte „Verzinsung" (beispielsweise 7 % auf den Nennbetrag) denkbar, die allerdings nur auszuzahlen ist, falls die Bezugsgröße eine entsprechende Höhe aufweist (z. B. ausreichender Bilanzgewinn). In diesem Fall ist meist eine Nachholung nicht ausgezahlter Beträge in späteren Gewinnjahren vorgesehen.

Schließlich kann der **Rang der Ausschüttungsansprüche** im Verhältnis zu den Aktionären bzw. Gesellschaftern einerseits und den Genussscheininhabern anderer Emissionen andererseits festgelegt werden. I. d. R. wird gegenüber den Ansprüchen der Aktionäre bzw. Gesellschafter ein Vorrang, gegenüber den Ansprüchen aus anderen Genussscheinemissionen kein Vorrang, sondern Gleichrang eingeräumt.

6.3.5.2 Die Beteiligung am laufenden Verlust

Die Teilnahme am laufenden Verlust der Unternehmung stellt kein Definitionskriterium von Genussrechten dar. Sie wird in der Praxis aber dennoch häufig vereinbart, da sie eine Voraussetzung dafür ist, dass zum einen emittierende Kredit- und Finanzdienstleistungsinstitute gemäß § 10 Abs. 5 KWG das Genussrechtskapital als haftendes Eigenkapital im Rahmen der Bankenaufsichtsnormen anrechnen können (vgl. dazu **Abschnitt 6.3.6**) und dass zum anderen Arbeitnehmer, die Genussscheine ihres Arbeitgebers zu besonderen Konditionen erwerben, die Vergünstigungen gemäß § 2 Abs. 4 5.VermBG i. V. m. § 19a Abs. 1 EStG in Anspruch nehmen können.

Auch die Verlustbeteiligung kann in unterschiedlicher Weise vollzogen werden.[689] Zunächst kann sie durch Herabsetzung der Rückzahlungsansprüche im gleichen Verhältnis wie bei Herabsetzung des übrigen Eigenkapitals erfolgen, wobei meist der Jahresfehlbetrag oder der Bilanzverlust auf diese Weise anteilig gegen das Genussrechtskapital aufgerechnet wird. Die Verlustbeteiligung kann sich analog zur Beteiligung am Gewinn, aber auch an negati-

---

[689] Vgl. z. B. *Singer, Uwe*: Genußscheine als Finanzierungsinstrument – Eine kritische Analyse aus betriebswirtschaftlicher Sicht unter besonderer Berücksichtigung eines Finanzmarketing für Genußscheine. Pfaffenweiler 1991, S. 32-34.

ven Rentabilitätskennzahlen orientieren. Der Herabsetzungsbetrag des Genussrechtskapitals ergibt sich dann durch Multiplikation der entsprechenden Kennzahl mit dem Genussrechtskapital des betroffenen Geschäftsjahres. Bei den beiden bisher genannten Verfahren kann gleichzeitig ein Höchstsatz der Herabsetzung (z. B. 30 % des Nennwerts der Genussscheine) vereinbart werden. Schließlich ist aber auch eine betragsmäßig uneingeschränkte Verlustverrechnung mit dem Genussrechtskapital bis auf Null – ohne gleichzeitige Herabsetzung des übrigen Eigenkapitals – denkbar, wenn zuvor alle Kapital- und Gewinnrücklagen zur Verlustverrechnung herangezogen wurden.

Häufig ist mit diesen Regelungen eine entsprechend anteilige oder gar – im Vergleich zu den Ansprüchen der Aktionäre bzw. Gesellschafter – prioritätische Wiederauffüllung des herabgesetzten Genussrechtskapitals in nachfolgenden Gewinnjahren bis zum ursprünglichen Nennbetrag verbunden, bevor die Ausschüttungen wieder aufgenommen werden.

Wird im Fall anhaltender laufender Verluste eine Kapitalherabsetzung des gezeichneten Kapitals[690] durchgeführt, um die Verluste buchmäßig zu beseitigen, so kann in den Genussscheinbedingungen eine Herabsetzung des Genussrechtskapitals im gleichen Verhältnis vorgesehen sein.[691]

6.3.5.3 Die Beteiligung am Liquidationserlös

Die Beteiligung am Liquidationserlös, genauer: am Liquidationsüberschuss, kommt aus steuerlichen Gründen kaum vor, legt doch § 8 Abs. 3 Satz 2 KStG fest, dass Ausschüttungen auf Genussrechte, die sowohl eine Gewinnbeteiligung als auch eine Beteiligung am Liquidationserlös vorsehen, bei der emittierenden Unternehmung nicht als Betriebsausgaben anerkannt werden und das Genussrechtskapital mit allen damit verbundenen Nachteilen steuerrechtlich als Eigenkapital qualifiziert wird. Ein Verzicht auf Gewinnbeteiligung kommt meist nicht in Frage, weil man mit der Emission von Genussscheinen gerade Kapitalgeber mit erfolgsabhängigen Ansprüchen gewinnen will. Es bleibt demnach nur der Ausschluss von der Beteiligung am Liquidationserlös, will man eine steuerrechtliche Zuordnung des Genussrechtskapitals zum Fremdkapital erreichen.[692]

Dennoch kann ein Recht auf Beteiligung am Liquidationsüberschuss – allerdings steuerschädlich – eingeräumt werden. Der Anspruch der Genussscheininhaber bei Liquidation der Unternehmung kann dabei bis zu einem festgelegten Anteil am Liquidationsüberschuss den Ansprüchen der Aktionäre bzw. Gesellschafter vorgehen. Es kann aber auch Gleichrang

---

690 Vgl. z. B. zur vereinfachten Kapitalherabsetzung **Abschnitt 4.3.4.2.3**.

691 Eine derartige Regelung traf beispielsweise die Inhaber der im Oktober 1986 von der Klöckner und Co KGaA begebenen Genussscheine, als die außerordentliche Hauptversammlung im November 1988 nach schweren Verlusten eine Kapitalherabsetzung mit anschließender Kapitalerhöhung zur Sanierung der Unternehmung beschloss. Da eine Kapitalherabsetzung im Verhältnis 2.703.000 : 1 durchgeführt wurde, wurde entsprechend auch das Genussrechtskapital von 100 Mio. DM auf 37 DM herabgesetzt. Die Genussscheine waren damit praktisch wertlos und wurden eingezogen. Lediglich ein freiwilliges Zahlungsangebot der Deutschen Bank AG, die hinter der Sanierung stand und die neuen Aktien aus der Kapitalerhöhung übernahm, entschädigte die Genussscheininhaber, nachdem einige von ihnen Klage erhoben hatten. Vgl. *Drukarczyk, Jochen*: Finanzierung. 10. Aufl., Stuttgart 2008, S. 346.

692 Vgl. eingehender **Abschnitt 6.3.6**.

oder Nachrang vereinbart werden. Die Rangfolge der Beteiligung am Liquidationsüberschuss muss jedoch nicht mit der Rangfolge der Gewinnbeteiligung übereinstimmen. Im Verhältnis zu den Ansprüchen aller anderen Gläubiger der Unternehmung besteht Nachrangigkeit. Dies ergibt sich bereits implizit aus der Definition des Liquidationsüberschusses, der aus dem verbleibenden Vermögen der Unternehmung nach Abzug aller Verbindlichkeiten besteht. Nachrang nach allen anderen Gläubigern wird i. d. R. auch im Falle eines Insolvenzverfahrens vereinbart.

Auch ein völliger Verzicht auf das Recht auf Beteiligung am Liquidationsüberschuss dürfte dem Genussrechtsinhaber in den meisten Fällen keine Nachteile bringen. Solange die Unternehmung ihre Geschäfte betreibt, gibt es mangels Auflösung der Unternehmung keinen Liquidationserlös. Wird die Unternehmung dagegen zwangsweise durch Insolvenzverfahren aufgelöst, dürfte der Liquidationsüberschuss bei null EUR liegen. Anders könnte es im Falle einer freiwillig eingeleiteten Liquidation der Unternehmung sein.

6.3.5.4 Die Laufzeit und Kündigungsrechte

Die **Laufzeit** kann unbefristet sein. Dies ist immer dann der Fall, wenn das Genussrechtskapital – wie im vorigen Abschnitt beschrieben – aus dem Liquidationsüberschuss zurückgezahlt werden soll. Wird eine befristete Laufzeit vereinbart, soll die Rückzahlung also vor Liquidation der Unternehmung erfolgen, so liegt diese i. d. R. nicht unter fünf Jahren.

Kündigungsrechte können für den Emittenten und/oder die Inhaber – auch in unterschiedlicher Ausgestaltung – vereinbart werden, wobei einseitige Kündigungsrechte des Emittenten überwiegen. Zum einen kann es sich hierbei um eine Kündigung des Emittenten ab einem bestimmten Zeitpunkt ohne wichtigen Grund handeln, um etwa die Finanzierung an eventuell geänderte Umweltbedingungen anpassen zu können. Zum anderen lassen sich Emittenten häufig ein Kündigungsrecht aus wichtigem Grund einräumen, der z. B. darin liegen kann, dass Änderungen in der Rechtsprechung oder der Steuergesetzgebung zu einer veränderten steuerlichen Behandlung des Genussrechtskapitals und vor allem der Ausschüttungen auf das Genussrechtskapital führen.

I. d. R. greifen bei Kündigungsrechten der Inhaber – wie auch bei Kündigungsrechten der Emittenten ohne wichtigen Grund – ein- oder mehrjährige **Kündigungsfristen**, eventuell auch nach Ablauf von ein- oder mehrjährigen Kündigungssperrfristen. Darüber hinaus können auch Kündigungsrechte zu bestimmten Zeitpunkten in jeweils mehrjährigen Abständen vorgesehen sein.

6.3.5.5 Die Rückzahlung

Bei zeitlich befristetem Genussrechtskapital gibt es unterschiedliche Formen der Rückzahlung. Sie kann entweder zum Nennwert erfolgen oder – bei börsennotierten Genussscheinen – auch zum entsprechenden Börsenkurs bei Fälligkeit. Eine weitere Möglichkeit stellt die Rückzahlung zum Durchschnitt der Ausgabekurse dar. In allen Fällen sind bei einer entsprechenden Vereinbarung selbstverständlich auch die nicht wiederaufgefüllten Herabsetzungen des Genussrechtskapitals aus Beteiligungen am laufenden Verlust zu berücksichtigen.

An Stelle oder zusätzlich zur Rückzahlung sind auch Wandlungsrechte des Emittenten und/oder der Inhaber in bestimmte Aktien möglich (**Wandelgenussscheine**). Hierfür muss die Hauptversammlung mit Dreiviertelmehrheit einem bedingten Kapital in Höhe des Nennbetrags der daraus maximal zu erwartenden Ansprüche auf junge Aktien zustimmen.[693] Nimmt der Berechtigte das Umtauschrecht wahr, so erlischt das Genussrechtsverhältnis schuldrechtlicher Art. An seine Stelle treten die Mitgliedschaftsrechte eines Aktionärs. Das Wandlungsverhältnis, die Zuzahlung und der Wandlungspreis werden dabei in den Genussscheinbedingungen festgelegt oder hängen von der Höhe bestimmter Bezugsgrößen (z. B. Börsenkurs) zum Zeitpunkt der Wandlung ab.

6.3.5.6 Die Einräumung von Bezugs- oder Optionsrechten

Den Inhabern früher ausgegebener Genussscheine steht ein **Bezugsrecht** auf neu emittierte Aktien, Wandelschuldverschreibungen, Gewinnschuldverschreibungen oder Genussscheine grundsätzlich nicht zu. Es kann ihnen auch nicht für spätere Situationen vertraglich zugesichert werden, da dies einen bedeutsamen Eingriff in die Rechte und Entscheidungsbefugnisse der Hauptversammlung bedeuten würde. Um die bisherigen Genussscheininhaber vor Vermögensnachteilen[694] zu schützen, enthalten die Genussscheinbedingungen häufig eine Klausel, wonach sich die Gesellschaft zu Ausgleichszahlungen für den Fall verpflichtet, dass die Hauptversammlung nicht zugunsten der bisherigen Genussscheininhaber auf ihr gesetzliches Bezugsrecht auf neue Genussscheine (teilweise) verzichtet (**Verwässerungsschutz**).[695]

Zur Attraktivitätssteigerung von Genussscheinen dienen gegebenenfalls anhängende **Optionsrechte**, die zum Bezug einer bestimmten Anzahl von Aktien des Emittenten innerhalb einer bestimmten Frist zu einem bestimmten Optionspreis berechtigen, aber nicht verpflichten (**Optionsgenussscheine**). Wie bei den Wandelgenussscheinen muss die Hauptversammlung auch hier ein entsprechendes bedingtes Kapital schaffen. Bei Inanspruchnahme des Optionsrechts bleibt das Genussrechtsverhältnis bestehen, der Genussscheininhaber wird zusätzlich Aktionär. Der Bezugspreis kann in den Genussscheinbedingungen fixiert oder von der Höhe bestimmter Bezugsgrößen bei Ausübung der Option abhängig sein.

6.3.5.7 Die Verbriefung und Börsennotierung

Ein Genussrecht muss – wie bereits erwähnt – nicht verbrieft sein. Ist es verbrieft, so können Genussscheine wie Aktien als Inhaber-, Namens- oder auch als vinkulierte Namenspapiere ausgegeben sein; in der Praxis ist dabei aufgrund der höheren Fungibilität die auf den Inhaber lautende Form am weitesten verbreitet.[696] Da keine gesetzlichen Vorschriften über die Nennwerte von Genussscheinen existieren, können sie theoretisch auch auf gebrochene

---

693 Vgl. zu den weiteren rechtlichen Anforderungen an die bedingte Kapitalerhöhung **Abschnitt 4.3.3.2.3**.

694 Vgl. zum Ausgleich der Vermögensnachteile durch Bezugsrechte **Abschnitt 4.3.3.2.2.1**.

695 Vgl. *Wöhe, Günter/Bilstein, Jürgen*: Grundzüge der Unternehmensfinanzierung. 9. Aufl., München 2002, S. 277.

696 Vgl. zur Einteilung der Aktien nach den für die Eigentumsübertragung maßgebenden Rechtsvorschriften **Abschnitt 4.3.2.2.1**.

oder kleinere Beträge als den Mindestnennwert bei Aktien in Höhe von 1 EUR[697] oder aber als Stück-Genussschein ausgestellt sein.

Genussscheine sind **grundsätzlich börsenfähige Wertpapiere**. Sie können im Freiverkehr oder am Regulierten Markt notiert werden, sofern die entsprechenden Zulassungsvoraussetzungen erfüllt sind. Dabei kommt es nicht auf die Rechtsform der emittierenden Unternehmung an. Auf diesem Wege wird es somit auch ansonsten nicht-emissionsfähigen Unternehmungen möglich, finanzielle Mittel – je nach Ausgestaltung der begebenen Papiere auch in Gestalt von Risiko-/Haftungskapital – über den organisierten Kapitalmarkt zu beschaffen. Durch den Genussschein wird – zumindest theoretisch – die Grenze zwischen emissionsfähigen und nicht-emissionsfähigen Rechtsformen aufgelockert. Tatsächlich nutzten in den zurückliegenden Jahren auch immer mehr kleinere und mittlere Unternehmungen das Instrument des Genussrechtskapitals, jedoch blieb ihnen i. d. R. – mehr aufgrund faktischer (vor allem wegen des zu geringen Emissionsumfangs) denn juristischer Schranken – nach wie vor der Zugang zur Börse versperrt. So wurde die überwiegende Mehrzahl der heute börsennotierten Genussscheine auch weiterhin von den ohnehin emissionsfähigen (größeren) Aktiengesellschaften emittiert.

Einen Überblick über die Ausstattungsmerkmale von Genussrechten enthält **Abbildung 57** (Seite 230).

6.3.6 Genussrechtskapital als bankenaufsichtliches Ergänzungskapital

Die Einordnung des Genussrechtskapitals als Eigen- oder Fremdkapital ist von wesentlicher Bedeutung für solche **Kredit- und Finanzdienstleistungsinstitute**, die aufgrund ihrer Rechtsform nur eingeschränkte Eigenkapitalbeschaffungsmöglichkeiten im Bereich der Außenfinanzierung haben (insbesondere Sparkassen und Kreditgenossenschaften). Aber auch emissionsfähige Kreditinstitute nutzen aus vielfältigen zusätzlichen Gründen die seit dem 01.01.1985 gemäß § 10 Abs. 5 KWG bestehende Möglichkeit, unter bestimmten Bedingungen Genussrechtskapital als ergänzendes haftendes Eigenkapital anerkennen zu lassen. Verschiedene Bankenaufsichtsnormen erzwingen die Unterlegung von Risikogeschäften mit haftendem Eigenkapital in bestimmten Größenordnungen.

§ 10 Abs. 5 Satz 1 KWG legt die Voraussetzungen für die Anerkennung und damit die Qualifizierung als (haftendes) Eigenkapital wie folgt fest: „Kapital, das gegen Gewährung von Genussrechten eingezahlt ist (Genussrechtsverbindlichkeiten), ist dem haftenden Eigenkapital zuzurechnen, wenn

- es bis zur vollen Höhe am Verlust teilnimmt und das Institut berechtigt ist, im Falle eines Verlustes Zinszahlungen aufzuschieben,
- vereinbart ist, dass es im Falle des Insolvenzverfahrens über das Vermögen des Kredit- oder Finanzdienstleistungsinstituts oder der Liquidation des Instituts erst nach Befriedigung aller nicht nachrangigen Gläubiger zurückgezahlt wird,

---

697 Vgl. § 8 Abs. 2 Satz 1 AktG.

Mögliche Ausstattungsmerkmale	Ausprägungsbeispiele
Laufzeit	– keine Befristung; – wenn befristet, in der Regel nicht unter fünf Jahren.
Verzinsung/Ausschüttung (Gewinnbeteiligung)	– ergebnisabhängige „Verzinsung" (gekoppelt an Jahresüberschuss, Bilanzgewinn, Dividendenhöhe, Rentabilitätskennzahlen etc.); mit/ohne Mindestverzinsung in Prozent vom Nennwert; mit/ohne Nachholung in Verlustjahren.
Rang des Ausschüttungsanspruchs	– Vorrang vor den Ansprüchen der Aktionäre bzw. Gesellschafter; – kein Vorrang vor Ansprüchen zukünftiger Genussrechtsinhaber.
Verlustbeteiligung	– keine; – Teilnahme am laufenden Verlust durch Verminderung des Rückzahlungsanspruches (gekoppelt an negative Rentabilitätskennzahlen, an Verhältnis Rückzahlungsanspruch zu Eigenkapital oder uneingeschränkt nach Verrechnung von Kapital- und Gewinnrücklagen) mit anschließender prioritätischer oder anteilsmäßiger Wiederauffüllung im Fall zukünftiger Gewinne; – im Fall von Kapitalherabsetzungen durch Herabsetzung des Genussrechtskapitals im gleichen Verhältnis.
Beteiligung am Liquidationsüberschuss	– bei gleichzeitiger Gewinnbeteiligung steuerschädlich; – bei Vereinbarung: in jedem Fall Nachrangigkeit im Verhältnis zu allen anderen Gläubigern; gegenüber Gesellschaftern Vorrang, Gleichrang oder Nachrang denkbar.
Kündigungsrechte	– keine; – für Emittent und/oder Inhaber, auch unterschiedlich ausgestaltete Kündigungsrechte möglich; – in der Regel mit ein- oder mehrjährigen Kündigungsfristen mit/ohne mehrjährige(n) Kündigungssperrfristen; – in mehrjährigen regelmäßigen Abständen; – für Emittenten bei Wegfall der steuerlichen Qualifizierung als Fremdkapital.
Rückzahlung	– zum Nennwert; – bei börsennotierten Genussscheinen zum Börsenwert; – zum Durchschnitt der Ausgabekurse; – nach Abzug eventueller Verlustbeteiligungen.
Wandlungs- bzw. anhängende Optionsrechte	– keine; – Wandlungsrechte des Emittenten und/oder des Inhabers in Aktien anstelle oder zusätzlich zur Rückzahlung unter vorheriger Festlegung des Wandlungsverhältnisses, der Zuzahlung und des Wandlungspreises; – je Genussrecht eine bestimmte Anzahl von Optionsrechten, die zum Bezug einer bestimmten Anzahl von Aktien des Emittenten zu einem bestimmten Optionspreis berechtigen.
Bezugsrechte auf neue Genussrechte (Verwässerungsschutz)	– gesetzlich nur für die Aktionäre, nicht jedoch für bisherige Genussrechtsinhaber vorgeschrieben; – für bisherige Genussrechtsinhaber vorbehaltlich eines entsprechenden Beschlusses der Hauptversammlung mit/ohne Ausgleichszahlung, falls die Hauptversammlung anders entscheidet.
Verbriefung	– möglich.
Börsennotierung	– keine Börsennotierung; – Börsennotierung im Freiverkehr oder am Regulierten Markt.

Abbildung 57: Mögliche Ausstattungsmerkmale von Genussscheinen

- es dem Institut für mindestens fünf Jahre zur Verfügung gestellt worden ist,[698]
- der Rückzahlungsanspruch nicht in weniger als zwei Jahren fällig wird oder auf Grund des Vertrags fällig werden kann,
- der Vertrag über die Einlage keine Besserungsabreden enthält, nach denen der durch Verluste während der Laufzeit der Einlage ermäßigte Rückzahlungsanspruch durch Gewinne, die nach mehr als vier Jahren nach der Fälligkeit des Rückzahlungsanspruchs entstehen, wieder aufgefüllt wird, und
- das Institut bei Abschluss des Vertrags auf die in den Sätzen 3 und 4 genannten Rechtsfolgen ausdrücklich und schriftlich hingewiesen hat."

Darüber hinaus dürfen gemäß § 10 Abs. 5 Satz 3 KWG keine nachträglichen Änderungen der Regelungen über die Teilnahme am Verlust, die zum Nachteil des Kredit- oder Finanzdienstleistungsinstituts gereichen, sowie der Regelungen zu Nachrangabreden, Laufzeit und Kündigungsfrist vorgenommen werden. Im Wesentlichen sollen also die Funktionen des Eigenkapitals gewährleistet werden.[699]

6.4 Die Wandelschuldverschreibungen (Wandelanleihen)

Eine Wandelschuldverschreibung gibt den Gläubigern neben ihrem Anspruch auf feste Verzinsung und Rückzahlung auch ein Wandlungsrecht (Umtauschrecht) in Stammaktien der emittierenden Gesellschaft, d. h., diese von Aktiengesellschaften ausgegebenen **Obligationen können** innerhalb einer bestimmten Frist (Wandlungsfrist) in einem festgelegten Umtauschverhältnis (Wandlungsverhältnis) und eventuell unter Zuzahlung **in Aktien der emittierenden Gesellschaft umgetauscht werden**. In dem Umfang, in dem die Inhaber der Wandelschuldverschreibungen von ihrem Umtauschrecht Gebrauch machen und Aktien beziehen, geht die Wandelschuldverschreibung unter; aus dem Forderungstitel (Fremdkapital) wird ein Beteiligungstitel (Eigenkapital). Die für die Befriedigung der Umtauschansprüche erforderlichen Aktien werden gleichzeitig mit der Beschlussfassung über die Ausgabe der Wandelschuldverschreibungen durch einen Beschluss der Hauptversammlung über eine bedingte Kapitalerhöhung[700] geschaffen. Über die Ausgestaltung der Wandlungsbedingungen versucht die kapitalaufnehmende Unternehmung, Zeitpunkt und Umfang der Wandlungsentscheidungen der Anleger ihren jeweiligen Finanzierungsbedürfnissen entsprechend zu beeinflussen.

Zur Ausgabe von Wandelanleihen ist die Zustimmung von mindestens drei Vierteln des bei der Entscheidung in der Hauptversammlung vertretenen Grundkapitals erforderlich.[701] Die Satzung kann jedoch eine andere Kapitalmehrheit, also auch eine kleinere, und weitere

---

698 Üblicherweise entsprechen Kredit- und Finanzdienstleistungsinstitute dieser Voraussetzung ganz exakt, indem sie die Ursprungslaufzeit auf genau fünf Jahre festlegen.

699 Vgl. zu den Funktionen des Eigenkapitals **Abschnitt 4.1**.

700 Vgl. §§ 192-201 AktG.

701 Vgl. § 221 Abs. 1 Satz 2 AktG.

Erfordernisse bestimmen.[702] Den Altaktionären ist zudem ein Bezugsrecht für die Wandelobligation einzuräumen.[703]

Wandelschuldverschreibungen weisen sowohl für die emittierende Aktiengesellschaft als auch für die Erwerber der Papiere **Vorteile** gegenüber der Ausgabe bzw. dem Erwerb von Aktien bzw. Schuldverschreibungen auf. Die **emittierende Unternehmung** kann ihren Kapitalbedarf auch in für sie ungünstigen Situationen decken. So wird sie beispielsweise **bei ungünstiger Kapitalmarktsituation**, wie etwa bei hohem Zinsniveau für Schuldverschreibungen bei gleichzeitig niedrigem Kursniveau für Aktien, die derzeit hohen Fremdkapitalzinsen akzeptieren, um den heute niedrigen Ausgabebetrag für junge Aktien und damit den aufgrund des niedrigen Agios niedrigen Zufluss von Eigenkapital zu vermeiden.[704]

Sie wird den Weg über die Ausgabe von Wandelschuldverschreibungen allerdings nur gehen, wenn sie eine Steigerung des Kursniveaus für Aktien erwartet, so dass die Inhaber der Wandelschuldverschreibungen bei für sie günstigen Umwandlungsbedingungen von ihrem Wandlungsrecht Gebrauch machen werden, wodurch der Aktiengesellschaft aufgrund der von den Obligationären akzeptierten Zuzahlungsverpflichtung letztlich mehr Eigenkapital zur Verfügung gestellt wird, als wenn ursprünglich sofort Aktien ausgegeben worden wären.

Auch wenn sich eine Aktiengesellschaft in einer nur **vorübergehend schlechten Ertragssituation** befindet, kann die Unternehmungsleitung bei einer späteren Verbesserung der Ertragssituation über die Ausgabe später in Aktien gewandelter Wandelschuldverschreibungen letztlich mehr Eigenkapital beschaffen als durch unmittelbare Ausgabe von Aktien.

Darüber hinaus liegt die Verzinsung des über die Ausgabe von Wandelschuldverschreibungen beschafften Fremdkapitals unter der für „normale" Schuldverschreibungen; auch die auf Wandelschuldverschreibungen zu zahlenden Zinsen können vom Emittenten als Betriebsausgaben steuerlich geltend gemacht werden. Nach der Wandlung fallen die seither für die Wandelschuldverschreibungen zu zahlenden Zinsen weg; an ihre Stelle treten die Dividendenansprüche aus den durch Umwandlung neu geschaffenen Aktien.

Für den **Gläubiger** ist es von Vorteil, dass er für die gesamte Laufzeit der Wandelschuldverschreibung einen in seiner Höhe festliegenden Zins garantiert bekommt und dass er wie bei jeder Schuldverschreibung an aus Kapitalmarktzinssenkungen resultierenden Kurssteigerungen der Wandelschuldverschreibungen teilnehmen kann. Kurssteigerungen treten aber auch ein, wenn aufgrund einer günstigen Entwicklung der Kapitalmarkt- und Unternehmungssituation sowie wegen günstiger Umwandlungsbedingungen eine verstärkte Nachfrage nach den Wandelschuldverschreibungen besteht.

Zudem übernimmt der Gläubiger am Anfang kein Eigenkapitalrisiko; im Umwandlungszeitpunkt bzw. -zeitraum kann er entscheiden, ob er dieses Risiko übernehmen möchte. Ob er eine Wandlung der Gläubigerposition in eine Eigentümerposition vornehmen und damit auch eine Substanzerhaltung durch Beteiligung an einer Unternehmung sicherstellen wird,

---

702 Vgl. § 221 Abs. 1 Satz 3 AktG.

703 Vgl. § 221 Abs. 4 AktG.

704 Vgl. dazu **Abschnitt 4.3.3.**

kann er im Zeitpunkt bzw. im Zeitraum der Umwandlungsmöglichkeit unter Berücksichtigung der erwarteten Erträge aus Dividenden und Kursveränderungen der Aktien im Vergleich zu den erwarteten Erfolgsbeiträgen aus Zinszahlungen und Kursveränderungen des zur normalen Schuldverschreibung werdenden Papiers entscheiden, wobei selbstverständlich das Umtauschverhältnis und die Zuzahlungsverpflichtungen zu berücksichtigen sind. Insoweit kann der Emittent die Bereitschaft der Inhaber der Wandelschuldverschreibung zur Umwandlung oder aber zum unveränderten Halten der Gläubigerpapiere bis zur Tilgung durch entsprechende Gestaltung der Wandlungsbedingungen der Erwerber beeinflussen.

Die wesentlichen Ausstattungsmerkmale von Wandelschuldverschreibungen zeigt **Abbildung 58**.

Ausstattungsmerkmale von Wandelschuldverschreibungen	
Charakter	Teilschuldverschreibungen (Forderungspapiere) mit Recht auf Umtausch in Aktien (Anteilspapiere)
Verzinsung	Feste Verzinsung, die i. d. R. etwas unter dem Kapitalmarktzins liegt
Bezugsrecht und Bezugsverhältnis	Die Aktionäre haben ein Bezugsrecht und können entweder entsprechend ihrem Beteiligungsverhältnis Wandelschuldverschreibungen beziehen oder ihr Bezugsrecht verkaufen
Wandlungsverhältnis	Verhältnis zwischen dem Nennwert der Anleihe und dem Nennwert des bedingten Kapitals
Wandlungspreis	Nennwert der eingetauschten Wandelschuldverschreibungen je Aktie, ggf. erhöht um Zuzahlungen oder vermindert um Rückzahlungen
Zuzahlungen/ Rückzahlungen	Einflussfaktor des Wandlungspreises und je nach Gestaltungsform auch des Wandlungstermins
Verwässerungs-schutzklauseln	Sicherung der Rechte von Wandelobligationären bei Kapitalerhöhungen und bei der Begebung weiterer Wandelanleihen durch Änderung a) des Wandlungsverhältnisses b) der Zuzahlungen

Abbildung 58: Ausstattungsmerkmale von Wandelschuldverschreibungen[705]

6.5 Die Optionsschuldverschreibungen

Die Optionsanleihe ist eine **Schuldverschreibung mit einem abtrennbaren Anwartschaftsrecht (Optionsrecht)**, dessen Inhaber innerhalb einer bestimmten Frist (Optionsfrist) zu einem im Ausgabezeitpunkt festgelegten Bezugskurs (Optionskurs) in einem vorher festgelegten Verhältnis (Optionsverhältnis) Stammaktien der emittierenden Gesellschaft beziehen kann. Der Optionskurs (Optionspreis), zu dem die Stammaktien der Gesellschaft

---

705 Modifiziert entnommen aus *Wöhe, Günter/Bilstein, Jürgen*: Grundzüge der Unternehmensfinanzierung. 9. Aufl., München 2002, S. 265-266.

während der Optionsfrist im festgelegten Optionsverhältnis bezogen werden können, wird also bereits in den Ausgabebedingungen festgelegt. Das Optionsverhältnis gibt dabei die Zahl der Aktien an, die pro Optionsrecht bezogen werden können. Bei längerer Laufzeit sind zudem Zuzahlungen möglich.

Bei Ausübung des Optionsrechtes geht die Schuldverschreibung nicht unter, sondern bleibt bis zu ihrer Tilgung bestehen. Obligationäre, die das Bezugsrecht ausgeübt und der Gesellschaft zusätzliches Eigenkapital zugeführt haben, sind somit Gläubiger **und** Gesellschafter der Unternehmung. Für die Emission von Optionsschuldverschreibungen gelten dieselben aktienrechtlichen Vorschriften wie für die Begebung von Wandelschuldverschreibungen.[706]

Der Nominalzins für Optionsanleihen liegt i. d. R. wesentlich unter dem Zinsniveau für Industrieobligationen; als Ausgleich für die **nicht marktgerechte Verzinsung** der Anleihe wird das Optionsrecht eingeräumt. Da die Optionsschuldverschreibung aus zwei Teilen besteht (der Schuldverschreibung selbst und dem **Optionsschein** oder **Warrant**), kann das Sonderrecht auf Aktienbezug nach Ablauf einer üblichen Sperrfrist von der Obligation losgelöst und getrennt veräußert werden. Optionsscheine und Schuldverschreibungen werden während der Laufzeit an der Börse gehandelt; dafür gibt es drei **Notierungen**:

- Notierung nur für die Schuldverschreibung (ex),
- Notierung nur für den Optionsschein,
- Notierung für die Optionsschuldverschreibung insgesamt (cum).[707]

Zur Ausgabe von Optionsanleihen ist die Zustimmung von mindestens drei Vierteln des bei der Beschlussfassung in der Hauptversammlung vertretenen Grundkapitals erforderlich.[708] In der Satzung können allerdings eine andere Kapitalmehrheit sowie weitere Erfordernisse festgelegt werden.[709] Den Altaktionären ist zudem ein Bezugsrecht für die Optionsanleihe einzuräumen.[710]

6.6 Die partiarischen Darlehen

Ein partiarisches Darlehen ist ein **Darlehen mit Gewinnbeteiligung**. Der Gläubiger erhält anstelle oder zusätzlich zu einer festen Verzinsung einen Anteil am Gewinn oder einer anderen Größe (z. B. Umsatz). Wie bei gewöhnlichen Krediten auch, übernimmt das partiarische Darlehen keine Verlustausgleichsfunktion im laufenden Geschäftsbetrieb oder im Insolvenzfall (es sei denn, die zur Verfügung stehende Masse genügt nicht zur Befriedigung aller Gläubiger). Es erfüllt jedoch insbesondere aufgrund der erfolgsabhängigen Verzinsung im Falle einer endfälligen Tilgung verbunden mit einer langen Laufzeit die Finanzierungsfunktion des Eigenkapitals. Partiarische Darlehen entsprechen im Grunde stillen Einlagen,

---

706 Vgl. **Abschnitt 6.4**.

707 Vgl. hierzu *Jahrmann*, *Fritz-Ulrich*: Finanzierung. 6. Aufl., Herne 2009, S. 132.

708 Vgl. § 221 Abs. 1 Satz 2 AktG.

709 Vgl. § 221 Abs. 1 Satz 3 AktG.

710 Vgl. § 221 Abs. 4 AktG.

bei denen eine Verlustbeteiligung ausgeschlossen wurde. Ein Vorteil der partiarischen Darlehen im Unterschied zu stillen Einlagen ist darin zu sehen, dass sie ohne Billigung des Darlehensnehmers an einen Dritten abgetreten werden können.[711] Sie weisen damit eine höhere Fungibilität als stille Einlagen auf. Partiarische Darlehensgeber sind deshalb leichter zu finden als stille Einleger.

6.7 Die Gewinnschuldverschreibungen

Auch Gewinnschuldverschreibungen räumen den Gläubigern Sonderrechte ein, die hier mit Gewinnanteilen von Aktionären in Verbindung gebracht werden.[712] Die Gläubiger erhalten entweder neben einer festen Mindestverzinsung aus der Schuldverschreibung einen Anspruch auf einen **Zusatzzins** in Höhe eines bestimmten Prozentsatzes der Dividende **oder** lediglich eine **gewinnabhängige Verzinsung** (i. d. R. mit nach oben begrenztem Gewinnanspruch). Da in Verlustjahren entweder keine oder nur eine Mindestverzinsung erfolgt, sind Gewinnobligationen risikobehaftet. In Jahren mit hohen Gewinnen bieten sie allerdings eine über dem normalen Zins liegende Verzinsung.[713]

Zur Ausgabe von Gewinnschuldverschreibungen ist die Zustimmung von mindestens drei Vierteln des bei der Entscheidung in der Hauptversammlung vertretenen Grundkapitals erforderlich.[714] Die Satzung kann jedoch eine andere Kapitalmehrheit und weitere Erfordernisse bestimmen.[715] Den Altaktionären muss ein Bezugsrecht eingeräumt werden.[716]

Gewinnschuldverschreibungen werden i. d. R. emittiert, um Kapitalgebern in schwierigen Unternehmungssituationen einen besonderen Anreiz zur Kapitalbereitstellung zu bieten.

6.8 Die nachrangigen Darlehen

6.8.1 Die Ausstattungsmerkmale nachrangiger Darlehen

Nachrangige Darlehen bezeichnen im Regelfall unbesicherte Darlehen, die dem Gläubiger im Falle der Insolvenz oder der Liquidation der Unternehmung lediglich nachrangige Ansprüche am Zerschlagungserlös zugestehen. Die Ansprüche der Nachrangkapitalgeber treten somit hinter die Ansprüche der gewöhnlichen Fremdkapitalgeber zurück. Nachrangkapital stellt aus Sicht der vorrangigen Gläubiger eine zusätzliche Sicherheit im Falle der Insolvenz oder der Liquidation der Unternehmung dar.

---

[711] Vgl. *Büschgen, Hans E.*: Grundlagen betrieblicher Finanzwirtschaft – Unternehmungsfinanzierung. 3. Aufl., Frankfurt a. M. 1991, S. 140; *Süchting, Joachim*: Finanzmanagement – Theorie und Politik der Unternehmensfinanzierung. 6. Aufl., Wiesbaden 1995, S. 37.

[712] Vgl. § 221 Abs. 1 AktG.

[713] Vgl. *Wöhe, Günter/Bilstein, Jürgen*: Grundzüge der Unternehmensfinanzierung. 9. Aufl., München 2002, S. 252-253.

[714] Vgl. § 221 Abs. 1 Satz 2 AktG.

[715] Vgl. § 221 Abs. 1 Satz 3 AktG.

[716] Vgl. §§ 221 Abs. 4, 186 AktG.

Abgesehen von der Vereinbarung eines Rangrücktritts für den Fall der Insolvenz oder der Liquidation weisen nachrangige Darlehen regelmäßig die für Fremdkapital typischen Merkmale auf. So erfolgt eine fixe Vergütung für die Kapitalüberlassung, die gegebenenfalls um einen am Gewinn der Unternehmung orientierten variablen Anteil aufgestockt wird. Sofern eine gewinnabhängige Vergütung vorgesehen ist, liegt ein partiarisches Nachrangdarlehen vor.[717] Aufgrund des insolvenzrechtlichen Nachrangs und der fehlenden Besicherung sind nachrangige Darlehen im Regelfall höher verzinslich als gewöhnliche Darlehen.

Nachrangdarlehen sind im Regelfall befristet, weisen aber **häufig eine lange Laufzeit** auf. In Form von Nachranganleihen finden sich allerdings auch nachrangige Finanzierungsformen mit dem Merkmal der unbefristeten Laufzeit (sogenannte **ewige Anleihen**). Diese ewigen Anleihen sind als Finanzierungsform zunehmend gefragt, da sie nach der Eigenkapitalabgrenzung der IFRS bilanzrechtlich als Eigenkapital klassifiziert werden. Dies setzt allerdings den Verzicht auf Kündigungsrechte des Inhabers voraus.

Um eine vorzeitige Rückzahlung an den Inhaber der Nachranganleihe zu erreichen und dabei nicht die Eigenkapitalanforderungen der IFRS zu verletzen, sehen die Vertragsbedingungen regelmäßig ein Emittentenkündigungsrecht vor. Gekoppelt mit einer ratierlichen Erhöhung des Kapitalüberlassungsentgelts (Zins-Step-Up) entsteht so eine faktische, wirtschaftlich begründete, Verpflichtung des Emittenten zur Rückzahlung der Anleihe. Der Emittent sieht sich nach Ablauf eines bestimmten Zeitraums zur Umgehung der hohen Zinslast regelmäßig zur vorzeitigen Rückzahlung der Anleihe veranlasst.

6.8.2 Die Anerkennung von Nachrangkapital als bankenaufsichtliches Ergänzungskapital und als Drittrangmittel

Für Kredit- und Finanzdienstleistungsinstitute weist die Aufnahme von Nachrangkapital den weiteren Vorteil auf, dass dieses unter bestimmten Bedingungen **bankenaufsichtlich als Eigenmittel** anrechenbar ist. Nach § 10 Abs. 2b Satz 1 Nr. 5 i. V. m. Abs. 5a KWG finden längerfristige nachrangige Verbindlichkeiten als Ergänzungskapital Berücksichtigung, wenn folgende Voraussetzungen erfüllt sind:

- Im Falle der Insolvenz oder der Liquidation des Instituts wird das Nachrangkapital erst nach Befriedigung aller nicht nachrangigen Gläubiger zurückgezahlt.
- Die Ursprungslaufzeit des Nachrangkapitals beträgt mindestens fünf Jahre.
- Die Aufrechnung des Rückzahlungsanspruchs gegen Forderungen des Instituts ist ausgeschlossen.
- Es wurden keine Sicherheiten durch das Institut oder durch Dritte gestellt.

Ferner darf der Nachrang nicht nachträglich beschränkt und die Laufzeit bzw. Kündigungsfrist nicht verkürzt werden. Längerfristige nachrangige Verbindlichkeiten, deren Rückzah-

---

[717] Vgl. hierzu **Abschnitt 6.6**.

lungsanspruch in weniger als zwei Jahren fällig wird, können nur noch zu 40 % als haftendes Eigenkapital angerechnet werden.

Daneben sieht § 10 Abs. 2c Satz 1 Nr. 2 i. V. m. Abs. 7 KWG die Anerkennung kurzfristiger nachrangiger Verbindlichkeiten als Drittrangmittel vor. Eine nachrangige Verbindlichkeit gilt für diese Zwecke als kurzfristig, wenn sie eine Ursprungslaufzeit von mindestens zwei Jahren aufweist.

6.9 Die Gesellschafterdarlehen

Gesellschafterdarlehen bezeichnen Darlehensgewährungen der Gesellschafter einer Unternehmung an diese Unternehmung. Die Besonderheit von Gesellschafterdarlehen gegenüber Kapitalüberlassungen anderer Fremdkapitalgeber besteht in der insolvenzrechtlichen Nachrangigkeit der Zahlungsansprüche der Gesellschafter als Darlehensgeber gegenüber anderen Fremdkapitalgebern. Der **Nachrang dieser Ansprüche im Insolvenzfall** folgt aus § 39 Abs. 1 Nr. 5 i. V. m. Abs. 4 InsO. Forderungen auf Rückgewähr eines Gesellschafterdarlehens oder Forderungen aus Rechtshandlungen, die einem solchen Darlehen wirtschaftlich entsprechen, treten demnach im Rang hinter die Ansprüche der übrigen Gläubiger zurück. Dieser insolvenzrechtliche Nachrang begründet den mezzaninen Charakter von Gesellschafterdarlehen.

Die Regelung des § 39 Abs. 1 Nr. 5 InsO betrifft Gesellschaften, die weder eine natürliche Person noch eine Gesellschaft, bei der ein persönlich haftender Gesellschafter eine natürliche Person ist, als persönlich haftenden Gesellschafter haben.[718] Ausnahmen sind außerdem vorgesehen für Gläubiger, die zum Zwecke der Sanierung Anteilsrechte erwerben, sowie für Gesellschafterdarlehen, wenn der Gesellschafter nicht geschäftsführend tätig (§ 39 Abs. 4 Satz 2 InsO) und nur bis zu maximal 10 % am Haftkapital der Gesellschaft beteiligt ist (§ 39 Abs. 5 InsO).

Die Zuführung von Kapital durch einen Gesellschafter im Wege eines Darlehens hat bilanzrechtlich „weder die Umwandlung des Darlehens in haftendes Kapital noch dessen interne Gleichstellung mit Eigenkapital“[719] zur Folge. Das Darlehen bleibt für das Innenrecht der GmbH vielmehr Fremdkapital[720] und wird auch steuerrechtlich (unter Anwendung des Grundsatzes der Maßgeblichkeit der handelsbilanziellen Behandlung gem. § 5 Abs. 1 EStG) als solches behandelt.[721]

Der BFH bekräftigt den Grundsatz der Finanzierungsfreiheit zwar ausdrücklich, sieht es aber dennoch als „vom Ergebnis her unbefriedigend“ an, dass Gesellschafter, die ihrer Unternehmung Eigenkapital zuführen, steuerlich möglicherweise schlechter gestellt sind als diejenigen, die Fremdkapital gewähren. Da die Entscheidung eines Gesellschafters, nur Fremdkapital zur Verfügung zu stellen, aber **nicht als Gestaltungsmissbrauch** i. S. d. **§ 42**

---

718 Vgl. § 39 Abs. 4 Satz 1 InsO.

719 BFH-Urteil vom 05.02.1992, I R 127/90, BStBl II 1992, S. 534.

720 Vgl. BGH-Urteil vom 11.05.1987, II ZR 226/86. In: Der Betrieb 1987, S. 1782.

721 Vgl. BFH-Urteil vom 05.02.1992, I R 127/90, BStBl II 1992, S. 535.

AO anzusehen sei, kann eine Gleichbehandlung nach Ansicht des BFH nur über eine ausdrückliche gesetzliche Regelung und nicht über § 42 AO erreicht werden.[722]

In den steuerlichen Spezialgesetzen lassen sich vereinzelt Ansatzpunkte für eine Grenzziehung finden, inwieweit die Fremdfinanzierung durch Gesellschafter vom Steuerrecht hingenommen bzw. ab wann sie nicht mehr akzeptiert werden soll. Die Regelung zur sog. **Zinsschranke** des § 4h EStG enthält eine grundsätzliche Beschränkung der steuerlichen Abzugsfähigkeit von Zinsaufwendungen, sobald diese eine bestimmte, gewinnabhängige, Größenordnung überschreiten.[723] Erweitert wird diese Regelung für Kapitalgesellschaften um § 8a KStG, welcher spezifische Regelungen zur Angemessenheit von Fremdfinanzierungen durch Gesellschafter enthält; § 8a sieht ein „Greifen" der Zinsschranke – also eine Nichtabziehbarkeit aller Zinsaufwendungen im oben beschriebenen Maße – für alle diejenigen Fälle vor, in denen eine Fremdfinanzierung durch die Gesellschafter mehr als 10 % aller angefallenen Nettozinsaufwendungen ausmacht.[724]

Neben dieser grundsätzlichen Beschränkung der steuerlichen Abzugsfähigkeit von Zinsaufwendungen existieren weitere einzelfallbezogene steuerliche Beschränkungen zur Gesellschafter-Fremdfinanzierung, wie bspw. die Regelung in § 8 Abs. 3 Satz 2 KStG zur Behandlung von Genussrechten.

---

722 Vgl. BFH-Urteil vom 05.02.1992, I R 127/90, BStBl II 1992, S. 536.

723 Vgl. zur Zinsschranke *Kußmaul, Heinz/Pfirmann, Armin/Meyering, Stephan/Schäfer, René*: Ausgewählte Anwendungsprobleme der Zinsschranke. In: Betriebs-Berater 2008, S. 135-141; *Kußmaul, Heinz/Ruiner, Christoph/Schappe, Christian*: Die Einführung einer Zinsschranke im Rahmen der Unternehmensteuerreform 2008. In: Arbeitspapiere zur Existenzgründung, hrsg. von *Heinz Kußmaul*, Band 25, Saarbrücken 2008.

724 Der Gesellschafter muss zu mindestens 25 % am Grund- oder Stammkapital beteiligt sein. Neben den Gesellschaftern werden auch diesen nahe stehende Personen i. S. d. § 1 Abs. 2 AStG sowie auf vorgenannten Personenkreis rückgriffsberechtigte Dritte erfasst; vgl. dazu ausführlich *Kußmaul, Heinz/Ruiner, Christoph/Schappe, Christian*: Die Einführung einer Zinsschranke im Rahmen der Unternehmensteuerreform 2008. In: Arbeitspapiere zur Existenzgründung, hrsg. von *Heinz Kußmaul*, Band 25, Saarbrücken 2008.

7 Leasing als Sonderform der Außenfinanzierung

7.1 Begriff und Einteilungskriterien

Wenn ein Wirtschaftssubjekt A von einem anderen Wirtschaftssubjekt B einen Vermögensgegenstand least, so könnte man die dann stattfindenden Aktionen wie folgt vereinfachend und exemplarisch beschreiben: der Leasing-Nehmer (= A) zahlt dem Leasing-Geber (= B) bei Vertragsabschluss einen Grundbetrag in gewisser Höhe, der einen Bruchteil des üblichen Kaufpreises des Vermögensgegenstandes beträgt.[725] Der Leasing-Geber stellt dem Leasing-Nehmer den Vermögensgegenstand zur Nutzung zur Verfügung; während der Nutzungszeit (= Laufzeit des Leasing-Vertrages) zahlt der Leasing-Nehmer dem Leasing-Geber periodische (z. B. monatliche) Leasing-Raten. Am Ende der vertraglich vereinbarten Nutzungszeit gibt der Leasing-Nehmer dem Leasing-Geber den Vermögensgegenstand zurück; alternativ kann auch vereinbart werden, dass der Leasing-Nehmer den Vermögensgegenstand am Ende der Vertragslaufzeit erwerben muss oder kann bzw. den Leasing-Vertrag zu vergünstigten Konditionen verlängern kann.

Für Leasing-Verträge bestehen derart vielfältige Gestaltungsmöglichkeiten, dass es sowohl in betriebswirtschaftlicher als auch in juristischer Hinsicht kaum möglich ist, eine tiefergehende und dennoch alle unterschiedlichen Leasing-Formen umschließende Definition dieses Finanzierungsinstrumentes zu formulieren.

Jahrmann interpretiert Leasing als „Überlassung von Realkapital" (Vermögensgegenstände; d. Verf.) und insoweit als „eine besondere Kreditart ..., bei der der Kapitaldienst durch Zahlung von regelmäßigen Leasingraten und durch die für einen späteren Zeitpunkt vertraglich vereinbarte Rückgabe des Leasingobjektes geleistet wird."[726] Leasing-Geschäfte werden teils in erster Linie als **Mietverhältnisse** mit zum Teil eigenem Charakter angesehen,[727] teils sieht man in ihnen eine **„kapitalsubstitutive Finanzierungsform"**, die sich in wirtschaftlicher Hinsicht zwischen Sachkredit und normaler Miete bewegt.[728] Sehr ausführlich und fundiert äußert sich *Martinek* zur Rechtsnatur des Leasing-Vertrags. Er kommt zu dem Ergebnis, der Leasing-Vertrag sei „ein im BGB nicht geregelter Vertragstyp eigener Art mit gleichgewichtiger Finanzierungsfunktion und Gebrauchsüberlassungsfunktion, zu denen bisweilen noch eine Dienstleistungsfunktion hinzutritt".[729] Den Leasing-Geber trifft die Hauptpflicht zur Finanzierung des Leasing-Gegenstandes und zur Verschaffung (Lieferung),

---

725 Auch ein Verzicht auf Zahlung dieses Betrags ist möglich.

726 *Jahrmann, Fritz-Ulrich*: Finanzierung. 6. Aufl., Herne 2009, S. 164.

727 Vgl. *Perridon, Louis/Steiner, Manfred*: Finanzwirtschaft der Unternehmung. 14. Aufl., München 2007, S. 445.

728 Vgl. *Eilenberger, Guido*: Betriebliche Finanzwirtschaft. 7. Aufl., München/Wien 2003, S. 324-325.

729 *Martinek, Michael*: Moderne Vertragstypen. Band I: Leasing und Factoring. München 1991, S. 90.

Gebrauchsüberlassung und -belassung des Leasing-Gegenstandes für die vereinbarte Leasing-Zeit. Zusätzlich kann der Leasing-Geber zu Dienstleistungen für den Leasing-Nehmer verpflichtet sein. Der Leasing-Nehmer ist im Gegenzug zur Zahlung der vereinbarten Leasing-Raten verpflichtet. Geschäftsgrundlage des Leasing-Vertrags ist die Gebrauchstauglichkeit des Leasing-Objekts im Zeitpunkt der Lieferung.

Ungeachtet der Problematik einer betriebswirtschaftlichen oder juristischen Definition lassen sich Leasing-Verträge jedoch nach verschiedenen Kriterien systematisieren.[730] **Abbildung 59** enthält verschiedene Systematisierungen.

Systematisierung der Leasing-Verträge nach

1. dem Verpflichtungscharakter des Leasing-Vertrages
   - Operate-/Finance-Leasing
   - Teilamortisations-/Vollamortisations-Leasing
   - Verträge mit und ohne Option des Leasing-Nehmers auf Mietverlängerung oder Erwerb des Objektes
2. der Art des Leasing-Gegenstandes
   - Konsumgüter-/Investitionsgüter-Leasing
   - Mobilien-/Immobilien-Leasing
   - Equipment-Leasing/Plant-Leasing
3. der Stellung des Leasing-Gebers
   - direktes Leasing
   - indirektes Leasing

Abbildung 59: Systematisierungskriterien für Leasing-Verträge[731]

Equipment-Leasing-Verträge lauten stets nur über einen einzelnen Vermögensgegenstand, während das **Plant-Leasing** ganze Aggregatgruppen, zumindest aber eine größere Zahl zusammen gehörender Objekte mit einschließt.

Beim **direkten Leasing** wird der Vertrag unmittelbar zwischen dem Hersteller des zu verleasenden Gegenstandes – in diesem Falle identisch mit dem Leasing-Geber – und dem Leasing-Nehmer abgeschlossen. Für den Hersteller stehen dabei nicht so sehr die Leasing-Geschäfte als solche, sondern vielmehr absatzpolitische Erwägungen im Vordergrund. Demgegenüber zeichnet sich **indirektes Leasing** dadurch aus, dass sich zwischen Hersteller und Leasing-Nehmer eine dritte Partei einschaltet, die solche Geschäfte gewerbsmäßig und häufig ausschließlich betreibt (Leasing-Gesellschaft). Die Beziehungen zwischen den Beteiligten können dann beispielsweise wie in **Abbildung 60** (Seite 241) dargestellt aussehen.

---

[730] Vgl. *Jahrmann, Fritz-Ulrich*: Finanzierung. 6. Aufl., Herne 2009, S. 165-169; *Kußmaul, Heinz*: Betriebswirtschaftliche Steuerlehre. 5. Aufl., München 2008, S. 38; *Wöhe, Günter/Bilstein, Jürgen*: Grundzüge der Unternehmensfinanzierung. 9. Aufl., München 2002, S. 279-285.

[731] Modifiziert entnommen aus *Bieg, Hartmut*: Leasing als Sonderform der Außenfinanzierung. In: Der Steuerberater 1997, S. 425.

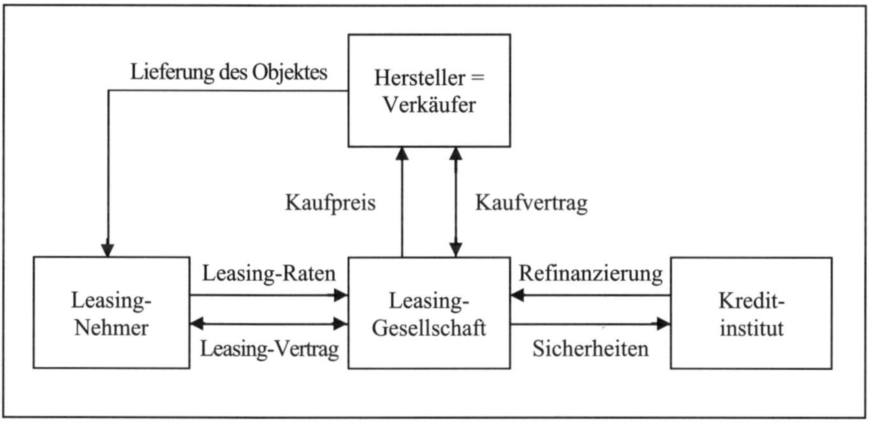

Abbildung 60: Indirektes Leasing[732]

Die Leasing-Gesellschaft schließt zunächst mit dem Leasing-Nehmer den Leasing-Vertrag ab und daraufhin auch den Kaufvertrag mit dem Hersteller des Objekts. Sie begleicht den Kaufpreis und weist den Hersteller an, den Gegenstand an den Leasing-Nehmer zu übergeben. Der Leasing-Nehmer zahlt periodisch (vorschüssig) die vertraglich vereinbarten Leasing-Raten an die Leasing-Gesellschaft. Jene wiederum hat sich meist bei einer Bank einen Kredit zur Refinanzierung des Kaufpreises verschafft, den sie nunmehr mit Zins- und Tilgungsleistungen bedienen muss und zu dessen Absicherung sie beispielsweise das Eigentumsrecht an dem verleasten Gegenstand an das Kreditinstitut abgetreten hat.

Der **Verpflichtungscharakter des Vertrages** ist in erster Linie ein juristisches Einteilungskriterium. Je nach den konkreten Ausgestaltungsmerkmalen des einzelnen Leasing-Vertrages kann er als

- normaler Mietvertrag,
- verdeckter Teilzahlungsvertrag,
- Geschäftsbesorgungsvertrag,
- Treuhandverhältnis oder auch als
- Vertrag eigener Art

interpretiert werden. Aus diesen juristischen Differenzierungen leitet die Finanzverwaltung und -gerichtsbarkeit Unterscheidungen in der steuerlichen Behandlung der Leasing-Verträge ab; hierdurch gewinnt das zunächst rein rechtliche Einteilungskriterium auch betriebs- und insbesondere auch finanzwirtschaftliche Bedeutung, denn die Vorteilhaftigkeit eines Leasing-Geschäftes hängt häufig ganz entscheidend von der damit verbundenen Steuerwirkung ab.

---

732 Entnommen aus *Wöhe, Günter/Bilstein, Jürgen*: Grundzüge der Unternehmensfinanzierung. 9. Aufl., München 2002, S. 280.

Nach dem Verpflichtungscharakter des Leasing-Vertrages unterscheidet das Steuerrecht die in **Abbildung 61** dargestellten Formen und Unterformen des Leasing.

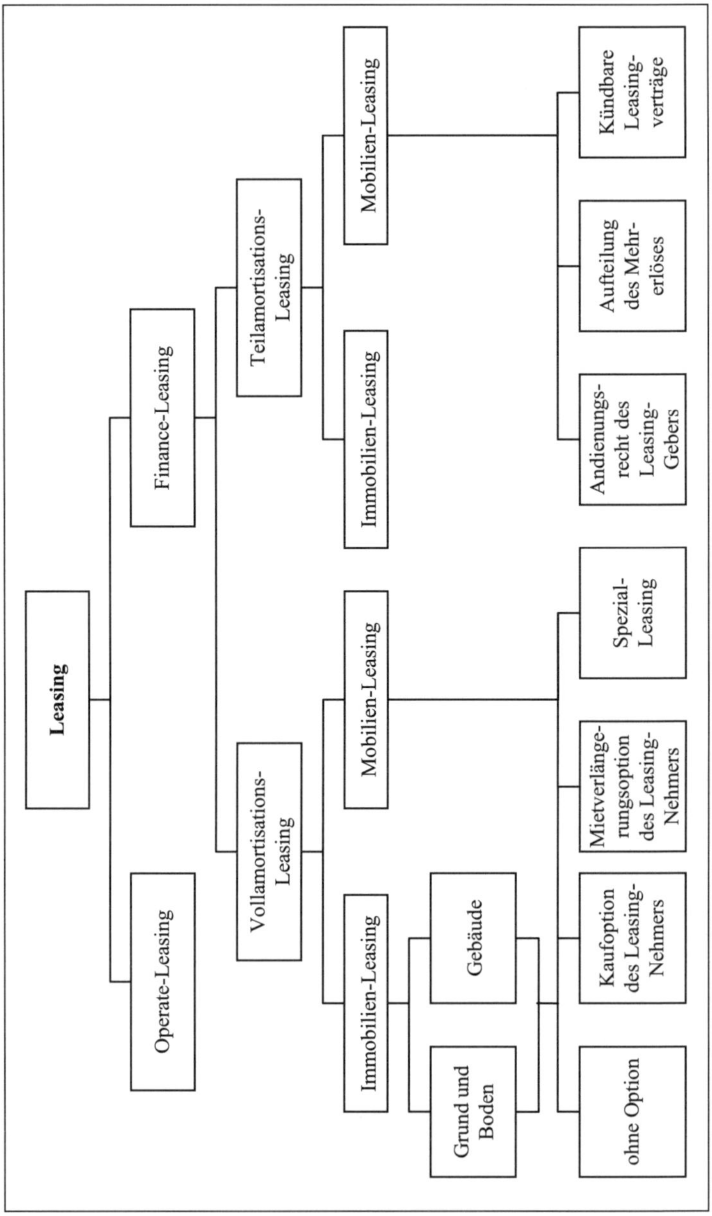

Abbildung 61: Systematisierung der Leasing-Verträge im Steuerrecht[733]

---

[733] Entnommen aus *Bieg, Hartmut*: Leasing als Sonderform der Außenfinanzierung. In: Der Steuerberater 1997, S. 426.

7.2 Operate- und Finance-Leasing-Verträge

Die wesentlichen gemeinsamen Kennzeichen der äußerst heterogenen Gruppe der **Finance-Leasing-Verträge** und die Unterschiede zum **Operate-Leasing** sind in **Abbildung 62** dargestellt.

	Operate-Leasing	**Finance-Leasing**
Vertrags-charakter	Normaler Mietvertrag (§§ 535-580a BGB)	Unterschiedlich
Kündbarkeit	Jederzeit von beiden Vertragsparteien	Nicht während der Grundmietzeit (Zeitraum, während dessen der Leasing-Vertrag unkündbar ist)
Investitions-risiko	Beim Leasing-Geber, da der Leasing-Nehmer jederzeit kündigen kann	Beim Leasing-Nehmer, da dieser während der Grundmietzeit alle Kosten des Leasing-Gebers einschließlich des Gewinnzuschlages deckt
Leasing-Gegenstände	Allgemein verwendbare („gängige") Güter (z. B. PKW), da der Leasing-Nehmer jederzeit kündigen kann	Alle Güter, z. B. auch Spezialmaschinen, eigens erstellte Gebäude
(Steuer-bilanzielle) Aktivierung des Leasing-Gegenstandes	I. d. R. beim Leasing-Geber	Abhängig von der Vertrags-gestaltung und deren wirtschaft-lichen Folgen

Abbildung 62: Unterschiede zwischen Operate- und Finance-Leasing[734]

Operate-Leasing-Verträge, auch **Operating-** bzw. **Gebrauchs-Leasing-Verträge** genannt, sind grundsätzlich normale Mietverträge im Sinne des BGB. Für sie gelten somit auch die dort in den §§ 535-580a BGB festgelegten Regelungen. Sie können von beiden Vertragspartnern für gewöhnlich kurzfristig und ohne Fälligwerden von Vertragsstrafen gekündigt werden. Der wirtschaftliche Sinn eines Operate-Leasing-Vertrages liegt

- zunächst darin, dass der Leasing-Nehmer einen Gegenstand nutzen kann, den er nur für relativ kurze Zeit und nicht für die Gesamtlebensdauer des Objektes benötigt.
- Dadurch hat der Leasing-Nehmer zum Zweiten den Vorteil, nicht die mit dem geleasten Gegenstand verbundenen Risiken tragen zu müssen; beispielsweise das Risiko
  - der Fehlinvestition,
  - der technisch-wirtschaftlichen Entwertung oder
  - des zufälligen Untergangs des Objekts.

---

[734] Entnommen aus *Bieg, Hartmut*: Leasing als Sonderform der Außenfinanzierung. In: Der Steuerberater 1997, S. 427.

Sein „Risiko" – sofern man hier überhaupt von einem solchen reden kann – beschränkt sich auf die Entrichtung der Mietzahlungen bis zur nächstmöglichen Kündigung. **Alle anderen Risiken** liegen dagegen beim Leasing-Geber. Da dieser ständig mit einer Kündigung des Leasing-Nehmers rechnen muss, kommen für das Operate-Leasing nur solche Gegenstände in Betracht, die – da vielseitig verwendbar – von einer größeren Anzahl potenzieller Mieter nachgefragt werden (z. B. kleine und mittelgroße EDV-Anlagen, PKW, LKW).

Das gemeinsame Kennzeichen aller **Finance-Leasing-Verträge**, auch **Financial-** bzw. **Finanzierungs-Leasing-Verträge** genannt, ist primär, dass sie für einen bestimmten Zeitraum – die sogenannte **Grundmietzeit** – unkündbar sind und – allerdings mit Besonderheiten bei der Teilamortisationsvariante – dass die in dieser Frist zu zahlenden Raten alle Kosten des Leasing-Gebers einschließlich des Gewinnzuschlages decken sollen. *Wöhe/Bilstein*[735] sehen den wesentlichen **wirtschaftlichen** Unterschied zwischen Operate- und Finance-Leasing darin, dass bei Letzterem **alle Risiken** – insbesondere auch das Investitionsrisiko – beim **Leasing-Nehmer** liegen: Er kann den Vertrag nur lösen, nachdem er alle Kosten des Objekts übernommen und (einschließlich des Gewinnanteils) in Form der Leasing-Raten und/oder als Sonderzahlung dem Leasing-Geber vergütet hat. Darüber hinaus trägt der Mieter hier auch alle anderen Kosten, wie beispielsweise für Versicherung, Wartung und Reparaturen. Dies sind für einen „normalen" Mietvertrag ganz ungewöhnliche Bedingungen. Aus diesem Grunde können die Rechtsvorschriften für Operate-Leasing (Miete, Pacht i. S. des BGB) auch nicht einfach auf das Finance-Leasing übertragen werden.

Beim **Spezial-Leasing**, einer Sonderform des Finanzierungs-Leasing, plant i. d. R. der Leasing-Nehmer die technische Ausgestaltung des Leasing-Gegenstandes, z. B. eine Werkshalle oder ein Bürogebäude. Der Leasing-Geber übernimmt anschließend die Herstellung des Objekts, um es an den Leasing-Nehmer zu vermieten. Mit dem Ablauf der Grundmietzeit muss sich das Leasing-Objekt amortisiert haben, da es völlig auf die Bedürfnisse des Leasing-Nehmers zugeschnitten ist, so dass es nur von ihm sinnvoll weiterverwendet werden kann (z. B. weil das geleaste Gebäude inmitten des Fabrikgeländes des Leasing-Nehmers steht). Weiterverkauf oder Weitervermietung an Dritte ist üblicherweise vertraglich ausgeschlossen. Leasing-Geber und Leasing-Nehmer vereinbaren daher meist schon vorab für die Zeit nach Ende der Grundmietperiode eine **Anschlussmiete**, die meist nur einen geringen Bruchteil der bisherigen Raten ausmacht.

Häufig werden Leasing-Verträge im Rahmen des **„Sale-and-lease-back-Verfahrens"** zu jahresabschlusspolitischen, aber auch finanzpolitischen Zwecken eingesetzt. Hierbei verkauft der bisherige Eigentümer eines Gebäudes oder beispielsweise auch eines Verkehrsflugzeugs das Objekt an eine Leasing-Gesellschaft und least es gleichzeitig wieder langfristig von ihr zurück. Er erhält dadurch einen bestimmten Geldbetrag (den Verkaufspreis) und kann den Gegenstand trotzdem wie bisher weiter nutzen, muss dafür allerdings die vereinbarten Leasing-Raten bezahlen.

---

[735] Vgl. *Wöhe, Günter/Bilstein, Jürgen*: Grundzüge der Unternehmensfinanzierung. 9. Aufl., München 2002, S. 282.

7.3 Die steuerbilanzielle Zurechnung des Leasing-Gegenstandes

7.3.1 Vorbemerkungen

Die vertraglichen Besonderheiten insbesondere der Finance-Leasing-Verträge brachten zwangsläufig steuerrechtliche Probleme mit sich. Da anfangs keinerlei diesbezüglichen Vorschriften existierten, war es häufig unklar und zwischen den Beteiligten umstritten, wer – Leasing-Geber oder Leasing-Nehmer – den Leasing-Gegenstand in seiner Steuerbilanz zu aktivieren und planmäßig abzuschreiben hat. Davon hängt es aber ab, in welchem Umfang die jeweils gezahlten Leasing-Raten steuerlich Betriebsausgaben (Leasing-Nehmer) bzw. Betriebseinnahmen (Leasing-Geber) darstellen oder ertragsteuerneutral als Tilgungsleistungen anzusehen sind.

7.3.2 Die Zurechnung im Falle des Operate-Leasing

Die Zurechnung ist beim **Operate-Leasing** vergleichsweise einfach, da es sich hier um normale Miet- oder Pachtverhältnisse handelt, bei denen der Mieter weder das Investitionsrisiko am Leasing-Gegenstand trägt noch irgendwelche Sonderrechte hieraus für die Zeit nach Vertragsende geltend machen kann. Der Leasing-Nehmer hat somit keine Möglichkeit, den Leasing-Geber dauerhaft vom Zugriff auf den Leasing-Gegenstand auszuschließen. Der **Leasing-Geber** ist stets **wirtschaftlicher Eigentümer**. Er aktiviert das Leasing-Objekt in seiner (Steuer-) Bilanz und schreibt es auch über die betriebsgewöhnliche Nutzungsdauer ab. Die zufließenden Leasing-Raten sind für ihn Betriebseinnahmen. Für den Leasing-Nehmer sind die Raten in voller Höhe Aufwand und steuerlich als Betriebsausgaben abzugsfähig.

7.3.3 Die Zurechnung im Falle des Finance-Leasing

7.3.3.1 Vorbemerkungen

Schwieriger war die Zurechnungsfrage hinsichtlich der **Finance-Leasing-Verträge** zu beantworten. In seinem Grundsatzurteil vom 26.01.1970 formulierte der BFH sechs Leitsätze, die prinzipiell auf alle Arten von Finance-Leasing beweglicher Wirtschaftsgüter anzuwenden sind.[736] Der BFH betont dabei die Bedeutung der **wirtschaftlichen Betrachtungsweise** für die steuerliche Zurechnung des Leasing-Gegenstandes. Damit muss der **wirtschaftliche Eigentümer** im Sinne des § 39 Abs. 2 AO das Leasing-Objekt in seiner Steuerbilanz aktivieren und über die betriebsgewöhnliche Nutzungsdauer abschreiben. Grundsätzlich liegt das wirtschaftliche Eigentum beim **zivilrechtlichen** Eigentümer des Leasing-Gegenstandes, also beim **Leasing-Geber**. Dagegen gilt der **Leasing-Nehmer** dann als wirtschaftlicher Eigentümer, wenn er den Leasing-Geber „auf Dauer von der Einwirkung

---

[736] Vgl. im Einzelnen *Wöhe, Günter*: Betriebswirtschaftliche Steuerlehre I/2: Der Einfluß der Besteuerung auf das Rechnungswesen des Betriebes. 7. Aufl., München 1992, S. 307-308.

auf das Wirtschaftsgut rechtlich und wirtschaftlich ausschließen kann",[737] wenn ihm das Leasing-Objekt somit uneingeschränkt und dauerhaft zur Verfügung steht. Wer wirtschaftlicher Eigentümer ist, kann laut BFH-Urteil nur „nach den Umständen des Einzelfalls" beurteilt werden. Das Urteil führt die hierzu relevanten Entscheidungskriterien zwar an, konkretisiert und vor allem quantifiziert sie allerdings nicht in hinreichendem Maße. Dies holte das Bundesfinanzministerium in den folgenden Jahren mit vier verschiedenen Leasing-Erlassen nach:

- BMF-Schreiben zu Finanzierungs-Leasing-Verträgen mit Vollamortisation über bewegliche Wirtschaftsgüter vom 19.04.1971,
- BMF-Schreiben zu Finanzierungs-Leasing-Verträgen mit Vollamortisation über Immobilien vom 21.03.1972,
- BMF-Schreiben zu Finanzierungs-Leasing-Verträgen mit Teilamortisation vom 22.12.1975 und 23.12.1991.

Auf die hierin festgelegten Zuordnungsregeln und die sich daraus ergebenden Bilanzierungstechniken wird im Folgenden etwas näher eingegangen. Allerdings besitzen diese Zurechnungsvorschriften für den Leasing-Gegenstand nur hinsichtlich der Steuerbilanz Rechtskraft. Die handelsrechtlichen Rechnungslegungsvorschriften bleiben davon grundsätzlich unberührt. Die Behandlung von Leasing-Geschäften in der Handelsbilanz ist in der fachwissenschaftlichen Theorie heftig umstritten;[738] spezielle GoB haben sich diesbezüglich noch nicht herausgebildet. In der Praxis werden jedoch die steuerlichen Zurechnungskriterien wegen fehlender handelsrechtlicher Regelungen für Leasing-Verträge häufig einfach auf die Handelsbilanz übertragen.[739]

7.3.3.2 Vollamortisations-Leasing über bewegliche Wirtschaftsgüter

Die Vollamortisation ist die älteste und bislang immer noch die Grundvariante des Finance-Leasing. Laut BMF-Schreiben vom 19.04.1971[740] über bewegliche Wirtschaftsgüter ist zwischen den folgenden Vertragsformen zu unterscheiden:

- Leasing-Verträge ohne irgendwelche Optionsrechte,
- Leasing-Verträge mit Kaufoptionsrecht des Leasing-Nehmers,
- Leasing-Verträge mit Mietverlängerungsoptionsrecht des Leasing-Nehmers,
- Spezial-Leasing.

---

737 *Wöhe, Günter*: Betriebswirtschaftliche Steuerlehre I/2: Der Einfluß der Besteuerung auf das Rechnungswesen des Betriebes. 7. Aufl., München 1992, S. 307.

738 Vgl. *Wöhe, Günter*: Betriebswirtschaftliche Steuerlehre I/2: Der Einfluß der Besteuerung auf das Rechnungswesen des Betriebes. 7. Aufl., München 1992, S. 304-306.

739 Vgl. *Wöhe, Günter*: Betriebswirtschaftliche Steuerlehre I/2: Der Einfluß der Besteuerung auf das Rechnungswesen des Betriebes. 7. Aufl., München 1992, S. 306.

740 Vgl. BMF-Schreiben vom 19.04.1971, IV B/2-S 2170-31/71, BStBl I 1971, S. 264-266.

Der **Leasing-Nehmer** gilt stets dann als **wirtschaftlicher Eigentümer**, wenn die in **Abbildung 63** für den jeweiligen Vertragstyp dargestellte Bedingung – bei den Fällen mit Optionsrecht wenigstens eine von mehreren – erfüllt ist. In allen anderen Fällen wird der Gegenstand steuerlich dem Leasing-Geber zugerechnet.

Vertragstyp	Zurechnung des Leasing-Gegenstandes zum Leasing-Nehmer, wenn
Leasing-Vertrag ohne Optionsrecht	Grundmietzeit < 40 % oder > 90 % der betriebsgewöhnlichen Nutzungsdauer
Leasing-Vertrag mit Kaufoptionsrecht	Grundmietzeit < 40 % oder > 90 % der betriebsgewöhnlichen Nutzungsdauer **Oder** Kaufpreis bei Optionsausübung kleiner als der Restbuchwert bei linearer Abschreibung oder als der gemeine Wert (§ 9 BewG)
Leasing-Vertrag mit Mietverlängerungs-optionsrecht	Grundmietzeit < 40 % oder > 90 % der betriebsgewöhnlichen Nutzungsdauer **Oder** Anschlussmiete kleiner als der Wertverzehr des Objekts, ermittelt aus dem Restbuchwert bei linearer Abschreibung (bzw. aus dem niedrigeren gemeinen Wert) und der Restnutzungsdauer
Spezial-Leasing	Zurechnung immer beim Leasing-Nehmer

Abbildung 63: Zurechnungskriterien beim Vollamortisations-Leasing über bewegliche Wirtschaftsgüter[741]

Beim **Leasing-Vertrag ohne Option** hat der Leasing-Nehmer nach Ablauf der Grundmietzeit weder besondere Rechte noch weiter gehende Pflichten in Bezug auf das Leasing-Objekt. Er gilt als wirtschaftlicher Eigentümer des Leasing-Gegenstandes, wenn die Grundmietzeit mehr als 90 % der betriebsgewöhnlichen Nutzungsdauer des Objektes beträgt, da er den Gegenstand nahezu über den gesamten Nutzungszeitraum nutzt und den Leasing-Geber dauerhaft vom Zugriff ausschließt. Der Leasing-Nehmer gilt aber auch bei einer Grundmietzeit von weniger als 40 % der betriebsgewöhnlichen Nutzungsdauer als wirtschaftlicher Eigentümer, da die Finanzbehörde annimmt, dass es sich bei solchen kurzlaufenden Vollamortisationsverträgen um einen verdeckten Kaufvertrag mit einem entsprechenden Teilzahlungsabkommen handelt.[742] Diese Annahme ist nicht unbegründet, denn für gewöhnlich lässt sich kein rational handelnder Leasing-Nehmer auf ein Geschäft ein, bei dem er über die Leasing-Raten zwar die vollen Kosten (plus Gewinnzuschlag) tragen muss, aber den Gegenstand nur für weniger als 40 % der möglichen Nutzungsdauer verwenden kann. Wie bei allen derartigen Entscheidungen war allerdings die Festlegung der unteren wie der obe-

741 Entnommen aus *Bieg, Hartmut*: Leasing als Sonderform der Außenfinanzierung. In: Der Steuerberater 1997, S. 429.

742 Vgl. *Wöhe, Günter*: Betriebswirtschaftliche Steuerlehre I/2: Der Einfluß der Besteuerung auf das Rechnungswesen des Betriebes. 7. Aufl., München 1992, S. 309.

ren Grenze bei 40 % bzw. 90 % eine rein politische, wissenschaftlich nicht überprüfbare Entscheidung.

Bei **Leasing-Verträgen mit Kaufoption** hat der Mieter von vornherein das Recht, den Leasing-Gegenstand nach Ende der Grundmietzeit zu erwerben. Der spätere Kaufpreis wird gewöhnlich bereits bei Abschluss des Leasing-Vertrages festgesetzt. Hier gilt der Leasing-Nehmer als wirtschaftlicher Eigentümer, wenn entweder eines der Kriterien des Leasing-Vertrags ohne Optionsrecht (Grundmietzeit kleiner als 40 % oder größer als 90 % der betriebsgewöhnlichen Nutzungsdauer) erfüllt ist oder wenn der spätere Kaufpreis geringer ist als

- der Restbuchwert im Verkaufszeitpunkt (Ende Grundmietzeit), berechnet nach der linearen Abschreibungsmethode, bzw.
- als der gemeine Wert im Zeitpunkt der Optionsausübung, sofern dieser niedriger ist als der Restbuchwert.

Ist keine dieser Bedingungen erfüllt, so wird der Gegenstand steuerlich dem Vermögen des Leasing-Gebers zugerechnet.

Wenn der Leasing-Nehmer ein Recht auf Verlängerung des Leasing-Vertrages über die Grundmietzeit hinaus besitzt (**Leasing-Vertrag mit Mietverlängerungsoption**), gilt er als wirtschaftlicher Eigentümer, wenn wenigstens eine der folgenden Bedingungen erfüllt ist:

- Grundmietzeit kleiner als 40 % oder größer als 90 % der betriebsgewöhnlichen Nutzungsdauer oder
- die (vorab vereinbarte) Anschlussmiete ist kleiner als der Wertverzehr des Leasing-Gegenstandes. Der Wertverzehr wird berechnet aus Restbuchwert bei linearer Abschreibung dividiert durch Restnutzungsdauer oder, falls dieser Betrag niedriger ist, aus gemeiner Wert dividiert durch Restnutzungsdauer.

Spezial-Leasing-Gegenstände werden in jedem Fall dem Vermögen des Leasing-Nehmers zugerechnet, da nur er eine sinnvolle Verwendung für das Objekt hat und allein schon aus diesem Grund Dritte faktisch von der Nutzung ausgeschlossen sind.

7.3.3.3 Vollamortisations-Leasing über unbewegliche Wirtschaftsgüter

Die ertragsteuerliche Behandlung von Finance-Leasing-Verträgen über Immobilien wurde durch das BMF-Schreiben des Bundesfinanzministers vom 21.03.1972[743] explizit geregelt. Danach ist für Gebäude sowie für Grund und Boden jeweils gesondert zu prüfen, wem das Objekt steuerlich zuzurechnen ist. Für Gebäude wurden dabei die bereits für bewegliche Wirtschaftsgüter dargestellten Beurteilungsgrundsätze analog übernommen, wobei im Detail jedoch einige weitere Kriterien hinzutraten. Dagegen steht der Grund und Boden grundsätzlich im wirtschaftlichen Eigentum des Leasing-Gebers; wenn allerdings der Leasing-Vertrag eine Kaufoption beinhaltet und das Gebäude ohnehin dem Leasing-Nehmer zuge-

---

[743] Vgl. BMF-Schreiben vom 21.03.1972, F/IV B2-S 2170-11/72, BStBl I 1972, S. 188-189.

ordnet wird, so ist der Leasing-Nehmer dann auch wirtschaftlicher Eigentümer des Grund und Bodens.[744]

Abbildung 64 (Seite 250 und 251)[745] zeigt die Zuordnungskriterien für die verschiedenen Fälle des Vollamortisations-Leasing über Immobilien.

7.3.3.4 Teilamortisations-Leasing über bewegliche Wirtschaftsgüter

7.3.3.4.1 Vorbemerkungen

Als Teilamortisations-Leasing bezeichnet man bestimmte Vertragstypen des Finance-Leasing, bei denen die während der Grundmietzeit zu leistenden Leasing-Raten allein nicht ausreichen, um alle Kosten des Vermieters einschließlich Gewinnaufschlag zu decken. Aber auch hier amortisiert sich das Leasing-Objekt in jedem Fall für den Leasing-Geber, erforderlichenfalls über Sonderzahlungen des Leasing-Nehmers. Gemeinsames Merkmal ist eine unkündbare Grundmietzeit von mehr als 40 % und höchstens 90 % der betriebsgewöhnlichen Nutzungsdauer.

Hinsichtlich der steuerlichen Zuordnung des Leasing-Gegenstandes unterscheidet das zur Teilamortisation beweglicher Wirtschaftsgüter verfasste BMF-Schreiben vom 22.12.1975[746] drei verschiedene Vertragsformen.[747]

7.3.3.4.2 Leasing-Verträge mit Andienungsrecht des Leasing-Gebers

Andienungsrecht bedeutet in diesem Zusammenhang, dass der Leasing-Nehmer am Ende der Grundmietzeit – falls kein Mietverlängerungsvertrag zustande kommt – **auf Verlangen des Leasing-Gebers** das Objekt erwerben muss; der Leasing-Nehmer hat allerdings kein Recht, den Abschluss eines Kaufvertrags zu verlangen. Der dabei zu zahlende Preis ist bereits in den Vertragsbedingungen des zugrunde liegenden Leasing-Geschäfts fixiert und deckt den noch ausstehenden Amortisationsbetrag zuzüglich Gewinn des Leasing-Gebers.

Wirtschaftlicher Eigentümer des Gegenstandes ist bei solch einer Vertragskonstruktion stets der **Leasing-Geber**, denn nur er entscheidet darüber, was mit dem Objekt zukünftig geschieht. Er kann – und wird – den Leasing-Nehmer von der weiteren Nutzung ausschließen, wenn der Wert des Objekts über den vereinbarten Kaufpreis hinaus gestiegen ist. Ist der Wert dagegen gesunken, so wird er von seinem Andienungsrecht Gebrauch machen und auf diese Weise die Wertminderung auf den Leasing-Nehmer abwälzen.

---

[744] Vgl. *Wöhe, Günter*: Betriebswirtschaftliche Steuerlehre I/2: Der Einfluß der Besteuerung auf das Rechnungswesen des Betriebes. 7. Aufl., München 1992, S. 312.

[745] Modifiziert entnommen aus *Wöhe, Günter*: Betriebswirtschaftliche Steuerlehre I/2: Der Einfluß der Besteuerung auf das Rechnungswesen des Betriebes. 7. Aufl., München 1992, S. 313-315.

[746] Vgl. BMF-Schreiben vom 22.12.1975, IV B-2-S 2170-161/75. In: Deutsches Steuerrecht 1976, S. 134.

[747] Vgl. zum Folgenden *Wöhe, Günter*: Betriebswirtschaftliche Steuerlehre I/2: Der Einfluß der Besteuerung auf das Rechnungswesen des Betriebes. 7. Aufl., München 1992, S. 316.

Leasing-Vertragstyp	**Zurechnungskriterien**		**Behandlung beim Leasing-Geber**	**Behandlung beim Leasing-Nehmer**
Leasing-Vertrag ohne Optionen	Grund und Boden		Bilanzierung	keine Bilanzierung
	Gebäude	Grundmietzeit weniger als 40 % der betriebsgewöhnlichen Nutzungsdauer	keine Bilanzierung	Bilanzierung
		Grundmietzeit zwischen 40 % und 90 % der betriebsgewöhnlichen Nutzungsdauer	Bilanzierung	keine Bilanzierung
		Grundmietzeit mehr als 90 % der betriebsgewöhnlichen Nutzungsdauer	keine Bilanzierung	Bilanzierung
Leasing-Vertrag mit Kaufoption	Grund und Boden sowie Gebäude	Grundmietzeit weniger als 40 % der betriebsgewöhnlichen Nutzungsdauer	keine Bilanzierung	Bilanzierung
		Grundmietzeit zwischen 40 % und 90 % der betriebsgewöhnlichen Nutzungsdauer **und** der für den Fall der Optionsausübung vorgesehene Gesamtkaufpreis (für Grund und Boden und Gebäude) **unterschreitet** den Restbuchwert des Gebäudes plus Buchwert (oder niedrigerer gemeiner Wert) des Grund und Bodens	keine Bilanzierung	Bilanzierung
		Grundmietzeit zwischen 40 % und 90 % der betriebsgewöhnlichen Nutzungsdauer **und** der für den Fall der Optionsausübung vorgesehene Gesamtkaufpreis **unterschreitet nicht** den Restbuchwert des Gebäudes plus Buchwert (oder niedrigerer gemeiner Wert) des Grund und Bodens	Bilanzierung	keine Bilanzierung
		Grundmietzeit mehr als 90 % der betriebsgewöhnlichen Nutzungsdauer	keine Bilanzierung	Bilanzierung
Leasing-Vertrag mit Mietverlängerungsoption	Grund und Boden		Bilanzierung	keine Bilanzierung
	Gebäude	Grundmietzeit weniger als 40 % der betriebsgewöhnlichen Nutzungsdauer	keine Bilanzierung	Bilanzierung
		Grundmietzeit zwischen 40 % und 90 % der betriebsgewöhnlichen Nutzungsdauer und die für den Fall der Optionsausübung vereinbarte Anschlussmiete **überschreitet nicht** 75 % der üblichen Miete für ein vergleichbares Grundstück	keine Bilanzierung	Bilanzierung

Fortsetzung auf der nächsten Seite

Leasing-Vertragstyp	**Zurechnungskriterien**		**Behandlung beim Leasing-Geber**	**Behandlung beim Leasing-Nehmer**
Leasing-Vertrag mit Mietverlängerungsoption	Gebäude	Grundmietzeit zwischen 40 % und 90 % der betriebsgewöhnlichen Nutzungsdauer und die für den Fall der Optionsausübung vereinbarte Anschlussmiete **überschreitet** 75 % der üblichen Miete für ein vergleichbares Grundstück	Bilanzierung	keine Bilanzierung
Leasing-Vertrag mit Mietverlängerungsoption	Gebäude	Grundmietzeit mehr als 90 % der betriebsbewöhnlichen Nutzungsdauer	keine Bilanzierung	Bilanzierung
Spezial-Leasing-Vertrag ohne Optionsrechte oder mit Mietverlängerungsoption	Grund und Boden		Bilanzierung	keine Bilanzierung
Spezial-Leasing-Vertrag ohne Optionsrechte oder mit Mietverlängerungsoption	Gebäude wegen des speziellen Zuschnitts auf Leasing-Nehmer anderweitig nicht zu verwenden		keine Bilanzierung	Bilanzierung
Spezial-Leasing-Vertrag mit Kaufoption	Grund und Boden*	Grundmietzeit weniger als 40 % der betriebsgewöhnlichen Nutzungsdauer	keine Bilanzierung	Bilanzierung
Spezial-Leasing-Vertrag mit Kaufoption	Grund und Boden*	Grundmietzeit zwischen 40 % und 90 % der betriebsgewöhnlichen Nutzungsdauer **und** der für den Fall der Optionsausübung vorgesehene Gesamtkaufpreis **unterschreitet** den Restbuchwert des Gebäudes plus Buchwert (oder niedrigerer gemeiner Wert) des Grund und Bodens	keine Bilanzierung	Bilanzierung
Spezial-Leasing-Vertrag mit Kaufoption	Grund und Boden*	Grundmietzeit zwischen 40 % und 90 % der betriebsgewöhnlichen Nutzungsdauer **und** der für den Fall der Optionsausübung vorgesehene Gesamtkaufpreis **unterschreitet nicht** den Restbuchwert des Gebäudes plus Buchwert (oder niedrigerer gemeiner Wert) des Grund und Bodens	Bilanzierung	keine Bilanzierung
Spezial-Leasing-Vertrag mit Kaufoption	Grund und Boden*	Grundmietzeit mehr als 90 % der betriebsgewöhnlichen Nutzungsdauer	keine Bilanzierung	Bilanzierung
Spezial-Leasing-Vertrag mit Kaufoption	Gebäude wegen des speziellen Zuschnitts auf Leasing-Nehmer anderweitig nicht zu verwenden		keine Bilanzierung	Bilanzierung

* **Der Wortlaut des Immobilien-Erlasses ist so uneindeutig, dass auch eine generelle Zuordnung des Grund und Bodens beim Leasing-Nehmer herausgelesen werden kann.**

Abbildung 64: Zurechnungskriterien beim Vollamortisations-Leasing über Immobilien

7.3.3.4.3 Leasing-Verträge mit Aufteilung des Mehrerlöses

Bei diesen Verträgen wird vereinbart, dass der Leasing-Geber das Objekt zum Ende der Grundmietzeit am Markt verkauft. Wenn der dabei erzielte Verkaufserlös niedriger ist als die ausstehende, durch die Leasing-Raten nicht gedeckte Restamortisation, muss der Leasing-Nehmer den fehlenden Betrag nachzahlen. Ist der Verkaufserlös dagegen größer, so wird die positive Differenz – der Mehrerlös – zwischen Leasing-Geber und Leasing-Nehmer aufgeteilt.

Das **wirtschaftliche Eigentum** am Leasing-Gegenstand wird dem **Leasing-Geber** zugerechnet, wenn ihm laut Vertrag **mindestens 25 % des Mehrerlöses** zustehen. Das Bundesfinanzministerium begründet dies damit, dass in solchen Fällen „der Leasing-Geber noch in einem wirtschaftlich ins Gewicht fallenden Umfang an etwaigen Wertsteigerungen des Leasing-Gegenstandes beteiligt ist".[748] Hat der Leasing-Geber dagegen nur einen vertraglichen Anspruch auf weniger als ein Viertel des Mehrerlöses, so gilt der Leasing-Nehmer als wirtschaftlicher Eigentümer.

7.3.3.4.4 Kündbare Leasing-Verträge

Die unkündbare Grundmietzeit muss bei diesem Vertragsmodell mindestens 40 % der betriebsgewöhnlichen Nutzungsdauer betragen. Nach Ablauf dieser Zeit kann der Leasing-Nehmer kündigen. Der Leasing-Geber verkauft dann den Gegenstand zum aktuellen Marktpreis. Der erzielte Verkaufserlös wird zu 90 % auf die noch ausstehende Amortisationssumme angerechnet. Für eine danach noch verbleibende negative Differenz muss der Leasing-Nehmer eine Abschlusszahlung leisten. Wenn der Verkaufserlös dagegen den Restamortisationsbetrag übersteigt, steht der Mehrerlös in voller Höhe dem Leasing-Geber zu. Da somit allein der **Leasing-Geber** von Wertsteigerungen des Leasing-Objekts profitiert, gilt er als **wirtschaftlicher Eigentümer**.

7.3.3.5 Teilamortisations-Leasing über unbewegliche Wirtschaftsgüter

Das BMF-Schreiben des Bundesfinanzministers vom 23.12.1991[749] bezüglich des Teilamortisations-Leasing über unbewegliche Wirtschaftsgüter unterscheidet bei der Zurechnung des Leasing-Objekts zwischen Gebäuden einerseits und Grund und Boden andererseits; allerdings wird der **Grund und Boden** grundsätzlich dem Vertragspartner zugerechnet, dem auch das Gebäude zugerechnet wird.

Das **Gebäude** wird in den folgenden Fällen dem **Leasing-Nehmer** zugerechnet:

- bei Spezial-Leasing-Verträgen ohne Rücksicht auf das Verhältnis von Grundmietzeit und Nutzungsdauer und auf eventuell vereinbarte Optionsklauseln;
- bei Verträgen mit Kaufoption, wenn die Grundmietzeit mehr als 90 % der betriebsgewöhnlichen Nutzungsdauer beträgt oder der vorgesehene Kaufpreis unter dem Restbuchwert des Leasing-Objekts nach Ablauf der Grundmietzeit (bei linearer Abschreibung) liegt;
- bei Verträgen mit Mietverlängerungsoption, wenn die Grundmietzeit mehr als 90 % der betriebsgewöhnlichen Nutzungsdauer beträgt oder die Anschlussmiete nicht min-

[748] BMF-Schreiben vom 22.12.1975, IV B-2-S 2170-161/75. In: Deutsches Steuerrecht 1976, S. 134.

[749] Vgl. BMF-Schreiben vom 23.12.1991, IV B2-S 2170-115/91, BStBl I 1992, S. 13-15.

destens 75 % des Mietentgelts beträgt, das üblicherweise für ein nach Art, Lage und Ausstattung vergleichbares Grundstück gezahlt wird.

7.3.4 Bilanzielle Auswirkungen der Zurechnung des Leasing-Gegenstandes[750]

Wird das Leasing-Objekt dem **Leasing-Geber** zugeordnet, so aktiviert er es in seiner Steuerbilanz (bzw. Handelsbilanz) zu seinen Anschaffungs- bzw. Herstellungskosten und schreibt diese, soweit es sich um abnutzbare Wirtschaftsgüter bzw. Vermögensgegenstände handelt, nach einem zulässigen Verfahren planmäßig über die betriebsgewöhnliche Nutzungsdauer ab; die Abschreibungsbeträge stellen in voller Höhe Betriebsausgaben (Aufwendungen) dar. Die eingehenden Leasing-Raten sind für ihn Betriebseinnahmen (Erträge), für den zahlenden Leasing-Nehmer sind sie in vollem Umfang Betriebsausgaben (Aufwendungen).

Etwas komplizierter wird es, wenn der **Leasing-Nehmer** als wirtschaftlicher Eigentümer identifiziert wird. Er aktiviert den Leasing-Gegenstand zu Anschaffungskosten und schreibt ihn auch erfolgswirksam ab. Gleichzeitig passiviert er eine Verbindlichkeit gegenüber dem Leasing-Geber in Höhe der Anschaffungskosten, die der Berechnung der Leasing-Raten zugrunde liegen, praktisch also in Höhe der Anschaffungs- oder Herstellungskosten des Leasing-Gebers. Aktivierte und passivierte Anschaffungskosten können im Betrag voneinander abweichen, wenn bestimmte Anschaffungsnebenkosten nur beim Leasing-Nehmer angefallen sind, z. B. für Transport und Montage. Der Leasing-Geber aktiviert nicht den Leasing-Gegenstand, sondern eine Forderung an den Leasing-Nehmer in Höhe seiner Anschaffungskosten und damit in Höhe der vom Mieter passivierten Verbindlichkeit.

Jede **Leasing-Rate** muss nun in zwei Anteile aufgespalten werden,

- in einen Zins- und Kostenanteil (inkl. Gewinnzuschlag) und
- in einen Tilgungsanteil.

Der **Tilgungsanteil** wird beim Leasing-Nehmer erfolgsneutral mit der Verbindlichkeit verrechnet und mindert – ebenfalls erfolgsneutral – beim Leasing-Geber die äquivalente Forderung. Der **Zins- und Kostenanteil** ist dagegen beiderseits erfolgswirksam zu verrechnen und zwar als Betriebseinnahmen (Erträge) beim Leasing-Geber und als Betriebsausgaben (Aufwendungen) beim Leasing-Nehmer. Bei Letzterem mindert sich der Periodenerfolg zusätzlich durch die Abschreibung des Leasing-Objekts.[751]

Folgendes **Beispiel** verdeutlicht die jeweilige Auswirkung einer bestimmten Zurechnung.

---

[750] Vgl. dazu *Bieg, Hartmut/Hossfeld, Christopher*: Finanzierungsentscheidungen. In: Saarbrücker Handbuch der Betriebswirtschaftlichen Beratung, hrsg. von *Karlheinz Küting*, 4. Aufl., Herne 2008, S. 140-141.

[751] Vgl. auch *Kußmaul, Heinz*: Betriebswirtschaftliche Steuerlehre. 5. Aufl., München 2008, S. 199-200.

Beispiel:[752]

- Anschaffungskosten des Leasing-Gegenstandes beim Leasing-Geber: 30 Mio. EUR
- Aufwendungen des Leasing-Nehmers, die damit im Zusammenhang stehen, dass der Leasing-Gegenstand in einen betriebsbereiten Zustand zu versetzen ist: 2 Mio. EUR[753]
- betriebsgewöhnliche Nutzungsdauer: 20 Jahre
- Grundmietzeit: 15 Jahre
- Kalkulationszinssatz: 10 %
- Leasing-Rate (= 30 Mio. EUR · Kapitalwiedergewinnungsfaktor für 10 % und 15 Jahre): 30 Mio. EUR · 0,131474 = 3.944.220 EUR/Jahr

Zurechnung beim Leasing-Geber

Bilanz des Leasing-Gebers:

Aktivierung des Leasing-Gegenstandes zu 30 Mio. EUR; planmäßige Abschreibung (z. B. linear), d. h. pro Jahr

$$\left(\frac{30\,\text{Mio. EUR}}{20\,\text{Jahre}} = \right) 1{,}5\,\text{Mio. EUR}$$

Erfolgsrechnung des Leasing-Gebers:

- jährliche Betriebsausgaben (Aufwendungen) von 1,5 Mio. EUR Abschreibungen;
- jährliche Betriebseinnahmen (Erträge) von 3.944.220 EUR Leasing-Raten.

Unberücksichtigt ist hierbei eine eventuelle Finanzierung des Kaufpreises des Leasing-Gegenstandes durch den Leasing-Geber; damit bleiben auch die sich hieraus ergebenden bilanziellen und erfolgsrechnerischen Auswirkungen unberücksichtigt.

Bilanz des Leasing-Nehmers:

keine Auswirkungen

Erfolgsrechnung des Leasing-Nehmers:

- jährliche Betriebsausgaben (Aufwendungen) in Höhe von 3.944.220 EUR Leasing-Raten;
- einmalige Betriebsausgaben (Aufwendungen) in Höhe von 2 Mio. EUR Anschaffungsnebenkosten.

Zurechnung beim Leasing-Nehmer

Bilanz des Leasing-Gebers:

Aktivierung einer Forderung an den Leasing-Nehmer in Höhe der Anschaffungskosten (= 30 Mio. EUR); diese Forderung verringert sich (erfolgsneutral) jährlich um den Tilgungsanteil der Leasing-Rate (vgl. Spalte (4) in **Abbildung 65**), d. h. im ersten Jahr um 944.220 EUR, im zweiten Jahr um 1.038.642 EUR usw.

---

752 Modifiziert entnommen aus *Bieg, Hartmut*: Leasing als Sonderform der Außenfinanzierung. In: Der Steuerberater 1997, S. 433-434.

753 Z.B. Transport- oder Montageaufwendungen. Es wird davon ausgegangen, dass die anfallenden Aufwendungen nicht zu einem eigenständigen Vermögensgegenstand führen. Dies wäre beispielsweise der Fall, wenn ein neues Gebäude für den Leasing-Gegenstand errichtet würde. Dann müssten die entsprechenden Aufwendungen aktiviert werden, da ein vom Leasing-Gegenstand unabhängiger Vermögensgegenstand vorläge.

Erfolgsrechnung des Leasing-Gebers:

Jährliche Betriebseinnahmen (Erträge) in Höhe des jeweiligen Zins- und Kostenanteils der Leasing-Rate (vgl. Spalte (3) in **Abbildung 65**), d. h. im ersten Jahr 3 Mio. EUR, im zweiten Jahr 2.905.578 EUR usw.

Bilanz des Leasing-Nehmers:

- Aktivierung des Leasing-Gegenstandes zu 32 Mio. EUR; planmäßige Abschreibung (z. B. linear), d. h. pro Jahr $\left(\frac{32\text{ Mio. EUR}}{20\text{ Jahre}} =\right)$ 1,6 Mio. EUR;
- Passivierung einer Verbindlichkeit gegenüber dem Leasing-Geber in Höhe der Anschaffungskosten des Leasing-Gebers (= 30 Mio. EUR); diese Verbindlichkeit verringert sich (erfolgsneutral) jährlich um den Tilgungsanteil der Leasing-Rate (vgl. Spalte (4) in **Abbildung 65**), d. h. im ersten Jahr um 944.220 EUR, im zweiten Jahr um 1.038.642 EUR usw.

Jahr (1)	Leasing-Rate (2)	Zins- und Kostenanteil (inkl. Gewinnzuschlag) z. B. 10 % der Restschuld des Leasing-Nehmers (3)	Tilgungsanteil (4) = (2) – (3)	Restschuld (5)
0	–	–	–	30.000.000
1	3.944.220	0,1 · 30 Mio. = 3.000.000	944.220	29.055.780
2	3.944.220	0,1 · 29.055.780 = 2.905.578	1.038.642	28.017.138
3	3.944.220	0,1 · 28.017.138 = 2.801.713,80	1.142.506,20	26.874.631,80
•	•	•	•	•
•	•	•	•	•
20	3.944.220	•	•	•
Σ	59.163.300	29.163.300	30.000.000	–

Abbildung 65: Die Aufspaltung der Leasing-Rate in einen Zins- und Kostenanteil und einen Tilgungsanteil [754]

Erfolgsrechnung des Leasing-Nehmers:

Jährliche Betriebsausgaben (Aufwendungen) von 1,6 Mio. EUR Abschreibungen und in Höhe des jeweiligen Zins- und Kostenanteils der Leasing-Rate (vgl. Spalte (3) in **Abbildung 65**), d. h. im ersten Jahr 3 Mio. EUR, im zweiten Jahr 2.905.578 EUR usw.

7.4 Entscheidungskriterien für Kauf oder Leasing

Obwohl die Werbebotschaften der Leasing-Gesellschaften (keinesfalls überraschend) etwas anderes vermuten lassen, kann eine Leasing-Finanzierung nicht generell als „besser“, etwa im Sinne von kostengünstiger, bezeichnet werden als der z. B. durch Bankkredit fremdfi-

[754] Entnommen aus *Bieg, Hartmut*: Leasing als Sonderform der Außenfinanzierung. In: Der Steuerberater 1997, S. 433.

nanzierte Kauf des entsprechenden Gegenstandes. Vielmehr muss in jedem Einzelfall ein genauer **Vorteilhaftigkeitsvergleich** vorgenommen werden.

Im Folgenden sollen verschiedene **Entscheidungskriterien** aufgezeigt werden, die für diesen Vergleich heranzuziehen sind.[755]

Insbesondere **Vorteile im steuerlichen Bereich** werden von den Verfechtern des Leasing als Finanzierungsalternative hervorgehoben. Hierbei wird stets der Fall betrachtet, dass der **Leasing-Gegenstand steuerlich dem Leasing-Geber zugerechnet** wird (andernfalls ergeben sich praktisch keine Unterschiede in der steuerlichen Behandlung zum kreditfinanzierten Kauf). Beim Leasing-Nehmer stellen die Leasing-Raten einkommen- bzw. körperschaftsteuerlich Betriebsausgaben dar und mindern damit auch den Gewerbeertrag. Im Falle eines kreditfinanzierten Kaufs eines Vermögensgegenstandes wird die Einkommen- bzw. Körperschaftsteuerbemessungsgrundlage durch die vorzunehmenden Abschreibungen und die zu zahlenden Fremdkapitalzinsen verringert.

Auf den ersten Blick erscheint Leasing damit steuerlich günstiger als ein kreditfinanzierter Kauf. Allerdings entsteht zunächst lediglich ein **Steuerstundungseffekt**: Beim Leasing (vor allem dem Vollamortisations-Leasing) ist die **Grundmietzeit**, während der sich die obigen steuerlichen Auswirkungen ergeben, **kürzer als die betriebsgewöhnliche Nutzungsdauer**, während der die steuerlichen Wirkungen des kreditfinanzierten Kaufs entstehen. Ob der Barwert der Steuerzahlungen bei Leasing größer oder kleiner ist als der entsprechende Barwert der Steuerzahlungen beim kreditfinanzierten Kauf, hängt ab von der Höhe der (sich eventuell im Zeitablauf ändernden) **Steuersätze** und des zur Barwertberechnung herangezogenen **Kalkulationszinsfußes**.

Auch das verwendete **Abschreibungsverfahren** spielt hierbei eine Rolle: Wird beim kreditfinanzierten Kauf degressiv abgeschrieben, so ist er in steuerlicher Hinsicht der Leasing-Variante gleichwertig. Ein tatsächlicher Steuervorteil ergibt sich für das Leasing nur, wenn der Zins- und Kostenanteil der Leasing-Raten insgesamt höher ist als der des kreditfinanzierten Kaufs. Das bedeutet aber gleichzeitig, dass die Gesamtkosten des Leasing höher sind. Ob dann die höheren Gesamtkosten abzüglich des Steuervorteils des Leasing zusammengenommen günstiger sind als niedrigere Gesamtkosten zuzüglich eines Steuernachteils beim kreditfinanzierten Kauf, kann nur mittels einer Berechnung anhand spezifischer einzelfallbezogener Daten entschieden werden.

---

[755] Vgl. *Bieg, Hartmut/Hossfeld, Christopher*: Finanzierungsentscheidungen. In: Saarbrücker Handbuch der Betriebswirtschaftlichen Beratung, hrsg. von *Karlheinz Küting*, 4. Aufl., Herne 2008, S. 141-144; *Däumler, Klaus-Dieter*: Betriebliche Finanzwirtschaft. 9. Aufl., Herne 2008, S. 283-297; *Perridon, Louis/Steiner, Manfred*: Finanzwirtschaft der Unternehmung. 14. Aufl., München 2007, S. 454-456; *Süchting, Joachim*: Finanzmanagement – Theorie und Politik der Unternehmensfinanzierung. 6. Aufl., Wiesbaden 1995, S. 173-176; *Vormbaum, Herbert*: Finanzierung der Betriebe. 9. Aufl., Wiesbaden 1995, S. 397-407; *Wöhe, Günter/Bilstein, Jürgen*: Grundzüge der Unternehmensfinanzierung. 9. Aufl., München 2002, S. 288-297.

Dass die **Kosten** des Leasing im Grunde stets höher sind als die eines kreditfinanzierten Kaufs, ergibt sich bereits aus den Kostenbestandteilen, die Eingang in die Kalkulation der Leasing-Raten beim Leasing-Geber finden (vgl. **Abbildung 66**).[756]

Hersteller-Anteil		Selbstkosten des Vermögensgegenstandes
	+	Gewinnzuschlag
	=	Verkaufspreis des Herstellers
+ Bank-Anteil		Zinskosten
	+	Verwaltungskosten
	+	Risikokosten
	+	Gewinnzuschlag
	=	„Verkaufspreis" eines Bankkredites, den der Leasing-Geber zur Finanzierung des Kaufpreises des Vermögensgegenstandes benötigt
+ Leasing-Geber-Anteil		Verwaltungskosten
	+	Risikokosten
	+	Gewinnzuschlag
	=	In den Leasing-Raten zusätzlich zu verrechnende Elemente
= Kalkulationsbasis für die Leasing-Raten		

Abbildung 66: Die Kalkulationsbasis für die Leasing-Raten des Leasing Gebers[757]

Der Leasing-Geber kann eventuell niedrigere Zinskosten mit der Bank aushandeln als eine andere kreditsuchende Unternehmung und verursacht der Bank unter Umständen auch niedrigere Verwaltungs- und Risikokosten. Diese Kostenvorteile des Leasing-Gebers werden allerdings durch den Leasing-Geber-Anteil überkompensiert, so dass Leasing teurer ist als ein kreditfinanzierter Kauf.

Ein Argument, das häufig zugunsten des Leasing angeführt wird, ist die mit ihm verbundene **Erhaltung oder Erweiterung des Kreditspielraums**. Begründet wird dies damit, dass beim Leasing-Nehmer im Falle der Zurechnung des Leasing-Gegenstandes zum Leasing-Geber die nachteiligen bilanziellen Wirkungen eines kreditfinanzierten Kaufs vermieden werden. Beim kreditfinanzierten Kauf erhöht sich nämlich durch die Passivierung einer Verbindlichkeit gegenüber dem Kreditgeber die Fremdkapitalquote der kreditnehmenden Unternehmung. Dies ist gleichbedeutend mit einer sich negativ auf die Kreditwürdigkeit der Unternehmung auswirkenden **Verringerung der Eigenkapitalquote**.

Hierzu ist Folgendes zu sagen: Zwar hat Leasing keinen Einfluss auf die Bilanz des Leasing-Nehmers, **im Anhang** müssen aber mittlere und große Kapitalgesellschaften und be-

---

756 Vgl. *Süchting, Joachim*: Finanzmanagement – Theorie und Politik der Unternehmensfinanzierung. 6. Aufl., Wiesbaden 1995, S. 173.

757 Entnommen aus *Bieg, Hartmut*: Leasing als Sonderform der Außenfinanzierung. In: Der Steuerberater 1997, S. 435.

stimmte andere Unternehmungen nach § 285 Satz 1 Nr. 3 HGB **Angaben über Leasing-Verpflichtungen** machen. Unabhängig davon werden sich (potenzielle) Kreditgeber aller Unternehmungen im Rahmen ihrer Kreditwürdigkeitsprüfung stets nach sämtlichen Verpflichtungen erkundigen. Leasing kann dann nur durch Nicht-Auskunft, im Grunde also Betrug, verheimlicht werden. Aufgrund der höheren Gesamtkosten könnte Leasing sogar als nachteilig für die Liquiditäts- und Rentabilitätslage einer Unternehmung eingeschätzt werden.

Einen **Vorteil** weist das Leasing im Zusammenhang mit dem Kreditspielraum allerdings auf. Leasing-Gesellschaften besichern ihre Leasing-Forderungen mit einem Wert von 100 % des Vermögensgegenstandes, indem sie das juristische Eigentum an ihm behalten. Banken rechnen demgegenüber als Kreditsicherheiten nur unter 100 % eines zu finanzierenden Objektes an, der Restbetrag ist durch andere Sicherheiten zu besichern bzw. durch Eigenkapital zu finanzieren. Wird ein Vermögensgegenstand geleast und nicht kreditfinanziert, so können die sonst benötigten Zusatzsicherheiten anderweitig eingesetzt werden.

Unter **Liquiditätsaspekten** wurde bereits auf die höhere Belastung durch Leasing aufgrund der größeren auszahlungswirksamen Kosten als beim kreditfinanzierten Kauf hingewiesen. Außerdem ergibt sich beim Leasing folgendes Liquiditätsproblem: Die Grundmietzeit der Leasing-Verträge ist i. d. R. kürzer als die betriebsgewöhnliche Nutzungsdauer des Vermögensgegenstandes. Damit können bei unterstellter gleichmäßiger Kapitalfreisetzung während der Nutzungsdauer mit den im Umsatzprozess verdienten Mitteln die Leasing-Raten nicht in vollem Umfang aufgebracht werden. Es ergibt sich eine periodisch wiederkehrende **Finanzierungslücke**, die mittels anderer Finanzierungsinstrumente zu füllen ist. Beim kreditfinanzierten Kauf eines Vermögensgegenstandes wird demgegenüber meist die Kreditlaufzeit mit der betriebsgewöhnlichen Nutzungsdauer des Vermögensgegenstandes abgestimmt, so dass (theoretisch) keine Finanzierungslücke entsteht.

8 Das Börsenwesen

8.1 Vorbemerkungen

Unter einer Börse versteht man einen hochgradig organisierten sowie zeitlich und örtlich zentralisierten Markt für fungible (vertretbare) Sachen oder Rechte. Börsen lassen sich einerseits nach der **Art der gehandelten Gegenstände** (Handelsobjekte) in Wertpapier- bzw. Effektenbörsen, in Devisenbörsen und in Warenbörsen klassifizieren. Andererseits können sie auch nach dem **Zeitpunkt der Erfüllung der abgeschlossenen Geschäfte** unterschieden werden. An **Kassabörsen** stehen der Zeitpunkt der Konditionenfestlegung (Vertragsabschluss) und der Zeitpunkt der Vertragserfüllung (Lieferung und Bezahlung) in unmittelbarem zeitlichem Zusammenhang. Dagegen erfolgt die Vertragserfüllung von an **Terminbörsen** abgeschlossenen Termingeschäften erst zu einem bei Vertragsabschluss festgelegten späteren Zeitpunkt; bei diesen Geschäften fallen also Geschäftsabschluss und Erfüllung des Geschäfts zeitlich auseinander.

Sachen oder Rechte sind dann vertretbar (fungibel), wenn sie im Verkehr üblicherweise nach Zahl, Maß oder Gewicht bestimmt werden.[758] Dies setzt eine Gleichartigkeit in dem Sinne voraus, dass jede einzelne Sache (bzw. jedes einzelne Recht) von ihnen jederzeit gegen jede andere Sache (bzw. jedes andere Recht) austauschbar ist. Je nach Handelsobjekt wird die **Fungibilität** auf unterschiedliche Weise gewährleistet. Fungibel sind z. B. alle Wertpapiere derselben Art und desselben Ausstellers über denselben Nominalbetrag (also solche mit derselben Wertpapierkennnummer) oder Devisenguthaben in derselben Währung. Börsengehandelte Finanzterminkontrakte (Futures[759]) und Optionen[760] erhalten ihre Fungibilität erst durch die Standardisierung der Kontraktbedingungen durch die Börse. (Welthandels-)Waren (Commodities), die i. d. R. nicht durch eine völlige Gleichmäßigkeit gekennzeichnet sind, werden mittels einer Typisierung, bei der die Börse bestimmte Qualitätsmerkmale festlegt, fungibel gemacht. Erst die Fungibilität von Handelsobjekten ermöglicht es, sie an der Börse ohne ihre Anwesenheit und ohne die Notwendigkeit einer Besichtigung zu handeln. An der Börse findet daher lediglich der Vertragsabschluss und die Preisfestsetzung, nicht jedoch ein direkter Austausch der Handelsobjekte statt. Die Erfüllung des Vertrages erfolgt in der dem Börsenhandel nachgelagerten Abwicklung.

Wie jeder Markt dient auch eine Börse insbesondere dazu, (potenzielle) Käufer und Verkäufer zusammenzuführen. Um von einer Börse sprechen zu können, muss dieser Markt jedoch zusätzlich eine Reihe weiterer Aufgaben wahrnehmen. Eine Börse definiert und überwacht

---

758 Vgl. § 91 BGB. Der Gesetzgeber definiert die Vertretbarkeit zwar nur für bewegliche Sachen, jedoch ist diese Definition problemlos auch auf Rechte, wie sie in Wertpapieren verbrieft werden, übertragbar.

759 Vgl. **Abschnitt 9.4**.

760 Vgl. **Abschnitt 9.2**.

den Prozess der Preisbildung und sorgt für einen ordnungsgemäßen Handel, einen fairen Wettbewerb zwischen den Marktteilnehmern sowie für eine ökonomisch effiziente Durchführung der Transaktionen. In der Tatsache, dass Börsen einer staatlichen Aufsicht unterworfen sind, liegt der wesentliche Unterschied zu außerbörslichen Märkten, die prinzipiell die gleiche ökonomische Funktion erfüllen können.[761]

Speziell Wertpapierbörsen erfüllen zudem eine Reihe wichtiger volkswirtschaftlicher Funktionen.[762] Investoren stellen über Börsen sowohl Eigen- und Fremdkapital als auch mezzanines Kapital zur Verfügung. Börsen haben daher insbesondere eine Finanzierungsfunktion für Investitionen. Das Kapital soll in diejenigen Investitionen gelenkt werden, die – im Verhältnis zum eingegangenen Risiko – am renditestärksten eingeschätzt werden (**Selektionsfunktion**).

Die Interessenlagen der Erwerber von Wertpapieren hinsichtlich der Dauer der Kapitalüberlassung und die der Emittenten der Papiere hinsichtlich der Verfügungsdauer über das überlassene Kapital können sich sehr stark unterscheiden. Die Emittenten von Wertpapieren sind regelmäßig daran interessiert, dass ihnen das Kapital für einen möglichst langen Zeitraum unkündbar zur Verfügung gestellt wird. Bei Schuldverschreibungen wollen sie während der gesamten Laufzeit über das Kapital verfügen können, bei Aktien bis zu einer ordentlichen Kapitalherabsetzung, wobei im zweiten Fall die Verfügungsdauer nicht zuletzt wegen der erforderlichen qualifizierten Mehrheit der Aktionäre als äußerst langfristig, wenn nicht gar als unbegrenzt eingeschätzt wird. Dagegen wollen die Inhaber von Wertpapieren die Möglichkeit haben, diese je nach ihren persönlichen Bedürfnissen und unabhängig von der ursprünglichen Laufzeit der Wertpapiere wieder zu veräußern. Die unterschiedlichen Interessen beider Gruppen hinsichtlich der Kapitalverfügungsdauer bzw. der Kapitalbereitstellungsdauer lassen sich dann erfüllen, wenn jederzeit ein Verkauf der Wertpapiere über die Börse möglich ist, der zu einem Austausch der Eigentümer der Papiere führt, ohne dass dadurch die Verfügungsdauer des Emittenten berührt wird (**Fristentransformationsfunktion**).

Schließlich findet an Börsen auch eine **Losgrößentransformation** statt. Hohe Kapitalbeträge, die die Kapital suchenden Unternehmungen für ihre Investitionen benötigen, werden über die Ausgabe sehr vieler Wertpapiere zu relativ niedrigen Emissionskursen aufgebracht, so dass sich die Anleger ihren Präferenzen entsprechend an der Finanzierung beteiligen können.

Die nachfolgenden Ausführungen beziehen sich im Wesentlichen auf den Kassa- wie auch auf den Terminhandel mit Wertpapieren bzw. Finanzderivaten.

---

761 Vgl. zu diesem Abschnitt *Lutz, Stefan*: Börse. In: Knapps Enzyklopädisches Lexikon des Geld-, Bank- und Börsenwesens, hrsg. von der Redaktion der Zeitschrift für das gesamte Kreditwesen u. a., Band 1, Frankfurt a. M. 1999, S. 229.

762 Vgl. dazu *Rosen, Rüdiger von*: Börsen und Börsenhandel. In: Handwörterbuch des Bank- und Finanzwesens, hrsg. von *Wolfgang Gerke* und *Manfred Steiner*, 3. Aufl., Stuttgart 2001, Sp. 356-357.

8.2 Die Organisation von Börsen

8.2.1 Börse und Börsenträger

In Deutschland sind **Börsen öffentlich-rechtliche Institutionen**, deren Errichtung einer Genehmigung der Börsenaufsichtsbehörde des zuständigen Bundeslandes bedarf.[763] Sie unterliegen den Vorschriften des Börsengesetzes (BörsG). Als Anstalten des öffentlichen Rechts sind sie organisatorisch verselbstständigt (d. h. nicht in die Staatsverwaltung eingegliedert) und können ihre im Börsengesetz festgelegten Rechte und Pflichten im Rahmen ihrer Selbstverwaltung eigenverantwortlich wahrnehmen. Ihnen obliegt als Marktveranstalter die **Organisation und Durchführung des Börsenhandels**.

Der Börsenbetrieb selbst wird durch einen Börsenträger sichergestellt. **Börsenträger** sind Kapitalgesellschaften, privatrechtlich rechtsfähige Trägervereine oder örtliche Industrie- und Handelskammern. Die Aufgabe des Börsenträgers liegt in der **Bereitstellung von Mitteln und Ressourcen**, damit der Börsenhandel, also die eigentliche Zusammenführung von Angebot und Nachfrage, stattfinden kann. Er ermöglicht somit die faktische Existenz der Börse, indem er die materiellen Voraussetzungen dafür schafft. Mit Erteilung der Genehmigung, eine Börse zu errichten, werden dem Träger gleichzeitig auch **Verwaltungs- und Organisationskompetenzen** des Börsensitzlandes in Bezug auf die Schaffung des organisatorischen Rahmens für den Börsenhandel übertragen. Er baut die Börsenverwaltung auf und sorgt für deren personelle und sachliche Ausstattung. Er darf jedoch trotz dieser wirtschaftlichen Abhängigkeit keinen Einfluss auf die inneren Börsenangelegenheiten (z. B. die Rahmenbedingungen für den Börsenhandel) nehmen. Insbesondere ist er auch kein Börsenorgan.[764]

8.2.2 Die Börsenorgane

Für die inneren Angelegenheiten sind die **Börsenorgane** zuständig. Da sie staatliche Aufgaben wahrnehmen, richten sie ihr Handeln nach dem allgemeinen öffentlichen Interesse, das in der Schaffung eines **ordnungsgemäßen und fairen Wertpapierhandels** liegt.[765] Durch die jeweiligen Börsenorgane erhalten die Börsen ihre Handlungsfähigkeit.

Das oberste Organ ist der **Börsenrat**[766], der sich aus Vertretern aller am Börsenhandel Beteiligten (z. B. zum Handel zugelassene Kredit- und Finanzdienstleistungsinstitute, Skontroführer, Emittenten, Anleger) zusammensetzt. In seinen Zuständigkeitsbereich fallen alle Entscheidungen von grundsätzlicher Bedeutung. Beispielsweise **erlässt** er im Rahmen seiner Rechtssetzungsbefugnis die **Börsenordnung**[767] in Form einer Satzung, in der u. a. der

---

[763] Vgl. **Abschnitt 8.2.3**.

[764] Vgl. zur Rechtsstellung von Börse und Börsenträger ausführlich und m. w. N. *Kümpel, Siegfried*: Börsenrecht – Eine systematische Darstellung. 2. Aufl., Berlin 2003, S. 108-133.

[765] Vgl. m. w. N. *Kümpel, Siegfried*: Börsenrecht – Eine systematische Darstellung. 2. Aufl., Berlin 2003, S. 108-110.

[766] Vgl. §§ 12, 13 BörsG.

[767] Vgl. § 16 BörsG.

Geschäftszweig und die Organisation der Börse sowie die Veröffentlichung der Börsenpreise und der jeweiligen Umsätze geregelt werden. Durch die Börsenordnung soll sichergestellt werden, dass die Börse ihre Pflichten erfüllen kann und den Interessen des Publikums und des Handels gerecht wird. Ferner legt der Börsenrat die Handelsbedingungen fest und erlässt die Gebührenordnung, die Zulassungsordnung für Börsenhändler sowie die Geschäftsordnung für die Geschäftsführung. Außerdem bestellt er im Einvernehmen mit der Börsenaufsichtsbehörde die Geschäftsführer und ruft sie gegebenenfalls wieder ab; zudem überwacht er deren Tätigkeit.

Der **Börsengeschäftsführung**[768] obliegt die Leitung der Börse in eigener Verantwortung. Die Geschäftsführer vertreten die Börse – sofern nicht der Börsenträger dafür zuständig ist – gerichtlich sowie außergerichtlich. Sie sind in allen Angelegenheiten, die nicht ausdrücklich anderen Organen zugewiesen sind, zuständig. Zu ihrem Aufgabenbereich gehört u.a. die Überwachung der Einhaltung der Pflichten der Handelsteilnehmer.

In den Zuständigkeitsbereich des **Sanktionsausschusses**[769] fällt die Ahndung von vorsätzlichen oder fahrlässigen Vergehen eines Handelsteilnehmers gegen börsenrechtliche Vorschriften oder Anordnungen zur Sicherstellung einer ordnungsgemäßen Durchführung des Handels und der Börsengeschäftsabwicklung.

Ebenfalls um ein Börsenorgan handelt es sich bei der der Börse angegliederten **Handelsüberwachungsstelle**[770], die Teil der dreigliedrigen staatlichen Börsenaufsicht ist.[771]

8.2.3 Die Börsenaufsicht

Damit Wertpapierbörsen ihre wichtigen volkswirtschaftlichen Funktionen (insbesondere die effiziente Ressourcenallokation) erfüllen können, ist es notwendig, dass die potenziellen Anleger Vertrauen in eine faire Abwicklung ihrer Börsenaufträge haben und nicht wegen unfairer Praktiken vor einem Engagement zurückschrecken. Es muss gewährleistet sein, dass alle Anleger gleich behandelt werden, gegen die Verwendung von Insiderinformationen geschützt sind und dass Manipulationen der Börsenkurse ausgeschlossen sind. Die Schaffung derartiger **staatlicher bzw. institutioneller Rahmenbedingungen** trägt entscheidend zur Reputation und somit zur – vor allem auch internationalen – Wettbewerbsfähigkeit und Attraktivität eines Finanzplatzes bei.[772]

Mit In-Kraft-Treten des Zweiten Finanzmarktförderungsgesetzes[773] wurde die **Börsenaufsicht** in Deutschland neu geordnet und grundsätzlich **dreigliedrig** strukturiert.[774] Aufgaben

---

768 Vgl. § 15 BörsG.

769 Vgl. § 22 BörsG.

770 Vgl. § 7 BörsG.

771 Vgl. **Abschnitt 8.2.3**.

772 Vgl. *Kurth, Matthias*: Börsenaufsicht. In: Knapps Enzyklopädisches Lexikon des Geld-, Bank- und Börsenwesens, hrsg. von der Redaktion der Zeitschrift für das gesamte Kreditwesen u. a., Band 1, Frankfurt a. M. 1999, S. 242.

773 Vgl. BGBl I 1994, S. 1749-1785.

774 Vgl. zum Folgenden auch *Bieg, Hartmut*: Börsenaufsicht. In: Vahlens Großes Auditing Lexikon, hrsg. von *Carl-Christian Freidank*, *Laurenz Lachnit* und *Jörg Tesch*, München 2007, S. 229-231.

und Kompetenzen der Aufsichtsorgane wurden erweitert und verteilten sich seitdem auf das Bundesaufsichtsamt für den Wertpapierhandel, die Börsenaufsichtsbehörden der Länder sowie die Handelsüberwachungsstellen der Börsen. Am 1. Mai 2002 trat das als Artikelgesetz konzipierte Gesetz über die integrierte Finanzdienstleistungsaufsicht[775] in Kraft. Nach § 1 des darin enthaltenen Gesetzes über die Bundesanstalt für Finanzdienstleistungsaufsicht (Finanzdienstleistungsaufsichtsgesetz – FinDAG) wurden das Bundesaufsichtsamt für das Kreditwesen (BAKred), das Bundesaufsichtsamt für das Versicherungswesen (BAV) und das Bundesaufsichtsamt für den Wertpapierhandel (BAWe) zur sog. Bundesanstalt für Finanzdienstleistungsaufsicht (BaFin) zusammengelegt. Seitdem übernimmt nun die BaFin die Aufgaben des Bundesaufsichtsamts für den Wertpapierhandel im Rahmen der Börsenaufsicht. Die Aufsichtsorgane der drei Ebenen arbeiten zusammen.[776]

Die **Bundesanstalt für Finanzdienstleistungsaufsicht** hat einen doppelten Sitz in Frankfurt und Bonn. Die Aufgaben und Kompetenzen der Bundesanstalt im Rahmen der Börsenaufsicht sind im Wertpapierhandelsgesetz (WpHG) geregelt.[777] Die Bundesanstalt übt die Aufsicht über den gesamten Wertpapierhandel in Deutschland aus. Eine Aufsichtsfunktion über die einzelnen Börsen steht ihr jedoch nicht zu; sie fällt in den Zuständigkeitsbereich des jeweiligen Bundeslandes. Wesentliches Ziel der Tätigkeit der Anstalt ist die Gewährleistung eines ordnungsgemäßen Handels. Dementsprechend liegt der Schwerpunkt ihrer Arbeit in der Aufdeckung von Insidervergehen.

Die Errichtung einer Börse ist nur mit Zustimmung der **Börsenaufsichtsbehörde**[778] des Bundeslandes, in dem die Börse ihren Sitz haben soll, zulässig. Diese Behörde übt vor allem die Rechtsaufsicht über die Börse und ihre Organe nach den Bestimmungen des Börsengesetzes aus. Darüber hinaus beaufsichtigt sie im Rahmen ihrer Handels- bzw. Marktaufsicht den Börsenhandel, die Handelsteilnehmer sowie elektronische Hilfseinrichtungen und Handelssysteme und überwacht so die ordnungsgemäße Durchführung und Abwicklung des Börsenhandels. Bei ihrer Tätigkeit wird sie von den Börsenorganen unterstützt.[779] Die Börsenordnung als Satzung der Börse bedarf der Genehmigung der Börsenaufsichtsbehörde, der auch das Recht zusteht, die Aufnahme weiterer Vorschriften zu verlangen,[780] woraus sich die Möglichkeit zur Einflussnahme auf den Inhalt der Börsenordnung und damit auf die Struktur der Börse ergibt. Zur Erfüllung ihrer Aufgaben stehen der Börsenaufsichtsbehörde weitere umfangreiche Befugnisse zu.

Die **Handelsüberwachungsstelle**[781] **(HÜSt)** ist als Börsenorgan eine Einrichtung der Selbstverwaltung der Börsen. Sie soll den Börsenhandel und die Börsengeschäftsabwick-

---

775 Gesetz über die integrierte Finanzdienstleistungsaufsicht vom 22. April 2002, BGBl I, S. 1310-1337.

776 So ist gem. § 5 WpHG bspw. die Bildung eines Wertpapierrats bei der BaFin vorgesehen. Dieser Rat berät die BaFin und wirkt bei der Aufsicht mit. Er setzt sich aus Vertretern der Länder zusammen.

777 Vgl. § 4 WpHG.

778 Vgl. § 3 BörsG.

779 Vgl. **Abschnitt 8.2.2**.

780 Vgl. § 16 Abs. 3 BörsG.

781 Vgl. § 7 BörsG.

lung überwachen. Dazu erfasst und wertet sie systematisch und lückenlos alle relevanten Daten aus und führt entsprechende Ermittlungen durch. Die Handelsüberwachungsstelle hat lediglich die Aufgabe der Beaufsichtigung des Marktgeschehens (Marktaufsicht). Sie übt keine Rechtsaufsicht aus. Insgesamt bleiben somit die Börsen trotz der staatlichen Aufsicht primär selbst für die Ordnungsmäßigkeit und Fairness des Börsenhandels verantwortlich.

8.3 Der Börsenhandel

8.3.1 Die Systematisierung von Kassa- und Termingeschäften

Finanzgeschäfte können nach dem **Zeitpunkt der Erfüllung der abgeschlossenen Geschäfte** in Kassageschäfte und Termingeschäfte unterteilt werden. **Kassageschäfte** zeichnen sich dadurch aus, dass der Zeitpunkt der Konditionenfestlegung (Vertragsabschluss) und der Zeitpunkt der Vertragserfüllung (Lieferung und Bezahlung) in unmittelbarem zeitlichem Zusammenhang stehen. Dabei können Konditionenfestlegung und Kapitalbereitstellung (Vertragserfüllung) aus technischen Gründen zeitlich geringfügig voneinander abweichen.[782] Dagegen erfolgt die Vertragserfüllung bei **Termingeschäften** erst zu einem bei Vertragsabschluss festgelegten späteren Zeitpunkt; bei diesen Geschäften fallen also Geschäftsabschluss und Erfüllung des Geschäfts zeitlich auseinander.

Der **Kassahandel mit Wertpapieren** findet in Deutschland derzeit an sieben Börsenplätzen (Berlin, Düsseldorf, Frankfurt am Main, Hamburg, Hannover, München und Stuttgart) statt.[783] Der Handel mit **Terminkontrakten und Optionen** ist in Deutschland vollelektronisch an der Terminbörse Eurex möglich. Sitz der Eurex ist Frankfurt am Main und Zürich. **Warenbörsen**, an denen Kassahandel betrieben wird, existieren an mehreren Orten. Der Handel an diesen Börsen ist jedoch nur von untergeordneter bzw. regionaler Bedeutung. An der **Warenterminbörse** Risk Management Exchange (RMX) in Hannover können Warentermingeschäfte abgeschlossen werden. Energie und energienahe Produkte, wie beispielsweise Strom- und CO_2-Zertifikate, werden an der European Energy Exchange (EEX) in Leipzig gehandelt; dort wird sowohl Kassa- als auch Terminhandel betrieben.

Neben dem Handel auf dem Parkett unter Hinzuziehung von Maklern ist der **Börsenhandel auch elektronisch möglich**.[784] Die Handelsteilnehmer müssen sich nicht mehr im Börsensaal treffen, sondern geben ihre Börsenaufträge unabhängig von ihrem jeweiligen Standort über Computer in einen Zentralrechner ein; dieser stellt somit den gemeinsamen Ort dar, an dem sich Angebot und Nachfrage treffen. Durch die Konzentration aller Aufträge für ein Wertpapier in einem einzigen elektronischen Orderbuch wird der Handel in diesem Papier liquider. Es gibt auch keine unterschiedlichen Börsenpreise an unterschiedlichen Börsen-

---

782 Vgl. **Abschnitt 8.3.2.3**.

783 Die mit großem Abstand umsatzstärkste und zugleich einzige deutsche Wertpapierbörse mit auch weltweiter Bedeutung, die Frankfurter Wertpapierbörse (FWB), befindet sich in Frankfurt am Main.

784 An der Frankfurter Wertpapierbörse ist der Börsenhandel mittels der elektronischen Handelsplattform Xetra (**Ex**change **E**lectronic **Tra**ding) möglich.

plätzen mehr. Aufgrund des transparenten Orderbuchs erhalten die Handelsteilnehmer in anonymisierter Form einen Überblick über die Marktlage; Informationsvorsprünge Einzelner werden so reduziert. Von dem aufgrund der nicht mehr erforderlichen Präsenz an der Börse kostengünstigeren Marktzugang profitieren besonders kleine und ausländische Handelsteilnehmer.

8.3.2 Der Kassahandel

8.3.2.1 Die Marktsegmente

Das Börsengesetz (BörsG) enthält Regelungen, die sich ausschließlich auf den Wertpapierhandel im Kassamarkt beziehen. Dabei unterscheidet man zwischen dem regulierten Markt sowie dem Freiverkehr als privatrechtlich organisiertem Segment.

Der **regulierte Markt** als **öffentlich-rechtlich organisiertes Segment** ist ein organisierter Markt i. S. d. § 2 Abs. 5 WpHG. Vor der Aufnahme des Handels ist vom Emittenten der Wertpapiere nach § 32 BörsG die Zulassung zum regulierten Markt zusammen mit einem Kreditinstitut oder einem Finanzdienstleistungsinstitut zu beantragen.[785] Die rechtlichen Grundlagen für die Zulassung sind im Börsengesetz (BörsG), in der Börsenzulassungsverordnung (BörsZulV), im Wertpapierprospektgesetz (WpPG) sowie in der jeweiligen Börsenordnung geregelt.[786]

Beim **Freiverkehr**[787] handelt es sich nicht um ein öffentlich-rechtlich, sondern um ein **privatrechtlich organisiertes Segment**, für das **keine gesetzlichen Zulassungsbedingungen** vorgeschrieben sind. Der Gesetzgeber verlangt zwar, dass die ordnungsgemäße Durchführung sowohl des Handels als auch der Geschäftsabwicklung durch entsprechende Handelsrichtlinien gewährleistet sein muss; die detaillierte Gestaltung der Bedingungen für eine Einbeziehung überlässt er jedoch der jeweiligen Börse.[788] Die Transparenzpflichten sind im regulierten Markt höher als im Freiverkehr.

---

[785] Eine Ausnahme stellen staatliche Schuldverschreibungen dar; Schuldverschreibungen des Bundes, seiner Sondervermögen oder eines Bundeslandes sind wie Schuldverschreibungen eines Mitgliedsstaates der EU bzw. eines Vertragsstaates des Europäischen Wirtschaftsraums (EWR) an jeder inländischen Börse zum Handel im regulierten Markt nach § 37 BörsG zugelassen.

[786] Die Deutsche Börse AG als Trägerin der Frankfurter Wertpapierbörse hat ausgehend von dem regulierten Markt die beiden Marktsegmente Prime Standard und General Standard geschaffen. Unternehmen, die für den Handel in den regulierten Markt zugelassen werden, werden automatisch in den General Standard aufgenommen. Unternehmen, die eine internationale Platzierung anstreben oder in einen Index (vgl. **Abschnitt 8.3.5**) der Deutschen Börse aufgenommen werden möchten, müssen sich den Vorschriften des Prime Standards unterwerfen. Dieser setzt durch zusätzliche Zulassungsfolgepflichten höhere Transparenzvorschriften als der General Standard, so z. B. durch Abschlüsse nach internationalen Rechnungslegungsstandards und durch Veröffentlichung von Quartalsberichten der Emittenten in deutscher und englischer Sprache. Die Aufnahme in den Prime Standard ist die Voraussetzung zur Aufnahme in einen Auswahlindex der Deutschen Börse.

[787] Vgl. § 48 BörsG.

[788] Der Freiverkehr an der Frankfurter Wertpapierbörse (FWB) trägt den Namen Open Market. Der Entry Standard, als Teilbereich des Open Market der FWB, zeichnet sich zudem durch erhöhte Transparenzstandards aus; überdies ist für eine Einbeziehung in den Entry Standard das Einverständnis des Emittenten erforderlich.

8.3.2.2 Die Börsenteilnehmer

Die Teilnahme der **Handelsteilnehmer** am Börsenhandel[789] setzt die Zulassung durch die Geschäftsführung der Börse voraus. Die den Antrag stellende Unternehmung muss den Börsenhandel für eigene Rechnung oder im eigenen Namen für fremde Rechnung oder die Vermittlung von Abschlüssen gewerbsmäßig in einem Umfang betreiben, der einen kaufmännisch eingerichteten Geschäftsbetrieb erfordert.

Personen, die für zugelassene Unternehmungen Börsengeschäfte abschließen, benötigen eine Zulassung als **Börsenhändler**. Sie müssen zuverlässig und aufgrund ihrer Ausbildung und beruflichen Erfahrung zum Börsenhandel geeignet sein; ihre fachliche Eignung kann in einer Prüfung vor der Prüfungskommission der Börse nachgewiesen werden.

Als Handelsteilnehmer an der Parkettbörse ist der **Skontroführer**[790] im Sinne des Börsengesetzes mit der Feststellung von Börsenkursen auf Basis seines Orderbuches (Skontro) an Wertpapierbörsen beauftragt. Die Zulassung zum Skontroführer durch die Geschäftsführung einer Wertpapierbörse erfolgt nach Antragstellung. Gegen Zahlung einer Courtage vermittelt der Skontroführer Börsengeschäfte zwischen an der Börse zugelassenen Handelsteilnehmern. Er hat im Rahmen seiner Aufgabe auf einen geordneten Marktverlauf hinzuwirken und die Skontroführung neutral auszuüben. Dabei sind alle zum Zeitpunkt der Preisfeststellung vorliegenden Aufträge bei ihrer Ausführung gleich zu behandeln.

Freimakler sind Handelsmakler, die zum Börsenhandel zugelassen sind. Entweder betreiben sie als Broker in allen Handelssegmenten lediglich die Vermittlung von Börsenhandelsgeschäften oder Eigenhandel an der Börse, oder aber sie wurden von der Börsengeschäftsführung als Skontroführer im Freiverkehr mit der Feststellung von Börsenpreisen beauftragt. Dabei haben die Freimakler die gleichen Vorgaben und Beschränkungen zu beachten, die auch für die Skontroführer gelten.

8.3.2.3 Die Abwicklung der Börsengeschäfte

Auf den Abschluss eines Geschäfts an der Börse folgt seine Erfüllung, also die Lieferung der Wertpapiere und ihre Bezahlung. Dies erfolgt in Deutschland **zwei Arbeitstage nach dem Geschäftsabschluss** an der Börse. Das Geschäft wird Zug um Zug abgewickelt, d. h. die Wertpapiere werden aus dem Depotkonto des Verkäufers bzw. seines Kreditinstituts ausgebucht und in das des Käufers bzw. seines Kreditinstituts eingebucht. Gleichzeitig erfolgt eine entsprechende gegenläufige Belastung und Gutschrift auf den Konten der beteiligten Kreditinstitute bei der Deutschen Bundesbank.

8.3.3 Der Terminhandel

8.3.3.1 Die Termingeschäftsarten

Bezüglich der Verbindlichkeit der eingegangenen Rechtsposition lassen sich die Termingeschäfte in unbedingte (feste) und bedingte Termingeschäfte gliedern (vgl. **Abbildung 67**;

[789] Vgl. § 19 BörsG.

[790] Vgl. §§ 27, 28 BörsG.

Seite 267). **Unbedingte Termingeschäfte**, zu denen Forwards, Futures und Swaps zählen, sind durch eine **unbedingte Erfüllungspflicht** charakterisiert. Beide Kontraktpartner sind bei diesen Geschäften dazu verpflichtet, die zum Zeitpunkt des Abschlusses des Kontraktes vereinbarten Leistungen zum festgelegten Zeitpunkt zu erbringen. Ein Wahlrecht über die Erfüllung der eingegangenen Verpflichtungen besteht somit für beide am Geschäft beteiligten Parteien nicht.

Durch gerade dieses Wahlrecht unterscheiden sich die **bedingten Termingeschäfte** von den unbedingten. Bei den **bedingten Termingeschäften** steht einer Vertragsseite das **Recht** zu, **zwischen Erfüllung und Aufgabe des vereinbarten Geschäfts zu wählen**. Da dieses Recht nur einem Vertragspartner zusteht und dieser sein Recht nur in einer für ihn vorteilhaften Art und Weise wahrnehmen wird, ist sein Kontrahent, dem ein vergleichbares Recht nicht zusteht, ihm gegenüber benachteiligt. Aus diesem Grunde wird der durch das der anderen Vertragspartei zustehende Wahlrecht benachteiligte Kontrahent den Vertrag nur dann abzuschließen bereit sein, wenn er für seine Benachteiligung entschädigt wird. Für das mit einem bedingten Termingeschäft verbundene Wahlrecht ist somit ein Preis zu zahlen, der bei den in Deutschland unüblichen sogenannten **Prämiengeschäften** zum Zeitpunkt des Rücktritts vom Vertrag, bei **Optionsgeschäften** dagegen zum Zeitpunkt des Vertragsabschlusses zu entrichten ist.

8.3.3.2 Die Handelsobjekte

Termingeschäfte werden über bestimmte Handelsobjekte abgeschlossen, die sich in Waren und Finanzinstrumente unterteilen lassen (vgl. **Abbildung 67**).

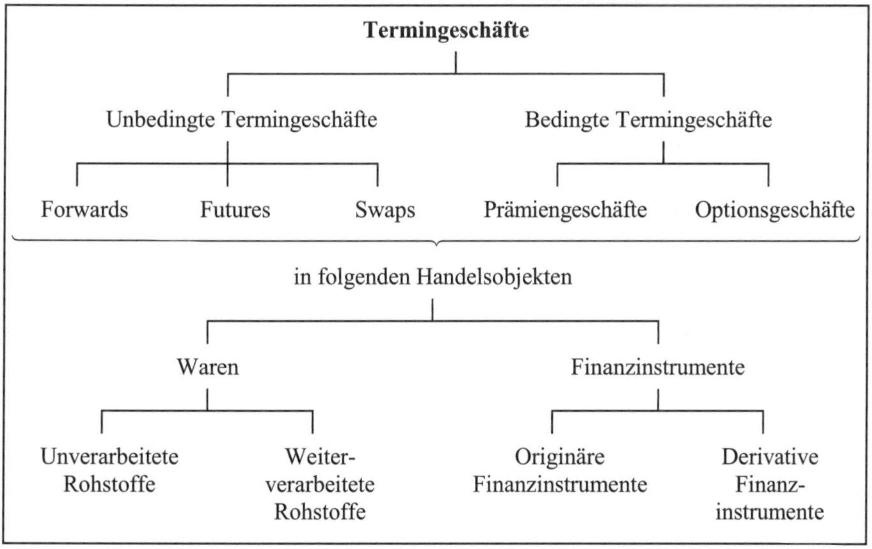

Abbildung 67: Termingeschäftsarten und ihre Handelsobjekte

Unter dem Begriff **Waren** werden Rohstoffe in ihrer ursprünglichen Form (z. B. Rohöl, Getreide) oder in bereits weiterverarbeitetem Zustand (z. B. Edelmetalle) verstanden. Termingeschäften zugrunde liegende Handelsobjekte können aber auch **Finanzinstrumente** sein, die sich wiederum in originäre (z. B. Aktien, Anleihen, Devisen) und derivative Finanzinstrumente (z. B. Indizes, Termingeschäfte) gliedern lassen. **Derivative Finanzinstrumente**[791] sind dadurch charakterisiert, dass ihr Wert von dem Wert eines anderen (originären oder derivativen) Finanzinstruments abhängt. So basiert bei einem Aktien-Termingeschäft der Wert des Kontraktes auf dem Wert der dem Geschäft zugrunde liegenden Aktien (originäres Finanzinstrument), während der Wert eines Termingeschäfts mit einem anderen Termingeschäft als Vertragsgegenstand (z. B. Option auf einen Bund-Future) von dem zugrunde liegenden Termingeschäft (derivatives Finanzinstrument) bestimmt wird.

8.3.3.3 Börsenhandel oder außerbörslicher Handel

Eine weitere Differenzierung der Derivate kann schließlich danach erfolgen, ob die entsprechenden Kontrakte an einer **Terminbörse oder außerbörslich** („*over the counter*“; OTC) gehandelt werden. An der einzigen deutschen Finanzterminbörse **Eurex in Frankfurt** sind z. Z. sowohl Futures als auch Optionen auf eine große Palette von Basiswerten zum Handel zugelassen. Durch die detaillierten Kontraktbedingungen der Eurex kommt es zu einer Standardisierung der Handelsprodukte. Erst diese Standardisierung ermöglicht die Handelbarkeit der Instrumente an der Börse (Fungibilität). Die **Standardisierung** erfolgt hierbei insbesondere in

- **sachlicher Hinsicht** (Festlegung des Basiswerts und der dem Kontrakt zugrunde liegenden Mengen und Qualitäten des Basiswertes sowie einheitlicher Erfüllungskonditionen),
- **zeitlicher Hinsicht** (Festlegung bestimmter Fälligkeitstermine),
- **räumlicher Hinsicht** (Festlegung des Handelsortes und des Erfüllungsortes) und
- **persönlicher Hinsicht** (Abschlüsse ausschließlich durch Börsenmitglieder).[792]

Bei **OTC-Derivaten** fehlt dagegen eine solche Standardisierung; die Kontraktdaten können frei vereinbart werden und lassen sich somit individuell („maßgeschneidert“) auf die Bedürfnisse der Vertragspartner abstimmen.

Abbildung 68 (Seite 269) bietet einen Überblick über die Ausgestaltungsformen derivativer Finanzinstrumente.

---

[791] Vgl. **Abschnitt 9**.

[792] Nichtbörsenmitglieder (indirekte Marktteilnehmer) können demnach nur über Börsenmitglieder (direkte Marktteilnehmer) derartige Geschäfte abschließen.

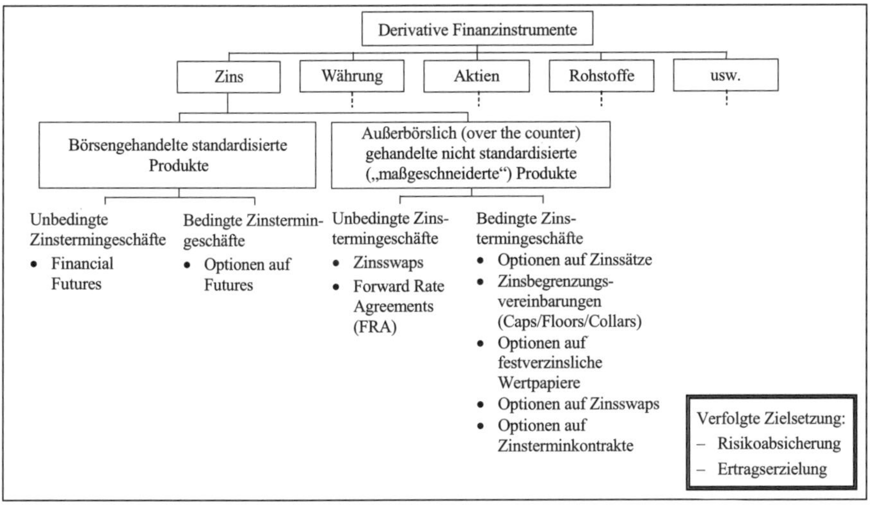

Abbildung 68: Derivative Finanzinstrumente im Überblick

8.3.3.4 Der Terminhandel an der Eurex

8.3.3.4.1 Die Handelsteilnehmer und die Handelsprodukte

Zur Teilnahme am Börsenterminhandel an der Eurex als Handelsteilnehmer ist eine **Zulassung**[793] entweder allein an der Eurex Deutschland oder an der Eurex Zürich und zugleich an der Eurex Deutschland notwendig. Die Entscheidung über die Zulassung trifft die jeweilige Geschäftsleitung. Eine Zulassung erhalten nur Unternehmungen, die gewerbsmäßig Termingeschäfte für eigene Rechnung (Eigengeschäfte) oder im eigenen Namen für fremde Rechnung (Kundengeschäfte) tätigen und deren Gewerbebetrieb nach Art und Umfang einen in kaufmännischer Weise eingerichteten Geschäftsbetrieb erfordert. Der Antragsteller muss eine Person benennen, die als Börsenhändler für ihn Termingeschäfte an der Eurex abschließen darf. Der Börsenhändler ist zuzulassen, wenn er zuverlässig ist und seine berufliche Eignung in einer Händlerprüfung nachgewiesen hat.

Nur zugelassene Handelsprodukte dürfen an der Eurex gehandelt werden. Dabei handelt es sich um **derivative Finanzinstrumente**, denen jeweils als Bezugsobjekt Basiswerte (z. B. Aktien eines Emittenten) zugrunde liegen.[794]

8.3.3.4.2 Die Abwicklung der Termingeschäfte

Die Clearing-Stelle spielt als dritte Partei an der Terminbörse eine wichtige Rolle, da bei einem Handelssystem mit Clearing-Haus die Verträge zwischen den Marktpartnern nicht direkt abgeschlossen werden. Vielmehr tritt die **Clearing-Stelle** (im Falle der Eurex ist dies

793 Vgl. zur Zulassung Ziff. 3 der Börsenordnung für die Eurex Deutschland und die Eurex Zürich, Stand: 03.11.2008.

794 An der Eurex sind sowohl Future- (vgl. **Abschnitt 9.4**) als auch Optionskontrakte (vgl. **Abschnitt 9.2**) zum Handel zugelassen.

die Eurex Clearing AG) in jeden abgeschlossenen Kontrakt **sowohl dem Käufer als auch dem Verkäufer gegenüber als Vertragspartner mit allen Rechten und Pflichten** ein; die Kontraktpartner bleiben dabei im Verhältnis zueinander anonym. Die Clearing-Stelle wickelt die Geschäfte ab, sorgt für eine adäquate Besicherung, reguliert gegebenenfalls die Lieferungs- und Ausgleichsverpflichtungen aus den Kontrakten und trägt so zur Senkung der Sach-, Verhandlungs- und Prüfungskosten der Kontraktpartner bei. Ihre wichtigste Funktion besteht jedoch in der Abgabe einer **Erfüllungsgarantie** für alle an der Terminbörse gehandelten Kontrakte, so dass die Marktakteure – anders als im außerbörslichen Terminhandel – praktisch keinerlei Erfüllungsrisiko ausgesetzt sind.

Da die Abwicklung aller Termingeschäfte an der Eurex ausnahmslos über die Eurex Clearing AG in Frankfurt erfolgt, ist diese insbesondere davon unabhängig, ob die Geschäfte an der Eurex Deutschland oder der Eurex Zürich abgeschlossen wurden. Aus diesem Grund ist für eine Zulassung als **Börsenteilnehmer** außerdem eine **Clearinglizenz** der Eurex Clearing AG **oder** eine **Vereinbarung mit einem Clearingmitglied** (Lizenzinhaber, über den die Abwicklung des Clearing erfolgen kann) erforderlich.

Das Clearing-Haus sichert sich durch die Installation eines **Marginsystems** ab, wodurch die Marktteilnehmer verpflichtet werden, Margineinschüsse zu leisten, die ihrer eingegangenen Risikoposition entsprechen. Hierzu werden die (unrealisierten) Gewinne oder Verluste aus den täglichen Börsenkursveränderungen der Kontrakte berechnet und auf einem internen Geldverrechnungskonto (**Margin Account**) verbucht. Am Ende eines jeden Handelstages wird der Saldo dieses Verrechnungskontos dem Konto des Clearing-Teilnehmers gutgeschrieben bzw. belastet (**Variation Margin**). Durch dieses „mark-to-market-Verfahren" werden die potenziellen Glattstellungsgewinne bzw. -verluste vorgezogen, so dass bei Glattstellung des Kontrakts lediglich noch der am Glattstellungstag entstandene Gewinn bzw. Verlust über das Margin Account gebucht werden muss. Damit die Erfüllung der Kontrakte aber nicht nur „heute", sondern auch „morgen", d. h. am nächsten Börsentag, gewährleistet ist, müssen die Marktteilnehmer zusätzlich zu dem täglichen Gewinn- und Verlustausgleich in Form der Variation Margin zum Zeitpunkt der Positionseröffnung einen Mindestkapitaleinschuss als Bareinlage oder als Einschuss in Wertpapieren, die **Initial Margin**, in der Terminologie der Eurex als **Additional Margin** bezeichnet, leisten und bis zur Schließung der Position aufrechterhalten.[795] Der Zweck der Additional Margin liegt in der Abdeckung der möglicherweise am nächsten Börsentag unter Annahme der ungünstigsten Kursentwicklung (worst case loss) zusätzlich entstehenden Verluste. Kommt ein Marktteilnehmer seiner Verpflichtung zur Leistung der täglichen Variation Margin nicht nach, so werden seine offenen Positionen automatisch durch die Terminbörse glattgestellt. Verbleiben nach einer zwangsweisen Glattstellung noch negative Salden, so werden diese mit der als Sicherheit

---

[795] Neben der Variation Margin und der Initial Margin existiert häufig auch eine so genannte **Maintenance Margin**. Sie stellt einen Mindestkontostand dar, den das Clearing-Mitglied auf seinem Margin Account unterhalten muss und beträgt i. d. R. 75 % der Initial Margin. Erst wenn diese Grenze, z. B. durch die tägliche Verlustverrechnung, unterschritten wird, muss der Investor Nachschüsse im Rahmen der Variation Margins leisten (Margin Call). Die Eurex kennt keine Maintenance Margin. Vgl. *Anstett, Christof Werner*: Financial Futures im Jahresabschluss deutscher Kreditinstitute, Wiesbaden 1997, S. 34.

hinterlegten Additional Margin verrechnet.[796] Die Eurex Clearing AG berechnet börsentäglich für jedes Clearingmitglied den Betrag, der als Sicherheit für alle bestehenden Kontrakte zu hinterlegen ist. Maßgebend für diese **Risk Based Margin** ist das sich aus allen Positionen ergebende Gesamtrisiko. Um die Belastung aus der Risk Based Margin so gering wie möglich zu halten, werden **gegenläufige Positionen** miteinander **saldiert**, so dass nicht für jede einzelne offene Position eine Sicherheit hinterlegt werden muss.

8.3.4 Der Börsenpreis

8.3.4.1 Die Arten der Preisbildung

An der Börse können sowohl unlimitierte als auch limitierte Börsenaufträge erteilt werden. Bei einem **unlimitierten Börsenauftrag (Market Order)**, bei dem keine Preisvorstellungen des Auftraggebers zu berücksichtigen sind, versucht der Makler, den Auftrag möglichst zu erfüllen. Er versucht also, die Wertpapiere für den Auftraggeber bei einem Kaufauftrag „billigst" zu kaufen oder bei einem Verkaufsauftrag „bestens" zu verkaufen. Insbesondere bei wenig liquiden Wertpapieren, deren Kurse je nach Marktlage großen Schwankungen ausgesetzt sein können, aber auch allgemein bei unerwarteten Kursausschlägen besteht jedoch bei fehlender Limitierung die Gefahr, dass das Geschäft zu einem Kurs abgeschlossen wird, der nicht den (nicht genannten) Preisvorstellungen des Auftraggebers entspricht. Um dies zu verhindern, kann ein Auftrag auch mit einem **Preislimit (Limit Order)** erteilt werden, das bei einem Kauf nicht überschritten bzw. bei einem Verkauf nicht unterschritten werden darf. In diesem Fall ist es allerdings möglich, dass kein geeigneter Abschlusspartner gefunden werden kann und die Order nicht ausgeführt wird.

Hinsichtlich der **Art der Preisfeststellung** lassen sich grundsätzlich zwei Methoden voneinander unterscheiden: der auftragsgetriebene Handel und der preisgetriebene Handel.[797] Im **auftragsgetriebenen Handel (Order-Driven-Market)** kommen die Börsenpreise ausschließlich durch Angebot und Nachfrage zustande. Dieser Handel findet sowohl in Auktionen zu festgelegten Zeitpunkten als auch im sogenannten fortlaufenden Handel statt. In einer Auktion stellt ein Makler alle vorliegenden Kauf- und Verkaufsaufträge in seinem Orderbuch, dem Skontro, gegenüber und ermittelt den Preis, zu dem bei der gegebenen Orderlage die größtmögliche Menge gehandelt werden kann (**Meistausführungsprinzip**).

---

[796] Stillhalter von Optionen mit klassischer Prämienzahlung müssen eine Premium Margin als Sicherheit leisten. Ihre Höhe bemisst sich an den Kosten, die für eine potenzielle Glattstellung aller Positionen zum jeweiligen Tagesendwert anfielen. Sie wird permanent auf Basis der aktuellen Kurse ermittelt. Bei ungünstiger Kursentwicklung muss der Stillhalter einen Nachschuss leisten. Derartige Optionen nehmen am täglichen Gewinn- und Verlustausgleich im Rahmen des mark-to-market teil. Käufer einer Option hingegen haben keine Margin zu hinterlegen, da sie durch die Zahlung zwar ein Recht, aber keine Verpflichtung eingegangen sind. Handelt es sich um eine Option auf einen Future, so wird aufgrund der fehlenden Prämienzahlung keine Premium Margin fällig.

[797] Vgl. dazu *Lutz, Stefan*: Börse. In: Knapps Enzyklopädisches Lexikon des Geld-, Bank- und Börsenwesens, hrsg. von der Redaktion der Zeitschrift für das gesamte Kreditwesen u. a., Band 1, Frankfurt a. M. 1999, S. 229-230 und *Rosen, Rüdiger von*: Börsen und Börsenhandel. In: Handwörterbuch des Bank- und Finanzwesens, hrsg. von *Wolfgang Gerke* und *Manfred Steiner*, 3. Aufl., Stuttgart 2001, Sp. 367-369.

Im fortlaufenden bzw. variablen Handel dagegen kommt immer dann ein Börsenpreis zustande, sobald sich zwei Aufträge ausführbar gegenüberstehen.[798]

In einem **preisgetriebenen Handel** (**Quote-Driven-Market**) sind bestimmte Marktakteure, die sogenannten **Market Maker**, verpflichtet, verbindliche Geld- und Briefkurse (**Quotes**), d. h. An- und Verkaufskurse, für die von ihnen betreuten Wertpapiere zu stellen. Der Market Maker ist bereit, zu diesen Kursen Geschäfte auszuführen. Er tritt stets zugleich als Anbieter und als Nachfrager auf. Sobald ein Anleger die Konditionen des Market Makers akzeptiert, kommt es zu einem Geschäftsabschluss und somit zu einem Börsenpreis.[799]

Elemente beider Preisfeststellungsarten finden sich in **hybriden Handelssystemen (Quote-and-Order-Driven-Market)**. Zwar werden dort die Kurse grundsätzlich aus Angebot und Nachfrage ermittelt; zusätzlich kann aber die Funktion des Market Makers durch einen Betreuer für weniger liquide Werte wahrgenommen werden. Diese müssen im Falle der Unausgewogenheit von Angebot und Nachfrage auf Anfrage eines Maklers verbindliche Geld- und Briefkurse stellen, zu denen sie bereit sind, Geschäfte abzuschließen. Dadurch erhält der Handel zusätzliche Liquidität.[800]

8.3.4.2 Die Handelsformen zur Ermittlung des Börsenpreises

Die Ermittlung des Börsenpreises erfolgt durch Skontroführer oder im elektronischen Handel. Grundsätzlich wird zwischen den beiden Handelsformen fortlaufender Handel und Auktion zur Ermittlung des Börsenpreises unterschieden. Im **fortlaufenden Handel** bzw. **variablen Handel** wird „fortlaufend“ gehandelt, dadurch kann es während der Börsenzeit jederzeit zur Feststellung eines Wertpapierpreises, dem variablem Börenspreis, kommen. Jeder Börsenpreis gilt somit nur für das von den jeweiligen Marktteilnehmern abgeschlossene Einzelgeschäft. Bei einer **Auktion** hingegen wird für sämtliche vorliegenden Aufträge einmal oder in zeitlichen Abständen der Preis ermittelt, zu dem der größte mengenmäßige Umsatz bei größtmöglichem Ausgleich der Aufträge stattfindet (**Meistausführungsprinzip**), d. h. die Anzahl der gehandelten Stücke wird maximiert und der Angebots- und Nachfrageüberhang minimiert. Für nicht im fortlaufenden Handel notierte Wertpapiere wird im Rahmen einer Auktion der sog. **Einheitskurs**[801] festgestellt. Auktionen können aber auch für im fortlaufenden Handel notierte Papiere vorgenommen werden.[802]

---

[798] Das Konzept des Order-Driven-Market ist in Deutschland im Parkett- bzw. Präsenzhandel umgesetzt.

[799] Ein allein preisgetriebener Handel findet in Deutschland nicht statt.

[800] Eine solche Marktorganisation wird in Deutschland in der elektronsichen Handelsplattform Xetra praktiziert.

[801] Der Einheitskurs wird im Präsenzhandel als Kassakurs, im Xetra-Handel als Auktionspreis (One-Auction-only) bezeichnet.

[802] So z. B. Eröffnungs- und Schlussauktion sowie untertägige Auktionen im Rahmen von Xetra.

Beispiel: [803]

Die Vorgehensweise eines Skontroführers bei der Feststellung des Kassakurses (Auktion im Präsenzhandel nach dem Meistausführungsprinzip) soll mit einem Beispiel verdeutlicht werden.

Zu Beginn der Auktion sind im Orderbuch des Skontroführers folgende Kauf- und Verkaufsaufträge registriert (vgl. **Abbildung 69**):

Vorliegende Aufträge		
Käufer (Nachfrage; G) [Stück]	Kurslimit [EUR/Stück]	Verkäufer (Angebot; B) [Stück]
–	bestens	24
29	113	–
33	114	18
46	115	29
37	116	37
28	117	48
–	118	31
35	billigst	–
Summe: 208		Summe: 187

Abbildung 69: Beispiel zur Feststellung des Kassakurses durch einen Skontroführer; Vorliegende Aufträge

Der Skontroführer stellt sowohl für die Nachfrage- als auch für die Angebotsseite den zu jedem Kurs insgesamt möglichen Umsatz in Stück Aktien fest. Dieser besteht auf der Nachfrageseite aus den zum jeweiligen Kurs limitierten Kaufaufträgen zuzüglich der höher limitierten und unlimitierten Aufträge, da die Auftraggeber dieser Kauforders selbstverständlich auch bereit sind, zu einem niedrigeren Einheitskurs Aktien zu erstehen. Analog besteht der jeweils mögliche Umsatz auf der Angebotsseite aus den zum jeweiligen Kurs limitierten Verkaufsaufträgen sowie den niedriger limitierten und den unlimitierten Börsenorders (vgl. **Abbildung 70**).

Kursermittlung			
Kurs [EUR/Stück]	Nachfrage [Stück]	Angebot [Stück]	mengenmäßiger Umsatz [Stück]
113	208	24	24
114	179	42	42
115	146	71	71
116	100	108	100
117	63	156	63
118	35	187	35

Abbildung 70: Beispiel zur Feststellung des Kassakurses durch einen Skontroführer; Kursermittlung

---

[803] Vgl. *Bieg, Hartmut*: Börsenaufsicht, Börsenorganisation und Börsenhandel. In: Der Steuerberater 2000, S. 305.

Zu keinem Kurs ist ein vollständiger Marktausgleich möglich. Nach der derzeitigen Orderlage erscheint der größte Umsatz bei einem Kurs von 116 EUR/Aktie möglich zu sein, da bei diesem Kurs 100 Stück Aktien nachgefragt und 108 Stück Aktien angeboten werden. Um einen Marktausgleich herbeizuführen, sucht der Makler nun Käufer für das überhängende Angebot von 8 Stück Aktien. Fände er allerdings zum Kurs von 115 EUR/Aktie noch zusätzliches Angebot von 75 Stück Aktien (Nachfrage: 146; Angebot: 71), so wäre der mengenmäßige Umsatz mit 146 Stück Aktien größer als bei einem Kurs von 116 EUR/Aktie. Der Skontroführer ruft daher die Spanne aus, innerhalb derer sich der Kurs bewegen wird: 115 EUR zu 116 EUR. Anschließend dürfen die Händler weitere Aufträge erteilen, wodurch es u. U. zu einem vollständigen Marktausgleich kommen kann. Allerdings ist es auch möglich, dass sich dadurch die Marktlage völlig verändert, so dass die Spanne angepasst werden muss. Verbleibt ein Überhang, weil nicht ausreichend viele oder – was hier angenommen werden soll – keine weiteren Aufträge erteilt werden, so ruft der Skontroführer verbindliche Geschäftsangebote aus, die die Handelsteilnehmer durch Zuruf akzeptieren können. Gelingt es dem Skontroführer nicht, einen Marktausgleich herbeizuführen, so darf er auch selbst in die überhängenden Geschäfte eintreten (Eigengeschäft) oder sich die Benennung der Gegenseite zunächst vorbehalten (Aufgabegeschäft); er ist dazu allerdings nicht verpflichtet. Im Anschluss stellt der Skontroführer den Einheitskurs fest (vgl. **Abbildung 71**) und gibt ihn zusammen mit dem sich zu diesem Preis ergebenden Umsatz bekannt. Durch Zusätze und Hinweise informiert der Skontroführer über die zu diesem Kurs herrschende Marktlage und kursrelevante Besonderheiten. Die Geschäftsführung veröffentlicht dann den Einheitskurs.

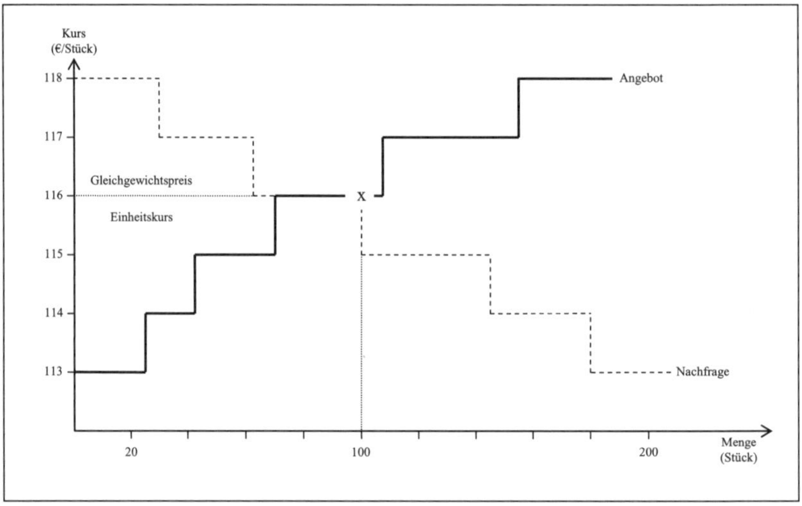

Abbildung 71: Beispiel zur Feststellung des Kassakurses durch einen Skontroführer; Ermittlung des Einheitskurses

8.3.5 Indizes

Die im Wertpapierhandel berechneten und veröffentlichten Indizes sollen allen Marktteilnehmern und Investoren einen schnellen Überblick über die Gesamtentwicklung eines Marktes geben. Indizes sind **aggregierte Kenngrößen**, die sowohl einen Vergleich zwischen verschiedenen Märkten (z. B. länderbezogen oder branchenbezogen) ermöglichen, als auch als Vergleichsgröße (Benchmark) für die Performance der in den jeweiligen Märkten agierenden Investoren dienen können.[804] Darüber hinaus werden Indizes als Basiswert für derivative Finanzinstrumente (Futures, Optionen und Optionsscheine) zugrunde gelegt.[805]

Die Indizes werden sowohl als Performance- als auch als Kursindizes ermittelt. **Kursindizes** messen die eigentliche Kursentwicklung in den betrachteten Papieren, wobei allerdings eine Bereinigung um Erträge aus Bezugsrechten und Sonderzahlungen erfolgt. Bei der Ermittlung der **Performanceindizes** werden darüber hinaus zusätzlich alle Erträge aus Bonus- und Dividendenzahlungen wieder im Indexportfolio angelegt.[806]

---

804 Die Deutsche Börse AG berechnet eine Vielzahl von Indizes, die auf Kursdaten des Börsenhandels in Aktien und Renten an der Frankfurter Wertpapierbörse basieren. Ein Beispiel hierfür ist der DAX (Deutscher Aktienindex); er umfasst die 30 größten und umsatzstärksten deutschen Aktien im Prime Standard).

805 Vgl. *Franke, Jörg*: Indexprodukte und Strategien mit Indizes. In: Knapps Enzyklopädisches Lexikon des Geld-, Bank- und Börsenwesens, hrsg. von der Redaktion der Zeitschrift für das gesamte Kreditwesen u. a., Band 1, Frankfurt a. M. 1999, S. 915-916.

806 Beim DAX handelt es sich um einen Performanceindex.

9 Derivative Finanzinstrumente

9.1 Vorbemerkungen

Die Finanzierung einer Unternehmung ist im Allgemeinen nicht frei von **Risiken**. So kann eine Kreditaufnahme in fremder **Währung** für eine Unternehmung mit hohen Verlusten verbunden sein, wenn sich die Wechselkursrelationen bis zum Zeitpunkt der Rückzahlung des Kredits zuungunsten der Unternehmung verändert haben. Auch eine Finanzierung zu einem variablen **Zinssatz** kann risikoreich sein, da sich bei steigendem Zinssatz erhöhte Zinskosten ergeben. Aber auch die Investition liquider Mittel in Aktien oder Schuldverschreibungen ist nicht ohne Risiko. Wer derartige Vermögensbestände hält, trägt das Risiko fallender **Kurse**, das bei Schuldverschreibungen nicht nur aus dem Verfall der Bonität des Schuldners, sondern vor allem aus einem Anstieg der Kapitalmarktzinsen resultiert. Wer solche Bestände zu erwerben beabsichtigt, trägt das Risiko, bei einem späteren Erwerb höhere Kurse als bei einem jetzt vorgenommenen Erwerb bezahlen zu müssen.

Derivative Instrumente können eingesetzt werden, um derartige **Risiken zu vermindern oder zu eliminieren oder die Finanzierungskosten zu senken**. Mit ihrer Hilfe können aber auch Risikopositionen aufgebaut werden. Kennzeichen derivativer Finanzinstrumente ist die zeitliche Diskrepanz zwischen dem Zeitpunkt der Konditionenfestlegung und dem Zeitpunkt der Kapitalbereitstellung. Deshalb werden derivative Finanzinstrumente auch als Termingeschäfte bezeichnet, wobei sich unbedingte und bedingte Termingeschäfte unterscheiden lassen.[807]

Zu den wichtigsten derivativen Finanzinstrumenten zählen Optionen, Futures, Forward Rate Agreements und Swaps. Diese Instrumente sollen im Folgenden dargestellt und ihre Einsatzmöglichkeiten erläutert werden.

9.2 Finanzmanagement mit Optionen

9.2.1 Grundbegriffe

9.2.1.1 Der Begriff der Option

Der Käufer einer Option (**Optionsinhaber**) erwirbt gegen Zahlung des Optionspreises (**Optionsprämie**) gegenüber seinem Kontraktpartner, dem Verkäufer (**Stillhalter, Schreiber**), das Recht, an oder bis zu einem bestimmten Fälligkeitstermin (**Verfalltermin**) zu einem im Voraus vereinbarten Preis (**Basispreis**) eine bestimmte Menge (**Kontraktgröße**) eines Handelsobjektes (**Basiswert, Underlying**) zu kaufen (**Kaufoption, Call**) oder zu

[807] Vgl. hierzu ausführlich auch **Abschnitt 8.3.3.1**.

verkaufen (**Verkaufsoption, Put**). Alternativ kann statt der tatsächlichen physischen Lieferung des Basiswerts auch vereinbart werden, dass der Stillhalter dem Käufer der Option bei Ausübung derselben die Differenz zwischen dem in dem Options-Kontrakt vereinbarten Basispreis und dem aktuellen Marktpreis des Basiswerts zahlen muss. Als Handelsobjekt kommen bei Optionen sowohl Waren als auch originäre und derivative Finanzinstrumente in Frage.

Ist die Ausübung der Option nur zu einem bestimmten Zeitpunkt möglich, so spricht man von einer **europäischen Option** (european style option), während eine Option, die jederzeit während der Laufzeit der Option ausgeübt werden kann, **amerikanische Option** (american style option) genannt wird. In Deutschland sind beide Optionstypen anzutreffen.

Der Verkäufer einer Option übernimmt die Verpflichtung, dem Optionsinhaber bei Ausübung der Option den Basiswert zum Basispreis zu verkaufen (verkaufte Kaufoption) oder abzunehmen (verkaufte Verkaufsoption) bzw. eine Differenzzahlung zu leisten. Als Gegenleistung für diese Verpflichtung erhält er vom Käufer der Option die **Optionsprämie**.[808]

Der Optionsinhaber hat die Möglichkeit, die Option bis zu ihrer Fälligkeit zu behalten und dann entweder von seinem Optionsrecht Gebrauch zu machen[809] oder dieses verfallen zu lassen. Er kann jedoch auch die Option an einen Dritten weiterveräußern. In diesem Falle muss ihm der Dritte einen Optionspreis (Optionsprämie) bezahlen, wofür ihm wiederum das Optionsrecht gegenüber dem Stillhalter zusteht.

9.2.1.2 Der Optionspreis (Optionsprämie)

9.2.1.2.1 Grundsätzliche Vorbemerkungen

Der Preis, der beim Kauf einer Option zu entrichten ist, lässt sich in zwei Komponenten zerlegen: den inneren Wert und den Zeitwert. Es gilt:

Optionspreis = Innerer Wert + Zeitwert

9.2.1.2.2 Der innere Wert

Der **innere Wert** (intrinsic value) einer Option stellt den Gewinn (unter Vernachlässigung der Transaktionskosten) dar, den der Optionsinhaber bei sofortiger Ausübung der Option und gleichzeitigem Abschluss des entsprechenden Kompensationsgeschäftes (bei Kaufoptionen: Verkauf des Basiswertes; bei Verkaufsoptionen: Kauf des Basiswertes) erzielen wür-

808 Vgl. auch *Pochmann, Günter*: Controlling-Information im Derivativbereich, dargestellt am Beispiel von zinsbezogenen Optionen. Frankfurt a. M. u. a. 1996, S. 7-9; *Schmidt, Martin*: Derivative Finanzinstrumente – Eine anwendungsorientierte Einführung. 3. Aufl., Stuttgart 2006, S. 139-142; zur bilanziellen Behandlung von Optionsgeschäften BFA des IDW: Stellungnahme BFA 2/1995: Bilanzierung von Optionsgeschäften. In: Die Wirtschaftsprüfung 1995, S. 421-422; vgl. dazu auch *Windmöller, Rolf/Breker, Norbert*: Bilanzierung von Optionsgeschäften. In: Die Wirtschaftsprüfung 1995, S. 389-401.

809 Bei amerikanischen Optionen kann der Optionsinhaber das Optionsrecht während eines bestimmten Zeitraums ausüben.

de. Somit bezeichnet der innere Wert einer Option die **Differenz zwischen dem aktuellen Marktpreis des Basiswertes und dem vereinbarten Basispreis der Option**.

Zu beachten ist, dass der innere Wert einer Option **nicht negativ** werden kann, da der Optionsinhaber von seinem Ausübungsrecht keinen Gebrauch machen wird, wenn die Preiskonstellation für ihn ungünstig sein sollte. Je nachdem, ob der Optionsinhaber eine Kauf- oder Verkaufsoption besitzt, stellt sich eine für ihn ungünstige Preiskonstellation anders dar.

Der Inhaber einer **Kaufoption** hat das Recht, den Basiswert zum vereinbarten Basispreis vom Stillhalter zu erwerben. Liegt der aktuelle Marktpreis des Basiswertes unterhalb des Basispreises, so würde er den Basiswert durch Ausübung der Option teurer erwerben als bei einem Kauf des Basiswertes zum Marktpreis. Bei einer derartigen Preiskonstellation wäre eine Ausübung der Option mit gleichzeitigem Abschluss des entsprechenden Kompensationsgeschäftes für den Inhaber einer Kaufoption mit einem Verlust verbunden. Ein rational handelnder Optionsinhaber wird die **Kaufoption** daher **nicht ausüben**, wenn gilt:

Aktueller Marktpreis des Basiswertes < Basispreis

Bei einer derartigen Preiskonstellation wird davon gesprochen, dass die Kaufoption **„aus dem Geld"** ist. Der innere Wert der Kaufoption ist dann null.

Liegt hingegen der aktuelle Marktpreis des Basiswertes über dem vereinbarten Basispreis, gilt also:

Aktueller Marktpreis des Basiswertes > Basispreis

so ist die Kaufoption **„im Geld"**. Diese Preiskonstellation ist für den Inhaber der Kaufoption vorteilhaft, da er den Basiswert durch **Ausübung der Option** zum vereinbarten Basispreis vom Stillhalter beziehen und sofort zum (höheren) aktuellen Marktpreis veräußern kann. In diesem Fall würde sein Gewinn (unter Vernachlässigung der Transaktionskosten) der Differenz aus aktuellem Marktpreis des Basiswertes und dem vereinbarten Basispreis entsprechen. Die Kaufoption besitzt demnach einen inneren Wert in Höhe eben dieser Differenz. Gilt hingegen:

Aktueller Marktpreis des Basiswertes = Basispreis

so wird gesagt, die Kaufoption ist **„am Geld"**. Der Inhaber der Kaufoption ist hinsichtlich des Erwerbs des Basiswertes durch Ausübung der Option oder durch Kauf am Markt **indifferent**, da ihn der Erwerb des Basiswertes in beiden Fällen gleich viel kostet.

Handelt es sich bei der Kaufoption jedoch um eine **amerikanische Option**, so ist zu beachten, dass die Option während der Laufzeit einen bestimmten Wert besitzt. Übt der Optionsinhaber die Option während der Laufzeit der Option aus, so erwirbt er zwar den Basiswert zum vereinbarten Basispreis und in diesem Fall nicht teurer als bei einem direkten Kauf über den Markt; durch Ausübung der Option geht aber sein Optionsrecht unter. Da dieses bei amerikanischen Optionen während der Laufzeit der Option einen positiven Wert besitzt, würde der Optionsinhaber (verglichen mit dem Erwerb des Basiswertes über den Markt) bei Ausübung der Option einen Vermögensverlust erleiden. Es ist für ihn daher sinnvoller, die am Geld stehende amerikanische Kaufoption nicht vorzeitig auszuüben, sondern diese weiterzuveräußern und den Basiswert am Markt zu erwerben.

Für **europäische Optionen** gelten diese Überlegungen nicht, da Optionen dieses Typs lediglich am Ende der Laufzeit ausgeübt werden können, die Wahl zwischen Weiterveräußerung der Option und Ausübung der Option also zu keinem Zeitpunkt besteht. Hier hat der Optionsinhaber während der Laufzeit der Option die Wahl zwischen Halten oder Verkaufen der Option, am Ende der Laufzeit der Option kann er nur noch zwischen Ausüben und Verfallenlassen der Option wählen.

Für **Kaufoptionen** gilt somit, dass ihr innerer Wert der Differenz zwischen aktuellem Marktpreis des Basiswertes und vereinbartem Basispreis entspricht, mindestens jedoch null beträgt. Es gilt also:

Innerer Wert einer Kaufoption = max{S – E,0}

mit S: aktueller Marktpreis des Basiswertes;
E: vereinbarter Basispreis.

Für **Verkaufsoptionen** gelten analoge Überlegungen. Zu beachten ist bei diesen Kontrakten, dass sich für den Optionsinhaber, der das Recht hat, den Basiswert zum vereinbarten Basispreis an den Stillhalter zu verkaufen, eine vorteilhafte Preiskonstellation ergibt, wenn der Marktpreis unter dem Basispreis liegt, die Option also **„im Geld"** ist. Der Optionsinhaber könnte dann den dem Kontrakt zugrunde liegenden Basiswert zum (niedrigeren) Marktpreis erwerben und sofort an den Stillhalter zum (höheren) Basispreis weiterverkaufen. Er würde in diesem Fall durch **Ausübung der Option** also einen Gewinn in Höhe von

Basispreis – aktueller Marktpreis des Basiswertes

erzielen.

Der Optionsinhaber wird die **Verkaufsoption nicht ausüben**, wenn der Basispreis unter dem aktuellen Marktpreis des Basiswertes liegt, die Option also **„aus dem Geld"** ist; er müsste in diesem Fall den Basiswert am Markt zu einem Preis erwerben, der über dem bei Ausübung seines Optionsrechts vom Stillhalter zugesagten Basispreis läge.

Bei Verkaufsoptionen, die **„am Geld"** stehen, bei denen also der Marktpreis des Basiswertes dem Basispreis der Option entspricht, ist der Optionsinhaber bezüglich des Verkaufs über den Markt oder des Verkaufs durch Ausübung seines Optionsrechtes **indifferent**. Es gilt jedoch das über **„am Geld"** stehenden Kaufoptionen Gesagte.

Für **Verkaufsoptionen** lässt sich somit sagen, dass ihr innerer Wert der Differenz zwischen vereinbartem Basispreis und aktuellem Marktpreis des Basiswertes entspricht, mindestens jedoch null beträgt. Es gilt also:

Innerer Wert einer Verkaufsoption = max {E – S, 0}

Darüber hinaus gilt hinsichtlich amerikanischer und europäischer Verkaufsoptionen das über Kaufoptionen Gesagte.

Abbildung 72 (Seite 281) fasst obige Ausführungen zusammen.

	Kaufoption	**Verkaufsoption**
Aus dem Geld	Aktueller Marktpreis des Basiswertes < Basispreis Innerer Wert = 0	Aktueller Marktpreis des Basiswertes > Basispreis Innerer Wert = 0
Am Geld	Aktueller Marktpreis des Basiswertes = Basispreis Innerer Wert = 0	Aktueller Marktpreis des Basiswertes = Basispreis Innerer Wert = 0
Im Geld	Aktueller Marktpreis des Basiswertes > Basispreis Innerer Wert = S – E	Aktueller Marktpreis des Basiswertes < Basispreis Innerer Wert = E – S

Abbildung 72: Zusammenhang zwischen innerem Wert und aus dem Geld, am Geld und im Geld stehenden Kauf- und Verkaufsoptionen[810]

9.2.1.2.3 Der Zeitwert

Der Zeitwert (time value) ist die zweite Bestimmungsgröße des Optionspreises. Er stellt den Wert dar, den ein Käufer einer Option für die Möglichkeit zu zahlen bereit ist, dass sich der Preis des Basiswertes während der **Restlaufzeit der Option** zu seinen Gunsten verändert. Der Zeitwert einer Option ist abhängig von der Restlaufzeit der Option, also dem Zeitraum bis zum Verfall der Option. Er fällt mit abnehmender Restlaufzeit der Option, da die Chance, dass sich der Preis des Basiswertes während der Restlaufzeit in einer für den Optionsinhaber vorteilhaften Art und Weise verändert, umso kleiner ist, je kürzer die verbleibende Restlaufzeit der Option ist. Am Verfalltag der Option, wenn die Restlaufzeit der Option also null beträgt, besitzt auch der Zeitwert einen Wert von null, da sich die Vermögenssituation des Optionsinhabers nicht mehr durch ein Steigen des Wertes der Option im Zeitablauf verbessern kann. Der Wert der Option entspricht am Verfalltag der Option somit dem inneren Wert der Option.

Neben der Restlaufzeit der Option sind noch **andere Faktoren** für die Höhe des Zeitwertes relevant. Hierzu zählen „vor allem die erwarteten Preisschwankungen des zugrundeliegenden Basiswertes, der aktuelle Zinssatz sowie die Höhe der Dividende".[811] Je mehr eine Option „aus dem Geld" oder „im Geld" ist, umso mehr geht der Zeitwert gegen null; liegt der Marktpreis des Basiswertes in der Nähe des Basispreises, ist die Option also „am Geld", so ist der Zeitwert ceteris paribus am höchsten.[812]

---

810 Entnommen aus *Bieg, Hartmut*: Finanzmanagement mit Optionen. In: Der Steuerberater 1998, S. 21.

811 DTB Deutsche Terminbörse: Aktienoptionen. 2. Aufl., Frankfurt a. M. 1993, S. 11.

812 Vgl. *Binkowski, Peter/Beeck, Helmut*: Finanzinnovationen. 3. Aufl., Bonn 1995, S. 131; *Schmidt, Martin*: Derivative Finanzinstrumente – Eine anwendungsorientierte Einführung. 3. Aufl., Stuttgart 2006, S. 139.

9.2.2 Die Gewinn- und Verlustprofile

9.2.2.1 Grundsätzliches

Die Gewinn- und Verlustmöglichkeiten für Käufer und Verkäufer von Optionen werden häufig in Gewinn- und Verlustprofilen dargestellt, bei denen die gezahlte bzw. erhaltene Optionsprämie mit der Differenz aus Preis des Basiswertes zum Ausübungszeitpunkt und Basispreis verrechnet wird. Zu beachten ist, dass es sich dabei um eine **finanzmathematisch unkorrekte Darstellung** handelt, da die zu unterschiedlichen Zeitpunkten anfallenden Zahlungen **ohne Berücksichtigung der Zinswirkung** addiert werden.

9.2.2.2 Die Kaufoptionen

Die Gewinn- und Verlustprofile des Käufers und Verkäufers einer Kaufoption können den beiden folgenden Abbildungen (**Abbildung 73** und **Abbildung 74**; beide auf Seite 283) entnommen werden. Transaktionskosten und Zinsen auf die Optionsprämie werden **nicht** berücksichtigt.

Der **Käufer einer Kaufoption** rechnet mit steigenden Preisen des Basiswertes; er will sich also einen niedrigeren Einkaufspreis für den Basiswert sichern. Wie in **Abbildung 73** (Seite 283)[813] zu erkennen ist, erzielt der Käufer einer Kaufoption bei Ausübung der Option einen Gewinn von ± 0, wenn der bei Ausübung der Option zu zahlende Basispreis zuzüglich der beim Kauf der Option gezahlten Optionsprämie dem aktuellen Preis des Basiswerts entspricht; der Käufer der Kaufoption könnte zu diesem aktuellen Preis den Basiswert bei Ausübung der Option am Markt verkaufen bzw. bei Nichtausübung der Option kaufen.

Liegt der aktuelle Preis des Basiswerts unter der Summe aus Basispreis und Optionsprämie, aber über dem Basispreis, so wird der Käufer der Kaufoption die Option ausüben und einen Verlust in Höhe der Differenz zwischen Basispreis und bereits bezahlter Optionsprämie einerseits und aktuellem Preis des Basiswerts andererseits erzielen.

Liegt der aktuelle Preis des Basiswerts dagegen unter dem Basispreis, so wird der Käufer der Kaufoption die Option nicht ausüben und so seinen Verlust auf die geleistete Optionsprämie beschränken.

Der Käufer der Kaufoption wird dagegen die Option ausüben, wenn der aktuelle Preis des Basiswerts über der Summe aus Basispreis und bereits bezahlter Optionsprämie liegt, kann er doch in Höhe der Differenz einen Gewinn erzielen; dabei ist – unter der Annahme unbegrenzt hoher aktueller Kurse des Basiswerts – sein Gewinnpotenzial unbegrenzt.

---

[813] Entnommen aus *Bieg, Hartmut*: Finanzmanagement mit Optionen. In: Der Steuerberater 1998, S. 22.

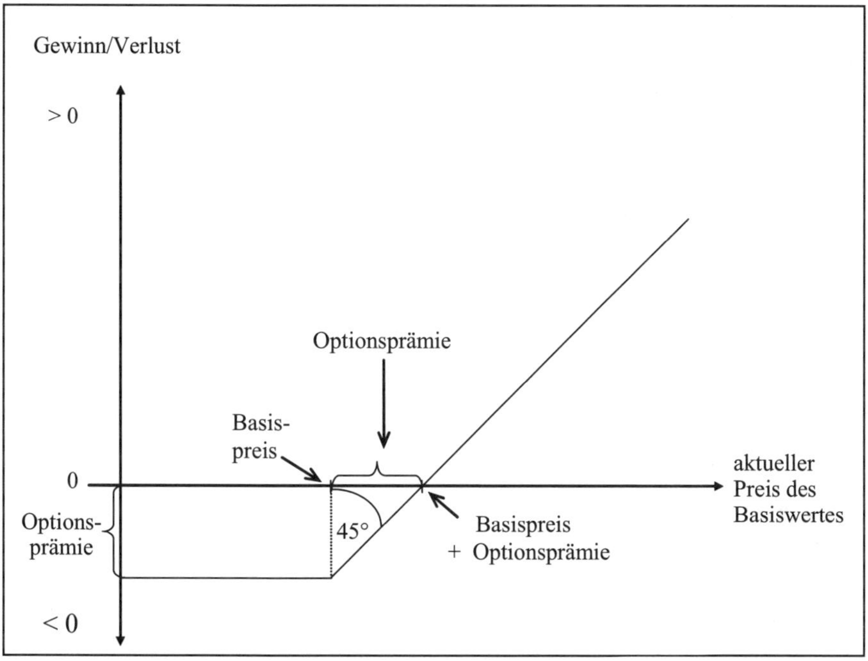

Abbildung 73: Gewinn- und Verlustsituation für den Käufer einer Kaufoption

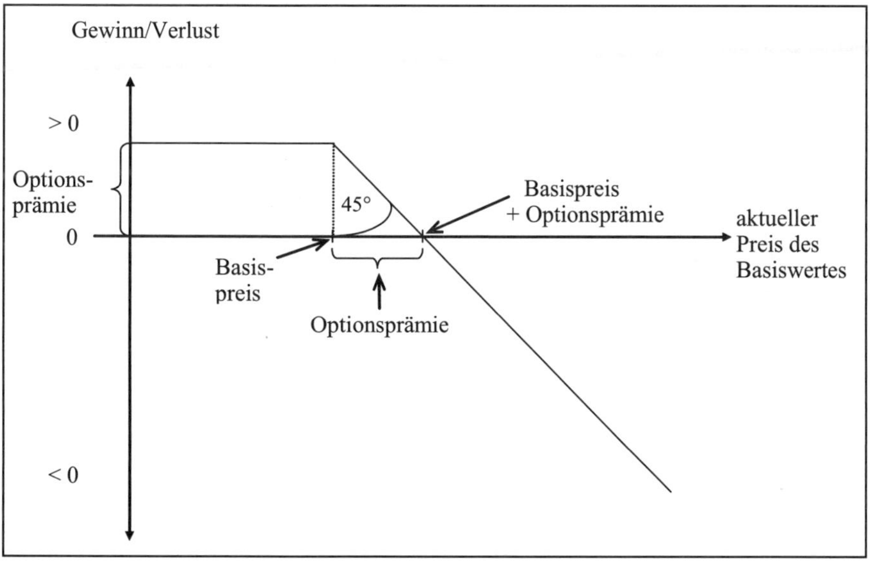

Abbildung 74: Gewinn- und Verlustsituation für den Verkäufer einer Kaufoption

Die spiegelbildliche Position ergibt sich für den **Verkäufer einer Kaufoption**. Er erwartet sinkende Preise des Basiswertes. Sein Erfolg aus dem Optionsverkauf wird durch das soeben beschriebene Verhalten des Optionskäufers bestimmt. Erfüllen sich die Erwartungen des Stillhalters, so wird der Käufer seine Kaufoption nicht ausüben, da er den Basiswert billiger zum Marktpreis kaufen kann. Der Gewinn des Verkäufers der Kaufoption ist somit auf die erhaltene Optionsprämie begrenzt, während sein Verlustpotenzial unbegrenzt ist (vgl. **Abbildung 74**; Seite 283).[814]

9.2.2.3 Die Verkaufsoptionen

Der **Käufer einer Verkaufsoption** rechnet mit sinkenden Preisen des Basiswertes; er will sich also einen höheren Verkaufspreis für den Basiswert sichern. Wie **Abbildung 75** (Seite 285)[815] zeigt, erzielt er bei Ausübung der Option einen Gewinn von ± 0, wenn der aktuelle Preis des Basiswerts exakt der Differenz zwischen dem bei Ausübung der Option zu erhaltenden höheren Basispreis und der bereits gezahlten Optionsprämie entspricht.

Liegt der aktuelle Preis unter dieser Differenz, so wird der Optionsinhaber die Option ausüben und dabei einen Gewinn in Höhe der Differenz zwischen Basispreis abzüglich gezahlter Optionsprämie und aktuellem Preis des Basiswertes erzielen. Da Marktpreise im Allgemeinen keine negativen Werte annehmen, erzielt der Inhaber der Verkaufsoption den höchsten Gewinn, wenn der Preis des Basiswertes möglichst niedrig ist, d. h. wenn er null bzw. beinahe null beträgt.

Liegt der aktuelle Preis des Basiswerts über der Differenz aus dem Basispreis und der bereits gezahlten Optionsprämie, aber unterhalb des Basispreises, so wird der Käufer der Verkaufsoption die Option ausüben und einen Verlust in Höhe der Differenz zwischen Basispreis und bereits bezahlter Optionsprämie einerseits und aktuellem Preis des Basiswerts andererseits erzielen.

Liegt der aktuelle Preis des Basiswerts dagegen über dem Basispreis, so wird der Käufer der Verkaufsoption die Option nicht ausüben und so einen Verlust in Höhe der bereits geleisteten Optionsprämie erzielen. Auf diesen Betrag ist also sein Verlustrisiko beschränkt.

Der **Verkäufer einer Verkaufsoption** hingegen erwartet steigende Preise des Basiswertes. Erfüllen sich seine Erwartungen, so wird der Käufer seine Verkaufsoption nicht ausüben, kann er doch den Basiswert zu einem höheren Preis verkaufen. Dem Stillhalter verbleibt dann die vereinnahmte Optionsprämie als maximaler Gewinn, während sein Verlust aus diesem Geschäft die Differenz zwischen Basispreis und erhaltener Optionsprämie nicht überschreiten kann (vgl. **Abbildung 76**; Seite 285) [816].

Diese vier Grundüberlegungen gelten für alle Handelsobjekte, die als Basiswerte dienen können, wobei der erwartete Preiseffekt sich auf den dem Optionskontrakt jeweils zugrunde liegenden Basiswert bezieht. So rechnet beispielsweise der Käufer einer Kaufoption über Zinskontrakte (z. B. Bundesanleihen oder Bund-Futures) mit einer **Kurssteigerung** der betreffenden Kontrakte. Da die Kurse der Zinskontrakte von dem herrschenden Zinsniveau

---

814 Entnommen aus *Bieg, Hartmut*: Finanzmanagement mit Optionen. In: Der Steuerberater 1998, S. 22.

815 Entnommen aus *Bieg, Hartmut*: Finanzmanagement mit Optionen. In: Der Steuerberater 1998, S. 22.

816 Entnommen aus *Bieg, Hartmut*: Finanzmanagement mit Optionen. In: Der Steuerberater 1998, S. 23.

abhängen, ist das Erwarten einer Kurssteigerung von Zinskontrakten gleichbedeutend mit dem Erwarten eines **Sinkens des Zinsniveaus**. Der Käufer einer Verkaufsoption über Zinskontrakte erwartet somit steigende Zinsen und sinkende Kurse.

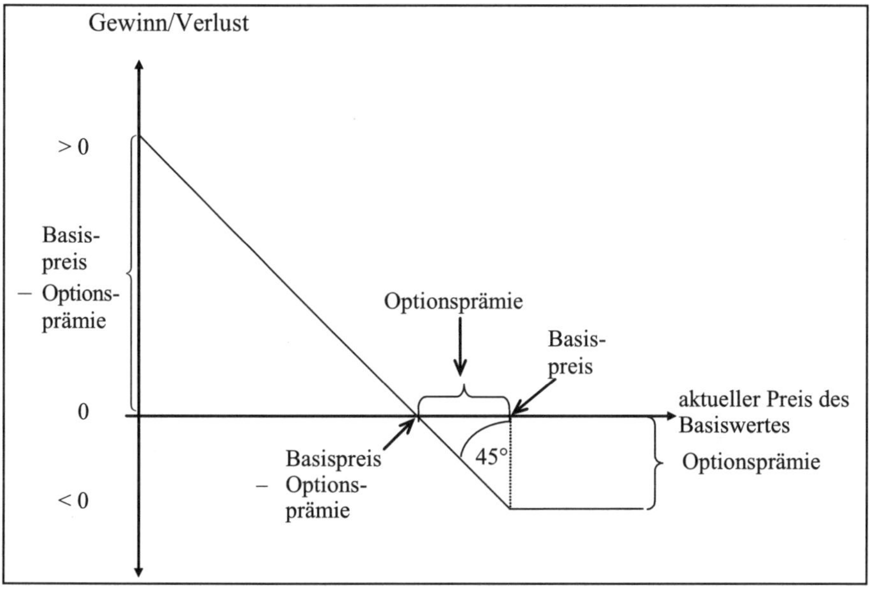

Abbildung 75: Gewinn- und Verlustsituation für den Käufer einer Verkaufsoption

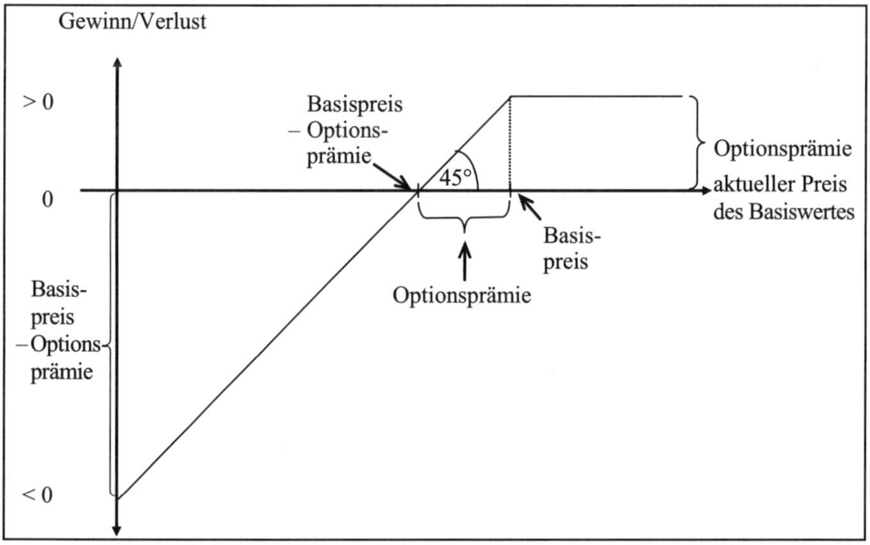

Abbildung 76: Gewinn- und Verlustsituation für den Verkäufer einer Verkaufsoption

9.2.3 Die Motive der Kontraktpartner

Die Motive der am Abschluss von Optionskontrakten beteiligten Personen spiegeln sich in ihrer **Stellung** (Käufer oder Verkäufer) und dem **Optionstyp** (Kaufoption oder Verkaufsoption) wider. Sie lassen sich grundsätzlich in die folgenden Kategorien einteilen:[817]

- Absicherung und
- Spekulation.

Optionen können zur **Absicherung** eines Bestands an Finanzinstrumenten oder einer zukünftigen Anlage eingesetzt werden. Hält der Entscheidungsträger einen **Bestand eines Finanzinstruments** (z. B. Aktie, Anleihe) und will er sich gegen einen Preisverfall dieses Bestandes absichern, so kann er eine **Verkaufsoption** mit diesem Finanzinstrument als Basiswert erwerben. Er erhält somit das Recht, dieses Finanzinstrument zum vereinbarten Preis gemäß den Optionsbedingungen an den Stillhalter der Option zu verkaufen.

Sinkt der Marktpreis des von ihm gehaltenen Finanzinstruments, so kann er dieses Finanzinstrument als Optionsinhaber zum vereinbarten Optionspreis an den Stillhalter veräußern; er hat also seinen Bestand gegen einen Preisverfall abgesichert. Zu beachten ist jedoch, dass er für diese Absicherung die Optionsprämie an den Verkäufer der Verkaufsoption zu zahlen hat.

Steigt dagegen der Preis des vom Käufer einer Verkaufsoption gehaltenen Finanzinstruments, so erweist sich **nachträglich** die Absicherung des Bestandes gegen Preisverfall als überflüssig. Die beim Erwerb der Verkaufsoption gezahlte Optionsprämie ist verloren; sie ist der Preis für die aus Risikoüberlegungen vorgenommene Absicherung des Bestandes.

In ähnlicher Weise kann auch eine **zukünftige Anlage** abgesichert werden. Hier besteht für den Investor die Gefahr, dass die Preise des zu kaufenden Finanzinstruments steigen und ein für die Zukunft geplanter Kauf dementsprechend teurer wird. Eine Absicherung gegen dieses Risiko ist durch den Kauf einer **Kaufoption** möglich. Hierdurch kann sich der Optionsinhaber einen bestimmten Kaufpreis des Instruments, das er zu einem zukünftigen Zeitpunkt zu kaufen beabsichtigt, sichern. Unabhängig von der Höhe des gestiegenen Marktpreises kostet das zu beschaffende Finanzinstrument höchstens die Summe aus Basispreis und Optionsprämie.

Sinken die Marktpreise für dieses Instrument bis zum geplanten Kaufzeitpunkt, so kann der Optionsinhaber die Option verfallen lassen und das Instrument zum (billigeren) Marktpreis erwerben. Auch hier ist die Optionsprämie zu berücksichtigen, die für die aus Risikoüberlegungen erworbene Kaufoption, die sich **nachträglich** als überflüssig erwies, zu bezahlen war.

Mit Hilfe von Optionen kann sich lediglich der Optionsinhaber gegen Preisänderungen absichern, da nur er ein Wahlrecht bezüglich der Ausübung besitzt. Da dieses Recht dem

---

[817] Auf das **Ausnutzen von Arbitragemöglichkeiten** und die **Gewinnerzielung aus der Differenz von Geld- und Briefkursen** als Gründe für den Abschluss von Optionskontrakten soll hier nicht eingegangen werden, da diese Motive nicht optionsspezifisch sind, sondern bei allen Geschäften denkbare Handlungsmotive darstellen.

Stillhalter nicht zusteht und er keinen Einfluss auf die Entscheidung des Optionsinhabers nehmen kann, ist durch den Verkauf einer Option eine Absicherung nicht möglich.

Anders sieht es aus, wenn Optionen zur **Spekulation** eingesetzt werden. Mit Optionen können sowohl Optionsinhaber als auch Stillhalter spekulieren. Die Spekulation bezieht sich in beiden Fällen auf eine Veränderung bzw. ein Gleichbleiben des Preises des Basiswertes der Option. Eine Spekulation ist allerdings nur möglich, wenn keine tatsächliche Kauf- bzw. Verkaufsabsicht bezüglich des Basiswertes besteht. Beabsichtigt nämlich der Käufer der Option, seine bestehende Position des Basiswertes zu veräußern oder in der Zukunft den Basiswert zu kaufen, so kann eine Option – unterstellt man einen rational handelnden Investor – nur zur Absicherung dienen.

Der **Käufer** einer Option rechnet mit sich ändernden Preisen des Basiswertes. Rechnet er mit steigenden Preisen, so wird er eine **Kaufoption** erwerben, da er dann durch die Wertsteigerung der Option an dem gestiegenen Preis des Basiswertes partizipieren kann. Der Kauf der Kaufoption bietet ihm ein relativ größeres Gewinnpotenzial als der Kauf des Basiswertes, da die relative Preissteigerung der Option größer als die entsprechende relative Preissteigerung des Basiswertes ist. Diese stärkere relative Preisreagibilität wirkt allerdings auch in die andere Richtung, so dass mit dem Kauf einer Kaufoption auch ein höheres relatives Verlustpotenzial verbunden ist.

Für den Käufer einer **Verkaufsoption** gelten analoge Überlegungen; er erwartet sinkende Preise und will über den Verfall des Preises des Basiswertes einen Gewinn aufgrund des überproportionalen Anstiegs des Wertes der Verkaufsoption erzielen.

Der **Stillhalter** einer Option hofft darauf, dass die Option nicht ausgeübt wird, er in seiner Position als Stillhalter in Geld oder in Wertpapieren vom Optionsinhaber also nicht in Anspruch genommen wird. Ist dies der Fall, so vereinnahmt der Stillhalter die Optionsprämie, ohne dass er eine Gegenleistung (Abnahme oder Lieferung des Basiswertes) erbringen muss. Der Optionsinhaber wird die Option nicht ausüben, wenn sich der Preis des Basiswertes derart geändert hat, dass für ihn ein Kauf bzw. Verkauf des Basiswertes über den Markt günstiger wäre als durch Ausübung des ihm aus der erworbenen Option zustehenden Optionsrechts. Daher rechnet der Stillhalter einer am Geld stehenden **Kaufoption** mit unveränderten oder fallenden Preisen des Basiswertes, während der Verkäufer einer am Geld stehenden **Verkaufsoption** mit unveränderten oder steigenden Preisen des Basiswertes rechnet.

Abbildung 77 (Seite 288) fasst die obigen Überlegungen tabellarisch zusammen.

Einsatzmöglichkeit / Vertragspartner	Käufer	Stillhalter
Absicherung	– eines Bestands (Käufer einer Verkaufsoption) – einer zukünftigen Anlage (Käufer einer Kaufoption)	–
Spekulation (d. h. es besteht keine tatsächliche Kauf-/Verkaufsabsicht bezüglich des Basiswertes)	auf veränderte Preise (steigende Preise bei Kaufoption, sinkende Preise bei Verkaufsoption)	auf unveränderte Preise oder auf veränderte Preise (sinkende Preise bei Kaufoption, steigende Preise bei Verkaufsoption) (Ziel: Vereinnahmung der Optionsprämie)

Abbildung 77: Einsatzmöglichkeiten von Optionsgeschäften[818]

9.2.4 Die Optionsstrategien

Durch Kombination der vier Grundpositionen (Kauf einer Kaufoption, Verkauf einer Kaufoption, Kauf einer Verkaufsoption, Verkauf einer Verkaufsoption) und ggf. Variation des Ausübungskurses oder der Laufzeit können **komplexe Strategien** kreiert werden.

So werden z. B. bei einem

- **Straddle** gleichzeitig Kaufoptionen und Verkaufsoptionen mit identischen Basispreisen und Verfallterminen desselben Basiswertes gekauft (**Long Straddle**) oder verkauft (**Short Straddle**); diese Strategie bietet sich dann an, wenn der Käufer (Verkäufer) der Optionen sich über die Richtung der zukünftigen Preisentwicklung des Basiswertes nicht im Klaren ist, er aber zunehmende (stark abnehmende) Preisveränderungen erwartet;

- **Strangle** gleichzeitig Kaufoptionen und Verkaufsoptionen mit identischen Verfallterminen, aber unterschiedlichen Basispreisen desselben Basiswertes gekauft (**Long Strangle**) oder verkauft (**Short Strangle**); ebenso wie beim Straddle hat der Optionskäufer (Optionsverkäufer) keine klaren Vorstellungen über die zukünftige preisliche Entwicklung des Basiswertes; er erwartet jedoch stark zunehmende (abnehmende) Preisveränderungen des Basiswertes;

- **Spread** gleichzeitig eine Kaufoption gekauft und eine Verkaufsoption verkauft (oder umgekehrt), wobei sich beide Optionen auf denselben Basiswert beziehen; besitzen die beiden Optionen die gleichen Verfalltermine, aber unterschiedliche Basispreise, so

---

818 Entnommen aus *Bieg, Hartmut*: Finanzmanagement mit Optionen. In: Der Steuerberater 1998, S. 24.

wird von einem **Price Spread** (auch **Vertical Spread** genannt) gesprochen, während die zu kombinierenden Optionen bei einem **Time Spread** (auch **Horizontal Spread** genannt) unterschiedliche Verfalltermine und identische Basispreise besitzen; der Käufer (Verkäufer) eines Price Spreads erwartet leicht steigende (leicht sinkende) Preise des Basiswertes, während der Käufer (Verkäufer) eines Time Spreads bis zur Fälligkeit der kürzer laufenden Option mit kurzfristig abnehmenden (kurzfristig zunehmenden) Preisveränderungen des Basiswertes rechnet.

Darüber hinaus existieren wesentlich komplexere Optionen wie z. B.

- **Asiatische Optionen (Average Rate Option)**, bei denen der Basispreis durch Mittelung der Preise des Basiswertes innerhalb eines bestimmten Zeitraums bestimmt wird;
- **Lookback Optionen**, die das Recht beinhalten, eine Kaufoption zum niedrigsten bzw. eine Verkaufsoption zum höchsten Kurs, den der Basiswert innerhalb eines bestimmten Zeitraums erreicht hat, auszuüben;
- **Barrier Optionen**, bei denen das Recht zur Ausübung aktiviert wird (**Knock-In Option**) oder verfällt (**Knock-Out Option**), sobald der Basiswert ein gewisses Niveau erreicht hat.

9.3 Finanzmanagement mit Swaps

9.3.1 Vorbemerkungen

Mit Hilfe von Swaps wird versucht, den Umstand, dass bestimmte Marktteilnehmer sich an den Finanzmärkten günstiger als andere refinanzieren können, zum Vorteil von beiden Parteien auszunutzen. Hierbei wird das von *David Ricardo* (1772-1823) für den internationalen Güteraustausch entwickelte Theorem der **Ausnutzung komparativer Kostenvorteile** auf den Finanzsektor übertragen.

Mit Hilfe seiner Theorie zeigte *Ricardo*, dass sich internationaler Handel zwischen zwei Ländern im Vergleich zum Autarkiezustand nicht nur dann lohnt, wenn jedes Land nur dasjenige Gut produziert, bei dessen Herstellung es einen absoluten Kostenvorteil gegenüber dem anderen Land besitzt. Er wies nach, dass beide Länder Kostenvorteile durch Güteraustausch auch dann realisieren können, wenn ein Land jedes Gut billiger herstellen kann. Dazu muss im Zwei-Güter-Fall das Land, das jedes Gut billiger herstellen kann, dasjenige Gut produzieren, bei dem sein Kostenvorteil am größten ist, während das Land, bei dem jedes Gut höhere Produktionskosten verursacht, dasjenige Gut herstellen sollte, bei dem sein Kostennachteil am geringsten ist. Dies Überlegungen gelten auch für Finanzmärkte.

9.3.2 Der Begriff des Swaps

Der Begriff „Swap" kann mit Tausch oder Tauschgeschäft übersetzt werden. Bis Ende der 70er Jahre des letzten Jahrhunderts wurde mit einem Swap-Geschäft eine Sonderform des **Devisentermingeschäftes** bezeichnet. Hierbei werden Devisen per Kasse gekauft und gleichzeitig per Termin verkauft. Es handelt sich somit um einen simultanen Abschluss von

Devisenkassa- und Devisentermingeschäften. Mit dem Begriff des Swaps wurde aber auch ein Tausch von Termindevisen unterschiedlicher Fälligkeiten bezeichnet.[819]

Diese beiden Arten des klassischen Devisen-Swaps können dazu verwendet werden, Wechselkursrisiken zu eliminieren. Der in diesem Zusammenhang verwendete Begriff „Swapsatz" bezeichnet die Differenz zwischen Devisenkassa- und Devisenterminkurs. Liegt der Devisenkassakurs über dem Devisenterminkurs, so wird von einem **Deport** gesprochen; im umgekehrten Fall liegt ein **Report** vor.

Von dem soeben beschriebenen Begriff der Devisen-Swaps unterscheidet sich der seit etwa 1980 gebräuchliche Begriff der „Financial Swaps" oder kurz Swaps. Bei diesen in den letzten Jahren stark expandierenden Finanzinnovationen lassen sich zwei **Grundformen** unterscheiden:

- Zinsswaps und
- Währungsswaps bzw. kombinierte Zins-/Währungsswaps.

Neben diesen beiden Grundformen existiert eine Vielzahl von Varianten.

Im Gegensatz zu den klassischen Devisen-Swaps werden bei diesen neueren Tauschgeschäften während der gesamten Laufzeit des Kontraktes periodische Zahlungen ausgetauscht. Allerdings werden dabei die dem Swap zugrunde liegenden Kapitalbeträge im Allgemeinen nicht ausgetauscht; sie dienen nur der Ermittlung der Zinszahlungen.

Im Zusammenhang mit der internationalen Verschuldungskrise wird der Begriff „Swap" auch für den Austausch von Forderungen gegen Beteiligungen an Unternehmungen mit Sitz im Schuldnerland verwendet. Auf diese sogenannten „Debt-Equity-Swaps" soll hier jedoch nicht eingegangen werden. Im Folgenden wird der Begriff „Swap" synonym für „Financial Swaps" gebraucht.

9.3.3 Die Swaparten

9.3.3.1 Der Zinsswap

Beim reinen Zinsswap (Plain Vanilla Swap) tauschen zwei Partner Zinszahlungen in einer Währung. In der Regel erfolgt ein Austausch von Festzinszahlungen gegen variable Zinszahlungen, wobei die der Zinsberechnung zugrunde liegenden **Kapitalbeträge nicht getauscht** werden. Ein Beispiel soll die Vorgehensweise verdeutlichen.

Beispiel:[820]

Zwei Unternehmungen A und B haben einen Kreditbedarf von jeweils 10 Mio. EUR für einen Zeitraum von zwei Jahren, wobei Unternehmung A an einem variabel verzinslichen Kredit und Unternehmung B an einem festverzinslichen Kredit interessiert ist. Bedingt durch unterschiedliche Bonitäten der beiden Unternehmungen ergeben sich folgende Finanzierungskonditionen (vgl. **Abbildung 78**; Seite 291):

---

[819] Vgl. *Nabben, Stefan*: Financial Swaps. Wiesbaden 1990, S. 10.

[820] Modifiziert entnommen aus *Bieg, Hartmut*: Finanzmanagement mit Swaps. In: Der Steuerberater 1998, S. 66-67.

	Festzinskredite (p.a.)	Variabel verzinsliche Kredite (p.a.)
Unternehmung A	5,8 %	EURIBOR + 0,5 %-Punkte
Unternehmung B	8,0 %	EURIBOR + 1,5 %-Punkte
Differenz in den Konditionen	2,2 %-Punkte	1,0 %-Punkte

Abbildung 78: Finanzierungskonditionen der Unternehmungen A und B

Refinanzieren sich die beiden Unternehmungen am Finanzmarkt, ohne einen Zinsswap abzuschließen, so muss Unternehmung A Zinsen in Höhe von EURIBOR + 0,5 %-Punkte p. a. bezahlen, während Unternehmung B Zinskosten in Höhe von 8,0 % p. a. entstehen (vgl. **Abbildung 79**).

Zinszahlungsverpflichtungen **ohne** Swap (p.a.)	
Unternehmung A	EURIBOR + 0,5 %-Punkte
Unternehmung B	8,0 %

Abbildung 79: Zinszahlungsverpflichtungen der Unternehmungen A und B ohne Swap

Da Unternehmung A aufgrund der höheren Bonität günstigere Festzinsen **und** günstigere variable Zinsen vereinbaren kann, können sich beide Unternehmungen durch Abschluss eines Zinsswaps günstiger refinanzieren: Zunächst nimmt Unternehmung A einen Festzinskredit zu 5,8 % p. a. auf, Unternehmung B verschuldet sich zu EURIBOR + 1,5 %-Punkte p. a.

Neben diesen am Finanzmarkt abgeschlossenen Kreditverträgen schließen A und B miteinander einen Zinsswapvertrag ab, in dem Unternehmung A sich **beispielsweise** verpflichtet, an Unternehmung B variable Zinszahlungen in Höhe von EURIBOR + 0,5 %-Punkte p. a. zu leisten. Im gleichen Zinsswapvertrag verpflichtet sich Unternehmung B zu fixen Zinszahlungen an Unternehmung A in Höhe von z. B. 6,6 % p. a.

Abbildung 80 zeigt, wie sich die Finanzierungssituation der beiden Unternehmungen bei Abschluss eines Zinsswaps darstellt:

Zinszahlungsverpflichtungen **mit** Swap (p.a.)		
Unternehmung A		5,8 % für den am Finanzmarkt aufgenommenen Kredit
	–	6,6 % von B aufgrund des Zinsswapvertrags
	+	(EURIBOR + 0,5 %-Punkte) an B aufgrund des Zinsswapvertrags
	=	**EURIBOR – 0,3 %-Punkte**
Unternehmung B		EURIBOR + 1,5 %-Punkte für den am Finanzmarkt aufgenommenen Kredit
	–	(EURIBOR + 0,5 %-Punkte) von A aufgrund des Zinsswapvertrags
	+	6,6 % an A aufgrund des Zinsswapvertrags
	=	**7,6 %**

Abbildung 80: Zinszahlungsverpflichtungen der Unternehmungen A und B mit Swap

Im Vergleich zur Refinanzierungssituation ohne Abschluss eines Zinsswaps ergeben sich die in **Abbildung 81** (Seite 292) gezeigten Finanzierungsvorteile:

	Differenz beider Finanzierungssituationen (p. a.)	Finanzierungsvorteil (p. a.)
Unternehmung A	(EURIBOR + 0,5 %-Punkte) – (EURIBOR – 0,3 %-Punkte)	0,8 %-Punkte
Unternehmung B	8,0 % – 7,6 %	0,4 %-Punkte
Summe		1,2 %-Punkte

Abbildung 81: Finanzierungsvorteile der Unternehmungen A und B mit Swap

Insgesamt ergibt sich ein Finanzierungsvorteil in Höhe von 1,2 %-Punkten p. a. Dieser stellt die aus der Summe der bei beiden Unternehmungen aufgrund der Swapvereinbarung zu erzielenden Konditionenvorteile (vgl. **Abbildung 81**) dar, also

(1) der Differenz der von Unternehmung A realisierbaren Finanzierungskonditionen ohne Abschluss eines Zinsswaps einerseits und bei Abschluss eines Zinsswaps andererseits (0,8 %-Punkte),

(2) der Differenz der von Unternehmung B realisierbaren Finanzierungskonditionen ohne Abschluss eines Zinsswaps einerseits und bei Abschluss eines Zinsswaps andererseits (0,4 %-Punkte).

Diese Summe entspricht der Differenz der Konditionsunterschiede der beiden Unternehmungen bei Festzinsvereinbarung einerseits (2,2 %-Punkte) und variabler Zinsvereinbarung andererseits (1,0 %-Punkte) (vgl. **Abbildung 78**; Seite 291).

Wie dieser gesamte **Finanzierungsvorteil** auf die beiden am Swap beteiligten Parteien **verteilt** wird, hängt von der jeweiligen Verhandlungsmacht der Unternehmungen ab. In diesem Beispiel hat Unternehmung A offensichtlich eine größere Verhandlungsmacht besessen, da sie einen Finanzierungsvorteil in Höhe von 0,8 %-Punkten p. a. heraushandeln konnte, während der Finanzierungsvorteil bei Unternehmung B lediglich 0,4 %-Punkte p. a. beträgt.

Die einzelnen Zinszahlungsströme sind nochmals in **Abbildung 82** dargestellt. Unternehmung A kann die von Unternehmung B erhaltenen Festzinszahlungen zur Begleichung der Festzinszahlungsverpflichtung aus dem am Finanzmarkt aufgenommenen Kredit verwenden. Da Unternehmung A an Unternehmung B variable Zinszahlungen zu leisten hat, wird aus ihrer ursprünglich festverzinslichen Position eine variabel verzinsliche. In gleicher Weise wird die ursprünglich variable Finanzierung von Unternehmung B durch den Zinsswap in eine faktisch festverzinsliche Finanzierung transformiert.

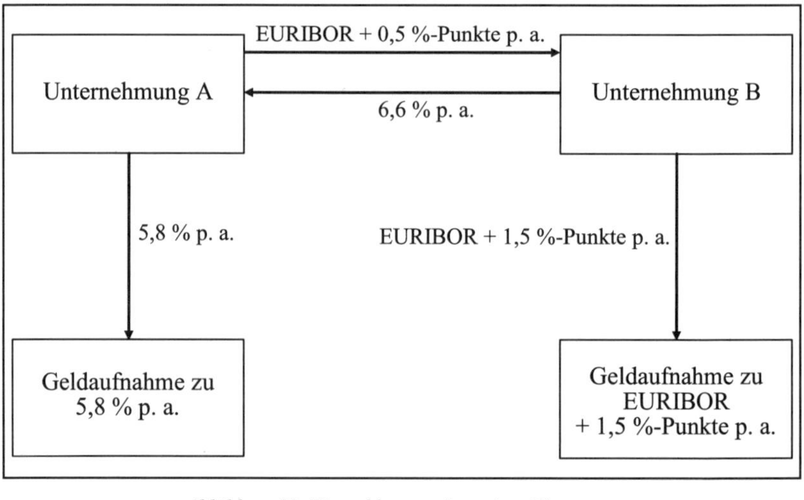

Abbildung 82: Zinszahlungsströme eines Zinsswaps

Obwohl durch den Abschluss eines Swaps die Zinsfixierung faktisch geändert werden kann, hat der Swap keinen Einfluss auf die sich aus den Grundgeschäften (hier: Fremdmittelaufnahme) ergebenden Zahlungsverpflichtungen, die die beiden Swap-Partner gegenüber Dritten eingegangen sind. Jeder der Swap-Partner bleibt seinen Gläubigern für die termingerechte Begleichung seiner fälligen Verbindlichkeiten voll verantwortlich. Somit kann das Risiko, dass der Swap-Partner seinen Zahlungsverpflichtungen nicht termingerecht nachkommt, nicht auf die Kreditgeber abgewälzt werden; es ist in voller Höhe von der jeweiligen Swap-Partei zu tragen.

Da es für eine Unternehmung im Allgemeinen recht schwierig ist, einen Kontraktpartner zu finden, dessen Interessen hinsichtlich Betrag, Währung, Laufzeit, Zinsbindung, etc. genau die Spezifikationen des benötigten Swaps treffen, bedienen sich diese Unternehmungen **Finanzinstituten als Vermittler**. Diese Finanzinstitute führen swapwillige Parteien gegen eine Provision zusammen oder treten selbst als Kontraktpartner in einen Swap ein. Der Finanzierungsvorteil ist dann auf insgesamt drei Parteien zu verteilen.

9.3.3.2 Der Währungsswap

Im Gegensatz zum Zinsswap werden bei einem Währungsswap **neben den Zinszahlungsverpflichtungen auch die Kapitalbeträge getauscht**. Die jeweils getauschten Beträge lauten dabei auf unterschiedliche Währungen.

Beim Währungsswap lassen sich drei Phasen identifizieren:

Phase 1: Zu **Beginn der Laufzeit des Swaps** tauschen die Swap-Partner die vereinbarten, auf unterschiedliche Währung lautenden Kapitalbeträge, die zuvor am Kapitalmarkt aufgenommen werden. Die Umrechnung zwischen den Partnern des Währungsswapvertrags erfolgt üblicherweise zum aktuellen Kassakurs. Auf den anfänglichen Tausch der Währungsbeträge kann allerdings auch verzichtet werden. Stattdessen können sich die Swappartner die Devisenbeträge auch am Devisenmarkt zum gültigen Devisenkassakurs besorgen.

Phase 2: **Während der Laufzeit des Swaps** tauschen die Swap-Partner die Zinszahlungen auf die in Phase 1 getauschten Kapitalbeträge. Die Zinszahlungen lauten auf die Währung der der Zinsberechnung zugrunde liegenden Kapitalbeträge.

Phase 3: Am **Ende der Laufzeit des Swaps** werden die Kapitalbeträge aus Phase 1 zu den ursprünglichen Wechselkursen zurückgetauscht. Aufgrund dieser Vereinbarung sind die Swap-Partner vor dem Risiko potenzieller Wechselkursveränderungen geschützt.

Diese drei Phasen sind in **Abbildung 83** (Seite 294) für das folgende Beispiel grafisch dargestellt.

Beispiel:[821]

Es wird angenommen, dass Unternehmung A festverzinsliche USD-Mittel und Unternehmung B festverzinsliche EUR-Mittel benötigt. Der Devisenkassakurs betrage 1,25 USD/EUR bei Abschluss des Swapvertrags. Der zu tauschende Kapitalbetrag betrage 160 Mio. EUR bzw. 200 Mio. USD.

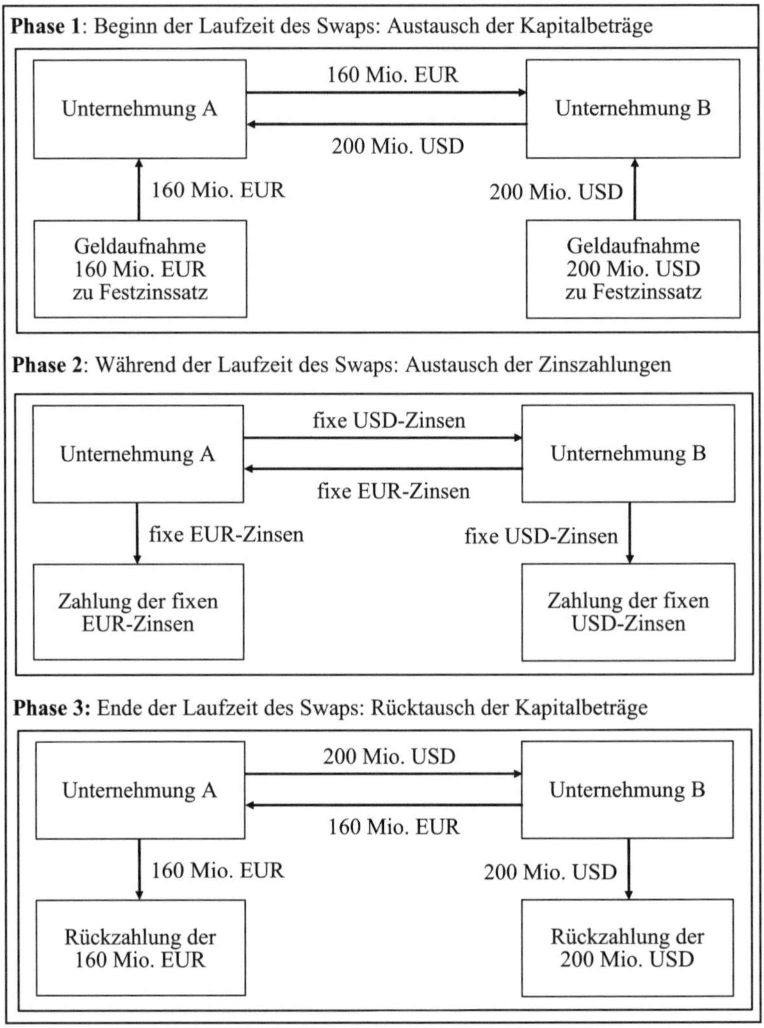

Abbildung 83: Die drei Phasen eines Währungsswaps

In obigem Beispiel wurden Festzinssatzpositionen getauscht. Aus diesem Grund wird diese Art eines Währungsswaps „Festsatz-Währungsswap“ genannt. Sind die Kapitalbeträge jeweils variabel verzinslich, so wird von einem „Variabel/Variabel-Währungsswap“ gespro-

[821] Modifiziert entnommen aus *Bieg, Hartmut*: Finanzmanagement mit Swaps. In: Der Steuerberater 1998, S. 67-68.

chen. Daneben existiert noch der „kombinierte Zins- und Währungsswap“, bei dem fest verzinsliche und variabel verzinsliche Währungspositionen getauscht werden. Ebenso wie beim Zinsswap werden die Rechtsverhältnisse aus Verträgen mit Dritten – also die Kapitalaufnahme, Zinszahlung und Rückzahlung – durch den Abschluss eines Währungsswaps nicht berührt.

9.3.4 Die Risiken von Swaps

9.3.4.1 Vorbemerkungen

Wie bereits in **Abschnitt 9.3.3** dargestellt, lassen sich Swaps zur Verbesserung der Finanzierungskosten und zur Absicherung gegen bestimmte Risiken (z. B. Zinsänderungsrisiken, Währungsrisiken) einsetzen. Mit dem Einsatz von Swaps können aber nicht nur bestehende Risiken eliminiert werden, sondern auch gleichzeitig neue Risiken verbunden sein. Zu den wichtigsten mit dem Abschluss von Swaps verbundenen Risiken zählen das Preisrisiko und das Adressenrisiko, die im Folgenden erläutert werden sollen.[822]

9.3.4.2 Das Preisrisiko

Neben den bisher dargestellten Einsatzmöglichkeiten können Swaps auch zu Spekulationszwecken genutzt werden. Von **Spekulation** ist immer dann auszugehen, wenn keine geschlossene Swap-Position, sondern eine offene Swap-Position besteht.

Eine **geschlossene Swap-Position** liegt dann vor, wenn einem Swap ein entsprechender gegenläufiger Swap gegenübersteht. Dies soll an einem Beispiel gezeigt werden, das auf dem Beispiel von Seite 290 bis 292 (vgl. insbesondere **Abbildung 82**; Seite 292) aufbaut.

Beispiel:[823]

Die Unternehmung A hat nicht nur mit der Unternehmung B einen Swapvertrag mit der Maßgabe geschlossen, dass Unternehmung A an Unternehmung B EURIBOR + 0,5 %-Punkte p. a. zu zahlen hat und von Unternehmung B 6,6 % p. a. erhält. Vielmehr wurde von Unternehmung A zusätzlich ein weiterer Swap mit Unternehmung C abgeschlossen, wobei die Konditionen dieses Swaps wie folgt vereinbart wurden: Unternehmung A zahlt an Unternehmung C 6,6 % p. a. und erhält von Unternehmung C EURIBOR + 0,6 %-Punkte p. a. (vgl. **Abbildung 84**).

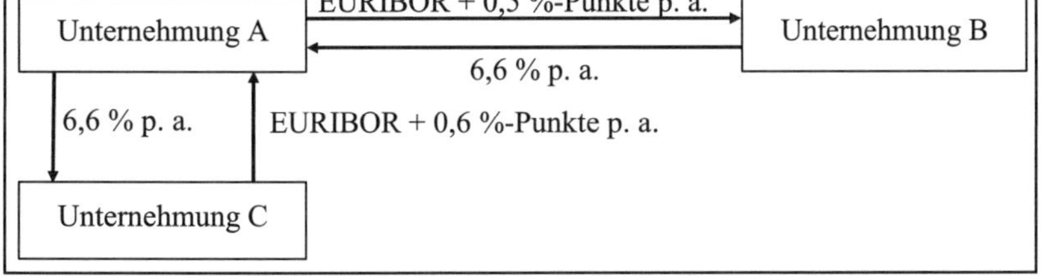

Abbildung 84: Darstellung von geschlossenen und offenen Swap-Positionen

822 Zu weiteren Risiken vgl. *Beike, Rolf*: Devisenmanagement. Hamburg 1995, S. 222.

823 Modifiziert entnommen aus *Bieg, Hartmut*: Finanzmanagement mit Swaps. In: Der Steuerberater 1998, S. 67-68.

Unternehmung A hat nun eine **geschlossene Swap-Position**, da – gleiche Vertragskonditionen (wie z. B. Laufzeit und Betrag) vorausgesetzt – Unternehmung A keinem aus den abgeschlossenen Swaps resultierenden Zinsänderungsrisiko[824] ausgesetzt ist. Der **festverzinslichen Zahlungsverpflichtung gegenüber Unternehmung C** steht eine **festverzinsliche Zahlungsforderung in gleichem Umfang gegenüber Unternehmung B** entgegen. Genauso kompensieren sich die **variabel verzinsliche Zahlungsforderung gegenüber Unternehmung C** und die **variabel verzinsliche Zahlungsverbindlichkeit gegenüber Unternehmung B**; allerdings resultiert aus diesen variabel verzinslichen Zahlungsströmen ein Nettogewinn für Unternehmung A in Höhe von 0,1 % p. a. Unabhängig von der Höhe des Zinsniveaus sind die sich aus den beiden Swaps ergebenden Zahlungsströme für Unternehmung A fixiert. Mit der Entwicklung des Zinsniveaus sind für Unternehmung A somit weder Chancen noch Risiken verbunden.

Bei den **Unternehmungen B und C** besteht jedoch jeweils eine **offene Swap-Position**. Da bei diesen beiden Unternehmungen keine gegenläufigen Geschäfte abgeschlossen wurden, sind sie der Gefahr von Zinsänderungen ausgesetzt. Unternehmung C ist dem Risiko ausgesetzt, dass ein gestiegenes Zinsniveau über ein Ansteigen des EURIBOR-Satzes zu einer erhöhten Zahlungsverpflichtung gegenüber Unternehmung A bei unveränderter Zahlungsforderung führt. Für Unternehmung B besteht hingegen das Risiko, dass sie aufgrund eines gesunkenen EURIBOR-Satzes eine geringere Zahlung von Unternehmung A erhält, gleichzeitig aber einen festen Betrag an Unternehmung A zu entrichten hat. Mit der Entwicklung des Zinsniveaus sind somit Risiken, aber auch Chancen für die Unternehmungen B und C verbunden.

Dieses Eingehen einer offenen Swap-Position durch die Unternehmungen B und C kann als **Spekulation** bezeichnet werden. Da die beiden Unternehmungen keine den abgeschlossenen Swaps entgegengerichteten Positionen eingegangen sind, spekulieren sie darauf, dass sich das Zinsniveau in einer für sie günstigen Weise verändert (oder zumindest unverändert bleibt). So ist für Unternehmung B ein Ansteigen des Zinsniveaus, für Unternehmung C ein Sinken des Zinsniveaus mit einer Erhöhung ihres Erfolges verbunden.

Mit einer offenen Swap-Position ist also ein **Preisrisiko** verbunden. Dieses Preisrisiko ist bei Zins-Swaps durch die Gefahr einer Änderung des Zinsniveaus (**Zinsänderungsrisiko**; vgl. obiges Beispiel) und bei Währungsswaps durch die Gefahr einer Änderung des Wechselkurses (**Währungsrisiko**) bzw. bei kombinierten Zins- und Währungsswaps durch eine Kombination von Zinsänderungs- und Währungsrisiko gegeben. Bei geschlossenen Swap-Positionen existiert kein Preisrisiko, da dieses gerade durch den Einsatz von Swaps ausgeschaltet wird.

9.3.4.3 Das Adressenrisiko

9.3.4.3.1 Grundsätzliches

Beim Adressenrisiko handelt es sich um die Gefahr einer Beeinflussung des Unternehmungserfolges durch eine **Bonitätsverschlechterung eines Kontraktpartners**. In Abhän-

---

[824] Für Währungs-Swaps: Währungsrisiko.

gigkeit davon, ob die Unternehmung bereits eine Vorleistung gegenüber dem Kontraktpartner erbracht hat oder nicht, wird das Adressenrisiko in das Ausfallrisiko und das Erfüllungsrisiko unterteilt.[825] Das **Ausfallrisiko** ist dadurch gekennzeichnet, dass die **Unternehmung** dem Kontraktpartner gegenüber **bereits in Vorleistung getreten** ist, z. B. durch die Auszahlung eines Kredits. Fällt der Kontraktpartner aus, ist also der Kreditnehmer nicht mehr in der Lage, den gewährten Kredit zu bedienen, so hat dies eine Erfolgsminderung für die den Kredit vergebende Unternehmung zur Folge. Durch den Ausfall des Kontraktpartners ist beim Ausfallrisiko eine Vermögensposition der Unternehmung direkt betroffen.

Anders ist die Sachlage beim **Erfüllungsrisiko**. Da hierbei die **Unternehmung noch nicht in Vorleistung getreten** ist, besitzt sie auch keine Vermögensposition, die durch eine Nichterfüllung durch den Kontraktpartner ausfallbedroht ist. Allerdings kann sich eine Erfolgsbeeinflussung ergeben, „wenn ein Kontrakt nicht mehr zu den ursprünglich mit dem Kontrahenten vereinbarten Konditionen abgewickelt werden kann".[826] Die Gefahr besteht beim Erfüllungsrisiko somit in „Verlustrisiken in der Art von Differenzbeträgen aufgrund veränderter Marktbedingungen".[827] Diese Verlustrisiken werden dann schlagend, wenn bei Ausfall des Kontraktpartners die gleiche Position wieder aufgebaut werden soll, die Marktbedingungen sich jedoch seit Abschluss des ursprünglichen Kontraktes zuungunsten der Unternehmung verändert haben, der Aufbau der gleichen Position also mit Aufwendungen für die Unternehmung verbunden ist. Eine Nichterfüllung durch den Kontraktpartner hat somit keine direkte, sondern eine indirekte Wirkung auf den Erfolg der Unternehmung.

9.3.4.3.2 Das Ausfallrisiko

Swap-Verträge sind dadurch charakterisiert, dass beide Kontraktpartner dem anderen Kontraktpartner bestimmte in der Zukunft liegende Leistungen versprechen. Somit tritt bei Swap-Verträgen im Allgemeinen keiner der Kontraktpartner in Vorleistung.[828] Aus diesem Grunde ist auch bei den am Swap beteiligten Parteien kein Vermögensgegenstand vom Ausfall bedroht; daher existiert bei Swaps **kein Ausfallrisiko, sondern ein Erfüllungsrisiko**.

9.3.4.3.3 Das Erfüllungsrisiko

Das Erfüllungsrisiko bezieht sich bei Swaps auf die Gefahr, dass bei Ausfall eines Kontraktpartners bei veränderten Marktbedingungen die gleiche Position nur noch zu ungünstigeren Konditionen aufgebaut werden kann.

Dies soll anhand des Beispiels aus **Abbildung 84** (Seite 295) verdeutlicht werden. Angenommen, Unternehmung C fällt während der Laufzeit des mit Unternehmung A abgeschlossenen Swaps aus. Unternehmung A sieht sich jetzt einer offenen Position, die aus dem Swap mit Unternehmung B resultiert, gegenüber. Da mit der nun offenen Position ein Preisrisiko

---

825 Vgl. *Bieg, Hartmut*: Bankbetriebslehre in Übungen. München 1992, S. 62.

826 *Bieg, Hartmut*: Bankbetriebslehre in Übungen. München 1992, S. 62.

827 *Christian, Claus-Jörg*: Finanzinnovationen und bankaufsichtsrechtliche Information. Stuttgart 1992, S. 113.

828 Auf die Möglichkeit einer sich aus der Divergenz von vereinbarten Zahlungszeitpunkten ergebenden Vorleistung soll hier nicht eingegangen werden.

verbunden ist (vgl. **Abschnitt 9.3.4.2**), das von Unternehmung A nicht gewünscht wird, soll diese jetzt offene Position durch einen neuen Swap (Substitutions-Swap) mit Unternehmung D geschlossen werden. Allerdings hat sich das Zinsniveau seit dem Abschluss des ursprünglichen Swaps mit Unternehmung C in der Zwischenzeit derart geändert, dass Unternehmung A den benötigten Swap mit Unternehmung D nur noch zu den folgenden Konditionen abschließen kann: Unternehmung A zahlt einen Festzinssatz in Höhe von 7,2 % p. a. an Unternehmung D und erhält von Unternehmung D variabel verzinsliche Mittel in Höhe von EURIBOR + 0,6 %-Punkte p. a.

Die neue Vertragssituation ist in **Abbildung 85** dargestellt. Unternehmung A, die vor dem Ausfall von Unternehmung C noch einen Ertrag aus den Swaps mit den Unternehmungen B und C in Höhe von 0,1 % p. a. erzielt hatte, erleidet nach Ausfall von Unternehmung C und Abschluss des Substitutions-Swaps mit Unternehmung D einen Verlust aus den gesamten Swap-Positionen in Höhe von 0,5 % p. a. Somit bestehen bei Swaps, bei denen keine Vorleistungen erbracht werden, bestimmte Risiken, die von den Vertragsparteien nicht ignoriert werden sollten. Auf die Möglichkeit, dass sich der Substitutions-Swap zu günstigeren Konditionen als der ursprüngliche Swap abschließen lässt, sei hingewiesen.

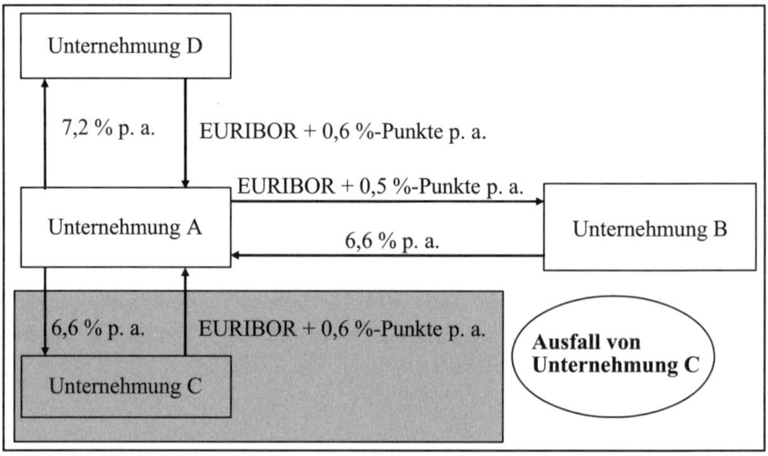

Abbildung 85: Abschluss eines Substitutions-Swaps[829]

9.4 Finanzmanagement mit Futures

9.4.1 Vorbemerkungen

Bei einem Future-Kontrakt handelt es sich um ein **unbedingtes Termingeschäft**, bei dem für zwei anonyme Kontraktpartner eine unbedingte Verpflichtung zur Leistung und Gegenleistung des Geschäftsgegenstandes besteht. Der **Käufer eines Futures verpflichtet** sich,

[829] Entnommen aus *Bieg, Hartmut*: Finanzmanagement mit Swaps. In: Der Steuerberater 1998, S. 70.

zu einem vereinbarten Zeitpunkt (Liefertag) eine festgelegte Menge des zugrunde liegenden Handelsobjekts (Basiswert) zum beim Vertragsabschluss vereinbarten Terminkurs (Future-Preis) **abzunehmen**. Der **Verkäufer eines Futures verpflichtet** sich entsprechend, dem Käufer den Basiswert **zu liefern**. Die **Zahlung** erfolgt erst **bei Lieferung** des Handelsobjekts und nicht bei Vertragsabschluss.

In Abgrenzung zu den Forwards,[830] die als unbedingte Termingeschäfte außerhalb organisierter Märkte zwischen zwei Vertragspartnern (OTC) individuell vereinbart werden, zeichnen sich Futures durch ihren standardisierten Börsenhandel aus. Durch diese Standardisierung wird eine erhöhte Handelbarkeit der Kontrakte ermöglicht.

9.4.2 Die Future-Arten

9.4.2.1 Die Commodity und Financial Futures

Futures lassen sich nach ihrem Basiswert in zwei Hauptgruppen unterteilen, die Commodity Futures und die Financial Futures.

Die klassischen **Commodity Futures** basieren auf **physischer Ware**, den sogenannten lagerfähigen „Commodity Underlyings" (z. B. Rohstoffe, Agrarprodukte oder Edelmetalle). Um die Qualität dieser Ware beurteilen zu können, wurden auf den Rohwarenmärkten **Qualitätsstandards** festgelegt. Der Investor hat mittels dieser Standards die Möglichkeit, z. B. die Reife von Getreide oder die Reinheit von Edelmetallen zu beurteilen.

Im Laufe der Zeit entwickelten sich an den Commodity Börsen die **Financial Futures**, deren Funktionsprinzip auf dem Konzept der Waren-Futures beruht. Die **Grundlage** von Financial Futures bilden **originäre Finanzinstrumente**, sogenannte „Financial Underlyings" wie Aktien, festverzinsliche Wertpapiere (Zinsen), Devisen, aber auch fiktive Handelsobjekte wie Aktienindizes. Aus diesem Grund werden Financial Futures auch als **derivative Finanzinstrumente** oder Derivate bezeichnet. Qualitätsstandards wie bei den Commodity Futures sind nicht notwendig, da Finanzinstrumente eindeutig definiert sind, z. B. durch Kurs, Kupon, Wertpapierkennungen, Laufzeit oder Indexbezeichnung. Im Folgenden werden einige dieser Financial Futures (Devisen-, Zins- und Index-Futures) genauer betrachtet.

9.4.2.2 Der Devisen-Future

Ein **Devisen-Future** ist ein Termingeschäft auf Währungen, d. h. ein Kontrakt, der den Tausch eines bestimmten Geldbetrages einer Währung in eine andere Währung zu einem festgelegten Wechselkurs an einem vereinbarten Abwicklungsdatum regelt.

Die ursprüngliche **Intention des Käufers** eines Devisen-Futures ist die Absicherung eines in Zukunft benötigten Währungsbetrages gegen eine Aufwertung dieser Währung gegenüber der ihm zur Verfügung stehenden Währung.

---

830 Zum Forward Rate Agreement als spezielle Ausprägung der Forwards vgl. **Abschnitt 9.5**.

Auf der Gegenseite des Kontraktes will sich der **Verkäufer** eines Devisen-Futures gegen eine Abwertung dieser Währung gegenüber der ihm zur Verfügung stehenden Währung absichern.

Devisen-Futures werden an der einzigen deutschen Terminbörse für Financial Futures, der **Eurex**, nicht gelistet und können daher nur auf ausländischen Märkten gekauft werden.

Beispiel:[831]

Als Beispiel sei ein USD-Future in Höhe von 100.000,00 USD zu einem Kurs von 1,25 USD/EUR, fällig am 1. Juni des Jahres 01, vereinbart worden. Der **Käufer** dieses Futures rechnet mit dem Fallen der Wechselkursrelation USD/EUR bis zum 1. Juni 01, d. h. einer Aufwertung des US-Dollars gegenüber dem EUR. Der **Verkäufer** hingegen kalkuliert mit einer steigenden Wechselkursrelation. Fällt der Kassakurs USD/EUR bis zum 1. Juni 01 auf 1,05 USD/EUR, so hat der **Future-Käufer** einen **Gewinn** von 1,25 USD/EUR – 1,05 USD/EUR = 0,20 USD/EUR. Dieser Gewinn realisiert sich, wenn der Future-Käufer die bei Erfüllung des Futures zu 1,25 USD/EUR vom Future-Verkäufer gekauften 100.000,00 USD (100.000,00 USD ≙ 80.000,00 EUR) im Juni 01 unmittelbar nach dem Erwerb wieder am Kassamarkt zu 1,05 USD/EUR (100.000,00 USD ≙ 95.238,10 EUR) veräußert. Der Gewinn aus **Spekulation** ist dann 15.238,10 EUR (vgl. **Abschnitt 9.4.5.1**).

Wenn der Käufer des Futures den Kontrakt jedoch abgeschlossen hat, um eine bereits bestehende (offene) Lieferverpflichtung in Höhe von 100.000,00 USD zu schließen (**Hedging**; vgl. **Abschnitt 9.4.5.3**), so erzielt er aus dem Future keinen Gewinn. Er hat sich aber gegen den beschriebenen Kursverfall abgesichert, da er die im Juni 01 für die Erfüllung der offenen Lieferverpflichtungen notwendigen 100.000,00 USD nicht zu 1,05 USD/EUR am Kassamarkt erwerben muss, sondern durch Erfüllung des Futures zu 1,25 USD/EUR vom Future-Verkäufer erwirbt.

Muss der **Future-Verkäufer** sich die 100.000,00 USD zum Stichtag am Kassamarkt zur Erfüllung seiner Vertragsverpflichtung beschaffen, so realisiert er einen entsprechenden Verlust von 15.238,10 EUR. Hat aber der Future-Verkäufer den Kontrakt abgeschlossen, um eine bereits bestehende (offene) Devisenforderung in Höhe von 100.000,00 USD gegen einen Kursanstieg abzusichern, so kann er den ohne den Future-Kontrakt entstehenden Gewinn von 15.238,10 EUR nicht vereinnahmen, da er die aus der Devisenforderung zufließenden US-Dollar nicht am Kassamarkt zu 1,05 USD/EUR verkaufen kann, sondern zur Erfüllung des Futures an den Future-Käufer zu 1,25 USD/EUR liefern muss.

Steigt dagegen der Wechselkurs (USD/EUR) über den Future-Preis, so realisiert der Verkäufer des Devisen-Futures entsprechend den Gewinn und der Käufer den Verlust in gleicher Höhe, wenn der Future für sie eine offene Position darstellte und nicht zum Schließen einer ansonsten offenen Devisenposition abgeschlossen wurde.

9.4.2.3 Der Zins-Future

Ein Termingeschäft auf Zinsinstrumente (Geldmarktanlagen oder Anleihen) wird als **Zins-Future** bezeichnet. Der standardisierte Kontrakt beinhaltet den Kauf bzw. Verkauf eines kurz-, mittel- oder langfristig zinstragenden Wertpapiers zu einem börsennotierten, im Voraus festgelegten Preis (Kurs) an einem späteren Abwicklungsdatum. Die zugrunde liegenden Basiswerte sind verzinsliche Wertpapiere, wobei deren Besonderheit darin liegt, dass die Verzinsung während der gesamten Laufzeit des Wertpapiers vertraglich fixiert ist. Da-

[831] Modifiziert entnommen aus *Bieg, Hartmut*: Finanzmanagement mit Futures. In: Der Steuerberater 1998, S. 105.

mit können Zins-Futures als Kontrakte gesehen werden, die den Kauf oder Verkauf eines speziellen Zinssatzes vorsehen.[832]

Der **Preis** für ein festverzinsliches Wertpapier hängt – sieht man von der Bonität des Schuldners ab – von dem **aktuellen Marktzins** und der **Laufzeit des Wertpapiers** ab. Er ergibt sich durch Abzinsung der zukünftig aus dem festverzinslichen Wertpapier vertragsgemäß resultierenden Zins- und Tilgungszahlungen, die mit dem aktuellen Kapitalmarktzins diskontiert werden. Liegt der Marktzins über dem Festzins des Wertpapiers, so ist der Preis (in Prozent des Nennwerts eines Wertpapiers) unter pari, d. h. unter 100 %. Entsprechend ist der Preis über pari bzw. über 100 %, falls der Marktzins unter dem vereinbarten Zins des Wertpapiers liegt. Das Marktzinsniveau wiederum hängt von der Laufzeit des Wertpapiers ab. Geht man von einer **normalen Zinsstruktur** aus, werden für längerfristige Anlagen höhere Zinsen gezahlt als für kürzerfristige. Dagegen werden bei **inverser Zinsstruktur** für längerfristige Anlagen geringere Zinsen als für kürzerfristige Anlagen bezahlt. Schließlich weisen Wertpapiere verschiedener Laufzeiten bei gleicher Zinsniveauänderung unterschiedliche Kursbewegungen auf. Ein einjähriges Wertpapier reagiert auf eine Marktzinsschwankung nicht so stark mit Kursveränderung wie ein zweijähriges Papier, wirkt sich doch der veränderte Marktzins beim zweijährigen Papier längerfristig aus.

Der **Käufer** eines Zins-Futures rechnet damit, dass der entsprechende Marktzinssatz des zugrunde liegenden Wertpapiers in naher Zukunft fallen und in Konsequenz hieraus der Kurs des Wertpapiers steigen wird. Der **Verkäufer** eines Zins-Futures kalkuliert demnach mit steigenden Marktzinsen und aus diesem Grund fallenden Preisen bzw. Kursen.

9.4.2.4 Der Index-Future

Ein Kontrakt über einen **Index-Future** basiert auf einem hypothetischen Portefeuille von Wertpapieren, welches durch einen Index (z. B. Aktienindex) repräsentiert wird. Die Kursbewegung des gesamten Portefeuilles wird anhand einer errechneten Größe – dem Index – abgebildet. Die gegenseitige Vereinbarung eines Index-Futures lautet, dieses Portefeuille zu einem bestimmten Index an einem zukünftigen Datum zu kaufen bzw. zu verkaufen. Im Gegensatz zu den Devisen- und Zins-Futures beruhen Index-Futures nicht auf einem konkreten Basiswert, der zum Fälligkeitsdatum physisch geliefert werden kann, sondern auf einem **fiktiven Basiswert**, zu dem bei Fälligkeit ein **Barausgleich** (**cash settlement**) in Höhe der Differenz des vereinbarten Indexes zum aktuellen Indexstand am Fälligkeitsdatum stattfindet. Dieser fiktive Basiswert ist demnach ein spezieller Preis eines bestimmten Portefeuilles, dessen Wertpapiere in ihren Anteilen genau definiert sind.

Der Indexhandel ist ein Handel, bei dem der Investor z. B. anstatt Aktien einer bestimmten Unternehmung einen Marktdurchschnitt von Aktien erwirbt oder veräußert. Dabei zeigt eine Indexbewegung die durchschnittliche Entwicklung aller Titel eines Marktes auf. Index-Futures können sowohl auf Aktienindizes (z. B. Dax, Dow Jones, Nikkei) als auch auf Obligationen-, Währungs- oder Warenindizes basieren. Sie sind ebenfalls geeignete Absicherungsinstrumente gegen den Wertverfall des zugrunde liegenden Portefeuilles.

---

[832] Beispielhaft ist der Euro-Bund-Future an der Eurex zu nennen, der zu den liquidesten Zins-Future-Kontrakten weltweit gehört.

Ein Index-Future soll am Beispiel des DAX-Futures dargestellt werden. Dem DAX liegen die Kursentwicklungen der 30 wichtigsten deutschen Standardwerte zugrunde; die DAX-Aktien entsprechen etwa 70 % der Marktkapitalisierung aller an der Frankfurter Wertpapierbörse gehandelten Aktien.

Beispiel:[833]

Es seien 10 DAX-Future-Kontrakte mit einem Future-Preis von 7.500 Punkten, fällig in sechs Monaten, vereinbart worden. Der Wert eines Future-Kontraktes beträgt 25,00 EUR pro Indexpunkt. Der Stand des DAX am Abschlussdatum Januar des Jahres 01 sei 7.100 Punkte. Würde der Investor dieses hypothetische DAX-Portefeuille heute erwerben, müsste er 10 · 25,00 EUR pro Indexpunkt · 7.100 Indexpunkte = 1.775.000,00 EUR bezahlen. Dies ist jedoch wegen des hohen Liquiditätsbedarfs nicht in seinem Interesse. Er spekuliert auf einen Anstieg des DAX während der sechs Monate auf über 7.500 Punkte, womit er sich in der Gewinnzone befinden würde. Notiert der DAX z. B. am 1. Juli des Jahres 01 7.700 Punkte, so kann sich der Käufer seinen Gewinn in Höhe von (7.700 – 7.500) · 10 · 25,00 EUR = 50.000,00 EUR bar auszahlen lassen. Liegt der Schlussabrechnungspreis jedoch um z. B. 150 Punkte unter dem vereinbarten Preis von 7.500 Indexpunkten, so hat der Käufer 37.500,00 EUR zu zahlen.

Die folgenden Ausführungen beschränken sich auf die wichtigsten Financial Futures (Devisen-, Zins- und Aktienindex-Future). Gleichwohl gelten sie im Grundsatz für alle denkbaren Future-Arten.

9.4.3 Die Erfüllung eines Future-Kontraktes

Sowohl die Standardisierung als auch die besondere Organisationsform der Terminbörse gewährleisten die Effizienz der Future-Märkte und damit die hohe Fungibilität der Futures. Letztere kommt auch dadurch zum Ausdruck, dass Futures nur zu einem geringen Teil tatsächlich erfüllt, sondern vielmehr vor Fälligkeit durch ein entsprechendes Gegengeschäft mit identischen Vertragsbedingungen zum dann gültigen Terminkurs glattgestellt werden. Der **Käufer** eines Future-Kontraktes (**Long Position**) kann durch eine äquivalente **Verkaufsposition** (**Short Position**) sein Termingeschäft glattstellen, bzw. eine Short Position wird durch eine entsprechende Long Position glattgestellt. Die Glattstellung eines offenen Kontraktes ist möglich, weil sich die Ansprüche des Markteilnehmers und der Clearing-Stelle, die als Vertragspartner in den Vertrag eingetreten ist, nach Abschluss des Gegengeschäftes gegenseitig aufheben. Der Gewinn bzw. Verlust ergibt sich aus der Differenz des Terminkurses bei Abschluss und des Terminkurses bei Glattstellung.

Beispiel:[834]

Ein Investor geht im Januar des Jahres 01 eine Long Position ein, indem er einen Devisen-Future zum Preis von 1,25 USD/EUR, Kontraktgröße 100.000,00 USD und fällig am 1. Juli 01, kauft. Er hätte nun die Möglichkeit, am 1. Juli die vereinbarte Menge Dollar zum Preis von 1,25 USD/EUR (100.000,00 USD ≙ 80.000,00 EUR) effektiv zu kaufen. Will er jedoch seine Long Position durch ein Gegengeschäft vorzeitig glattstellen, so geht er während der Kontrakt-

---

[833] Modifiziert entnommen aus *Bieg, Hartmut*: Finanzmanagement mit Futures. In: Der Steuerberater 1998, S. 106.

[834] Modifiziert entnommen aus *Bieg, Hartmut*: Finanzmanagement mit Futures. In: Der Steuerberater 1998, S. 108-109.

Laufzeit eine Short Position ein, d. h., er verkauft z. B. im März 01 einen 100.000,00 USD Future mit Fälligkeit im Juli 01 zu einem bestimmten Preis. Der Gewinn bzw. Verlust aus den zwei Future-Kontrakten ist die Differenz zwischen Verkaufs- und Kaufpreis. Geht der Investor z. B. am 1. März 01 die Short Position über den Juli Dollar-Future zum Preis von 1,20 USD/EUR (100.000,00 USD ≙ 83.333,33 EUR) ein, so hat er einen Gewinn von (83.333,33 EUR – 80.000,00 EUR) = 3.333,33 EUR realisiert.

Wird im Gegensatz zur vorzeitigen Glattstellung der Kontrakt am Liefertag tatsächlich erfüllt, so unterscheidet man je nach Future-Art und Kontraktspezifikation zwischen der physischen Lieferung des Basiswerts (**physical settlement**) und dem monetären Ausgleich (**cash settlement**). Bei Letzterem ergibt sich die Höhe des Ausgleichsbetrags aus der Differenz zwischen vereinbartem Terminkurs und dem Kassakurs des Basiswerts am Liefertag.

9.4.4 Die Preisbildung von Financial Futures

Die Theorie der Preisbildung von Financial Futures ist grundlegend zum Verständnis der Motivation der Marktteilnehmer. Sie wird im Folgenden beispielhaft anhand des Terminkurses einer Aktie dargestellt.

Der Future-Preis (Terminkurs) hängt zunächst vom Preis des zugrunde liegenden Basiswerts (Kassakurs) ab. Bestünde zwischen dem Halten des Basiswertes und dem Terminkauf (also dem zukünftigen Halten des Basiswerts) kein Unterschied, so würden sich Kassa- und Terminkurs entsprechen. Dies ist in der Realität nur im Zeitpunkt der Fälligkeit des Kontrakts der Fall. Ansonsten beruht der Unterschied zwischen Kassa- und Terminkurs, der als **Basis** bezeichnet wird, auf zwei Gruppen von **Einflussfaktoren**. Die sogenannte **Value Basis** ergibt sich aufgrund nicht messbarer Faktoren wie Erwartungen der Marktteilnehmer, Tagesereignisse, Angebots- und Nachfragestrukturen und der Marktliquidität. Die zweite Gruppe beinhaltet die (messbaren) Faktoren, die durch das Halten des entsprechenden Basiswerts verursacht werden (z. B. Finanzierungs- und Lagerkosten). Die Kosten, die durch das Halten des Basiswerts entstehen, ergeben abzüglich der Erträge aus dem Basiswert (z. B. Zinserträge) die **Carry Basis** (Nettofinanzierungskosten), den zweiten Bestandteil der Basis:

$$\text{Basis} = \text{Terminkurs} - \text{Kassakurs}$$
$$\text{Basis} = \text{Value Basis} + \text{Carry Basis}$$

Lässt man die nicht messbaren Einflussfaktoren (also die Value Basis) außer Betracht, so ergibt sich der sogenannte **Fair Value** als theoretischer Terminkurs aus dem Kassakurs und der Carry Basis:

$$\text{Fair Value} = \text{Kassakurs} + \text{Carry Basis}$$

Diese Zusammenhänge sollen durch folgende Ausführungen verdeutlich werden, die vereinfachend von einem unterjährigen Betrachtungszeitraum ausgehen und keine Transaktionskosten oder sonstige Kosten (wie z. B. Depotgebühren) berücksichtigen. Ein Investor kauft zum Zeitpunkt t_0 eine Aktie zum Kassakurs S_0. Er nimmt dazu ein Darlehen in der gleichen Höhe zum Zinssatz f auf, das zum Zeitpunkt t_1 fällig ist. Gleichzeitig verkauft der Investor auf Termin t_1 die Aktie zum gesuchten Terminkurs (Future-Preis) F_0.

Das Portefeuille des Investors hat damit zum Zeitpunkt t_0 den Wert von Null, da in diesem Zeitpunkt t_0 die Höhe der Darlehenssumme genau dem Wert der Aktie entspricht. Im Zeitpunkt t_1 erhält er eine Dividende, die sich aus dem Dividendensatz d, angewendet auf den Kassakurs S_0 für die entsprechende Laufzeit $(t_1 - t_0)$, ergibt. Eine Dividende wird im Normalfall für ein Jahr bezahlt, weshalb hier der Dividendensatz d als zeitabhängig verstanden wird. Der Investor erhält gleichzeitig nach Lieferung der Aktie in den Terminkontrakt den vereinbarten Terminkurs F_0 und zahlt das Darlehen mit den aufgelaufenen Zinsen zurück. **Abbildung 86** (Seite 305) enthält eine Übersicht der Zahlungen (Einzahlungen positiv; Auszahlungen negativ) und Vermögenswerte.

Geht man von einem vollkommenen Kapitalmarkt aus, ergibt sich also aufgrund von Arbitrageprozessen ein Gleichgewicht zwischen Kassa- und Terminmarkt, so muss der Wert des Portefeuilles auch im Zeitpunkt t_1 null betragen. Es gilt demnach folgende Gleichung:

$$F_0 - S_0 \cdot \left[1 + (f - d) \cdot \frac{(t_1 - t_0)}{360}\right] = 0$$

Löst man die Gleichung nach dem gesuchten Terminkurs F_0 auf und berücksichtigt, dass $c = f - d$ gilt, so erhält man:

$$F_0 = S_0 \cdot \left[1 + c \cdot \frac{(t_1 - t_0)}{360}\right]$$

Dabei bezeichnet die Variable c den sogenannten Cost of Carry-Satz, der sich aus den Kosten (hier: f, die Zinsen für das aufgenommene Darlehen) abzüglich der Erträge aus dem Basiswert (hier: d, die Dividende) ergibt. Der Term

$$S_0 \cdot c \cdot \frac{(t_1 - t_0)}{360}$$

bildet demnach die Carry Basis, die zusammen mit dem Kassakurs S_0 den fairen (theoretischen) Terminkurs F_0 ergibt; dieser wird jedoch in aller Regel vom tatsächlichen Terminkurs abweichen, da in der Realität kein vollkommener Kapitalmarkt existiert, so dass die hier unterstellten Arbitrageprozesse nicht stattfinden, und außerdem nicht messbare Faktoren (Value Basis) den Terminkurs beeinflussen:

$$\begin{aligned} &\text{Fair Value} &&= \text{Kassakurs} &&+ \text{Carry Basis} \\ &\Leftrightarrow F_0 &&= S_0 &&+ S_0 \cdot c \cdot \frac{(t_1 - t_0)}{360} \end{aligned}$$

Das Beispiel lässt sich leicht auf andere Future-Arten übertragen, indem man den Cost of Carry-Satz entsprechend anpasst. So ergibt sich der Cost of Carry-Satz unter den obigen vereinfachenden Annahmen bei Zins-Futures aus der Differenz zwischen Kredit- und Anlagenzinssatz und bei Devisen-Futures aus der Differenz zwischen inländischem und ausländischem Zinssatz.

Transaktionen \ Zahlungen	Zahlungen zum Zeitpunkt t_0	Zahlungen zum Zeitpunkt t_1
Aktienkauf Dividendenzahlung	$-S_0$	$+S_0 \cdot d \cdot \frac{(t_1 - t_0)}{360}$
Darlehensaufnahme Darlehensrückzahlung	$+S_0$	$-S_0 \cdot \left[1 + f \cdot \frac{(t_1 - t_0)}{360}\right]$
Verkauf der Aktie auf Termin		$+F_0$
Summe (Wert des Portefeuilles)	0	$F_0 - S_0 \cdot \left[1 + (f - d) \cdot \frac{(t_1 - t_0)}{360}\right]$

Abbildung 86: Darstellung eines Portefeuilles zur Erklärung der Preisbildung von Financial Futures[835]

9.4.5 Die Motive der Kontraktpartner

9.4.5.1 Das Spekulationsmotiv

Die Motive der Kontraktpartner lassen sich nach ihrer jeweiligen Risikoneigung einteilen. Sie reichen von der risikofreudigen Spekulation über die weniger risikoreiche Arbitrage bis zum risikoaversen Sicherungsgeschäft, dem sogenannten Hedging.

Der **Spekulant** ist bereit, durch Kauf oder Verkauf von Futures risikoreiche, offene Positionen aufzubauen, um intertemporale Preisunterschiede auszunutzen. Das hohe Risiko – und damit auch die hohen Gewinnchancen – von Future-Kontrakten beruhen auf der sogenannten **Hebelwirkung**. Jede Erhöhung des Kassakurses schlägt ceteris paribus in Höhe des gleichen absoluten Betrages auf den Terminkurs durch. Der im Vergleich zu Kassageschäften geringe Kapitaleinsatz (in Form von Gebühren und Sicherheitsleistungen) führt demnach zu relativ hohen positiven wie negativen Renditen. Diese Hebelwirkung von Future-Kontrakten auf die Rendite des eingesetzten Kapitalbetrags soll anhand eines Beispiels[836] erläutert werden.

---

[835] Entnommen aus *Bieg, Hartmut*: Finanzmanagement mit Futures. In: Der Steuerberater 1998, S. 109.

[836] Aus Gründen der Vereinfachung wird in diesem Beispiel von Transaktionskosten (z. B. Gebühren) beim Kassa- und Termingeschäft abgesehen. Der Terminkurs entspricht dem theoretischen „Fair Value“ und eine Nachschusspflicht bei der Margin besteht nicht.

Beispiel:[837]

Ein Investor verfügt im ersten Quartal des Jahres 01 über 120.000,00 EUR, die er gewinnbringend anlegen will. Er erwartet, dass der XY-Konzern in diesem Jahr steigende Umsatzdaten veröffentlichen und sich deshalb der Kurs der XY-Aktie erhöhen wird. Für ihn kommen zwei Möglichkeiten in Frage, wie er an der eventuellen Kurssteigerung partizipieren kann, zum einen ein Kassageschäft, zum anderen ein Termingeschäft.

Beim **Kassageschäft** investiert er am 1. April des Jahres 01 120.000,00 EUR in 1.000 XY-Aktien, die er an der Börse zu 120,00 EUR pro Stück kauft. Drei Monate später sei der Kassakurs auf 140,00 EUR/Aktie gestiegen. Der Investor erhält aus dem Kassageschäft bei Verkauf der 1.000 XY-Aktien am 1. Juli 01 an der Börse einen Erlös von 140.000,00 EUR. Sein Gewinn beträgt demnach (140,00 EUR – 120,00 EUR) · 1.000 = 20.000,00 EUR und seine Rendite aus dem Kassageschäft beläuft sich auf ca. 16,67 % für drei Monate (20.000,00 EUR : 120.000,00 EUR = 0,1667).

Als Alternative zum Kassageschäft könnte er ein **Termingeschäft** abschließen, das am 1. April 01 wie folgt gestaltet wird. Er kauft XY-Aktien-Futures mit Fälligkeit in sechs Monaten. Jeder Kontrakt beinhaltet die Verpflichtung, 1.000 Aktien zum Terminkurs von 125,00 EUR/Stück am 1. Oktober 01 zu kaufen (Carry Basis = 5,00 EUR/Stück; vgl. **Abschnitt 9.4.4**). Die Initial Margin beträgt pro Future 8 % des Kontraktwertes, d. h., der Investor muss für jeden Kontrakt am 1. April 01 0,08 · 1.000 · 125,00 EUR = 10.000,00 EUR Sicherheitsleistung erbringen. Bei einem Kapitalstock von 120.000,00 EUR kann er somit am 1. April 01 12 solcher Aktien-Future-Kontrakte eingehen (12 · 10.000,00 = 120.000,00 EUR).

Das Termingeschäft kann er zum 1. Juli 01 glattstellen, um den Gewinn aus der Kurssteigerung zu realisieren. Die gekauften 12 Future-Kontrakte (Long Position) fällig am 1. Oktober 01, werden mit dem Verkauf von 12 Future-Kontrakten (Short Position) zum 1. Oktober 01 am 1. Juli 01 glattgestellt. Der Terminkurs am 1. Juli 01 für die Short Position (Verkauf der 12 Kontrakte je 1.000 XY-Aktien auf Termin) beträgt 142,50 EUR/Stück. Die Kassakurssteigerung um 20,00 EUR (von 120,00 EUR auf 140,00 EUR) erhöht um denselben Betrag den Terminkurs. Die Carry-Basis hat sich dabei um 2,50 EUR gesenkt (von 5,00 EUR auf 2,50 EUR). Diesen Preis erhält der Investor bei Verkauf der Future-Kontrakte am 1. Juli 01 auf Termin. Da die Clearingstelle beide Geschäfte bei Glattstellung übernimmt, erhält der Investor am 1. Juli 01 12 · 1.000 · 142,50 EUR = 1,71 Mio. EUR als Erlös aus der Short Position und muss gleichzeitig 12 · 1.000 · 125,00 EUR = 1,5 Mio. EUR aus der Long Position bezahlen (die geleisteten Sicherheitsleistungen von 120.000,00 EUR werden verrechnet). Effektiv erhält er demnach von der Clearingstelle 1,71 Mio. EUR – 1,5 Mio. EUR = 210.000,00 EUR als Gewinn aus dem Future-Geschäft ausbezahlt. Die Rendite des Termingeschäfts bezogen auf das eingesetzte Kapital beträgt 210.000,00 EUR : 120.000,00 EUR = 1,75 und somit 175 % für drei Monate.

An dieser Stelle wird der **Hebeleffekt** erkennbar, da die Rendite des Termingeschäfts bei gleichem Kapitaleinsatz um das 10,5-fache höher ist als die Rendite aus dem Kassageschäft. Hat sich der Investor jedoch geirrt und liegt am 1. Juli 01 ein 10 %iger Kursverfall der XY-Aktie vor (die XY-Aktie notiert 108,00 EUR/Stück), so hätte er aus dem Kassageschäft eine negative Rendite für drei Monate von –10 % realisiert; absolut ist dies ein Verlust von 12.000,00 EUR. Der Terminkurs des Aktien-Futures Oktober 01 notiert dann am 1. Juli 01 110,50 EUR/Aktie, woraus sich aus dem Termingeschäft eine negative Rendite von –145 % ergeben würde und absolut ein Verlust in Höhe von 174.000,00 EUR. Hier errechnet sich ein Hebel von 14,5 von der Kassa-Rendite auf die Termin-Rendite, wodurch das hohe Verlustpotenzial aus dem Future-Geschäft ersichtlich wird, da der Investor 162.000,00 EUR mehr durch das Termingeschäft verlieren würde.

---

[837] Modifiziert entnommen aus *Bieg, Hartmut*: Finanzmanagement mit Futures. In: Der Steuerberater 1998, S. 110.

Der beispielhaft berechnete Hebel auf die Rendite entsteht, indem durch die zeitliche Verschiebung der Kapitalbereitstellung für die Aktien und der relativ geringen Sicherheitsleistung bei Termingeschäften am Geschäftsabschlusstag effektiv mehr Aktien auf Termin als Kassa gekauft werden können. Eine Kursveränderung wirkt sich demnach um ein Vielfaches (den Hebel) auf das Termingeschäft aus, wodurch das hohe Gewinn- bzw. Verlustpotenzial entsteht. Einflussfaktoren auf die Höhe des Hebels sind die Höhe der Terminkurse bei Geschäftsabschluss und bei Glattstellung, die Höhe der Margins und Gebühren sowie die Höhe der Rendite aus dem gleichwertigen Kassageschäft.

Voraussetzung für eine Gewinnerzielung ist also, dass der Spekulant mit seiner Prognose der Marktentwicklung (seinen Markterwartungen) besser liegt als die in der Value Basis ausgedrückte Preiserwartung des Marktes.[838] Der Spekulant als Käufer eines Futures kann, wie oben gezeigt, dann einen Gewinn realisieren, wenn sich der Terminkurs nach oben entwickelt.

Die Höhe des Gewinns ergibt sich

- bei vorzeitiger Glattstellung aus der Differenz des dann geltenden (höheren) Terminkurses und des ursprünglich vereinbarten (niedrigeren) Terminkurses;
- bei Erfüllung des Kontraktes aus der Differenz des dann geltenden (höheren) Kassakurses des Basiswerts und des ursprünglich vereinbarten (niedrigeren) Terminkurses.

Analog realisiert der spekulative Verkäufer eines Futures den Gewinn, falls der Terminkurs sinkt.

9.4.5.2 Das Arbitragemotiv

Arbitrage zeichnet sich durch die Ausnutzung ökonomisch nicht gerechtfertigter Preisunterschiede sowohl zwischen verschiedenen Future-Märkten als auch zwischen Kassa- und Future-Märkten aus. Der Arbitrageur erzielt auf Future-Märkten risikolose Gewinne, indem er Kontrakte an der billigeren Börse kauft und sie (gleichzeitig) an der teureren verkauft. Befinden sich Kassa- und Future-Markt bezüglich eines Basiswertes nicht im Gleichgewicht, weicht also der Terminkurs vom Fair Value ab, sind Arbitragegewinne durch eine Kombination von Kassa- und Future-Geschäften (wie sie z. B. in **Abschnitt 9.4.4** zur Erklärung der Preisbildung dargestellt wurde) möglich. Arbitrageure tragen somit wesentlich zur fairen Preisbildung an Future-Märkten bei.

9.4.5.3 Das Preissicherungsmotiv (Hedging)

Die zentrale wirtschaftliche Funktion der Financial Futures liegt allerdings in ihrem Einsatz als Preissicherungsinstrumente (**Hedging**). Der Hedger möchte vorhandene oder zukünftige Finanzpositionen mittels Futures gegen Preisänderungen absichern, indem er eine jeweils entgegengesetzte Future Position aufbaut und dadurch die ursprüngliche Position neutralisiert. Fällt dann der Wert der ursprünglichen Position, so steigt der Wert der Future Position und umgekehrt; Gewinne aus der einen und Verluste aus der anderen Position heben sich

---

[838] Diese wurde zwar im obigen Beispiel vernachlässigt, sie ist aber normalerweise Bestandteil des Terminkurses (vgl. **Abschnitt 9.4.4**).

somit gegenseitig auf. Das Absichern zukünftiger Finanzpositionen wird als **antizipatorisches Hedging** bezeichnet.

Man unterscheidet zwischen der Absicherung einzelner Positionen (**Micro Hedge**) und der Absicherung einer Gesamtrisikoposition (**Macro Hedge**). Stimmt das abzusichernde Finanzinstrument mit dem Basiswert des Futures überein, spricht man von einem **Pure Hedge**. In diesem Fall ist die Wahrscheinlichkeit, dass Kassa- und Terminkurs sich parallel entwickeln und Gewinne beim einen und Verluste beim anderen sich genau ausgleichen (**Perfect Hedge**), größer als bei sogenannten **Cross Hedges**, bei denen die zugrunde liegenden Finanzinstrumente nicht übereinstimmen. Voraussetzung für einen Absicherungserfolg ist demnach immer eine stabile Korrelation zwischen den Kursen der abzusichernden Finanzpositionen und des Basiswerts.

Eine Absicherung gegen den Wertverfall einer Finanzposition wird als **Short Hedge** (Sicherungsverkauf) bezeichnet. Allgemein sichert ein Short Hedge eine bestehende Long Position oder eine zukünftige Short Position gegen **fallende** Kurse ab.

Beispielsweise hält ein Investor zu Jahresbeginn unter anderem XY-Aktien in seinem Portefeuille (bestehende Long Position) und beabsichtigt diese zum Jahresende zu verkaufen. Gegen das Risiko, dass die Kurse dieser Aktien im Verlauf des Jahres fallen, sichert er sich mit einem Short Hedge ab, d. h., er verkauft die Aktien auf Termin. Damit ist ihm der Verkaufserlös in Höhe des vereinbarten Terminkurses sicher. Bei diesem Geschäft stimmt das abzusichernde Finanzinstrument mit dem Basiswert des Futures überein; demnach handelt es sich um einen Pure Hedge.

Eine andere Möglichkeit für den Einsatz eines Short Hedges ist der zukünftig beabsichtigte Verkauf von Schuldverschreibungen einer Unternehmung zu einem fixierten Zinssatz (zukünftige Short Position). Will die Unternehmung einen garantierten Verkaufserlös in Zukunft erhalten, so muss sie sich heute mit einem entsprechenden Future-Kontrakt (Verkauf der Schuldverschreibung auf Termin) absichern, damit sie gegen Zinssteigerungen und eine damit verbundene Kurssenkung geschützt ist.

In jedem der geschilderten Fälle führt aber der Abschluss des Futures (Short Hedge) nicht nur zur Absicherung des Kurssenkungsrisikos. Da der Verkaufspreis mit dem Terminkurs bereits verbindlich vereinbart wurde, profitiert der Investor auch nicht vom Ansteigen der Kurse (bei Schuldverschreibungen aufgrund von Zinssenkungen). Da Kurssteigerungen und Kurssenkungen nicht sicher vorausgesagt werden können, müssen risikoaverse Investoren das Kurssenkungsrisiko durch den Einsatz von Futures absichern, also notwendigerweise auf Kurssteigerungschancen verzichten.

Umgekehrt fixiert ein **Long Hedge** (Sicherungskauf) den zukünftigen Kaufpreis einer Finanzposition, d. h., ein Long Hedge stellt bei einer bestehenden Short Position oder einer zukünftigen Long Position eine Absicherung gegen **steigende** Kurse dar.

Eine Unternehmung will z. B. einen Future-Kontrakt auf Aktien verkaufen (bestehende Short Position). Hält sie die dem Future-Kontrakt zugrunde liegenden Aktien nicht im eigenen Bestand, so kann sich die Unternehmung die benötigten Aktien mittels einer Kaufposition (Long Hedge) zum Liefertermin des Futures beschaffen. Fixiert sie bei diesem Aktienterminkauf denselben Preis wie beim Future-Verkauf, so haben sich die Positionen neutralisiert.

Beabsichtigt dieselbe Unternehmung einen zukünftigen Anleihekauf (zukünftige Long Position) und hat sie das Ziel, dabei einen bestimmten Zinssatz mindestens zu erwirtschaften, so kann sie ebenfalls einen Long Hedge eingehen und einen Zins-Future mit Fälligkeitstermin am Investitionszeitpunkt kaufen. Damit sichert sie sich gegen Zinssenkungen bzw. Kurssteigerungen bis zu diesem Zeitpunkt der Investition ab.

Auch bei der Kurssicherung mit Hilfe eines Long Hedge gilt, dass die Absicherung des Risikos von Kurssteigerungen (bei Schuldverschreibungen aufgrund von Zinssenkungen) zwingend zur Folge hat, dass die Chance der Kurssenkung nicht genutzt werden kann; dies ist der Preis, der für die Risikoabsicherung zu zahlen ist.

Abbildung 87 gibt einen Überblick über die beschriebenen Zusammenhänge.

Position / Zukünftige Marktsituation	**Bestehende Long Position** (z. B. Aktienbestand) oder **zukünftige Short Position** (z. B. beabsichtigte Ausgabe von Schuldverschreibungen)	**Zukünftige Long Position** (z. B. beabsichtigter Wertpapierkauf) oder **bestehende Short Position** (z. B. ungedeckter Verkauf eines Futures)
Preissteigerung bzw. Kurssteigerung (Zinssenkung)	CHANCE Keine Absicherung erforderlich[839]	RISIKO Absicherung durch LONG HEDGE (Kauf eines Futures)
Preissenkung bzw. Kurssenkung (Zinssteigerung)	RISIKO Absicherung durch SHORT HEDGE (Verkauf eines Futures)	CHANCE Keine Absicherung erforderlich[839]

Abbildung 87: Die Absicherung bestehender und zukünftiger Positionen durch Futures bei unterschiedlichen zukünftigen Marktsituationen[840]

839 Sehr wohl kann ein risikoaverser Entscheidungsträger auch in diesen Fällen eine entsprechende Absicherung vornehmen, um jegliche Unwägbarkeit auszuschließen.

840 Modifiziert entnommen aus *Bieg, Hartmut*: Finanzmanagement mit Futures. In: Der Steuerberater 1998, S. 112.

9.5 Finanzmanagement mit Forward Rate Agreements

9.5.1 Vorbemerkungen

Das **Forward Rate Agreement** (FRA), ein unbedingtes Zinstermingeschäft, unterliegt einer **individuellen Vertragsausgestaltung** zwischen den Kontraktpartnern. Da keine Börse dem Handel zwischengeschaltet ist, wird die außerbörsliche Vereinbarung „over the counter (OTC)“ gehandelt. Insbesondere im internationalen Handel und zwischen Kreditinstituten findet das Forward Rate Agreement aufgrund relativ starker Zinsschwankungen und daraus resultierender Kursschwankungen am Geld- und Kapitalmarkt großes Interesse. Die Kontraktpartner eines Forward Rate Agreements sind bemüht, ihre sich aus Zins- und damit verbunden auch Kursschwankungen ergebenden Risiken auszuschalten oder zumindest soweit möglich einzuschränken.

Das grundsätzliche Problem soll anhand eines Beispiels gezeigt werden, das den Fall der Zinssicherung, also des Hedging (vgl. **Abschnitt 9.5.5**), betrifft.

Beispiel:

Eine Unternehmung A beabsichtigt bereits heute, in einem späteren Zeitpunkt, z. B. in drei Monaten, einen Kredit in einem bestimmten Umfang aufzunehmen bzw. einen in drei Monaten in seiner Zinsbindung auslaufenden Kredit zu verlängern. Sie möchte sich bereits heute die derzeitigen Zinsen für einen bestimmten kurzfristigen Zeitraum in der Zukunft, z. B. für sechs Monate, allerdings erst beginnend in drei Monaten, sichern. Es soll also das Risiko, dass sich in drei Monaten die Zinssituation für die Unternehmung verschlechtert hat, d. h. dass die Zinsen gestiegen sind, ausgeschaltet werden. Mit der Sicherung der heutigen Zinsen ist allerdings zwingend verbunden, dass auch die Chance einer zukünftigen Zinssenkung nicht genutzt werden kann.

Eine andere Unternehmung B möchte in drei Monaten bis dahin zugeflossene liquide Mittel für sechs Monate verzinslich anlegen oder aber eine in drei Monaten auslaufende Geldanlage für weitere sechs Monate verlängern. Auch diese Unternehmung möchte sich die heutigen Zinsen sichern und damit der Gefahr entgegenwirken, dass die Zinsen in sechs Monaten niedriger sind als heute. Dabei muss sie allerdings akzeptieren, dass die Chance der Zinserhöhung nicht genutzt werden kann.

Beide Unternehmungen werden zwar voraussichtlich in drei Monaten die eigentliche Kreditaufnahme (A) bzw. Geldanlage (B) für sechs Monate am Finanzmarkt tatsächlich zu den dann herrschenden Zinsbedingungen vornehmen. Wenn beide Unternehmungen bereits heute ein entsprechendes Forward Rate Agreement schließen, so erhalten bzw. leisten sie in drei Monaten eine Ausgleichszahlung, die von der Entwicklung des Referenzzinssatzes abhängig ist. Die **Ausgleichszahlung** erhält derjenige FRA-Partner, für den sich am Finanzmarkt im Hinblick auf sein Grundgeschäft die Situation gegenüber dem Zeitpunkt des Abschlusses des Forward Rate Agreements verschlechtert hat. Er vereinbart nun zwar seine Kreditaufnahme bzw. Geldanlage zu den jetzt herrschenden, ungünstigeren Zinsbedingungen. Da er den Zinsnachteil aber in Form der Ausgleichszahlung von dem Vertragspartner erhält, entsprechen seine effektiven Kredit- bzw. Anlagezinsen dem vertraglich vereinbarten FRA-Zinssatz. Der Partner, für den sich die Finanzmarktsituation gegenüber der Ausgangssituation (Zeitpunkt des FRA-Abschlusses) verbessert hat, wird zwar gerne bei der tatsächlich in drei Monaten durchgeführten Kreditaufnahme bzw. Geldanlage die verbesserte Zinssituation akzeptieren. Er muss jedoch die Ausgleichszahlung in Höhe des eingetretenen Zinsvorteils an den FRA-Partner leisten, so dass seine effektiven Kredit- bzw. Anlagezinsen ebenfalls dem vereinbarten FRA-Zinssatz entsprechen.

9.5.2 Der Begriff des Forward Rate Agreements

Durch die individuelle Ausgestaltung des Kontraktes ist das Forward Rate Agreement[841] ein maßgeschneidertes Instrument zur Absicherung von Zinssatzänderungen in der Zukunft. Sowohl der Käufer als auch der Verkäufer eines Forward Rate Agreements sind in ihren Abmachungen völlig frei in der Bestimmung der **Vorlaufzeit** (Zeitraum zwischen Abschluss des Kontraktes und Zeitpunkt, zu dem die Zinssicherungsperiode beginnt), der **Zinsperiode** (Länge der zinsgesicherten FRA-Laufzeit), dem zugrunde liegenden **Kapitalbetrag** und der Wahl des **Referenzzinses**.

Konkret vereinbaren die Vertragspartner eines Forward Rate Agreements am Abschlusstag zur Absicherung gegen Zinsänderungsrisiken in der Zukunft:

- einen festen Zinssatz (FRA-Satz),
- einen bestimmten Kapitalbetrag, der aber in keinem Fall zwischen den Vertragspartnern ausgetauscht werden soll, sondern ausschließlich als Basis zur Berechnung einer Ausgleichszahlung dient,
- einen festgelegten Anfangstermin der Verzinsung in der Zukunft (Settlement Date),
- eine bestimmte, mit diesem Termin beginnende Laufzeit (Zinsperiode bzw. FRA-Laufzeit),
- einen Referenzzins, der das Marktzinsniveau der vereinbarten FRA-Laufzeit in der jeweiligen Währung widerspiegelt (bei Kontrakten in EUR i. d. R. einen EURIBOR-Satz).

Der als **Käufer** eines Forward Rate Agreements bezeichnete Vertragspartner (im Beispiel: Unternehmung A) **verpflichtet** sich dabei, den Kapitalbetrag (die **Einlage**) zu den vereinbarten Bedingungen gedanklich **zu übernehmen**; er tritt quasi als (zukünftiger) Kreditnehmer auf, wobei er einen festen Zinssatz zu zahlen hat.

Käufer eines FRA	=	Schuldner des Festzinssatzes (FRA-Satz)
	=	„Festzinszahler“

Umgekehrt tritt der **Verkäufer** des Forward Rate Agreements (im Beispiel: Unternehmung B), der sich **verpflichtet**, den Kapitalbetrag (die **Einlage**) gedanklich zu den vereinbarten Bedingungen **zu leisten**, quasi als (zukünftiger) Kreditgeber bzw. Anleger auf, wobei er Gläubiger eines festen Zinssatzes ist.

Verkäufer eines FRA	=	Gläubiger des Festzinssatzes (FRA-Satz)
	=	„Festzinsempfänger“

Aus den in drei Monaten am Kapitalmarkt geschlossenen Verträgen, d. h. aus der tatsächlichen Kreditaufnahme der Unternehmung A bzw. der tatsächlichen Geldanlage der Unternehmung B einerseits und aus dem zwischen A und B abgeschlossenen Forward Rate Agreement ergeben sich die folgenden Zahlungsströme, wobei der Marktzinssatz, der 6-

[841] Auch synonym als Future Rate Agreement bezeichnet.

Monats-EURIBOR, entweder über (Annahme 1) oder unter dem vereinbarten FRA-Satz (Annahme 2) liegt (vgl. dazu **Abbildung 88**).

Annahme 1	**Annahme 2**
In 3 Monaten gelte: EURIBOR > FRA-Satz (Marktzinssatz; 6 Monate) (vereinbart) ⇒ B zahlt an A Differenz (EURIBOR – FRA-Satz)	In 3 Monaten gelte: EURIBOR < FRA-Satz (Marktzinssatz; 6 Monate) (vereinbart) ⇒ A zahlt an B Differenz (FRA-Satz – EURIBOR)
A: Kreditaufnahme am Markt zu EURIBOR – Zahlung von B (EURIBOR – FRA-Satz) = effektive Zinszahlung: FRA-Satz	A: Kreditaufnahme am Markt zu EURIBOR + Zahlung an B (FRA-Satz – EURIBOR) = effektive Zinszahlung: FRA-Satz
B: Geldanlage am Markt zu EURIBOR – Zahlung an A (EURIBOR – FRA-Satz) = effektive Verzinsung der Anlage: FRA-Satz	B: Geldanlage am Markt zu EURIBOR + Zahlung von A (FRA-Satz – EURIBOR) = effektive Verzinsung der Anlage: FRA-Satz

Abbildung 88: Ausgleichszahlungen zwischen den FRA-Partnern

Der zugrunde gelegte Kapitalbetrag kann auch in Form eines festverzinslichen Wertpapiers interpretiert werden. Dann besteht in der grundlegenden Konstruktion kein Unterschied zu den Zins-Futures.[842] Allerdings sei an dieser Stelle darauf hingewiesen, dass die Begriffe „Käufer" und „Verkäufer" bei Forward Rate Agreements und Zins-Futures gegensätzlich gebraucht werden. Der **Käufer eines Forward Rate Agreements** verpflichtet sich – wie oben beschrieben –, eine Einlage zu übernehmen, also gedanklich ein festverzinsliches Wertpapier zu **verkaufen**. Der **Käufer eines Zins-Futures** verpflichtet sich dagegen, ein festverzinsliches Wertpapier zu **kaufen** und damit eine Einlage zu leisten. Umgekehrt tritt der **Verkäufer eines Forward Rate Agreements** als fiktiver Kreditgeber auf, während der **Verkäufer eines Zins-Futures** als Kreditnehmer ein Wertpapier verkauft.

Forward Rate Agreements sind international für eine Vielzahl von Perioden erhältlich bzw. veräußerbar. Die Kontraktkonstellationen bezüglich der FRA-Laufzeit beginnen bei wenigen Tagen Laufzeit bis zu Zeiträumen von mehreren Jahren, wobei in der Praxis aufgrund der hohen Liquidität FRA-Laufzeiten bis zu einem Jahr den höchsten Umsatz finden.

Die Notierung der FRA-Kontrakte in EUR im Handel außerhalb der Börse erfolgt z. B. in Deutschland über Reuters. Die Euro-Forward Rate Agreements werden durch zwei Zahlenpaare am FRA-Markt gekennzeichnet (Quotierung).

[842] Vgl. **Abschnitt 9.4.2.3**.

Das in der Liste in **Abbildung 89** in der jeweils ersten (grauen) Spalte stehende Zahlenpaar gibt Auskunft über den zeitlichen Ablauf des Forward Rate Agreements; die erste Zahl gibt die **Vorlaufzeit**, die zweite Zahl die **Gesamtlaufzeit** des Kontraktes in Monaten an. Die Differenz zwischen den beiden Zahlen ergibt die **eigentliche FRA-Laufzeit**.

1–4	2.40–42	1–7	2.54–56	1–10	2.64–66	1–13	2.72–74
2–5	2.50–52	2–8	2.61–63	2–11	2.70–72	2–14	2.77–79
3–6	2.58–60	3–9	2.67–69	3–12	2.75–77	3–15	2.82–84
4–7	2.65–67	4–10	2.73–75	4–13	2.80–82	4–16	2.87–89
5–8	2.70–72	5–11	2.78–80	5–14	2.84–86	5–17	2.90–92
6–9	2.75–77	6–12	2.82–84	6–15	2.88–90	6–18	2.93–95
7–10	2.80–82	7–13	2.86–88	7–16	2.91–93	12–24	3.09–11
8–11	2.83–85	8–14	2.89–91	8–17	2.94–96	12–18	3.00–02
9–12	2.86–88	9–15	2.92–94	9–18	2.97–99	18–24	3.12–14

Abbildung 89: Beispiel für die Quotierung eines Euro-Forward Rate Agreements

Dies soll an dem oben vorgestellten Beispiel und mit Hilfe von **Abbildung 89** und **Abbildung 90** (Seite 314) erläutert werden. Ein FRA 3–9 (sprich: Forward Rate Agreement 3 gegen 9 Monate) bedeutet z. B., dass die Vorlaufzeit 3 Monate (1. Zahl) und die Gesamtlaufzeit des Vertrages 9 Monate (2. Zahl) beträgt. Mit dem Ende der Vorlaufzeit (Zeitpunkt t_3) beginnt die eigentliche FRA-Laufzeit, die Zinsperiode, die sich aus der Differenz zwischen der Gesamtlaufzeit (9 Monate) und der Vorlaufzeit (3 Monate) ergibt, somit in diesem Beispiel 6 Monate beträgt. Während dieser 6 Monate findet eine Verzinsung des zugrunde liegenden Kapitalbetrags statt. Die zu leistende Zinsausgleichszahlung ist allerdings nicht nachschüssig am Ende der Gesamtlaufzeit (Zeitpunkt t_4; **Maturity Date**) zu leisten, sondern vorschüssig zu Beginn der Zinslaufzeit (Zeitpunkt t_3; **Settlement Date**).

Wie **Abbildung 89** weiterhin zeigt, werden Forward Rate Agreements im Interbankenhandel mit **Geld-** und **Briefsatz** quotiert, was aus der zweiten Spalte der Liste ersichtlich wird. Das Forward Rate Agreement im Beispiel FRA 3–9 weist eine Spanne von 2,67 % bis 2,69 % auf. Dies bedeutet, dass der Geldkurs 2,67 % der Preis für den Verkäufer des FRA-Kontraktes ist, welcher diesen Zins für die geleistete fiktive Einlage erhalten würde. Der FRA-Preis für den Käufer ist dann der Briefkurs 2,69 %; der Käufer hätte diesen Zins für die fiktiv erhaltene Einlage zu zahlen. Neben den offiziellen Geld- und Briefkursen besteht für die Käufer und Verkäufer eines Forward Rate Agreements auch die Möglichkeit, bei den Anbietern Zinssätze für gebrochene Laufzeiten quotieren zu lassen, wobei meist eine größere Geld-Brief-Spanne besteht.

Bei den Kontraktpartnern eines Forward Rate Agreements handelt es sich i. d. R. einerseits um größere Unternehmungen, die Kredite bzw. Anlagen gegen das Zinsänderungsrisiko absichern wollen, und andererseits um Kreditinstitute, die dieses Absicherungsinstrument anbieten oder kaufen, um zukünftige Zinsschwankungen zu steuern.

9.5.3 Die Erfüllung eines Forward Rate Agreements

9.5.3.1 Die Ausgleichszahlung eines Forward Rate Agreements

Kennzeichnend für ein Forward Rate Agreement ist, dass der **zugrunde gelegte Kapitalbetrag nicht ausgetauscht** wird, d. h. keine effektive Erfüllung des Vertrages erfolgt. Es besteht keine Verpflichtung, das Kapital zu liefern oder bereitzustellen. Der vereinbarte Kapitalbetrag dient vielmehr lediglich zur Berechnung einer Ausgleichszahlung, die vergleichbar mit dem cash settlement eines Zins-Futures[843] ist. Es besteht demnach für die Kontraktpartner eines Forward Rate Agreements keine Wahlmöglichkeit zwischen der effektiven Erfüllung des FRA-Kontraktes und der Leistung einer Ausgleichszahlung.

Der zeitliche Ablauf einer FRA-Vereinbarung und deren Erfüllung soll mittels des Beispiels FRA 3–9 anhand von **Abbildung 90** erläutert werden.

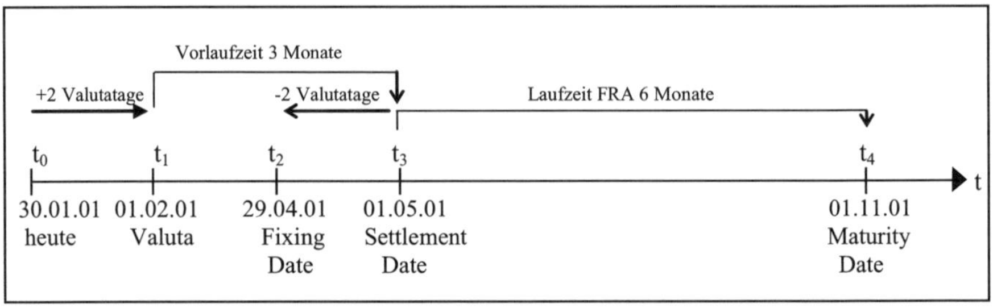

Abbildung 90: Zeitplan eines Euro-Forward Rate Agreements am Beispiel FRA 3–9[844]

Aus diesem Beispiel wird ersichtlich, dass die Vorlaufzeit üblicherweise zwei Valutatage nach dem Vertragsabschluss (Zeitpunkt t_0) beginnt (d. h. im Zeitpunkt t_1). Die Ermittlung der Differenz zwischen dem vereinbarten FRA-Zinssatz und dem Satz des aktuellen Referenzzinses für die zu sichernde Periode (z. B. 6-Monats-EURIBOR) findet am sogenannten **Fixing Date** (Zinsfeststellungstag, Zeitpunkt t_2) zwei Valutatage vor Beginn der Zinslaufzeit (FRA-Laufzeit, Zeitpunkt t_3) statt.

Die Ausgleichszahlung, durch die die Erfüllung des Forward Rate Agreements stattfindet, ist zu Beginn der Laufzeit der fiktiven Kreditaufnahme bzw. Anlage am **Settlement Date** (Zeitpunkt t_3) fällig. Zu diesem Zeitpunkt werden sämtliche Verpflichtungen aus dem FRA-Kontrakt erfüllt. Zum Ende der FRA-Laufzeit nach Abschluss der Zinssicherungsperiode (**Maturity Date**, Zeitpunkt t_4) finden keine Zahlungen mehr statt. Dieser Zeitpunkt dient lediglich zur Bestimmung der Zinsperiode, d. h., FRA-Laufzeit = Zeitraum zwischen Maturity Date und Settlement Date.

---

843 Das cash settlement eines Zins-Futures ist der monetäre Ausgleich des Kontraktes am Liefertag, falls der Future tatsächlich erfüllt und nicht vorzeitig glattgestellt wird. Die Höhe des Ausgleichsbetrags ergibt sich aus der Differenz zwischen vereinbartem Terminkurs und dem Kassakurs des Basiswerts am Liefertag; vgl. **Abschnitt 9.4.3**.

844 Modifiziert entnommen aus *Bieg, Hartmut*: Finanzmanagement mit Forward Rate Agreements. In: Der Steuerberater 1998, S. 142.

Die **Ausgleichszahlung** ist der einzige Cashflow, der beim Forward Rate Agreement anfällt und gewährleistet, dass sowohl Käufer als auch Verkäufer so gestellt werden, als hätten sie die Einlage zu den vereinbarten Konditionen effektiv übernommen bzw. geleistet. Dies geschieht dadurch, dass eine **auf das Settlement Date abgezinste Kompensationszahlung in Höhe der Zinsdifferenz zwischen vereinbartem FRA-Satz und Referenzzinssatz ermittelt** wird. Die Abzinsung der Ausgleichszahlung auf das Settlement Date erfolgt, weil normalerweise die effektive Zinszahlung für die Einlage erst am Maturity Date, also am Laufzeitende, erfolgt.

Mit dem Forward Rate Agreement sichert man sich vor einer ungünstigen Zinsentwicklung in der Zeit zwischen Vertragsabschluss und Fixing Date ab. Die durch die Zinsausgleichszahlung für beide Kontraktpartner erreichte Zinsabsicherungswirkung verdeutlicht **Abbildung 91** an einem Beispiel. Durch die FRA-Vereinbarung sichert man sich den gewünschten Anlage- bzw. Kreditzinssatz, unabhängig von der Zinsentwicklung bis zum Fixing Date, für eine Zinslaufzeit von 6 Monaten, beginnend mit dem vierten Monat nach Vertragsabschluss.

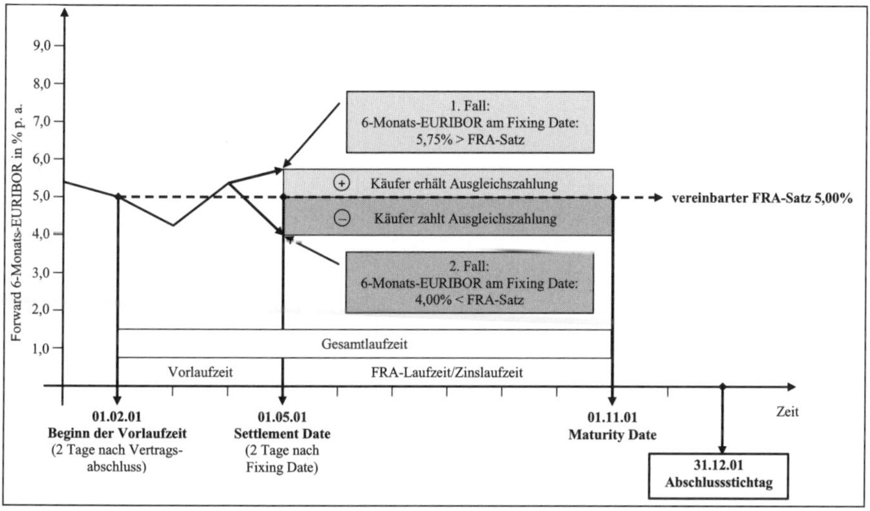

Abbildung 91: Wirkungsweise eines Forward Rate Agreements 3–9 bei unterschiedlicher Entwicklung des Referenzzinssatzes[845]

Der **Verkäufer zahlt** dann an den Käufer eine Kompensation in entsprechender Höhe, wenn der **Referenzzinssatz am Fixing Date über dem FRA-Satz liegt (1. Fall)**. Hier kann der Käufer Mittel lediglich zum höheren Marktzinssatz (6-Monats-EURIBOR) aufnehmen.

Für ihn besteht die Absicherung demnach darin, dass er mit dem Verkäufer einen niedrigeren Zinssatz vereinbart hatte und er den Überhang vom FRA-Zins zum Marktzinssatz nun vom Verkäufer vergütet bekommt.

Umgekehrt **leistet** der **Käufer** die Ausgleichszahlung dann an den Verkäufer, wenn der **Referenzzinssatz am Fixing Date unter dem FRA-Satz liegt (2. Fall)**. Der Verkäufer

845 Modifiziert entnommen aus *Binkowski, Peter/Beeck, Helmut*: Finanzinnovationen. 3. Aufl., Bonn 1995, S. 76.

kann den Kapitalbetrag, der dem Kontrakt zugrunde liegt, in diesem Fall nämlich nur zum niedrigeren Marktzinssatz (6-Monats-EURIBOR) tatsächlich anlegen, hatte aber („glücklicherweise") mit dem Käufer die Verzinsung zum höheren FRA-Satz vertraglich vereinbart, weshalb er jetzt diesen Ausgleichsbetrag zwischen FRA-Zins und Marktzinssatz vom Käufer vergütet bekommt.

Für die **Berechnung der Ausgleichszahlung** sind von der British Bankers Association einheitliche Richtlinien (FRABBA Terms) entwickelt worden. Danach ergibt sich die Höhe der Ausgleichszahlung A durch eine Verzinsung des Kapitalbetrags K mit der Differenz zwischen dem aktuellen Referenzzinssatz (i_R) und dem FRA-Satz (i_{FRA}) für die vereinbarte FRA-Laufzeit in Tagen (T_{FRA}) und der anschließenden linearen Abzinsung auf den Beginn der FRA-Laufzeit (Settlement Date) mit dem Referenzzinssatz (i_R). Der Zinsberechnung liegt die 365/360-Tage Methode zugrunde. Diese Methode beinhaltet die taggenaue, kalendermäßige Berechnung der Laufzeit und bezieht diese auf 360 Zinstage im Jahr.

Die sich ursprünglich ergebende Formel

$$A = \frac{K \cdot \left(i_R - i_{FRA}\right) \cdot \frac{T_{FRA}}{360}}{1 + i_R \cdot \frac{T_{FRA}}{360}}$$

lässt sich umformen zu

$$A = \frac{K \cdot (i_R - i_{FRA}) \cdot T_{FRA}}{360 + i_R \cdot T_{FRA}}$$

Für das in **Abbildung 91** (Seite 315) dargestellte Beispiel ergeben sich die folgenden Ausgleichszahlungen:

1. Fall: 6-Monats-EURIBOR im Fixing Date 5,75 % > FRA-Satz

Berechnung der Ausgleichszahlung des FRA-Verkäufers an den FRA-Käufer

$$\frac{50.000.000 \cdot (0{,}0575 - 0{,}0500) \cdot 183}{360 + 0{,}0575 \cdot 183} \approx 185.211$$

2. Fall: 6-Monats-EURIBOR am Fixing Date 4,00 % < FRA-Satz

Berechnung der Ausgleichszahlung des FRA-Käufers an den FRA-Verkäufer

$$\frac{50.000.000 \cdot (0{,}0400 - 0{,}0500) \cdot 183}{360 + 0{,}0400 \cdot 183} \approx -249.102$$

Insbesondere große Industriekunden eines Kreditinstituts können Forward Rate Agreements als Zinssicherungsinstrument einsetzen, wie das nachfolgende Beispiel zeigt.

Beispiel:[846]

Eine Unternehmung will an einem Forschungsprojekt der Bundesrepublik Deutschland, das über mehrere Jahre laufen wird, teilnehmen und muss heute ein Angebot über Art und Umfang der Kosten, die durch das Projekt entstehen, abgeben. Da die Unternehmung einer starken Konkurrenz ausgesetzt ist, bedarf es einer möglichst exakten Kalkulation und einer hohen Planungssicherheit der auftretenden Kosten. Zur Vorfinanzierung des Projekts benötigt die Unternehmung ab Projektbeginn in neun Monaten einen Kredit in Höhe von 20 Mio. EUR für ein Jahr. Um sich heute einen Zins für diesen Kredit zu sichern, den sie in die Kalkulation eingehen lassen wird, kauft die Unternehmung von ihrem Kreditinstitut ein Forward Rate Agreement 9–21 zum Preis von 4,3 %. Damit hat sie sich gegen jegliche Zinsschwankungen abgesichert, jedoch auch die Chance, in neun Monaten das Geld zu einem niedrigeren Zinssatz aufnehmen zu können, vergeben. Die Höhe der Ausgleichszahlung, die zwischen der Unternehmung und dem Kreditinstitut in neun Monaten fließt, hängt von dem vereinbarten Referenzzins (12-Monats-EURIBOR) am Fixing Date in neun Monaten ab. Notiert der 12-Monats-EURIBOR am Fixing Date z. B. 4,5 %, so erhält die Unternehmung von ihrem Kreditinstitut die Ausgleichszahlung in Höhe von

$$A = \frac{20.000.000 \cdot (0{,}045 - 0{,}043) \cdot 365}{360 + 0{,}045 \cdot 365} = 38.785{,}95 \text{ EUR.}$$

Konkret wird die Unternehmung den Kredit über 20 Mio. EUR zu 4,5 % per annum aufnehmen und bezahlt nach 12 Monaten 900.000,00 EUR Zinsen. Durch den FRA-Vertrag hat sie sich jedoch den Kredit zu 4,3 % gesichert und würde demnach nur 860.000,00 EUR Zinsen bezahlen müssen. Die zu viel gezahlte Zinsdifferenz von 40.000,00 EUR am Maturity Date erhält die Unternehmung von ihrem Kreditinstitut am Settlement Date. Dieser Betrag ist mit 4,5 % auf das Settlement Date abgezinst die Höhe der Ausgleichszahlung von 38.785,95 EUR. Durch diesen Betrag werden der Unternehmung die durch den gestiegenen Referenzzinssatz höheren Zinsaufwendungen, die sie aus der teureren Kreditaufnahme am Markt hat, ausgeglichen.

Entwickelt sich jedoch das Zinsniveau nach unten und notiert der 12-Monats-EURIBOR am Fixing Date nur 4 %, so hat die Unternehmung an das Kreditinstitut die Ausgleichszahlung zu bezahlen. Die Ausgleichszahlung beträgt in diesem Fall:

$$A = \frac{20.000.000 \cdot (0{,}043 - 0{,}04) \cdot 365}{360 + 0{,}04 \cdot 365} = 58.462{,}36 \text{ EUR.}$$

Die Unternehmung kann den benötigten Kredit zwar günstiger als erwartet, nämlich zu 4 %, aufnehmen, hat jedoch durch das Absicherungsgeschäft die Differenz zum vereinbarten FRA-Zins als zusätzlichen Zinsaufwand an das Kreditinstitut zu zahlen. Die Unternehmung zahlt für den Kredit über 20 Mio. EUR effektiv zwar nur 800.000,00 EUR, muss aber im gleichen Zuge 60.000,00 EUR – mit 4 % auf das Settlement Date abgezinst – als Ausgleichszahlung in Höhe von 58.462,36 EUR an das Kreditinstitut zahlen.

Unabhängig von der Entwicklung des 12-Monats-EURIBOR hat sich die Unternehmung also gegen das Zinsänderungsrisiko abgesichert und schafft dadurch die heute erforderliche Planungssicherheit für die Angebotsabgabe, um an dem Forschungsprojekt teilnehmen zu können.

9.5.3.2 Die Glattstellung eines Forward Rate Agreements

In den letzten Jahren haben sich trotz der Möglichkeit der einzeln gestaltbaren Komponenten des Vertrages am FRA-Markt in Deutschland gängige Kontraktkonstellationen gebildet, z. B. drei-, sechs-, neun- und zwölfmonatige FRA-Vertrags-Laufzeiten. Durch diese ge-

[846] Modifiziert entnommen aus *Bieg, Hartmut*: Finanzmanagement mit Forward Rate Agreements. In: Der Steuerberater 1998, S. 143-144.

wachsene Standardisierung besteht die Möglichkeit, jederzeit ein entsprechendes Gegengeschäft relativ unkompliziert einzugehen und damit das ursprüngliche Forward Rate Agreement vorzeitig glattzustellen.

Eine Glattstellung bedeutet für den Käufer eines FRA-Kontraktes, dass er während der Vorlaufzeit den Kontrakt durch den Verkauf eines identisch ausgestalteten FRA-Vertrages, also mit derselben FRA-Laufzeit, demselben Settlement Date, Kapitalbetrag und Referenzzins, kompensiert. Dementsprechend neutralisiert der Verkäufer eines Forward Rate Agreements seinen Kontrakt durch den Kauf eines Forward Rate Agreements mit gleichen Vertragskomponenten. Der Gewinn bzw. Verlust aus der Glattstellung ergibt sich aus der Differenz der FRA-Sätze aus dem Ursprungs- und dem Kompensationsgeschäft.

Beispiel:[847]

Ein Kreditinstitut schließt als Verkäufer ein Forward Rate Agreement 6–18 mit einem Firmenkunden als Käufer ab. Dieser will sich für einen in sechs Monaten benötigten 10 Mio. EUR-Kredit für ein Jahr mit einem festen FRA-Zins gegen steigende Zinsen absichern. Da das Kreditinstitut damit das Marktpreisrisiko aus dem FRA-Kontrakt trägt, kann es die Position sofort wieder durch ein kongruentes Gegengeschäft schließen und damit vorzeitig glattstellen. Die Position schließen bedeutet für das Kreditinstitut, dass es am selben Tag einen FRA-Kontrakt 6–18 z. B. von einem anderen Kreditinstitut zu den selben Konditionen wie das Ursprungsgeschäft kauft und dadurch das Zinsrisiko eliminiert (Hedging, vgl. **Abschnitt 9.5.5**).

Tritt dasselbe Kreditinstitut als **Spekulant** auf (vgl. **Abschnitt 9.5.5**) und schafft sich durch den Verkauf eine offene Position, d. h., spekuliert es auf sinkende Zinsen in den nächsten Monaten, so kann das Kreditinstitut gegebenenfalls einen FRA-Kontrakt 3–15 nach drei Monaten zu einem niedrigeren FRA-Satz und sonst identischen Vertragsbedingungen aus dem Ursprungsgeschäft kaufen. Beide Forward Rate Agreements sind dann am selben Settlement Date fällig. Der Gewinn des Kreditinstituts wird sich auf die Höhe der Differenz der FRA-Sätze aus dem Ursprungs- und dem Glattstellungsgeschäft belaufen, unabhängig davon, in welche Richtung sich der Referenzzins letztlich bewegt. Die Differenz der FRA-Sätze bezieht sich auf den beiden Kontrakten zugrunde liegenden Kapitalbetrag und die FRA-Laufzeit, abgezinst auf das Settlement Date. Demnach hat das mit dem FRA spekulierende Kreditinstitut durch die Glattstellung ab diesem Zeitpunkt sein Zinsrisiko ebenfalls eliminiert, indem es die Position im Zeitpunkt der Glattstellung schließt.

---

[847] Modifiziert entnommen aus *Bieg, Hartmut*: Finanzmanagement mit Forward Rate Agreements. In: Der Steuerberater 1998, S. 144.

Beispiel:[848]

Ein Kreditinstitut habe ein FRA 6–18 zu 4,06 % über 10 Mio. EUR verkauft. Drei Monate später ist das Zinsniveau etwas gesunken und das Kreditinstitut stellt den verkauften FRA-Kontrakt durch Kauf eines FRA 3–15 zu 3,81 % über 10 Mio. EUR glatt, um den Gewinn aus der Zinssenkung zu realisieren. Dies bedeutet am Settlement Date, weitere 3 Monate später, dass beide Kontrakte gleichzeitig erfüllt werden. Die Entwicklung des Zinsniveaus bis zu diesem Settlement Date spielt dann für das Kreditinstitut keine Rolle mehr, da es den Gewinn in Höhe von 25.347,22 EUR zum Maturity Date realisieren kann. Dieser Gewinn wird schließlich mit dem aktuell gültigen Referenzzins auf das Settlement Date abgezinst.

$$\overbrace{\frac{10.000.000 \cdot (0{,}0406 - i_R) \cdot \frac{365}{360}}{1 + i_R \cdot \frac{365}{360}}}^{\text{Ausgleichszahlung aus dem Verkauf eines FRA 6–18}} - \overbrace{\frac{10.000.000 \cdot (0{,}0381 - i_R) \cdot \frac{365}{360}}{1 + i_R \cdot \frac{365}{360}}}^{\text{Ausgleichszahlung aus dem Kauf eines FRA 3–15}}$$

$$= \frac{10.000.000 \cdot 0{,}0025 \cdot \frac{365}{360}}{1 + i_R \cdot \frac{365}{360}} = \frac{25.347{,}22}{1 + i_R \cdot \frac{365}{360}}$$

Beispielhaft ergibt sich unter Annahme eines Referenzzinssatzes von 4,5 % ein Gewinn in Höhe von:

$$\frac{25.347{,}22}{1 + 0{,}045 \cdot \frac{365}{360}} = 24.241{,}22 \text{ EUR}.$$

Abbildung 92 (Seite 320) zeigt aus der Sicht des Kreditinstituts, mit welchem Gewinn bzw. Verlust die einzelnen FRA-Kontrakte am Settlement Date erfüllt werden und welcher Betrag aus beiden Kontrakten dem Kreditinstitut letztlich zufließt, wenn unterschiedliche Zinsniveauentwicklungen unterstellt werden.

9.5.4 Die Preisbildung von Forward Rate Agreements

Wie in **Abbildung 89** (Seite 313) dargestellt, werden Forward Rate Agreements mit einem Geld- und Briefzins quotiert. Die Spanne zwischen Geld- und Briefzins, die den Vermittlern von Forward Rate Agreements zukommt, entsteht beim Geldzins durch einen Abschlag vom FRA-Zins für den Verkäufer und beim Briefzins durch einen Aufschlag auf den FRA-Zins für den Käufer. Interessant ist jedoch, wie dieser FRA-Zins entsteht, da Käufer und Verkäufer sich auf einen Preis unter Vorgabe der Geld-Brief-Spanne einigen müssen und Marktungleichgewichte auf einem vollkommenen Markt durch Arbitragemöglichkeiten normalerweise direkt ausgeglichen werden.

---

848 Modifiziert entnommen aus *Bieg, Hartmut*: Finanzmanagement mit Forward Rate Agreements. In: Der Steuerberater 1998, S. 144.

Referenzzins i_R	Ausgleichszahlung in EUR		Gewinn in EUR
	Verkauf FRA 6–18	Kauf FRA 3–15	
3,0 %	+104.299,77	–79.700,77	= +24.599,00
3,5 %	+54.832,00	–30.353,43	= +24.478,57
3,8 %	+25.383,15	–976,28	= +24.406,88
3,9 %	+15.605,17	+8.777,91	= +24.383,07
4,0 %	+5.846,24	+18.513,08	= +24.359,32
4,1 %	–3.893,70	+28.229,30	= +24.335,60
4,5 %	–42.665,54	+66.905,76	= +24.241,22
5,0 %	–90.707,20	+114.831,46	= +24.124,26

Abbildung 92: Gewinnentwicklung aus der Glattstellung eines FRA 6–18 mit einem FRA 3–15 bei unterschiedlicher Zinsniveauentwicklung[849]

Die Ermittlung des Marktpreises eines Forward Rate Agreements auf einem vollkommenen Kapitalmarkt basiert auf der Forward-Formel. Danach hängt der FRA-Zins i_{FRA} für die FRA-Laufzeit in Tagen T_{FRA} vom Marktzinssatz i_{vor} für den Zeitraum der Vorlaufzeit in Tagen T_{vor} und dem entsprechenden Marktzinssatz i_{ges} für die Gesamtlaufzeit in Tagen T_{ges} des FRA-Kontraktes ab ($T_{ges} = T_{vor} + T_{FRA}$). Der Zusammenhang erschließt sich aus folgender Überlegung.

Ein Kapitalbetrag K, der heute für eine bestimmte Vorlaufzeit T_{vor} aufgenommen bzw. angelegt wird und nach Ablauf dieser Vorlaufzeit im Rahmen eines neuen Vertrages für einen Zeitraum T_{FRA} in der Zukunft aufgenommen bzw. angelegt wird, muss nach Ablauf dieser FRA-Laufzeit T_{FRA} in der Zukunft in Summe denselben Zinsaufwand bzw. Zinsertrag realisieren, wie wenn dieser Kapitalbetrag K schon heute zum entsprechenden Zinssatz für die Gesamtlaufzeit T_{ges} aufgenommen bzw. angelegt würde. Die Berechnung des FRA-Zinssatzes basiert demnach auf folgendem Zusammenhang:

$$K \cdot \left(1 + i_{vor} \cdot \frac{T_{vor}}{360}\right) \cdot \left(1 + i_{FRA} \cdot \frac{T_{FRA}}{360}\right) = K \cdot \left(1 + i_{ges} \cdot \frac{T_{ges}}{360}\right)$$

Den für die Vereinbarung zwischen den Kontraktpartnern notwendigen FRA-Zinssatz erhält man, indem die Gleichung nach dem FRA-Preis i_{FRA} aufgelöst wird:

$$i_{FRA} = \left(\frac{1 + i_{ges} \cdot \frac{T_{ges}}{360}}{1 + i_{vor} \cdot \frac{T_{vor}}{360}} - 1 \right) \cdot \frac{360}{T_{FRA}}.$$

[849] Modifiziert entnommen aus *Bieg, Hartmut*: Finanzmanagement mit Forward Rate Agreements. In: Der Steuerberater 1998, S. 144.

Beispiel:[850]

Dem folgenden Beispiel für eine FRA-Preis-Berechnung liegt die aktuelle Zinsstruktur vom 4. Februar eines Jahres 01 zugrunde. Die Eurogeldmarktsätze lauten für zwei Monate (60 Tage) 3,375 % – 3,45 % und für sechs Monate (180 Tage) 3,55 % – 3,625 %. Es soll nun mittels der oben hergeleiteten Formel eine Preisuntergrenze und eine Preisobergrenze für das Forward Rate Agreement 2–6 berechnet werden.

Der Käufer eines Forward Rate Agreements tritt in zwei Monaten als fiktiver Kreditnehmer auf. Für die Preis-Berechnung kann das folgende risikolose Geschäft abgeschlossen werden. Ein Investor tätigt am 4. Februar 01 eine Anlage für sechs Monate und erhält dafür am Eurogeldmarkt einen Zinssatz von 3,55 % per annum. Hierfür nimmt er am 4. Februar 01 einen Kredit über dieselbe Kapitalhöhe für zwei Monate auf und muss dafür einen Zinssatz von 3,45 % per annum bezahlen. Damit er am 4. April 01 den Kredit prolongieren kann, da sein Kapital bis 4. August 01 gebunden ist, will er heute wissen, welchen Zins er in zwei Monaten für eine viermonatige Kreditaufnahme zahlen muss, damit er ohne Verlust, aber auch ohne Gewinn (risikolos) aus dem Geschäft herauskommt. Dieser Zins entspricht dem FRA-Zinssatz; man berechnet ihn wie folgt:

$$i_{FRA} = \left(\frac{1 + 0{,}0355 \cdot \frac{180}{360}}{1 + 0{,}0345 \cdot \frac{60}{360}} - 1 \right) \cdot \frac{360}{120} = 0{,}03579 = 3{,}58\,\%$$

Liegt der Preis für die Kreditaufnahme in zwei Monaten für vier Monate unterhalb 3,58 %, dann ist Arbitrage möglich, da der für den Investor aus der Kreditaufnahme resultierende Zinsaufwand unter dem Zinsertrag aus der Anlage liegt; damit liegt die **Preisuntergrenze** für das FRA 2–6 bei 3,58 %.

Um die **Preisobergrenze** zu berechnen, müssen analoge Überlegungen für den Verkäufer eines Forward Rate Agreements 2–6 durchgeführt werden. Der Verkäufer des Forward Rate Agreements tritt in zwei Monaten für vier Monate als fiktiver Kreditgeber auf. Das risikolose Geschäft zur FRA-Preis-Berechnung wird demnach wie folgt konstruiert. Ein Investor nimmt einen Kredit am 4. Februar des Jahres 01 für sechs Monate am Eurogeldmarkt auf und bezahlt dafür einen Zins von 3,625 % p. a. Diesen aufgenommenen Kapitalbetrag legt er sofort wieder am Eurogeldmarkt für zwei Monate zu 3,375 % p. a. an. Da er das Kapital am 4. April 01 zurückbekommt, zur Tilgung des Kredits jedoch erst am 4. August 01 benötigt, legt er es am 4. April 01 für weitere vier Monate an. Der Zins, den er aus dieser zukünftigen Anlage erhalten muss, damit sich Zinsaufwand und Zinsertrag entsprechen, beläuft sich auf:

$$i_{FRA} = \left(\frac{1 + 0{,}03625 \cdot \frac{180}{360}}{1 + 0{,}03375 \cdot \frac{60}{360}} - 1 \right) \cdot \frac{360}{120} = 0{,}03729 = 3{,}73\,\%$$

Liegt der Preis für die Anlage in zwei Monaten für vier Monate über 3,73 %, so ist ebenfalls Arbitrage möglich, weshalb die Preisobergrenze für das FRA 2–6 bei 3,73 % liegt.

Das Beispiel zeigt, dass die Spanne des gehandelten FRA 2–6 am 4. Februar 01 zwischen 3,58 % (Geldseite) und 3,73 % (Briefseite) ist. Demnach wird der Käufer bereit sein, einen maximalen Preis von 3,73 % zu akzeptieren, während der Verkäufer einen Mindestpreis von 3,58 % akzeptieren wird.

---

850 Entnommen aus *Bieg, Hartmut*: Finanzmanagement mit Forward Rate Agreements. In: Der Steuerberater 1998, S. 145.

Beim Abschluss eines FRA-Kontraktes wird grundsätzlich die zum Abschlussdatum aktuelle **Zinsstrukturkurve** des Geld- und Kapitalmarktes zugrunde gelegt. In der Fachsprache wird deshalb ein FRA-Zinssatz als **Implied Forward Rate** bezeichnet.

Auf einem vollkommenen Kapitalmarkt lassen sich damit auch direkte Zusammenhänge zwischen der aktuellen Zinsstrukturkurve und dem FRA-Zinssatz herstellen. Während bei Vorliegen einer **steilen Zinsstrukturkurve** – die langfristigen Zinssätze divergieren stark von den kurzfristigen Zinssätzen – auf **hohe FRA-Zinssätze** geschlossen werden kann, liegen bei einer **flachen Zinsstrukturkurve** – lang- und kurzfristige Zinssätze unterscheiden sich nur geringfügig – **niedrigere FRA-Zinssätze** vor.

Außerdem sind bei einer **normalen Zinsstrukturkurve** – die kurzfristigen Zinssätze sind niedriger als die längerfristigen Zinssätze – die arbitragefreien **FRA-Zinssätze höher** als das aktuelle Zinsniveau. Analog sind dann bei einer **inversen Zinsstruktur** – die kürzerfristigen Zinsen sind höher als die längerfristigen Zinsen – die **FRA-Zinssätze** auf dem vollkommenen Kapitalmarkt **niedriger** als das momentane Zinsniveau.

9.5.5 Die Motive der Kontraktpartner

Wie bereits dargelegt, dienen Forward Rate Agreements dazu, Zinssätze für bestimmte (kurzfristige) Zeiträume in der Zukunft festzuschreiben. Dabei kann die Zinsterminvereinbarung aufgrund von drei unterschiedlichen Motiven der FRA-Vertragspartner vereinbart werden. Die erste Intention ist, dass die Marktteilnehmer das zukünftige Zinsrisiko schon heute ausschalten wollen, indem der Zinssatz am Abschlusstag des Vertrages fixiert und damit gesichert wird (**Hedging**). Eine weitere Absicht der Marktteilnehmer ist, dass sie mit ihrer Vorstellung über die zukünftige Zinsentwicklung Geld verdienen möchten und deshalb heute ein Forward Rate Agreement eingehen, um in Zukunft den möglichen Gewinn zu realisieren (**Spekulation**). Das dritte Motiv von Marktteilnehmern ist, die unterschiedlichen Preise identischer FRA-Kontrakte an verschiedenen Märkten aufgrund unvollkommener Kapitalmärkte gewinnbringend auszunutzen (**Arbitrage**).

Der Einsatz eines Forward Rate Agreement als Zinssicherungsinstrument im Rahmen des **Hedging**, also zur Absicherung bestehender oder zukünftiger Finanzanlagen bzw. Kreditaufnahmen gegen das Zinsrisiko in Form fallender oder steigender Zinsen, kann in zwei Richtungen wirken. Einerseits sichert der **Kauf** eines Forward Rate Agreements gegen **steigende Zinsen** ab. Man wird dieses Instrument demnach dann einsetzen, wenn man in der Zukunft einen bestehenden eigenen Kredit bzw. eine Geldeinlage verlängern oder einen neuen Kredit aufnehmen muss und steigende Zinsen erwartet.

Der **Verkauf** eines Forward Rate Agreements wirkt dagegen absichernd gegen **sinkende Zinsen**. Hier wird man einen Kontrakt verkaufen, wenn man in der Zukunft bestehende Finanzanlagen prolongieren oder Liquiditätsüberschüsse neu anlegen will und sinkende Zinsen erwartet. **Abbildung 93** (Seite 323) gibt einen Überblick über die Einsatzmöglichkeiten von Forward Rate Agreements.

Zukünftige Marktsituation \ Finanzlage	Zu prolongierende oder zukünftige Kreditaufnahmen	Zu prolongierende oder zukünftige Finanzanlagen
Zinssenkung	CHANCE Keine Absicherung erforderlich[851]	RISIKO Absicherung durch VERKAUF eines Forward Rate Agreements
Zinssteigerung	RISIKO Absicherung durch KAUF eines Forward Rate Agreements	CHANCE Keine Absicherung erforderlich[851]

Abbildung 93: Die Absicherung von Kreditaufnahmen bzw. Finanzanlagen durch Forward Rate Agreements bei unterschiedlichen zukünftigen Marktsituationen[852]

In beiden Absicherungsfällen wäre auch eine Absicherung durch Zins-Futures denkbar.[853] Für den Fall einer geplanten Kreditaufnahme könnte sich die Unternehmung gegen steigende Zinsen (sinkende Kurse) durch den Verkauf, für den Fall einer geplanten Mittelanlage könnte sie sich gegen sinkende Zinsen (steigende Kurse) durch den Kauf eines entsprechenden Zins-Futures absichern.

Allerdings sprechen besondere Merkmale für den Einsatz von Forward Rate Agreements. Die **individuelle Vereinbarung** dieser Kontrakte ermöglicht auf den jeweiligen Bedarf zugeschnittene Beträge und Laufzeiten, die bei standardisierten Futures nicht möglich sind; dadurch erweisen sich Forward Rate Agreements als sehr **flexibles Finanzinstrument**. Es können z. B. „Broken Dates" gehandelt werden, wie z. B. 11. oder 29. eines Monats oder nicht standardisierte Laufzeiten von z. B. 2, 4 oder 10 Monaten. Bei Forward Rate Agreements fallen zudem **keine Margins und Verlustausgleichszahlungen** wie bei Zins-Futures an. Ebenso sind sie frei von Provisionen oder sonstigen Vorabkosten.

Da Forward Rate Agreements direkt zwischen den beteiligten Partnern abgeschlossen werden und nicht wie bei den standardisierten Futures die Eurex[854] dazwischen geschaltet wird, die mit Hilfe des Systems der Margins das Risiko des Ausfalls eines Partners absichert, haben die Partner von Forward Rate Agreements das aus dem Ausfall des jeweils anderen

---

851 Sehr wohl kann ein risikoaverser Entscheidungsträger auch in diesen Fällen eine entsprechende Absicherung vornehmen, um jegliche Unwägbarkeit auszuschließen.

852 Entnommen aus *Bieg, Hartmut*: Finanzmanagement mit Forward Rate Agreements. In: Der Steuerberater 1998, S. 146.

853 Vgl. **Abschnitt 9.4.2.3**.

854 Vgl. **Abschnitt 8.3.3.3**.

Partners resultierende Risiko zu übernehmen. Dieses Ausfallrisiko eines FRAs beschränkt sich allerdings auf die Nichterbringung der Ausgleichszahlung zum Settlement Date, da beim Forward Rate Agreement im Vergleich zum Zins-Future kein Austausch der Kapitalbeträge erfolgt. Bei Ausfall einer Vertragspartei kann es somit maximal zum Verlust in Höhe der Zinsdifferenz zwischen dem FRA-Satz und dem Referenzzinssatz am Fixing Date kommen.

Ist das Motiv der Kontraktpartner die **Spekulation**, so spekuliert der **Käufer** eines Forward Rate Agreements auf steigende Zinsen zum Termin, d. h., der spekulative FRA-Käufer erwartet, dass am Fixing Date der zugrunde gelegte Referenzzins höher als der vereinbarte FRA-Zinssatz ist. In diesem Fall erhält er als Gewinn die Ausgleichszahlung vom Verkäufer ausgezahlt. Liegt der Referenzzinssatz unter dem FRA-Zins, so realisiert er einen Verlust in Höhe der an den Verkäufer des Forward Rate Agreements zu leistenden Ausgleichszahlung. Auf der Gegenseite spekuliert ein **Verkäufer** eines Forward Rate Agreements auf sinkende Zinsen zum Termin. Er rechnet entsprechend damit, dass am Fixing Date der Referenzzinssatz unter dem vertraglich fixierten FRA-Satz liegt. Ist dies der Fall, so erhält er vom Käufer des Forward Rate Agreements den Gewinn am Settlement Date in Höhe der Ausgleichszahlung. Wenn sich seine Erwartungen nicht erfüllen, erleidet er den Verlust in Höhe der an den Käufer des Forward Rate Agreements zu leistenden Ausgleichszahlung.

Schließlich geht ein Investor als **Arbitrageur** einen FRA-Kontrakt ein, wenn er das Forward Rate Agreement auf einem Markt zu günstigeren Konditionen kaufen und auf einem anderen Markt zum selben Zeitpunkt teurer verkaufen kann. Sein Gewinn ergibt sich dann aus der Differenz zwischen Verkaufs- und Einkaufspreis. Voraussetzung für diese Art von Geschäft ist jedoch, dass die Märkte unvollkommen sind.

9.6 Finanzmanagement mit Kreditderivaten

9.6.1 Vorbemerkungen

Durch die Vergabe von Krediten gehen Banken insbesondere das Adressenrisiko in der Ausprägung des **Ausfallrisikos** ein, d. h. das Risiko, dass der Kreditnehmer die fälligen Zins- und Tilgungszahlungen aufgrund gesunkener Bonität nicht mehr oder nicht mehr in voller Höhe leisten kann.

Mit Hilfe von Kreditderivaten können Banken die übernommenen Ausfallrisiken auf eine dritte Partei übertragen und somit die Kosten der Eigenkapitalunterlegung reduzieren.

Ein Kreditderivat ist ein bilateraler Vertrag, der spezifische Aspekte des Kreditrisikos von der zugrunde liegenden Position löst und diese von einem Kontraktpartner auf die andere Vertragspartei überträgt. Kreditderivate ermöglichen es dem **Risikoverkäufer (Sicherungsnehmer)**, die mit dem Kredit verbundenen **Ausfallrisiken** von dem zugrunde liegenden Risikoaktivum und dessen anderen Risiken zu trennen und **gegen Zahlung einer Prämie auf den Risikokäufer (Sicherungsgeber) zu übertragen**. Dabei werden die ursprünglichen Kreditbeziehungen des Risikoverkäufers weder verändert noch neu begründet; man kann vom Erhalt der originären Gläubiger-Schuldner-Beziehungen sprechen.

Bei der Konstruktion von Kreditderivaten werden stets die folgenden **Vertragselemente** zwischen den Vertragspartnern individuell festgelegt:

- das Basis- oder Referenzinstrument,
- das Kreditereignis,
- die Ausgleichszahlung,
- die Prämie und
- die Laufzeit.

Auf diese Vertragselemente wird im Folgenden näher eingegangen.

- **Basisinstrument/Referenzinstrument**

Das **Basisinstrument** ist das Risikoaktivum, dessen Ausfallrisiko auf eine dritte Partei übertragen wird. Beispiele hierfür sind Buchkredite, Schuldverschreibungen, aber auch andere Finanzderivate. Lässt sich der Eintritt der Bonitätsänderung bei dem zu besichernden Basisinstrument nur schwer ermitteln, so muss die bei Eintritt des vereinbarten Kreditereignisses fällig werdende Zahlung an signifikanten Wertbewegungen eines mit dem abzusichernden Kreditverhältnis vergleichbaren und korrespondierenden **Referenzaktivums**, z. B. eine an der Börse gehandelte Schuldverschreibung des Schuldners der abzusichernden Kreditbeziehung, anknüpfen.

- **Kreditereignis**

Der Eintritt des Kreditereignisses (Credit Event) innerhalb der Laufzeit des Kreditderivategeschäfts löst die vereinbarte Ausgleichszahlung durch den Risikokäufer an den Risikoverkäufer aus. Ein Anspruch auf die Ausgleichszahlung entsteht dagegen nicht, wenn das im Vertrag genau bestimmte und eindeutig nachweisbare Kreditereignis innerhalb der Laufzeit des Kreditderivats nicht eintritt.

Beispiele für Kreditereignisse sind:

- Überschuldung, Zahlungsunfähigkeit, Zahlungsunwilligkeit, Zahlungsverzug des Schuldners des Basis- bzw. des Referenzinstruments;
- Verschlechterung der Bonität des Schuldners des Basis- bzw. des Referenzinstruments. Anhaltspunkt für eine Bonitätsverschlechterung könnte z. B. die Herabsetzung des Ratings der Schuldnerunternehmung durch eine Ratingagentur sein;
- Ein bestimmter Marktwertrückgang bzw. Credit-Spread-Anstieg des Basis- bzw. des Referenzinstruments. Als **Credit Spread** bezeichnet man die Differenz zwischen dem aktuellen individuellen Zinssatz des Basisinstruments bzw. des Referenzaktivums und einem risikolosen Vergleichszinssatz. Der Credit Spread ist damit Ausdruck der Bonitätseinstufung des Schuldners des Basis- bzw. Referenzinstruments.

- **Ausgleichszahlung**

Die durch den Eintritt des Kreditereignisses ausgelöste Ausgleichszahlung soll den beim Risikoverkäufer entstandenen Wertverlust kompensieren. Die beiden hierfür in Frage kommenden Methoden sind der Barausgleich sowie die physische Lieferung.

Beim **Barausgleich** zahlt der Risikokäufer dem Risikoverkäufer den Unterschiedsbetrag zwischen dem Nennwert und dem Marktpreis des Basisinstruments bzw. des Referenzaktivums nach Eintritt des Kreditereignisses. Der Risikoverkäufer erhält somit effektiv den Nominalbetrag des Basisinstruments bzw. des Referenzaktivums. Bei einigen Kreditderivaten wird allerdings nur ein vorher festgelegter Betrag fällig (z. B. ein fester Anteil am Nominalbetrag).

Für den Fall des Eintritts des Kreditereignisses kann auch die **physische Lieferung des notleidenden Titels** (Basis- bzw. Referenzaktivum) durch den Risikoverkäufer vereinbart werden. Im Gegenzug hat der **Risikokäufer** den **Basispreis** zu **bezahlen**. Auch die Bezahlung eines nach einem gewissen Zeitraum geltenden Preises bzw. der Tausch des notleidenden Titels gegen andere vorher benannte Papiere kann vereinbart werden.

Der wesentliche Unterschied zwischen physischer Lieferung und barer Ausgleichszahlung besteht darin, dass der Sicherungsnehmer (Risikokäufer) nach Erhalt des Basis- bzw. Referenzinstruments (also nach der physischen Lieferung) eine Forderung gegenüber dem Referenzschuldner besitzt. Dies ermöglicht ihm die Mitwirkung am Insolvenzverfahren, so dass er gegebenenfalls einen höheren Restwert erstreiten kann, als man kurz nach dem Kreditereignis erwartet hat.

- **Prämie**

Für die Verlustabsicherung hat der Risikoverkäufer (Sicherungsnehmer) an den Risikokäufer eine Gebühr zu leisten. Die **Höhe** dieser Prämie wird in der Regel in **Basispunkten auf den Nennwert des Basis- bzw. Referenzinstruments** bemessen. Möglich ist eine periodische Zahlung (viertel-, halb- oder ganzjährig), z. B. als EURIBOR plus Aufschlag, oder eine Pauschalzahlung zu Beginn der Transaktion.

- **Laufzeit**

Auch die individuell gestalteten Laufzeiten der Kreditderivate spiegeln ihren maßgeschneiderten Charakter wider. Man kann vereinbaren, dass das Kreditderivat bis zum Ende der Laufzeit des abgesicherten Basis- bzw. Referenzaktivums besteht oder dass es noch vor dem Ablauf der Laufzeit der abgesicherten Aktiva ausläuft. Im zweiten Fall besteht Versicherungsschutz nicht für die gesamte Laufzeit der Referenzforderung. Damit trägt der Risikoverkäufer für den Rest der Laufzeit der abgesicherten Position wieder das Kreditrisiko.

Obwohl bei Kreditderivaten aufgrund der Möglichkeit der individuellen Vertragsgestaltungen viele unterschiedliche Gestaltungsformen bestehen und auch ständig neue und immer komplexere Strukturen entstehen, sollen hier nur zwei Grundformen dargestellt werden.

9.6.2 Formen von Kreditderivaten

9.6.2.1 Credit Default Swaps (CDS)

Beim Credit Default Swap, dem am häufigsten eingesetzten Kreditderivat, **entrichtet der Sicherungsnehmer eine periodische Gebühr**, typischerweise ausgedrückt in Basispunkten per annum, berechnet auf den Nominalwert des abzusichernden Risikos. **Im Gegenzug erhält er vom Sicherungsgeber eine Zahlung**, falls beim Referenzaktivum ein **Kreditereignis** eintritt. Die Definition des die Zahlung auslösenden Kreditereignisses sowie der Mechanismus, nach dem die Höhe der zu leistenden Zahlung bestimmt wird, sind flexibel und werden von den beiden Kontrahenten individuell vor Abschluss der Transaktion ausgehandelt. Ein Kreditereignis ergibt sich aus der Veränderung der Kreditwürdigkeit des Basisinstruments bzw. des Referenzinstruments und kann zum Beispiel durch Nichterfüllung, Insolvenz oder Zahlungsverzug des Schuldners definiert werden. Die Konstruktion eines Credit Default Swap zeigt **Abbildung 94**.[855]

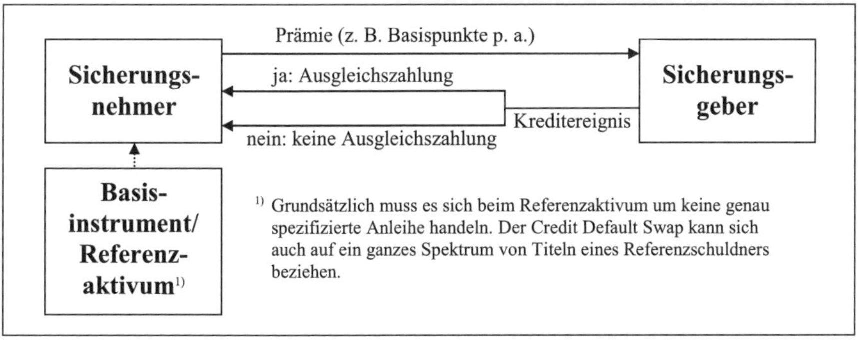

Abbildung 94: Konstruktion eines Credit Default Swap[856]

In seiner Risikostruktur ähnelt der Credit Default Swap einer **Garantie**. Es sollte deswegen darauf geachtet werden, dass ein bonitätsmäßig einwandfreier Vertragspartner gewählt wird.

Seit 1998 steht für den Credit Default Swap eine in späteren Jahren überarbeitete Standarddokumentation der International Swaps and Derivatives Association (ISDA) zur Verfügung, die es den Vertragspartnern erlaubt, die genauen Vertragskonditionen aus vorgegebenen Alternativen auszuwählen. Die Standardisierung der Vertragsdokumentation von Credit Default Swaps hat sicherlich maßgeblich zu dem enormen Wachstum gerade dieses Marktsegments beigetragen.

Kommt es während der Laufzeit des Kreditderivats zu keinem Kreditereignis, so erhält der Sicherungsgeber die periodische Prämienzahlung, ohne dafür eine Gegenleistung erbringen zu müssen. Im Fall eines Kreditereignisses des zugrunde liegenden Referenzrisikos entsteht hingegen ein Zahlungsanspruch seitens des Sicherungsnehmers.

---

855 Vgl. allgemein zum Credit Default Swap bspw. auch *Sievers, Maren*: Kreditderivate – Gestaltungsmöglichkeiten, bankenaufsichtsrechtliche Behandlung und der Handel mittelständischer Kreditrisiken. Baden-Baden 2009, S. 45-70.

856 Modifiziert entnommen aus *Neske, Christian*: Grundformen von Kreditderivaten. In: Kreditderivate – Handbuch für die Bank- und Anlagepraxis, hrsg. von *Hans-Peter Burghof* u.a., 2. Aufl., Stuttgart 2005, S. 57.

9.6.2.2 Credit Linked Notes

Kreditderivate können mit Anleihen zu strukturierten Wertpapieren kombiniert werden. Diese Art von Kreditderivaten ist im Gegensatz zu den anderen Formen aktivierungspflichtig.

Die einfachste Form ist die **Verbindung eines Credit Default Swaps mit einer** variabel oder festverzinslichen **Schuldverschreibung** zu einer Credit Linked Note.[857] Bei einer Credit Linked Note emittiert der Risikoverkäufer eine Anleihe, deren Rückzahlung an das Ausfallrisiko eines Basis- bzw. Referenzinstruments geknüpft ist. Der Risikokäufer kauft diese Anleihe vom Risikoverkäufer zum Nominalbetrag und lässt sich die Bereitstellung des Kapitals sowie die Übernahme des Ausfallrisikos durch entsprechende Zins- und Prämienzahlungen vergüten.

Die vom Sicherungsnehmer emittierte Anleihe wird am Laufzeitende zum Nennwert zurückgezahlt, wenn ein vorher festgelegtes Kreditereignis beim Basis- bzw. Referenzaktivum nicht eintritt. Kommt es zum Kreditereignis, so wird die Credit Linked Note innerhalb einer festgesetzten Frist unter Abzug eines Ausgleichsbetrags, z. B. in Höhe der Differenz zwischen Nominal- und Restwert des Referenzaktivums, zurückgezahlt.

Im Gegensatz zum Credit Default Swap leistet der Sicherungsgeber hier im Voraus seine Geldzahlung in Höhe der gezeichneten Schuldverschreibung. Das Vereinnahmen des Emissionserlöses aus der Credit Linked Note wirkt beim Sicherungsnehmer wie eine Barunterlegung des Kreditrisikos.

Wirtschaftlich stellt sich die Position des Risikokäufers als Kombination aus dem Kauf einer Anleihe des Emittenten der Credit Linked Note und dem gleichzeitigen Eingehen der Position des Sicherungsgebers eines Credit Default Swap hinsichtlich des Basis- bzw. Referenzinstruments dar.

Abbildung 95 (Seite 329) zeigt die Konstruktion einer Credit Linked Note.

---

[857] Vgl. allgemein zur Credit Linked Note auch *Sievers, Maren*: Kreditderivate – Gestaltungsmöglichkeiten, bankenaufsichtsrechtliche Behandlung und der Handel mittelständischer Kreditrisiken. Baden-Baden 2009, S. 91-97.

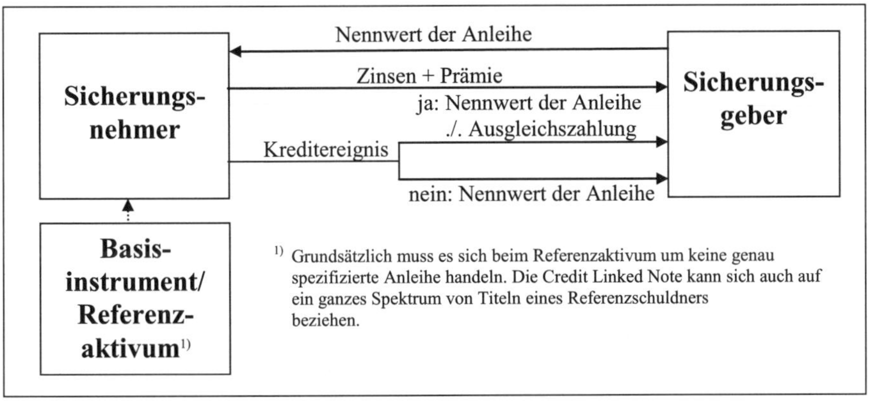

Abbildung 95: Konstruktion einer Credit Linked Note[858]

---

[858] Modifiziert entnommen aus *Krumnow, Jürgen/Gramlich, Ludwig* (Hrsg.): Gabler Bank Lexikon. 13. Aufl., Wiesbaden 2002, S. 294.

10 Eine Systematisierung der Konditionenvereinbarungen der Außenfinanzierung

10.1 Grundlagen

Die historische Entwicklung der Finanzmärkte zeigt, dass die Menge der verschiedenen Finanzierungsinstrumente bzw. die Anzahl der Möglichkeiten, die einer Unternehmung im Rahmen der Außenfinanzierung zur Verfügung stehen, im Zeitablauf stetig zugenommen hat. Hierbei wurden jedoch keine grundsätzlich neuen Finanzierungsmöglichkeiten geschaffen; vielmehr wurden die klassischen Formen der Bereitstellung von Eigenkapital und Fremdkapital nur variiert und in unterschiedlicher Weise miteinander kombiniert.[859]

Aufgrund der großen Anzahl ist eine vollständige Aufzählung sämtlicher Finanzierungsinstrumente nicht möglich; sie wäre auch nicht sinnvoll. Jedes Finanzierungsinstrument setzt sich aus verschiedenen Konditionenbestandteilen zusammen. Deswegen soll eine Systematisierung der möglichen Konditionenbestandteile von Finanzierungsinstrumenten vorgestellt werden. Hierdurch werden die einzelnen Bestandteile in eine hierarchische Ordnung gebracht. Durch Kombination dieser Elemente, deren Auswahl überwiegend nach wirtschaftlichen Gesichtspunkten erfolgt, können dann die meisten historischen, heutigen und zukünftigen Finanzprodukte kreiert werden.[860] Auf eine Trennung in Eigen- und Fremdkapitaltitel wird hierbei soweit wie möglich verzichtet, um die grundsätzliche Geltung der Systematik für beide Formen zu verdeutlichen.

10.2 Die Kapitalgeber und Kapitalnehmer

Bei jedem Finanzierungsinstrument gibt es einen Kapitalgeber und einen Kapitalnehmer, wie **Abbildung 7** (Seite 19) zeigt. Sie vereinbaren die dem Finanzkontrakt zugrunde liegenden Konditionen. Der (potenzielle) Kapitalgeber **sucht** eine Anlagemöglichkeit; umgekehrt **bietet** der (potenzielle) Kapitalnehmer eine Anlagemöglichkeit. (Potenzieller) Kapitalgeber und (potenzieller) Kapitalnehmer werden den Finanzkontrakt allerdings nur dann abschließen und somit den Kapitalaustausch nur dann vornehmen, wenn sie sich über die Konditionen der Kapitalhingabe einig geworden sind.[861] Insofern stellt jedes Finanzierungsinstrument sowohl eine Kapitalbeschaffungsmöglichkeit für die Kapitalnehmer als auch eine Kapitalanlagemöglichkeit für die Kapitalgeber dar.

---

[859] So z. B. durch die Schaffung mezzaniner Finanzierungsinstrumente, die sowohl Merkmale von Eigen- als auch von Fremdkapital enthalten; vgl. hierzu **Abschnitt 6**.

[860] Dieser Vorgang wird auch als Replicating oder Financial Engineering bezeichnet (siehe hierzu auch die Ausführungen in **Abschnitt 2.5**).

[861] In diesem Zusammenhang ist es denkbar, dass die Kontraktpartner einen Vermittler benötigen, der sie zusammenbringt.

Kapitalgeber und Kapitalnehmer, die die Entscheidungsträger der einem Finanzkontrakt zugrunde liegenden Konditionenvereinbarung sind, lassen sich nach verschiedenen Gesichtspunkten systematisieren (siehe hierzu **Abbildung 96**).

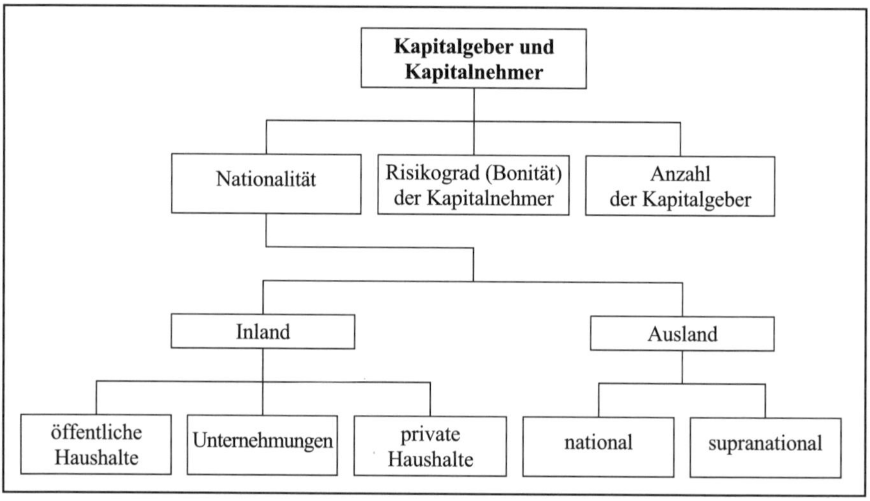

Abbildung 96: Systematisierung der Kapitalgeber und Kapitalnehmer

Die beiden Kontraktpartner können zunächst nach ihrer **Nationalität** unterschieden werden. Hat z. B. bei einem festverzinslichen Wertpapier der Kapitalgeber seinen Sitz im Ausland, so wird von einer Auslandsanleihe im Gegensatz zu einer Inlandsanleihe gesprochen.[862]

Das **Inland** lässt sich – ebenso wie alle ausländischen Staaten – entsprechend den in der volkswirtschaftlichen Gesamtrechnung üblichen Bezeichnungen in die Bereiche **öffentliche Haushalte**, **Unternehmungen** und **private Haushalte** unterteilen. Zu den öffentlichen Haushalten zählen in der Bundesrepublik Deutschland der Bund, die Sondervermögen des Bundes, die Bundesländer sowie die Kommunalverbände und Gemeinden. Der Bereich der Unternehmungen kann in die Gruppen monetäre Finanzinstitute und andere Unternehmungen unterteilt werden, wobei Letztere sich weiter nach einzelnen Branchen systematisieren lassen.[863]

Diese Unterscheidungen werden getroffen, weil sich hieraus einige Namen von Finanzierungsinstrumenten ableiten lassen. Die jeweiligen Bezeichnungen können dabei von den **Kapitalnehmern** abgeleitet sein. So ergibt sich beispielsweise die Bezeichnung „Bundesanleihe" allein aus dem Sachverhalt, dass bei diesem Finanzierungsinstrument der Kapital-

---

862 Als „Inland" wird in Deutschland üblicherweise die Bundesrepublik Deutschland bezeichnet. Da seit dem Beginn der dritten Stufe der Wirtschafts- und Währungsunion am 01.01.1999 der EUR die offizielle Währung derjenigen Mitgliedstaaten ist, die ab diesem Zeitpunkt die einheitliche Währung einführten, wird aber immer häufiger – vor allem im Zusammenhang mit der Emission von EUR-Anleihen – die Gesamtheit der Mitgliedstaaten, die den EUR eingeführt haben, als „Inland" bezeichnet.

863 Der Bereich der Unternehmungen kann auch nach anderen Kriterien – beispielsweise nach der Unternehmungsgröße – weiter unterteilt werden.

nehmer (Anleiheschuldner) die Bundesrepublik Deutschland ist. Entsprechend ergeben sich z. B. die Namen „Bankschuldverschreibung“ oder „Industrieobligation“. Ein „Mittelstandskredit“ dagegen wird an mittelständische Unternehmungen vergeben. Die Bezeichnungen können aber auch von den einzelnen **Kapitalgebergruppen** stammen, so z. B. „Lieferantenkredite“, „Kundenkredite“ (Anzahlungen), „Arbeitnehmerkredite“ oder auch „Bankkredite“, „Versicherungskredite“, „öffentliche Kredite“, „Konzernkredite“, „private Kredite“.

Der Sektor **Ausland** lässt sich in dem **nationalen Zweig** ebenso untergliedern wie das Inland. (Dies ist allerdings in **Abbildung 96**; Seite 332, nicht berücksichtigt.) Der **supranationale Zweig** umfasst dagegen diejenigen Kapitalgeber und Kapitalnehmer, die nicht einem einzelnen Staat zugeordnet werden können. Hierzu zählen vor allem Organisationen wie die Weltbank oder die Europäische Investitionsbank.

Neben der Untergliederung nach Nationalität und Wirtschaftssektoren lassen sich die Kapitalnehmer nach dem von seiner Bonität abhängigen **Risikograd** systematisieren. Der Risikograd einer Kapitalanlage wird von Ratingagenturen[864] durch ein Rating[865] des Schuldners in komprimierter Form wiedergegeben. In Anlehnung an die gängigen Ratingsymbole werden Anleihen von Unternehmungen mit höchster Bonität als Triple-A-Anleihen (AAA-Anleihen) bezeichnet. Derartige Anleihen zeichnen sich durch ein besonders geringes Ausfallrisiko aus. Hingegen sind High-Yield Bonds ein Beispiel für Anleihen, bei denen die Emittenten eine geringe Bonität aufweisen, die vertragsgemäße Bedienung der Anleihen durch die Emittenten also zweifelhaft erscheint.

Nach der **Anzahl der Kapitalgeber** wird speziell bei Krediten zwischen

- den von einem einzigen Kreditgeber gewährten Einzelkrediten,
- den von einer Gruppe von Kreditgebern (z.B. von einem Bankenkonsortium) gewährten Konsortialkrediten sowie
- den i. d. R. von zwei gleichberechtigten Partnern mit jeweils gleichen Kreditteilen gewährten Metakrediten

unterschieden.

---

[864] Zu den bekanntesten Ratingagenturen gehören Standard & Poor’s, Moody’s sowie Fitch Ratings; vgl. dazu *Bieg, Hartmut/Kußmaul, Heinz*: Investitions- und Finanzierungsmanagement. Band III: Finanzwirtschaftliche Entscheidungen. München 2000, Abschnitt 2.1.4.1.

[865] Ein Rating stellt ein Beurteilungsverfahren dar, das eine Vielzahl von Bestimmungsfaktoren eines Untersuchungsgegenstands (hier: eine Unternehmung) bezüglich einer bestimmten Fragestellung (hier: die Bonität der Unternehmung) bewertet und das Ergebnis in einer einzigen Kennzahl, dem so genannten Rating, verdichtet; vgl. dazu *Bieg, Hartmut/Kußmaul, Heinz*: Investitions- und Finanzierungsmanagement. Band III: Finanzwirtschaftliche Entscheidungen. München 2000, Abschnitt 2.1.4.1. Die Erkenntnis, dass die Bonität einer Unternehmung in starkem Maße von ihrer zukünftigen Entwicklung abhängt, wird von den Ratingagenturen dadurch berücksichtigt, dass sie für eine Unternehmung verschiedene, nach der zeitlichen Länge des jeweiligen Betrachtungszeitraums differenzierte Ratings vergeben.

10.3 Die möglichen Bereiche von Konditionenvereinbarungen

10.3.1 Systematisierung der Konditionenvereinbarungen

Aufgrund ihrer unterschiedlichen Zielvorstellungen müssen Kapitalgeber und Kapitalnehmer Konditionen für die Kapitalüberlassung vereinbaren (siehe hierzu auch **Abbildung 7**; Seite 19). Eine Übersicht, in der mögliche Bereiche von Konditionenvereinbarungen systematisiert werden, findet sich in **Abbildung 97** (Seite 335).

10.3.2 Zeitpunkt der Konditionenfestlegung

Bei der Konditionenvereinbarung müssen sich der Kapitalgeber und der Kapitalnehmer zunächst über den **Zeitpunkt der Konditionenfestlegung** einigen. I. d. R. wird dieser Vorgang **in unmittelbarer zeitlicher Nähe zur Kapitalbereitstellung** erfolgen (**Kassageschäfte**). Bei **Termingeschäften** werden die Konditionen dagegen in entsprechendem zeitlichem Abstand **vor der Kapitalbereitstellung** bereits mit Vertragsabschluss festgelegt. Insofern ist ein normaler Bankkredit, dessen Konditionen in entsprechendem zeitlichem Abstand vor der Inanspruchnahme festgelegt werden, ebenso ein Termingeschäft wie ein heute abgeschlossener Kaufvertrag, in dem der veräußerte Vermögensgegenstand wie der Kaufpreis festgelegt wird, der aber erst in drei Monaten durch Lieferung des Gegenstandes und Bezahlung des Kaufpreises von den Vertragspartnern zu erfüllen ist. Wird der zeitliche Abstand zwischen Konditionenfestlegung und Kapitalbereitstellung nach praktischen Gesichtspunkten fixiert, so kann selbst bei einer Frist von wenigen Tagen noch ein Kassageschäft vorliegen (z. B zwei Valutatage im Bankgeschäft). Die Übergänge zwischen Kassageschäften und Termingeschäften können somit fließend sein.

Der Zeitpunkt der Konditionenfestlegung kann allerdings auch **nach der Kapitalbereitstellung** liegen. In der Praxis werden jedoch i. d. R. nicht alle, sondern nur ein einziger Vertragsbestandteil oder einige wenige Vertragsbestandteile nachträglich festgelegt. So gibt es z. B. Finanzkontrakte, bei denen einer der Kontraktpartner (Kapitalgeber oder Kapitalnehmer) die Rückzahlungswährung nach der Kapitalbereitstellung bestimmen kann.

10.3.3 Bindungsgrad der Konditionenvereinbarung

Eine ursprünglich vereinbarte Konditionenfestlegung muss allerdings – je nach **Bindungsgrad der Konditionenvereinbarung** – nicht in jedem Fall für den gesamten Kapitalbereitstellungszeitraum Gültigkeit besitzen. Wurde ein **Änderungsrecht** oder eine **Änderungspflicht** vereinbart, wie z. B. die Kündigung des Kapitalbetrags durch den Kapitalgeber (z. B. durch einen OHG-Gesellschafter oder durch die satzungsändernde Mehrheit der Aktionäre), so kann durch Ausübung des Änderungsrechts bzw. durch Erfüllung der Änderungspflicht die ursprüngliche Konditionenfestlegung nachträglich geändert werden.

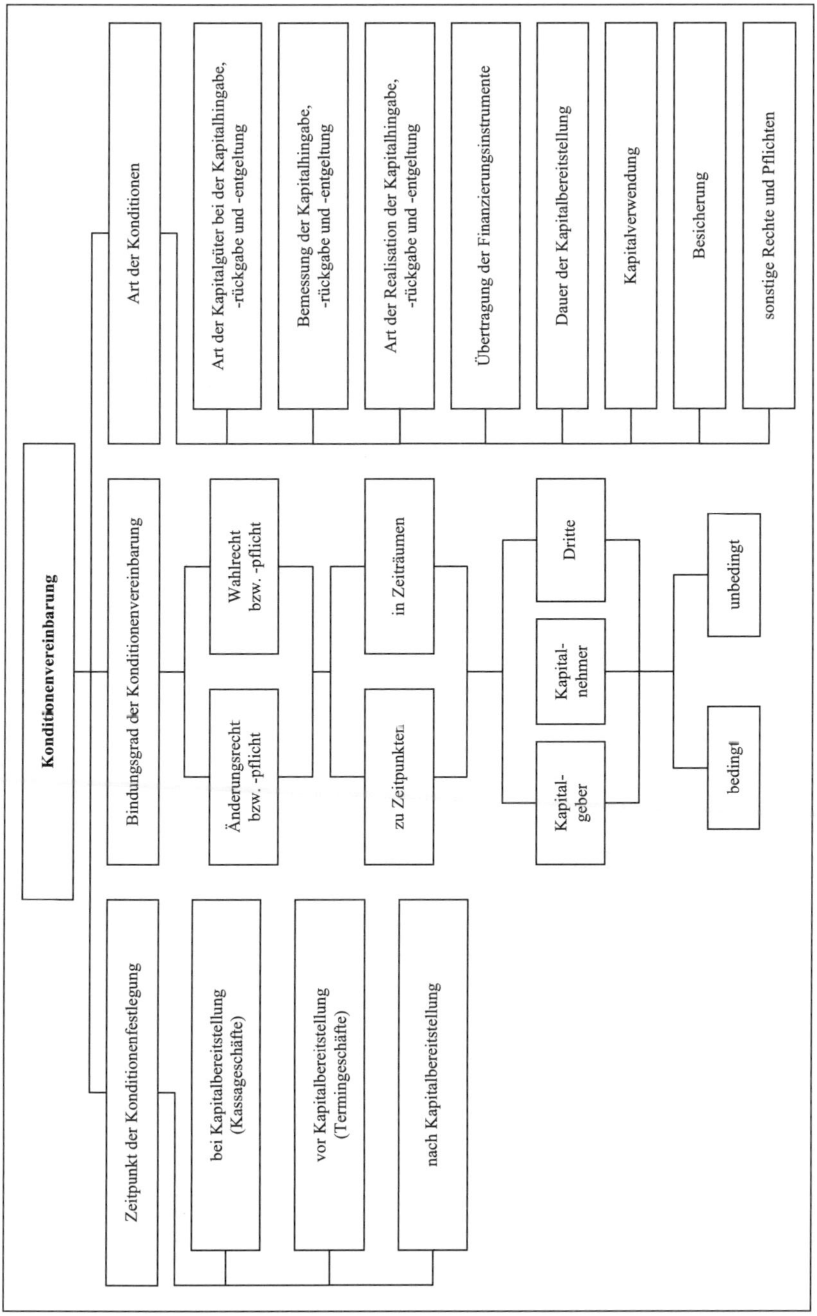

Abbildung 97: Systematisierung der Konditionenvereinbarungen

Bei **Wahlrechten** oder **Wahlpflichten** wird zwar eine Konditionenfestlegung getroffen, jedoch ist diese in einem Bereich oder in mehreren Bereichen nicht eindeutig. Folglich muss später eine Auswahl aus der vorbestimmten Menge von Handlungsalternativen durch den Entscheidungsträger erfolgen. Ein Beispiel hierfür ist das Wandlungsrecht bei der Wandelschuldverschreibung.[866] Hier muss der Kapitalanleger nach Ablauf einer bestimmten Frist entscheiden, ob er die Schuldverschreibung behalten oder gegen Aktien der betreffenden Unternehmung eintauschen will.

Diese Entscheidung kann – wie auch bei den Änderungsrechten – zu einem bestimmten **Zeitpunkt** oder während eines bestimmten **Zeitraums** erfolgen. Beispielsweise sind bei Wandelschuldverschreibungen Vereinbarungen denkbar, die bestimmen, dass die Umwandlungsentscheidung jeweils am 3. Februar der Jahre 02 bis 05, also zu bestimmten Zeitpunkten, oder zwischen dem 3. Februar des Jahres 01 und dem 2. Februar des Jahres 03, also innerhalb eines bestimmten Zeitraums, hier innerhalb von zwei Jahren, zu erfolgen hat.

Entscheidungsträger können hierbei entweder der **Kapitalgeber**, der **Kapitalnehmer** oder Dritte sein. Bei einer Wandelschuldverschreibung ist der Entscheidungsträger der Kapitalgeber, bei Krediten hingegen ist ein Kündigungsrecht durch den Kapitalnehmer denkbar.

Schließlich kann die Entscheidung vom **Eintreten eines bestimmten Ereignisses** abhängig gemacht werden. Ist die Entscheidung an ein bestimmtes Ereignis gebunden, so handelt es sich um eine **bedingte Entscheidungsmöglichkeit**. So könnte z. B. das Umtauschrecht einer Wandelschuldverschreibung in Aktien an die Bedingung geknüpft werden, dass der Deutsche Aktienindex DAX zuvor die Marke von 5.000 Punkten unterschritten hat. Im Gegensatz dazu hat der Entscheidungsträger bei einer **unbedingten Entscheidungsmöglichkeit** eine Entscheidung in jedem Fall, also unabhängig vom Eintritt eines bestimmten Ereignisses, zu treffen.

10.3.4 Art der Konditionen

Neben dem Zeitpunkt der Konditionenfestlegung und dem Bindungsgrad der Konditionen müssen die Vertragspartner schließlich noch die **Art der Konditionen** festlegen. Diese kann sich auf die folgenden Bereiche beziehen, die im Folgenden jeweils erläutert werden:

- Art der Kapitalgüter bei der Kapitalhingabe, -rückgabe und -entgeltung,[867]
- Bemessung der Kapitalhingabe, -rückgabe und -entgeltung,[868]
- Art der Realisation der Kapitalhingabe, -rückgabe und -entgeltung,[869]
- Übertragung der Finanzierungsinstrumente,[870]
- Dauer der Kapitalbereitstellung,[871]
- Kapitalverwendung,[872]

---

[866] Zur Wandelschuldverschreibung siehe **Abschnitt 6.4**.

[867] Vgl. **Abschnitt 10.3.5**; **Abbildung 98** (Seite 337).

[868] Vgl. **Abschnitt 10.3.6**; **Abbildung 99** (Seite 341) und **Abbildung 100** (Seite 342).

[869] Vgl. **Abschnitt 10.3.7**; **Abbildung 101** (Seite 344).

[870] Vgl. **Abschnitt 10.3.8**; **Abbildung 102** (Seite 345).

[871] Vgl. **Abschnitt 10.3.9**; **Abbildung 103** (Seite 348).

[872] Vgl. **Abschnitt 10.3.10**; **Abbildung 104** (Seite 349).

- Besicherung[873] und
- sonstige Rechte und Pflichten[874].

10.3.5 Die Art der Kapitalgüter bei der Kapitalhingabe, -rückgabe und -entgeltung

Als Kapitalgüter können einem Finanzierungsinstrument immaterielle und/oder materielle Güter bzw. Werte zugrunde liegen (vgl. **Abbildung 98**). Sie können Grundlage der Kapitalhingabe, der Kapitalrückgabe sowie der Kapitalentgeltung sein. Üblicherweise erfolgt die Kapitalhingabe zu Beginn, die Kapitalrückgabe am Ende und die Kapitalentgeltung während der Laufzeit der Kapitalvergabe, wobei allerdings Abweichungen hiervon möglich sind.

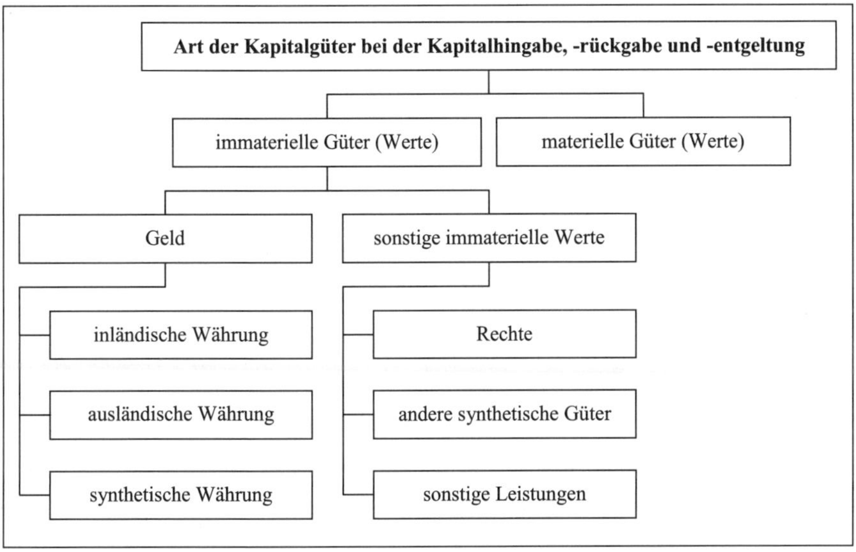

Abbildung 98: Systematisierung nach der Art der Kapitalgüter

Während sich die **materiellen Güter** dadurch auszeichnen, dass sie einem Wirtschaftssubjekt direkten Nutzen stiften können, geschieht dies bei den **immateriellen Gütern** grundsätzlich indirekt. Deshalb wird das **Geld** auch den immateriellen Gütern zugeordnet. Es wird hier allerdings aufgrund seiner großen praktischen Bedeutung von den sonstigen immateriellen Gütern abgegrenzt. Das Kapitalgut „Geld" muss nicht notwendigerweise in **inländischer Währung** vorliegen, da Kapitalhingabe, -rückgabe und -entgeltung auch in einer oder mehreren **ausländischen oder synthetischen Währungen** erfolgen können. Eine synthetische Währung war z. B. der ECU,[875] der sich aus bestimmten Anteilen der zu die-

---

873 Vgl. **Abschnitt 10.3.11**; **Abbildung 105** (Seite 350).

874 Vgl. **Abschnitt 10.3.12**; **Abbildung 106** (Seite 351).

875 Die Abkürzung „ECU" stand für European Currency Unit.

sem System gehörenden Währungen zusammensetzte („Währungskorb"). Die Kapitalhingabe, -rückgabe bzw. -entgeltung muss auch nicht notwendigerweise in der gleichen Währung erfolgen. In der Praxis gibt es beispielsweise sogenannte Doppel- oder Mehrfachwährungsanleihen, bei denen der Kapitalhingabe, -rückgabe bzw. -entgeltung unterschiedliche Währungen zugrunde liegen.[876]

Neben Geld zählen zu den immateriellen Gütern auch Rechte, synthetische Güter sowie sonstige Leistungen. Wenn in **Abschnitt 10.3.3**[877] von Rechten die Rede war, so waren diese Rechte Bestandteil eines gesamten Konditionenpaketes, durch das ein bestimmtes Finanzinstrument gekennzeichnet ist. In dem hier angesprochenen Zusammenhang geht es um **Änderungs- und Wahlrechte** oder um **Bezugsrechte**, die als eigenständige Finanzinstrumente angesehen werden und als solche getrennt disponierbar sind. So ist z. B. bei Aktien das Bezugsrecht und bei Optionsanleihen das Optionsrecht – eine Sonderform des Wahlrechts – zunächst Bestandteil der gesamten, die Aktien bzw. Optionsanleihen beschreibenden Konditionenvereinbarungen. Beide Rechte können jedoch auch getrennt von der Aktie bzw. Optionsanleihe gehandelt werden und stellen damit jeweils ein eigenständiges Kapitalgut dar.[878]

Als Kapitalgüter sind außer synthetischen Währungen auch **andere synthetische Güter** denkbar. Zu diesen zählen insbesondere Indizes, z. B. der Deutsche Aktienindex DAX, der Rentenindex REX oder die jeweiligen Dow Jones Indizes. Diese Güter können jedoch nicht physisch geliefert, sondern lediglich fiktiv zur Verfügung gestellt werden.

Als **sonstige Leistungen** kann jedes Tun, Dulden oder Unterlassen verstanden werden. Hierunter fällt auch die Übernahme der Haftung bei einem Akzept- oder Avalkredit. Bei diesen Sonderformen des Kreditgeschäfts, die unter der Bezeichnung „Kreditleihe" bekannt sind, wird nicht wie üblicherweise bei Krediten Geld zur Verfügung gestellt, sondern es wird nur für eine bestimmte Dauer eine bedingte Haftungsleistung erbracht.[879]

Ein typisches Beispiel für die Kreditgewährung bei **materiellen Gütern** ist der Warenkredit eines Lieferanten, der seinen Kunden Waren auf Ziel verkauft.[880] Die Kapitalhingabe erfolgt also durch ein materielles Gut. Bei der Kapitalrückgabe wird dagegen meist Geld als Kapitalgut eingesetzt. Denkbar wäre aber auch eine Kapitalrückgabe in Form materieller Güter. Das Entgelt für eine derartige Kapitalüberlassung wird i. d. R. nicht offen ausgewiesen, sondern ist im Verkaufspreis berücksichtigt; wird der Kredit jedoch nicht in Anspruch genommen, so erfolgt eine – zinsbedingte – Minderung des Kaufpreises durch Skontoabzug.

Auch beim Leasing erfolgt die Kapitalhingabe i. d. R. durch ein materielles Gut, das – je nach Ausgestaltung des Leasingvertrages – nach Ablauf der Vertragsdauer zurückgegeben werden kann.[881] Zur Kapitalentgeltung in Form von Leasingraten wird i. d. R. Geld benutzt.

---

[876] Siehe hierzu auch **Abschnitt 5.3.4.3.6**.

[877] Vgl. auch **Abbildung 97** (Seite 335).

[878] Siehe hierzu auch die Darstellung in **Abschnitt 4.3.3.2.2.1** und in **Abschnitt 6.5**.

[879] Zur „Kreditleihe" siehe die Ausführungen in **Abschnitt 5.4.4**.

[880] Siehe hierzu **Abschnitt 5.4.2**.

[881] Eine ausführliche Darstellung des Leasing befindet sich in **Abschnitt 7**.

Die Kapitalentgeltung mittels materieller Güter, eine im Mittelalter weit verbreitete Entgeltungsform, ist auch heutzutage noch als Bestandteil der Konditionenvereinbarung bei Finanzkontrakten zu finden. So ist es z. B. möglich, dass ein Investor eines Schokoladenherstellers die Kapitalentgeltung oder Teile dieser in Form von Naturalien – hier also in Schokolade oder in schokoladeähnlichen Erzeugnissen – erhält.[882]

Kapitalhingabe, -rückgabe sowie -entgeltung können übrigens verbrieft oder nicht verbrieft sein.[883] So stellt z. B. ein Sparbrief eine Verbriefung des an eine Bank gewährten Kredites dar, während die Kapitalüberlassung beispielsweise bei einem Schuldscheindarlehen in unverbriefter Form erfolgt.[884]

10.3.6 Die Bemessung der Kapitalhingabe, -rückgabe und -entgeltung

10.3.6.1 Grundlagen

Neben der Art der Kapitalgüter muss bei der Konditionenvereinbarung über die **Bemessung, d. h. die Höhe der Kapitalhingabe, -rückgabe und -entgeltung** entschieden werden. Diese kann bei der Kapitalhingabe und -rückgabe **direkt**, d. h. in eindeutiger nominaler Höhe, bei der Kapitalentgeltung hingegen nur in Verbindung mit einem **Erfolgszähler**, der auf die Bemessungsbasis angewandt wird, bestimmt werden (vgl. **Abbildung 99**; Seite 341). Grundlage der Bemessung der Kapitalhingabe und -rückgabe bzw. der Bemessungsbasis der Kapitalentgeltung ist ein **Referenzwert**. Je nach Art des Finanzierungsinstruments werden für diese Referenzwerte unterschiedliche Begriffe verwendet.

Als Bezeichnung für den Referenzwert sind z. B. bei **Krediten** die Begriffe Nennwert, Nennbetrag oder Nominalbetrag geläufig. Dieser Referenzwert ist dort nicht zwingend eine unmittelbare Zahlungsgröße, sondern dient häufig nur als Berechnungsgrundlage für andere Vertragsbestandteile, beispielsweise für die zu entrichtenden Zinsen, Bearbeitungsgebühren und Vermittlungsprovisionen. Liegt der **Auszahlungsbetrag**, also der Betrag der Kapitalhingabe **unter dem Nennbetrag**, so bezeichnet man die Differenz als Disagio (auch Abgeld oder Damnum genannt); liegt der Auszahlungsbetrag ausnahmsweise **über dem Nennbetrag**, so wird die Differenz als Agio (Aufgeld) bezeichnet.[885] Der **Rückzahlungsbetrag**, also der Betrag, den der Kreditnehmer neben den Zinszahlungen zurückzuzahlen hat, **entspricht i. d. R. dem Nennbetrag**, kann in besonderen Fällen aber auch darüber liegen, wie dies gelegentlich bei festverzinslichen Wertpapieren der Fall ist. Die **Verzinsung** bezieht sich bei Krediten dagegen i. d. R. auf die Restschuld und nur in Ausnahmefällen auf die Anfangsschuld (beispielsweise bei Ratenkrediten) oder eine andere Bezugsgröße. Erfolgt

---

[882] So kann sich der Inhaber einer Anleihe (Emission der Jahre 2003 und 2006) der Confiserie Burg Lauenstein aus Ludwigsstadt wahlweise einen Zinssatz von 4,5 % in bar oder 8,5 % in Form handgefertigter Pralinen auszahlen lassen; vgl. hierzu *o. V.*: Trüffelzinsen und Kuh-Aktien. In: Börsen-Zeitung Nr. 241 vom 14.12.2007, S. 2.

[883] Die Verbriefung von Forderungen wird in **Abschnitt 5.3.2** näher erörtert.

[884] Zum Schuldscheindarlehen siehe **Abschnitt 5.3.3.2**.

[885] Siehe auch **Abschnitt 5.2.1**.

dagegen keine Tilgung, so ist die Restschuld mit der Anfangsschuld und damit i. d. R. mit dem Nennbetrag identisch.[886]

Bei **Aktien** hat der Nennwert oder Nennbetrag dagegen eine andere Bedeutung als bei Krediten.[887] Hier schreibt § 6 AktG vor, dass das Grundkapital einer Aktiengesellschaft auf einen Nennbetrag in EUR lauten muss. Der Mindestnennbetrag einer Nennwertaktie muss mindestens 1 EUR (§ 8 Abs. 2 Satz 1 AktG),[888] der Mindestnennbetrag des Grundkapitals mindestens 50.000 EUR betragen (§ 7 AktG). Die **Kapitalhingabe** des Aktionärs richtet sich dagegen nicht nach dem (fiktiven) Nennbetrag, sondern nach dem Emissionskurs. Letzterer orientiert sich am Kurswert bzw. Marktwert der alten Aktien. Entspricht der Emissionskurs der Aktien ihrem Nennbetrag, so wird von einer **Emission zu pari** gesprochen. Liegt der Emissionskurs hingegen über dem Nennbetrag der Aktien, so liegt **eine Überpari-Emission** vor. **Unterpari-Emissionen** sind gem. § 9 Abs. 1 AktG nicht erlaubt.

Auch die **Kapitalrückgabe** bei Aktien im Falle der Liquidation der Gesellschaft orientiert sich nicht am (fiktiven) Nennbetrag der Aktien bzw. des Grundkapitals, sondern am Liquidationswert der Aktiengesellschaft. Der Liquidationswert ergibt sich aus der Differenz zwischen den Erlösen, die die Gesellschaft bei Veräußerung all ihrer Vermögensgegenstände erzielt, und den Schulden, die die Gesellschaft zu tilgen hat.

Die **Entgeltung** in Form der **Dividende** bezieht sich bei Aktien dagegen auf die einzelne Aktie und kann daher auch auf den (fiktiven) Nennbetrag bezogen werden.

Orientiert sich die Kapitalhingabe, -rückgabe und -entgeltung an einem Referenzwert, so kann eine sich daraus ergebende Zahlungsverpflichtung der Höhe nach entweder begrenzt oder unbegrenzt sein. Da **ohne Begrenzung** der Zahlungsverpflichtung das Risiko für einen der Kontraktpartner unbegrenzt hoch sein kann, werden die mit Finanzverträgen verbundenen Zahlungsverpflichtungen häufig begrenzt. Als Beispiel für einen Finanzkontrakt mit begrenzter Zahlungsverpflichtung sei hier die Indexanleihe genannt.[889] Die **Begrenzung** kann dabei in der Weise erfolgen, dass eine **Obergrenze** („cap“) für die Zahlungsverpflichtung vorgegeben wird. Ergibt sich aus dem Referenzwert eine höhere Zahlungsverpflichtung, so ist eine Zahlung lediglich bis zur festgelegten Obergrenze zu leisten. Analog kann auch eine Untergrenze („floor“) festgelegt werden, die stets – also selbst dann, wenn sich aus dem Referenzwert eine niedrigere Zahlung ergibt – zu einer bestimmten Mindestzahlung führt. Schließlich ist noch eine Kombination aus diesen beiden Begrenzungen, also eine **Begrenzung sowohl nach oben als auch nach unten** („collar“) denkbar.

---

886 Zu den verschiedenen Arten von Tilgungsstrukturen siehe **Abschnitt 5.2.2**.

887 Siehe zu diesem Themengebiet die ausführlichen Erläuterungen in **Abschnitt 4.3.2.2**, insbesondere **Abschnitt 4.3.2.2.3.1**.

888 Bei Stückaktien darf der auf die einzelne Aktie entfallende anteilige Betrag des Grundkapitals (fiktiver Nennwert) 1 EUR nicht unterschreiten (vgl. § 8 Abs. 3 Satz 3 AktG); siehe dazu die ausführlichen Erläuterungen in **Abschnitt 4.3.2.2.3.2**.

889 Die Indexanleihe wird in **Abschnitt 5.3.4.3.6** näher erläutert.

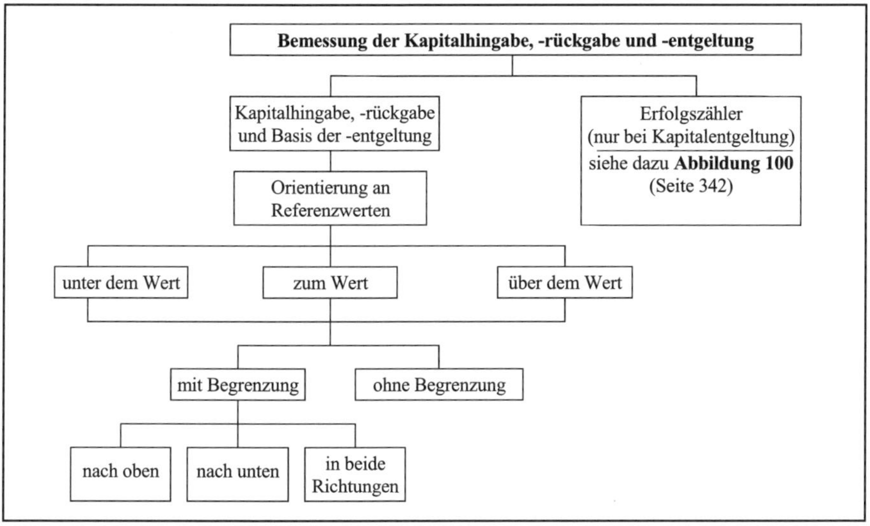

Abbildung 99: Systematisierung der Bemessung der Kapitalhingabe, -rückgabe und -entgeltung

10.3.6.2 Die Bemessung der Kapitalentgeltung

Es wurde bereits darauf hingewiesen, dass im Rahmen der Bemessung der Kapitalentgeltung noch ein **Erfolgszähler** zu berücksichtigen ist, der auf die oben dargestellte Bemessungsbasis angewendet wird. Dieser Erfolgszähler, der i. d. R. in Prozentpunkten angegeben wird, hängt von der **Art der Erfolgsabhängigkeit der Entgeltung** ab (Dividenden- oder Zinsprozentsatz). Wie in **Abbildung 100** (Seite 342) dargestellt, kann nach der Art der Erfolgsabhängigkeit der Entgeltung die erfolgsabhängige von der erfolgsunabhängigen Entgeltung unterschieden werden.

Bei der **erfolgsabhängigen Entgeltung** wird i. d. R. eine **Beteiligung am handelsrechtlichen Erfolg**[890] vorliegen. Die Dividende bei Aktien ist ein Beispiel für eine solche Entgeltungsform. Denkbar sind aber auch **Beteiligungen an anderen Erfolgsmaßstäben** wie z. B. dem Steuerbilanzerfolg oder dem Umsatz. Durch das letzte Beispiel wird deutlich, dass „Erfolg" in diesem Zusammenhang nicht immer eine (positive oder negative) Saldogröße sein muss.

Eine erfolgsabhängige Entgeltung wird grundsätzlich nur dann gezahlt, wenn in der Periode, die der Erfolgsbemessung zugrunde liegt, ein positiver Erfolg erzielt wurde. Im Falle negativer Erfolge kann jedoch eine **Nachholung** der Erfolgsentgeltung für spätere Perioden vereinbart werden. Dies ist zum Beispiel bei kumulativen Vorzugsaktien der Fall.[891]

---

[890] Der handelsrechtliche Erfolg kann beispielsweise durch den Jahresüberschuss oder den Bilanzgewinn zum Ausdruck kommen.

[891] Auf die Ausgestaltungsmöglichkeiten des Dividendenanspruchs bei Vorzugsaktien wird in **Abschnitt 4.3.2.2.2.2** eingegangen.

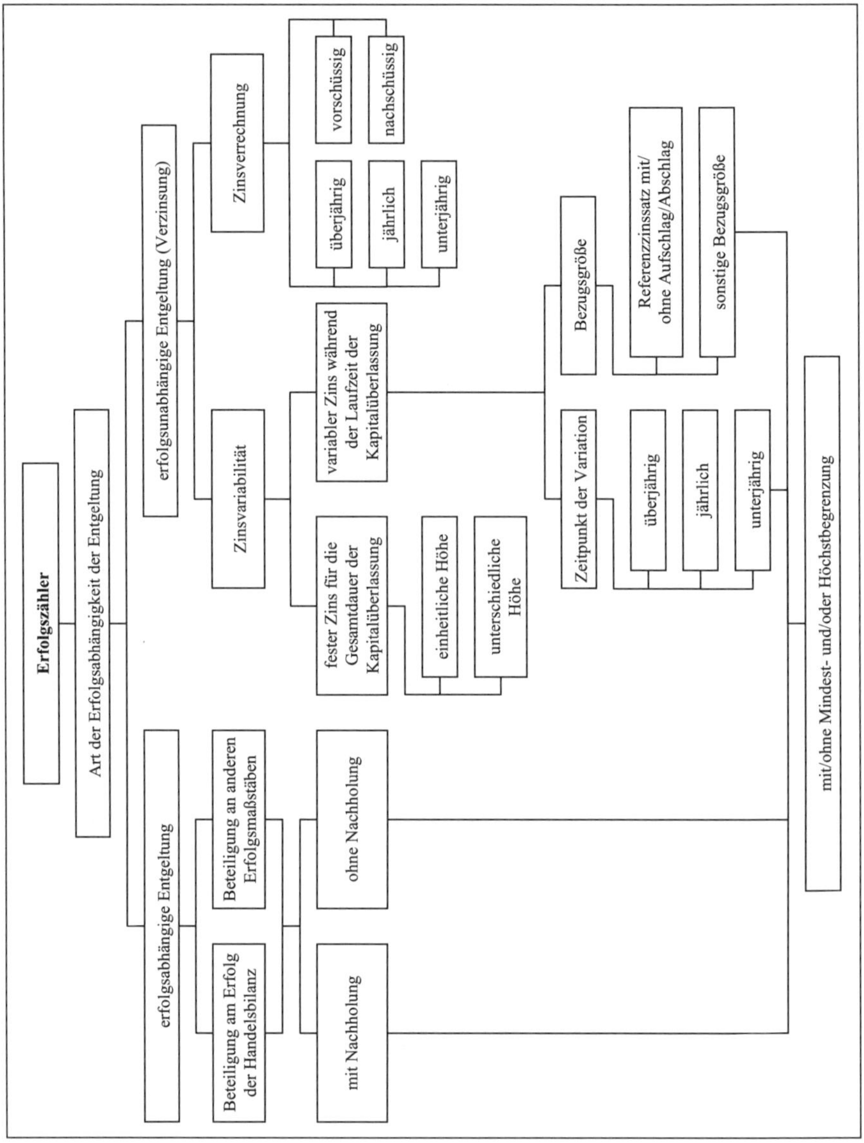

Abbildung 100: Systematisierung der Bemessung der Kapitalhingabe, -rückgabe und -entgeltung (Fortsetzung)

Die **erfolgsunabhängige Entgeltung** (Verzinsung) lässt sich nach den Kriterien Zinsvariabilität und Zinsverrechnung systematisieren. Hierbei handelt es sich allerdings nicht um zwei gleichwertige, sich gegenseitig ausschließende Kriterien. Im Rahmen der **Zinsvariabilität** ist der feste Zins von dem variablen Zins zu unterscheiden. Charakteristisch für eine **feste Verzinsung** ist, dass der Zins **für die gesamte Dauer der Kapitalüberlassung** vereinbart wird, wobei dieser Zins i. d. R. eine einheitliche Höhe hat. Es gibt jedoch auch sogenannte Kombizinsanleihen, bei denen der Festzinssatz während der Dauer der Kapitalüberlassung eine **unterschiedliche Höhe** aufweist. So ist es bei einer Anleihe mit einer Laufzeit von 10 Jahren beispielsweise denkbar, dass während der ersten 5 Jahre die Kapitalhingabe unverzinslich erfolgt, die Verzinsung während der letzten 5 Jahre hingegen sehr hoch ist, so dass sich insgesamt eine marktübliche Rendite ergibt.[892]

Kennzeichnend für eine **variable Verzinsung** ist ein Wechsel der Höhe des Zinssatzes **während der Laufzeit der Kapitalüberlassung**. Diese **Variation** kann **überjährig**, d. h. im Abstand von mehreren Jahren, **jährlich** oder **unterjährig** erfolgen. Überjährig variiert der Zins oft bei langfristigen Bankkrediten (nach Ablauf der Zinsbindungsfrist), unterjährig bei zinsvariablen Anleihen, den sogenannten Floating Rate Notes.[893] Im Gegensatz zur festen Verzinsung in unterschiedlicher Höhe (Kombizinsanleihen) wird bei einer variablen Verzinsung die Höhe der Entgeltung jedoch nicht im Voraus festgelegt. Sie ändert sich vielmehr zum festgelegten Variationszeitpunkt entsprechend der Entwicklung der **Bezugsgröße**, die i. d. R. durch einen sogenannten **Referenzzinssatz** abgebildet wird. In der Praxis wird hierfür ein EURIBOR-Satz verwendet. **Sonstige Bezugsgrößen** sind z. B. Durchschnittswerte von Zinssätzen vergangener Perioden. Es wurden auch schon Anleihen emittiert, bei denen die Höhe der variablen Verzinsung in Form eines mathematischen Algorithmus an einen Aktien- oder Rentenindex geknüpft ist.

Neben dem Kriterium der Zinsvariabilität wird die erfolgsunabhängige Entgeltung durch die Art der Zinsverrechnung gekennzeichnet. Diese kann **überjährig, jährlich** oder **unterjährig** und bei jeder dieser Varianten dann vorschüssig oder nachschüssig erfolgen.

Am häufigsten kommt in der Praxis die jährlich **nachschüssige** Kapitalentgeltung vor. Dies ist z. B. beim klassischen Sparbuch der Fall. Hier werden die Zinsen der vergangenen Periode – konkret des vergangenen Jahres – am Jahresende dem Kapital hinzugeschlagen und ab diesem Zeitpunkt mitverzinst. Bei **vorschüssiger** Zinszahlung müsste der Zuschlag im Voraus, also bereits am Jahresanfang erfolgen. Dies wäre für den Kapitalgeber, der der Empfänger der Zinszahlung ist, von Vorteil, da er die Zinsen ein Jahr früher zu konsumtiven oder Wiederanlagezwecken einsetzen könnte. Der Kapitalnehmer, der der Entgeltzahler ist, hätte dagegen einen Nachteil, da er die entsprechenden Beträge früher aufbringen müsste. Die gleichen Vorteile bzw. Nachteile ergeben sich für Kapitalgeber und Kapitalnehmer bei unterjähriger Verzinsung, die beispielsweise bei einer Kapitalanlage in Form eines Festgeldes üblich ist. Hier werden die Zinsen z. B. monatlich oder vierteljährlich – im Vergleich zum Jahr also in kürzeren Zeiträumen – gutgeschrieben, mit der Folge, dass die Wiederverzinsung entsprechend früher einsetzt. Das Gesamtentgelt ist damit ceteris paribus umso höher, je kürzer der Zinsverrechnungszeitraum ist. Der umgekehrte Fall liegt bei der überjährigen Verzinsung vor, die in der Praxis allerdings kaum relevant ist.

Schließlich lässt sich zu den möglichen Konditionenvereinbarungen bezüglich der Entgeltung noch sagen, dass bei allen nicht feststehenden Zahlungen eine **Mindest- oder Höchstbegrenzung** festgelegt werden kann.[894]

---

[892] Zur Berechnung der Effektivverzinsung siehe **Abschnitt 5.2.4**.

[893] Siehe hierzu **Abschnitt 5.3.4.3.3.4**.

[894] Siehe auch **Abschnitt 10.3.6.1**.

10.3.7 Die Art der Realisation der Kapitalhingabe, -rückgabe und -entgeltung

Neben der Höhe – also der Bemessung der Kapitalhingabe, -rückgabe und -entgeltung – muss deren **Art der Realisation** bei der Konditionenzusammenstellung einer Kapitalvergabe vereinbart werden (vgl. dazu auch **Abbildung 101**). Die Realisation kann hierbei zunächst fiktiv oder tatsächlich sein. **Fiktiv** ist die Realisation nur dann, wenn kein Kapitalgut zur Verfügung gestellt wird. Dies tritt beispielsweise bei der (fiktiven) Kapitalhin- und -rückgabe bei einzelnen Swapformen oder den Forward Rate Agreements (FRA) auf.[895]

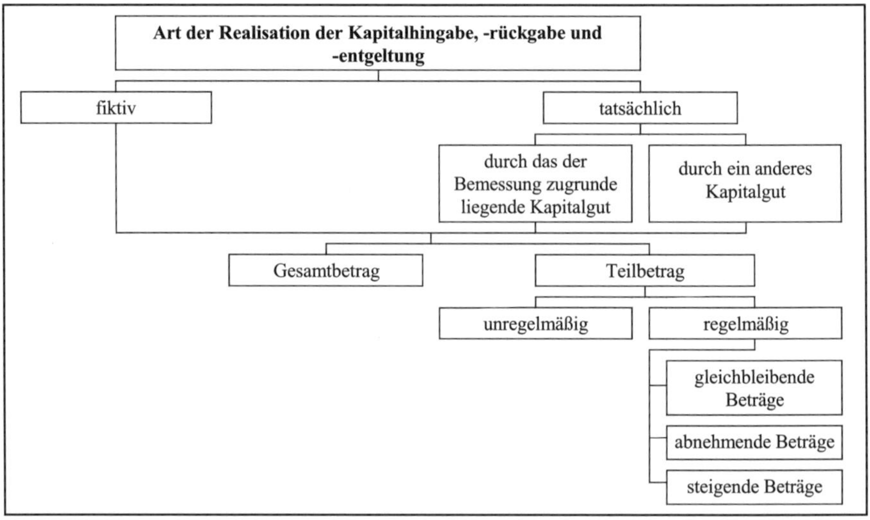

Abbildung 101: Systematisierung nach der Art der Realisation der Kapitalhingabe, -rückgabe und -entgeltung

Im Regelfall wird das Kapitalgut bei der Kapitalhingabe, -rückgabe oder -entgeltung jedoch **tatsächlich** zur Verfügung gestellt. Dies erfolgt entweder **durch das der Bemessung zugrunde liegende Kapitalgut** (z. B. Geld bei einem festverzinslichen Wertpapier oder das Leasinggut bei einem Leasingkredit) oder **durch ein anderes Kapitalgut**. Ein Beispiel für den letztgenannten Fall wären Ausgleichszahlungen in Geld, die i. d. R. dann gewährt werden, wenn – wie z. B. bei einem Index – das Kapitalgut physisch nicht geliefert werden kann.

Sowohl die fiktive als auch die tatsächliche Realisation kann in einem **Gesamtbetrag** oder in **Teilbeträgen** erfolgen. Während beispielsweise bei Bankkrediten der Kreditbetrag oft als Gesamtbetrag zur Verfügung gestellt wird,[896] kann die Rückzahlung grundsätzlich in regelmäßigen Teilbeträgen, die **gleich bleibend, abnehmend oder steigend** sein können, oder in

---

[895] Die Swaps werden in **Abschnitt 9.3** erläutert, die FRA in **Abschnitt 9.5**.

[896] Denkbar ist aber auch eine Auszahlung der Kreditsumme in Teilbeträgen, die sich nach dem Baufortschritt des kreditfinanzierten Immobilienobjekts richten.

unregelmäßigen Teilbeträgen erfolgen. In der Praxis sind vor allem die Ratentilgung sowie die Annuitätentilgung gebräuchlich.[897]

10.3.8 Die Übertragung der Finanzierungsinstrumente

10.3.8.1 Systematisierung nach der Übertragung der Finanzierungsinstrumente

Im Grunde sind auch Finanzierungsinstrumente nichts anderes als eine Ware, und wie jede Ware werden auch sie an Märkten übertragen, d. h. gehandelt. Der **Finanzmarkt** ist der Ort, an dem sich Angebot und Nachfrage nach Finanzierungsinstrumenten treffen. Hier begegnen sich Wirtschaftssubjekte, die entweder freie Gelder anlegen (Kapitalgeber) oder finanzielle Mittel aufnehmen möchten (Kapitalnehmer) und treten durch den Aufbau von Eigentums- und Schuldverhältnissen in Kontakt zueinander; hier bilden sich auch die Preise für solche Finanzkontrakte (vgl. zu diesem Bereich **Abbildung 102**).

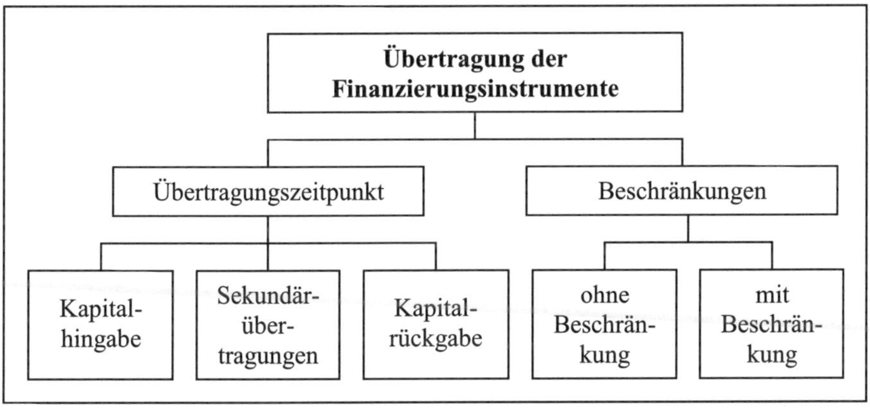

Abbildung 102: Systematisierung nach der Übertragung der Finanzierungsinstrumente

Die Unterscheidung zwischen **organisierten** und **nicht organisierten** (freien) Märkten richtet sich danach, in welchem Maß feste Handelstechniken vorgegeben und für alle Marktteilnehmer transparent und verbindlich sind. Als organisiert bezeichnet man einen „durch Gesetz oder Gewohnheit institutionalisierten sowie durch Publizität und dauerhafte Organisation charakterisierten Markt".[898]

In den meisten Fällen ist der Finanzmarkt nur ein gedankliches Gebilde. Er ist die Summe aller mündlichen, schriftlichen oder telekommunikativen Kontakte, die den Handel in einem einzelnen Finanzierungsinstrument oder in einer Gruppe vergleichbarer Finanzierungsinstrumente betreffen. Zuweilen ist er aber auch – wie etwa bei den Präsenzbörsen – an einem

---

[897] Zu diesen beiden Tilgungsformen siehe die Ausführungen in **Abschnitt 5.2.2**.

[898] *Häuser, Karl*: Kapitalmarkt. In: Handwörterbuch der Finanzwirtschaft, hrsg. von *Hans E. Büschgen*, Stuttgart 1976, Sp. 1059.

räumlichen Ort konzentriert. Da die Computerbörsen[899] in den letzten Jahren immer mehr Liquidität auf sich ziehen konnten, ist die Bedeutung des Präsenzhandels stark zurückgegangen.

Die beiden im Folgenden erörterten Gesichtspunkte der Übertragung von Finanzinstrumenten sind nebeneinander bestehende Gesichtspunkte, die sich nicht gegenseitig ausschließen.

10.3.8.2 Der Zeitpunkt der Übertragung der Finanzierungsinstrumente

Die erstmalige Übertragung, also die ursprüngliche **Kapitalhingabe** an den Kapitalnehmer, die bei bestimmten Finanzierungsinstrumenten auch „Emission" genannt wird, erfolgt auf dem sogenannten **Primärmarkt**. Auf dem Primärmarkt kommt das Angebot ausschließlich von den Finanzierungsinstrumente begebenden Unternehmungen. Dieser Markt betrifft somit nur den Erstverkauf. Im Wesentlichen entspricht der für das Instrument erzielte Preis dem der Unternehmung zufließenden Kapital.

Grundsätzlich kann der erste – ebenso wie auch spätere – Kapitalgeber seine Finanzierungsinstrumente auch an andere Personen oder Institutionen auf dem sogenannten **Sekundärmarkt** weiterverkaufen. Das hat den Vorteil, dass der Inhaber des Finanzierungsinstruments Zahlungsmittel zurückerhalten kann, ohne dass die Unternehmung davon bezüglich ihrer eigenen Liquidität betroffen würde. Aus ihrer Sicht findet lediglich ein Wechsel im Kreis der Anteilseigner oder Gläubiger statt. Sie muss das aufgenommene Kapital aber nicht vorzeitig zurückzahlen; der dem Instrument zugrunde liegende Kapitalüberlassungsvertrag gilt nach wie vor in rechtlich unveränderter Form.

Der Verkäufer des Finanzierungsinstruments trägt allerdings das Risiko, dass der erzielbare Verkaufspreis niedriger sein kann als der ursprünglich von ihm dafür entrichtete Betrag oder als die erwartete, später von der Unternehmung zu leistende **Kapitalrückgabe**.

Die Veräußerung jeder Art von Finanzierungsinstrumenten wird erleichtert, wenn für den Kapitalgeber eine Haftungsbeschränkung vereinbart ist und die Finanzierungsinstrumente in Wertpapieren verbrieft sind. Sind die Finanzierungsinstrumente zudem in kleine homogene Anteile gestückelt, die fungibel, also austauschbar, sind, so kann es zu einem ständigen Handel (Kauf und Wiederverkauf) in diesen Instrumenten kommen. Dann besteht die Möglichkeit, einen organisierten Markt (beispielsweise in Form einer Börse[900]) zu schaffen, auf dem sich Angebot und Nachfrage treffen und auf dem sich ein Preis einstellt, der beides zum Ausgleich bringt.

10.3.8.3 Die Beschränkungen bei der Übertragung der Finanzierungsinstrumente

Für die Weiterveräußerung von Finanzierungsinstrumenten können je nach Art des Instrumentes bestimmte **Beschränkungen** bestehen.

---

[899] Hierzu können beispielsweise der Xetra-Handel oder der Handel an der Eurex gezählt werden (siehe dazu auch die Ausführungen in **Abschnitt 8**).

[900] Zum Börsenhandel siehe die ausführliche Darstellung in **Abschnitt 8**.

Der **Verkauf von Forderungen** z. B. ist grundsätzlich möglich. Hier gelten dann im Einzelnen die Regeln für die Abtretung von Forderungen gemäß den §§ 398-413 BGB.[901] Mit dem Gesetz zur Begrenzung der mit Finanzinvestitionen verbundenen Risiken (Risikobegrenzungsgesetz) vom 12. August 2008 wurde u. a. der Verbraucherschutz gestärkt. So muss nach § 492 Abs. 1a Satz 3 BGB bei Immobiliendarlehensverträgen der vom Darlehensnehmer zu unterzeichnende Vertrag einen deutlichen Hinweis enthalten, dass der Darlehensgeber das Darlehen abtreten darf, sofern im Darlehensvertrag die Abtretung nicht ausgeschlossen oder an die Zustimmung des Darlehensnehmers gebunden ist. Nach dem Risikobegrenzungsgesetz ist nach § 496 Abs. 2 BGB der Darlehensnehmer bei einer echten Abtretung des Darlehens unverzüglich über die Abtretung zu unterrichten. Der Verkauf von Forderungen kann generell durch **vertragliche Vereinbarungen eingeschränkt** werden. Die Einschränkung kann dabei in einer Weise erfolgen, dass die Veräußerung an die ausdrückliche Zustimmung des Schuldners gebunden ist.

Die rechtlichen Möglichkeiten zum **Weiterverkauf von Beteiligungstiteln** sind sehr unterschiedlich. Eine wesentliche Rolle spielen hierbei die Rechtsform und der Gesellschaftsvertrag (bzw. die Satzung) der ausgebenden Unternehmung. So ist es möglich, dass eine Veräußerung nur erlaubt ist mit Zustimmung

- aller anderen Anteilseigner (dies ist – sofern der Gesellschaftsvertrag keine anderen Bestimmungen enthält – der Normalfall bei Personenhandelsgesellschaften[902]) oder
- der Mehrheit der Gesellschafter (dies stellt eine gesellschaftsvertragliche Alternative für Personenhandelsgesellschaften dar) oder
- eines Organs der Gesellschaft (so bedarf beispielsweise die Übertragung vinkulierter Namensaktien nach § 68 Abs. 2 AktG der Zustimmung des Vorstands oder – falls die Satzung dies vorsieht – des Aufsichtsrats oder der Hauptversammlung).[903]

Es ist aber auch möglich, dass die Übertragung der Finanzierungsinstrumente **keinen Beschränkungen** unterliegt, der Kapitalgeber also völlig frei über den Verkauf entscheiden kann. Beispiele hierfür sind Inhaberaktien sowie nicht-vinkulierte Namensaktien.[904]

10.3.9 Die Dauer der Kapitalbereitstellung

Nach der **Dauer der Kapitalbereitstellung** können die kurzfristige, die mittelfristige, die langfristige und die unbefristete Kapitalbereitstellung unterschieden werden (siehe **Abbildung 103**; Seite 348).[905] Auch wenn Kapitalnehmer versuchen, den Zeitraum der Bereitstellung der finanziellen Mittel dem Zeitraum ihres Finanzbedarfs anzupassen (fristenkongruente Finanzierung), können wegen mangelnder Voraussicht Anpassungen der ursprünglichen Konditionenvereinbarungen durch Verlängerung der Kapitalüberlassungs-

---

[901] Vgl. hierzu ausführlich **Abschnitt 5.2.6.3.2.6**.

[902] Vgl. die Ausführungen in den **Abschnitten 4.2.2.3** und **4.2.2.4**.

[903] Siehe hierzu die Ausführungen in **Abschnitt 4.3.2.2.1.3**.

[904] Diese Finanzierungsinstrumente werden in den **Abschnitten 4.3.2.2.1.1** und **4.3.2.2.1.2** dargestellt.

[905] Siehe hierzu auch die Ausführungen in **Abschnitt 3.4**.

dauer bzw. außerordentliche Kündigungen erforderlich werden. Die tatsächliche Laufzeit der Finanzierungsinstrumente muss also nicht immer der formalen Laufzeit entsprechen.

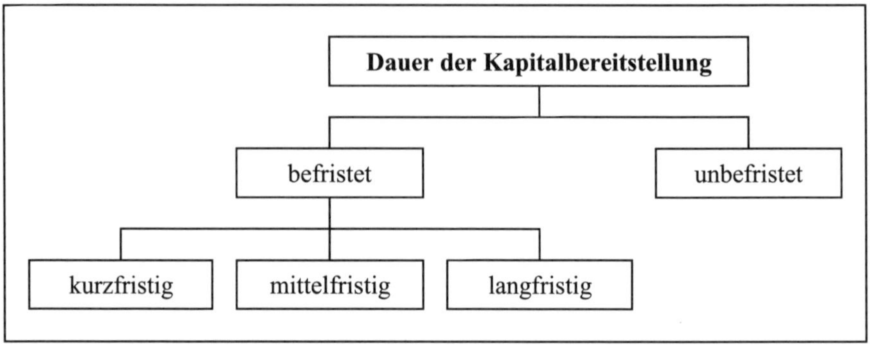

Abbildung 103: Systematisierung nach der Dauer der Kapitalbereitstellung

In diesem Zusammenhang soll kurz auf die in Theorie und Praxis geläufige Unterscheidung von Geld- und Kapitalmarkt eingegangen werden. Zwar bestehen unterschiedliche Auffassungen darüber, aus welchen konkreten Geschäftsarten sich beide Finanzmarktsegmente im Einzelnen zusammensetzen; es herrscht aber Einigkeit darüber, dass der **Geldmarkt** das **kurzfristige**, der **Kapitalmarkt** das **längerfristige** Geschäft betrifft. Als kurzfristig sieht man dabei Fristen bis zu einem Jahr an; doch kommt es auch vor, dass Geldmarktpapiere mit Laufzeiten bis zu 24 Monaten gehandelt werden.[906] Der Kapitalmarkt ist das Komplement zum Geldmarkt. Er umschließt somit den Handel in all denjenigen (längerfristigen) Finanzierungsinstrumenten, die **nicht** dem Geldmarkt zugeordnet werden.

Eine **unbefristete** Kapitalbereitstellung ist vor allem bei Eigenfinanzierungsinstrumenten zu finden. So erhält die Unternehmung das von den Eigenkapitalgebern zur Verfügung gestellte Kapital i. d. R. unbefristet. Allerdings ist es dem Anleger häufig möglich, sich im Wege des Zweithandels von dem Eigenkapitaltitel zu trennen, ohne dass dies Auswirkungen auf die Liquiditätssituation der Unternehmung hätte. Im Rahmen der Fremdfinanzierung ist die Begebung von unbefristeten Finanzierungsinstrumenten zwar unüblich, dennoch sind mit den sogenannten „Perpetuals" Anleihen begeben worden, bei denen der Kapitalgeber von der Schuldnerunternehmung unbefristet, also „ewig" regelmäßige Zinszahlungen erhält, die Tilgung der Anleihe jedoch unterbleibt.[907]

10.3.10 Die Verwendung des bereitgestellten Kapitals

Bei dem Konditionenbestandteil **„Kapitalverwendung"** drückt sich eine unter Umständen vorhandene **Verwendungsbestimmung**, die sich auf den **Ort** oder den **Zweck** der Kapital-

---

[906] Dies kann beispielsweise bei Commercial Papers der Fall sein; vgl. **Abschnitt 5.4.3.6**.

[907] Dies kann auch so interpretiert werden, dass die Tilgung erst nach einem „unendlich" langen Zeitraum (also nie) erfolgt.

verwendung beziehen kann (vgl. dazu **Abbildung 104**), oft schon im Namen des Finanzierungsinstrumentes aus. Beispiele hierfür sind:

- Konsumkredite,
- Wohnungsbaukredite,
- Betriebsmittelkredite (Produktionskredite),
- Investitionskredite,
- Überbrückungskredite,
- Effektenkredite,
- Außenhandelskredite (Import-/Exportkredite),
- Agrarkredite,
- Kommunalkredite und
- Auslandskredite.

Häufig erfolgt die Kapitalbereitstellung **ohne Bestimmung eines Verwendungszwecks bzw. des Verwendungsorts**. In diesem Fall kann der Empfänger der Zahlungsmittel über diese nach Belieben verfügen.

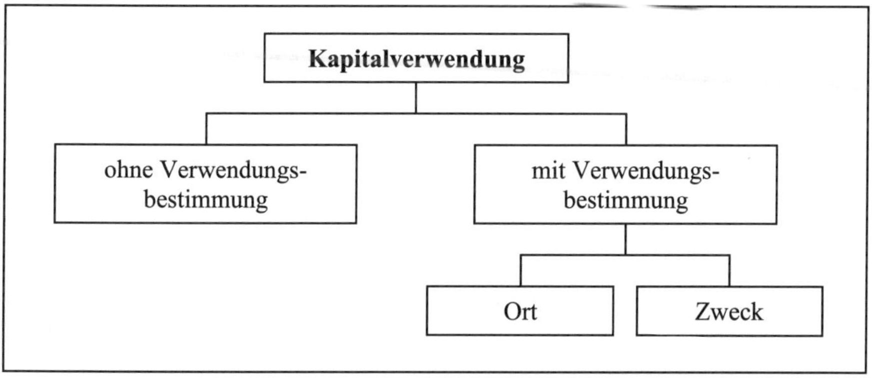

Abbildung 104: Systematisierung nach der Kapitalverwendung

10.3.11 Die Besicherung

Sicherheiten sollen den Kapitalgeber auch dann vor Vermögensverlusten schützen, falls der Kapitalnehmer den Kapitaldienst für die Zins- und Tilgungszahlungen nicht mehr durch den Leistungsprozess erwirtschaften kann; sie sind damit erkennbar nur für den Fremdkapitalgeber von Bedeutung (vgl. dazu **Abbildung 105**; Seite 350). Ein vollständiger, absolut zweifelsfreier Schutz kann i. d. R. zwar nicht erreicht werden, jedoch steigt für den Kapitalgeber in mehr oder minder großem Umfang durch jede Form der Besicherung die Chance, das von ihm angestrebte Ziel zu erreichen.[908] Es ist nun aber keineswegs so, dass sich die Kapitalgeber bei jeder einzelnen Kapitalvergabe beliebig für eine oder mehrere Sicherheiten entscheiden könnten. Welche Sicherungsform im Einzelnen geeignet und gegenüber dem Schuldner durchsetzbar ist, hängt einerseits von der Art, dem Volumen sowie der Laufzeit des Kapitals ab und wird andererseits auch von der Verhandlungsmacht des Kapitalgebers bzw. Kapitalnehmers mitbestimmt. Insofern bleibt Kapitalgebern häufig nur die Wahl, den Finanzkontrakt **ohne Besicherung** abzuschließen oder eine andere Kapitalanlagemöglichkeit zu suchen.

Erklärt sich der Kapitalnehmer zu einer **Stellung von Sicherheiten** bereit, so kommen als **Gegenstand** der Besicherung neben der Sicherung von **Kapital** und **Erfolg** grundsätzlich auch **sonstige Konditionenbestandteile** – z. B. die Kapitalverwendung[909] – in Frage. Die **Form** der Sicherheiten kann nach den rechtlichen Grundlagen in die **schuldrechtliche** und die **sachenrechtliche Sicherung** eingeteilt werden.[910]

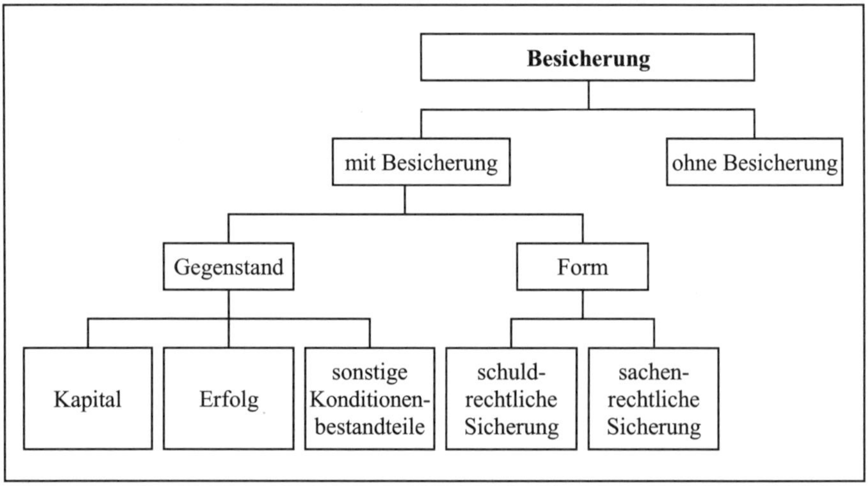

Abbildung 105: Systematisierung nach der Besicherung der Kapitalvergabe

908 Zu den mit der Bestellung von Sicherheiten verfolgten Zielen des Kapitalgebers siehe **Abschnitt 5.2.6.2**.

909 So kann beispielsweise bei Immobiliendarlehen die Kreditfreigabe in Abhängigkeit vom Baufortschritt als Mittel zur Besicherung des Verwendungszwecks verstanden werden.

910 Diese beiden Formen der Besicherung werden in **Abschnitt 5.2.6.3** ausführlich dargestellt.

10.3.12 Die sonstigen Rechte und Pflichten der Kapitalgeber und Kapitalnehmer

10.3.12.1 Überblick

Neben den bisher beschriebenen Konditionenvereinbarungen können noch weitere Rechte und Pflichten der Kapitalgeber und Kapitalnehmer Bestandteile von Konditionenvereinbarungen sein (vgl. **Abbildung 106**). Bei diesen **sonstigen Rechten und Pflichten**, die sich in die Kategorien **Haftung, Beteiligung am Liquidationserlös, Einflussnahme** sowie **Auskunft und Kontrolle** untergliedern lassen, handelt es sich i. d. R. um besondere, fakultative Vereinbarungen, die einzelne Aspekte eines Finanzierungskontrakts regeln. Sie können jeweils **voll, begrenzt oder gar nicht vorhanden** sein.

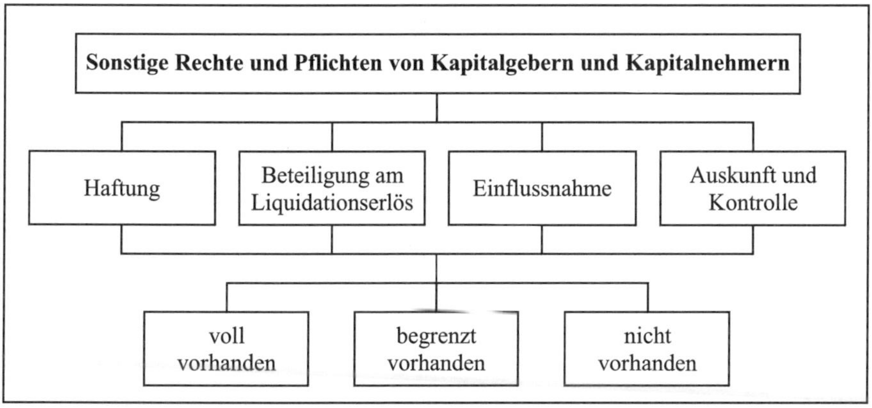

Abbildung 106: Systematisierung der sonstigen Rechte und Pflichten einer Kapitalvergabe

10.3.12.2 Die Haftung

Im Rahmen der **Haftung** ist zwischen den Kapitalnehmern und den Kapitalgebern zu differenzieren. Die **Kapitalnehmer** haften den Kapitalgebern mit ihrem gesamten Vermögen für ihre Zahlungsverpflichtungen. Bei Personenhandelsgesellschaften steht den Gläubigern nicht nur das Gesellschaftsvermögen, sondern darüber hinaus auch das gesamte Privatvermögen der Gesellschafter als Haftungsmasse zur Verfügung.[911] Bei Kapitalgesellschaften haftet den Gläubigern das gesamte Gesellschaftsvermögen der schuldrechtlich verpflichteten Kapitalgesellschaft.

Neben dieser selbstverständlichen Haftung des Kapitalnehmers für seine Verbindlichkeiten kann sich aus einem Finanzkontrakt auch eine Haftung der **Kapitalgeber** ergeben. So sind die Kapitalgeber verpflichtet, dem Kapitalnehmer den vertraglich vereinbarten Geldbetrag zur Verfügung zu stellen. Eine Haftung ergibt sich dabei lediglich solange, bis der Kapital-

---

911 Bei Kommanditgesellschaften haften die Kommanditisten – solange sie ihre Einlage noch nicht voll erbracht haben – für die Resteinzahlung mit ihrem Privatvermögen (siehe **Abschnitt 4.2.2.4**).

nehmer die Finanzmittel in der vereinbarten Höhe erhalten hat. Da die Kapitalbereitstellung üblicherweise in unmittelbarer zeitlicher Nähe zum Vertragsabschluss erfolgt, erstreckt sich die Haftung des Kapitalnehmers auf einen eng begrenzten Zeitraum. Es ist aber auch denkbar, dass der Kapitalnehmer den vereinbarten Kapitalbetrag nicht unmittelbar nach Vertragsabschluss (z. B. bei Termingeschäften) oder nicht in voller Höhe vom Kapitalgeber erhält. In diesem Fall bleibt die **Haftung des Kapitalgebers für den noch nicht geleisteten Kapitalbetrag** bestehen. Als Beispiel ist in diesem Zusammenhang insbesondere die Zahlungsverpflichtung des Aktionärs bei nur teilweise eingezahlten Aktien zu nennen. Die Haftung des Aktionärs erstreckt sich dabei auf den noch nicht eingezahlten Teil des Nennwerts seiner Aktien.[912]

Neben dieser, von der Höhe der vereinbarten Kapitalhingabe abhängigen Haftung ist eine **Haftung der Kapitalgeber für darüber hinausgehende Kapitalbeträge** denkbar. So beschränkt sich die Haftung der Mitglieder einer Genossenschaft i. d. R. nicht auf die von ihnen übernommenen Geschäftsanteile. Sie haften oft darüber hinaus pro Geschäftsanteil für eine in der Satzung bestimmte Summe, die Haftsumme. Die **Haftsumme** bezeichnet den Betrag, bis zu dem die Mitglieder im Insolvenzfall des genossenschaftlichen Kreditinstituts **Nachschüsse** zu leisten haben, wenn die Insolvenzmasse zur Befriedigung der Gläubiger des Kreditinstituts nicht ausreicht. Hierbei ist zwischen der beschränkten und der unbeschränkten Nachschusspflicht zu unterscheiden. Im Falle der beschränkten Nachschusspflicht darf die Haftsumme nicht geringer als der Geschäftsanteil sein.[913] Die Haftsumme stellt somit nicht eingezahltes Haftungskapital für den Insolvenzfall dar.

10.3.12.3 Die Beteiligung am Liquidationserlös

Die Ansprüche, die sich im Rahmen der **Beteiligung am Liquidationserlös** einer Unternehmung ergeben, unterscheiden sich regelmäßig bei Fremdkapitalgebern und Eigenkapitalgebern.[914] Da den **Fremdkapitalgebern** für ihre Forderungen das gesamte Vermögen der Schuldnerunternehmung haftet, können sie sich vor den Eigenkapitalgebern aus dem Liquidationserlös befriedigen. Da der Liquidationserlös oftmals geringer als die Schulden der Unternehmung ist, entscheidet die Reihenfolge, in der sich die Fremdkapitalgeber aus dem Liquidationserlös befriedigen dürfen, häufig darüber, wie hoch der Bruchteil der Forderung ist, den ein Gläubiger von der Schuldnerunternehmung zurück erhält. Die **Reihenfolge der Befriedigung** aus dem Liquidationserlös kann im Rahmen der Konditionenvereinbarung festgelegt werden. Dabei wird zwischen **gleichrangigen und nachrangigen Forderungen** gegen die Schuldnerunternehmung unterschieden. Die nachrangigen Forderungen können erst nach Befriedigung aller nicht nachrangigen Forderungen gegen die Unternehmung befriedigt werden.

---

912 Damit die Aktiengesellschaft den Aktionär im Falle der Einforderung dieses von ihm noch nicht eingezahlten Teils des Grundkapitals ausfindig machen kann, ist die Teileinzahlung nur bei Namensaktien erlaubt (siehe hierzu die Ausführungen in **Abschnitt 4.3.2.2.1.2**).

913 Vgl. § 119 GenG.

914 Ein Liquidationserlös ergibt sich im Zuge der Auflösung einer Unternehmung; er entspricht der Summe der Veräußerungserlöse sämtlicher Vermögenswerte der Unternehmung.

Unter den **Eigenkapitalgebern** ist derjenige Teil des Liquidationserlöses zu verteilen, der nach Befriedigung aller gleichrangigen und nachrangigen Forderungen von Gläubigern verbleibt.[915] Dies setzt voraus, dass die Differenz aus dem Liquidationserlös und den Schulden der Unternehmung positiv ist.[916] Innerhalb der verschiedenen Eigentümerpositionen ist eine **vorrangige bzw. nachrangige Befriedigung** aus dem Liquidationserlös möglich. Vorzugsaktien können dergestalt ausgestattet sein, dass sie eine – im Vergleich zu den Stammaktien – bevorzugte Berücksichtigung bei der Verteilung des Liquidationserlöses gewähren.[917] Über die Reihenfolge der Befriedigung von mezzaninen Kapitalformen[918] entscheiden die Regelungen innerhalb der jeweiligen Emissionsbedingungen.

10.3.12.4 Die Einflussnahme

Rechte und Pflichten im Rahmen der **Einflussnahme** ergeben sich grundsätzlich nur aus Eigentümerpositionen, nicht jedoch aus Gläubigerpositionen.[919] Allerdings ist es möglich, dass ein **Fremdkapitalgeber** aufgrund einer starken Verhandlungsposition durchsetzen kann, dass ihm bestimmte Mitwirkungsrechte eingeräumt werden.[920] Eine starke Verhandlungsposition des Fremdkapitalgebers kann beispielsweise daraus resultieren, dass sich die kapitalsuchende Unternehmung in einer angespannten, möglicherweise sogar existenzbedrohenden Liquiditätssituation befindet und daher eher bereit ist, dem Kapitalgeber weitgehende Zugeständnisse zu machen, um ihn zu einer Kapitalhingabe zu bewegen. Häufig ist auch festzustellen, dass Fremdkapitalgebern, die die Unternehmung in hohem Maße finanziert haben, gewisse Mitwirkungsrechte eingeräumt werden, die über die Mitwirkungsrechte anderer Gläubiger hinausgehen.[921]

Mitwirkungsrechte und -pflichten sind insbesondere für **Eigenkapitalgeber** typisch. So ist mit der Erbringung des Eigenkapitals regelmäßig eine Einflussnahme auf die Geschäftsführung der Unternehmung verbunden. Bei **Personenhandelsgesellschaften** besteht eine **direkte Einflussnahme** der persönlich haftenden Gesellschafter auf die Geschäftsführung. Diese sind nämlich zur Geschäftsführung berechtigt und verpflichtet.[922] Kommanditisten, die lediglich bis zur Höhe ihrer Einlage haften,[923] sind hingegen nicht zur Geschäftsführung berechtigt.[924]

---

915 Aus diesem Grund wird auch von einem Residualanspruch der Eigenkapitalgeber gesprochen (vgl. *Bieg, Hartmut*: Betriebswirtschaftslehre 2: Finanzierung. Freiburg i. Br. 1991, S. 47).

916 Insofern wäre es präziser, in diesem Fall vom „Liquidationsüberschuss" zu sprechen.

917 Siehe auch **Abschnitt 4.3.2.2.2.2**.

918 Vgl. hierzu **Abschnitt 6**.

919 Siehe zu diesem Themenbereich auch die Ausführungen in **Abschnitt 5.1.1**.

920 Ein Fremdkapitalgeber wird sich – da ihm hierdurch keine Nachteile entstehen – höchstens Mitwirkungs**rechte**, jedoch keine Mitwirkungs**pflichten** einräumen lassen.

921 So ist bei deutschen Industrieunternehmungen deren Hausbank als größter Gläubiger oftmals im Aufsichtsrat der Schuldnerunternehmung vertreten.

922 Vgl. § 114 Abs. 1 HGB.

923 Vgl. § 171 Abs. 1 HGB.

924 Vgl. § 164 Satz 1 Halbsatz 1 HGB.

Bei **Kapitalgesellschaften** ist mit der Erbringung des Eigenkapitals lediglich eine **indirekte Einflussnahme** auf die Geschäftsführung der Gesellschaft verbunden, da bei diesen Gesellschaften die Eigentümer nicht direkt zur Vertretung berechtigt sind. Sie können nur indirekt über die Bestellung der Vertreter der Gesellschaft Einfluss auf die Geschäftsführung nehmen. Bei der **Aktiengesellschaft** geschieht dies indirekt über die Bestellung des Aufsichtsorgans (Aufsichtsrat) durch die Hauptversammlung,[925] welches seinerseits die zur Vertretung der Gesellschaft berechtigten Personen (Vorstandsmitglieder[926]) bestellt.[927] Bei der **GmbH** erfolgt die Bestellung der zur Vertretung der Gesellschaft berechtigten Personen (Geschäftsführer[928]) direkt durch die Gesellschafter bzw. durch den Gesellschaftsvertrag.[929] Auch bei **Genossenschaften** sind nicht die Eigenkapitalgeber (also die Genossen, Mitglieder), sondern der Vorstand zur Vertretung der Genossenschaft berechtigt.[930] Er wird von der Generalversammlung gewählt, sofern das Statut nichts anderes bestimmt.[931] Bei Genossenschaften mit bis zu 1.500 Mitgliedern erfolgt die Wahl direkt, d. h. durch alle Mitglieder. Besitzt die Genossenschaft mehr als 1.500 Mitglieder, so kann das Statut bestimmen, dass sich die Generalversammlung nicht aus allen Mitgliedern, sondern nur aus von allen Mitgliedern zu wählenden Vertretern (Vertreterversammlung) zusammensetzt,[932] welche ihrerseits den Vorstand wählen. Insofern ist in diesem Falle nur eine indirekte Einflussnahme auf die Geschäftsführung der Gesellschaft möglich.[933]

10.3.12.5 Die Auskunft und Kontrolle

Steht den Eigenkapitalgebern keine direkte Einflussnahme auf die Geschäftsführung der Gesellschaft zu, so besitzen sie stattdessen anderweitige Rechte. Zu diesen zählen Auskunftsrechte und Kontrollrechte. Den Auskunfts- und Kontrollrechten der Aktionäre steht die Pflicht des Vorstands gegenüber, Auskunft zu erteilen bzw. sich kontrollieren zu lassen. Bei Aktiengesellschaften ist das **Auskunftsrecht** der Aktionäre in §§ 131-132 AktG festgelegt worden. So ist jedem Aktionär „auf Verlangen in der Hauptversammlung vom Vorstand Auskunft über Angelegenheiten der Gesellschaft zu geben, soweit sie zur sachgemäßen Beurteilung des Gegenstands der Tagesordnung erforderlich ist".[934] Dabei hat die Auskunft „den Grundsätzen einer gewissenhaften und getreuen Rechenschaft zu entsprechen".[935]

---

[925] Vgl. § 101 Abs. 1 Satz 1 AktG.

[926] Siehe hierzu § 76 Abs. 1 AktG.

[927] Vgl. § 84 Abs. 1 Satz 1 AktG.

[928] Siehe hierzu § 35 Abs. 1 GmbHG.

[929] Vgl. § 6 Abs. 3 Satz 2 GmbHG.

[930] Vgl. § 24 Abs. 1 GenG.

[931] Vgl. § 24 Abs. 2 GenG.

[932] Vgl. § 43a Abs. 1 GenG.

[933] Eine indirekte Einflussnahme ergibt sich auch dann, wenn das Statut eine andere Art der Bestellung des Vorstands (§ 24 Abs. 2 Satz 2 GenG), beispielsweise durch den von der Generalversammlung bzw. Vertreterversammlung zu wählenden Aufsichtsrat (§ 36 Abs. 1 Satz 1 GenG), vorsieht.

[934] § 131 Abs. 1 Satz 1 AktG.

[935] § 131 Abs. 2 AktG.

Allerdings steht dem Vorstand ein Auskunftsverweigerungsrecht zu, das er aber nur unter genau festgelegten Bedingungen in Anspruch nehmen darf.[936]

Das Auskunftsrecht ist Voraussetzung für einen sinnvollen Einsatz des **Kontrollrechts**. So stellt die Kontrolle die Überwachung der mit der Ausführung einer Aufgabe befassten Personen (in diesem Fall die Kapitalnehmer) dar, die sowohl präventiv als auch aufdeckend wirken soll. Kontrollrecht und Auskunftsrecht sind insofern eng miteinander verknüpft, als eine Kontrolle nur dann möglich ist, wenn die dazu erforderlichen Informationen den die Kontrolle ausübenden Personen (hier: die Kapitalgeber) zur Verfügung stehen. Eine Kontrolle kann jedoch nur dann die gewünschte Wirkung auf die zu kontrollierenden Personen ausüben, wenn diese damit rechnen müssen, aufgrund eines nicht vertragsgemäßen Verhaltens sanktioniert zu werden. Eine solche Sanktionsmöglichkeit kann den Kapitalgebern im Rahmen der Konditionenvereinbarung eingeräumt werden[937] oder ihnen aufgrund ihrer Rechtsstellung zustehen.[938]

---

936 Diese Bedingungen sind in § 131 Abs. 3 AktG aufgeführt.

937 So besteht beispielsweise die Möglichkeit, dass die Fremdkapitalgeber über ein vorzeitiges Kündigungsrecht verfügen, von dem sie bei Eintritt bestimmter Sachverhalte Gebrauch machen können.

938 Hier ist insbesondere an das Recht der Eigenkapitalgeber von Kapitalgesellschaften zu denken, die mit der Geschäftsführung beauftragten Personen bestellen und abberufen zu können.

11 Die Innenfinanzierung

11.1 Überblick über die Innenfinanzierung

11.1.1 Die direkte Finanzierungswirkung von Zahlungsgrößen

Standen bei den Instrumenten der Außenfinanzierung[939] konkrete Kapitalbeschaffungsmaßnahmen im Vordergrund, so gründen sich die Instrumente der Innenfinanzierung in der Hauptsache auf den **betrieblichen Umsatzprozess**.

Folgende **Voraussetzungen** einer positiven **Innenfinanzierungswirkung** lassen sich zunächst festhalten:

(1) Der Unternehmung fließen in einer Periode **liquide Mittel** aus dem **betrieblichen Umsatzprozess** (Verkauf von Waren oder Dienstleistungen innerhalb der gewöhnlichen Geschäftstätigkeit bzw. davon abgeleitet durch Eingang oder Verkauf der entsprechenden Forderungen) oder aus **Umsätzen außerhalb der gewöhnlichen Geschäftstätigkeit** (Verkauf nicht betriebsnotwendiger Vermögensgegenstände) zu (**Einzahlungen**).

(2) Diesen Einzahlungen stehen in der gleichen Periode **geringere Auszahlungen** gegenüber, die entweder durch die betriebliche Leistungserstellung und -verwertung bedingt sind oder ihre Ursache außerhalb der gewöhnlichen Geschäftstätigkeit haben.

Der Umfang einer positiven Innenfinanzierungswirkung hängt demnach zum einen von der Höhe der aus den oben genannten Bereichen zufließenden liquiden Mittel (Einzahlungen), zum anderen von der Höhe der aus diesen Bereichen abfließenden Mittel (Auszahlungen) ab. Grundsätzlich verbessert sich die Liquiditätslage, wenn es der Unternehmungsleitung gelingt, die Einzahlungen zu erhöhen und/oder die Auszahlungen zu vermindern (**direkte Finanzierungswirkung von Zahlungsgrößen**).

11.1.2 Die indirekte Finanzierungswirkung von Erfolgsgrößen

Die Unternehmungsleitung hat bei der Disposition der liquiden Mittel neben dieser direkten Finanzierungswirkung von Ein- und Auszahlungen aber auch mögliche **indirekte Finanzierungswirkungen** zu beachten, die von den mit diesen Zahlungsgrößen verbundenen Er-

---

939 Vgl. die **Abschnitte 4** bis **7**.

folgsgrößen ausgehen. Dies ist der Fall, wenn Einzahlungen ganz oder teilweise als Erträge, Auszahlungen ganz oder teilweise als Aufwendungen qualifiziert werden.[940]

Die in der Betriebswirtschaftslehre übliche **Unterscheidung verschiedener Strömungsgrößen** (Einzahlungen – Auszahlungen, Einnahmen – Ausgaben, Erträge – Aufwendungen) erhält in diesem Zusammenhang herausragende Bedeutung.[941] Um die Wirkungszusammenhänge zwischen Zahlungsgrößen (Einzahlungen – Auszahlungen) und Reinvermögensänderungen, also Erfolgsgrößen (Erträge – Aufwendungen), deutlicher herausstellen zu können, soll im Folgenden die Geldvermögensebene (Einnahmen – Ausgaben) zunächst mit der Zahlungsmittelebene (Einzahlungen – Auszahlungen) zusammengefasst werden. Man unterstellt damit gleichermaßen, dass alle sonstigen Geldforderungen sofort mit Entstehen einzahlungswirksam werden, umgekehrt alle Geldverbindlichkeiten sofort zu Auszahlungen führen. Letztlich verhalten sich auch in der Realität alle Geldforderungen und -verbindlichkeiten – spätestens bei Fälligkeit – in dieser Weise.[942] Somit reduzieren sich Strömungs- und Bestandsgrößen auf **zwei Ebenen**: die **Zahlungsmittelebene**, die die **Liquiditätslage** der Unternehmung widerspiegelt, und die **Reinvermögensebene**, die die **Erfolgslage** darstellt.

Die **indirekte Finanzierungswirkung von Erfolgsgrößen** ergibt sich aus deren Steuer- bzw. Ausschüttungsfolgen. So unterliegt beispielsweise jede Einzahlung, die zugleich einen Ertrag darstellt (vgl. **Fall 1 der Abbildung 107**; Seite 359), der **Besteuerung** und der **potenziellen Ausschüttung**, droht also zu Auszahlungen zu führen, die den durch die Einzahlung erfolgten Zufluss liquider Mittel zumindest teilweise kompensieren.

Der **handelsrechtliche Jahresüberschuss** stellt die Bemessungsgrundlage für Ausschüttungen an die Eigentümer dar. Er ergibt sich aus der Gegenüberstellung von Erträgen und Aufwendungen. Erhöhen sich bei gleich bleibenden Aufwendungen die Erträge, so erhöht sich der Jahresüberschuss zunächst um den gleichen Betrag. Entsprechend erhöht sich der maximale Ausschüttungsbetrag, es droht ein zusätzlicher Liquiditätsabfluss durch Ausschüttungszahlungen (**indirekte negative Finanzierungswirkung von Erträgen**).

---

940 Die folgenden Betrachtungen gehen vereinfachend davon aus, dass handelsrechtliche Erträge und steuerrechtliche Betriebseinnahmen sowie handelsrechtliche Aufwendungen und steuerrechtliche Betriebsausgaben deckungsgleich sind. Dies ist aufgrund zwingender steuerlicher Vorschriften, aber auch aufgrund der Ausnutzung steuerlicher Gestaltungsmöglichkeiten grundsätzlich nicht der Fall; vgl. zu den Begriffsabgrenzungen *Bieg, Hartmut/Kußmaul, Heinz*: Investition. 2. Aufl., München 2009, Abschnitt 1.1.1.1 sowie *Wöhe, Günter*: Bilanzierung und Bilanzpolitik. 9. Aufl., München 1997, S. 24-27.

941 Vgl. zu den Begriffsabgrenzungen *Bieg, Hartmut/Kußmaul, Heinz*: Investition. 2. Aufl., München 2009, Abschnitt 1.1.1.1 sowie *Wöhe, Günter*: Bilanzierung und Bilanzpolitik. 9. Aufl., München 1997, S. 9, S. 12-27.

942 Von der selbstverständlich jederzeit drohenden Gefahr eines teilweisen oder vollständigen endgültigen Forderungsausfalls sei an dieser Stelle abgesehen.

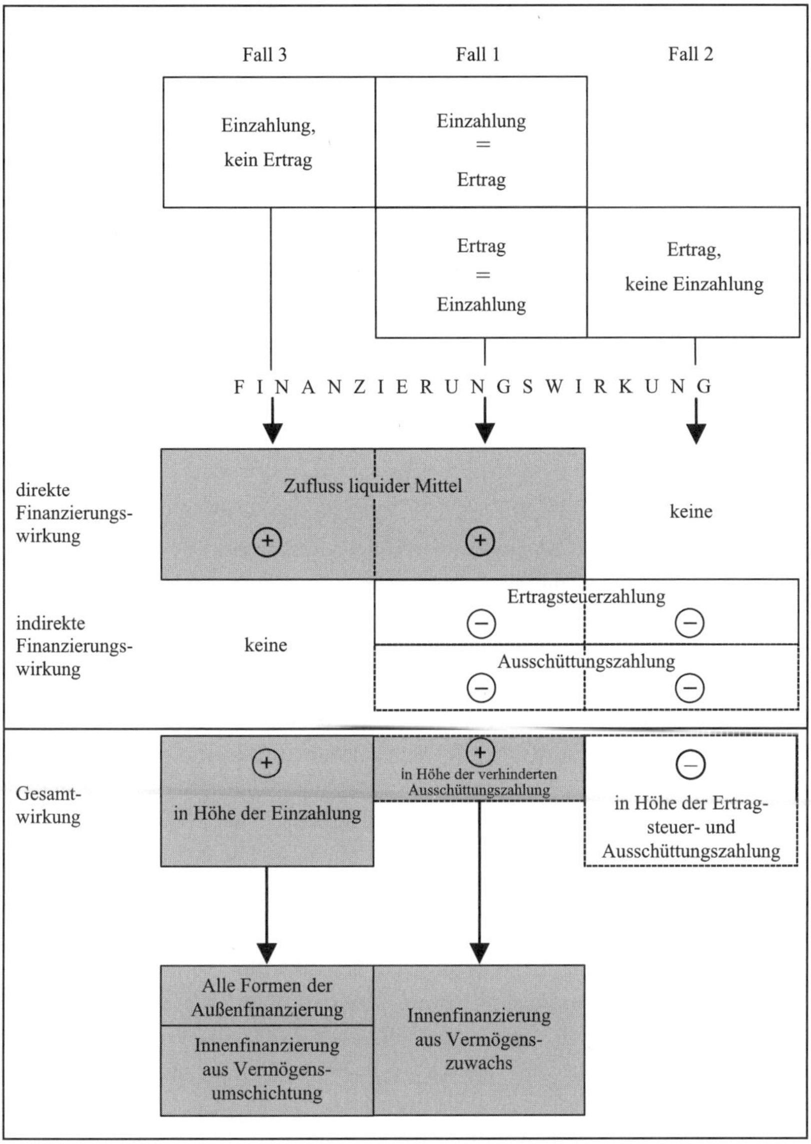

Abbildung 107: Die Finanzierungswirkung von Einzahlungen[943]

Sind die zusätzlichen Erträge auch als (steuerrechtliche) Betriebseinnahmen zu qualifizieren, so erhöhen sie den **steuerlichen Gewinn**. Es ergibt sich – abhängig von Steuertarif bzw. Steuersatz – eine entsprechend höhere Ertragsteuerbelastung (**indirekte negative**

[943] Entnommen aus *Bieg, Hartmut*: Die Selbstfinanzierung – zugleich ein Überblick über die Innenfinanzierung. In: Der Steuerberater 1998, S. 187.

Finanzierungswirkung von Betriebseinnahmen).[944] Diese äußert sich aber auch in höheren handelsrechtlichen (Steuer-)Aufwendungen, die die zuvor entstandenen zusätzlichen Erträge teilweise kompensieren (**indirekte negative Erfolgswirkung von Betriebseinnahmen**). Insgesamt betrachtet erhöht sich der Jahresüberschuss also lediglich um die Differenz zwischen den zusätzlichen Erträgen und der sich aus diesen zusätzlich ergebenden Ertragsteuerbelastung.

Während die erhöhte Ertragsteuerbelastung zwingend zu höheren Auszahlungen führt, hängt die Liquiditätsbelastung, die aus dem höheren Jahresüberschuss resultiert, von der (teilweise gesetzlich/satzungsmäßig erzwungenen) Höhe der Rücklagenbildung durch die Unternehmungsleitung sowie vom Gewinnverwendungsbeschluss der Eigentümer ab. Nur der tatsächlich ausgeschüttete Teil des Jahresüberschusses wirkt liquiditätsmindernd. Dieser Umstand wird in **Abbildung 107** (Seite 359) durch die gestrichelt gezeichneten Rechtecke hervorgehoben. Eine indirekte negative Finanzierungswirkung von als Betriebseinnahmen bzw. Erträgen qualifizierten Einzahlungen ergibt sich also insgesamt in Höhe der durch sie induzierten zusätzlichen Ertragsteuer- und Ausschüttungsbelastungen.

Eine positive Gesamtfinanzierungswirkung ergibt sich in diesem Fall nur, wenn eine Ausschüttung des zusätzlichen Jahresüberschusses durch eine Rücklagenbildung der Unternehmungsleitung oder durch einen entsprechenden Gewinnverwendungsbeschluss der Eigentümer zumindest teilweise verhindert wird (**Thesaurierung**). Dann spricht man von **offener Selbstfinanzierung**, die der Innenfinanzierung aus Vermögenszuwachs zuzuordnen ist. Der Vermögenszuwachs ergibt sich aus den oben genannten Voraussetzungen einer Innenfinanzierungswirkung. Der Unternehmung fließen aus dem betrieblichen Umsatzprozess liquide Mittel zu, die i. d. R. gleichzeitig Erträge darstellen und damit einen Vermögenszuwachs auf der Aktivseite und gleichzeitig einen Eigenkapitalzuwachs auf der Passivseite bewirken. Durch entsprechende Thesaurierungsbeschlüsse wird gewährleistet, dass dieser Vermögenszuwachs erhalten bleibt und nicht etwa in Form von Ausschüttungszahlungen die Unternehmung wieder verlässt.

Die (drohende) **definanzierende Wirkung von Erträgen** wird besonders deutlich, wenn mit dem **Ertrag keine Einzahlung** verbunden ist (vgl. **Fall 2 der Abbildung 107**; Seite 359). Dieser Fall liegt z. B. immer dann vor, wenn Zuschreibungen bei Vermögensgegenständen vorgenommen werden.[945] Aufgrund steuer- und handelsrechtlicher Vorschriften sind diese Umsätze ertragswirksam zu vereinnahmen und führen so zur Besteuerung bzw. zur potenziellen Ausschüttung, obwohl die Gegenleistung des Vertragspartners noch nicht erbracht wurde und damit auch mit Unsicherheiten bezüglich ihrer Erfüllung behaftet ist.

Größte Finanzierungswirkung entfalten aber offensichtlich **Einzahlungen**, die **nicht zugleich Erträge** darstellen (vgl. **Fall 3 der Abbildung 107**; Seite 359). Dem Zufluss

---

[944] Soweit sich anderweitig ein steuerlicher Verlust ergäbe oder entsprechende steuerliche Verlustvorträge vorlägen, erhöhten die zusätzlichen Betriebseinnahmen die Ertragsteuerbelastung nicht unmittelbar. Die Erhöhung ergäbe sich erst in dem Geschäftsjahr, in dem der steuerliche Gewinn erstmals den Verlustvortrag überstiege.

[945] Ein anderes Beispiel wäre ein niedrigerer Bewertungsansatz von (Fremdwährungs-)Verbindlichkeiten.

liquider Mittel steht kein drohender Abfluss liquider Mittel durch Besteuerung und/oder Ausschüttung gegenüber. Die indirekte negative Finanzierungswirkung entfällt. Es ergibt sich eine positive Gesamtfinanzierungswirkung in Höhe der Einzahlungen.

Im **Bereich der Innenfinanzierung** wird dieser Fall in der Hauptsache durch (ertragsneutrale) **Vermögensumschichtungen** realisiert. Man spricht hier von Vermögensumschichtung, da illiquide Vermögensgegenstände in liquide „umgeschichtet", d. h. gegen Bargeld oder jederzeit verfügbare Bankguthaben veräußert oder in solche umgewandelt werden. Konkrete Instrumente der Innenfinanzierung aus diesem Bereich sind die Kapitalfreisetzung durch den Verkauf von nicht betriebsnotwendigen Vermögensgegenständen und von Forderungen (jeweils zum seitherigen Buchwert) sowie die Kapitalfreisetzung durch Verkürzung der Kapitalbindungsdauer (Rationalisierungsmaßnahmen). Die Bilanzsumme verändert sich durch diese Vorgänge alleine nicht. Im übrigen ist dieser Fall (Einzahlung, aber kein Ertrag) auch charakteristisch für die **Außenfinanzierung**, die die ertragsneutrale Zuführung von Eigen- oder Fremdkapital durch Dritte verkörpert.

Die **indirekte Finanzierungswirkung von Aufwendungen** verhält sich umgekehrt analog zu der von Erträgen. Es ist im Hinblick auf die Liquiditätslage günstig, möglichst viele Auszahlungen auch als Aufwendungen verrechnen zu können (vgl. **Fall 1 der Abbildung 108**; Seite 363). Erhöhen sich nämlich bei gleich bleibenden Erträgen die Aufwendungen, so vermindert sich der Jahresüberschuss zunächst um den gleichen Betrag. Entsprechend vermindert sich der maximal zur Verfügung stehende Ausschüttungsbetrag (**indirekte positive Finanzierungswirkung von Aufwendungen**)

Sind die zusätzlichen Aufwendungen auch als (steuerrechtliche) Betriebsausgaben zu qualifizieren, so vermindern sie den steuerlichen Gewinn und damit – wiederum abhängig von Steuertarif bzw. Steuersatz – die Ertragsteuerbelastung (**indirekte positive Finanzierungswirkung von Betriebsausgaben**).[946] Letzteres führt aber auch zu einer Verminderung der handelsrechtlichen (Steuer-)Aufwendungen, so dass die zuvor entstandenen zusätzlichen Aufwendungen teilweise kompensiert werden (**indirekte positive Erfolgswirkung von Betriebsausgaben**). Insgesamt ergibt sich eine Verminderung des Jahresüberschusses also nur in Höhe der Differenz zwischen den zusätzlichen Aufwendungen und der durch sie induzierten Ertragsteuerminderbelastung.

Die Höhe der steuerlichen Finanzierungswirkung steht fest, während das Ausmaß der Finanzierungswirkung hinsichtlich der Ausschüttung wiederum von der Höhe der Rücklagenbildung durch die Unternehmungsleitung bzw. vom Gewinnverwendungsbeschluss der Eigentümer abhängt. Würde der ohne die Aufwandsverrechnung entstandene Jahresüberschuss vollständig ausgeschüttet werden, so ergäbe sich eine indirekte positive Finanzie-

---

[946] Stehen anderweitig keine entsprechenden steuerlichen Gewinne zur Verrechnung zur Verfügung, so ergibt sich eine unmittelbare Ertragsteuerminderung nur, wenn der entstehende steuerliche Verlust auf frühere Jahre zurückgetragen werden kann. Soweit dagegen lediglich ein Verlustvortrag möglich ist, weil in den Vorperioden entsprechende durch Verlustrückträge zu kürzende Gewinne nicht zur Verfügung stehen oder die Verlustrücktragsmöglichkeiten durch die gesetzlichen Beschränkungen erschöpft sind (vgl. § 10d Abs. 1 EStG), kommt es zu einer Ertragsteuerminderung erst in den Geschäftsjahren, in denen eine Verrechnung des Verlustvortrags mit den dann anfallenden Gewinnen möglich ist.

rungswirkung in Höhe der nach der Ertragsteuerminderung verbleibenden zusätzlichen Aufwendungen. Im Fall der Vollausschüttung ergäbe sich somit eine Gesamtfinanzierungswirkung von Null. Würde der Jahresüberschuss dagegen vollständig thesauriert werden, so läge keine indirekte positive Finanzierungswirkung hinsichtlich der Ausschüttungsbemessung vor, da der entsprechende Betrag auch ohne Aufwandsverrechnung in der Unternehmung verblieben wäre. Insgesamt ergibt sich in diesem Fall eine negative Gesamtfinanzierungswirkung in Höhe des ohne die Aufwandsverrechnung zusätzlich thesaurierten Betrages. Werden Rücklagen durch die Unternehmungsleitung bzw. durch die Eigentümer in einer Höhe gebildet, die zwischen diesen beiden Extremfällen liegt, so ergibt sich eine vom Verhältnis Rücklagenbildung/Ausschüttungsbetrag abhängige entsprechende Gesamtfinanzierungswirkung. Diese Abhängigkeit wird durch die gestrichelt gezeichneten Rechtecke in **Abbildung 108** (Seite 363) deutlich gemacht.

Auszahlungen ohne gleichzeitige Aufwandsverrechnung (vgl. Fall 3 der **Abbildung 108**; Seite 363) – wie dies z. B. bei der periodengerechten Abgrenzung zu früh geleisteter Zahlungen der Unternehmung der Fall wäre –, zeigen neben ihrer direkten negativen Finanzierungswirkung keine indirekte positive Finanzierungswirkung. Es ergibt sich eine negative Gesamtfinanzierungswirkung in Höhe der Auszahlungen.

Die **beste Finanzierungswirkung** zeigen demnach aber **Aufwendungen**, denen **keine** entsprechenden **Auszahlungen** zugrunde liegen (**Fall 2 der Abbildung 108**; Seite 363). Durch ihre indirekte positive Finanzierungswirkung binden sie liquide Mittel an die Unternehmung, die ansonsten in Form von Steuer- bzw. Ausschüttungszahlungen aus der Unternehmung abgeflossen wären. Auch hier gilt, dass die Höhe der Gesamtfinanzierungswirkung von der ohne die Aufwandsverrechnung beschlossenen Ausschüttungshöhe abhängt.

Dieser Fall (**Aufwand, aber keine Auszahlung**) ist sowohl der Innenfinanzierung aus Vermögenszuwachs als auch der Innenfinanzierung aus Vermögensumschichtung zuzuordnen. In beiden Fällen muss zunächst die erste Voraussetzung einer positiven Innenfinanzierungswirkung vorliegen. Der Unternehmung fließen aus dem betrieblichen Umsatzprozess ausreichende liquide Mittel zu (direkte positive Finanzierungswirkung von Einzahlungen), die i. d. R. gleichzeitig Erträge darstellen und damit (zunächst) einen Vermögenszuwachs und einen Eigenkapitalzuwachs – in Form eines erhöhten Jahresüberschusses – bewirken (indirekte negative Finanzierungswirkung von Erträgen).

Bei der **Innenfinanzierung aus Vermögenszuwachs** bleibt dieser liquide Vermögenszuwachs erhalten – und wird nicht etwa durch Steuer- und Ausschüttungszahlungen gefährdet –, indem durch die Verrechnung von Aufwendungen (illiquide) Aktivpositionen mit einem niedrigeren als ihrem tatsächlichen Wert (Vermögensunterbewertung) angesetzt werden und/oder Passivpositionen (insbesondere Rückstellungen) gebildet oder mit einem höheren als ihrem tatsächlichen Wert (Schuldenüberbewertung) angesetzt werden. Bei diesen Vorgängen kommt die **indirekte positive Finanzierungswirkung von Aufwendungen** zum Tragen. Die Vermögensunterbewertung und die Schuldenüberbewertung führen zur Bildung stiller Reserven; man spricht in diesen beiden Fällen deshalb auch von **stiller Selbstfinanzierung**.[947]

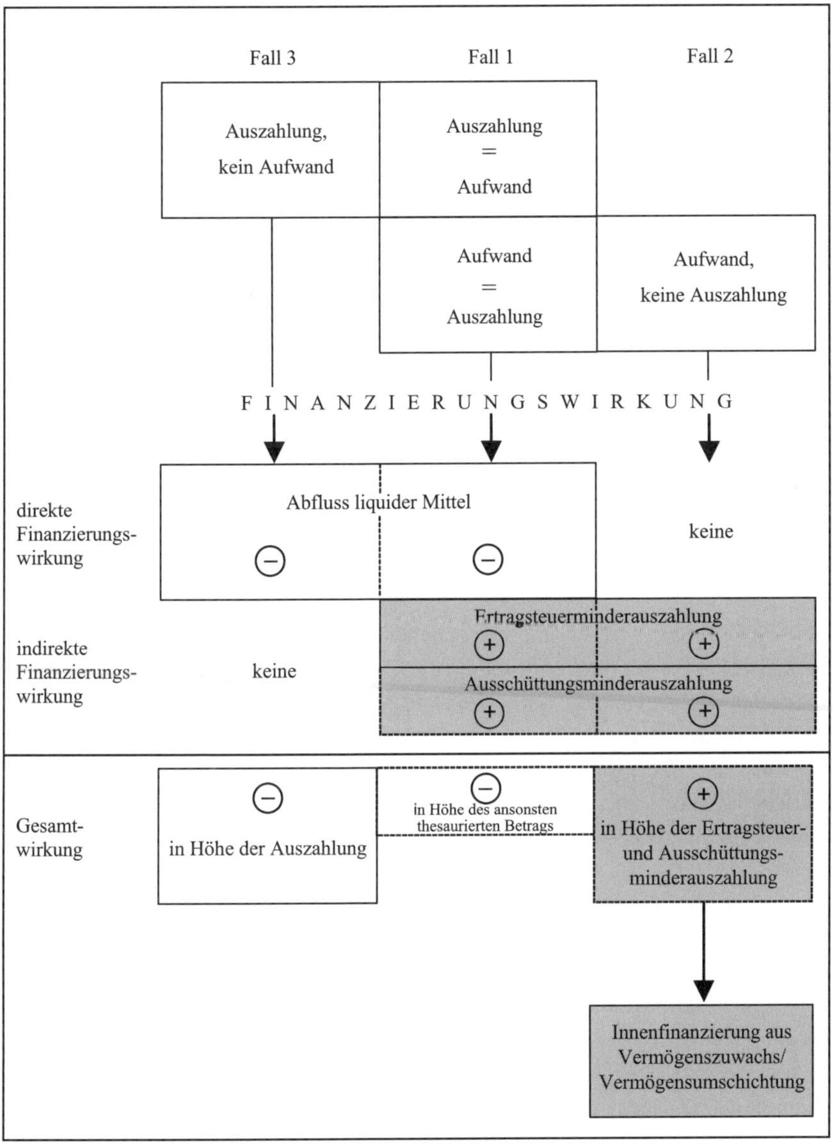

Abbildung 108: Die Finanzierungswirkung von Auszahlungen[948]

[947] Vgl. ausführlich **Abschnitt 11.2.2**.

[948] Entnommen aus *Bieg, Hartmut*: Die Selbstfinanzierung – zugleich ein Überblick über die Innenfinanzierung. In: Der Steuerberater 1998, S. 189.

Von Innenfinanzierung aus Vermögensumschichtung spricht man dagegen, wenn der zunächst vorliegende (liquide) Vermögenszuwachs durch die niedrigere Bewertung anderer (illiquider) Vermögenswerte kompensiert wird. Dies erfolgt bei der Verrechnung von Abschreibungen (Finanzierung durch den Rückfluss von Abschreibungsgegenwerten). Auch hier zeigen die entsprechenden Aufwendungen ihre indirekte positive Finanzierungswirkung. Insgesamt ergibt sich in diesem Fall also kein Vermögenszuwachs; illiquide Vermögenswerte werden lediglich in liquide „getauscht".

11.1.3 Der Einfluss der Jahresabschlusspolitik auf die Innenfinanzierung

Unterstellt man, dass durch den betrieblichen Umsatzprozess nach Abzug der durch die Leistungserstellung und -verwertung bedingten Auszahlungen innerhalb eines Geschäftsjahres ein Überschuss an liquiden Mitteln in Form eines Vermögenszuwachses (Gewinn) erwirtschaftet wurde, so ergeben sich zwei Möglichkeiten der weiteren Verwendung dieser Mittel. Zum einen müssen sie als Steuerzahlungen und können bzw. müssen als Ausschüttungszahlungen an die Eigentümer nach außen abfließen. Es erfolgt insoweit eine **Definanzierung durch Kapitalabfluss** nach außen (vgl. (1) in **Abbildung 109**; Seite 367). Zum anderen können sie durch verschiedene Maßnahmen in der Unternehmung zurückbehalten werden. **In Höhe des verhinderten Kapitalabflusses** entfalten sie eine **positive Innenfinanzierungswirkung durch Vermögenszuwachs bzw. Vermögensumschichtung** (vgl. (2) in **Abbildung 109**; Seite 367).

Beide Möglichkeiten sind eng mit der Erstellung des Jahresabschlusses durch die Unternehmungsleitung verknüpft. In **Abschnitt 11.1.2** wurde zunächst implizit unterstellt, die Berücksichtigung betrieblicher Sachverhalte in Steuer- und Handelsbilanz – und damit die Verrechnung oder Nichtverrechnung von Erträgen und Aufwendungen – ergäbe sich dem Grunde und der Höhe nach zwingend durch steuer- und handelsrechtliche Vorschriften. Tatsächlich existieren aber für die Unternehmungsleitung Bilanzierungs- und Bewertungsspielräume, die der Gesetzgeber zwar einerseits zur Sicherstellung der Gleichmäßigkeit der Besteuerung, zuletzt aber auch verstärkt aus rein fiskalpolitischen Gründen durch die Steuergesetzgebung und andererseits zum Schutz der Adressaten des handelsrechtlichen Jahresabschlusses durch die handelsrechtlichen Rechnungslegungsvorschriften einzuschränken versucht. Dennoch kann der Gesetzgeber zum einen in einer freien Marktwirtschaft grundsätzlich keinen Einfluss auf die **Sachverhaltsgestaltung** einer Unternehmungsleitung nehmen, also darauf, welche Geschäfte sie zu welchen Zeitpunkten abschließt. Zum anderen können weder der Gesetzgeber noch die Unternehmungsleitung den tatsächlichen Wert von Vermögen und Schulden – und damit die mit ihnen verbundenen Erträge und Aufwendungen –, also die **Sachverhaltsdarstellung**, eindeutig fixieren oder zweifelsfrei feststellen.

Die Unternehmungsleitung kann aufgrund der genannten Spielräume also zunächst Einfluss darauf nehmen, in welcher Höhe ein besteuerungs- und ausschüttungsfähiger Gewinn festgestellt wird. Darüber hinaus hat sie aufgrund gesetzlicher und/oder statutarischer Kompetenz die Möglichkeit, in bestimmtem Umfang einmal festgestellte Jahresüberschüsse durch entsprechende Rücklagenbildung in der Unternehmung zurückzubehalten. Die Steuerung des Abflusses erwirtschafteter Mittel erfolgt demnach in zwei Stufen, der **Erfolgsfeststellung** (vgl. (3) in **Abbildung 109**;[949] Seite 367) und der **Erfolgsverwendung** (4). In beiden Stufen wird die Unternehmungsleitung im Rahmen ihrer Spielräume und Kompetenzen versuchen, ihre finanzwirtschaftlichen Zielvorstellungen durchzusetzen.[950]

Bei der **Erfolgsfeststellung** kann der besteuerungs- und ausschüttungsfähige Gewinn durch die Verrechnung von Aufwendungen vermindert werden. Eine positive Gesamtfinanzierungswirkung kann sich – wie in **Abschnitt 11.1.2** gezeigt – aber nur ergeben, wenn mit den entsprechenden Aufwendungen keine unmittelbaren Auszahlungen verbunden sind. Dies ist beispielsweise bei der Bildung von Rückstellungen, aber auch bei der Vornahme von Abschreibungen der Fall (vgl. (5) und (6) in **Abbildung 109**; Seite 367). Über die indirekte positive Finanzierungswirkung der entsprechend verrechneten Aufwendungen führen beide Formen der Innenfinanzierung zu einer Verminderung des Kapitalabflusses (vgl. (2) in **Abbildung 109**; Seite 367).

Darüber hinaus haben sie eines gemeinsam. Die den tatsächlichen wirtschaftlichen Verhältnissen entsprechende Höhe der Rückstellungen und Abschreibungen kann weder vom Gesetzgeber eindeutig fixiert – daraus ergeben sich die jahresabschlusspolitischen Möglichkeiten –, noch vom Jahresabschlussersteller zweifelsfrei festgestellt werden. Liegen der Zuführungsbetrag zu den Rückstellungen und/oder die Abschreibungsbeträge über dem jeweils wirtschaftlich gerechtfertigten Wert – was vor dem Hintergrund der durch das Vorsichtsprinzip geprägten deutschen Bilanzierungspraxis die Regel sein dürfte –, so werden in Höhe der Differenz **stille Rücklagen** (7) gebildet. Über die erhöhte Rückstellungsbildung und Abschreibung hinaus führt jede Vermögensunterbewertung und jede Schuldenüberbewertung zu stillen Rücklagen. Insofern sind überhöhte Rückstellungen und Abschreibungen nur Beispiele zur Bildung stiller Rücklagen. Allerdings haben sie betragsmäßig eine herausragende Bedeutung.

Die stillen Rücklagen sind auf der Aktivseite durch einen im Vergleich zum realisierbaren Wert niedrigeren Ansatz des vorhandenen Vermögens (**stille Rücklagen i. e. S.**) und auf der Passivseite durch einen im Vergleich zur tatsächlichen Verpflichtung höheren Ansatz der vorhandenen Schulden (**versteckte Rücklagen**) gekennzeichnet. Die dabei entstehenden Aufwendungen bzw. nicht entstehenden Erträge vermindern für Außenstehende nicht erkennbar (**stille Selbstfinanzierung**) den Gewinn vor Ertragsteuern (8).

Um eines aber nochmals hervorzuheben: Die wirtschaftlich gerechtfertigte Höhe der Schulden und des Vermögens lässt sich nicht ermitteln. Damit kann aber auch der Betrag der stillen Rücklagen nicht bestimmt werden. Dies soll durch die gestrichelt gezeichneten Abgrenzungen der einzelnen Finanzierungsformen im Rahmen der Erfolgsfeststellung in

---

[949] Entnommen aus *Bieg, Hartmut*: Die Selbstfinanzierung – zugleich ein Überblick über die Innenfinanzierung. In: Der Steuerberater 1998, S. 190.

[950] Die folgenden Ausführungen gehen davon aus, dass Eigentum und Management der Unternehmung getrennt sind, wie dies für Kapitalgesellschaften charakteristisch ist. Sie können aber leicht auf den – insbesondere bei Einzelunternehmungen und Personenhandelsgesellschaften, aber auch bei Einmann-GmbH – vorliegenden Fall, dass Eigentum und Management in einer Hand vereinigt sind, übertragen werden. Die Entscheidungsbefugnisse von Unternehmungsleitung und Eigentümern fallen dann zusammen.

Abbildung 109 (Seite 367) gekennzeichnet werden. Lediglich der verbleibende Gewinn vor Ertragsteuern ist bekannt. Er kann dem Jahresabschluss entnommen werden.

Dieser Betrag, der der potenziellen Gefahr des Abflusses nach außen, also der Definanzierung, unterliegt, wird auf der **zweiten Stufe** der Innenfinanzierung im Rahmen der **Erfolgsverwendung** weiter reduziert. Zunächst erfolgt aufgrund steuerrechtlicher Vorschriften die Verminderung des Gewinns vor Steuern um die Ertragsteuerbelastung (9) auf den Jahresüberschuss (10). Da als Ertragsteuerbemessungsgrundlage der Gewinn vor Ertragsteuern bereits auf der ersten Stufe fixiert wurde, kann hier kein weiterer Einfluss auf die Höhe der Steuerzahlung genommen werden. Diese führt zu einem Kapitalabfluss und trägt damit zur Definanzierung der Unternehmung bei (vgl. (1) in **Abbildung 109**; Seite 367).

Bei der weiteren Verwendung des Jahresüberschusses kann die Unternehmungsleitung zur Verfolgung ihrer finanzpolitischen Ziele allerdings weiter steuernd eingreifen. Zunächst muss sie im Rahmen gesetzlicher und/oder statutarischer Vorschriften und kann sie im Rahmen ihrer Gewinnverwendungskompetenz durch die **Bildung von offenen Rücklagen (offene Selbstfinanzierung**; (11)) den Jahresüberschuss auf den **Bilanzgewinn** reduzieren bzw. durch die Auflösung offener, ausschüttungsfähiger Rücklagen (12) auf den Bilanzgewinn (13) erhöhen. Ziel der Unternehmungsleitung bezüglich der Erfolgsverwendung dürfte es häufig sein, im Hinblick auf die Innenfinanzierungswirkung möglichst hohe offene Rücklagen zu bilden, d. h. den den Eigentümern maximal zur Ausschüttung zur Verfügung stehenden Bilanzgewinn zu minimieren.

Auch wenn die Eigentümer der Unternehmung formal über die weitere Verwendung dieses Bilanzgewinns zu entscheiden haben, kann die Unternehmungsleitung über die Vorlage eines Gewinnverwendungsvorschlags weiter in ihrem Sinne Einfluss auf die Erfolgsverwendung nehmen. Somit kann sie den Eigentümern – neben einem Gewinnvortrag als Restgröße – die Bildung weiterer offener Rücklagen vorschlagen, um nur einen Teil des Bilanzgewinns zur Ausschüttung gelangen zu lassen.

Es ist allerdings auch zu beobachten, dass der Bilanzgewinn über den durch entsprechend ausgenutzte Bilanzierungs- und Bewertungswahlrechte beeinflussten Jahresüberschuss sowie über die Rücklagenzuweisung durch die Unternehmungsleitung genau in der Höhe ausgewiesen wird, die der Dividendenzahlung in der von der Unternehmungsleitung beabsichtigten Höhe entspricht. Die offenen Rücklagen und der Gewinnvortrag tragen nämlich – wie auch die offenen Rücklagen, die in einer möglichen Gewinnverwendungskompetenz der Unternehmungsleitung liegen – zur **offenen Selbstfinanzierung** bei (vgl. (14) in **Abbildung 109**; Seite 367). Hingegen führen die Ausschüttungszahlungen (15) grundsätzlich zu einem endgültigen Kapitalabfluss und damit zu einer Definanzierung der Unternehmung.

Der Umfang der Innenfinanzierung hängt also nicht zuletzt von der Fähigkeit der Unternehmungsleitung ab, ihre Jahresabschlusspolitik auf ihre finanzpolitischen Zielvorstellungen abzustimmen. Bevor auf einzelne Instrumente der Innenfinanzierung näher eingegangen wird, gibt der nächste Abschnitt einen zusammenfassenden Überblick über die wichtigsten Instrumente der Innenfinanzierung, deren grundsätzliche Wirkungsweise in den vorangegangenen Ausführungen bereits aufgezeigt wurde.

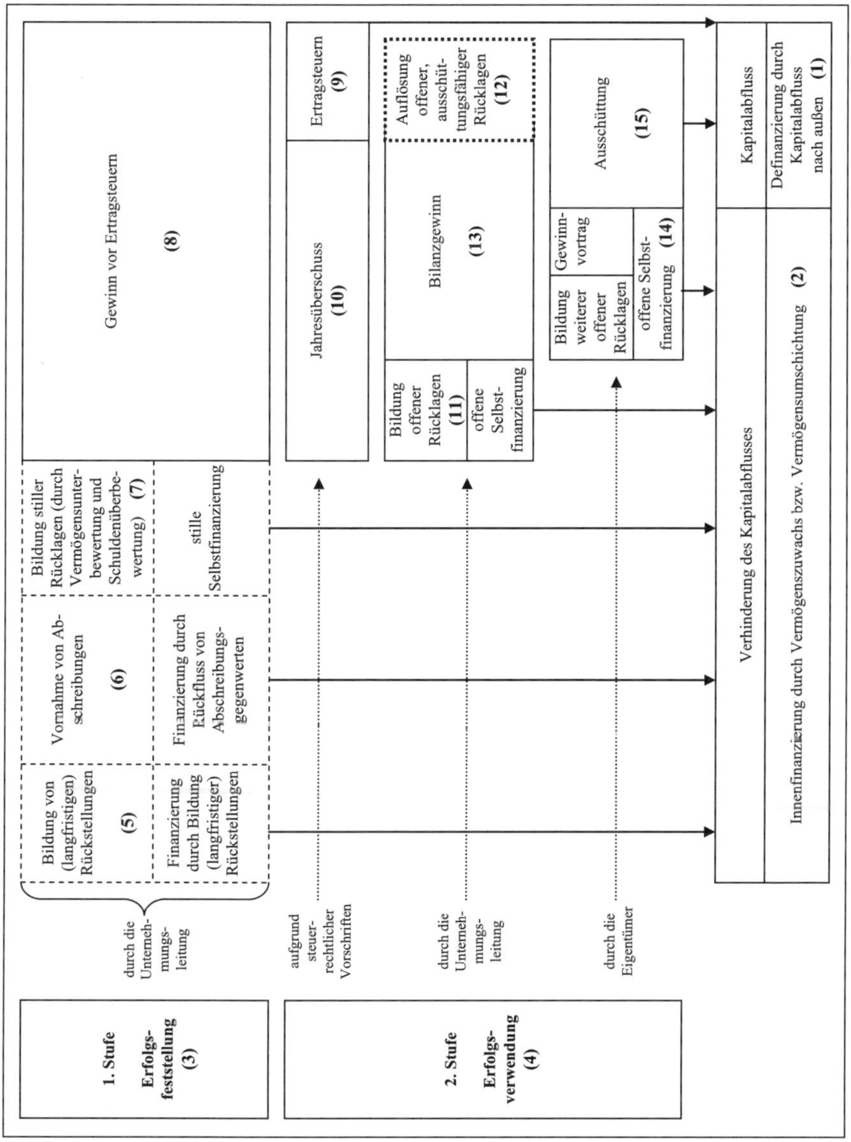

Abbildung 109: Die Steuerung des Abflusses erwirtschafteter Mittel unter jahresabschlusspolitischen und finanzwirtschaftlichen Gesichtspunkten

11.1.4 Überblick über die konkreten Instrumente der Innenfinanzierung

Die Instrumente der Innenfinanzierung können **nach ihrer Bilanzwirkung** unterteilt werden in

- Instrumente, die zu einem **Vermögenszuwachs** – und damit gleichzeitig zu einem Kapitalzuwachs – führen und
- Instrumente, deren Wirkung sich in einer **Vermögensumschichtung** – von illiquidem in liquides Vermögen (Kapitalfreisetzung) – zeigt.

Abbildung 110 gibt einen Überblick über die wichtigsten Instrumente der Innenfinanzierung nach dieser Einteilung.

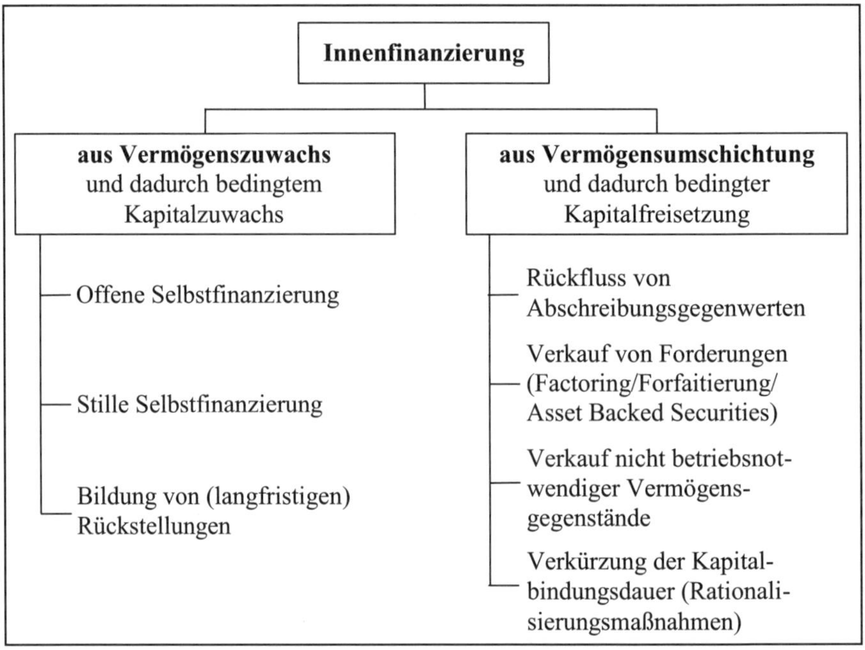

Abbildung 110: Überblick über die wichtigsten Instrumente der Innenfinanzierung[951]

11.2 Die Selbstfinanzierung

11.2.1 Überblick

Von Selbstfinanzierung wird gesprochen, wenn die Unternehmungsleitung Teile des im Laufe eines Geschäftsjahres erwirtschafteten Vermögenszuwachses, die sich als steuer- und handelsrechtlicher Gewinn zeigen (würden), in der Unternehmung zurückbehält, indem sie entweder derartige Gewinnanteile nicht entstehen lässt oder entstandene Gewinnanteile nicht ausschüttet. Sie vermeidet also eine entsprechende indirekte negative Finanzierungswirkung von Teilen des steuer- und handelsrechtlichen Gewinns, die ansonsten zu Steuer- und/oder Ausschüttungszahlungen führen würden.

Im Rahmen der **Erfolgsfeststellung** kann dies dadurch geschehen, dass die Unternehmungsleitung Teile des ansonsten festzustellenden Gewinns durch geeignete Bilanzierungs- und Bewertungsmaßnahmen erst gar nicht entstehen lässt und damit auch nicht ausweisen muss.

---

[951] Modifiziert entnommen aus *Bieg, Hartmut*: Die Selbstfinanzierung – zugleich ein Überblick über die Innenfinanzierung. In: Der Steuerberater 1998, S. 192.

Diese „stillen Gewinne“ unterliegen damit auch nicht der Gefahr der Besteuerung oder Ausschüttung.[952] Man spricht dann von **stiller Selbstfinanzierung**. Es werden stille Rücklagen gebildet.

Die **offene Selbstfinanzierung** ist demgegenüber dadurch gekennzeichnet, dass Teile des ausgewiesenen Gewinns im Rahmen der **Erfolgsverwendung** in der Unternehmung zurückbehalten werden. Es werden offene Rücklagen gebildet.

11.2.2 Die stille Selbstfinanzierung

Instrumente der stillen Selbstfinanzierung sind sämtliche Bilanzierungs- und Bewertungsentscheidungen, die die Bildung stiller Rücklagen begünstigen. Im Einzelnen können folgende Entscheidungen genannt werden:[953]

- **Nichtaktivierung effektiv vorhandener Vermögenswerte**: (z. B. Verzicht auf die zulässige Aktivierung selbst geschaffener immaterieller Vermögensgegenstände des Anlagevermögens (vgl. § 248 Abs. 2 Satz 1 HGB); Verbot der Aktivierung selbst geschaffener Marken, Drucktitel, Verlagsrechte, Kundenlisten oder vergleichbarer immaterieller Vermögensgegenstände des Anlagevermögens (vgl. § 248 Abs. 2 Satz 2 HGB));

- **Vermögensunterbewertung durch Aufwandsmehrverrechnung** (z. B. Unterbewertung von Vorräten; Verrechnung von Abschreibungsquoten, die die tatsächlich eingetretenen Wertminderungen erheblich übersteigen; Sofortabschreibung geringwertiger Wirtschaftsgüter) oder **durch Ertragsminderverrechnung** (z. B. Verbot der Zuschreibung von Wertsteigerungen über die historischen Anschaffungs- oder Herstellungskosten hinaus (§ 253 Abs. 1 Satz 1 HGB));

- **Schuldenüberbewertung durch Aufwandsmehrverrechnung** (z. B. überhöhte Zuführungsbeträge zu den Rückstellungen) oder **durch Ertragsminderverrechnung** (z. B. Unterlassung der Auflösung wirtschaftlich nicht mehr gerechtfertigter Teilbeträge von Rückstellungen).

Die Beispiele zeigen, dass neben den Bilanzierungs- und Bewertungswahlrechten auch gesetzlich zwingende Bilanzierungs- und Bewertungsentscheidungen zur stillen Rücklagenbildung führen. Man spricht im letzten Fall von **stillen Zwangsrücklagen**.

Alle vorgenannten Entscheidungen haben aber die gleiche Wirkung. Die dabei entstehenden Aufwendungen bzw. nicht entstehenden Erträge vermindern **für Außenstehende nicht erkennbar** (deshalb: **stille** Selbstfinanzierung) den steuerpflichtigen bzw. ausschüttungsfähigen Gewinn und damit auch die entsprechenden Auszahlungen. Die stille Selbstfinanzierung ist also dadurch gekennzeichnet, dass Gewinne aufgrund von Bilanzierungs- und Bewertungsmaßnahmen nicht ausgewiesen werden, obwohl die tatsächlichen Werte effektiv

---

[952] Dies setzt allerdings voraus, dass keine steuerrechtlichen und/oder handelsrechtlichen Vorschriften den Bilanzierungs- und Bewertungsmaßnahmen entgegenstehen.

[953] Vgl. hierzu auch *Wöhe, Günter/Bilstein, Jürgen*: Grundzüge der Unternehmensfinanzierung. 9. Aufl., München 2002, S. 356-357.

vorhanden sind. Somit kann sich im Gegensatz zur noch zu besprechenden offenen Selbstfinanzierung auch **nicht das bilanzielle**, sondern **nur das effektive Eigenkapital erhöhen**.

Abbildung 111 verdeutlicht den Einfluss der stillen Rücklagen auf die Höhe des ausgewiesenen Gewinns.

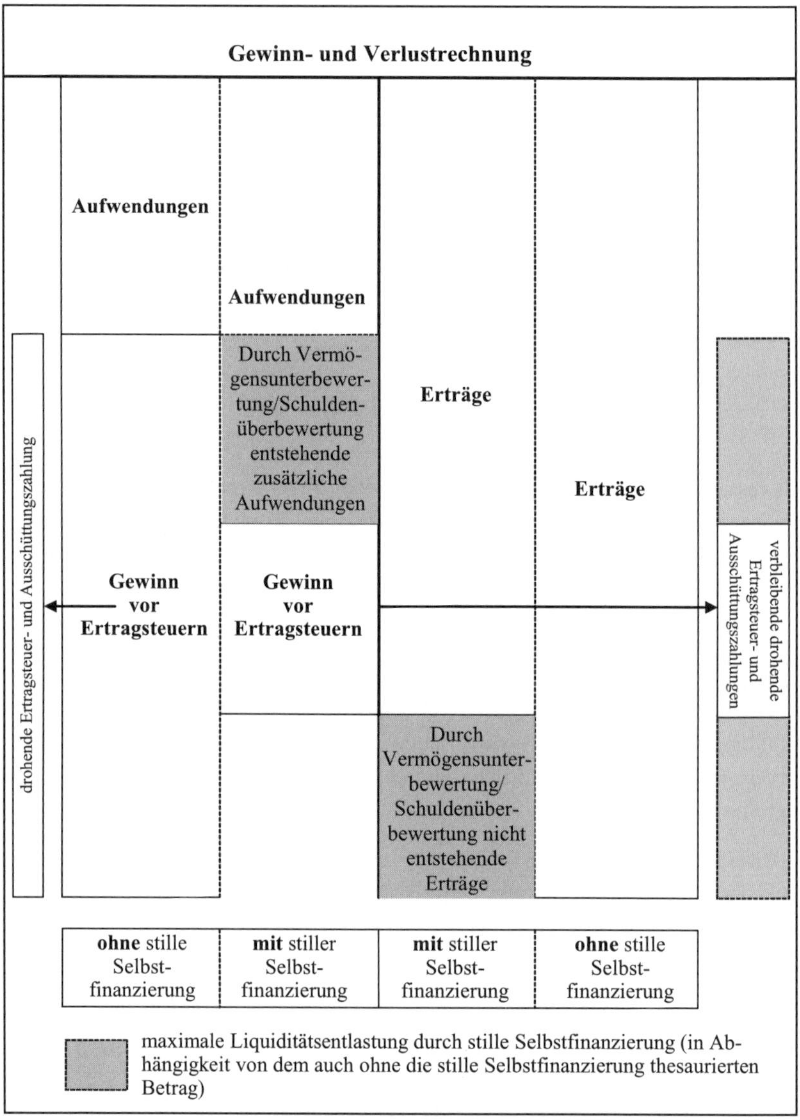

Abbildung 111: Die stille Selbstfinanzierung[954]

[954] Entnommen aus *Bieg, Hartmut*: Die Selbstfinanzierung – zugleich ein Überblick über die Innenfinanzierung. In: Der Steuerberater 1998, S. 193.

Erfolgt die **Bildung stiller Rücklagen** – wie hier gezeigt – **auch in der Steuerbilanz**, so bestehen die stillen Rücklagen aus noch unversteuertem Gewinn; die Besteuerung wird bei ihrer Auflösung nachgeholt, es sei denn, die spätere Auflösung der stillen Rücklagen trifft auf einen steuerlichen Verlust oder einen steuerlichen Verlustvortrag. Diese **zinslose Steuerstundung** führt nicht nur zu einer Liquiditätsentlastung der Unternehmung, sondern auch zu einem Zinsgewinn, beeinflusst also die Rentabilität der Unternehmung. Die bei Auflösung der stillen Rücklagen in späteren Perioden erfolgende Nachversteuerung hat dann allerdings eine entsprechend stärkere liquiditätsmäßige Belastung zur Folge. Sieht man von der Zinswirkung ab, so treten endgültige Steuerersparnisse oder Steuermehrbelastungen nur bei progressiven Steuertarifen (Einkommensteuer) bzw. bei Änderung von Ertragsteuersätzen ein.

11.2.3 Die offene Selbstfinanzierung

Die Wirkungsweise der offenen Selbstfinanzierung wurde bereits aufgezeigt.[955] Das Instrument der offenen Selbstfinanzierung beschränkt sich auf die Zurückbehaltung ausgewiesener Gewinne in der Unternehmung, also auf Thesaurierungsbeschlüsse. Allerdings sind die (gesetzlichen) Vorschriften bezüglich **einer Thesaurierung von Gewinnen** rechtsformabhängig unterschiedlich.

Bei **Einzelunternehmungen und Personenhandelsgesellschaften** wird der zur Finanzierung zur Verfügung stehende Betrag nach Steuern auf den Kapitalkonten gutgeschrieben.

Der **Einzelunternehmer** kann erwirtschaftete Gewinne in der Unternehmung belassen. Aufgrund der ihm allein zustehenden Gewinnverwendungskompetenz kann er die thesaurierten Gewinne später allerdings jederzeit entnehmen. Theoretisch stellt die Gewinnthesaurierung – unter der Prämisse, dass stets Gewinne erzielt werden – eine unerschöpfliche Finanzierungsquelle dar. Praktisch ist es jedoch in vielen Fällen so, dass der Einzelunternehmer seinen Lebensunterhalt aus Gewinnentnahmen bestreitet. Deshalb ist auch die Thesaurierung von Gewinnen nur begrenzt möglich.[956]

Der auf einen Gesellschafter einer **Offenen Handelsgesellschaft** (OHG) entfallende Gewinn wird – ebenso wie seine Einlage – seinem Kapitalanteil gutgeschrieben, also grundsätzlich thesauriert; allerdings kürzen Entnahmen diesen Kapitalanteil. Sind gesellschaftsvertragliche Regelungen hinsichtlich der Entnahmen nicht getroffen, so ist jeder Gesellschafter gemäß § 122 HGB berechtigt, 4 % seines Kapitalanteils zu entnehmen; darüber hinausgehende Gewinnanteile des letzten Geschäftsjahres dürfen nur entnommen werden, soweit dies nicht zum offenbaren Schaden der Gesellschaft gereicht.

Bei den persönlich haftenden Gesellschaftern (Komplementären) einer **Kommanditgesellschaft** (KG) ergeben sich die gleichen Thesaurierungs- und Entnahmemöglichkeiten von Gewinnen wie bei OHG-Gesellschaftern. Die Gewinn- und Verlustbeteiligung der beschränkt haftenden Gesellschafter (Kommanditisten) werden durch Gesellschaftsvertrag

---

955 Vgl. die **Abschnitte 11.1.3** und **11.2.1**.

956 Vgl. *Wöhe, Günter/Bilstein, Jürgen*: Grundzüge der Unternehmensfinanzierung. 9. Aufl., München 2002, S. 36.

bzw. durch § 168 HGB geregelt. Ihre Gewinnanteile werden nicht ihren Kapitalkonten gutgeschrieben, sondern stellen Auszahlungsverpflichtungen der Gesellschaft dar, soweit die übernommenen Kapitalanteile der Kommanditisten bereits voll eingezahlt sind.

Ist die Kapitaleinlage nicht vollständig geleistet, so erfolgt die Gutschrift der Gewinne als Kapitaleinlage auf dem entsprechenden Kapitalkonto. Verluste werden gegen das Kapitalkonto verrechnet, das sogar negativ werden kann. Spätere Gewinnanteile dürfen dem Kommanditisten erst wieder ausgezahlt werden, wenn sein Anteil wieder voll aufgefüllt ist. Per Gesellschaftsvertrag oder Gesellschafterbeschluss können Gewinne auch thesauriert werden, die dann als Gewinnrücklagen zu bilanzieren sind.

Bei **Kapitalgesellschaften** werden die einbehaltenen Gewinne (bzw. Gewinnteile) in die offenen Rücklagen, speziell in die **Gewinnrücklagen**, eingestellt oder auf Rechnung des folgenden Jahres übertragen (Gewinnvortrag).

Bei der **Aktiengesellschaft** (AG) wird die offene Selbstfinanzierung durch § 58 AktG einerseits nach oben begrenzt. Er gestattet es Vorstand und Aufsichtsrat, sofern sie den Jahresabschluss feststellen,[957] höchstens die Hälfte des Jahresüberschusses in die Gewinnrücklagen einzustellen. Die Satzung einer AG kann sogar vorsehen, dass in diesem Fall mehr als die Hälfte des Jahresüberschusses durch Vorstand und Aufsichtsrat in die Gewinnrücklagen eingestellt werden kann. Letzteres ist allerdings nur möglich, soweit die Gewinnrücklagen die Hälfte des Grundkapitals nach der Thesaurierung nicht übersteigen.[958]

Unabhängig von diesen Regelungen erlaubt es § 58 Abs. 2a AktG Vorstand und Aufsichtsrat, den Eigenkapitalanteil von Wertaufholungen und von bei der steuerrechtlichen Gewinnermittlung gebildeten Passivpositionen, die nicht im Sonderposten mit Rücklageanteil ausgewiesen werden dürfen, in die Gewinnrücklagen einzustellen. Andererseits erzwingt z. B. § 150 AktG die Bildung einer gesetzlichen Rücklage („gesetzliche Selbstfinanzierung") und § 272 Abs. 2 HGB die einer Kapitalrücklage. Da die Kapitalrücklage jedoch lediglich das bei der Ausgabe von Aktien, Wandelschuldverschreibungen, Optionsschuldverschreibungen und Gewinnschuldverschreibungen über den Nennwert hinaus erzielte Aufgeld (Agio) aufnimmt, hat sie mit dem hier erörterten Fall der Gewinnthesaurierung nichts zu tun.

Soweit die Gewinnverwendungskompetenz bei den Eigentümern (der Hauptversammlung) liegt, können Vorstand und Aufsichtsrat durch entsprechende Gewinnverwendungsvorschläge die Eigentümer dahingehend beeinflussen, dass weitere Teile des Gewinns in die Gewinnrücklagen eingestellt, also nicht ausgeschüttet werden.

§ 29 Abs. 2 GmbHG sieht für **Gesellschaften mit beschränkter Haftung** (GmbH) vor, dass die Gesellschafter, wenn der Gesellschaftsvertrag nichts anderes bestimmt, Beträge in Gewinnrücklagen einstellen oder als Gewinn vortragen können. Außerdem enthält § 29 Abs. 4 GmbHG eine dem oben beschriebenen § 58 Abs. 2a AktG analoge Regelung. Auch

---

[957] Dies ist bei deutschen Aktiengesellschaften zwar die Regel; das Gesetz sieht aber auch die Möglichkeit der Feststellung des Jahresabschlusses durch die Hauptversammlung vor; vgl. § 58 Abs. 1 AktG.

[958] Vgl. § 58 Abs. 2 Satz 3 AktG.

die im HGB für alle Kapitalgesellschaften kodifizierten Vorschriften zur Bildung von Rücklagen (§ 272 Abs. 2 und 4 HGB) sind von GmbH anzuwenden.

Die offene Selbstfinanzierung führt stets zum **Ansteigen des bilanziell ausgewiesenen Eigenkapitals**. Eine Zuordnung zu irgendwelchen Vermögenspositionen ist nicht möglich; allenfalls kann im Zeitpunkt der Rücklagenbildung festgestellt werden, dass entsprechende liquide Mittel die Unternehmung nicht verlassen.

11.2.4 Die Beurteilung der Selbstfinanzierung

Als **Vorteile** der Selbstfinanzierung werden genannt und gleichzeitig kritisch hinterfragt:[959]

- Die Selbstfinanzierung belastet die Liquidität der Unternehmung weder durch Ausschüttungszahlungen noch durch Tilgungsmaßnahmen.

Die Verfechter dieser These verkennen einerseits, dass im Rahmen der gesetzlichen Vorschriften auch offene Rücklagen zum Zwecke der Ausschüttung („Rückzahlung") aufgelöst werden können. Andererseits denken sie hinsichtlich der Liquiditätsbelastung durch Ausschüttungszahlungen offensichtlich nur an die auf Dauer gegründeten Kapitalgesellschaften, bei denen die offene Selbstfinanzierung zu einem erhöhten Ausweis von speziellen Eigenkapitalpositionen, den Rücklagen, führt. Tatsächlich ist aber auch dort das gezeichnete Kapital nur die nominelle Basis der Aufteilung der ausgeschütteten Gewinne an die Anteilseigner, während sich die Gewinnansprüche der Anteilseigner wie bei Personenhandelsgesellschaften am gesamten Eigenkapital orientieren dürften.

Zwar weist die stille Selbstfinanzierung in diesem Zusammenhang den Vorteil auf, dass die Eigentümer dieses stille Eigenkapital nicht erkennen und deshalb keine Gewinnansprüche hieran anknüpfen können (dies gilt nur, wenn Eigentum und Management der Unternehmung getrennt sind). Weil die stille Selbstfinanzierung aber den ausgewiesenen Gewinn schmälert, könnte für die Unternehmungsleitung ein Erklärungs- bzw. Rechtfertigungsbedarf gegenüber den Eigentümern entstehen, warum der Gewinn geringer ist als eventuell – u. U. auch im Vergleich zu anderen Unternehmungen – erwartet. Können die Eigentümer diesbezüglich nicht überzeugt bzw. beruhigt werden, so könnte mittel- und langfristig die Weiterbeschäftigung der Unternehmungsleiter in Frage gestellt sein.

Die stillen Rücklagen haben zudem den entscheidenden Nachteil, dass sie sich durch den laufenden Desinvestitionsprozess wieder auflösen, was oft von der Unternehmungsleitung nicht erkannt wird.

- Offene Selbstfinanzierung **erhöht die Eigenkapitalbasis** und damit auch **die Kreditwürdigkeit** der Unternehmung. Die (stille oder offene) Selbstfinanzierung erfordert außerdem nicht die Bereitstellung von Sicherheiten. Diese Argumente gelten allerdings für die Eigenfinanzierung allgemein.

---

[959] Vgl. auch *Perridon, Louis/Steiner, Manfred*: Finanzwirtschaft der Unternehmung. 14. Aufl., München 2007, S. 469-471 sowie *Vormbaum, Herbert*: Finanzierung der Betriebe. 9. Aufl., Wiesbaden 1995, S. 250-255.

- Selbstfinanzierung **verändert die Machtstrukturen** in der Unternehmung **nicht**.

Stille wie offene Selbstfinanzierung sind aber häufig gerade Ergebnis der Machtstruktur einer Unternehmung.

In diesem Zusammenhang muss auch darauf hingewiesen werden, dass über die stille Selbstfinanzierung ausschließlich die Unternehmungsleitung im Rahmen der Aufstellung des Jahresabschlusses entscheidet, ohne dabei – wie im Falle der offenen Selbstfinanzierung – gegenüber den Eigentümern Rechenschaft ablegen zu müssen (vgl. allerdings den oben angesprochenen Rechtfertigungsbedarf bei nicht „ausreichenden" Gewinnen).

Damit ist nicht nur der hier im Mittelpunkt stehende Finanzierungseffekt verbunden, sondern auch die Möglichkeit der **Glättung der ausgewiesenen** – insbesondere handelsrechtlichen – **Jahresergebnisse**. Die stille Selbstfinanzierung ermöglicht nämlich die zeitliche Verlagerung von Gewinnausschüttungen (Möglichkeit der Dividendenkontinuität). So werden einerseits die Jahresabschlussleser in besonders erfolgreichen Geschäftsjahren nicht über den gesamten Umfang des Gewinns informiert, andererseits können – was aufgrund der dann fehlenden Reaktionsmöglichkeiten der Eigentümer wesentlich problematischer ist – Periodenverluste vor ihnen verheimlicht werden, indem noch vorhandene stille Rücklagen erfolgserhöhend, aber von den Jahresabschlusslesern nicht erkennbar, aufgelöst werden. Den Jahresabschlussadressaten wird damit permanent ein falsches Bild der wirtschaftlichen Lage der Unternehmung vermittelt.

Auch mit der offenen Selbstfinanzierung ist eine Gewinnglättung möglich (Bildung und Auflösung offener Rücklagen). Allerdings sind hierbei gesetzliche Vorschriften zu beachten (z. B. §§ 58, 150 AktG). Zudem ist es möglich, dass die Eigentümer (und nicht die Unternehmungsleitung) entscheidungsbefugt sind.

- Eine **Zweckbindung** für bestimmte Investitionsvorhaben der Unternehmung ist nicht **erforderlich**.

Es besteht allerdings die Möglichkeit, dass die einbehaltenen Gewinne aufgrund fehlender klarer Zweckbindung und aufgrund des fehlenden Vergleichs der Rentabilitäten verschiedener Anlagealternativen innerhalb und außerhalb der Unternehmung unrentabel investiert werden.

11.3 Die Fremdfinanzierung aus Rückstellungen

11.3.1 Handels- und steuerrechtliche Vorschriften zur Bildung und Auflösung von Rückstellungen[960]

11.3.2 Die Bildung von Rückstellungen

Rückstellungen werden zum Zwecke der **periodenrichtigen Erfolgsabgrenzung** verrechnet. Sie werden in Handels- und Steuerbilanz für ungewisse Verpflichtungen angesetzt, d. h. für Aufwendungen, deren wirtschaftliche Ursachen zwar in der laufenden Periode liegen, bei denen aber noch nicht feststeht, ob, mit welchem Betrag und in welchem zukünftigen Zeitpunkt sie zu Auszahlungen oder Mindereinzahlungen führen werden.

Rückstellungen stellen Aufwendungen dar, die im betrachteten Geschäftsjahr noch nicht zu Auszahlungen geführt haben; sie ähneln insoweit den antizipativen passiven Rechnungsabgrenzungen. Der Unterschied besteht jedoch darin, dass bei Letzteren – im Gegensatz zu den Rückstellungen – stets Grund, Betrag und Fälligkeitstermin der späteren Auszahlung genau bekannt sind.

Eine Rückstellungsbildung ist grundsätzlich gerechtfertigt, wenn eine der drei folgenden Situationen vorliegt:[961]

1. Die Unternehmung erwartet, dass in zukünftigen Perioden **Ansprüche von Seiten Dritter** an sie herangetragen werden, deren wirtschaftliche Ursachen im gegenwärtigen Geschäftsjahr liegen. Hierbei sind vier Fälle möglich:

   a) Die Verpflichtung der Unternehmung gegenüber einem Dritten ist **bereits rechtswirksam entstanden**, jedoch steht die Höhe der späteren Auszahlungen noch nicht fest.

      Beispiel: Rückstellungen für ein vertragliches Versprechen der Unternehmung zur Leistung von Alters-, Hinterbliebenen- oder Invalidenunterstützung an einzelne Beschäftigte (Pensionsrückstellungen).

   b) Die Verpflichtung gegenüber einem Dritten ist **bereits verursacht und erkennbar**, sie ist aber **noch nicht rechtswirksam festgesetzt** worden.

      Beispiel: Rückstellungen für Steuern, Rückstellungen für bereits erkennbare Bergschäden.

   c) Aufgrund bisheriger Erfahrungen ist es **hinreichend wahrscheinlich**, dass in Zukunft eine **Schuld gegenüber einem Dritten** entstehen wird, die in der be-

---

960 Vgl. hierzu auch *Bieg, Hartmut*: Buchführung. 5. Aufl., Herne 2008, S. 146-150; *Bieg, Hartmut/Kußmaul, Heinz*: Externes Rechnungswesen. 5. Aufl., München 2009, S. 166-167; *Wöhe, Günter/Kußmaul, Heinz*: Grundzüge der Buchführung und Bilanztechnik. 6. Aufl., München 2008, S. 287-299.

961 Vgl. *Wöhe, Günter*: Bilanzierung und Bilanzpolitik. 9. Aufl., München 1997, S. 516-517.

trachteten Abrechnungsperiode begründet wurde. Höhe und Fälligkeitstermin sind noch ungewiss.

Beispiel: Rückstellungen für schwebende Prozesse, Rückstellungen für Eventualverbindlichkeiten (Garantie, Bürgschaft, Wechselobligo), Rückstellungen für Bergschäden, die bereits verursacht, aber noch nicht erkennbar sind.

d) In der Zukunft werden zwar keine rechtlichen Verpflichtungen entstehen, es ist aber mit **freiwilligen Leistungen gegenüber Dritten** zu rechnen, die **aus Kulanzüberlegungen** erbracht werden; die wirtschaftliche Begründung liegt im abgelaufenen Geschäftsjahr.

Beispiel: „Kulanzrückstellungen" für freiwillige Garantieleistungen.

2. Am Bilanzstichtag ist bereits erkennbar, dass der Unternehmung aus einem rechtswirksamen, aber noch von keinem der Vertragspartner erfüllten Vertrag (**schwebendes Geschäft**) ein Verlust droht.

   Beispiel: Der Verkäufer hat wegen über den vereinbarten Verkaufspreis gestiegener zukünftiger Herstellungs- oder Anschaffungskosten eines Vermögensgegenstandes „Rückstellungen für drohende Verluste aus schwebenden Geschäften" zu bilden, wenn der verkaufte Gegenstand noch hergestellt oder beschafft werden muss.

3. Die Unternehmung rechnet zwar **nicht** mit der **Inanspruchnahme durch einen Dritten**, aber:

   a) Es **droht** ihr ein wirtschaftlich in dieser Periode begründeter **Verlust**, der bereits erkennbar ist, jedoch noch nicht exakt quantifiziert werden kann.

   Beispiel: Rückstellungen für Verluste aus Einzelwagnissen, Rückstellungen für Großreparaturen.

   b) Es ist eine Wertminderung eingetreten, die den Charakter einer wirtschaftlichen Verpflichtung des Betriebes gegen sich selbst trägt und erst später zu Auszahlungen führen wird.

   Beispiel: Rückstellungen für unterlassene Instandhaltung und Abraumbeseitigung.

§ 249 HGB legt abschließend die Zwecke fest, für die in der **Handelsbilanz** Rückstellungen vorgesehen sind. Für andere als die in § 249 HGB genannten Fälle dürfen keine Rückstellungen in der Handelsbilanz gebildet werden; sie dürfen nur aufgelöst werden, soweit der Grund hierfür entfallen ist (vgl. § 249 Abs. 2 HGB).

Rückstellungen sind demnach zu bilden für

- ungewisse Verpflichtungen (§ 249 Abs. 1 Satz 1 HGB);
- drohende Verluste aus schwebenden Geschäften (§ 249 Abs. 1 Satz 1 HGB);
- im Geschäftsjahr unterlassene Aufwendungen für Instandhaltung, die im folgenden Geschäftsjahr innerhalb von drei Monaten nachgeholt werden (§ 249 Abs. 1 Satz 2 Nr. 1 HGB);
- im Geschäftsjahr unterlassene Aufwendungen für Abraumbeseitigung, die im folgenden Geschäftsjahr nachgeholt werden (§ 249 Abs. 1 Satz 2 Nr. 1 HGB);

- Gewährleistungen, die ohne rechtliche Verpflichtung erbracht werden (§ 249 Abs. 1 Satz 2 Nr. 2 HGB).

Passivierungswahlrechte für bestimmte Rückstellungsarten gibt es nach den Änderungen durch das Gesetz zur Modernisierung des Bilanzrechts (BilMoG) nicht mehr.

Für die Steuerbilanz gibt es eigenständige Vorschriften für Rückstellungen in

- § 5 Abs. 3 EStG: Rückstellungen wegen Patentverletzung;
- § 5 Abs. 4 EStG: Rückstellungen für Jubiläumszuwendungen;
- § 5 Abs. 4a EStG: Verbot der Rückstellungen für drohende Verluste aus schwebenden Geschäften;
- § 5 Abs. 4b EStG: Verbot von Rückstellungen für Aufwendungen, die Anschaffungs- oder Herstellungskosten für ein Wirtschaftsgut sind;
- § 6a EStG: Pensionsrückstellungen.

Ansonsten gilt der Grundsatz der Maßgeblichkeit der Handelsbilanz für die Steuerbilanz.

Rückstellungen sind nach § 253 Abs. 1 Satz 2 HGB „in Höhe des nach vernünftiger kaufmännischer Beurteilung notwendigen Erfüllungsbetrags anzusetzen". Da bei Rückstellungen – im Unterschied zu Verbindlichkeiten – das Bestehen einer Schuld und/oder ihr Umfang unsicher ist, ist die Gesetzesvorschrift notwendigerweise sehr allgemein gehalten. Was nach kaufmännischen Kriterien als „vernünftig" anzusehen ist, hängt in hohem Maße vom jeweiligen Einzelfall ab. Rückstellungsbildungen entziehen sich damit pauschalen Quantifizierungsversuchen durch objektivierende Vorschriften. Allerdings ist für die Abzinsung der Rückstellungen der durch die Deutsche Bundesbank monatlich bekannt gegebene durchschnittliche Marktzinssatz der vergangenen sieben Geschäftsjahre heranzuziehen (vgl. § 253 Abs. 2 Satz 4 i. V. m. Satz 1 HGB), wodurch die Rückstellungsbildung in gewisser Weise eine Objektivierung erfährt. Steuerlich sind durch die Regelungen in § 6 Abs. 1 Nr. 3a EStG die Bewertungsregeln für Rückstellungen strenger und enger normiert (z. B. generelle Abzinsungspflicht zu 5,5 %).

Ein besonderes Bewertungsverfahren ist für **Pensionsrückstellungen** vorgesehen. Handelsrechtlich sind Altersversorgungsverpflichtungen dabei wahlweise anstelle des durchschnittlichen Marktzinssatzes der vergangenen sieben Geschäftsjahre mit dem durchschnittlichen Marktzinssatz abzuzinsen, der sich bei einer angenommenen Restlaufzeit von 15 Jahren ergibt (vgl. § 253 Abs. 2 Satz 2 HGB). Ein spezielles Verfahren zur Bewertung der Versorgungsverpflichtungen gibt das Handelsrecht nicht vor. In Anlehnung an die IFRS kann hierbei die sog. „projected unit credit method" Anwendung finden. Steuerrechtlich ist zwingend das Teilwertverfahren heranzuziehen.

Die zahlreichen Vorschriften des durch § 6a EStG geregelten steuerlichen Teilwertverfahrens gehen über die handelsrechtlichen Anforderungen hinaus. So sieht § 6a Abs. 3 Satz 3 EStG einen Rechnungszins von 6 % vor, während sich der Rechnungszins handelsbilanziell aus den Vorgaben der Deutschen Bundesbank ergibt. Genaueres hierzu enthält **Abschnitt 11.3.6.**

11.3.3 Die Auflösung von Rückstellungen

Wie bei der Bildung der Rückstellungen ist auch bei ihrer Auflösung das Prinzip der Einzelbewertung zu beachten. Dabei gibt es zwei **Gründe** für die Auflösung.

- Die für die Bildung der Rückstellungen entscheidende **Verpflichtung ist tatsächlich eingetreten**, d. h., es kommt zu der in der Rückstellung aufwandsmäßig vorweggenommenen Auszahlung bzw. Mindereinzahlung. Tritt dabei der unwahrscheinliche Fall ein, dass der Rückstellungsbetrag genau dem Betrag der Auszahlung oder Mindereinzahlung entspricht, so wird die Rückstellung buchmäßig völlig aufgelöst; die Gegenbuchung erfolgt i. d. R. auf dem die Auszahlung leistenden Finanzkonto. Eine „Rückstellung für drohende Verluste aus schwebenden Geschäften" ist jedoch mit den Anschaffungskosten eines zugehenden Vermögensgegenstandes zu verrechnen. In jedem Fall erfolgt die Auflösung der Rückstellung **erfolgsneutral**.

  Entspricht allerdings der Betrag der Auszahlung bzw. Mindereinzahlung nicht dem aufzulösenden Rückstellungsbetrag, so ist die Rückstellungsauflösung mit der **erfolgswirksamen Berücksichtigung der Differenz** verbunden, wobei die Differenz zwischen höherem (niedrigerem) Rückstellungsbetrag und dem Betrag der Auszahlung bzw. Mindereinzahlung in der Auflösungsperiode den Erfolg als Ertrag (Aufwand) beeinflusst.

- Tritt dagegen die befürchtete **Inanspruchnahme nicht ein**, erweist sich also die Bildung der Rückstellung später als nicht erforderlich, so ist die Rückstellung aufzulösen und der gesamte Rückstellungsbetrag als Ertrag **erfolgswirksam** auszuweisen.

11.3.4 Die Finanzierungswirkung der Rückstellungen

11.3.4.1 Die Wirkung der Bildung von Rückstellungen auf Erfolgsausweis, Ertragsteuerzahlungen und Gewinnausschüttungen sowie auf den Bilanzausweis

Die Finanzierungswirkung der Bildung von Rückstellungen ergibt sich, weil im Geschäftsjahr der Bildung Aufwendungen verrechnet werden, ohne dass gleichzeitig Auszahlungen (oder Mindereinzahlungen, was in der Folge unerwähnt bleiben soll) eintreten. Aus dieser **zeitlichen Diskrepanz zwischen Aufwandsverrechnung und Auszahlung** ergeben sich im Zeitablauf völlig unterschiedliche Auswirkungen auf die durch Ein- und Auszahlungen determinierte **Liquiditätssituation** und die durch Erträge und Aufwendungen bestimmte **Erfolgssituation**, die Auswirkungen auf die Ertragsteuerbelastung hat, aber auch die Ausschüttungsentscheidungen beeinflussen kann.

Abbildung 112 (Seite 379) zeigt einerseits eine sich ohne die Bildung einer Rückstellung ergebende Erfolgssituation (als Ausgangslage) und deren mögliche Auswirkungen auf die Liquiditätssituation, andererseits die sich mit einer Rückstellungsbildung einstellenden Veränderungen des Erfolgsausweises und der damit verbundenen Veränderungen der Liquiditätssituation. Dabei wird unterstellt, dass die im handelsrechtlichen Jahresabschluss einer Kapitalgesellschaft verrechneten Aufwendungen als Betriebsausgaben auch ertragsteuerlich wirksam werden.

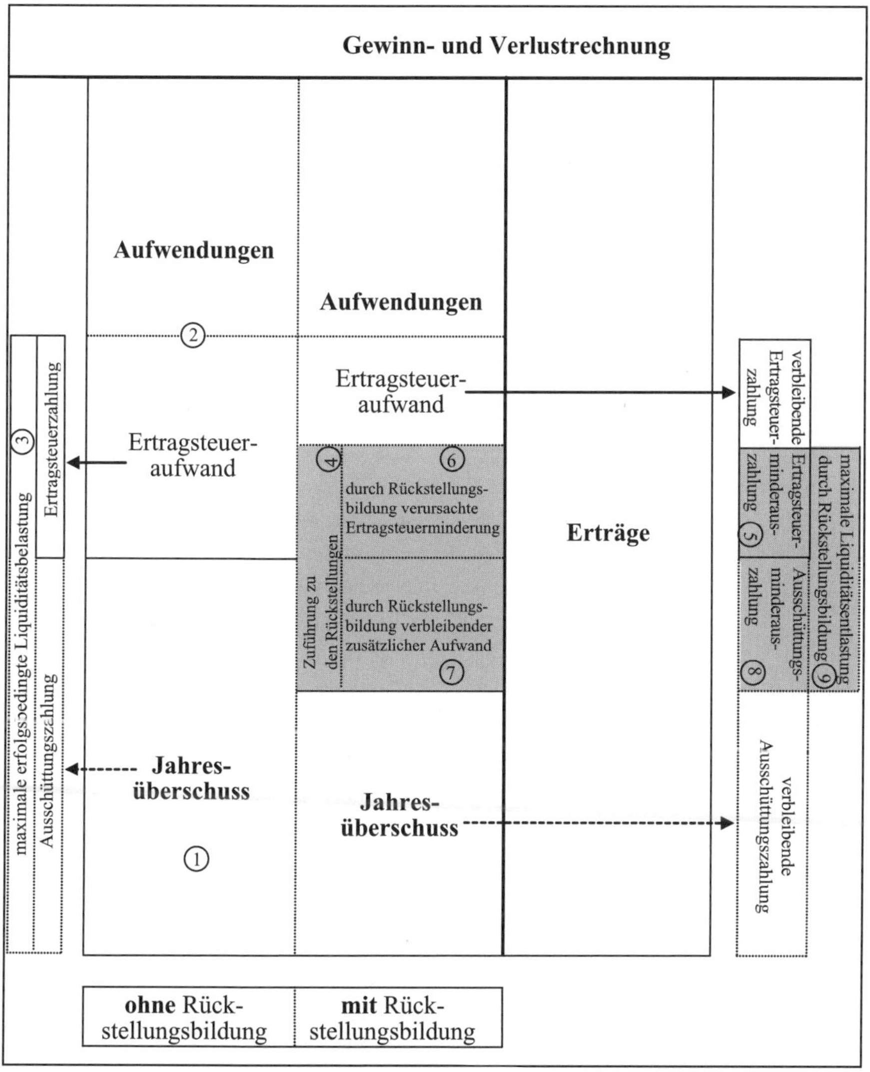

Abbildung 112: Die Finanzierungswirkung der Bildung von Rückstellungen in der Gewinn- und Verlustrechnung[962]

Ohne die Bildung einer Rückstellung ergäbe sich in der handelsrechtlichen Erfolgsrechnung (Gewinn- und Verlustrechnung) aus der Gegenüberstellung der Erträge und Aufwendungen des Geschäftsjahres ein bestimmter **handelsrechtlicher Gewinn nach Steuern** (Jahresüberschuss; (1)), der die Erfolgssituation der Unternehmung beschreibt. Die auf den **steuerpflichtigen Gewinn**, der sich aus der Gegenüberstellung der Betriebseinnahmen und

[962] Entnommen aus *Bieg, Hartmut*: Die Fremdfinanzierung aus Rückstellungen. In: Der Steuerberater 1998, S. 227.

der Betriebsausgaben[963] des Geschäftsjahres ergibt, anfallende Ertragsteuerbelastung wird dabei als Aufwand in der Gewinn- und Verlustrechnung berücksichtigt. Die Ertragsteuerbelastung ist also in den Aufwendungen (2) enthalten und vermindert somit den Jahresüberschuss.

Unterstellt man vereinfachend, dass die Steuerzahlung die unmittelbare Folge der steuerlichen Gewinnermittlung darstellt,[964] so erfolgt abhängig von der Höhe des steuerlichen Gewinns (der Steuerbemessungsgrundlage) und abhängig vom Steuersatz bzw. Steuertarif eine dem Grunde und der Höhe nach zwingende Auszahlung an den Fiskus (**Ertragsteuerzahlung; indirekte negative Finanzierungswirkung des steuerlichen Gewinns**).[965] Diese zwingende Liquiditätsbelastung der Unternehmung soll durch den schwarzen Pfeil in **Abbildung 112** (Seite 379) ausgedrückt werden.

Soweit durch die Unternehmungsleitung keine Rücklagen gebildet werden (müssen)[966] und bestehende Rücklagen nicht zum Zwecke der Ausschüttung aufgelöst werden sollen, steht den Eigentümern maximal der Jahresüberschuss (1) als Ausschüttungsbetrag zur Verfügung. Bei einem entsprechenden Beschluss käme es zur vollen Auszahlung des Jahresüberschusses an die Eigentümer. Während der Liquiditätsabfluss aus der Ertragsteuerbelastung nach Feststellung der Bemessungsgrundlage (des steuerlichen Gewinns) zwingend feststeht, ist der aus einer Gewinnausschüttung entstehende Liquiditätsabfluss also nicht nur von der Höhe des Jahresüberschusses, sondern auch von der Höhe der Rücklagenbildung durch die Unternehmungsleitung und vom Gewinnverwendungsbeschluss der Eigentümer abhängig (**indirekte negative Finanzierungswirkung des Jahresüberschusses**). Dies soll mit dem gestrichelt gezeichneten Pfeil in **Abbildung 112** (Seite 379) ausgedrückt werden.

Zunächst bleibt also festzuhalten, dass in der Ausgangslage ohne Rückstellungsbildung in Abhängigkeit von der Höhe der Rücklagenbildung durch die Unternehmungsleitung und vom Gewinnverwendungsbeschluss der Eigentümer insgesamt eine maximale Liquiditätsbelastung (3) der Unternehmung in Höhe der Summe aus Ertragsteuerzahlung und Ausschüttungszahlung droht.

Wird im Geschäftsjahr aber im Vergleich zur bisher beschriebenen Ausgangslage eine **Rückstellung gebildet**, so entstehen zunächst in Höhe des Zuführungsbetrages zusätzliche Aufwendungen (4), die den Jahresüberschuss entsprechend mindern. Da die Rückstellungsbildung i. d. R. auch steuerlich wirksam ist,[967] mindert die Verrechnung einer entsprechen-

[963] Betriebseinnahmen bzw. Betriebsausgaben sind entgegen der hier getroffenen Annahme aufgrund zwingender steuerlicher Vorschriften, aber auch aufgrund der Ausnutzung steuerlicher Gestaltungsmöglichkeiten grundsätzlich nicht deckungsgleich mit den handelsrechtlichen Erträgen bzw. Aufwendungen; vgl. zur Begriffsabgrenzung *Wöhe, Günter*: Bilanzierung und Bilanzpolitik. 9. Aufl., München 1997, S. 24-27.

[964] In der betrieblichen Realität erfolgt die Ertragsteuerzahlung tatsächlich durch die zu unterschiedlichen Zeitpunkten im Geschäftsjahr zu leistenden Steuervorauszahlungen und durch die Abschlusszahlung in einem späteren Geschäftsjahr auf der Grundlage des Steuerbescheids.

[965] Vgl. zur indirekten Finanzierungswirkung von Erfolgsgrößen **Abschnitt 11.1.2**.

[966] Vgl. zur offenen Selbstfinanzierung **Abschnitt 11.2.3**.

[967] Vgl. zu den Ausnahmen **Abschnitt 11.3.2**.

den Betriebsausgabe den steuerlichen Gewinn, dessen Veränderung – wie bereits beschrieben – Auswirkungen sowohl auf die Liquiditäts- als auch auf die Erfolgssituation hat.

Abhängig vom Steuersatz bzw. Steuertarif ergibt sich eine bestimmte Verminderung der Ertragsteuerzahlung (5). Die Liquidität der Unternehmung wird um diesen Betrag entlastet (**indirekte positive Finanzierungswirkung von Betriebsausgaben**).

Gleichzeitig führt die Verrechnung des Zuführungsbetrages als Betriebsausgabe aber auch – wiederum abhängig vom Steuersatz bzw. Steuertarif – zu einer bestimmten Verminderung des Ertragsteueraufwands (6). Die zusätzlichen Aufwendungen durch die Rückstellungsbildung (4) werden also teilweise wieder kompensiert (**indirekte positive Erfolgswirkung von Betriebsausgaben**). Es verbleibt insgesamt nur die Differenz zwischen dem Zuführungsbetrag zu den Rückstellungen (4) und der dadurch verursachten Ertragsteuerminderung (6) als zusätzlicher, durch die Rückstellungsbildung bedingter Aufwand. Nur um diese Differenz (7) verringert sich der Jahresüberschuss.

Damit kann sich eine **indirekte positive Finanzierungswirkung eines verminderten Jahresüberschusses** auch nur in maximal dieser Höhe ergeben. Mit der Verminderung des Jahresüberschusses vermindert sich nämlich gleichzeitig der maximal zur Verfügung stehende Ausschüttungsbetrag. Unterstellt man sowohl in der Ausgangslage ohne Rückstellungsbildung als auch in der Vergleichssituation mit Rückstellungsbildung eine Vollausschüttung des Jahresüberschusses, so ergibt sich im Rahmen der Ausschüttungsbelastung eine Liquiditätsentlastung um den oben beschriebenen Differenzbetrag (8).

Insgesamt ergibt sich in der Vergleichssituation mit Rückstellungsbildung in Abhängigkeit von der Höhe der Rücklagenbildung durch die Unternehmungsleitung und vom Gewinnverwendungsbeschluss der Eigentümer eine **maximale Liquiditätsentlastung** der Unternehmung in Höhe der Summe aus Ertragsteuerminderauszahlung und Ausschüttungsminderauszahlung (9). Diese Summe entspricht im Falle der Vollausschüttung genau der Höhe des verrechneten Aufwands für die Rückstellungsbildung, also der Höhe des Zuführungsbetrages (4).

Wie sich die maximale Liquiditätsentlastung zusammensetzt, hängt vom Steuersatz bzw. Steuertarif ab, der auf den Betrag der zusätzlichen Betriebsausgabe hätte angewendet werden müssen, falls keine Rückstellung gebildet worden wäre. Für die hier allein interessierende Finanzierungswirkung der Rückstellungsbildung kommt es aber nur auf die Vermeidung von Auszahlungen durch Betriebsausgaben-/Aufwandsverrechnung insgesamt an. Wie sich dieser Betrag auf die Minderung der Ertragsteuerzahlungen an den Fiskus und auf die Minderung der Ausschüttungszahlungen an die Eigentümer aufteilt, ist letztlich ohne Belang.

Allerdings kann **lediglich die Verminderung der Ertragsteuerbelastung ursächlich eindeutig der Rückstellungsbildung zugerechnet** werden; ohne diese Maßnahme hätte sich zwingend ein höherer steuerpflichtiger Gewinn und damit auch eine Auszahlung in Höhe der höheren Ertragsteuerbelastung ergeben. Dagegen hätten die Eigentümer, soweit nicht ohnehin eine – in den meisten Fällen gewinnabhängige – Verpflichtung zur Gewinnthesaurierung (Rücklagenbildung) besteht, auch ohne Rückstellungsbildung die Möglichkeit gehabt, die Ausschüttungszahlungen zu vermeiden. Ein entsprechender Gewinnverwendungsbeschluss hätte die Ausschüttung des gesamten Jahresüberschusses verhindert.

Da die Eigentümer jederzeit auf Gewinnausschüttungen verzichten und eine entsprechende Rücklagenbildung beschließen können, lässt sich die beschriebene Vermeidung der Ausschüttungsauszahlungen **nicht** in gleicher Weise ursächlich der Rückstellungsbildung zurechnen wie die Vermeidung der Auszahlungen für Ertragsteuern.[968]

Die Rückstellungsbildung hat aber einen entscheidenden **Vorteil** für die Unternehmungsleitung. Sie muss die Eigentümer nicht wie bei der Bildung offener Rücklagen davon überzeugen, dass der Verzicht auf Gewinnausschüttungen erforderlich und deswegen ein Thesaurierungsbeschluss zu fällen ist. Bei Rückstellungsbildung werden die Ausschüttungsauszahlungen allein durch eine entsprechende Bilanzierungsmaßnahme verhindert, die zu einem entsprechend niedrigeren Jahresüberschuss führt. Die Bilanzierungsmaßnahme ist **ohne Zustimmung der Eigentümer** möglich.

Abbildung 112 (Seite 379) macht auch deutlich, dass die hier beschriebene Finanzierungswirkung einer Verrechnung von Aufwendungen (bzw. Betriebsausgaben), denen in der Verrechnungsperiode keine Auszahlungen gegenüberstehen, **genügend** hohe Erträge in derselben Periode voraussetzt. **Die Erträge müssen mindestens der Höhe der gesamten Aufwendungen**, also auch der Aufwendungen zum Zwecke der Rückstellungsbildung, **entsprechen**. Ansonsten ergibt sich ein Verlust, der steuerlich allerdings dann unmittelbar eine Auszahlungsminderung bzw. Einzahlungssteigerung zur Folge hat, wenn er auf frühere Geschäftsjahre zurückgetragen werden kann, in denen er sich im Wege des **Verlustrücktrags** in vollem Umfang mit damaligen Gewinnen verrechnen lässt. Soweit dagegen lediglich ein **Verlustvortrag** möglich ist, weil in den Vorperioden entsprechende, durch Verlustrückträge zu kürzende Gewinne nicht zur Verfügung stehen oder die Verlustrücktragsmöglichkeiten durch die gesetzlichen Beschränkungen erschöpft sind,[969] kommt es zu Minderauszahlungen für Ertragsteuern erst in den späteren Geschäftsjahren, in denen eine Verrechnung mit den dann anfallenden Gewinnen möglich ist.

Durch den Vergleich der **Abbildung 113** (Seite 383) mit **Abbildung 114** (Seite 384) sollen ausschließlich die **Auswirkungen der Rückstellungsbildung auf die Bilanzpositionen** gezeigt werden. Geht man vereinfachend davon aus, dass die Umsatzerlöse des Geschäftsjahres in liquider Form vorliegen, so gilt diese Annahme auch für die in den Umsatzerlösen enthaltenen Gegenwerte für die verrechneten Aufwendungen für Rückstellungen einerseits und den Gewinn andererseits.

Ohne Rückstellungsbildung (**Abbildung 113**; Seite 383) würde der in der Periode erzielte handelsrechtliche Gewinn vor Ertragsteuern nicht nur das Eigenkapital, sondern – unter der getroffenen Annahme – auch das Vermögen erhöhen. Allerdings lassen sich die während des gesamten Geschäftsjahres auflaufenden Veränderungen nur bei den Vermögensgegenständen sowie auf den dafür geführten Konten und auf den Erfolgskonten laufend nachvoll-

---

968 Vgl. zu diesen Zusammenhängen auch *Bieg, Hartmut*: Möglichkeiten betrieblicher Altersversorgung aus betriebswirtschaftlicher Sicht. In: Steuer und Wirtschaft 1983, S. 41-45; *Bieg, Hartmut*: Die betriebliche Altersversorgung. In: Der Steuerberater 1985, S. 172-178.

969 Vgl. § 10d Abs. 1 EStG.

ziehen. Der im Geschäftsjahr aufgelaufene Gewinn wird erst bei Erstellung des Jahresabschlusses ermittelt.

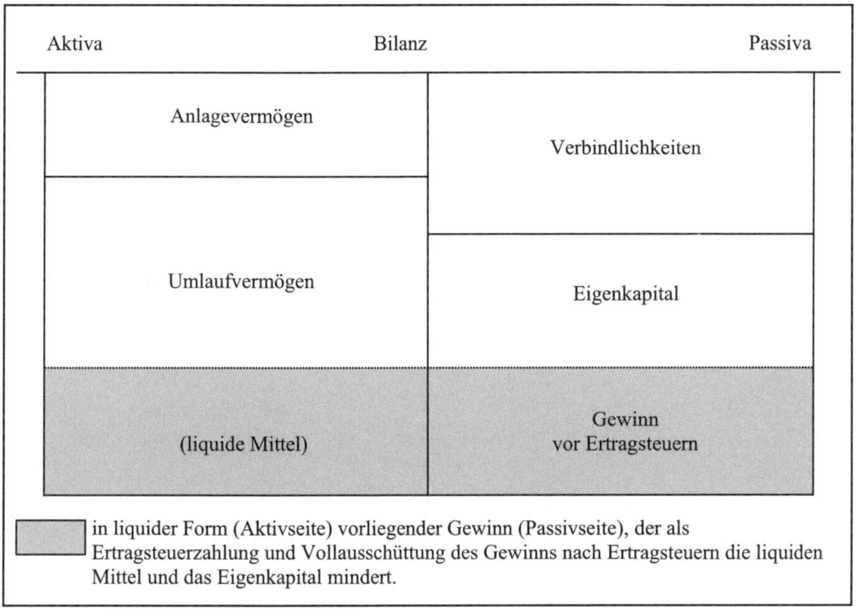

Abbildung 113: Die bilanziellen Auswirkungen der Zahlungen für Ertragsteuern und Vollausschüttung eines in liquider Form vorliegenden Gewinns (ohne Rückstellungsbildung)[970]

Unabhängig von den damit angedeuteten Erfassungsproblemen erhöht sich in der Bilanz der Eigenkapitalbetrag ebenso wie der Vermögensbestand um den Gewinn vor Ertragsteuern. Diese Situation ist allerdings eine nur gedankliche „Zwischenstation“, da der Gewinn der Ertragsbesteuerung unterworfen ist. Unterstellt man, dass die Liquiditätsabflüsse für die Ertragsteuerzahlung sowie für die Gewinnausschüttung an die Eigentümer noch am Bilanzstichtag erfolgen,[971] also noch in derselben Bilanz berücksichtigt werden können, so vermindern die beiden Zahlungen im Falle der Vollausschüttung des Gewinns nach Ertragsteuern (des Jahresüberschusses) die liquiden Mittel einerseits und das Eigenkapital andererseits, und zwar jeweils in Höhe des gesamten Gewinns vor Ertragsteuern. Vermögen und Eigenkapital bleiben damit letztlich trotz des Gewinns der Periode völlig unverändert. Im Falle der Vollausschüttung hat der Steuersatz bzw. der Steuertarif keinen Einfluss auf diese Aussage, da der nach Ertragsteuern verbleibende Gewinn (der Jahresüberschuss) in vollem Umfang ausgeschüttet wird. Es ergibt sich eine Reduzierung der liquiden Mittel in Höhe des

[970] Entnommen aus *Bieg, Hartmut*: Die Fremdfinanzierung aus Rückstellungen. In: Der Steuerberater 1998, S. 229.

[971] Tatsächlich fließen die liquiden Mittel an den Fiskus in Form der zu unterschiedlichen Zeitpunkten des laufenden Geschäftsjahres zu leistenden Ertragsteuervorauszahlungen und der Abschlusszahlung in einem späteren Geschäftsjahr. Der Mittelabfluss in Form von Gewinnausschüttungen an die Eigentümer erfolgt nach dem Gewinnverwendungsbeschluss der Eigentümer.

gesamten Gewinns vor Ertragsteuern und damit eine entsprechende Liquiditätsbelastung der Unternehmung.

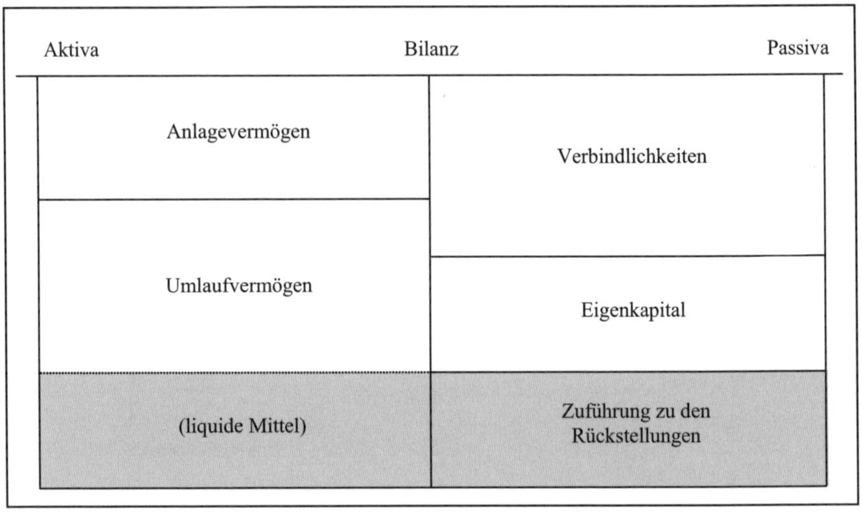

Abbildung 114: Die bilanziellen Auswirkungen der Rückstellungsbildung[972]

Vergleicht man den Fall der Rückstellungsbildung (**Abbildung 114**) mit dem eines Verzichts auf die Verrechnung entsprechender Aufwendungen bzw. Betriebsausgaben, so unterscheidet sich die Aktivseite der Bilanz in beiden Fällen nicht, da der Vermögensbestand jeweils um den Gewinn vor Rückstellungsbildung und Ertragsteuern ansteigt. Um diesen Betrag wird nun allerdings nicht eine Erhöhung des ausgewiesenen Eigenkapitals – in Form eines Gewinnausweises – vorgenommen. Vielmehr wird eine Rückstellung – in **Abbildung 114** in Höhe des gesamten Gewinns vor Ertragsteuern – gebildet.

Da der steuer- und handelsrechtliche Gewinnausweis in diesem Fall eine Minderung der Ertragsteuerzahlungen sowie der möglichen Gewinnausschüttungen zur Folge hat, werden ansonsten abfließende liquide Mittel in Höhe des bei der Rückstellungszuführung verrechneten Aufwands an den Betrieb gebunden. Letztlich ergibt sich auf diese Weise – verglichen mit dem Verzicht auf Rückstellungsbildung bei anschließender Vollausschüttung – eine Verlängerung der Bilanz um den Betrag der Rückstellungsbildung.

In aller Deutlichkeit muss jedoch gesagt werden, dass die Rückstellungsbildung nicht zum Zufluss liquider Mittel beiträgt. Nur soweit entsprechende Beträge in liquider Form vorliegen, „schützt" der verrechnete Rückstellungsaufwand wie jeder Aufwand bzw. jede Betriebsausgabe entsprechende Ertragsteile vor Ausschüttung und Besteuerung. Diese Beträge stehen zur Finanzierung von Investitionsmaßnahmen, aber auch zur Rückzahlung von Fremdkapital zur Verfügung. Die Unternehmungsleitung muss sie nicht durch Finanzierungsmaßnahmen von Eigenkapital- bzw. Fremdkapitalgebern beschaffen. Diese Finanzie-

---

972 Entnommen aus *Bieg, Hartmut*: Die Fremdfinanzierung aus Rückstellungen. In: Der Steuerberater 1998, S. 230.

rung aus Rückstellungen verleiht der Unternehmung eine größere finanzielle Unabhängigkeit.

Liegen allerdings entsprechende Beträge in liquider Form nicht vor, so hat die Bildung von Rückstellungen zur Folge, dass ansonsten zur Ertragsteuerzahlung und Gewinnausschüttung erforderliche liquide Mittel nicht beschafft werden müssen.

Führt man die Finanzierungswirkung ausschließlich auf die Verminderung der Ertragsteuerzahlungen zurück, abstrahiert also von den Gewinnverwendungsbeschlüssen der Unternehmungsleitung bzw. der Eigentümer, so besteht sie lediglich aus der Minderung der Ertragsteuerzahlungen, die sich aufgrund der Verrechnung des Zuführungsbetrags als Betriebsausgaben ergibt.

11.3.4.2 Die Wirkung der Auflösung von Rückstellungen auf Erfolgsausweis, Ertragsteuerzahlungen und Gewinnausschüttungen sowie auf den Bilanzausweis

Ist die Rückstellung wegen Eintritts der früher berücksichtigten Inanspruchnahme aufzulösen und **entsprechen sich** dabei **Rückstellungsbetrag und Inanspruchnahme**, so kommt es zu einer entsprechenden Bilanzverkürzung, da der auszubuchende Rückstellungsbetrag exakt dem abfließenden Betrag liquider Mittel (bzw. dem ausbleibenden Zufluss liquider Mittel) entspricht. Eine Auswirkung auf den Periodengewinn hat dies nicht. Der ansonsten anfallende steuerliche Gewinn unterliegt der Ertragsbesteuerung; über den Gewinn nach Ertragsteuern (Jahresüberschuss) sind Gewinnverwendungsentscheidungen zu fällen.

Damit wird deutlich, dass im Falle der Auflösung von Rückstellungen die Bereitstellung liquider Mittel nicht durch die Verrechnung von Aufwendungen bzw. Betriebsausgaben unterstützt wird, wodurch entsprechende Ertragsteile an den Betrieb gebunden würden. Diese liquiditätsunterstützende Aufwandsverrechnung erfolgte bereits im Geschäftsjahr der Rückstellungsbildung. Da aber die damals nicht zur Ertragsteuerzahlung und zur Gewinnausschüttung benötigten liquiden Mittel i. d. R. nicht bis zum Zeitpunkt der Rückstellungsauflösung in liquider Form gehalten wurden, wodurch gerade die Finanzierungswirkung aus der Rückstellungsbildung nicht ausgenutzt worden wäre, müssen die jetzt zur Erfüllung der Verpflichtungen benötigten liquiden Mittel entweder aus den Zahlungsmittelzuflüssen aus Umsatzerlösen oder anderen Verkäufen des Geschäftsjahres genommen werden oder aber es müssen, falls Zuflüsse in ausreichender Höhe nicht vorliegen, entsprechende Eigenkapital- bzw. Fremdkapitalbeträge in liquider Form beschafft werden. Im letzten Fall kommt es nicht zu einer Bilanzverlängerung, sondern zu einem Passivtausch.

Übersteigt die Inanspruchnahme den Rückstellungsbetrag, so gilt für den Rückstellungsbetrag das soeben Gesagte. Der darüber hinausgehende Betrag wird als Betriebsausgabe bzw. Aufwand verrechnet, mindert demnach den steuerpflichtigen bzw. den ausschüttungsfähigen Gewinn. Insoweit wird ein Abfluss liquider Mittel in Höhe der nicht anfallenden Ertragsteuerzahlung einerseits und der nicht aus dem (verminderten) Jahresüberschuss darstellbaren Gewinnausschüttung andererseits verhindert. Da die Summe dieser Beträge dem zusätzlich verrechneten Aufwand entspricht, wird – entsprechend hohe liquide Erträge vorausgesetzt – der über den Rückstellungsbetrag hinausgehende Betrag der tatsächlichen Inanspruchnahme durch Betriebsausgaben- bzw. Aufwandsverrechnung für diese Zahlungsinanspruchnahme „reserviert“.

Ist die **Rückstellung** jedoch **ganz oder teilweise erfolgswirksam aufzulösen**, weil die befürchtete Inanspruchnahme nicht oder nicht in vollem Umfang eintritt, so steigert der Auflösungsertrag den steuerpflichtigen Gewinn und damit die Ertragsteuerzahlungen sowie den handelsrechtlichen Gewinn und damit – entsprechende Gewinnverwendungsbeschlüsse unterstellt – die Ausschüttungszahlungen.

Da auch in diesem Fall die früher nicht ausgeschütteten oder nicht als Ertragsteuerzahlungen abfließenden Zahlungsmittel – sollten sie überhaupt zur Verfügung gestanden haben – nicht in liquider Form gehalten wurden, muss nun zumindest die zu zahlende Ertragsteuer auf den Auflösungsertrag in liquider Form beglichen werden. Sollten die Eigentümer darüber hinaus die Ausschüttung des Gewinns nach Steuern beschließen, so sind auch dafür liquide Mittel zu beschaffen.

Insbesondere bei großen Auflösungsbeträgen lässt sich dieser Zahlungsmittelbedarf nicht aus den üblichen Zahlungsmittelzuflüssen aus Umsatzerlösen und anderen Verkäufen darstellen; dies würde zu einer Bilanzverkürzung führen. Hier wird man i. d. R. Zahlungsmittel über Kreditaufnahme oder über die Zuführung zusätzlichen Eigenkapitals beschaffen müssen, was einen Passivtausch zur Folge hat.

11.3.5 Die Determinanten des Finanzierungsumfangs

11.3.5.1 Der Veränderungsbetrag der Rückstellungen

Löst man sich von der isolierten Betrachtung **einer** Rückstellung und untersucht man die **Finanzierungswirkung aller Rückstellungen**, so ist die in einem Geschäftsjahr eintretende Finanzierungswirkung abhängig von

- der Summe der **Zuführungsbeträge** zu den Rückstellungen (positive Finanzierungskomponente),
- der Summe der in derselben Periode verrechneten **Auflösungsbeträge** (negative Finanzierungskomponente).

Der Saldo der beiden Summen hat Auswirkungen auf den steuer- und den handelsrechtlichen Gewinn sowie auf die Zahlungsströme.

Zunächst zur **positiven Finanzierungskomponente**: Soweit die **Zuführungsbeträge** steuerrechtlich zulässig als Betriebsausgabe verrechnet werden, vermindert sich die Ertragsteuerbemessungsgrundlage und damit die neben Steuersatz bzw. Steuertarif (vgl. **Abschnitt 11.3.5.2**) maßgebliche Größe für die Ertragsteuerbelastung.

Wird dieser Betrag auch im handelsrechtlichen Jahresabschluss als Aufwand verrechnet, so ergibt sich dort die Gewinnminderung um den Zuführungsbetrag abzüglich der Ertragsteuerminderung aufgrund der Rückstellungszuführung.

Ist eine Rückstellungsbildung und damit die Verrechnung des Zuführungsbetrags dagegen ausschließlich im handelsrechtlichen Jahresabschluss zulässig, so vermindert sich ausschließlich der Jahresüberschuss um den gesamten Zuführungsbetrag; der steuerpflichtige Gewinn bleibt unverändert.

Aufgrund der notwendigerweise bestehenden Ermessensspielräume (vgl. **Abschnitt 11.3.2**) ist der Bilanzierende bei der Festlegung des Zuführungsbetrages innerhalb der Grenzen, die der Quantifizierung durch den Gesichtspunkt der „vernünftigen kaufmännischen Beurteilung“ gesetzt werden, entsprechend seiner subjektiven Einschätzung frei.

Dies gilt auch für die Ermittlung des Zuführungsbetrages im Fall der **Pensionsrückstellungen**, der entscheidend vom gewählten Bewertungsverfahren abhängig ist. Die unterschiedlichen handelsrechtlich zulässigen Verfahren führen mitunter zu unterschiedlichen Zuführungsbeträgen. Steuerrechtlich muss dagegen das Teilwertverfahren angewendet werden.[973] In beiden Fällen aber erfolgt die Berechnung der Zuführungsbeträge unter Berücksichtigung versicherungsmathematischer Grundsätze. Das bedeutet, dass Zinsen und Zinseszinsen sowie biologische Wahrscheinlichkeiten (Sterbe- und Invaliditätswahrscheinlichkeiten) zu berücksichtigen sind. Grundsätzlich soll erreicht werden, dass die in der aktiven Phase des Arbeitnehmers – zwischen dem Zeitpunkt der Pensionszusage und dem Eintritt des Versorgungsfalls (z. B. Ausscheiden aufgrund des Erreichens der Altersgrenze) – jährlich der Pensionsrückstellung zugeführten Beträge (unter Berücksichtigung von Zins und Zinseszins) in dem Jahr, in dem der Versorgungsfall eintritt, dem Kapitalwert der zu erwartenden Pensionsleistungen entsprechen.[974]

Alle in einem Geschäftsjahr verrechneten **Zuführungsbeträge** entwickeln ausschließlich **indirekte positive Finanzierungswirkungen**. Als indirekt wird diese Finanzierungswirkung bezeichnet, da sich der angesprochene Einfluss auf die Liquiditätssituation der Unternehmung nur über die Verminderung der Ertragsteuerbemessungsgrundlage bzw. über die Verminderung des Jahresüberschusses ergibt (indirekte Liquiditätswirkung von Erfolgsgrößen).[975]

Bei der **negativen Finanzierungskomponente** sind dagegen direkte und indirekte Finanzierungswirkungen zu unterscheiden. Eine ausschließlich **direkte negative Finanzierungswirkung** ergibt sich, wenn im Falle der Inanspruchnahme die Auflösung der Rückstellung sowohl handels- als auch steuerrechtlich in vollem Umfang erfolgsunwirksam verrechnet wird und zugleich eine entsprechende Auszahlung zu leisten oder eine entsprechende Mindereinzahlung festzustellen ist. In Höhe des gesamten Auszahlungsbetrags ergibt sich eine direkte negative Auswirkung auf die finanzielle Situation der Unternehmung (direkte Liquiditätswirkung von Zahlungsgrößen). Eine (indirekte) Unterstützung erfolgt mangels Aufwandsverrechnung nicht.

Dagegen hat die völlige oder teilweise erfolgswirksame Auflösung der Rückstellung aufgrund fehlender oder nicht vollständiger Inanspruchnahme nur **indirekte negative Finanzierungswirkung**; sie erhöht den steuer- und handelsrechtlichen Gewinn.

Erfolgt jedoch eine über dem Rückstellungsbetrag liegende Inanspruchnahme, so ergibt sich wie bei jeder Inanspruchnahme eine **direkte negative Finanzierungswirkung** in Höhe des gesamten Betrags der Inanspruchnahme (Auszahlung bzw. Mindereinzahlung). Dieser Wirkung steht allerdings eine **indirekte positive Finanzierungswirkung** entgegen, da die

---

[973] Vgl. § 6a Abs. 3 EStG.

[974] Vgl. hierzu **Abschnitt 11.3.6**.

[975] Vgl. zur indirekten Finanzierungswirkung von Erfolgsgrößen **Abschnitt 11.1.2**.

Differenz zwischen dem Betrag der Inanspruchnahme und dem Rückstellungsauflösungsbetrag als Betriebsausgabe bzw. Aufwand verrechnet wird.

11.3.5.2 Die Ertragsteuersätze

Während die **direkte negative Finanzierungswirkung** der erfolgsunwirksam aufgelösten Rückstellung, die in vollem Umfang zu einer Auszahlung führt, unabhängig von der steuerlichen Belastung des Periodengewinns ist und somit unmittelbar und in voller Höhe bei der Ermittlung der Finanzierungswirkung berücksichtigt werden muss, sind die **indirekten positiven und negativen Finanzierungswirkungen** nicht nur von der durch sie ausgelösten Veränderung des steuerpflichtigen Gewinns abhängig, sondern auch von dem auf diesen Veränderungsbetrag anzuwendenden Ertragsteuersatz bzw. Ertragsteuertarif.

Soweit es sich um einen Gewerbebetrieb handelt, ist unabhängig von der Rechtsform der Unternehmung und von der Gewinnverwendung die **Gewerbeertragsteuer** zu berücksichtigen. Sie ergibt sich, indem auf den Gewerbeertrag (Steuermessbetrag) die Steuermesszahl von grundsätzlich 3,5 %[976] und der gemeindespezifische Hebesatz angewendet werden.

Der Gewinn von **Kapitalgesellschaften** unterliegt im Jahr 2009 einem **Körperschaftsteuersatz** von 15 %.

Bei **Einzelunternehmungen und Personengesellschaften** ist der Gewinn dem Eigentümer bzw. den Gesellschaftern unabhängig von seiner Verwendung zuzurechnen; er unterliegt bei ihnen als Einkünfte aus Gewerbebetrieb zusammen mit den Einkünften aus den übrigen Einkunftsarten unter Berücksichtigung persönlicher Verhältnisse der **Einkommensteuer**.

Überwiegen in einem Geschäftsjahr die positiven indirekten Finanzierungswirkungen, übersteigen die Zuführungsbeträge und die Differenzbeträge zwischen dem jeweiligen Betrag der Inanspruchnahme und der niedrigeren Rückstellungsauflösung also die erfolgswirksam verrechneten Auflösungsbeträge, so vermindert sich die Auszahlung für die Ertragsteuern um die vermiedene Gewerbeertragsteuer sowie Körperschaftsteuer bzw. Einkommensteuer auf den Differenzbetrag. Um die gesamte Finanzierungswirkung in diesem Geschäftsjahr zu erhalten, ist von diesem Betrag der gesamten Ertragsteuerminderung die direkte negative Finanzierungswirkung aufgrund der Auszahlungen bei erfolgsunwirksamer Auflösung von Rückstellungen abzuziehen.

Dieser direkten negativen Finanzierungswirkung ist dagegen der Betrag der indirekten negativen Finanzierungswirkung hinzuzufügen, der sich ergibt, wenn die erfolgswirksam verrechneten Auflösungsbeträge die Zuführungsbeträge einschließlich des Differenzbetrags bei über dem aufzulösenden Rückstellungsbetrag liegender Inanspruchnahme eines Geschäftsjahres übersteigen, wobei der entsprechende Steuersatz bzw. Steuertarif anzuwenden ist.

11.3.5.3 Die Ausschüttungsentscheidung

Die finanzielle Wirkung einer Rückstellung ist vergleichsweise größer, wenn man davon ausgeht, dass der ausgewiesene handelsrechtliche Gewinn (Jahresüberschuss) nicht einbehalten, sondern in vollem Umfang ausgeschüttet wird. Diese Wirkung ließe sich aber auch

---

[976] Vgl. § 11 Abs. 2 GewStG.

ohne Rückstellungsbildung durch entsprechend höhere Thesaurierungsbeschlüsse erreichen, die allerdings den Eigentümern überzeugend begründet werden müssten, während die Rückstellungsbildung bei der Jahresabschlusserstellung ohne Mitwirkung der Eigentümer, und damit unproblematischer, erfolgt.

11.3.5.4 Die Zeitspanne zwischen Bildung und Auflösung der Rückstellungen

Berücksichtigt man neben der betraglichen, auf ein Geschäftsjahr bezogenen Dimension auch die **zeitliche Dimension**, so ist der Finanzierungseffekt von Rückstellungen umso größer – genauer: umso langfristiger –, je größer die Zeitspanne zwischen ihrer Bildung und ihrer Auflösung ist, denn umso länger stehen der Unternehmung die betreffenden Mittel für die geschilderten Zwecke zur Verfügung. Unter diesem Aspekt weisen längerfristige bzw. langfristige Rückstellungen (wie z. B. Pensionsrückstellungen) tendenziell eine größere Finanzierungswirkung auf als kurzfristige Rückstellungen (wie z. B. Rückstellungen für unterlassene Instandhaltung). Allerdings kann mit einem ständig verfügbaren Bodensatz an kurzfristigen Rückstellungen im Zeitablauf die gleiche Finanzierungswirkung erreicht werden wie mit langfristigen Rückstellungen.

11.3.6 Die Finanzierungswirkung von Pensionsrückstellungen im Zeitablauf

Im Folgenden wird bewusst eine bestimmte Gruppe von Rückstellungen, die Pensionsrückstellungen, auf ihre Finanzierungswirkung hin untersucht. Dabei erstreckt sich die Betrachtung auf die Zeit zwischen der ersten Pensionszusage an einen Mitarbeiter, die eine entsprechende Verrechnung von Betriebsausgaben bzw. Aufwendungen zur Folge hat, bis zur Erfüllung der letzten noch bestehenden Pensionsverpflichtung.[977]

Eine Unternehmung möge allen Beschäftigten, die bestimmte Voraussetzungen erfüllen (z. B. eine bestimmte Dauer der Betriebszugehörigkeit), eine Betriebsrente zusagen. Bei jeder Zusage sollen die Voraussetzungen des § 6a EStG erfüllt sein, so dass die sich entsprechend dem Teilwertverfahren ergebenden Beträge steuerlich wirksam als Betriebsausgabe bzw. Betriebseinnahme verrechnet und entsprechende Veränderungen der Pensionsrückstellungen vorgenommen werden.

Die Pensionsrückstellungen unterliegen in Abhängigkeit von Zahl und Alter der aktiven Mitarbeiter sowie der Pensionszahlungsempfänger meist einem kontinuierlichen Veränderungsprozess. Einerseits werden neue Zusagen an junge Belegschaftsmitglieder gegeben; für sie und für frühere Zusagen sind Rückstellungen gewinnmindernd zu bilden. Andererseits

---

[977] Vgl. *Bieg, Hartmut/Hossfeld, Christopher*: Finanzierungsentscheidungen. In: Saarbrücker Handbuch der Betriebswirtschaftlichen Beratung, hrsg. von *Karlheinz Küting*, 4. Aufl., Herne 2008, S. 85-86; vgl. mit einer umfassenden Analyse der Vorteilhaftigkeit von Pensionszusagen im Vergleich zu Direktversicherungen *Kußmaul, Heinz*: Betriebliche Altersversorgung in mittelständischen Unternehmen. In: Steuerberaterkongreß-Report 1993, München 1993, S. 227-376; *Kußmaul, Heinz* (unter Mitarbeit von *Richard Lutz*, *Stephan Ruhl* und *Wolfgang Wegener*): Betriebliche Altersversorgung von Geschäftsführern: Voraussetzungen und finanzwirtschaftliche Auswirkungen. München 1995.

scheiden auch ständig ältere Mitarbeiter aus der Unternehmung aus; an diese oder bereits früher ausgeschiedene Versorgungsempfänger sind Pensionszahlungen zu leisten.

- **Phase I:** Die Unternehmung beginnt, **Versorgungszusagen** zu geben, für die zunächst noch **keine oder allenfalls geringe Versorgungszahlungen** zu leisten sind, da einerseits die Versorgungsberechtigten im Moment der Zusage noch relativ jung sind, andererseits die Gruppe der Versorgungsempfänger im Zeitablauf nur langsam anwächst. Der gesamte Pensionsrückstellungsbetrag steigt stetig an, und zwar je mehr Zusagen gemacht werden und je höher diese sind. Die jährliche Finanzierungswirkung ergibt sich im Wesentlichen aufgrund der indirekten positiven Finanzierungswirkung der als Aufwendungen bzw. Betriebsausgaben verrechneten Zuführungsbeträge zu den Rückstellungen, nur wenig beeinträchtigt durch die direkte negative Finanzierungswirkung der Versorgungszahlungen.

Selbst wenn man nur die Ertragsteuerminderung aufgrund der Zuführungen zu den Pensionsrückstellungen als indirekte positive Finanzierungswirkung berücksichtigt, übersteigt in dieser Phase die dadurch erreichte zusätzliche Mittelbindung die Pensionszahlungen. Wird dagegen auch der Verzicht auf Gewinnausschüttungen aufgrund der Verminderung des Jahresüberschusses als indirekte positive Finanzierungswirkung angesehen, so ergibt sich eine entsprechend höhere zusätzliche Mittelbindung.

Allerdings wird die jährliche Finanzierungswirkung gegen Ende dieser Phase immer geringer, da die indirekte positive Finanzierungswirkung der Rückstellungszuführungen immer mehr durch die direkte negative Finanzierungswirkung der Pensionszahlungen aufgewogen wird. Diese Entwicklung lässt sich mit der zunehmenden Zahl der Versorgungsempfänger bei einem gleich bleibenden Bestand aktiver Mitarbeiter mit einer Versorgungszusage erklären, wobei an Stelle der ausscheidenden Mitarbeiter andere Arbeitnehmer eine Pensionszusage erhalten.

- **Phase II:** Diese häufig längste Phase ist dadurch gekennzeichnet, dass die gesamten **Pensionsrückstellungen im Wesentlichen konstant** bleiben, da sich die Zuführungen für die aktiven Belegschaftsmitglieder mit einer Versorgungszusage (indirekte positive Finanzierungswirkung) und die Auszahlungen an die Versorgungsempfänger, die entsprechend auch zur Auflösung der Pensionsrückstellungen führen (direkte negative Finanzierungswirkung), betragsmäßig in etwa entsprechen.

Lässt man die in Gewinnsituationen immer bestehende Möglichkeit der Rücklagenbildung zunächst unberücksichtigt, so steht der indirekten positiven Finanzierungswirkung in Höhe der auf den Zuführungsbetrag vermiedenen Ertragsteuerbelastung die direkte negative Finanzierungswirkung in Höhe des etwa dem Zuführungsbetrag entsprechenden Auszahlungsbetrags gegenüber, so dass bei dieser Betrachtung nicht davon gesprochen werden kann, dass sich die Pensionszahlungen vollständig durch die Rückstellungszuführungen finanzieren lassen. Aber auch wenn man die durch Aufwandsverrechnung im handelsrechtlichen Jahresabschluss ohne Rücklagenbildungsbeschluss erreichte Mittelbindung mit in die indirekte positive Finanzierungswirkung einbezieht, kommt es in dieser Phase nicht mehr zu einer jährlichen Steigerung der Finanzierungswirkung. Da die Veränderung der Gesamtfinanzierungswirkung der Pensionsrückstellungen dann (etwa) gleich null ist, bleibt die Mittelbindung in dieser Phase auf konstant hohem Niveau. Diesen Bestand kann man, solange die Phase II andauert, als **Bodensatz** bezeichnen, der längerfristig zur Finanzierung der Unternehmung zur Verfügung steht.[978]

- **Phase III:** Diese Phase ist gekennzeichnet durch eine immer **geringer werdende Zahl aktiver Arbeitnehmer, denen eine Versorgungszusage gegeben wurde**. Dies kann daran liegen, dass die Unternehmung mit einer geringeren Beschäftigtenzahl betrieben wird, so dass nur noch wenige Versorgungszusagen gegeben werden können, oder aber dass bewusst – bei unveränderter Mitarbeiterzahl – weniger Versorgungszusagen gegeben werden.

Damit lassen sich aber dauerhaft weniger Zuführungen erfolgswirksam verrechnen; der jährliche Umfang der indirekten positiven Finanzierungswirkung sinkt immer weiter ab.

Dagegen vermindern sich die Auszahlungen an die Versorgungsempfänger (direkte negative Finanzierungswirkung) erst mit großer zeitlicher Verzögerung. Zunächst steigen sie möglicherweise wegen der immer größer werdenden Zahl der Versorgungsempfänger noch an; erst nach vielen Jahren gehen auch die jährlichen Versorgungszahlungen zurück.

In dieser Phase kommt es Jahr für Jahr zu einer negativen Finanzierungswirkung, da die zusätzliche Mittelbindung durch Rückstellungsbildung kleiner ist als der Abfluss der Mittel für Pensionszahlungen. So vermindert sich der Gesamtbetrag der Pensionsrückstellungen und damit auch die Gesamtfinanzierungswirkung in den einzelnen Jahren immer mehr. Der Bestand längerfristig zur Finanzierung zur Verfügung stehender Mittel geht immer weiter zurück.

Unternehmungen, deren Beschäftigtenzahl im Rahmen von Rationalisierungsmaßnahmen gezielt vermindert wird, die aber erfolgreich und mit hohen Liquiditätszuflüssen arbeiten, mögen diese negative Finanzierungswirkung verkraften können. Schrumpft aber die Beschäftigtenzahl aufgrund zurückgehender Marktanteile und ist dies – wie üblich – verbunden mit einer Verminderung der Jahreserfolge und der Liquiditätszuflüsse, so kann die beschriebene negative Finanzierungswirkung die Unternehmung ernsthaft gefährden.

Nicht zuletzt machen diese Überlegungen deutlich, dass eine Unternehmungsleitung sich für Versorgungszusagen nicht ausschließlich unter dem finanzwirtschaftlich erfreulichen Aspekt insbesondere der Phase I, aber auch der Phase II entscheiden sollte. Vielmehr ist bereits bei der ersten Zusage auch an die – zugegeben möglicherweise sehr ferne – Phase III zu denken.

Es kommt hinzu, dass die beschriebenen Zusammenhänge es der Unternehmungsleitung erschweren, bewusst die Phase III dadurch einzuleiten, dass bei unveränderter Mitarbeiterzahl die Zusagen von Versorgungszahlungen eingestellt werden, um so eine Verbesserung der Erfolgssituation zu erreichen. Die sich aus der Einstellung der Versorgungszusagen ergebenden gravierenden, möglicherweise existenzgefährdenden Liquiditätsnachteile können dazu führen, dass weiterhin Versorgungszusagen gegeben werden müssen, obwohl sie die Erfolgssituation erheblich beeinträchtigen.

---

[978] Vgl. *Perridon, Louis/Steiner, Manfred*: Die Finanzwirtschaft der Unternehmung. 14. Aufl., München 2007, S. 477.

11.4 Finanzierung durch Vermögensumschichtung und Umfinanzierung[979]

11.4.1 Vorbemerkungen

Zu den vier Kernbereichen des Finanzierungsbegriffs[980] zählen auch die beiden in diesem Abschnitt zu behandelnden betrieblichen Maßnahmen, nämlich

- die Maßnahmen der Vermögensumstrukturierung, die der Erhöhung bzw. der Beschleunigung der Freisetzung des in Vermögenswerten, z. B. Sachgüter oder Finanztitel, gebundenen Kapitals, also der Liquidisierung von Vermögensgegenständen, dienen (**Finanzierung durch Vermögensumschichtung**);
- die Maßnahmen zur optimalen Strukturierung des Kapitals der Unternehmung (**Kapitalumschichtung, Umfinanzierung**).

11.4.2 Die Vermögensumschichtung

11.4.2.1 Begriffliche Grundlagen sowie Überblick über die Instrumente der Vermögensumschichtung

Unterteilt man die Instrumente der Innenfinanzierung nach ihrer Bilanzwirkung, so ist die zu einem Vermögenszuwachs und damit gleichzeitig zu einer Kapitalneubildung führende Innenfinanzierung (Bilanzverlängerung) von der sich aus einer Vermögensumschichtung und der dadurch hervorgerufenen Kapitalfreisetzung ergebenden Innenfinanzierung (Aktivtausch) zu unterscheiden.[981] In beiden Fällen der Innenfinanzierung ist die Unternehmung selbst Quelle des Finanzierungsvorgangs, d. h., die Finanzmittel entstehen aus der eigenen Finanzkraft der Unternehmung.[982]

Im ersten Fall der **Innenfinanzierung aus Vermögenszuwachs und dadurch bedingter Kapitalneubildung** handelt es sich insbesondere um die Zurückbehaltung von erwirtschafteten Gewinnen im Wege der offenen und/oder stillen Selbstfinanzierung sowie um die Finanzierung durch Bildung von (langfristigen) Rückstellungen (z. B. Pensionsrückstellungen).[983]

Der zweite, hier zu behandelnde Fall der **Innenfinanzierung aus Vermögensumschichtung** bezieht sich dagegen auf die **Freisetzung des in Sach- oder Finanzwerten gebundenen Kapitals** im Wege der Veräußerung von Vermögensgegenständen bzw. durch den sich über den Markt vollziehenden betrieblichen Umsatzprozess. Bei diesen Maßnahmen der Vermö-

---

979 Vgl. zu diesem Abschnitt *Bieg, Hartmut/Hossfeld, Christopher*: Finanzierungsentscheidungen. In: Saarbrücker Handbuch der Betriebswirtschaftlichen Beratung, hrsg. von *Karlheinz Küting*, 4. Aufl., Herne 2008, S. 67-78, S. 99-104; *Waschbusch, Gerd*: Finanzierung durch Vermögensumschichtung und Umfinanzierung. In: Der Steuerberater 1998, S. 269-277, S. 311-318.

980 Vgl. **Abschnitt 1.3.2**.

981 Vgl. **Abschnitt 3.1**.

982 Vgl. *Busse, Franz-Joseph*: Grundlagen der betrieblichen Finanzwirtschaft. 5. Aufl., München/Wien 2003, S. 658.

983 Vgl. dazu die **Abschnitte 11.2** und **11.3**.

gensumschichtung handelt es sich demnach um die Liquidisierung bzw. Wiedererwirtschaftung ehemals investierter Mittel und deren Bereitstellung für erneute Finanzierungsvorgänge. Konkrete Instrumente der Innenfinanzierung aus diesem Bereich sind die Kapitalfreisetzung durch den Verkauf (nicht) betriebsnotwendiger Vermögensgegenstände, insbesondere von Forderungen (z. B. im Rahmen des Factoring), die Kapitalfreisetzung durch Verkürzung der Kapitalbindungsdauer (Rationalisierungsmaßnahmen) sowie die Kapitalfreisetzung durch den Rückfluss von Abschreibungsgegenwerten. **Abbildung 115** gibt dazu einen strukturierten Überblick.

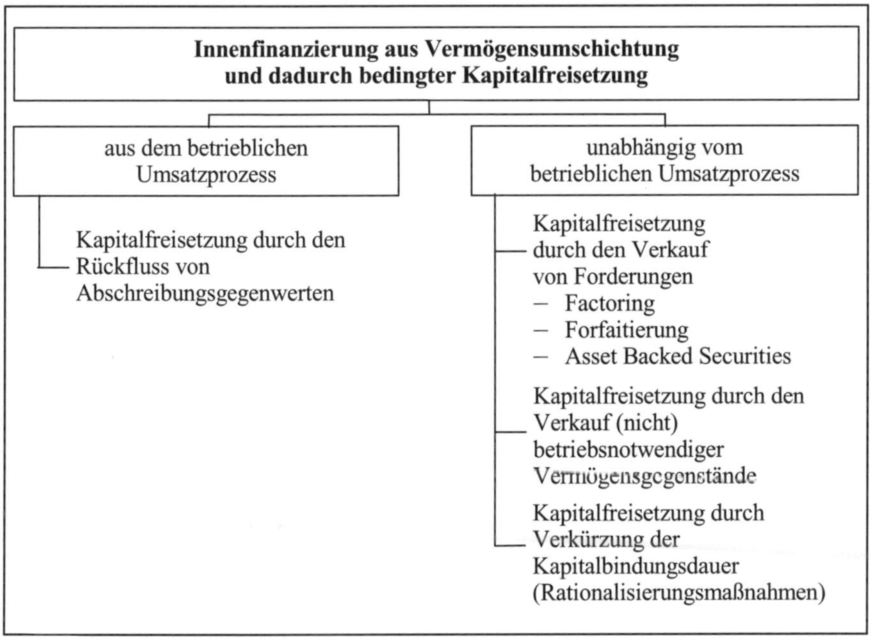

Abbildung 115: Überblick über die Instrumente der Innenfinanzierung aus Vermögensumschichtung[984]

11.4.2.2 Die Kapitalfreisetzung durch den Rückfluss von Abschreibungsgegenwerten

11.4.2.3 Grundlagen

Kapitalfreisetzung durch den Rückfluss von Abschreibungsgegenwerten bedeutet, dass einer Unternehmung aus der Veräußerung betrieblicher Leistungen Umsatzerlöse zufließen, in denen ihr u. a. Abschreibungen auf abnutzbare Vermögensgegenstände des Anlagevermögens vergütet werden. Ein sich (eventuell) anschließender Liquiditätsabfluss in Höhe der in den Umsatzeinzahlungen enthaltenen Abschreibungsbeträge (Abschreibungsgegenwerte) wird durch die erfolgsmindernde Verrechnung dieser Abschreibungsbeträge verhindert. Die

[984] Modifiziert entnommen aus *Waschbusch, Gerd*: Finanzierung durch Vermögensumschichtung und Umfinanzierung. In: Der Steuerberater 1998, S. 270.

Unternehmung erhält auf diese Weise disponibles Kapital. Dieser Prozess der Finanzierung aus Abschreibungsgegenwerten lässt sich auch folgendermaßen verdeutlichen:

Die Wertminderungen verschleißabhängiger Potenzialfaktoren – z. B. einer Maschine – werden im betrieblichen Rechnungswesen auf zweifache Weise erfasst und verrechnet: zum einen als **kalkulatorische Abschreibungen** in der Kosten- und Leistungsrechnung, zum anderen als **bilanzielle Abschreibungen** in der Finanzbuchhaltung. Da jedoch beiden Rechenwerken unterschiedliche Aufgabengebiete zukommen, können die (in einer Periode) für dieselbe Maschine verrechneten kalkulatorischen und bilanziellen Wertminderungen mitunter erheblich voneinander abweichen.

Die **Kosten- und Leistungsrechnung** dient i. d. R. ausschließlich den innerbetrieblichen Aufgaben der Information, Dokumentation und – vor allem – Disposition. Hier geht es deshalb darum, die **kalkulatorischen Abschreibungen** auf abnutzbare Vermögensgegenstände des Anlagevermögens möglichst exakt und verursachungsgerecht so zu bestimmen, dass beim Ausscheiden der alten Maschine aus dem Produktionsprozess eine neue, zumindest gleichwertige Maschine zu den dann aktuellen Marktpreisen wieder beschafft und die Produktion somit aufrecht erhalten werden kann. Zu diesem Zweck werden die kalkulatorischen Wertminderungen der Maschine, die üblicherweise auf der Basis der **Wiederbeschaffungskosten** – sofern bekannt – kalkuliert werden, auf die Stückselbstkosten der damit bearbeiteten betrieblichen Erzeugnisse verrechnet. Ist der am Absatzmarkt erzielbare Preis größer als die Stückselbstkosten oder ist er wenigstens gleich den Stückselbstkosten der betreffenden Endprodukte, so wird mit dem Verkauf jeder Erzeugniseinheit vom Kunden auch ein Teil der kalkulatorischen Wertminderung der Maschine vergütet. Diese Teile der Umsatzerlöse bezeichnet man auch als **Abschreibungsgegenwerte**, den Gesamtvorgang der allmählichen Selbstliquidation der Maschine als **Desinvestition**.

Der Unternehmung fließen demnach liquide Mittel in Form von Umsatzerlösen zu. Diese **Umsatzerlöse** stellen allerdings in der Finanzbuchhaltung, also handels- und steuerrechtlich, **Erträge** dar. Diese Erträge werden, soweit ihnen nicht Aufwendungen gegenüberstehen, zum einen besteuert und können zum anderen an die Unternehmungseigentümer ausgeschüttet werden. Damit verbunden ist grundsätzlich ein entsprechender Abfluss von liquiden Mitteln, der es der Unternehmung unmöglich machen würde, ohne Zuhilfenahme anderer Finanzierungsquellen die alten Vermögensgegenstände durch neue zu ersetzen. Deshalb ist die Finanzbuchhaltung in die Betrachtung des Finanzierungseffekts aus Abschreibungsgegenwerten mit einzubeziehen.

Auf **abnutzbare Vermögensgegenstände des Anlagevermögens** sind im Interesse einer periodengerechten Erfolgsermittlung sowohl handels- als auch steuerrechtlich planmäßige Abschreibungen zu verrechnen. Die **Anschaffung** derartiger Vermögensgegenstände ist zunächst grundsätzlich **erfolgsneutral**, d. h., es werden lediglich liquide Mittel in illiquide Vermögensgegenstände getauscht (Vermögensumschichtung), ohne dass Aufwendungen oder Erträge anfallen. Die bilanzielle Abbildung des Kaufs erfolgt durch Ansatz des Vermögensgegenstandes in Höhe der Anschaffungskosten.

Nun unterliegen aber abnutzbare Vermögensgegenstände des Anlagevermögens im Zeitablauf **Wertminderungen**. Diese Wertminderungen sollen durch **planmäßige jährliche Abschreibungen** bilanziell erfasst werden. Diese jährlich verrechneten Abschreibungsbeträge, die – im Falle des Kaufs – von den **Anschaffungskosten** ausgehen und sich unter der

Annahme einer bestimmten **Nutzungsdauer** sowie eines bestimmten Verteilungsverfahrens – des **Abschreibungsverfahrens** – ergeben, verringern den jeweiligen bilanziellen Wertansatz des betreffenden Vermögensgegenstandes. Gleichzeitig vermindern sie als Aufwendungen den Gewinn und verteilen so die Anschaffungskosten des Vermögensgegenstandes auf die einzelnen Perioden der zugrunde gelegten Nutzungsdauer. Da der Gewinn aber gleichzeitig Bestandteil des Eigenkapitals ist, führen die Abschreibungen – für sich allein betrachtet – zunächst zu einer **Bilanzverkürzung** (vgl. dazu **Abbildung 116** und **Abbildung 117**; beide Seite 396[985]).

Da der durch die Vornahme von Abschreibungen bedingten Aufwandsverrechnung in **Abbildung 117** (Seite 396) während der Nutzungsdauer des hiervon betroffenen Vermögensgegenstandes **keine** entsprechende **Auszahlung** gegenübersteht, sondern erst die Ersatzbeschaffung dieses Vermögensgegenstandes zum Ende der Nutzungsdauer wieder zu einer Auszahlung führt, kann man hier von einer **positiven Finanzierungswirkung** sprechen. Sie tritt allerdings nur dann und in dem Umfang ein, in dem entsprechende ertragswirksame Einzahlungen zur Verfügung stehen. Dies ist z. B. der Fall, wenn es der Unternehmung gelingt, aufwandsdeckende Umsatzeinzahlungen zu erzielen. Sie stellen nicht nur einen Zufluss liquider Mittel dar, sondern auch entsprechende Erträge, die in Höhe der verrechneten Abschreibungsaufwendungen als Vergütungen des Marktes für die Wertminderungen der Produktionsanlagen und damit für die Abschreibungen interpretiert werden können. In Höhe der verrechneten Abschreibungen wird ein Abfluss der aus den Umsatzeinzahlungen resultierenden liquiden Mittel für Steuern und eventuell Gewinnausschüttungen verhindert. Betrachtet man diese **Finanzierungswirkung aus Abschreibungsgegenwerten in der Bilanz**, so ergibt sich das in **Abbildung 118** und **Abbildung 119**[986] (beide Seite 397) dargestellte Bild.

Die Abschreibungen vermindern zunächst den ausgewiesenen Wert des Anlagevermögens. Gleichzeitig fließt dieser Wert durch die Vergütung der Abschreibungsgegenwerte durch den Markt im Rahmen des Umsatzprozesses in Form liquider Mittel (beispielsweise Bankguthaben) wieder zu. Der Wert des Umlaufvermögens erhöht sich entsprechend. Die Gewinnwirkungen – und damit die Wirkungen auf die Höhe des Eigenkapitals – kompensieren sich, da den Abschreibungsaufwendungen ertragswirksame Umsatzeinzahlungen in gleicher Höhe gegenüberstehen. Insgesamt bleibt die **Bilanzsumme** demnach **gleich**. Es ergibt sich allerdings eine **Vermögensumschichtung**: Illiquides Anlagevermögen wird in liquide Mittel umgeschichtet, die nun bis zur Ersatzbeschaffung des betreffenden Vermögensgegenstandes anderweitig eingesetzt werden können. Und genau hierin liegt die Finanzierungswirkung aus dem Rückfluss von Abschreibungsgegenwerten.

---

985 Beide Abbildungen entnommen aus *Bieg, Hartmut/Hossfeld, Christopher*: Finanzierungsentscheidungen. In: Saarbrücker Handbuch der Betriebswirtschaftlichen Beratung, hrsg. von *Karlheinz Küting*, 4. Aufl., Herne 2008, S. 68-69.

986 Beide Abbildungen entnommen aus *Bieg, Hartmut/Hossfeld, Christopher*: Finanzierungsentscheidungen. In: Saarbrücker Handbuch der Betriebswirtschaftlichen Beratung, hrsg. von *Karlheinz Küting*, 4. Aufl., Herne 2008, S. 69-70.

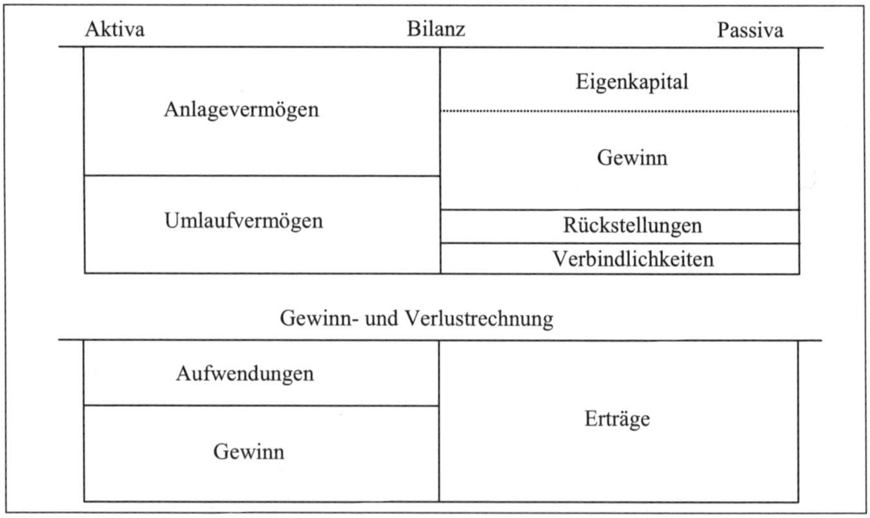

Abbildung 116: Gewinnminderung und Bilanzverkürzung durch Abschreibungen (Ausgangssituation: keine Vornahme von Abschreibungen)

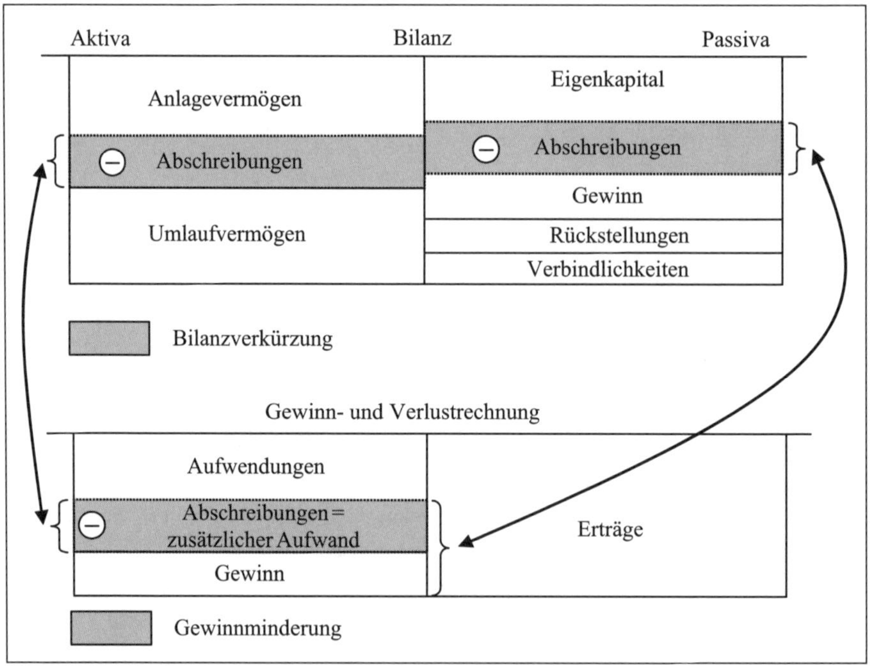

Abbildung 117: Gewinnminderung und Bilanzverkürzung durch Abschreibungen (Vornahme von Abschreibungen)

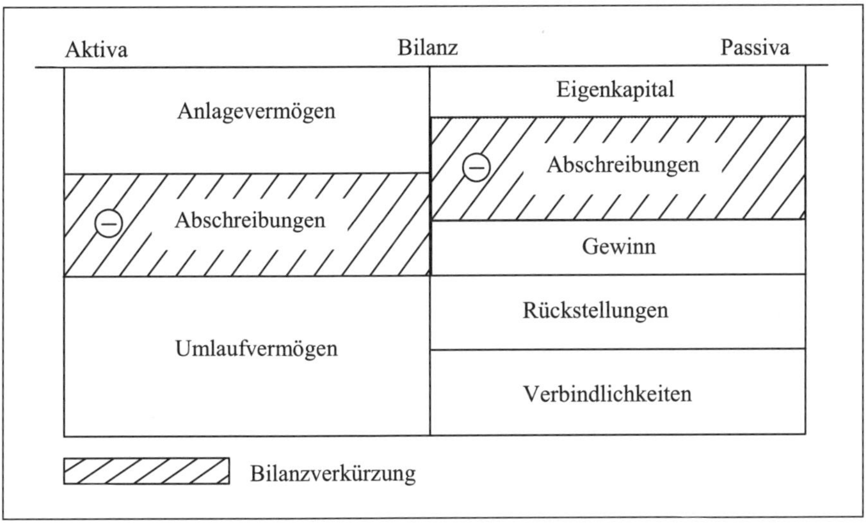

Abbildung 118: Die Finanzierungswirkung von Abschreibungen in der Bilanz (I)

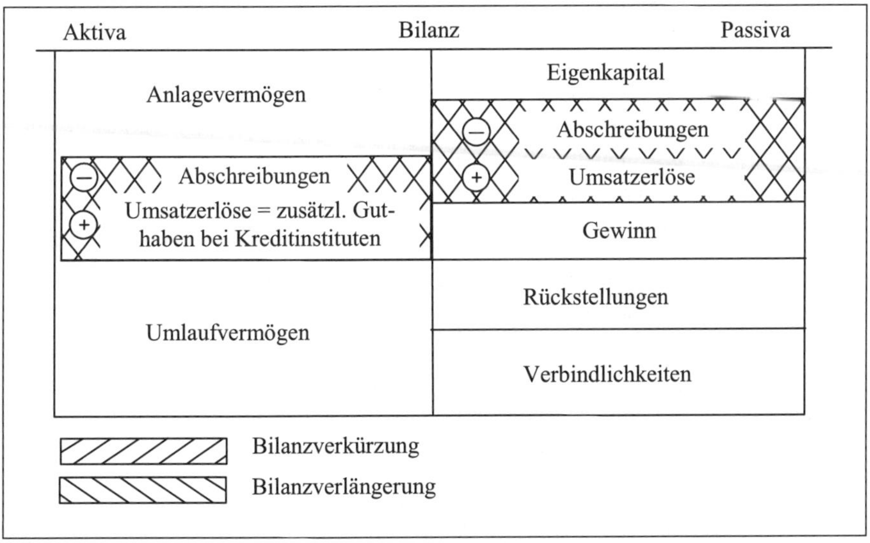

Abbildung 119: Die Finanzierungswirkung von Abschreibungen in der Bilanz (II)

Ein Blick in die Gewinn- und Verlustrechnung verdeutlicht, dass diese Mittel auch tatsächlich in der Unternehmung verbleiben können und nicht etwa den Betrieb in Form von Steuer- und eventuell Ausschüttungszahlungen verlassen (vgl. **Abbildung 120**; Seite 399): Die

Abschreibungsaufwendungen schützen einen Teil der Erträge, nämlich gerade die den Abschreibungen entsprechenden Umsatzerlöse, vor Besteuerung und Ausschüttung.

Damit die Finanzierungswirkung – wie vorstehend beschrieben – eintritt, müssen bestimmte **Voraussetzungen** erfüllt sein:[987]

- Zunächst einmal müssen die in den Kosten verrechneten **kalkulatorischen Abschreibungen** mindestens der **produktionsbedingten Wertminderung** des betreffenden Vermögensgegenstandes entsprechen. Sind die verrechneten und vom Markt in den Umsatzerlösen vergüteten kalkulatorischen Abschreibungen aber geringer (z. B. kalkulatorische Nutzungsdauer > tatsächliche Nutzungsdauer bei gleichem Abschreibungsverfahren und gleicher Abschreibungsbasis), so wurden am Ende der tatsächlichen Nutzungsdauer nicht genügend Abschreibungsgegenwerte über Umsatzerlöse erzielt, um den Vermögensgegenstand zu ersetzen. Entsprechen dagegen die kalkulatorischen Abschreibungen genau dem produktionsbedingten Werteverzehr, so kann der Vermögensgegenstand am Ende seiner tatsächlichen Nutzungsdauer wiederbeschafft werden. Dieser Fall dürfte jedoch in der Realität am seltensten vorkommen. Sofern allerdings die kalkulatorischen Abschreibungen die tatsächliche Wertminderung übersteigen, lassen sich Maschinenkapazitäten, die noch nutzbar sind, kalkulatorisch, finanzbuchhalterisch und faktisch ersetzen. Die damit verbundene Kapazitätsausweitung geht noch über den im **Abschnitt 11.4.2.3.1** beschriebenen Kapazitätserweiterungseffekt hinaus.

- Die zweite Voraussetzung für die Finanzierungswirkung ist, dass die am Markt erzielbaren **Verkaufspreise mindestens die Selbstkosten** (inklusive der anteiligen kalkulatorischen Abschreibungen) der mit dem Vermögensgegenstand hergestellten Produkte **decken**. Kurz- bzw. mittelfristig besteht allerdings die Gefahr der Nichterfüllung dieser Bedingung, da der Produktverkaufspreis i. d. R. von der Markt- und nicht von der Unternehmungssituation her bestimmt wird.

- Drittens müssen die **Umsatzerlöse in liquider Form** – also als Einzahlungen – zugehen. In dem Maße, in dem Zielverkäufe getätigt werden, und in Abhängigkeit von der Länge der gewählten Zahlungsziele sinkt die besprochene Finanzierungswirkung aus Abschreibungsgegenwerten. Dies gilt auch für den Fall, in dem die aus den Zielverkäufen resultierenden Forderungen im Wege des Factoring (vgl. **Abschnitt 11.4.2.4.1**) veräußert werden, da hierbei Kosten (und Zeitverluste) entstehen.

- Schließlich ist Folgendes bezüglich des Verhältnisses von kalkulatorischen und bilanziellen Abschreibungen zu beachten: Weil für die Gewinnermittlung und -besteuerung nicht kalkulatorische Werte, sondern stets die bilanziell verrechneten Abschreibungen von Bedeutung sind, verbleiben die freigesetzten liquiden Mittel nur dann in der Unternehmung, wenn der Gewinn durch **Verrechnung bilanzieller Abschreibungen in Höhe der** in den Selbstkosten verrechneten **kalkulatorischen Abschreibungen** gemindert wird. Wenn die verrechneten und zurückgeflossenen kalkulatorischen Abschreibungen größer als die entsprechenden bilanziellen Abschreibungen sind (z. B.

---

987 Vgl. *Vormbaum, Herbert*: Finanzierung der Betriebe. 9. Aufl., Wiesbaden 1995, S. 443.

weil die kalkulatorischen Abschreibungen von eventuell höheren Wiederbeschaffungskosten, die bilanziellen Abschreibungen von niedrigeren Anschaffungskosten ausgehen), so erkennt das Handels- und Steuerrecht diese Differenzen nicht als periodenerfolgsmindernde Beträge an, sondern betrachtet sie als Gewinnbestandteile. Sie sind zunächst zu versteuern, der Rest steht – zumindest teilweise – den Eigenkapitalgebern zu. Gelder, die den Betrieb verlassen haben, können aber keine Finanzierungswirkung mehr besitzen. Sind dagegen die bilanziellen Abschreibungen höher als die kalkulatorischen, so werden stille Reserven gebildet, die ebenfalls eine Finanzierungswirkung entfalten können. Diese Wirkung ordnet man allerdings im Rahmen der Finanzierungslehre der sogenannten stillen Selbstfinanzierung (Gewinnthesaurierung durch Bewertungsmaßnahmen)[988] und nicht etwa der Finanzierung durch den Rückfluss von Abschreibungsgegenwerten zu.

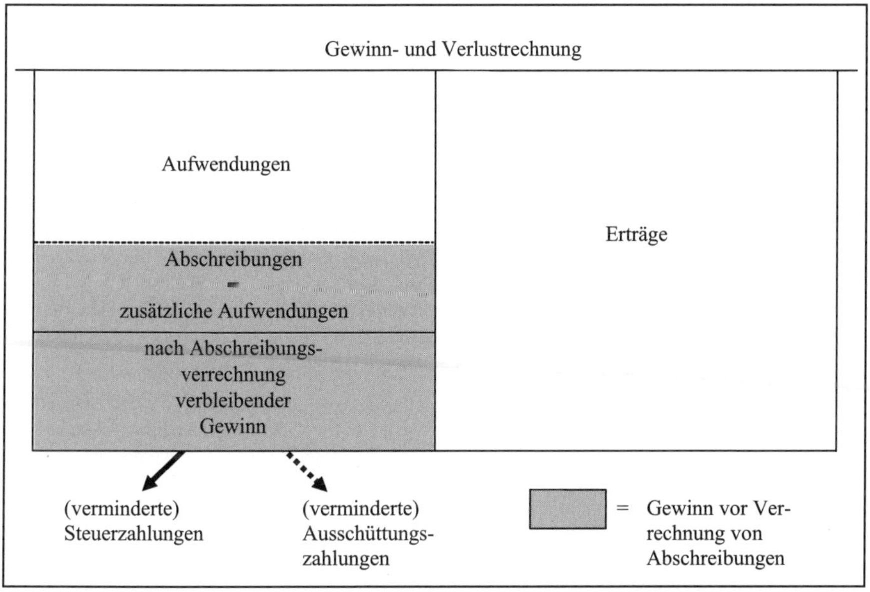

Abbildung 120: Die Finanzierungswirkung von Abschreibungen in der Gewinn- und Verlustrechnung[989]

11.4.2.3.1 Der Kapazitätserweiterungseffekt

Soll der Betriebsprozess im bisherigen Umfang aufrecht erhalten werden, so sind diejenigen Anlagen, deren wirtschaftliche Nutzungsdauer beendet ist, zu ersetzen, d. h., die vom Markt in den Umsatzerlösen vergüteten Abschreibungsgegenwerte sind in neuen Anlagen zu investieren. Geht man von dem Regelfall in einem Produktionsbetrieb aus, dass der Unter-

988 Vgl. dazu **Abschnitt 11.2.2**.

989 Modifiziert entnommen aus *Bieg, Hartmut/Hossfeld, Christopher*: Finanzierungsentscheidungen. In: Saarbrücker Handbuch der Betriebswirtschaftlichen Beratung, hrsg. von *Karlheinz Küting*, 4. Aufl., Herne 2008, S. 71.

nehmung bereits während der Nutzungsdauer der Vermögensgegenstände Abschreibungsgegenwerte zugeflossen sind, so erfolgt dieser **Rückfluss früher investierter Mittel** zu einem großen Teil weit **vor dem Ersatzzeitpunkt**. Die auf diese Weise zugeflossenen liquiden Mittel können damit entweder zur **Durchführung neuer Sachinvestitionen** verwendet oder bis zur Wiederbeschaffung der abnutzbaren Vermögensgegenstände des Anlagevermögens als **Fonds flüssiger Mittel** gehalten werden; auch die **Vornahme von Finanzinvestitionen** bzw. eine **Tilgung von Verbindlichkeiten** ist möglich. Wird die erste Alternative gewählt, so ergibt sich ohne Zuführung von neuem Kapital (von außen oder von innen) ein Kapazitätserweiterungseffekt („*Lohmann-Ruchti*-Effekt").

Bei dem vorstehend angesprochenen **Kapazitätserweiterungseffekt** handelt es sich um den einfachen Sachverhalt, dass die Unternehmung die über die Umsatzerlöse zurückgeflossenen Abschreibungsgegenwerte – die früher als zum Ersatz der Altanlagen benötigt wieder vorhanden sind – ausschließlich dazu verwendet, weitere Anlagen identischer oder ähnlicher Art anzuschaffen. Als Folge dieser **Zusatzinvestitionen** kommt es zu einer Vergrößerung der Periodenbearbeitungskapazität der Unternehmung. Folgendes Beispiel soll diesen Effekt verdeutlichen.

Beispiel:[990]

Eine Speditionsunternehmung beschafft sich jeweils zu Beginn von fünf aufeinander folgenden Jahren (00–04) je einen LKW gleichen Typs zu 200.000 EUR pro Stück. Diese „Erstausstattung" ist extern langfristig finanziert; Zins- und Tilgungszahlungen hieraus sind im Weiteren nicht zu berücksichtigen. Bei einer betriebsgewöhnlichen Nutzungsdauer eines LKW von fünf Jahren beträgt die jährlich gleich hohe Fahrleistung (Leistungsabgabe; Periodenkapazität) 150.000 km. Es ergeben sich damit Abschreibungen in Höhe von

$$\frac{200.000\,\text{EUR}}{5\,\text{Jahre}} = 40.000\,\text{EUR}$$

pro Jahr und LKW. Die jährlichen Abschreibungsgegenwerte (lineare Berechnung über die Nutzungsdauer), denen entsprechende Umsatzeinzahlungen gegenüberstehen, werden am Ende eines jeden Jahres – sobald sie ausreichen – in LKW gleicher Technik, gleicher Nutzungsdauer und gleicher Wiederbeschaffungskosten (re-)investiert. Spitzenbeträge werden bis zum nächstmöglichen Investitionszeitpunkt vorgetragen. Damit ergibt sich der Kapazitätserweiterungseffekt gemäß der **Abbildung 121** (Seite 401).

Am Ende des Jahres 00 erwirbt die Speditionsunternehmung den LKW 1, der ab dem Jahr 01 abgeschrieben wird. Am Ende des Jahres 01 wird außerdem der LKW 2 angeschafft, der ab dem Jahr 02 abgeschrieben wird. Die Anschaffungsauszahlungen der LKW 1 und 2 (sowie 3 bis 5) bleiben außer Betracht, da sie extern finanziert werden. Unter der Prämisse entsprechender Umsatzeinzahlungen entsprechen den Abschreibungen von 40.000 EUR pro LKW im Jahr auch liquide Mittel in gleicher Höhe; aufgrund der entsprechenden Aufwandsverrechnung für Abschreibungen fallen keine Auszahlungen für Ertragsteuerzahlungen und Gewinnausschüttungen an. Am Ende des Jahres 03 stehen der Speditionsunternehmung damit (kumulierte) liquide Mittel in Höhe von 240.000 EUR zur Verfügung (vgl. Zeile 8: „∑ Überschüssige Mittel vor Zusatzinvestition" in **Abbildung 121**; Seite 401). Hiermit kann ein weiterer LKW außerplanmäßig finanziert werden. Obwohl die Speditionsunternehmung bis zu diesem Zeitpunkt erst 3 LKW erworben hat, wird er als LKW 6 bezeichnet, weil sein Erwerb neben die ursprünglich vorgesehenen Käufe der LKW 1 bis 5 tritt. Am Ende der Periode 04 ergeben sich wieder-

[990] Modifiziert entnommen aus *Bieg, Hartmut/Hossfeld, Christopher*: Finanzierungsentscheidungen. In: Saarbrücker Handbuch der Betriebswirtschaftlichen Beratung, hrsg. von *Karlheinz Küting*, 4. Aufl., Herne 2008, S. 73-77.

um überschüssige Mittel in Höhe von 240.000 EUR (vgl. Zeile 10: „∑ Überschüssige Mittel nach 1. Zusatzinvestition“ in **Abbildung 121**), mit denen der LKW 7 erworben werden kann. Am Ende der Periode 06 kann sogar ein achter LKW gekauft werden. Damit setzt die Speditionsunternehmung in der Periode 07 insgesamt 8 LKW ein, also drei mehr als ursprünglich geplant. Bei dieser Vorgehensweise ist – unter der Annahme ihrer externen Erstfinanzierung – stets sichergestellt, dass die LKW 1 bis 5 der Grundausstattung aus Abschreibungsgegenwerten wiederbeschafft werden können (vgl. Zeile 7: „Ersatzinvestitionen (Grundausstattung)“ in **Abbildung 121**). Am Ende der Periode 08 ist sogar die Ersatzbeschaffung des LKW 6 möglich (vgl. Zeile 15: „Ersatzinvestition für LKW 6 ...“ in **Abbildung 121**). Die überschüssigen Mittel der Periode 09 in Höhe von 160.000 EUR (vgl. Zeile 16: „∑ Überschüssige Mittel nach 4. Zusatzinvestition und Ersatzinvestition von LKW 3“ in **Abbildung 121**) reichen demgegenüber nicht dazu aus, den LKW 7, dessen Nutzung in der Periode 09 ausläuft, wiederzubeschaffen. In der Periode 10 stehen der Speditionsunternehmung damit nur 7 LKW zur Verfügung (LKW 1 bis 5, Ersatz von LKW 6 sowie LKW 8).

	Jahresende	01	02	03	04	05	06	07	08	09
1	Abschreibung LKW 1 [1]	40.000	40.000	40.000	40.000	40.000	40.000 [8]	40.000	40.000	40.000
2	Abschreibung LKW 2 [2]		40.000	40.000	40.000	40.000	40.000	40.000 [9]	40.000	40.000
3	Abschreibung LKW 3 [3]			40.000	40.000	40.000	40.000	40.000	40.000 [10]	40.000
4	Abschreibung LKW 4 [4]				40.000	40.000	40.000	40.000	40.000	40.000 [11]
5	Abschreibung LKW 5 [5]					40.000	40.000	40.000	40.000	40.000
6	∑ Abschreibungen pro Jahr = ∑ liquide Abschreibungsgegenwerte	40.000	80.000	120.000	160.000	200.000	200.000	200.000	200.000	200.000
7	Ersatzinvestitionen (Grundausstattung)					Ersatz von LKW 1 −200.000	Ersatz von LKW 2 −200.000	Ersatz von LKW 3 −200.000	Ersatz von LKW 4 −200.000	Ersatz von LKW 5 −200.000
8	∑ Überschüssige Mittel vor Zusatzinvestitionen	40.000	120.000 [6]	240.000						
9	Zusatzinvestitionen LKW 6 und Abschreibung LKW 6			−200.000	40.000	40.000	40.000	40.000	40.000	
10	∑ Überschüssige Mittel nach 1. Zusatzinvestition			40.000	240.000 [7]					
11	Zusatzinvestition LKW 7 und Abschreibung LKW 7				−200.000	40.000	40.000	40.000	40.000	40.000
12	∑ Überschüssige Mittel nach 2. Zusatzinvestition und Ersatzinvestition von LKW 1				40.000	120.000 [12]	200.000			
13	Zusatzinvestition LKW 8 und Abschreibung LKW 8						−200.000	40.000	40.000	40.000
14	∑ Überschüssige Mittel nach 3. Zusatzinvestition und Ersatzinvestition von LKW 2						0	120.000	240.000	
15	Ersatzinvestition für LKW 6 und Abschreibung								−200.000	40.000
16	∑ Überschüssige Mittel nach 4. Zusatzinvestition und Ersatzinvestition von LKW 3								40.000	160.000

1) Anschaffung Ende 00 = Anfang 01; extern finanziert.
2) Anschaffung Ende 01 = Anfang 02; extern finanziert.
3) Anschaffung Ende 02 = Anfang 03; extern finanziert.
4) Anschaffung Ende 03 = Anfang 04: extern finanziert.
5) Anschaffung Ende 04 = Anfang 05; extern finanziert.
6) 40.000 aus 01 + 80.000 aus 02. Keine Berücksichtigung von Zinseffekten, z. B. Anlage der 40.000 aus 01 für 1 Jahr usw.
7) 40.000 aus 03 + (160.000 + 40.000) aus 04.
8) 1. Abschreibung der Ersatzinvestition für LKW 1.
9) 1. Abschreibung der Ersatzinvestition für LKW 2.
10) 1. Abschreibung der Ersatzinvestition für LKW 3.
11) 1. Abschreibung der Ersatzinvestition für LKW 4.
12) 40.000 aus 04 + (40.000 + 40.000) aus 05.
∑ Summe

Abbildung 121: Der Kapazitätserweiterungseffekt bei der Finanzierung aus Abschreibungsgegenwerten (alle Angaben in EUR)

Insgesamt zeigt die **Abbildung 121** (Seite 401), dass die Kapitalfreisetzung aus dem Rückfluss von Abschreibungsgegenwerten eine Kapazitätserweiterung ermöglicht. Statt der ursprünglich geplanten fünf LKW können ab der Periode 04 eine größere Zahl von LKW eingesetzt werden. Allgemein kann man damit den **Kapazitätserweiterungseffekt** wie folgt beschreiben: Während der Nutzungsdauer sinkt zwar die Kapazität, die insgesamt von einer einzelnen Anlage (z. B. einem LKW) abgegeben werden kann (**Gesamtkapazität**); die Kapazität, die von ihr in den Einzelperioden erbracht werden kann (**Periodenkapazität**), ist dagegen bis zum Ablauf der Nutzungsdauer unverändert (LKW 1: Periodenkapazität 150.000 km; Gesamtkapazität insgesamt 750.000 km; verbleibende Gesamtkapazität nach einem Jahr: 600.000 km usw.).

Das bedeutet: Der Leistungserstellungsprozess einer Unternehmung kann in dem bisherigen Umfang aufgrund unveränderter Periodenkapazitäten aufrecht erhalten werden, sofern Anlagen, deren Gesamtkapazität verbraucht ist (am Ende der Nutzungsdauer), ersetzt werden. Der Unternehmung fließen Teile der früher investierten Mittel (Abschreibungsgegenwerte) in den Verkaufserlösen aber bereits weit vor dem Ersatzzeitpunkt der Anlagen wieder zu. Bis zu diesem Ersatzzeitpunkt stehen ihr diese liquiden Mittel neben den Anlagen zur Verfügung. Diese Anlagen repräsentieren aber eine bestimmte Periodenkapazität, so dass der Leistungserstellungsprozess bis zum Ersatzzeitpunkt unverändert fortgesetzt werden kann. Die bis zu diesem Zeitpunkt nicht benötigten Beträge (Abschreibungsgegenwerte) können für Zusatzinvestitionen verwendet werden. Ohne Kapitalbeschaffung von außen kommt es somit zu einer Erweiterung der Periodenkapazität.

LKW	Ende Periode 07		Ende Periode 08		Ende Periode 09	
	verbleibende Gesamtkapazität in Tausend km	Restnutzungsdauer in Jahren	verbleibende Gesamtkapazität in Tausend km	Restnutzungsdauer in Jahren	verbleibende Gesamtkapazität in Tausend km	Restnutzungsdauer in Jahren
1	450	3	300	2	150	1
2	600	4	450	3	300	2
3	750	5	600	4	450	3
4	150	1	750	5	600	4
5	300	2	150	1	750	5
6	150	1	750	5	600	4
7	300	2	150	1	–	–
8	600	4	450	3	300	2
Σ	3.300	22	3.600	24	3.150	21
∅	412,5	2,75	450	3	393,75	2,625
verbleibende ∅ Gesamtkapazität pro LKW in Tausend km pro Jahr ∅ Restnutzungsdauer*	$\frac{412{,}5}{2{,}75}=150$		$\frac{450}{3}=150$		$\frac{393{,}75}{2{,}625}=150$	

* Dies entspricht der verbleibenden Gesamtkapazität pro LKW in Tausend km pro Jahr Restnutzungsdauer (Ende Periode 07: 3.300 : 22 = 150; Ende Periode 08: 3.600 : 24 = 150; Ende Periode 09: 3.150 : 21 = 150).

Abbildung 122: Die Entwicklung der Gesamtkapazität beim Kapazitätserweiterungseffekt im Rahmen der Finanzierung aus Abschreibungsgegenwerten

Soweit es sich auch bei den Zusatzinvestitionen um abnutzbare Vermögensgegenstände des Anlagevermögens handelt, kommt es auch hier in der Folgezeit zu einer Kapitalfreisetzung durch Rückfluss von Abschreibungsgegenwerten. Durch die mehrjährige Nutzungsfähigkeit und die nach der Vornahme von Zusatzinvestitionen unterschiedliche Altersstruktur der Anlagen wird erreicht, dass bis zum nächsten Ersatzzeitpunkt mehr Anlagen als zuvor ihre Periodenleistung abgeben. Soweit Zusatzinvestitionen in gleichartigen homogenen Anlagen erfolgen, bleibt allerdings die (durchschnittlich der Unternehmung zur Verfügung stehende) Gesamtkapazität konstant, da nur der verbrauchte Teil der Gesamtkapazität durch neue Anlagen ersetzt wird. Dies verdeutlicht die **Abbildung 122** (Seite 402).

In der Praxis ist allerdings zu beachten, dass der – zudem handels- und steuerrechtlich häufig unterschiedliche – **Abschreibungsverlauf mit dem tatsächlichen Wertminderungsverlauf (Nutzungsverlauf) nicht immer übereinstimmt**. Üblicherweise werden aufgrund handels- und steuerrechtlicher Abschreibungsvorschriften die Abschreibungen in den ersten Jahren der Nutzung höher angesetzt als die Wertminderungen. Werden die durch Aufwandsverrechnung an die Unternehmung gebundenen (überhöhten) Abschreibungsgegenwerte zur Finanzierung von Investitionen herangezogen (stille Selbstfinanzierung), so kann in diesen Jahren sowohl die Perioden- als auch die Gesamtkapazität der Unternehmung erweitert werden.

Zu beachten ist außerdem, dass sich der Kapazitätserweiterungseffekt nicht ständig fortsetzt; er kann **maximal** zu einer **Verdoppelung der ursprünglich vorhandenen (extern finanzierten) Vermögensgegenstände** führen. Voraussetzung für die Verdoppelung ist allerdings neben der Anwendung des linearen Abschreibungsverfahrens die beliebige Teilbarkeit der Vermögensgegenstände und die sofortige Reinvestition der zugeflossenen Abschreibungsgegenwerte.

Wenn man aber berücksichtigt, dass in der Realität Vermögensgegenstände i. d. R. nicht beliebig teilbar sind und (deshalb) Investitionsentscheidungen in bestimmten Zeitabständen getroffen werden, ergibt sich der folgende sogenannte Kapazitätserweiterungsfaktor (KEF):[991]

$$\boxed{KEF = 2 \cdot \frac{n}{n+1}}$$ mit n: Nutzungsdauer des Vermögensgegenstandes

Für das obige Beispiel ergibt sich damit ein KEF von $2 \cdot \frac{5}{5+1} = 1{,}67$. Die Kapazität kann demnach rechnerisch auf das 1,67-fache der geplanten Kapazität erweitert werden. Mit anderen Worten: Die Kapazität der Grundausstattung kann maximal um 2/3 = 66,67 % gesteigert werden. Die Speditionsunternehmung kann somit durch die Finanzierung aus Abschreibungsgegenwerten maximal eine Kapazität von 5 · 1,67 = 8,33 LKW, also 8 LKW aufbauen.

---

991 Vgl. *Süchting, Joachim*: Finanzmanagement – Theorie und Politik der Unternehmensfinanzierung. 6. Aufl., Wiesbaden 1995, S. 259; *Wöhe, Günter/Bilstein, Jürgen*: Grundzüge der Unternehmensfinanzierung. 9. Aufl., München 2002, S. 365.

Die theoretische und praktische Bedeutung des Kapazitätserweiterungseffekts darf indessen nicht überschätzt werden, da den Modellrechnungen mehrere vereinfachende und damit nicht immer realitätsnahe Annahmen zugrunde liegen:[992]

- Bei der Darstellung des Kapazitätserweiterungseffekts (vgl. **Abbildung 121**; Seite 401) geht man von konstanten (Wieder-) Beschaffungspreisen für die ersatzweise oder zusätzlich gekauften Vermögensgegenstände aus. Unterstellt man aber realistischerweise **steigende (Wieder-) Beschaffungspreise**, so können mit den im Umsatzprozess erwirtschafteten Abschreibungsgegenwerten weniger neue Anlagen angeschafft werden; die Kapazitätserweiterung ist dann entsprechend geringer.

- Unberücksichtigt bleibt weiterhin, dass eine technische Kapazitätserweiterung in der Unternehmung zumeist nicht ohne Folgen bleibt. So kann die Ausdehnung des abnutzbaren Anlagevermögens einer Unternehmung beispielsweise zu einer **Vergrößerung des Vorratsvermögens** führen. Eventuell ist auch **zusätzliches Personal** notwendig (z. B. LKW-Fahrer). In diesen Fällen bedingt ein gestiegenes Anlagevermögen einen steigenden Kapitalbedarf für das Umlaufvermögen bzw. für die Erfüllung laufender Zahlungsverpflichtungen. Wenn dieser nicht durch sonstige Mittel gedeckt werden kann, sondern durch Abschreibungsgegenwerte finanziert werden muss, dann ist eine Kapazitätserweiterung in Höhe des Kapazitätserweiterungseffekts nicht möglich.

- Die technische Kapazitätserweiterung ist zudem in den **Gesamtzusammenhang der Unternehmungstätigkeit** einzubetten. Zum einen ist deshalb in mehrstufigen Produktionsprozessen eine kapazitative Abstimmung vorzunehmen. Der Ausbau einer Produktionsstufe ist danach nur dann sinnvoll, wenn auch die vor- und nachgelagerten Stufen analog erweitert werden. Ansonsten kommt es zum Aufbau von Leerkapazitäten oder (überhöhten) Lagerbeständen. Zum anderen ist eine Kapazitätserweiterung (einer oder aller Produktionsstufen) selbstverständlich nur dann sinnvoll, wenn **ausreichende Absatzmöglichkeiten** bestehen, also die mit der zusätzlichen Kapazität produzierten Güter und Dienstleistungen auch am Markt verkauft werden können. Schließlich darf der aus einer Kapazitätserweiterung resultierende Absatz nicht zu einem **Verfall der Absatzpreise** führen, weil dann die erzielten Umsatzeinzahlungen u. U. nicht mehr dazu ausreichen, den gezeigten Kapazitätserweiterungseffekt darzustellen.[993]

11.4.2.3.2 Die Reduzierung des externen Kapitalbedarfs

Bei der Darstellung des Kapazitätserweiterungseffektes wurde unterstellt, dass die geplante Grundausstattung (LKW 1 bis 5) extern, z. B. durch eine entsprechende Kreditaufnahme, finanziert wird. In den Perioden 00 bis 04 besteht demgemäss ein Kapitalbedarf in Höhe

---

[992] Vgl. zu den folgenden Ausführungen *Däumler, Klaus-Dieter*: Betriebliche Finanzwirtschaft. 9. Aufl., Herne 2008, S. 338-340; *Olfert, Klaus*: Finanzierung. 14. Aufl., Ludwigshafen (Rhein) 2008, S. 391-392; *Perridon, Louis/Steiner, Manfred*: Finanzwirtschaft der Unternehmung. 14. Aufl., München 2007, S. 472-476; *Vormbaum, Herbert*: Finanzierung der Betriebe. 9. Aufl., Wiesbaden 1995, S. 444-448.

[993] Für die Erläuterung weiterer Annahmen oder Mängel wird auf die in Fußnote 992 genannte Literatur verwiesen.

von jeweils 200.000 EUR. Die im Umsatzprozess erwirtschafteten Abschreibungsgegenwerte könnten allerdings statt zur Kapazitätserweiterung zur Reduzierung dieses externen Kapitalbedarfs eingesetzt werden. **Abbildung 123** verdeutlicht dies.

Während LKW 1 noch voll extern finanziert werden muss (externer Kapitalbedarf in der Periode 00 in Höhe von 200.000 EUR), kann zum Erwerb des LKW 2 bereits der Gegenwert einer Abschreibung auf LKW 1 (= 40.000 EUR) eingesetzt werden. Der externe Kapitalbedarf sinkt dadurch auf 160.000 EUR. Ebenso können Abschreibungsgegenwerte beim Kauf der LKW 3 bis 5 in den Perioden 02 bis 04 eingesetzt werden; der externe Kapitalbedarf reduziert sich auf diese Weise sukzessive. Der Ersatz von LKW 1 kann – anders im Beispiel gemäß **Abbildung 121** (Seite 401) – voll aus Abschreibungsgegenwerten finanziert werden, so dass hierfür extern kein Kapital zu beschaffen ist. Dies gilt auch für den Ersatz der übrigen LKW der Grundausstattung.

Jahresende	00	01	02	03	04	05	06	07	08
Kauf und Abschreibung LKW 1	-200.000	40.000	40.000	40.000	40.000	40.000	40.000 [1]	40.000	40.000
Kauf und Abschreibung LKW 2		-200.000	40.000	40.000	40.000	40.000	40.000	40.000 [2]	40.000
Kauf und Abschreibung LKW 3			-200.000	40.000	40.000	40.000	40.000	40.000	40.000 [3]
Kauf und Abschreibung LKW 4				-200.000	40.000	40.000	40.000	40.000	40.000
Kauf und Abschreibung LKW 5					-200.000	40.000	40.000	40.000	40.000
Ersatzinvestitionen (Grundausstattung)						Ersatz von LKW 1 -200.000	Ersatz von LKW 2 -200.000	Ersatz von LKW 3 -200.000	Ersatz von LKW 4 -200.000
Externer Kapitalbedarf	200.000	160.000	120.000	80.000	40.000	0	0	0	0

[1] 1. Abschreibung der Ersatzinvestition für LKW 1.

[2] 1. Abschreibung der Ersatzinvestition für LKW 2.

[3] 1. Abschreibung der Ersatzinvestition für LKW 3.

Abbildung 123: Die Reduzierung des externen Kapitalbedarfs durch Verwendung von Abschreibungsgegenwerten

Während im Ausgangsfall (vgl. **Abschnitt 11.4.2.3.1**) ein über 5 Jahre kumulierter externer Kapitalbedarf in Höhe von 5 · 200.000 EUR = 1.000.000 EUR bestand, ergibt sich nun ein über 5 Jahre kumulierter externer Kapitalbedarf von lediglich 600.000 EUR (= 200.000 + 160.000 + 120.000 + 80.000 + 40.000). Allerdings haben in der Ausgangssituation die 1 Mio. EUR eine Gesamtkapazität bis zu 8 LKW finanziert (Kapazitätserweiterungseffekt). Wenn nun aber die Abschreibungsgegenwerte – wie hier unterstellt – zur Reduzierung des externen Kapitalbedarfs eingesetzt werden, ist selbstverständlich eine solche Kapazitätserweiterung nicht mehr möglich. Die Speditionsunternehmung muss dann mit (nur) 5 LKW arbeiten.

11.4.2.4 Die Kapitalfreisetzung durch den Verkauf von Forderungen

11.4.2.4.1 Factoring

Ein Großteil der produzierten Güter und Dienstleistungen von Unternehmungen wird unter Einräumung von **Zahlungszielen** verkauft. Die dadurch entstehenden (geplanten) **Verzögerungen beim Zahlungseingang** führen bei der Unternehmung zu (Finanzierungs-) Kosten. Darüber hinaus kommt es außerdem zu zusätzlichen (ungeplanten) Verspätungen bei der Bezahlung von Rechnungen, weil die eingeräumten **Zahlungsziele überschritten** werden, und zwar häufig ohne Zinsausgleich für den Zeitraum der Verspätung. In der Bundesrepublik Deutschland ergaben sich beispielsweise 2008 (2007) ein durchschnittliches Zahlungsziel von 25 (25) Tagen und ein durchschnittlicher Zahlungsverzug von 14 (12) Tagen; im Durchschnitt erhielten damit die Unternehmungen erst 39 (37) Tage nach der Rechnungserstellung die Zahlungen.[994] Die Zahlungsmodalitäten sind zudem häufig branchenbezogen allgemein üblich, so dass sich eine einzelne Unternehmung einer Branche nicht ohne negative Auswirkungen auf ihre Absatzmöglichkeiten von diesen Usancen lösen kann. Damit stellt sich die Frage nach Alternativen, die zu einer Beschleunigung des Zahlungsmittelzuflusses bei der liefernden Unternehmung führen. Eine Möglichkeit hierzu ist das Factoring.

Die **Finanzierungswirkung** des Factoring ergibt sich aus dem vertraglich vereinbarten laufenden Verkauf und der Übertragung kurzfristiger Geldforderungen der Unternehmung (meist Forderungen aus Lieferungen und Leistungen) im Wege einer Globalzession an ein Spezialfinanzierungsinstitut (Factor), welches als Gegenleistung liquide Mittel in Form von Bankguthaben zur Verfügung stellt. Neben dieser Finanzierungsfunktion (Bevorschussung der angekauften Forderungen bis zum Tag ihrer Fälligkeit) können je nach Vertragsgestaltung weitere Funktionen durch den Factor übernommen werden:

- Die **Delkrederefunktion**: Hier übernimmt der Factor das Ausfallrisiko der angekauften Forderungen in voller Höhe; die veräußernde Unternehmung hat dann dieses Ausfallrisiko nicht mehr zu tragen.

- Die **Dienstleistungs- oder Servicefunktion**: Der Factor betreibt die Debitorenbuchhaltung, das Mahnwesen sowie das Inkasso. Diese Dienstleistungen können ausgedehnt werden auf die Fakturierung für den Factoring-Kunden, die Erstellung und Auswertung von Statistiken sowie auf eine betriebswirtschaftliche Beratung (z. B. Analyse von Absatzmärkten).

Entsprechend dem Umfang der vom Factor übernommenen Funktionen unterscheidet man zwei verschiedene Ausprägungen des Factoring. Übernimmt der Factor neben der Finanzierungsfunktion auch die Delkrederefunktion, so liegt **echtes Factoring** vor. Entfällt dagegen die Delkrederefunktion, d. h., der Factor greift bei Ausfall bzw. Teilausfall einer Forderung auf den Factoring-Kunden zurück, so spricht man vom **unechten Factoring**. Wirtschaftlich gesehen handelt es sich in diesem Fall um eine normale Kreditgewährung (gesichert durch eine Globalzession), während das echte Factoring eine endgültige Veräußerung und damit Liquidisierung der Forderung darstellt. In Deutschland wird von den beiden vorstehend

---

994 Vgl. Creditreform: Insolvenzen in Europa 2008/09. Neuss 2009, S. 13.

angesprochenen Ausprägungen des Factoring fast ausnahmslos das echte Factoring praktiziert. Dafür lassen sich in der Hauptsache zwei Gründe nennen. Zum einen wollen sich Factoring-Kunden gegen das durch die ständige Zunahme der Insolvenzfälle gestiegene Ausfallrisiko abgesichert wissen. Zum anderen erachtet die höchstrichterliche Rechtsprechung Forderungsabtretungen, die dem verlängerten Eigentumsvorbehalt unterliegen – und dieser wird häufig praktiziert –, nur im Falle des echten Factoring für rechtlich wirksam.[995]

Eine weitere Unterscheidung des Factoring wird getroffen nach der Offenlegung der Abtretung gegenüber dem Schuldner des Factoring-Kunden. Beim **offenen (notifizierten) Factoring** enthalten die Rechnungen des Factoring-Kunden einen Hinweis auf die Forderungsabtretung. Mit befreiender Wirkung kann der Schuldner dann nur noch unmittelbar an den Factor zahlen.[996] Das **stille (nicht-notifizierte) Factoring** zeichnet sich dagegen dadurch aus, dass der Schuldner des Factoring-Kunden nicht über die Abtretung informiert wird. Er zahlt weiterhin schuldbefreiend an den Factoring-Kunden, der die Zahlung für Rechnung des Factors treuhänderisch entgegennimmt und an diesen weiterzuleiten hat. Aufgrund des dadurch zusätzlich entstehenden Kontroll- und Sicherungsaufwandes und mit zunehmendem Verständnis der Firmenkunden für diese Art der Finanzierung ihrer Lieferanten – früher galt das Vorurteil: Wer Forderungen abtritt, ist in Schwierigkeiten[997] – hat sich das offene (notifizierte) Verfahren in Deutschland durchgesetzt. In der Praxis findet sich demnach fast ausschließlich das **echte offene Factoring**. Die dabei entstehenden Beziehungen zwischen den Vertragspartnern verdeutlicht **Abbildung 124** (Seite 408).

Um beim echten Factoring zu verhindern, dass der Factoring-Kunde ausschließlich risikobehaftete Forderungen abtritt, wird i. d. R. nicht der Verkauf von Einzelforderungen, sondern nur der **Verkauf** ganz bestimmter **Forderungsgruppen** (z. B. die Forderungen gegen Schuldner, deren Name mit den Buchstaben A bis K beginnt) oder gar **aller Forderungen** der Unternehmung vereinbart. Darüber hinaus setzt der Factor nach Prüfung der Kreditwürdigkeit der einzelnen Schuldner sogenannte **Warenkreditlimits** fest, bis zu deren Höhe er Forderungen des Factoring-Kunden gegenüber dem entsprechenden Schuldner ankaufen wird. Als zusätzliche Schutzmaßnahme bevorschusst er nicht die ganze Forderung, sondern nur etwa 80–95 % der Forderung. Die restlichen 5-20 % erfasst er auf einem Sperrkonto als **Sicherheitsabschlag** für etwaige Gewährleistungsansprüche (z. B. Mängelrügen), Warenretouren oder Inanspruchnahmen von Skonti seitens des (Dritt-)Schuldners. Diese Minderungen des Rechnungsbetrages und damit der entsprechenden Forderungen trägt selbstverständlich – auch beim echten Factoring – nicht der Factor, sondern der Factoring-Kunde, der sie wirtschaftlich zu verantworten hat. Die Übernahme des Delkredererisikos beim echten Factoring durch den Factor beschränkt sich allein auf Zahlungsausfälle, die in der Person des Schuldners begründet liegen.

In der Bilanz des Factoring-Kunden findet man diesen Sperrbetrag weiterhin als (illiquide) Forderung, nun allerdings als Forderung gegenüber dem Factor unter den „Sonstigen Ver-

---

995 Vgl. *Perridon, Louis/Steiner, Manfred*: Finanzwirtschaft der Unternehmung. 14. Aufl., München 2007, S. 435.

996 Vgl. § 407 BGB.

997 Vgl. *Däumler, Klaus-Dieter*: Betriebliche Finanzwirtschaft. 9. Aufl., Herne 2008, S. 308.

mögensgegenständen" und nicht mehr wie die Ursprungsforderung als Forderung aus Lieferungen und Leistungen. Dieser Sperrbetrag wird durch den Factor bei Zahlungseingang der ursprünglichen Forderung, spätestens jedoch 90 bis 120 Tage nach dem Rechnungsverfalltag abzüglich der tatsächlich in Anspruch genommenen Skonti und sonstigen Kaufpreisminderungen beglichen.

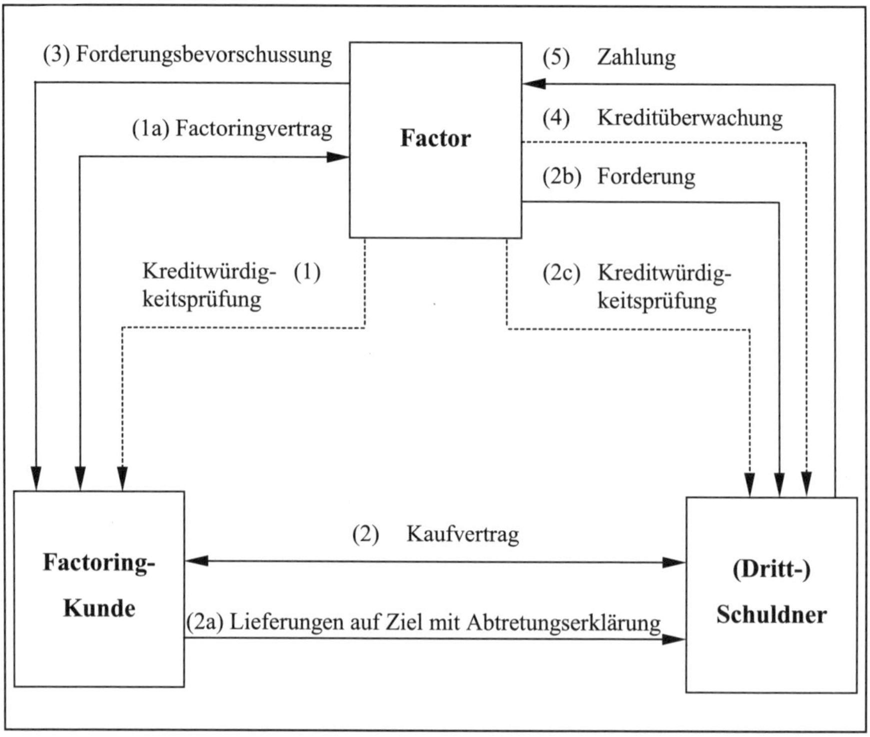

Abbildung 124: Vertragsbeziehungen beim echten offenen Factoring[998]

Abbildung 125 und **Abbildung 126**[999] (beide auf Seite 409) verdeutlichen den Einfluss des Factoring auf die Höhe der liquiden Mittel. Dabei wird von einem Bestand liquider Mittel in Form von Bankguthaben bereits vor der Durchführung des Factoring ausgegangen; dieser Bestand erhöht sich durch die Factoring-Maßnahme. Selbstverständlich ist auch die Verminderung eines zunächst bestehenden Bestandes an (kurzfristigen) Bankverbindlichkeiten durch die Factoring-Maßnahme möglich.

---

998 Modifiziert entnommen aus *Wöhe, Günter/Bilstein, Jürgen*: Grundzüge der Unternehmensfinanzierung. 9. Aufl., München 2002, S. 304.

999 Beide Abbildungen entnommen aus *Bieg, Hartmut/Hossfeld, Christopher*: Finanzierungsentscheidungen. In: Saarbrücker Handbuch der Betriebswirtschaftlichen Beratung, hrsg. von *Karlheinz Küting*, 4. Aufl., Herne 2008, S. 101-102.

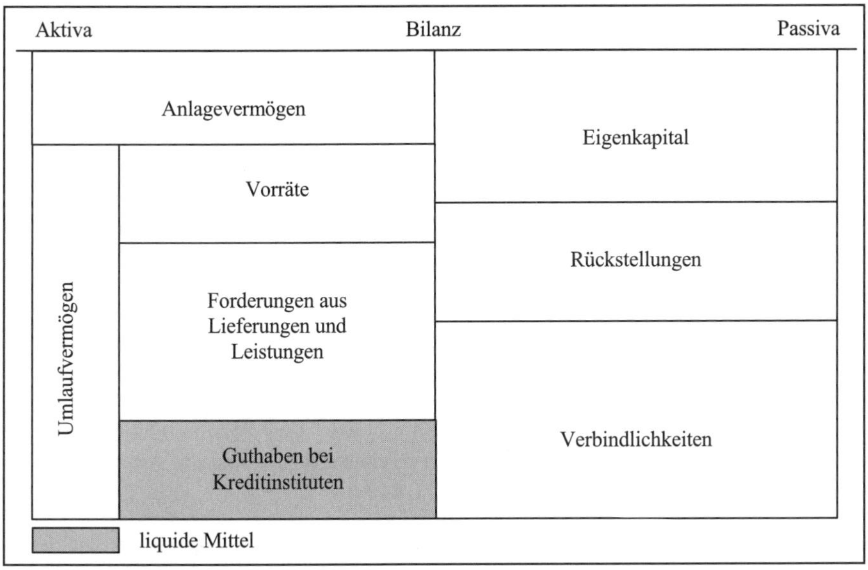

Abbildung 125: Der Einfluss des Factoring auf die Höhe der liquiden Mittel (Ausgangssituation: Situation vor Factoring)

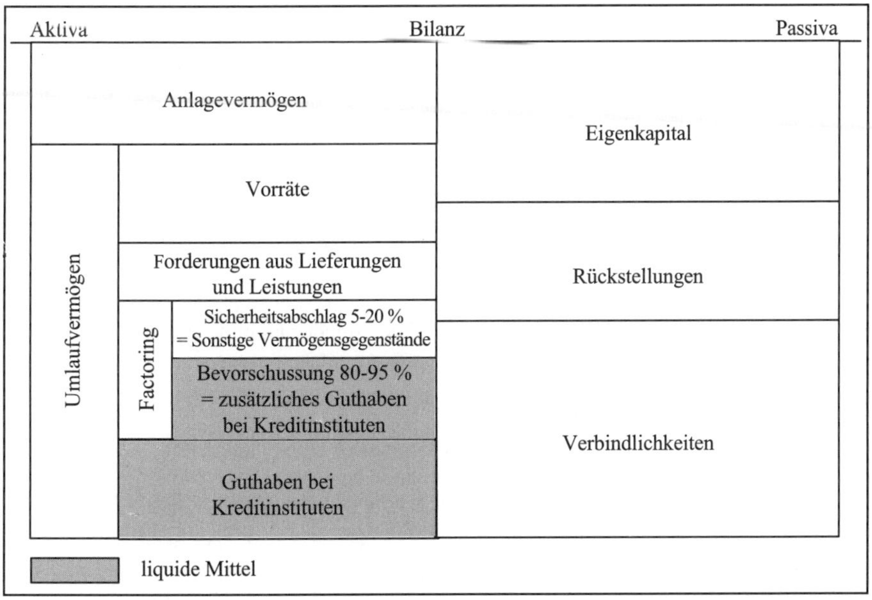

Abbildung 126: Der Einfluss des Factoring auf die Höhe der liquiden Mittel (Situation nach Factoring)

Vernachlässigt werden in **Abbildung 125** und **Abbildung 126** (beide auf Seite 409) allerdings die **Kosten des Factoring**, die sich wie folgt zusammensetzen:[1000]

- **banküblicher Sollzinsen** (Zinssatz für Kontokorrentkredite) für die bevorschussten Forderungen, d. h. für die Differenz zwischen angekauften Forderungen und dem Sperrbetrag;
- die **Delkredere-Gebühren**, die der Abgeltung des Delkredererisikos dienen und je nach Bonität der Abnehmer des Factoring-Kunden zwischen 0,2 % und 0,5 % des versicherten monatlichen Saldenbestands betragen;
- sogenannte **Prüfgebühren**, die eine Beteiligung des Factoring-Kunden an den Kosten des Factors für Bonitätsprüfungen der Schuldner darstellen;
- **Dienstleistungsgebühren** in Höhe von 0,5-2 % des Umsatzes, abhängig z. B. von der Zahl der Kunden, dem durchschnittlichen Rechnungsbetrag und der Anzahl der Mahnungen.

Beachtenswert beim Factoring ist außerdem, dass sich aus der Übernahme von Dienstleistungen die Gefahr der Abhängigkeit der Unternehmung von einer Factoring-Gesellschaft ergeben kann. Kurzfristig ist es der Unternehmung nämlich nur sehr schwer möglich, die entsprechenden Funktionen (z. B. Debitorenbuchhaltung, Mahn- und Inkassowesen) wieder selbst zu übernehmen.

Die genannten Kosten des Factoring können zwar als Aufwendungen verrechnet werden, vermindern aber als Auszahlungen bzw. Mindereinzahlungen die liquiden Mittel. Demgegenüber stehen aber folgende **Vorteile des Factoring**, die aus dem Haupteffekt, nämlich der Umschichtung illiquider Vermögensteile in liquide Mittel, resultieren und hauptsächlich eine Vermeidung von ansonsten anfallenden Auszahlungen (**positiver Liquiditätseffekt**) und Aufwendungen (**positiver Rentabilitätseffekt**) bewirken:[1001]

- Inanspruchnahme von Skonti bei der Begleichung von Verbindlichkeiten aus Lieferungen und Leistungen mit Hilfe der zusätzlichen liquiden Mittel;
- Begleichung sonstiger hoch verzinslicher Verbindlichkeiten mit Hilfe der zusätzlichen liquiden Mittel, damit verbunden gegebenenfalls Gewerbesteuereinsparungen durch Reduzierung von Zinsaufwendungen aus Dauerschuldverhältnissen;
- „Schonung" der Kontokorrent-Kreditlinien mit allen damit verbundenen Vorteilen;
- Kosteneinsparungen bei der Debitorenbuchhaltung, der Kreditwürdigkeitsprüfung, dem Mahnwesen sowie der Beitreibung von Forderungen sowie
- Vermeidung von Forderungsverlusten aus Insolvenzen der Abnehmer.

[1000] Vgl. *Rapp, Andreas*: Factoring, Forfaitierung. In: Knapps Enzyklopädisches Lexikon des Geld-, Bank- und Börsenwesens, hrsg. von der Redaktion der Zeitschrift für das gesamte Kreditwesen u.a., 5. Aufl., Frankfurt a.M. 2007, Artikel 4488, S. 9.

[1001] Vgl. *Perridon, Louis/Steiner, Manfred*: Finanzwirtschaft der Unternehmung. 14. Aufl., München 2007, S. 435-436.

Angesichts der aufgezeigten Kosten des Factoring sollten grundsätzlich nur Unternehmungen mit folgenden Merkmalen Factoring als Finanzierungsinstrument in Erwägung ziehen:[1002]

- die Kunden stammen aus einem breit diversifizierten Kreis gewerblicher Abnehmer;
- der Jahresumsatz beträgt mindestens 500.000 EUR;
- die Zahlungsziele liegen i. d. R. bei 30 bis 90 Tagen, keinesfalls über 120 Tagen;
- die durchschnittlichen Rechnungsbeträge belaufen sich auf mindestens 200 EUR.

11.4.2.4.2 Forfaitierung

Eng verwandt mit dem echten Factoring ist die **Forfaitierung**. Dabei handelt es sich um einen nicht mit Rückgriff belasteten Verkauf von zumeist mittel- und langfristigen Exportforderungen gegenüber ausländischen Importeuren an ein in- bzw. ausländisches Finanzierungsinstitut unter Einräumung guter Sicherheiten. Der Erwerber übernimmt bei diesem Finanzierungsinstrument aber keine Dienstleistungsfunktionen. Zwischen dem Exporteur und dem Erwerber wird lediglich ein Kaufvertrag abgeschlossen, der durch Abtretung der betreffenden Forderungen und Entrichtung des Kaufpreises erfüllt wird. Es erfolgt ein voller Rechtsübergang auf den Erwerber der Forderungen, ohne dass im Innenverhältnis treuhänderische Beziehungen zwischen den beiden Vertragspartnern bestehen.

Da beim Verkauf à forfait (in Bausch und Bogen) die **Rückgriffsmöglichkeit stets ausgeschlossen** ist, kommen für die Forfaitierung nur erstklassige Forderungen, die zusätzlich gesichert sind, in Frage. Akzeptiert beispielsweise der Schuldner seine Verbindlichkeit durch Wechselannahme, so sind spätere Einreden aus dem Grundgeschäft ausgeschlossen. Bankakzepte, Bankgarantien oder Staatsgarantien bzw. -bürgschaften stellen weitere mögliche Sicherheiten dar.[1003] Die Kosten der Forfaitierung ergeben sich als Diskont von der anzukaufenden Forderung zuzüglich Spesen.

Mit der Forfaitierung sind folgende **Vorteile** verbunden:[1004]

- die Bilanz des Exporteurs wird von mittel- und langfristigen Forderungen, vor allem aber von mittel- und langfristigen Verbindlichkeiten zur Refinanzierung dieser Forderungen entlastet; die Kreditwürdigkeit des Exporteurs verbessert sich durch die abnehmende Fremdkapitalquote;

[1002] Vgl. *Betsch, Oskar*: Factoring. In: Handwörterbuch des Bank- und Finanzwesens, hrsg. von *Wolfgang Gerke* und *Manfred Steiner*, 3. Aufl., Stuttgart 2001, Sp. 685; *Olfert, Klaus*: Finanzierung. 14. Aufl., Ludwigshafen (Rhein) 2008, S. 353; *Rapp, Andreas*: Factoring, Forfaitierung. In: Knapps Enzyklopädisches Lexikon des Geld-, Bank- und Börsenwesens, hrsg. von der Redaktion der Zeitschrift für das gesamte Kreditwesen u.a., 5. Aufl., Frankfurt a.M. 2007, Artikel 4488, S. 3-4.

[1003] Vgl. *Perridon, Louis/Steiner, Manfred*: Finanzwirtschaft der Unternehmung. 14. Aufl., München 2007, S. 436.

[1004] Vgl. *Vormbaum, Herbert*: Finanzierung der Betriebe. 9.Aufl., Wiesbaden 1995, S. 373-374.

- der Exporteur erhält eine Exportkreditfinanzierung ohne den sonst üblichen Selbstbehalt in Höhe von 10-30 %;
- dem Exporteur entstehen keine Kosten für eine Exportkreditversicherung;
- bei auf Fremdwährung lautenden Geschäften entstehen dem Exporteur keine Währungsrisiken mehr; der Forfaitierende übernimmt diese Risiken;
- dem Exporteur entstehen keine Kosten für die Aufbewahrung von Wechseln, die Überwachung von Fälligkeiten sowie das Inkasso.

11.4.2.4.3 Asset Backed Securities[1005]

11.4.2.4.3.1 Funktionsweise von Asset Backed Securities

Unter dem Begriff „Asset Backed Securities" (kurz: ABS) sind Wertpapiere oder Schuldscheine zu verstehen, die Zahlungsansprüche gegen eine ausschließlich für die Durchführung der ABS-Transaktion gegründete **Zweckgesellschaft** zum Gegenstand haben.[1006] Die Zahlungsansprüche werden durch einen Bestand zumeist unverbriefter Forderungen („assets") gedeckt („backed"), die von einer Unternehmung, dem **Forderungsverkäufer**, auf die Zweckgesellschaft übertragen werden und im Wesentlichen den Inhabern der Asset Backed Securities, also den **Investoren**, als Haftungsmasse zur Verfügung stehen. Bei Asset Backed Securities handelt es sich demnach um durch Vermögenswerte (insbesondere unverbriefte Forderungen) gedeckte (gesicherte) Wertpapiere oder Schuldscheine. [1007]

Die Bedienung der Asset Backed Securities erfolgt aus den Zahlungsströmen, die sich aus den Zins- und Tilgungszahlungen der Forderungsschuldner „für die an die Zweckgesellschaft veräußerten Forderungen ergeben."[1008] Die im Rahmen einer ABS-Transaktion neu geschaffenen Finanztitel werden – gegebenenfalls unter Einschaltung eines Bankenkonsortiums – entweder an organisierten Finanzmärkten (öffentliche Platzierung) oder an nicht organisierten Finanzmärkten (private Platzierung) untergebracht; ihre Laufzeit bewegt sich

---

1005 Vgl. *Waschbusch, Gerd*: Finanzierung durch Vermögensumschichtung und Umfinanzierung. In: Der Steuerberater 1998, S. 314-316; vertiefend hierzu *Waschbusch, Gerd*: Asset Backed Securities – eine moderne Form der Unternehmungsfinanzierung. In: Zeitschrift für Bankrecht und Bankwirtschaft 1998, S. 408-419.

1006 Vgl. BAKred: Veräußerung von Kundenforderungen im Rahmen von Asset-Backed Securities-Transaktionen durch deutsche Kreditinstitute – Rundschreiben Nr. 4/97 vom 19. März 1997, Geschäftsnummer I 3–21 – 3/95, Berlin 1997, S. 1.

1007 Eine Sonderform der Asset Backed Securities – und zugleich ihr Ursprung – sind die **Mortgage Backed Securities (MBS)**, denen grundpfandrechtlich gesicherte Forderungen (Hypothekendarlehen) zugrunde liegen; vgl. Deutsche Bundesbank: Asset-Backed Securities in Deutschland: Die Veräußerung und Verbriefung von Kreditforderungen durch deutsche Kreditinstitute. In: Monatsbericht der Deutschen Bundesbank Juli 1997, S. 57.

1008 Deutsche Bundesbank: Asset-Backed Securities in Deutschland: Die Veräußerung und Verbriefung von Kreditforderungen durch deutsche Kreditinstitute. In: Monatsbericht der Deutschen Bundesbank Juli 1997, S. 57-58.

i. d. R. zwischen einem Jahr und fünf Jahren.[1009] Typische Erwerber von Asset Backed Securities sind Kreditinstitute, Versicherungen, Pensions- und Investmentfonds sowie Hedge-Fonds.

Bei der Begebung von Asset Backed Securities handelt es sich um eine **Form der Mittelbeschaffung**, die ebenso wie das Factoring sowie die Forfaitierung dem Bereich der **objektgestützten Finanzierung** zugeordnet werden kann.[1010] Bei einer objektgestützten Finanzierung werden Kreditmittel nicht im Hinblick auf die Kreditwürdigkeit des Kreditnehmers, sondern allein gestützt auf die Werthaltigkeit und Ertragskraft einzelner Vermögenswerte überlassen.[1011]

Dabei ist die Idee, die hinter einer Asset-Backed-Finanzierung steht, alles andere als neu. Denn das Prinzip der Besicherung der in einer Schuldverschreibung verbrieften Gläubigeransprüche durch einen reservierten Zugriff der Gläubiger auf bestimmte Vermögensgegenstände des Schuldners hat gerade in Deutschland eine lange Tradition und spiegelt sich im **Pfandbrief** als einem durch Hypothekendarlehen gedeckten Wertpapier wider.

Die Neuartigkeit der Asset Backed Securities liegt indessen in der Abwicklungstechnik begründet, die bei Inanspruchnahme dieses Finanzierungsinstruments angewandt wird.[1012] Eine ABS-Transaktion ermöglicht den **Anschluss an die nationalen und internationalen Geld- bzw. Kapitalmärkte**, indem sie ursprünglich nicht handelbare Vermögenspositionen in fungible Wertpapiere oder andere leicht handelbare Schuldtitel wie Schuldscheindarlehen umformt.[1013] Damit verbunden ist die vorzeitige **Freisetzung des** insbesondere **in Forderungsbeständen gebundenen Kapitals**.[1014]

Die in der Realität vorzufindenden ABS-Emissionen zeichnen sich durch eine vergleichsweise **große Heterogenität** aus. Die Ursache hierfür liegt in der individuellen Ausgestaltungsmöglichkeit dieses Finanzierungsinstruments; es kann flexibel auf die Bedürfnisse des

1009 Vgl. *Benner, Wolfgang*: Asset Backed Securities – eine Finanzinnovation mit Wachstumschancen? In: Betriebswirtschaftliche Forschung und Praxis 1988, S. 403-404. Die Laufzeit der Mortgage Backed Securities ist dagegen eher im langfristigen Bereich zwischen 10 und 30 Jahren anzusiedeln; vgl. Arbeitskreis „Finanzierung" der Schmalenbach-Gesellschaft – Deutsche Gesellschaft für Betriebswirtschaft e.V.: Asset Backed Securities – ein neues Finanzierungsinstrument für deutsche Unternehmen? In: Zeitschrift für betriebswirtschaftliche Forschung 1992, S. 508.

1010 Vgl. *Benner, Wolfgang*: Asset Backed Securities – eine Finanzinnovation mit Wachstumschancen? In: Betriebswirtschaftliche Forschung und Praxis 1988, S. 409.

1011 Vgl. *Meiswinkel, Christoph*: Asset-Backed Securities. In: Mitteilungen aus dem Bankseminar der Rheinischen Friedrich-Wilhelms-Universität, Nr. 75, Bonn 1989, S. 1.

1012 Vgl. zu den vorhergehenden Überlegungen *Everling, Oliver*: Asset Securitisation in Europa. In: Die Bank 1993, S. 82; *Früh, Andreas*: Asset Backed Securities/Securitization am Finanzplatz Deutschland. In: Betriebs-Berater 1995, S. 105.

1013 Vgl. *Paul, Stephan*: Zur Finanzierung über Asset Backed Securities. In: Semesterbericht Nr. 34 des Instituts für Kredit- und Finanzwirtschaft an der Ruhr-Universität Bochum, hrsg. von *Joachim Süchting*, Bochum 1991, S. 23.

1014 Vgl. *Benner, Wolfgang*: Asset Backed Securities – eine Finanzinnovation mit Wachstumschancen? In: Betriebswirtschaftliche Forschung und Praxis 1988, S. 404; *Paul, Stephan*: Asset Backed Securities (ABS). In: Die Betriebswirtschaft 1993, S. 848. *Süchting* prägt diesbezüglich das Bild des Auftauens von Forderungen vor allem aus dem Massengeschäft; vgl. *Süchting, Joachim*: Finanzmanagement – Theorie und Politik der Unternehmensfinanzierung. 6. Aufl., Wiesbaden 1995, S. 410.

Forderungsverkäufers sowie der Investoren zugeschnitten werden. Dennoch lassen sich die z. T. sehr komplexen ABS-Transaktionen auf eine **gemeinsame Grundstruktur** zurückführen.[1015]

Die Konstruktionselemente und die Beteiligten sowie den Ablauf einer Finanzierung über die Platzierung von Asset Backed Securities zeigt **Abbildung 127** (Seite 415), wobei die dort dargestellte Konzeption einer ABS-Transaktion für den Verkauf unterschiedlicher Forderungsarten – etwa von Hypothekendarlehen oder von Leasingforderungen – exemplarischen Charakter hat. Sie verdeutlicht zudem die Vielschichtigkeit einer Finanzierung durch Asset Backed Securities.

Im Mittelpunkt steht das bereits angesprochene Beziehungsgeflecht zwischen Forderungsverkäufer, Zweckgesellschaft und Investoren. Darüber hinaus wirkt bei einer üblichen ABS-Transaktion allerdings noch eine Vielzahl weiterer Beteiligter unter Wahrnehmung ganz unterschiedlicher Aufgaben mit. Es sind dies insbesondere ein Arrangeur, ein Sponsor, ein Serviceagent, eine Zahlstelle (Paying Agent), ein Treuhänder, verschiedene Sicherungsgeber sowie mindestens eine Ratingagentur. Mitunter übernehmen einzelne der genannten Akteure auch mehrere Tätigkeiten zugleich.

Die Bereitschaft von Unternehmungen, die Refinanzierung von Forderungen durch die Emission von Asset Backed Securities vorzunehmen, erklärt sich aus mehreren **Vorteilen**. Ein wesentlicher Vorteil aus Sicht des Forderungsverkäufers liegt in der **Erschließung zusätzlicher**, bisher unausgeschöpfter **Finanzierungsquellen**. ABS-Transaktionen ermöglichen durch die Monetisierung von Forderungsbeständen im Wege der wertpapiermäßigen Verbriefung den direkten Zugang zu den Geld- und Kapitalmärkten und damit zu neuen Investorenkreisen. Für dieses Vorgehen ist insbesondere das vom Forderungsverkäufer ansonsten nicht erreichbare, im Vergleich zu herkömmlichen Finanzierungsinstrumenten niedrigere Niveau der unmittelbaren Geldbeschaffungskosten maßgebend.[1016]

Da bei den Asset Backed Securities das Rating der Emission weniger an der Bonität des Forderungsverkäufers, sondern vielmehr an der Qualität der übertragenen Forderungen sowie der wirtschaftlichen und juristischen Stimmigkeit der Gesamtkonstruktion ausgerichtet ist, können auch Unternehmungen, die nicht über ein erstklassiges Emissionsstanding verfügen, Marktkonditionen in der Nähe von Triple A-Anleihen realisieren.[1017] Damit kommt es entscheidend auf die Zuverlässigkeit der Ratingagenturen an.

[1015] Zur Beschreibung der Grundkonzeption einer Asset-Backed-Finanzierung vgl. insbesondere Arbeitskreis „Finanzierung“ der Schmalenbach-Gesellschaft – Deutsche Gesellschaft für Betriebswirtschaft e.V.: Asset Backed Securities – ein neues Finanzierungsinstrument für deutsche Unternehmen? In: Zeitschrift für betriebswirtschaftliche Forschung 1992, S. 500-511.

[1016] Vgl. *Benner, Wolfgang*: Asset Backed Securities – eine Finanzinnovation mit Wachstumschancen? In: Betriebswirtschaftliche Forschung und Praxis 1988, S. 410.

[1017] Vgl. *Benner, Wolfgang*: Asset Backed Securities – eine Finanzinnovation mit Wachstumschancen? In: Betriebswirtschaftliche Forschung und Praxis 1988, S. 410; vgl. auch **Abschnitt 10.2**.

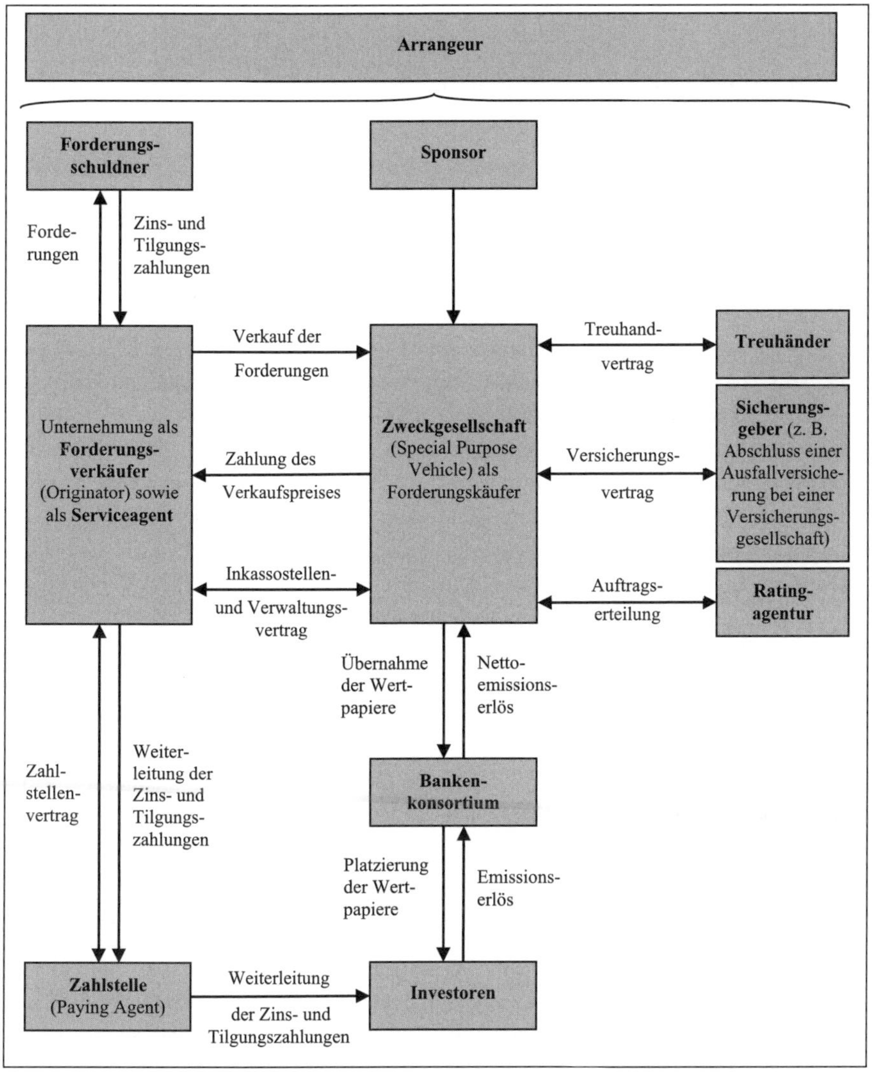

Abbildung 127: Die Grundstruktur einer ABS-Transaktion[1018]

Weitere Vorteile von Asset Backed Securities hängen davon ab, wie die **vorzeitig gewonnene Liquidität** eingesetzt wird.[1019] Dem Forderungsverkäufer eröffnen sich hier grundsätzlich zwei Alternativen. Zum einen kann er die Liquidität dazu nutzen, **Verbindlichkeiten abzubauen**. Hierdurch sinkt die Bilanzsumme, und es kommt zu einer Erhöhung der

---

1018 Modifiziert entnommen aus *Waschbusch, Gerd*: Asset Backed Securities – eine moderne Form der Unternehmungsfinanzierung. In: Zeitschrift für Bankrecht und Bankwirtschaft 1998, S. 410.

1019 Vgl. hierzu sowie zum Folgenden Arbeitskreis „Finanzierung" der Schmalenbach-Gesellschaft – Deutsche Gesellschaft für Betriebswirtschaft e.V.: Asset Backed Securities – ein neues Finanzierungsinstrument für deutsche Unternehmen? In: Zeitschrift für betriebswirtschaftliche Forschung 1992, S. 519.

Eigenkapitalquote sowie zu einer Verbesserung weiterer finanzwirtschaftlicher Kennzahlen wie z. B. des Kapitalumschlags sowie des Verschuldungsgrades. Damit verbunden ist die Hoffnung auf eine Erhöhung der Verschuldungskapazität sowie eine Senkung der unmittelbaren Kapitalaufbringungskosten der Unternehmung für zukünftige Kredite.

Die zusätzlich erlangte Liquidität kann zum anderen aber auch **in ertragreichere Aktiva** als bisher **reinvestiert werden**. Insofern steigt die Investitionsfähigkeit der forderungsveräußernden Unternehmung, ohne dass es der Aufnahme weiteren Fremd- oder Eigenkapitals bedarf.

Neben den angeführten Vorteilen sind Asset-Backed-Finanzierungen jedoch auch mit gewissen **Nachteilen** verbunden. An erster Stelle ist dabei auf die nicht unerheblichen **Kosten** einer ABS-Transaktion, insbesondere die einmaligen und laufenden Emissionskosten, zu verweisen. Zur erstgenannten Kategorie sind bei der Begebung von Asset Backed Securities u. a. die Kosten der Vorbereitung und Strukturierung der Transaktion sowie – im Falle einer öffentlichen Platzierung – der Auflegung und Börseneinführung der Wertpapiere zu rechnen. Neben diesen einmaligen Emissionskosten fallen während der gesamten ABS-Transaktionsdauer laufende Drittleistungskosten an. Konkret handelt es sich hierbei um laufende Kosten beispielsweise für den Treuhänder, den Serviceagenten, die Sicherungsgeber, die Ratingagenturen und das Bankenkonsortium.[1020] Als nachteilig wird zudem von potenziellen Interessenten an einer Asset-Backed-Finanzierung die zumeist **langwierige Vorbereitungsphase** einer solchen Transaktion empfunden.[1021] Vorlaufzeiten von mehreren Monaten bis zu einigen Jahren sind nicht unüblich. Schließlich bestehen Befürchtungen, die Verbriefung von Forderungen könne von Außenstehenden als **letzter finanzieller Rettungsanker** aufgefasst werden.[1022] Dieser möglichen Gefahr für den Forderungsverkäufer kann jedoch entgegengewirkt werden, indem der Forderungsverkauf als stille Zession vereinbart wird und der Forderungsverkäufer selbst Serviceagent bleibt. Aber auch im Falle einer offenen Abtretung dürfte ein Imageschaden nur dann auftreten, wenn es nicht gelingt, im Rahmen einer offensiven Informationspolitik derartige Einschätzungen zu korrigieren.

Insgesamt betrachtet stehen die vorstehend geschilderten Chancen und Risiken aus Sicht des Forderungsverkäufers einer pauschalen Beurteilung der relativen Vorteilhaftigkeit von ABS-Transaktionen entgegen; sie verdeutlichen vielmehr die Notwendigkeit einer einzelfallbezogenen Beurteilung.

1020 Vgl. *Benner, Wolfgang*: Asset Backed Securities – eine Finanzinnovation mit Wachstumschancen? In: Betriebswirtschaftliche Forschung und Praxis 1988, S. 414.

1021 Vgl. *Wulfken, Jörg/Weller, Michael*: Securitisation als neue Finanzierungsform. In: Die Bank 1992, S. 646.

1022 Vgl. zu diesem Gesichtspunkt Arbeitskreis „Finanzierung“ der Schmalenbach-Gesellschaft – Deutsche Gesellschaft für Betriebswirtschaft e.V.: Asset Backed Securities – ein neues Finanzierungsinstrument für deutsche Unternehmen? In: Zeitschrift für betriebswirtschaftliche Forschung 1992, S. 519 und S. 524.

11.4.2.4.3.2 Asset Backed Securities und Finanzmarktkrise[1023]

Beschäftigt man sich mit der Frage, in welchem Zusammenhang Asset Backed Securities und die derzeit noch anhaltende Finanzmarktkrise stehen, so muss zunächst hervorgehoben werden, dass die **Risiken, die in den an die Zweckgesellschaften verkauften Forderungen** liegen, durch den Verkauf nicht verschwinden, sondern **auf die Inhaber der von ihr emittierten Wertpapiere übergegangen** sind. Ausfälle bei den Kreditforderungen, die der ABS-Transaktion zugrunde liegen, schlagen auch auf die Inhaber der durch diese Forderungen abgesicherten Schuldverschreibungen durch. Im Folgenden werden stichwortartig **Gründe** dargestellt, die in ihrer Gesamtheit die Finanzmarktkrise ausgelöst haben.

- Bei einem äußerst niedrigen Leitzins von 1 % wurden von Personen ohne Einkommen, ohne Arbeit und ohne Vermögen Immobilien erworben und von Banken in der Erwartung stark steigender Immobilienpreise zu über 100 % bei höchstens zweijähriger Zinsbindung kreditfinanziert, wobei meist nur die Immobilie, nicht dagegen der Kreditnehmer haftete.

- Die kreditgewährenden Banken wollten die Forderungen allerdings nicht bis zur vollständigen Tilgung halten, sondern verkauften sie mit dem gesamten Risiko entweder an eigens zu diesem Zweck gegründete, zunächst halbstaatliche Hypothekenbanken (Freddie Mac, Fannie Mae) oder aber an eigens zu diesem Zweck gegründete Zweckgesellschaften. Unter diesen Umständen wurde von den kreditgewährenden Banken **auf eine sorgfältige Prüfung der Kreditwürdigkeit der Kreditnehmer und der Werthaltigkeit der Immobilien verzichtet**.

- Durch den Auslandssitz der Zweckgesellschaften und weitere zielgerichtete Maßnahmen wurde die **Konsolidierung der Zweckgesellschaften** im Konzernabschluss der die Forderungen verkaufenden Banken **verhindert**.

- Zudem wurden Sitzländer für Zweckgesellschaften gewählt, die **steuerliche Vorteile** boten und eine **weniger anspruchsvolle bzw. weniger aufmerksame Bankenaufsicht** betrieben.

- Die von der Zweckgesellschaft in erheblichem Umfang benötigten finanziellen Mittel wurden – unter Einschaltung von Bankenkonsortien – durch **Banken, Versicherungen, Pensionsfonds, Hedge-Fonds und andere Zweckgesellschaften** durch Erwerb von **Asset Backed Commercial Papers** mit **meist nur halbjähriger Laufzeit** zur Verfügung gestellt. Die Zweckgesellschaften betrieben somit **Fristentransformation** in erheblichem Umfang.

- Die Erwerber dieser Titel erwarteten – wie bei Projektfinanzierungen – **Zins- und Tilgungszahlungen aus den zugrunde liegenden Immobilienkrediten bzw. aus der Verwertung der Sicherheiten**, vertrauten allerdings – ohne eigenverantwortliche Prü-

---

[1023] Vgl. *Bieg, Hartmut*: Die Finanzmarktkrise – Ursachen, Verlauf, Erkenntnisse und Lösungsversuche. In: Der Steuerberater 2009, S. 66-75.

fungen – auf das „unabhängige" Urteil von **Ratingagenturen**, die die Zweckgesellschaften zuvor bei der Gestaltung der ABS-Transaktion beraten hatten.

- Aus **Sicherheits- und Renditeüberlegungen** wurden die Asset Backed Commercial Papers in **Tranchen** eingeteilt. Die gesamten aus den Immobilienkrediten fließenden Gelder sollten zunächst für Zins- und Tilgungszahlungen an die erste Tranche, die verbleibende Liquidität sodann nacheinander für die folgenden Tranchen verwendet werden. Mit **steigendem Risiko** wurden **höhere Zinsen** zugesagt; die Nachfrage nach den risikoreicheren, aber höherverzinslichen Titeln war erheblich.

- Die zurückgehende Konjunktur, der Leitzinsanstieg auf nahezu 6 % und die starke Zunahme der Arbeitslosigkeit ab Mitte 2006 führte zum Versiegen der Zahlungsströme aus den Immobilienkrediten und damit zu ausbleibenden Zahlungsströmen für die Asset Backed Commercial Papers. Es kam hinzu, dass auch Zweckgesellschaften Asset Backed Commercial Papers erworben hatten, sich die Mittel ihrerseits aber ebenfalls durch Ausgabe solcher Titel beschafft hatten. Niemand konnte mehr die ursprünglichen Immobilienkredite irgendeiner Zweckgesellschaft zuordnen. Unter diesen Umständen **gelangen den Zweckgesellschaften die zwingend notwendigen Anschlussfinanzierungen nicht mehr**.

- Weil sich die Geschäftsmodelle aller Zweckgesellschaften ähnelten und weil vertrauenswürdige Informationen über die Kreditportfolien nicht zu erhalten waren, wurde das **Misslingen der Anschlussfinanzierung** zum **Massenereignis im Bereich der Zweckgesellschaften**.

- Die Inhaber der wertlos gewordenen, nicht mehr verkäuflichen Asset Backed Commercial Papers erhielten die von ihnen erwarteten Zahlungen nicht mehr. Damit ergab sich auch für sie beim Auslaufen früher aufgenommener Gelder ein **Geldanschlussproblem**.

- Schlagartig fehlte dem ganzen Finanzmarkt die Liquidität. **Aus der Verlustkrise war eine Liquiditätskrise geworden**.

- Den – bisher letzten – Höhepunkt der Krise bildete der Zusammenbruch von Lehman Brothers. Wegen der **starken internationalen Verflechtung** hatte dies weltweit bei so vielen Geldanlegern Forderungsausfälle in bedrohlichem Ausmaß – und damit den Verlust der eigenen Bonität – zur Folge, dass ein weltweiter Bankenkollaps ohne energisches Eingreifen der Staaten durchaus möglich gewesen wäre.

- Den drohenden Auszahlungsbegehren der Bankeinleger, insbesondere der privaten deutschen Haushalte, wurde mit dem Verweis auf die **gesetzliche Einlagensicherung** in Höhe von 20.000 EUR, in der Krise auf 50.000 EUR erhöht, mit dem Hinweis auf die **Einlagensicherungseinrichtungen der drei Bankengruppen** (privates Bankgewerbe, genossenschaftlicher Bankenbereich, Sparkassen) und mit der **staatlichen Garantie aller Bankeinlagen** begegnet.

- Banken, die aufgrund geschwundener Bonität keine Kredite mehr erhielten, sich also in Liquiditätsproblemen befanden, wurden vom Staat entsprechende **Garantien** gegenüber den zurückhaltenden Geldgebern angeboten, wodurch den Geldgebern das Ausfallrisiko abgenommen wurde.

- Dagegen wurde Banken, die in erheblichem Maße Verluste erlitten haben, also Eigenkapitalminderungen hinnehmen mussten und somit aus aufsichtsrechtlichen Gründen ihre Geschäftstätigkeit einschränken mussten, **neues Eigenkapital vom Staat** angeboten.

- Dieses Angebot galt und gilt allerdings nur für **„systemisch" wichtige Banken**, deren Zusammenbruch zu Schwierigkeiten bei vielen Banken wie Nichtbanken führen würde. Daraus ergeben sich jedoch **ordnungspolitisch bedenkliche Auswirkungen**, können doch derartige Banken zukünftig im Vertrauen auf die ihnen erneut zu gewährende Hilfe noch größere Risiken eingehen, solange es nicht zu einer Verschärfung der Aufsichtsregeln für das Kreditgewerbe kommt.

11.4.2.5 Die Kapitalfreisetzung durch den Verkauf insbesondere nicht betriebsnotwendiger Vermögensgegenstände

Neben den bereits angesprochenen Maßnahmen der Vermögensumschichtung – Kapitalfreisetzung durch den Rückfluss von Abschreibungsgegenwerten sowie Kapitalfreisetzung durch den Verkauf von Forderungen[1024] – kann sich eine Unternehmung auch durch die **Veräußerung insbesondere nicht betriebsnotwendiger Vermögensgegenstände** finanzielle Mittel beschaffen. Dabei kann entsprechend dem **Grad der Betriebsnotwendigkeit** unterschieden werden zwischen

- der Veräußerung von Vermögensanteilen, die nicht dem betrieblichen Hauptzweck dienten und seither aus spekulativen oder anlagepolitischen Gründen gehalten werden;

- der Veräußerung von Vermögensteilen, die der Unternehmung als kapazitätsorientiertes Erweiterungsvermögen dienten, soweit die entsprechenden Erweiterungsabsichten aufgegeben werden;

- der Veräußerung von Vermögensteilen des kapazitätsgebundenen Vermögens im Rahmen von Rationalisierungsmaßnahmen oder aufgrund eines finanzwirtschaftlichen Engpasses.

So können beispielsweise bisher in nicht betrieblich genutzten Grundstücken gebundene Mittel zu einer Ausweitung der Produktionskapazität eingesetzt werden. Als weitgehend frei verfügbare interne Liquiditätsreserven dienen zudem sowohl die Wertpapiere des Finanzanlage- als auch des Umlaufvermögens, wobei allerdings zu beachten ist, dass Anteilseignertitel, die zur Herstellung einer leistungswirtschaftlichen Verbindung zu der anderen Unternehmung gehalten werden, nicht ohne Weiteres veräußert werden können. Aber auch die Veräußerung anderer Gegenstände des Anlage- und Umlaufvermögens erweist sich häufig als problematisch. So hat der Verkauf von Anlagen, die in einem direkten Zusammenhang mit dem Produktionsprozess stehen, gegebenenfalls eine Gefährdung der Betriebsbereitschaft der Unternehmung zur Folge.[1025] Als mögliche Lösungsalternative bietet sich hier das sogenannte **„Sale-and-lease-back-Verfahren"** an, bei dem zunächst betriebsnotwendige

---

[1024] Letztere stellt einen Spezialfall des Verkaufs von Vermögensgegenständen dar.

[1025] Vgl. auch *Olfert, Klaus*: Finanzierung. 14. Aufl., Ludwigshafen (Rhein) 2008, S. 402.

Vermögensgegenstände des Anlagevermögens an eine Leasing-Gesellschaft verkauft und im unmittelbaren Anschluss hieran von dieser wieder angemietet werden. Die weitere Nutzung dieser Gegenstände für betriebliche Zwecke erfolgt im Rahmen des mit der Leasing-Gesellschaft geschlossenen Vertrages, wobei auf die Liquiditätsbelastung aus den Leasing-Raten hinzuweisen ist.[1026]

Bei den beschriebenen Maßnahmen handelt es sich um Finanzierungsvorgänge, die neben der ursächlich angestrebten Vermögensumschichtung mit den Folgen der Liquidisierung[1027] (Aktivtausch) gleichzeitig auch zu einer Bilanzverlängerung oder -verkürzung führen können. Dies ist dann der Fall, wenn beim Verkauf (nicht) betriebsnotwendiger Vermögensgegenstände **stille Rücklagen** (Differenz zwischen einem höheren erzielten Marktwert und einem niedrigeren Buchwert) **gewinnerhöhend** aufgedeckt werden **oder** wenn durch vorherige Überbewertung der veräußerten Vermögensgegenstände (d. h. Buchwert > Marktwert) ein **außerordentlicher Aufwand** entsteht. Letztlich sind diese Sachverhalte allerdings als Vermögenszuwachs und damit gleichzeitig als Eigenkapitalneubildung bzw. als Verlust früher beschafften Eigenkapitals zu qualifizieren.

11.4.2.6 Die Kapitalfreisetzung durch Verkürzung der Kapitalbindungsdauer (Rationalisierungsmaßnahmen)

Zur Finanzierung durch Vermögensumschichtung zählt schließlich auch die **Beschleunigung des Kapitalumschlags durch die Verkürzung der Kapitalbindungsdauer**, also durch die Verkürzung der Zeitspanne zwischen den Auszahlungen für die Produktionsfaktoren und den Einzahlungen für die Verkaufserlöse. Ein derartiger Kapitalfreisetzungseffekt kann vor allem auch durch **Rationalisierungsmaßnahmen**, insbesondere im Beschaffungs-, Produktions- und Absatzbereich einer Unternehmung erreicht werden, z. B. durch die Reduzierung der durchschnittlichen Kapitalbindungsdauer in den Rohstoffbeständen wegen einer effizienteren Materialdisposition oder durch die bessere Überwachung und Verkürzung eingeräumter Zahlungsziele. Als Folge derartiger Maßnahmen können die Betriebsprozesse bei gleichem Produktions- und Umsatzvolumen mit einem geringeren Kapitaleinsatz als bisher durchgeführt werden. Die auf diese Weise freigesetzten finanziellen Mittel stehen damit für andere Verwendungszwecke (z. B. für Investitionen, aber auch zur Tilgung von Verbindlichkeiten) zur Verfügung.

11.4.3 Die Umfinanzierung

Da sich die Umfinanzierung weder der Außen- noch der Innenfinanzierung eindeutig zuordnen lässt, wird sie gesondert behandelt. Bilanziell handelt es sich bei den Maßnahmen der Umfinanzierung lediglich um einen **Passivtausch**. Einen Überblick über ausgewählte Mög-

---

[1026] Vgl. zum Leasing **Abschnitt 7**.

[1027] I.d.R. ist dies mit einer Verringerung der Rentabilität durch Wegfall von Erträgen verbunden.

lichkeiten der Umfinanzierung – ausgerichtet an der Eigenkapitalstruktur von Kapitalgesellschaften – gibt **Abbildung 128.**[1028]

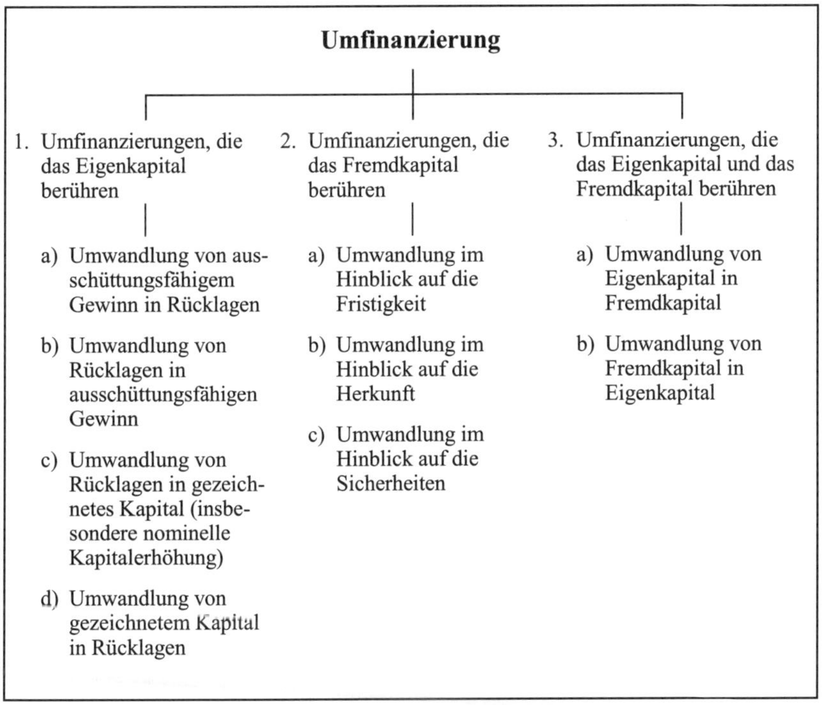

Abbildung 128: Ausgewählte Maßnahmen der Umfinanzierung[1029]

Durch eine solche **Kapitalumschichtung**, d. h. durch die Entscheidung, eine andere als die bisher gewählte Finanzierungsalternative einzugehen, kann zum einen die Struktur des Kapitals der Unternehmung hinsichtlich der **Rechtsstellung eines Kapitalgebers** verändert werden, indem die Gläubigerposition des Kapitalgebers in eine Eigentümerposition umgewandelt wird oder umgekehrt. Die Kapitalstruktur kann zum anderen aber auch hinsichtlich der **zeitlichen Verfügbarkeit** des Kapitals verändert werden, indem z. B. eine Umfinanzierung kurzfristiger Kredite in ein langfristiges Darlehen vorgenommen wird. Eine dritte Möglichkeit der Umfinanzierung ist im Austausch von Kapitalgebern zu sehen, bei dem sich die Rechtsstellung der Kapitalgeber jedoch nicht ändert, d. h., ein Gesellschaftsanteil innerhalb einer personenbezogenen Unternehmung (Einzelunternehmung, Personenhandelsgesellschaft)[1030] wird veräußert oder von einem Kreditinstitut eingeräumte Kredite werden von

---

[1028] Modifiziert entnommen aus *Vormbaum, Herbert*: Finanzierung der Betriebe. 9. Aufl., Wiesbaden 1995, S. 461.

[1029] Modifiziert entnommen aus *Vormbaum, Herbert*: Finanzierung der Betriebe. 9. Aufl., Wiesbaden, S. 461.

[1030] Diese Möglichkeit ist in **Abbildung 128** nicht enthalten, da sie sich auf Kapitalgesellschaften beschränkt, wo sich der Gesellschafterwechsel in der Bilanz nicht niederschlägt.

einem anderen Kreditinstitut abgelöst. Auf die **Verfügbarkeit des Kapitals in quantitativer Hinsicht** haben Maßnahmen dieser Art im Gegensatz zur Kapitalerhöhung oder Kapitalherabsetzung keinen Einfluss.

Literaturverzeichnis

Anstett, Christof Werner: Financial Futures im Jahresabschluss deutscher Kreditinstitute. Wiesbaden 1997.

Arbeitskreis „Finanzierung" der Schmalenbach-Gesellschaft – Deutsche Gesellschaft für Betriebswirtschaft e.V.: Asset Backed Securities – ein neues Finanzierungsinstrument für deutsche Unternehmen? In: Zeitschrift für betriebswirtschaftliche Forschung 1992, S. 495-530.

Arnold, Jürgen: Existenzgründung – Von der Idee zum Erfolg! Band 1, 2. Aufl., Würzburg 1999.

Baier, Wolfgang: Venture Capital. In: Gründungsplanung und –finanzierung, hrsg. von *Willi K.M. Dieterle* und *Eike M. Winckler*, 3. Aufl., München 2000.

BAKred: Veräußerung von Kundenforderungen im Rahmen von Asset-Backed Securities-Transaktionen durch deutsche Kreditinstitute – Rundschreiben Nr. 4/97 vom 19. März 1997, Geschäftsnummer I 3–21 – 3/95, Berlin 1997.

Bank für Internationalen Zahlungsausgleich: Recent Innovations in International Banking. Basel 1996.

Baumgärtel, Martina: Fremdfinanzierung von Kapitalgesellschaften durch ausländische Anteilseigner. Neuried 1986.

Becker, Hans-Paul: Bankbetriebslehre. 7. Aufl., Ludwigshafen (Rhein) 2008.

Beckmann, Liesel: Die betriebswirtschaftliche Finanzierung. 2. Aufl., München 1956.

Beike, Rolf: Devisenmanagement. Hamburg 1995.

Bell, Markus G.: Venture Capital. In: Das Wirtschaftsstudium 1999, S. 53-56.

Benner, Wolfgang: Asset Backed Securities – eine Finanzinnovation mit Wachstumschancen? In: Betriebswirtschaftliche Forschung und Praxis 1988, S. 403-417.

Betsch, Oskar: Factoring. In: Handwörterbuch des Bank- und Finanzwesens, hrsg. von *Wolfgang Gerke* und *Manfred Steiner*, 3. Aufl., Stuttgart 2001.

Beyel, Jürgen: Kapitalbeteiligungsgesellschaften in der Bundesrepublik Deutschland. In: Der Langfristige Kredit 1987, S. 657-660.

BFA des IDW: Stellungnahme BFA 2/1995: Bilanzierung von Optionsgeschäften. In: Die Wirtschaftsprüfung 1995, S. 421-425.

BFH-Urteil vom 22.08.1951, IV 246/50 S, BStBl III 1951, S. 181-183.

BFH-Beschluss vom 25.06.1984, BStBl. II 1984, S. 769.

BFH-Urteil vom 05.02.1992, I R 127/90, BStBl II 1992, S. 532-537.

BGH-Urteil vom 11.05.1987, II ZR 226/86. In: Der Betrieb 1987, S. 1781-1782.

BGH-Urteil vom 24.02.1997, II ZB 11/96. In: Der Betrieb 1997, S. 1219-1222.

Bieg, Hartmut: Aufgaben, Grundprinzipien und Bestandteile der Finanzwirtschaft. In: Der Steuerberater 1994, S. 456-460, 499-504, Der Steuerberater 1995, S. 15-19, 53-60.

Bieg, Hartmut: Bankbetriebslehre in Übungen. München 1992.

Bieg, Hartmut: Betriebswirtschaftslehre 1: Investition und Unternehmungsbewertung. 2. Aufl., Freiburg i. Br. 1997.

Bieg, Hartmut: Betriebswirtschaftslehre 2: Finanzierung. Freiburg i. Br. 1991.

Bieg, Hartmut: Börsenaufsicht. In: Vahlens Großes Auditing Lexikon, hrsg. von *Carl-Christian Freidank*, *Laurenz Lachnit* und *Jörg Tesch*, München 2007, S. 229-231.

Bieg, Hartmut: Börsenaufsicht, Börsenorganisation und Börsenhandel. In: Der Steuerberater 2000, S. 254-262, 303-311.

Bieg, Hartmut: Buchführung. 5. Aufl., Herne 2008.

Bieg, Hartmut: Die betriebliche Altersversorgung. In: Der Steuerberater 1985, S. 163-178, 207-221.

Bieg, Hartmut: Die Eigenkapitalbeschaffung emissionsfähiger Unternehmungen. In: Der Steuerberater 1997, S. 106-111, S. 153-159, S.182-189.

Bieg, Hartmut: Die Eigenkapitalbeschaffung nicht-emissionsfähiger Unternehmungen. In: Der Steuerberater 1997, S. 64-69.

Bieg, Hartmut: Die externe Rechnungslegung der Kreditinstitute und Finanzdienstleistungsinstitute. München 1999.

Bieg, Hartmut: Die Finanzmarktkrise – Ursachen, Verlauf, Erkenntnisse und Lösungsversuche. In: Der Steuerberater 2009, S. 66-75.

Bieg, Hartmut: Die Fremdfinanzierung aus Rückstellungen. In: Der Steuerberater 1998, S. 225-235.

Bieg, Hartmut: Die Kreditfinanzierung. In: Der Steuerberater 1997, S. 221-227, 268-275, 306-313, 347-354, 394-402.

Bieg, Hartmut: Die Selbstfinanzierung – zugleich ein Überblick über die Innenfinanzierung. In: Der Steuerberater 1998, S. 186-195.

Bieg, Hartmut: Finanzmanagement mit Forward Rate Agreements. In: Der Steuerberater 1998, S. 140-147.

Bieg, Hartmut: Finanzmanagement mit Futures. In: Der Steuerberater 1998, S. 104-112.

Bieg, Hartmut: Finanzmanagement mit Optionen. In: Der Steuerberater 1998, S. 18-25.

Bieg, Hartmut: Finanzmanagement mit Swaps. In: Der Steuerberater 1998, S. 65-70.

Bieg, Hartmut: Gläubigerschutzprinzip. In: Handwörterbuch des Steuerrechts, hrsg. von *Georg Strickrodt* u.a., 2. Aufl., München/Bonn 1981, S. 686-689.

Bieg, Hartmut: Kapitalstruktur- und Kapital-Vermögensstrukturregeln. In: Wirtschaftswissenschaftliches Studium 1993, S. 598-604.

Bieg, Hartmut: Leasing als Sonderform der Außenfinanzierung. In: Der Steuerberater 1997, S. 425-435.

Bieg, Hartmut: Möglichkeiten betrieblicher Altersversorgung aus betriebswirtschaftlicher Sicht. In: Steuer und Wirtschaft 1983, S. 41-45.

Bieg, Hartmut: Schwebende Geschäfte in Handels- und Steuerbilanz. Frankfurt a. M./Bern 1977.

Bieg, Hartmut: Überblick über die Finanzierungstheorien. In: Der Steuerberater 1997, S. 27-31.

Bieg, Hartmut/Hossfeld, Christopher: Finanzierungsentscheidungen. In: Saarbrücker Handbuch der Betriebswirtschaftlichen Beratung, hrsg. von *Karlheinz Küting*, 4. Aufl., Herne 2008, S. 35-146.

Bieg, Hartmut/Kußmaul, Heinz: Externes Rechnungswesen. 5. Aufl., München 2009.

Bieg, Hartmut/Kußmaul, Heinz: Investition. 2. Aufl., München 2009.

Bieg, Hartmut/Kußmaul, Heinz: Investitions- und Finanzierungsmanagement. Band III: Finanzwirtschaftliche Entscheidungen. München 2000.

Bieg, Hartmut/Sopp, Guido: Der Gesetzesentwurf eines Bilanzrechtsmodernisierungsgesetzes (BilMoG) – Teil III. In: Der Steuerberater 2008, S. 280-285.

Bieg, Hartmut/Waschbusch, Gerd/Käufer, Anke: Die Bilanzierung von Pensionsgeschäften im Jahresabschluss der Kreditinstitute nach HGB und IFRS. In: Zeitschrift für Bankrecht und Bankwirtschaft 2008, S. 63-76.

Binkowski, Peter/Beeck, Helmut: Finanzinnovationen. 3. Aufl., Bonn 1995.

Bitz, Michael/Stark, Gunnar: Finanzdienstleistungen. 8. Aufl., München 2008.

Blaurock, Uwe: Handbuch der Stillen Gesellschaft. 6. Aufl., Köln 2003.

Blohm, Hans/Lüder, Klaus/Schaefer, Christina: Investition. 9. Aufl., München 2006.

BMF-Schreiben vom 19.04.1971, IV B/2-S 2170-31/71, BStBl I 1971, S. 264-266.

BMF-Schreiben vom 21.03.1972, F/IV B2-S 2170-11/72, BStBl I 1972, S. 188-189.

BMF-Schreiben vom 22.12.1975, IV B-2-S 2170-161/75. In: Deutsches Steuerrecht 1976, S. 134.

BMF-Schreiben vom 23.12.1991, IV B2-S 2170-115/91, BStBl I 1992, S. 13-15.

Bürgschaftsbank Saarland: http://www.bbs-saar.de/ueberuns.php/aufgaben%2Bund%2Bziele/ (19.05.2009).

Büschgen, Hans E.: Grundlagen betrieblicher Finanzwirtschaft – Unternehmungsfinanzierung. 3. Aufl., Frankfurt a. M. 1991.

Büschgen, Hans E.: Venture Capital – der deutsche Ansatz. In: Die Bank 1985, S. 220-226.

Bundesministerium für Wirtschaft und Technologie (Hrsg.): ERP – Wirtschaftsförderung für den Mittelstand. Bonn 1999.

Bundesverband Deutscher Kapitalbeteiligungsgesellschaften: http://www.bvk-ev.de (19.05.2009).

Bundesverband Deutscher Kapitalbeteiligungsgesellschaften – German Venture Capital Association e.V.: Venture Capital von A bis Z. Berlin 1993.

Business Angels Netzwerk Deutschland e.V.: Business Angels Idee neuen Schwung verleihen. Pressemitteilung vom 17.11.2008, http://www.business-angels.de (19.05.2009).

Busse, Franz-Joseph: Grundlagen der betrieblichen Finanzwirtschaft. 5. Aufl., München/Wien 2003.

Christian, Claus-Jörg: Finanzinnovationen und bankaufsichtsrechtliche Information. Stuttgart 1992.

Creditreform: Insolvenzen in Europa 2008/09. Neuss 2009.

Däumler, Klaus Dieter: Betriebliche Finanzwirtschaft. 9. Aufl., Herne 2008.

Deutsche Börse AG (Hrsg.): Unterwegs zur Weltaktie. In: vision + money 1999, Heft 4, S. 11.

Deutsche Bundesbank: Asset-Backed Securities in Deutschland: Die Veräußerung und Verbriefung von Kreditforderungen durch deutsche Kreditinstitute. In: Monatsbericht der Deutschen Bundesbank Juli 1997, S. 57-67.

Deutsche Bundesbank: Neuere Entwicklungen am Markt für Unternehmensanleihen. In: Monatsberichte der Deutschen Bundesbank, April 2004, S. 15-26.

Deutsche Gesellschaft für Betriebswirtschaft e.V.: Asset Backed Securities – ein neues Finanzierungsinstrument für deutsche Unternehmen? In: Zeitschrift für betriebswirtschaftliche Forschung 1992, S. 495-530.

Diekmann, Heinz: Existenz- und Unternehmensgründungen: Öffentliche Finanzierungshilfen, Gründungskonzeption und Praktische Liquiditätsplanung. Köln 1998.

Dilger, Eberhard: Die kleine AG und die Neuregelung zum Bezugsrechtsausschluß. In: Die Bank 1994, S. 610-615.

Drukarczyk, Jochen: Finanzierung. 10. Aufl., Stuttgart 2008.

DTB Deutsche Terminbörse: Aktienoptionen. 2. Aufl., Frankfurt a. M. 1993.

EIB: http://www.eib.org/attachments/lending/inter_de.pdf (19.05.2009).

EIB: http://www.eib.org/products/loans/index.htm (19.05.2009).

Eilenberger, Guido: Betriebliche Finanzwirtschaft. 7. Aufl., München/Wien 2003.

Entwurf eines Gesetzes für kleine Aktiengesellschaften und zur Deregulierung des Aktienrechts. In: BT-Drucksache 12/7848 vom 13.06.1994.

Eschrich, Alfred: Bilanzierung als Instrument zum Schutz von Gläubigern. Saarbrücken 1969.

Europäische Zentralbank: Die einheitliche Geldpolitik in Stufe 3. Frankfurt a. M. 1998.

Everling, Oliver: Asset Securitisation in Europa. In: Die Bank 1993, S. 82-86.

Fanselow, Karl-Heinz: Unternehmensbeteiligungen in Deutschland: Was ist erreicht? Was bleibt zu tun? In: Zeitschrift für das gesamte Kreditwesen 1998, S. 208.

Förderdatenbank des BMWi: http://www.foerderdatenbank.de (19.05.2009).

Franke, Günter/Hax, Herbert: Finanzwirtschaft des Unternehmens und Kapitalmarkt. 5. Aufl., Berlin u. a. 2004.

Franke, Jörg: Indexprodukte und Strategien mit Indizes. In: Knapps Enzyklopädisches Lexikon des Geld-, Bank- und Börsenwesens, hrsg. von der Redaktion der Zeitschrift für das gesamte Kreditwesen u. a., Band 1, Frankfurt a. M. 1999, S. 915-930.

Früh, Andreas: Asset Backed Securities/Securitization am Finanzplatz Deutschland. In: Betriebs-Berater 1995, S. 105-109.

Glessner, Miriam: Die grenzüberschreitende stille Gesellschaft im Internationalen Steuerrecht. Einkommen- und körperschaftsteuerliche Wirkungen aus deutscher Sicht. Frankfurt a.M. u. a. 2000.

Grill, Wolfgang/Perczynski, Hans: Wirtschaftslehre des Kreditwesens. 42. Aufl., Bad Homburg v. d. H. 2008.

Grisebach, Rolf: Innovationsfinanzierung durch Venture Capital: eine juristische und ökonomische Analyse. München 1989.

Grochla, Erwin: Finanzierung, Begriff der. In: Handwörterbuch der Finanzwirtschaft, hrsg. von *Hans E. Büschgen*, Stuttgart 1976, Sp. 413-431.

Groh, Manfred: Das betriebswirtschaftlich gebotene Eigenkapital. In: Betriebs-Berater 1971, Beilage 4/1971, S. 2-5.

Grundmann, Wolfgang: Bookbuilding – ein neues Emissionsverfahren setzt sich durch. In: Zeitschrift für das gesamte Kreditwesen 1995, S. 916-917.

Gutenberg, Erich: Grundlagen der Betriebswirtschaftslehre. 3. Band: Die Finanzen. 8. Aufl., Berlin u. a. 1980.

Härle, Dietrich: Finanzierungsregeln. In: Handwörterbuch der Finanzwirtschaft, hrsg. von *Hans E. Büschgen*, Stuttgart 1976, Sp. 483-491.

Häuser, Karl: Kapitalmarkt. In: Handwörterbuch der Finanzwirtschaft, hrsg. von *Hans E. Büschgen*, Stuttgart 1976, Sp. 1058-1075.

Hahn, Oswald: Finanzwirtschaft. 2. Aufl., Landsberg a. L. 1983.

Hauschildt, Jürgen/Leker, Jens: Kreditwürdigkeitsprüfung, inkl. automatisierte. In: Handwörterbuch des Bank- und Finanzwesens, hrsg. von *Wolfgang Gerke* und *Manfred Steiner*, 3. Aufl., Stuttgart 2001, Sp. 1460-1471.

Hax, Herbert: Finanzierung. In: Vahlens Kompendium der Betriebswirtschaftslehre, Band 1, 4. Aufl., München 1998, S. 175-233.

Hax, Herbert/Hartmann-Wendels, Thomas/Hinten, Peter von: Moderne Entwicklung der Finanzierungstheorie. In: Finanzierungs-Handbuch, hrsg. von *Friedrich W. Christians*, 2. Aufl., Wiesbaden 1988, S. 689-713.

Hertz-Eichenrode, Albrecht: Venture Capital in Deutschland: Stimmen die Rahmenbedingungen? In: Zeitschrift für das gesamte Kreditwesen 1998, S. 203-206.

Herz, Peter: Geldquellen für Existenzgründer. 2. Aufl., Regensburg/Düsseldorf 1999.

Herzig, Norbert: Spannungsverhältnis zwischen Finanzierungsfreiheit und fehlender Finanzierungsneutralität der Besteuerung. In: Finanz-Rundschau 1994, S. 598-602.

HFA des IDW: Rechnungslegungshinweis HFA 1.013: Handelsrechtliche Vermerk- und Berichterstattungspflichten bei Patronatserklärungen. In: IDW Fachnachrichten 2008, S. 116-119.

HFA des IDW: RS HFA 7: Zur Rechnungslegung bei Personenhandelsgesellschaften. In: Die Wirtschaftsprüfung 2002, S. 1259-1264.

HFA des IDW: Stellungnahme HFA 2/1976: Zur aktienrechtlichen Vermerk- und Berichterstattungspflicht bei Patronatserklärungen gegenüber dem Kreditgeber eines Dritten. In: Die Wirtschaftsprüfung 1976, S. 528-536.

HFA des IDW: Stellungnahme HFA 1/1994: Zur Behandlung von Genußrechten im Jahresabschluß von Kapitalgesellschaften. In: Die Wirtschaftsprüfung 1994, S. 419-423.

Hueck, Götz: Kommentierung § 32a GmbHG. In: GmbH-Gesetz, begr. von *Adolf Baumbach*, 16. Aufl., München 1996.

Jahr, Günther/Stützel, Wolfgang: Aktien ohne Nennbetrag. Frankfurt a. M. 1963.

Jahrmann, Fritz-Ulrich: Finanzierung. 6. Aufl., Herne 2009.

Karollus, Martin: § 221 AktG. In: Aktiengesetz – Kommentar von *Ernst Geßler u. a.*, München 1994, Rn. 1-492.

Köhler, Richard: Zum Finanzierungsbegriff einer entscheidungsorientierten Betriebswirtschaftslehre. In: Zeitschrift für Betriebswirtschaft 1969, S. 435-456.

Kollar, Axel: Emission von Wertpapieren. In: Handwörterbuch des Bank- und Finanzwesens, hrsg. von *Wolfgang Gerke* und *Manfred Steiner*, 2. Aufl., Stuttgart 1995, Sp. 500-511.

Kreditanstalt für Wiederaufbau: http://www.kfw-entwicklungsbank.de/DE_Home/KfW_Entwicklungsbank/Unser_Auftrag/index.jsp (19.05.2009).

Kreditanstalt für Wiederaufbau: http://www.kfw-foerderbank.de/DE_Home/KfW_Foerderbank/index.jsp (19.05.2009).

Kreditanstalt für Wiederaufbau: http://www.kfw-ipex-bank.de/DE_Home/KfW_IPEX-Bank/Profil.jsp (19.05.2009).

Kreditanstalt für Wiederaufbau: http://www.kfw-mittelstandsbank.de (19.05.2009).

Krumnow, Jürgen/Gramlich, Ludwig (Hrsg.): Gabler Bank Lexikon. 13. Aufl., Wiesbaden 2002.

Kruschwitz, Lutz: Finanzierung und Investition. 5. Aufl., München/Wien 2007.

Kruschwitz, Lutz: Investitionsrechnung. 12. Aufl., München 2009.

Kübler, Friedrich: Aktien, Unternehmensfinanzierung und Kapitalmarkt. Köln 1989.

Kümpel, Siegfried: Börsenrecht – Eine systematische Darstellung. 2. Aufl., Berlin 2003, S. 108-133.

Küting, Karlheinz/Dürr, Ulrike: Mezzanine-Kapital – Finanzierungsentscheidung im Sog der Rechnungslegung. In: Der Betrieb 2005, S. 1529-1534.

Kurth, Matthias: Börsenaufsicht. In: Knapps Enzyklopädisches Lexikon des Geld-, Bank- und Börsenwesens, hrsg. von der Redaktion der Zeitschrift für das gesamte Kreditwesen u. a., Band 1, Frankfurt a. M. 1999, S. 242-249.

Kußmaul, Heinz: Aufgaben und Aufbau eines Business Plans. In: Der Steuerberater 1999, S. 471-477.

Kußmaul, Heinz: Betriebliche Altersversorgung in mittelständischen Unternehmen. In: Steuerberaterkongreß-Report 1993, München 1993, S. 227-376.

Kußmaul, Heinz (unter Mitarbeit von *Richard Lutz*, *Stephan Ruhl* und *Wolfgang Wegener*): Betriebliche Altersversorgung von Geschäftsführern: Voraussetzungen und finanzwirtschaftliche Auswirkungen. München 1995.

Kußmaul, Heinz: Betriebswirtschaftliche Aspekte bei der Zuführung von Eigen- oder Fremdkapital. In: Der Steuerberater 1996, S. 437-442, 480-483.

Kußmaul, Heinz: Betriebswirtschaftliche Überlegungen bei der Ausgabe von Null-Kupon-Anleihen. In: Betriebs-Berater 1987, S. 1562-1572.

Kußmaul, Heinz: Betriebswirtschaftliche und steuerliche Analysen von Zero-Bonds und Stripped Bonds. In: Rechnungswesen als Instrument für Führungsentscheidungen. Festschrift für *Adolf G. Coenenberg* zum 60. Geburtstag, hrsg. von *Hans P. Möller* und *Franz Schmidt*. Stuttgart 1998.

Kußmaul, Heinz: Betriebswirtschaftliche Beratungsempfehlungen zur Finanzierung mittelständischer Unternehmen. In: Steuerberaterkongreß-Report 1990, München 1991, S. 179-295.

Kußmaul, Heinz: Betriebswirtschaftslehre für Existenzgründer. 6. Aufl., München 2008.

Kußmaul, Heinz: Betriebswirtschaftliche Steuerlehre. 5. Aufl., München 2008.

Kußmaul, Heinz: Business Plan – Aufbau, Inhalt, Zweck, Beispiel –. In: Arbeitspapiere zur Existenzgründung, hrsg. von. *Heinz Kußmaul*, Band 2, 2. Aufl., Saarbrücken 2002.

Kußmaul, Heinz: Die GmbH & Co. KG auf Aktien. In: Das Wirtschaftsstudium 1990, S. 494-496.

Kußmaul, Heinz: Finanzierung über Zero-Bonds und Stripped-Bonds. In: Betriebs-Berater 1998, S. 1868-1871.

Kußmaul, Heinz: Gestaltungsmöglichkeiten im Zusammenhang mit Zero-Bonds und Stripped-Bonds. In: Betriebs-Berater 1998, S. 2236-2240.

Kußmaul, Heinz: Grundlagen der Investition und Investitionsrechnung. In: Der Steuerberater 1995, S. 99-103, 135-139, 179-183.

Kußmaul, Heinz: Investition eines gewerblichen Anlegers in Zero-Bonds und Stripped-Bonds. In: Betriebs-Berater 1998, S. 1925-1929.

Kußmaul, Heinz: Investition eines Privatanlegers in Zero-Bonds und Stripped-Bonds. In: Betriebs-Berater 1998, S. 2083-2087.

Kußmaul, Heinz: Kapitalbeteiligungsgesellschaften. In: Praxishandbuch Familiengesellschaften, begr. von *Vincent Bünz* und *Ernst W. Heinsius*, Freiburg i. Br. 1980 ff. (Loseblatt), Stand: 1999, Gruppe 4, Rn. 1-71.

Kußmaul, Heinz: Zero-Bonds und Stripped Bonds. Begriff, Merkmale, Gemeinsamkeiten. In: Wirtschaftswissenschaftliches Studium 1999, S. 62-68.

Kußmaul, Heinz/Junker, Andy: Der Business-Plan am Beispiel. In: Arbeitspapiere zur Existenzgründung, hrsg. von *Heinz Kußmaul*, Band 7, 2. Aufl., Saarbrücken 2003.

Kußmaul, Heinz/Junker, Andy: Vorteilhaftigkeitsveränderungen bei Kapitalbeteiligungsgesellschaften im Kontext des „Steuersenkungsgesetzes"? In: Finanz Betrieb 2000, S. 418-430.

Kußmaul, Heinz/Pfirmann, Armin/Meyering, Stephan/Schäfer, René: Ausgewählte Anwendungsprobleme der Zinsschranke. In: Betriebs-Berater 2008, S. 135-141.

Kußmaul, Heinz/Richter, Lutz: Betriebswirtschaftliche Aspekte von Venture Capital-Gesellschaften und ihre Bedeutung im Hinblick auf Existenzgründungen: Einordnung, Funktionsweise, Beteiligungsformen, Finanzierungsphasen. In: Deutsches Steuerrecht 2000, S. 1155-1160.

Kußmaul, Heinz/Richter, Lutz: Betriebswirtschaftliche Aspekte von Venture Capital-Gesellschaften und ihre Bedeutung im Hinblick auf Existenzgründungen: Zeitlicher Ablauf und öffentliche Finanzierungsprogramme. In: Deutsches Steuerrecht 2000, S. 1195-1204.

Kußmaul, Heinz/Richter, Lutz: Venture Capital im Rahmen der Existenzgründung. In: Arbeitspapiere zur Existenzgründung, hrsg. von *Heinz Kußmaul*, Band 8, Saarbrücken 2000.

Kußmaul, Heinz/Ruiner, Christoph: Das Gesetz zur Modernisierung des GmbH-Rechts und zur Bekämpfung von Missbräuchen (MoMiG) – Ein Überblick. In: Der Steuerberater 2009, S. 22-28.

Kußmaul, Heinz/Ruiner, Christoph/Schappe, Christian: Die Einführung einer Zinsschranke im Rahmen der Unternehmensteuerreform 2008. In: Arbeitspapiere zur Existenzgründung, hrsg. von *Heinz Kußmaul*, Band 25, Saarbrücken 2008.

Kußmaul, Heinz/Schäfer, René: Finanzierungshilfen für Existenzgründer. 2. Aufl. In: Arbeitspapiere zur Existenzgründung, hrsg. von *Heinz Kußmaul*, Band 9, Saarbrücken 2003.

Kußmaul, Heinz/Schäfer, René: Finanzierungshilfen für Existenzgründer in Form von Darlehen. In: Die Information über Steuer und Wirtschaft 2000, S. 181-186.

Kußmaul, Heinz/Schäfer, René: Finanzierungshilfen für Existenzgründer in Form von Zuschüssen, Zulagen und Bürgschaften. In: Die Information über Steuer und Wirtschaft 2000, S. 340-343.

Leinberger, Detlef: Risikokapital für kleine und mittlere Unternehmen: Erfahrungen der Kreditanstalt für Wiederaufbau. In: Zeitschrift für das gesamte Kreditwesen 1998, S. 216-218.

Lutter, Marcus: Das neue „Gesetz für kleine Aktiengesellschaften und zur Deregulierung des Aktienrechts". In: Die Aktiengesellschaft 1994, S. 429-447.

Lutter, Marcus: Kommentierung § 221 AktG. In: Kölner Kommentar zum AktG, hrsg. von *Wolfgang Zöllner*, Band 5/1, 2. Aufl., Köln u.a 1995, Rn. 1-456.

Lutter, Marcus: Rechtliche Ausgestaltung von Genußscheinen. In: Bankinformation und Genossenschaftsforum 1993, Heft 2, S. 14-18.

Lutz, Stefan: Börse. In: Knapps Enzyklopädisches Lexikon des Geld-, Bank- und Börsenwesens, hrsg. von der Redaktion der Zeitschrift für das gesamte Kreditwesen u. a., Band 1, Frankfurt a. M. 1999, S. 229-231.

Marsch-Barner, Reinhard: Die Erleichterung des Bezugsrechtsausschlusses nach § 186 Abs. 3 Satz 4 AktG. In: Die Aktiengesellschaft 1994, S. 532-540.

Martinek, Michael: Moderne Vertragstypen. Band I: Leasing und Factoring. München 1991.

Meiswinkel, Christoph: Asset-Backed Securities. In: Mitteilungen aus dem Bankseminar der Rheinischen Friedrich-Wilhelms-Universität, Nr. 75, Bonn 1989.

Mellerowicz, Konrad: Allgemeine Betriebswirtschaftslehre. 3. Band. 10. Aufl., Berlin 1959.

Merkle, Erich: Venture Capital als Instrument des Technologiemanagements. In: Betriebs-Berater 1984, S. 1060-1064.

Modigliani, Franco/Miller, Merton H.: Kapitalkosten, Finanzierung von Aktiengesellschaften und Investitionstheorie. In: Die Finanzierung der Unternehmung, hrsg. von *Herbert Hax und Helmut Laux*, Köln 1975, S. 86-119.

Modigliani, Franco/Miller, Merton H.: The Cost of Capital, Corporation Finance and the Theory of Investment. In: American Economic Review 1958, Vol. 48, S. 261-297.

Nabben, Stefan: Financial Swaps. Wiesbaden 1990.

Neske, Christian: Grundformen von Kreditderivaten. In: Kreditderivate – Handbuch für die Bank- und Anlagepraxis, hrsg. von *Hans-Peter Burghof* u.a., 2. Aufl., Stuttgart 2005.

Nestel, Thomas: Die Bank als Partner. In: Gründungsplanung und Gründungsfinanzierung, hrsg. von *Willi K. M. Dieterle* und *Eike M. Winckler*, 3. Aufl., München 2000, S. 418-433.

Noack, Ulrich: Die Namensaktie – Dornröschen erwacht. In: Der Betrieb 1999, S. 1306-1310.

Obermüller, Manfred: Ersatzsicherheiten im Kreditgeschäft. Wiesbaden 1987.

Olfert, Klaus: Finanzierung. 14. Aufl., Ludwigshafen (Rhein) 2008.

o.V.: Trüffelzinsen und Kuh-Aktien. In: Börsen-Zeitung vom 14.12.2007, Nr. 241, S. 2.

Pahlen, Dieter: WGZ Venture-Capital Gesellschaft: Erwartungen an ein junges Unternehmen. In: Zeitschrift für das gesamte Kreditwesen 1998, S. 224-225.

Paul, Stephan: Asset Backed Securities (ABS). In: Die Betriebswirtschaft 1993, S. 848-850.

Paul, Stephan: Zur Finanzierung über Asset Backed Securities. In: Semesterbericht Nr. 34 des Instituts für Kredit- und Finanzwirtschaft an der Ruhr-Universität Bochum, hrsg. von *Joachim Süchting*, Bochum 1991, S. 21-32.

Perridon, Louis/Steiner, Manfred: Finanzwirtschaft der Unternehmung. 14. Aufl., München 2007.

Pfeifer, Axel: Venture Capital als Finanzierungs- und Beteiligungsinstrument. In: Betriebs-Berater 1999, S. 1665-1666.

Pochmann, Günter: Controlling-Information im Derivativbereich, dargestellt am Beispiel von zinsbezogenen Optionen. Frankfurt a. M. u. a. 1996.

Rapp, Andreas: Factoring, Forfaitierung. In: Knapps Enzyklopädisches Lexikon des Geld-, Bank- und Börsenwesens, hrsg. von der Redaktion der Zeitschrift für das gesamte Kreditwesen u. a., 5. Aufl., Frankfurt a. M. 2007, Artikel 4488.

Reeb, Hartmut: Recht der Kreditfinanzierung. München 1994.

Richter, Rudolf/Furubotn, Eirik G.: Neue Institutionenökonomik. 3. Aufl., Tübingen 2003.

Richtlinie 98/7/EG des Europäischen Parlaments und des Rates vom 16. Februar 1998 in Amtsblatt der Europäischen Gemeinschaften, L 101, S. 17-23.

Rieger, Wilhelm: Einführung in die Privatwirtschaftslehre. 3. Aufl., Erlangen 1964.

Rödel, Stefan/Gesmann, Klaus/Wittemer, Bernhard: Existenzgründung: Finanzierung und öffentliche Fördermittel. 3. Aufl., Landsberg a. L. 2002.

Rössle, Karl: Allgemeine Betriebswirtschaftslehre. 5. Aufl., Stuttgart 1956.

Rohleder, Michael/Schulze, Nathalie: Euro-Umstellung: Plädoyer für die Stückaktie. In: Die Bank 1998, S. 287-289.

Rosen, Rüdiger von: Börsen und Börsenhandel. In: Handwörterbuch des Bank- und Finanzwesens, hrsg. von *Wolfgang Gerke* und *Manfred Steiner*, 3. Aufl., Stuttgart 2001, Sp. 356-374.

Rosen, Rüdiger von/Seifert, Werner G. (Hrsg.): Die Namensaktie. Schriften zum Kapitalmarkt. Band 3, o. O. (Frankfurt a. M.) 2000.

Schmidt, Martin: Derivative Finanzinstrumente – Eine anwendungsorientierte Einführung. 3. Aufl., Stuttgart 2006.

Schmidt, Reinhard H.: Venture Capital in Deutschland – ein Problem der Qualität? In: Die Bank 1988, S. 184-187.

Schmidt, Reinhard H./Terberger, Eva: Grundzüge der Investitions- und Finanzierungstheorie. 4. Aufl., Wiesbaden 1997.

Schmitz-Morkramer, Philipp C.: Die Beteiligungspolitik von Venture-Capital-Gesellschaften in den neuen Bundesländern. In: Zeitschrift für das gesamte Kreditwesen 1995, S. 500-509.

Sievers, Maren: Kreditderivate – Gestaltungsmöglichkeiten, bankenaufsichtsrechtliche Behandlung und der Handel mittelständischer Kreditrisiken. Baden-Baden 2009.

Singer, Uwe: Genußscheine als Finanzierungsinstrument – Eine kritische Analyse aus betriebswirtschaftlicher Sicht unter besonderer Berücksichtigung eines Finanzmarketing für Genußscheine. Pfaffenweiler 1991.

Steiner, Manfred/Kölsch, Karsten: Finanzierung – Zielsetzungen, zentrale Ergebnisse und Entwicklungsmöglichkeiten der Finanzierungsforschung. In: Die Betriebswirtschaft 1989, S. 409-432.

Stützel, Wolfgang: Liquidität. In: Handwörterbuch der Sozialwissenschaften, hrsg. von *Erwin von Beckerath* u. a., 6. Band, Stuttgart/Tübingen/Göttingen 1959, S. 622-629.

Süchting, Joachim: Finanzmanagement – Theorie und Politik der Unternehmensfinanzierung. 6. Aufl., Wiesbaden 1995.

Verband der Bürgschaftsbanken: http://www.vdb-info.de (19.05.2009).

Voigt, Hans-Werner: Bookbuilding – der andere Weg zum Emissionskurs. In: Die Bank 1995, S. 339-343.

Vormbaum, Herbert: Finanzierung der Betriebe. 9. Aufl., Wiesbaden 1995.

Waschbusch, Gerd: Asset Backed Securities – eine moderne Form der Unternehmungsfinanzierung. In: Zeitschrift für Bankrecht und Bankwirtschaft 1998, S. 408-419.

Waschbusch, Gerd: Die Rechnungslegung der Kreditinstitute bei Pensionsgeschäften. In: Betriebs-Berater 1993, S. 172-179.

Waschbusch, Gerd: Finanzierung durch Vermögensumschichtung und Umfinanzierung. In: Der Steuerberater 1998, S. 269-277, S. 311-318.

Waschbusch, Gerd: Kapitalherabsetzung und Kapitalerhöhung. In: Fortbildung – Zeitschrift für Führungskräfte in Verwaltung und Wirtschaft 1992, S. 89-90.

Waschbusch, Gerd: Mezzanines Kapital. In: Handbuch der Bilanzierung, hrsg. von *Rudolf Federmann, Heinz Kußmaul* und *Stefan Müller*, Freiburg i. Br. 1977 ff., Loseblatt, Stand: Juni 2009, Abschnitt 88/1.

Waschbusch, Gerd: Stille Gesellschaft. In: Handbuch der Bilanzierung, hrsg. von *Rudolf Federmann, Heinz Kußmaul* und *Stefan Müller*, Freiburg i. Br. 1977 ff., Loseblatt, Stand: Juni 2009, Abschnitt 128.

Werner, Horst S.: Mezzanine-Kapital – mit Mezzanine-Finanzierung die Eigenkapitalquote erhöhen. 2. Aufl., Köln 2007.

Windmöller, Rolf/Breker, Norbert: Bilanzierung von Optionsgeschäften. In: Die Wirtschaftsprüfung 1995, S. 389-401.

Winkler-Otto, Anneliese: Die Finanzierungshilfen des Bundes, der Länder und der internationalen Institutionen. In: Zeitschrift für das gesamte Kreditwesen, Sonderausgabe 1999/2000, Heft 1, Frankfurt a. M. 1999.

Witte, Eberhard: Die Liquiditätspolitik der Unternehmung. Tübingen 1963.

Wöhe, Günter: Betriebswirtschaftliche Steuerlehre I/2: Der Einfluß der Besteuerung auf das Rechnungswesen des Betriebes. 7. Aufl., München 1992, S. 307-308.

Wöhe, Günter: Bilanzierung und Bilanzpolitik. 9. Aufl., München 1997.

Wöhe, Günter: Einführung in die Allgemeine Betriebswirtschaftslehre. 23. Aufl., München 2008.

Wöhe, Günter/Bilstein, Jürgen: Grundzüge der Unternehmensfinanzierung. 9. Aufl., München 2002.

Wöhe, Günter/Kußmaul, Heinz: Grundzüge der Buchführung und Bilanztechnik. 6. Aufl., München 2008.

Wolff-Simon, Dirk: Erfahrungen mit Venture-Capital-Finanzierungen für Existenzgründer aus Sicht einer finanzierenden Bank. In: Akademie 1999, S. 16-21.

Wulfken, Jörg/Weller, Michael: Securitisation als neue Finanzierungsform. In: Die Bank 1992, S. 644-647.

Wysocki, Klaus von: Öffentliche Finanzierungshilfen. Köln/Opladen 1961.

Stichwortverzeichnis

A

B

C

D

G

H

I

J

K

L

M

N

O

P

Q

R

S